제3판

철도공학개론

최길대 · 김선호 공저

제3판을 내면서

벌써 8년 전 졸저 '철도공학개론' 초판을 낸 이래 증보판, 제2판을 거치는 동안 독자들의 과분한 사랑을 받았습니다. 철도를 공부하는 학생, 연구소나 대학 등의 철도 연구자, 철도현장의 실무자들은 물론이고 철도 운영기관이나 관련 기업에 입사하려는 수험생들까지 광범위하게 이 책을 찾아 주셨습니다. 덕분에 이 번 제3판에까지 이르게 되었습니다.

수송의 안전성, 경제성, 에너지 이용의 효율성, 환경친화성 등으로 철도가 지속가능한 교통수단이라는 것은 이미 증명된 사실입니다. 최근 우리 정부의 교통정책도 철도 중심으로 변하고 있고 유럽, 아시아 뿐 아니라 아메리카와 중동에서도 철도 현대화 및 고속 철도의 건설을 통한 공간구조와 교통체계의 획기적 변화를 위한 움직임이 눈부실 정도임은 주지하는 바와 같습니다.

철도는 열차가 달리는 선로, 차량, 열차에 동력을 공급하는 에너지 공급 설비, 여객과 화물을 취급하는 정거장, 이들 요소를 유기적으로 결합하여 안전을 확보하면서 열차운영을 최적화하는 열차운행 관리 시스템으로 구성되어 있습니다.

이에 저자는 다음 몇 가지를 유의 하면서 제3판을 여러분께 내놓습니다.

첫째, 철도의 건설에는 막대한 투자가 필요하고 또 그 효과가 장기간에 걸쳐 나타나기 때문에 국가의 상위계획을 토대로 연관계획과 조화를 이루도록 신중하게 계획하고 건설하여야 한다. 이를 위해 '제2장 철도수송계획'과 '제3장 철도건설'이 좋은 참고가 될 수 있을 것입니다.

둘째, 철도는 선로, 교량 터널등 철도구조물, 정거장, 차량, 전차선, 신호보안설비, 통신설비 그리고 운행 및 관제설비가 상호 유기적으로 기능하여야만 안전과 효율의 두 가지 목표를 달성 할 수 있습니다. '제4장 철도선로'부터 '제11장 열차 운행관리'에 관련 내용을 체계적으로 담았습니다. 또 이번 제3편에서는 안전과 관련하여 더욱 주목받고 있는 철도의 운행관리 분야를 더욱 보강하였습니다.

셋째, 우리나라 철도도 고속철도, 신교통시스템, 자기부상철도 등 다양한 종류의 미래철도에 더 많은 관심을 가지고 공부하는 것이 필요합니다. '제12장 고속철도'와 '제13장 신교통시스템'에 기술하였습니다.

끝으로 이 책을 내는 데는 참고문헌에서 언급한 선배 저자 및 연구자들의 탁월한 저작에 많이 의존하였음을 밝혀둡니다. 독자 및 선후배 여러분의 편달을 진심으로 기대합니다.

최길대 · 김선호

차례

Chapter 01 철도시스템

Chapter 02 철도수송계획

Chapter 03 철도건설

Chapter 04 철도선로

Chapter 05 철도구조물

Chapter 06 철도정거장

Chapter 07 철도차량

Chapter 08 전기철도

Chapter 09 철도신호보안설비

Chapter 10 철도통신

Chapter 11 열차운영관리

Chapter 12 고속철도

Chapter 13 신 교통시스템

References

Index

Introduction to Railroad Engineering An Introduction to Railroad Engineering An Introduction to Railroad Engineering An Introduction to Railroad Engineering

CHAPTER 01

철도시스템

1. 교통(交通)의 이해

교통은 인간 생활의 공간적 거리를 극복하는 수단으로서 현대경제사회를 요약하는 의·식·주·행의 한 부문을 차지하고 있다. 교통은 사회적 교류와 생산, 소비, 문화 활동을 유도하고 증진시키면서 효율적인 생산, 광범위한 분배, 선별적인 소비의 기회를 제공하고 있다. 특히 도시의 성장과 경제의 발전, 인간 활동의 세계화로 보다 나은 이동성에 대한 인간의 요구는 그 어느 때보다 증가하고 있다.

교통의 발달은 공간적으로 떨어져 있는 지역 간의 경제, 문화, 사회분야 등의 상호 교류를 촉진하여 국가경제활동을 증진시키고, 국민의 생활수준을 개선하는 중요한 역할을 하고 있다. 또한 사람과 물자의 이동을 담당할 뿐만 아니라, 정보와 문화에 대한 접근성을 높여 사회통합과 국민 복리증진에 필수 불가결한 요소로 자리매김하고 있는 것이다. 그래서 교통은 사회변화와 현대화의 중심에 있으며 문명이 발달하는 속도와 폭을 지배하는 중요한 기본 요소라고까지 한다.

단기적으로 볼 때 교통체계의 개선은 사람 및 화물(貨物)의 통행과 유통구조(流通構造)의 변화를 가져오고, 또한 연쇄적으로 지역산업의 육성, 경제의 규모화 등을 통해 사회·경제적 변화를 가져오게 하는 근원적인 요인이 된다.

장기적인 측면에서는 지역접근성이 향상되어 입지(立地)자체가 달라진다. 주어진 여건 아래서 인적(人的), 물적(物的) 이동의 흐름이 시간이 지남에 따라 더욱 효율적인, 즉 교통비가 절감되는 방향으로 입지를 바꾸게 되는 것이다.

다시 말하면 교통시설이 개선되면 그 지역에 대한 접근도가 향상되어 토지 이용형태가 변화되고 이로 인해 교통수요 또는 교통의 흐름이 달라진다. 그 결과 새로운 교통수요에 대응할 수 있도록 교통시설을 재구성할 필요성이 생기게 되는 것이다.

이처럼 교통계획과 토지이용계획은 상호 밀접한 연관성을 가지고 있으므로 이들 계획과정이 피드백 되어 서로 조화를 이루도록 하여야 한다.

그리고 사회의 발전에 따라 교통의 개념이 종래의 사람과 물자의 이동을 위한 정적·공간거리 극복에서 동적 요인이 가미된 시·공간거리 극복수단으로 확대되어 그 중요성이 더욱 부각되고 있다.

오늘날의 교통은 철도(鐵道), 공로(公路), 해운(海運), 항공(航空), 연속수송(파이프라인)의 5개 수단에 의해 이루어지고 있으며, 이 중에서 철도는 산업혁명과 더불어 발전하여 경제적인 가치가 매우 큰 교통수단으로 그 역할을 다해 왔고, 대량수송과 에너지 이용의 높은 효율성, 환경친화성 등의 특징으로 지속발전이 가능한 교통수단으로 오늘날에 이르고 있다.

앞으로는 교통에 대한 가치와 이념, 미래에 대한 비전과 설계, 현실문제에 대한 정확한 진단을 서로 연계하여, 장기적 관점에서 종합적이며 체계적인 교통정책이 수립되어 인간 생활의 풍요와 삶의 질 향상을 위해 교통이 그 중추적 역할을 다 하여야 할 것이다.

2. 철도(鐵道)의 정의(定義)

철도는 전용(專用) 용지(用地)에 토공, 교량, 터널, 배수시설 등으로 구성되는 노반(路盤)을 조성한 후에 레일, 침목, 도상(道床) 및 그 부속품으로 구성되는 궤도를 부설하고 그 위를 기계적, 전기적 또는 기타 동력으로 차량을 운행하여 일시에 대량의 여객과 화물을 수송하는 육상교통수단을 말한다.

즉 철도는 레일 또는 일정한 안내로(guide way)에 유도되어 여객이나 화물을 운송하는 차량을 이동시키는 시설로, 레일로 된 일정한 주행로(runway)위를 전용의 차량이 유도되어 주행하는 교통수단이다.

넓은 의미로는 노면철도, 강삭철도(鋼索鐵道, cable railway), 가공삭도(架空索道, aerial ropeway), 모노레일(monorail), 자기부상철도 등 신 교통시스템까지 포함된다.

「철도산업발전기본법」과 「철도건설법」에서는 “철도라 함은 여객 또는 화물을 운송하는 데 필요한 철도시설과 철도차량 및 이와 관련된 운영 · 지원체계가 유기적으로 구성된 운송체계를 말한다”라고 정의하고 있다.

그리고 철도를 고속철도, 일반철도, 도시철도, 광역철도로 구분하여 사용하는데 ‘고속철도’는 열차가 주요구간을 시속 200km 이상으로 주행하는 철도로서 국토교통부장관이 그 노선을 지정 · 고시하는 철도를, ‘일반철도’는 고속철도와 도시철도법에 의한 도시철도를 제외한 철도를, ‘광역철도’는 둘 이상의 특별시 · 광역시 · 특별자치시 및 도(이하 “시 · 도”라 함)에 걸쳐 운행되는 도시철도 또는 철도로서 ① 시 · 도간의 일상적인 교통수요를 대량으로 신속하게 처리하기 위해 운행되는 도시철도 또는

철도이거나 이를 연결하는 도시철도 또는 철도이고 ② 전체구간이 대도시권의 범위에 해당하는 지역에 포함되고 권역별로 지정된 지점을 중심으로 반지름 40킬로미터 이내인 조건을 만족하고 국토교통부장관이나 특별시장 · 광역시장 · 특별자치시장 또는 도지사가 「국가통합교통체계효율화법」에 따른 국가교통위원회의 심의를 거쳐 지정 · 고시한 것을 말한다. '도시철도'는 도시교통의 원활한 소통을 위해 도시교통권역에서 건설 · 운영하는 철도, 모노레일 · 노면전차(路面電車) · 자기부상열차(磁氣浮上列車) 등 궤도에 의한 교통시설 및 교통수단을 말하는 것으로 각 개별법에서 그 용어를 정의하고 있다.

3. 철도수송의 특징

철도수송은 다음과 같은 특성을 가지고 있다.

1) 대량수송(mass transport)

철도는 여러 대의 차량으로 열차를 형성하여 운행하므로 대량수송이 가능하다. 철도수송은 레일과 쇠바퀴의 즉 금속과 금속의 접촉을 통해 궤도에 의해 안내되는 차륜의 움직임으로 이루어져 저항을 상당히 줄일 수 있다. 그래서 철도차량은 동일한 추진력으로 자동차에 비해 더 큰 하중을 이동시킬 수 있어 철도수송은 도로수송 보다 에너지를 적게 소비한다.

또 각 열차와 열차 사이의 간격은 여러 첨단기술을 활용하여 안전하게 제어되므로 도로에 비해 고속 운행이 가능하고 수송력 또한 비교할 수 없을 만큼 크다.

2) 안전성(safety)

여객과 화물을 안전하게 수송하는 것은 교통의 최우선 목표가 되어야 한다. 레일위로 주행이 유도되는 것은 철도의 안전성을 확보하는 기본이 되고, 이를 기반으로 여러 단계의 안전시스템을 갖추게 되어 다른 교통수단에 비해 안전 확보에 유리하다.

일반적으로 철도는 자동차에 비해 사고율이 낮지만 대량수송, 고속성을 지니고 있어 사고가 발생할 경우는 대형사고로 발전되는 경향이 있고, 건널목사고처럼 철도운영기관의 의지와는 관계없이 외부 요인에 의해 발생하는 경우가 많다.

그러나 최근의 고속철도 운행으로 안전에 대한 인식이 높아져서 사고를 예방하고 최소화하기 위하여 사람의 불안전 행동에 대한 안전대책을 수립하고 기계·설비·작업환경의 안전화를 위하여 차량, 신호보안설비, 운전시스템에 안전장치를 내장시키는 등의 근본적인 안전방안을 강구하고 있다.

3) 높은 에너지 효율성

쇠로 만들어진 레일 위로 역시 강철로 만들어진 차륜이 구르기 때문에 주행저항이 다른 교통수단에 비해 작다.

열차의 주행저항은 평평한 선로에서 20km/h일 때 1~2kgf/t으로 포장도로에서 10kgf/t, 비포장도로에서 80kgf/t인 자동차 보다 아주 작다.

최근의 자료에 의하면 인·km, 톤·km 당 에너지 소비를 철도를 1로 했을 때 버스 1.4, 승용차 7.1, 트럭 5.3으로 철도가 에너지 효율성이 높은 교통수단으로 평가받고 있다(이종득, 2006).

4) 고속성

철도는 전용 레일로 주행할 뿐만 아니라 선로의 직선화, 공기저항 감소·제동력 증대 등의 차량 개량, 보안설비 개선으로 속도가 향상되어 고속운전이 가능하게 되었다.

특히 최근에는 경제성 확보를 위해 비용이 많이 드는 기존 선로의 개량을 최소화하면서 틸팅(tilting)차량을 도입하기도 하는데 독일의 ICE-T의 경우 최고속도 250km/h로 운행하고 있다. 틸팅열차란 선로의 곡선부에서 차체를 곡선 내측으로 기울여 원심력을 줄임으로써 속도를 높여도 좋은 승차감을 유지하도록 한 열차를 말한다. 또 고속철도는 300km/h 전후로, 자기부상열차는 400km/h의 초고속으로 상업운행을 하고 있으며 시험선에서는 600km/h 이상의 주행기록도 가지고 있다.

5) 정시성(定時性)

자동차, 비행기, 선박은 기후의 영향을 받기 쉬워 기상변화에 따라 운행시간에 차질을 가져온다. 특히 겨울철 폭설로 도로나 공항이 그 기능을 다할 수 없어 교통이 마비되는 경우를 우리는 많이 경험하고 있다.

철도는 기상조건에 거의 영향을 받지 않고 정상적인 운행이 가능하여 정시성이 높은 서비스를 제공한다.

도로의 경우 교통량이 많고 교차점이 잦은 구간에서는 그 속도를 일정하게 유지하기가 어려우며, 특히 도시 내에서는 교통의 패턴이 특정시간대에 도심 지향적으로 집중되어 교통난과 교통체증으로 정시성을 지키기가 어려운 등 문제점이 있어 광역철도나 도시철도와 같은 대중교통수단이 도시교통문제를 해결하기 위한 대안으로 인식되고 있다.

6) 쾌적성(快適性)

미래의 교통서비스는 신속성, 편의성과 아울러 쾌적성이 요구된다. 장시간 여행에 있어서는 차량의 동요가 적고 승차공간이 넓으며, 좌석의 폭이 넓어 승차감이 좋아야 하고 소음도 작아야 한다. 철도는 다른 교통수단 보다 쾌적성을 더 많이 충족할 수 있는 조건을 갖추고 있다.

7) 공해발생 정도가 낮음

에너지원을 전기로 할 수 있기 때문에 에너지효율이 높을 뿐 아니라, 유류를 사용하는 경우에 비해 배기가스에 의한 대기오염 등을 줄일 수 있어 자연환경에 피해를 주는 정도가 상대적으로 작다.

고속철도의 경우는 이음매가 없는 장대레일을 채택하고 소음과 진동이 발생하는 바퀴가 객차와 객차 사이 여객용 의자를 설치하지 않은 구간에 배치되어 있기 때문에 진동과 소음이 작으며 운행속도가 300km/h인 점을 감안하면 자동차에 비해 소음이 매우 낮은 편이다.

8) 취약점

한편 철도는 다른 교통수단에 비해 다음과 같은 취약한 점도 가지고 있다.

① 적은 수의 사람이나 적은 양의 화물 수송에는 비경제적이다.
② 문전수송(door to door)이 어려워 연계수송(feeder service)이 필요한 경우가 많다.
③ 시간적, 공간적 제약이 커서 여행자유도가 낮다.
④ 여러 사람이 같이 이용함으로 사생활(privacy) 보호가 상대적으로 어렵다.
⑤ 화물수송 시 다른 수단을 이용하여 싣고 내리는 과정을 거쳐야 하고 경우에 따라서는 보관이라는 단계도 거쳐야 한다.
⑥ 초기건설비가 높고 보수에도 정밀을 필요로 한다.

4. 철도시스템의 구성요소

철도는 앞 절에서 이야기한 것처럼 정해진 선로 위에서만 주행할 수 있고 열차에 여러 대(臺)의 차량을 연결하여 운용할 수 있는 특성이 있다. 이런 특성을 이용하여 대량수송, 안전성, 정시성, 쾌적성 등의 기능을 발휘하기 위해서는 여러 요소들 간의 체계적이고 유기적인 통합이 필요하며 철도시스템은 다음과 같은 요소로 구성된다.

1) 선로(線路)

선로는 차량이 주행하는 길로서 궤도, 노반, 분기기, 선로방호설비, 방재설비 등 선로부속설비를 포함한다.

노반은 흙 쌓기(盛土), 땅 깎기(切土)로 형성되고 지형 등 주위 여건에 따라 교량이나 터널 등 구조물을 필요로 한다.

궤도는 레일과 침목 및 도상(道床)으로 구성되며 견고한 노반위에 자갈 등을 일정한 두께로 깔고 그 위에 침목을 일정 간격으로 부설한 뒤 침목 위에 두 줄의 레일을 평행하게 체결(締結)한 것으로, 노반과 함께 열차하중을 직접 지지하는 역할을 하는

부분이다.

선로는 주행차량의 하중을 레일 → 침목 → 도상 → 노반 순으로 전달, 분산하여 완화시키고 철도의 안전하고 신속, 쾌적한 여행에 큰 영향을 미친다.

선로는 높낮이도 구불거림도 없이 평탄한 직선이면 가장 바람직하나 지형에 따라 기울기, 곡선, 교량, 터널이 필요하기 때문에 건설비와 유지관리비가 많이 소요된다. 따라서 차량을 비롯한 다른 요소와 상호 관련성까지 감안하여 최대한의 경제성을 확보하여야 한다.

2) 차량(車輛)

차량은 승객과 화물을 목적지까지 정확하게 나르는 운반구(carriage)이다.

차량은 나라마다 철도 역사(歷史)와 발전단계에 따라 여러 가지 관점에서 분류하고 있으나 일반적으로는 사용하는 에너지 종류에 따라 전기차와 디젤차로, 운반하는 대상물에 따라 여객차와 화물차로, 동력을 가진 차량인지 아닌지에 따라 동력차와 비 동력차로 구분한다.

3) 역(驛) 시설

철도를 이용하는 승객이 타고 내리거나 화물을 싣고 내리기 위한 각종 시설을 말하며 역사(驛舍)와 승강장(昇降場, platform)으로 구성된다. 최근에는 역사의 기능이 승객뿐만 아니라 일반 지역주민의 만남과 문화 활동의 공간으로 사용되어 그 기능이 다양화되고 있으며 전동차가 운행하는 구간의 승강장은 단시간에 많은 여객이 타고 내릴 수 있도록 차량의 바닥높이와 승강장 바닥높이를 거의 같게 하고 환승이나 접근성을 높이기 위해 역 시설을 개선해 나가고 있다.

4) 에너지 공급 설비

차량에 에너지를 공급하는 설비이다. 디젤차의 경우 경유를 공급하는 설비나 기지를 말한다. 전기차의 경우는 발전소로부터 송전된 전기를 변전소에서 변전하여 전차선을 통해 차량에 공급하는 설비이다.

우리나라의 경우는 한국전력은 한국전력 변전소까지만 전기를 공급하고 한전변전소 다음 구간부터는 한국철도공사나 지방자치단체의 전철운영기관이 전기를 구입하여 사용한다. 전력공급 경로는 한국전력발전소 → 한국전력변전소 → 전철변전소 → 전차선 → 차량 순으로 필요에 맞게 변환하여 사용한다.

한국철도공사 구간은 교류를, 지방자치단체의 지하철 구간은 주로 직류방식을 채택하고 있다.

5) 철도 시스템의 관리

철도는 하나의 시스템으로 역에서 표를 팔고 사용한 표를 회수하기도 하는 역무원, 열차를 운전하는 기관사, 열차 안에서 서비스하는 열차 승무원, 동력 공급이나 신호 · 통신을 취급하는 전기 · 전자기술자, 차량을 정비하는 기계 · 전기기술자, 선로를 건설하고 유지 보수하는 토목 기술자, 이 모든 시스템을 아울러 최대의 효율을 만들어내는 경영 관리자 등 여러 사람들이 다음 그림처럼 각각의 역할을 다 할 때 안전 · 신속 · 정확한 철도가 가능하다.

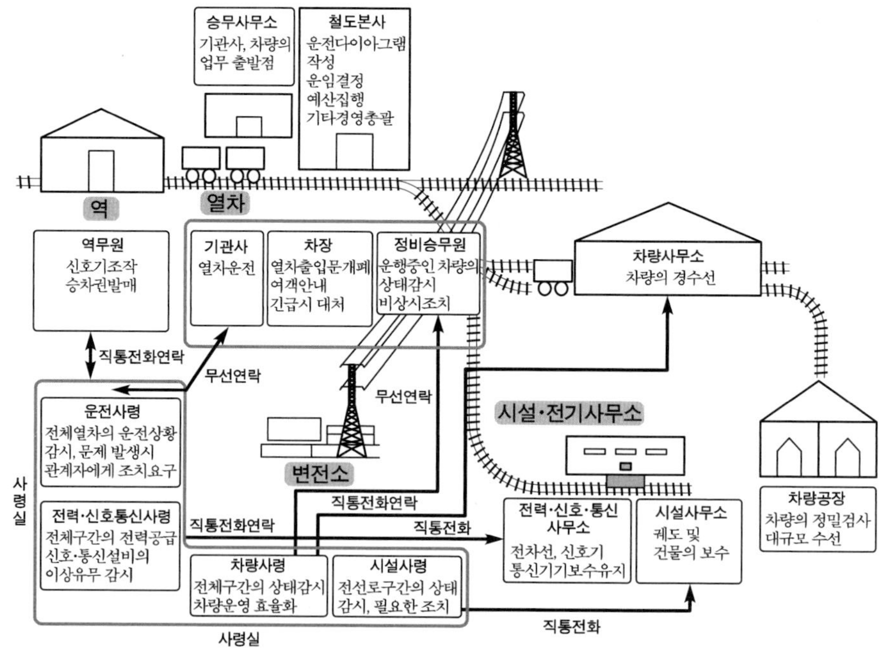

그림 1.1 철도 시스템

(1) 역 및 역무원

역에서는 운전 업무와 영업 업무를 한다.

운전 업무는 열차의 운행에 관한 업무로 운전 계장실에서 운전 제어 패널의 작동을 통해서 수행하는 신호기나 전철기 조작이 주된 업무이다. 운전제어 패널을 조작하는 조작 담당자는 특별한 자격이 필요한데 이는 신호기, 전철기를 조작하고 만약의 경우 응급조치까지도 할 수 있는 능력이 있어야 하기 때문이다.

현대 철도에서는 CTC (centralized traffic control: 열차집중제어장치) 를 도입하여 중앙에서 담당 구간 전체 철도망의 신호기와 전철기를 일괄 제어할 수 있도록 한 경우가 많아 역에서의 운전업무는 점차 줄어들고 있다. 하지만 이 경우에도 많은 열차가 출발하고 도착하는 큰 역이나 차량사무소에의 입출고가 있는 역의 경우 운전제어 패널을 두고 조작함으로서 이중의 안전장치를 확보하고 있는 경우가 많다.

역에서의 또 다른 업무는 영업업무이다. 승차권은 자동발매기에서 발매하거나 혹은 역무원이 직접 팔기도 한다. 또 여객들이 소지한 승차권의 유효함을 확인하는 업무도 자동화기기에 의한 것이 대부분이나 역무원이 직접 하기도 한다. 마지막으로 사용이 끝난 승차권을 회수하는 업무를 "집찰"이라고 한다. 또 승차권이 지정하는 역을 지나쳐서 내린 여객으로부터는 "정산"이라고 해서 추가 요금을 징수한다.

마지막으로 역에서 여객을 안내하고 구내방송이나 장애인의 승차보조도 역무원의 역할이다.

(2) 열차 기관사

열차를 운전하려면 운전면허를 취득하여야 한다. 수많은 승객의 안전을 일선에서 책임지는 기관사가 되기 위해서는 비행기 조종사와 거의 비슷한 훈련을 거치고 대개는 국가에서 주관하는 시험에 합격하여야 한다.

시력, 청력, 운동 기능 등의 신체검사와 적성 검사도 받아야 하고 필기시험, 실기시험 등도 거쳐야만 비로소 운전면허를 취득할 수 있다.

기관사는 승무사무소에 아침에 출근하여 게시판을 보고 승무와 관련하여 특별한 변경사항이 없는지를 먼저 확인하고 나서 당직자에게서 승무점호를 받는다. 각종 주의 사항 등을 점호를 통해 최종 확인한 후 열차 운전에 나선다.

운전시에는 먼저 차량 사무소에서 출구 점검(예를 들어 전기차의 경우 팬터그래프를 올리고 각종 운전기기를 점검하고 브레이크 시험, 도어 개폐의 불량여부도 체크하는 일)을 한다. 출구점검에서 이상이 없으면 차량 사무소 차고에서 역의 플랫폼으로 운전하고 플랫폼에 도착하면 열차감시라 하여 열차를 운행하는데 지장이 없는 상태를 계속 유지하여야 한다. 발차를 위해 열차출입문이 닫혔음을 "알림 등" 으로 확인하는 등 기타 필요한 조치를 빠뜨리지 않아야 한다. 차내 혹은 전방의 출발신호기가 진행을 나타내면 브레이크를 풀고 출발한다.

기관사는 미리 충분히 선로를 익혀서 정해진 속도로 역행(powering), 타행(coasting), 제동(breaking)을 반복하면서 운전하며 계속해서 전방을 감시하여 안전을 해치는 일이 없는지를 확인한다. 여기서 역행은 동력을 사용해 가속하거나 일정 속도를 유지해주는 것을 말하며 타행은 동력을 끊고 관성력만으로 진행하는 경우를 말한다. 제동은 속도를 줄이거나 멈춤을 말함은 물론이다.

점차 역에 가까워지면 플랫폼상의 안전을 확인하면서 브레이크를 조작하여 정해진 위치에 정확히 멈춘다.

승객들이 모두 내리고 나면 차량사무소의 차고까지 운전하여 브레이크를 다시 걸고 전기차의 경우에는 팬터그래프도 내리고 나서 정비사에게 차를 인계한다. 마지막으로 승무보고서(지연, 고장, 사고 등)를 작성하고 승무 종료 점호를 받는다.

(3) 차장

역 플랫폼에서 승객들이 열차에 내리고 탈 때마다 혹은 긴급 상황 발생시 승객의 안전을 확보하는 역할은 차장이 한다.

열차 출발시에는 출입문이 닫혔음을 확인하고 기관사에게 출발 신호를 보내 열차를 출발시킨다. 또 열차가 역에 들어갈 때와 역을 출발할 때 플랫폼의 안전을 확인한다.

열차 내에서는 승객들의 차표를 확인하고 요금을 정산하거나 목적지 변경 등을 규정에 맞게 처리한다. 계속해서 차내를 돌아다니며 질서를 유지하고 긴급 상황발생시에 대처하면서 정차역 에의 도착예정 시간, 차내 설비 등을 방송으로 안내한다.

종착역에 도착하면 승객들의 분실물이 없나 확인하고 취침 등으로 미처 내리지 못한 승객이 있는지를 점검한다. 긴급사고 발생시 사고가 발생하였음을 인근열차에 알리는 방호무선을 보내 인근의 열차를 정지시켜 2차 사고의 발생을 막고 승객들을 안전하게 안내하는 것도 열차 차장의 임무이다.

(4) 사령실

사령실에는 운전, 전력, 통신, 신호, 시설, 차량 사령이 24시간 대기하면서 열차 운행 상태와 모든 시설 및 장비 상태를 파악하고 문제가 발생하면 관련역, 열차, 사무소에 알려 조속한 원상회복을 위한 조치를 한다.

① 운전사령

담당구간의 모든 열차를 감시한다. 이상 상황 등 문제가 생기면 관계사무소 및 담당자에게 직통전화 또는 무선으로 연락한다.

운전사령실 내에 있는 운전제어 패널에는 담당구간의 모든 열차의 위치와 신호기 및 전철기의 상태가 실시간으로 표시된다.

미리 정해놓은 다이어그램과 현재 운행되고 있는 열차의 상황을 비교하면서 만약 고장, 여객과다로 인한 혼잡, 지진, 강설, 폭우 등의 자연 재해에 의한 열차지연 발생 시 이에 대응하여 필요한 조치를 즉시 시행한다. 승객의 안전을 제일로 하면서도 빠른 시간 내에 원래의 열차 다이어그램에로의 복구는 운전사령실 전문요원의 기능에 크게 달려있다.

운전사령실의 사령요원과 승무원간의 연락은 열차무선으로 한다. 혼란을 방지하기 위해서 모든 기관사, 차장 등 승무원은 운전사령실하고만 열차무선이 가능하고 열차 상호간의 무선은 금지한다.

② 전력사령

차량 및 시설에 전력을 공급하는 급전 상황을 감시하는 사령실이다. 변전소, 급전소, 전차선 등에 문제가 발생하면 전력사령실 내 컴퓨터의 화면에 이상 개소가 표시된다.

전력사령실 요원은 즉시 운전사령실에 통보하고 전력사무소의 보수요원과 협의하여 정전, 변전소의 기기고장, 송전선과 장애물의 접촉 등 이상 원인을 찾고 복구 작업을 위해 필요한 조치를 한다.

만약 선로 내에 있는 사람들에게 감전의 위험이 있을 경우 전력 공급을 일시적으로 차단하는 등의 조치도 취한다.

③ 통신·신호사령

전기차에 전력을 공급하는 전기의 전압은 상당히 높아 보통 "강전"이라고 부르는 한편 신호기나 열차무선, 역설비 등에 공급하는 전기의 전압은 낮아

"약전"이라고 부르는데 이 "약전"을 담당하는 사령실을 별도로 두어 이상상황 발생 시 운전사령실에 즉시 통보하고 관련 신호 · 통신 요원들과 협의하여 이상 상황의 원인을 찾고 복구에 필요한 조치를 한다.

④ 시설사령

지진, 강설, 폭우 기타 많은 원인에 의해 선로, 교량, 터널 기타 철도건축물에 이상이 발생할 수 있다. 24시간 수많은 열차가 달리는 선로는 자연에 직접 노출되어 있기 때문에 24시간 내내 감시가 필요하다. 시설사령실에는 담당구역 전체 시설의 상태를 감시하면서 이상발생 시 즉시 대처할 수 있는 체제를 갖추고 있다.

이상상황 발생 시 즉시 운전사령실에 통보하여 열차의 운행에 필요한 조치를 하게하고 시설사무소와 협의하여 신속한 복구를 위한 조치를 한다. 복구인력, 복구재료 기타를 신속히 확보하여 최단시간 내에 선로가 개통되어야만 열차의 지연을 최소화하면서 운행할 수 있기 때문에 신속한 의사결정과 행동이 매우 중요하다.

⑤ 차량사령

기관차, 동차, 객차, 화차 등 전체 차량의 운행 및 정비 현황을 실시간으로 파악하여 운행에 과부족이 없도록 하면서 정비가 필요한 차량은 운행을 중단시키고 정비에 충당한다. 해당 열차에 탑승하고 있는 정비승무원과 협력하여 고장원인을 찾고 임시 복구 등 필요한 조치를 취한다.

(5) 시설사무소

열차가 주행을 계속하면 궤도가 틀어지는 현상이 나타나는데 이를 방치하면 열차의 주행이 불안정하고 결국 중대한 사고로 이어질 수 있다. 따라서 철도에서는 시설사무소를 두어 정기적으로 궤도를 점검, 보수한다.

시설원이 걸어서 확인하며 궤도의 상태를 확인하는 것을 "순회"라고 부른다. 열차가 통과할 때의 궤도의 침하나 이상을 발견하기 위한 것이다. 텅 레일, 노즈 레일, 레일 이음매, 커브 등에서 이상이 나타날 확률이 높기 때문에 특히 주의를 기울인다.

선로를 보수하는 일을 하는 시설 사무소에는 출동을 대기하고 있는 여러 장비가 있다. 선로 위를 전후 자유자재로 달리며 견인차 역할을 하거나 작업시 이동수단이 되는 궤도용 모터카, 레일을 운반하는 레일운반차, 도로와 선로 위를 모두 달릴 수

있어 신속한 작업과 능률적인 자재 운반을 가능케 하는 차량, 철도 자갈을 다지는 멀티플타이템퍼, 레일 표면을 갈아 매끄럽게 하는 레일 삭정차 등이 시설사무소에서 보유하고 있는 대표적인 장비들이다.

시설작업 중 가장 많은 인력과 비용이 들어가는 작업은 레일 교환 작업이다. 레일의 교환주기는 보통 레일 위를 통과하는 열차의 총 중량에 통과 열차 수를 곱한 숫자를 기준으로 산출하기도 하는데 일반적으로 곡선부의 외측은 열차통과 시 원심력에 의해 마모가 빨리 진행되기 때문에 다른 부위에 비해 자주 교환한다.

레일의 이상 유무는 레일에 금이 가거나 닳은 상태를 측정하기 위한 레일 탐상기나 레일간의 수평이나 궤간의 폭을 측정하는 궤도 측정기 등으로 파악한다.

레일을 교환할 때는 25m 표준레일을 설치 장소에 딱 맞도록 구부리고 연결하는 등의 작업이 필요하다. 이 때 궤도 회로의 처리도 필요하여 상당히 긴 시간이 소요되는 경우도 있다. 또한 승차감을 좋게 하기 위해 레일 상호간을 용접하여 장대 레일로 만들기도 한다.

(6) 차량사무소 및 차량공장

① 차량사무소

운행을 끝낸 열차는 차량사무소에 들어가 다음의 운행을 위해 점검, 정비한다. 차량사무소에는 차고, 차량검사설비, 세척설비 등이 위치해 있어 차량의 점검과 정비가 가능토록 되어있다. 대차, 제어기기, 차내 설비 등 차량을 종합적으로 점검하여 고장을 사전에 방지한다.

철도차량은 하루 혹은 3일, 1주일, 1개월, 6개월, 등 주기적으로 대개는 제작사의 권고에 따라 검사를 시행한다. 차량의 검사는 대략 출입문과 차체, 모터 등 회전부분, 대차주변부분, 제어장치 및 운전보안장치 등 4부분으로 나누어 점검하는 것이 일반적이다.

② 차량공장

1년 혹은 2년 이상의 검사 및 정비를 위해서는 차량공장을 이용한다. 예를 들어 4년 이상 또는 주행거리 60만 km 이상에 달하면 대차, 모터 등을 완전히 분해하여 점검하고 수리한다. 일부 부품은 공장에서 제작하거나 리모델링하기도 하여 부품 구입비용을 절감하고 있다.

5. 철도교통의 발전

철도는 18세기 후반 영국에서 태동한 산업혁명에서 시작되었다. 산업혁명기에는 대량생산체제로 많은 양의 원료와 제품 수송을 위해 철도와 같은 대량운송수단이 필요하였고 과학기술의 뒷받침으로 이런 혁신적인 운송수단의 활용이 가능하게 되었다. 그래서 철도는 산업혁명에서 태동되었지만 산업혁명도 철도라는 대량운송수단이 있었기에 가능하였다고 할 수 있다.

1) 철도의 시작

영국은 18세기 산업혁명의 진원지로 산업혁명을 가져다 준 여러 요소 가운데 결정적인 것은 증기기관이다. 18세기 후반부터 19세기 전반에 걸쳐 원재료나 연료, 제품 등의 수송량이 격증함에 따라 종래의 마차에 의한 철도수송으로서는 감당하기 어려워 수송기능을 개선할 수 있는 새로운 교통수단을 바라게 되었다.

영국은 16세기 중엽 이후 목재자원의 고갈로 인한 연료의 위기를 맞고 있었다. 이 연료 위기를 극복하기 위해서 석탄의 조직적인 이용이 필요하게 되었고, 석탄 수요와 생산이 증대함에 따라 기술적으로 해결을 요하는 당면과제로 탄광의 배수문제, 석탄의 수송문제, 철광석 용해문제가 제기되었다. 탄광의 배수처리는 펌프, 대기압기관 등 초기 증기기관의 발명을 촉진시켰고, 마침내 와트(James Watt, 1736-1819)가 증기기관을 발명하기에 이르렀다. 광산에서 채취된 석탄수송은 도로의 개수, 운하의 건설 등 사회간접자본의 투자를 촉진시켜 운하를 통해서 운반하기도 하고 레일과 마차에 의한 수송방식이 채용되기도 하였다. 이 당시 철도는 전용선로도 많았으나 통행료를 지불하면 누구나 이용할 수 있는 공공적인 선로도 많았다. 그리고 말이 끄는 철도는 지형 상 운하건설이 어렵고 수송 수요가 비교적 적은 지역에서 수운(水運)의 보완수단으로서 쓰여 졌다. 이와 같이 철도의 초기 역사는 석탄수송과 밀접한 관련을 가지면서 시작되었다.

1804년 콘 월 주석광산에서 일하던 R. Trevithick(1771-1833)이 최초로 레일 위를 달리는 증기기관차를 시작(試作)하여 남 웨일즈 철공장과 운하간의 자재수송에 사용하였으나 기관차와 레일 등에 말썽이 계속되었다. 이 후 증기기관차는 개량과 함께 각지의 탄광선로에 채용되었으나 기관차를 새로 제작하는 비용이 많이 소요되고 동력효율도 낮았다. 이로 인해 수송원가가 말이 끄는 것에 비해 이점이 적어 보급이 활발하지는 않았다.

1814년에는 G. Stephenson이 증기기관차의 제작에 성공하고, 1825년 9월에는 스티븐슨이 로코모션(Locomotion)호를 직접 운전하여 세계 최초의 공공용 철도인 스톡턴과 달링턴(Stockton-Darlington)간 약 40km 구간의 단선철도(궤간 4피트 8.5인치, 1,435mm)를 개통하면서 실용화에 성공하였다. 이 기관차는 약 90톤의 객·화차를 견인하면서 시속 16km의 속도로 주파하여 속도와 능률에 있어서 획기적인 성공을 거두어 철도시대를 맞이하게 되었다.

그 후 1929년 리버풀-맨체스터 간 철도개업을 앞두고 기관차 경주가 행해졌는데 스티븐슨과 아들이 만든 로켓 호(Rocket)는 최고시속 46km를 내어 우승함으로써 증기기관차의 우수한 성능과 그 실용성을 일반이 인식하게 되었으며, 1930년 9월 증기기관차로 개업한 리버풀-맨체스터 50km구간의 철도를 철도운송업의 효시로 보고 있으며, 이런 성공에 자극되어 철도망은 급격하게 영국 전역으로 확대되고, 산업자본을 순환시키는 대동맥이 되었다.

영국 서해안의 리버풀과 당시 세계최대의 방적공업도시 맨체스터 구간은 18세기 말에 건설된 운하가 있었는데, 이 당시 면화는 해외 식민지 특히 인도로부터 대량으로 리버풀 항에 입하(入荷)되고 있었다. 그러나 화물량이 1일 1,000톤을 넘는 수요에 대응할 수 없어 민영의 철도건설이 계획되었다.

증기기관차는 그 후에도 각 국의 철도에 채택되어 장거리주행을 위하여 석탄과 물을 다른 차량에 적재하여 견인하는 텐더(tender) 기관차가 출현하였으며, 또 속도를 높이기 위하여 동륜(動輪) 지름을 크게 하는 등의 시도가 이루어져 모두 실용화되었다. 기관차의 대형화는 19세기 말까지 눈에 띄게 진척되어 견인력도 점점 커졌다.

즉 증기기관을 이용한 철도의 발달은 대량성과 정시성을 갖춘 운송을 가능하게 하여 자본주의의 형성 발전과 교통산업이 유기적으로 연계된 모형이라 할 수 있다.

그림 1.2 스티븐슨이 제작한 로켓호(1829, 런던과학박물관 소장)

그 결과 수송력, 속도, 비용 등도 개선되어 증기동력의 철도는 1830년대 및 1840년대 두 차례에 걸친 철도열기로 영국의 철도망은 전국적으로 확대되었다. 그리하여 1860년에는 철도영업 마일이 1만 마일이 넘어 오늘날 영국 철도망의 원형을 마련하기에 이르렀다(최 훈, 2005). 이처럼 영국의 산업혁명에서 기술 및 생산력의 성과는 철도의 출현에 의해서 마지막 마무리가 되었다.

그래서 철도는 산업혁명에서 비롯되었지만 동시에 산업혁명 그 자체도 철도로 인해 완성되었다고 할 수도 있다.

표 1.1 세계 각국의 철도개통년도

연 도	국 명	연 도	국 명	연 도	국 명
1825. 9.27	영국	1848.10.28	스페인	1869.	그리스, 루마니아, 우루과이
1828.10. 4	프랑스	1848.	영령기니아	1870.	에스토니아
1830.12.25	미국	1850.	멕시코	1871.	콜롬비아, 에콰도르, 타스마니아
1834.12.17	아일랜드	1851.	페루, 칠레		
1835. 5. 3	벨기에	1853. 4.16	인도	1872.10.14	일본
1835.12. 7	독일	1854.	노르웨이	1876.	튀니지
1836. 7. 3	캐나다	1854. 4.30	브라질	1877.	버마

표 1.1 계속

연 도	국 명	연 도	국 명	연 도	국 명
1836.	소련	1854. 9.12	오스트레일리아	1880.	과테말라
1837.	쿠바	1855.	이집트, 파나마	1881.	뉴펀들랜드, 중국
1838. 1. 6	오스트리아	1856.	포르투갈, 스웨덴	1882.	엘살바도르
1838. 4. 14	러시아	1857. 8.30	아르헨티나	1885.	말라야
1839.	체코슬로바키아	1859.	룩셈부르크	1889.	볼리비아
1839. 9.20	네덜란드	1860. 1. 4	터키	1891.	대만
1839.10. 3	이탈리아	1860.	라트비아	1892.	필리핀, 이란
1842.	북부아일랜드	1861.	파라과이	1893.	타일랜드
1844. 6.15	스위스	1862.	핀란드	1894.	만주
1845.	폴란드	1863.	리투아니아	1899. 9.18	한국
1846	헝가리, 유고	1863.12. 1	뉴질랜드	1900.	수단
1847. 6.27	덴마크	1866.	불가리아	1951	리베리아

자료 : 철도공학개론(이종득, 2001)

2) 철도산업의 쇠퇴

영국과 미국에서 철도는 산업혁명 이후인 19세기말에서 제1차 세계대전에 이르는 기간이 전성기였으며, 특히 세계대전 기간 중에는 병력과 군수품 수송이 철도에 크게 의존하여 철도산업은 지속적인 성장을 할 수 있었다.

그래서 20세기 초 이전까지만 해도 철도는 교통수단 가운데 독점적이고 우월적인 지위를 확보하여 자본주의 체제의 성숙에 발맞추어 가장 영향력 있는 교통수단으로 번성을 누려왔다고 볼 수 있다.

그러나 1908년 미국의 H. 포드가 차동차를 대량생산하기 시작한 이래 자동차공업의 영향을 받아 철도산업은 자연히 쇠퇴 국면으로 접어들게 되었으며 그 이유는 다음과 같다.

첫째, 철도는 주어진 궤도상으로만 그 운행이 제약됨으로 자유도가 도로에 비해 뒤떨어진다.

둘째, 철도는 초기투자비가 많이 소요되고 또 네트워크의 효과도 가지고 있어 자연히 독점형태로 되기 쉽고 정부의 규제가 따르게 된다. 따라서 철도는 운임의 비탄력성, 외부적 규제에 의한 경영의 제약 등 시장경제에 바탕을 둔 경영에 적응할 수 있는 여건이 제한되어 있다.

셋째, 철도산업은 공적서비스 의무(public service obligation)로 인해 건설의 타당성 또는 기업의 채산성과는 무관하게 투자를 하거나 철도운행을 계속해야 하는 경우가 많아 철도경영에는 어려움을 가져왔다. 공적서비스란 철도운영자가 영리목적의 영업활동과 관계없이 국가 또는 지방자치단체의 정책이나 공공목적 등을 위하여 제공하는 철도서비스를 말한다. 철도산업발전기본법에서는 '공익서비스'라는 용어를 사용하고 있다.

이와 같은 요인 등으로 인해 결과적으로 철도산업이 점차 사양길로 접어들게 된다. 그러나 제1차 세계대전(1914~1919)으로 철도는 병력과 군수품 수송에 중요한 역할을 함으로써 일시적으로 재도약의 조짐을 보이기도 하였지만 그 후 자동차 및 항공 산업이 정부의 다양한 정책적 지원을 받아 급속히 발달하고 무역과 자원정책에 연관된 해운과 파이프라인이 신장함으로써 1920년대 이후 철도는 다시 빠른 속도로 사양(斜陽)의 국면을 맞게 되었다.

주요 국가별로 철도산업이 쇠퇴하게 된 배경을 살펴보면 다음과 같다(최 훈, 2005).

(1) 영국

영국의 철도는 다른 교통수단에 비해 먼저 발달하였고 자본주의 형성과정에서 중요한 교통수단으로서의 역할을 다하였다.

두 차례의 세계대전 기간 중에는 철도가 전쟁수행에 필요한 교통수단으로 활용되면서 호황을 누리기도 하였으나, 전쟁이 끝나자 거의 모든 산업시설의 파괴로 철도도 승객과 화물이 줄어들게 되어 쇠퇴하기 시작했다. 전후 영국 정부가 철도산업의 현안문제를 해결하기 위한 여러 차례의 소유권과 경영형태의 변경조치로 산업자체의 정체와 혼란이 이어졌다.

이후 1953년 새로 제정된 「운수법」에 의해 철도의 운임규제도 대폭 완화되면서 철도산업에 경영원리의 도입이 시도되었다.

1962년에는 철도를 철도공사(鐵道公社)의 형태로 개편하였으나 이 무렵 철도는 자동차와 항공기의 도전으로 경영이 악화되고 있었다. 이때 비 채산 노선의 축소와 대폭적인 감원을 통한 경영개선 노력을 하였지만 그 결과는 만족스럽지 못했다.

60년대 후반 영국 정부는 철도의 중요성을 인식하고 산업 · 경제적 차원에서 철도

산업을 발전시키려 하여 적자노선의 폐지를 억제하고 여객수송에 대하여는 일정한 보조를 행하기도 하였지만 영국철도는 침체에서 벗어나지 못했다.

(2) 미국

미국은 유럽에 비해 자동차 산업이 일찍 발달하여 철도산업의 사양(斜陽)이 빨리 나타났는데 궤도부설이 점차 감소한 시기는 1939년 이후로 보고 있다.

이와 같은 철도산업 사양의 원인은 자동차 산업과 항공 산업의 발달이었다. 사실 전쟁기간 중에는 사유자동차의 사용억제로 철도의 시장 점유율을 유지할 수 있었으나 전쟁이 끝난 직후 철도는 화물부문에서부터 시장을 급속히 잃기 시작했고 뒤이어 여객 부문에서도 시장 점유율이 떨어지기 시작했다. 이는 철도의 열악한 재정으로 재투자가 제대로 이루어질 수 없었기 때문이었다. 정부의 철도에 대한 잘못된 정책도 철도산업을 곤경에 처하게 된 중요한 요인 중의 하나로서 즉 철도산업의 위기에 대한 늑장대처, 정치적으로 왜곡된 요금과 서비스 조정력의 상실, 도로와 항공망의 성장을 위한 정부의 지원을 그 예로 들 수 있다.

표 1.2 미국의 철도망 변화 추이 (단위 : 마일)

연 도	영업연장[1]	총 연장[2]
1939	220,915	364,174
1951	213,401	354,546
1955	211,459	350,217
1971	195,840	317,711
1975	191,520	310,941
1980	164,822	270,623
1982	159,123	263,330
1986	140,061	233,205

자료 : 철도산업의 혁명(최 훈, 2005)
주 1) 조차장선, 유치선, 측선을 제외한 영업선을 의미
2) 철도선로 총 연장

(3) 일본

일본은 1965년 이후부터 철도가 사양길로 접어든 것으로 보고 있다. 일본철도는 제1, 2차 세계대전 기간의 약 20년 동안 육상교통 분야에서 시장독점을 이루면서 번성하고 있었다.

일본의 국철은 제1차 세계대전 이후 경제적 불황에도 불구하고 철도수송량을 증대시켜 왔고, 1929년 세계공황으로 다소 침체가 있었으나, 1931년 이후 준전시체제 속에서 군수산업의 발달과 더불어 철도산업도 지속적인 발전이 이어졌다. 그 결과 1921~1936년 기간 중의 국철의 영업연장이 약 7,000km에 이르렀다.

철도가 이처럼 발전할 수 있었던 것은 자동차의 보급이 구미와 달리 그리 빠른 속도로 이루어지지 않았고 버스, 트럭 등 육상교통사업에 대한 감독권이 철도로 이관되고 전시체제에서 유류의 통제와 선박의 징발이 있어 자동차 및 선박 수송량이 철도로 전환되었기 때문이다.

일본의 철도도 1965년 이후 결국은 자동차 산업의 발달로 사양의 길로 들어서 1987년 국영에서 민영화체제로 바뀔 때까지 일본정부의 현안문제로 남아 있었다.

이 문제를 해결하기 위해 일본정부는 1969년부터 1985년까지 다섯 차례에 걸쳐 '국철재정운용계획(國鐵財政運用計劃)'을 수립하여 철도경영의 혁신을 도모하였으나 결과는 좋지 않아 결국 정부의 혁신조치에 따라 전국의 철도가 6개의 여객, 1개의 화물로 7개의 경영단위로 분할되어 운영권이 민간 부문으로 넘겨졌다. 이러한 철도산업의 민영화 조치로 일본철도가 경영난에서 벗어나 부흥을 하기 시작하였다.

일본철도의 사양화를 가져온 요인을 보면 아래와 같다.

① 자동차산업의 발달과 철도서비스의 품질 저하로 철도수요 감소
② 규제로 인한 철도경영의 경직성, 특히 운임 결정의 제약과 시장수요 변화에 적극적으로 대처하지 못한 경영
③ 공공조직의 경직성과 철도경영 노하우 부족
④ 거대노조로 인한 경영의 어려움

3) 철도의 부흥

철도산업은 1960년대 초까지 사양화 되었으나 이 시기를 지나면서 철도에 대한 인식이 새로워지면서 부흥하기 시작하였는데, 철도산업의 부흥에 영향을 미친 요소들을 정리하면 다음과 같다.

(1) 철도의 기술 혁신

철도산업의 부흥을 가져온 중요한 요소는 속도 향상이다.

철도의 초기 발전과정에서는 다른 교통수단이 발달하지 못한 상태에서 독점적 지위를 가졌던 철도에서는 속도 자체가 그리 중요한 문제가 되지 못했다. 그러나 자동차의 높은 자유도와 항공의 신속성은 속도가 낮은 철도가 경쟁에서 밀릴 수밖에 없었다.

그래서 자동차 등 다른 교통수단에 맞설 수 있는 속도 향상을 위한 기술 혁신이 추진되었다. 1964년 일본의 신칸센, 1981년 프랑스의 파리-리용 간 TGV, 1991년 독일의 하노버-뷔르쯔부르그 구간과 만하임-슈투트가르트 사이의 ICE 고속철도개통이 바로 이런 기술혁신이 가져온 결과라 할 수 있다.

(2) 철도의 필요성 재인식

자동차 교통의 혼잡 심화와 대기오염 등과 같은 환경문제가 나타남으로서 수송의 효율성과 환경문제를 극복하기 위한 철도의 중요성이 다시 인식되고 철도산업에 대한 정책적 지원과 투자가 뒤따르면서 철도 부흥의 여건이 조성되기 시작하였다.

(3) 철도경영의 규제완화

앞에서 철도의 사양화 원인에서 지적하였듯이 철도가 독점적 지위에 있었기 때문에 상대적으로 규제가 심하여 경영의 자율성이 없어 경영 악화를 초래하였다.

여러 나라는 이런 규제의 심각성을 인식하고 탈 규제정책을 시행하기 시작하였다. 우선 경영의 자율성을 확보해 주는 조치로서 가장 대표적인 것이 미국철도의 부흥을 가져다준 「Staggers Rail Act of 1980」의 제정이다.

적정운임 수준의 결정에 관한 자율성과 자유로운 부대사업 시행, 그리고 적자를 가중시킨 화물철도회사의 여객운송의무 철폐 등이다. 이 법이 시행됨으로서 1887년

규제가 시작된 이래 100여년 만에 사실상 규제가 없어진 것과 같은 결과를 가져와서 철도의 부흥을 일으킬 수 있는 중요한 전기가 되었다.

4) 우리나라 철도

우리나라의 철도는 영국이 1825년, 미국이 1830년, 일본이 1872년에 철도를 개통한 것보다 훨씬 뒤인 1899년 9월 18일 인천-노량진 간 경인선을 개통함으로써 시작되었다.

한국의 철도산업은 구미의 여러 나라나 일본과도 전혀 다른 배경에서 출발되었다.

영국이나 미국의 경우는 산업혁명의 소산(所産)으로 철도산업의 번영을 보았고 자본의 축적 과정에서 철도산업의 지속적인 발전이 가능했다.

일본은 메이지유신을 거치면서 국가창업의 에너지가 원동력이 되어 서구 문명을 수입하는 과정에서 철도산업을 우선적으로 받아들이고 이의 발전을 시도했던 것이다.

이러한 사정과는 달리 우리나라는 구한말 국운이 쇠퇴하여 자의적인 여력이나 자본의 축적이 없는 환경에서 철도산업이 시작되었다.

1899년 최초로 경인철도가 개통되었으나 이 역시 일본인에 의해 건설되었고, 을사보호조약으로 일본이 한국의 외교권은 물론 내정까지 관장하게 된 1905년경에는 한반도의 남북을 종단하는 1천 km 이상의 대철도망이 형성되어 일본 제국주의가 획책하였던 대륙경영 전략차원의 한반도의 종관철도(縱貫鐵道) 계획을 실현하였다(정재정, 1999).

우리나라 철도발전사를 살펴보면 다음과 같다.

우리나라에서는 19세기 중엽 이후 서구의 과학·기계문명이 점차 도입됨에 따라 철도가 새로운 관심사로 등장하게 되었다. 최초의 철도관련 기사는 1877년 일본에 파견되었던 수신사(修信使) 김기수(金綺秀)가 쓴 일동기유(日東記遊)에서 기차의 경이로움을 화륜거(火輪車)란 이름으로 소개하고, 김홍집도 1880년 일본에 다녀와서 국가 운영상 철도가 중요하다는 것을 역설하였다. 1885년 서울-인천 사이에 전기통신사업이 시작되면서 철도에 관한 인식이 더욱 넓게 확산되어 갔다.

1882년 영국과 일본 회사들이 한국 철도의 부설권 양도를 요청하였고 1885년에는 일본인 마쓰다(松田行藏)가 한국에 들어와서 약 4년간에 걸쳐 전 국토의 지세, 교통, 경제 상태를 조사한 바 있었다.

1889년, 고종 26년 주미대리공사 이하영(李夏榮)이 귀국 시 기차모형을 소개하고 철도의 필요성을 역설함으로써 철도 부설문제가 제기되었다.

1894년 7월, 우리정부는 내각의 공무아문(工務衙門)에 철도국을 두고 정부에서 철도업무를 관장하기 시작하였고, 1896년 7월 철도의 부설·감독·관리를 담당하는 철도사(鐵道司)를 설치하고, 국내에서는 국제표준규격에 맞는 통일적인 철도를 건설할 것을 규정한 「국내철도규칙」 7조를 제정·공포하였다.

이 규칙에는 여객 및 화물의 운송을 전국적으로 시행케 하고(제1조), 철도 넓이를 균일하게 하여 어떤 차량이라도 국내에서 자유로이 왕래할 수 있도록 규정하고(제2조), 그 궤도는 영척(英尺) 4척 8촌 반으로 확정지어 둔다고 하였고(제3조), 국내는 물론 외국인이 국내에서 철도사업을 시행할 때는 우리나라 농공상부와 수시 타협하여 집행하도록 규정하였다(한국철도시설공단, 한국철도건설백년사(상)2005). 이것이 우리나라에서 처음으로 제정 공포한 「철도규칙」이다.

1896년 3월, 황실은 이하영의 주청에 의해 경인철도 부설권을 미국인 모어스(James R. Morse)에게 특허하였으며, 같은 해 7월에는 프랑스 휘브릴 회사의 그리루에게 경의선(京義線) 철도부설권을 특허하였으나 이는 훗날 일본에 다시 양도되었다.

1897년 3월 22일 모어스는 인천 우각리(牛角里)에서 경인철도 기공식을 거행하고 절반 정도까지 공사를 하다가 자금이 부족하자 한국정부의 허락도 없이 일본정부와 재벌이 중심이 되어 세운 경인철도인수조합에 철도부설권을 매각하였다.

경인철도 부설권을 인수받은 일본은 공사를 계속하여 1899년 9월 18일 인천-노량진간 33.2km의 경인철도를 개통하게 되어 우리나라에서 철도교통시대의 막이 열렸다. 이것이 우리나라 최초의 철도개통으로서 지금까지 철도의 날로 지정하여 기념하고 있다.

이후 1905년 1월에 영등포-초량 사이의 경부선 철도가 개통되고 1906년 4월에 용산-신의주 사이의 경의선 영업이 시작됨으로써 한반도 종주(縱走)의 남북관통선이 완성되고, 나아가서 1913년 5월에 대전-목포간의 호남선(湖南線)이, 8월에 용산-원산간의 경원선(京元線)이 준공됨으로써 한반도의 동북 및 서남부를 X축으로 연결하는 철도 간선망(幹線網)이 형성되었다(철도청, 한국철도100년사, 1999). 한국전쟁을 치르고 난 1950년대 후반에서 1960년대에 걸쳐 비로소 우리나라의 철도는 자력에 의한 발전을 할 수 있었다. 특히 석탄을 주 에너지로 했던 당시의 정책으로 철도의 역할은 어느 때보다 중요했고 이러한 여건으로 황지선(백산-황지), 함백선(제천-함백), 문경선(점촌-문경), 영암선(영주-철암), 경북선(예천-영주) 등의 산업선이 우리나라의 철도 기술로 건설되어 철도산업은 많은 발전을 이루게 되었다.

1974년 8월 15일에는 우리나라 최초의 지하철인 종로-청량리 사이를 개통하고,

서울-수원, 구로-인천, 용산-성북 등의 수도권전철을 개통하여 철도가 대도시권의 대중교통수단으로 역할을 담당하게 되었다.

특히, 2004년 4월 1일 경부선과 호남선에 고속철도를 동시 개통함으로서 우리나라는 일본, 프랑스, 독일, 스페인에 이어 세계 5번째로 시속 300km의 고속철도를 운영하는 나라가 되고 철도산업을 최첨단산업으로 도약시키는 중요한 계기가 되었다.

한국철도발전의 주요 연표(철도청, 철도주요연표, 2002)

- 1877. 2 수신사 김기수가 일동기유(日東記遊)를 통해 일본철도 시승기를 전함
- 1882 한국철도 부설권을 영국, 일본회사들이 양도 요구(철도건설문제 최초 대두)
- 1885 일본인 마쓰다(松田行藏)가 한국의 지세, 교통, 경제상태 등을 4년간 답사
- 1889 미국 주재 이하영 대리공사가 철도모형도를 가지고와서 왕과 백관들에게 보이고 철도의 필요성 역설
- 1894.3 공무아문(公務衙門)에 철도국을 둠(최초의 철도조직)
- 1896.3 경인철도 부설권을 미국인 모어스에게 특허
- 1896.7 경의철도 부설권을 프랑스 휘브릴회사 그리루에 특허
- 1897.3 모어스가 인천 우각현에서 경인철도 공사 착공
- 1898.5 모어스가 경인철도를 일인(日人) 경인철도합자회사에 양도
- 1898.9 경부철도주식회사에 철도부설 허가
- 1899.1 경인철도 재 착공을 위한 기공식
- 1899.9.18 인천-노량진 간 33.2km 경인철도 개통
- 1905.1 경부선 서울-초량 전 구간 영업 개시
- 1906.4 경의선 용산-신의주 간 직통운전 개시
- 1914.1 호남선 개통
- 1914.9 경원선 개통
- 1942.4 중앙선 영업 개시
- 1974.8 종로-청량리 간 지하철 개통
- 2004.4 서울-부산 간 고속철도 개통

한국철도 경영주체의 변천(최 훈, 앞의 책, 2005)

○ 구 한국시대
- 농상공부 공무아문에서 관장(1894.8.20)
- 궁내부 통신사를 철도과, 전화과로 나눔(1899.6.24)
- 궁내부에 철도원 설치(1900.4.1)
- 통감부 철도관리국 설치(1906.7.1)
- 통감부 철도청 설치(1909.3.16)
- 일본철도원 한국철도관리국 설치(1909.12.16)

○ 일제시대
- 조선총독부 철도국 설치(1910.10.1)
- 남만주철도(주)에 한국철도 경영 위탁(1917-1925)
- 조선총독부 직영기(1925-1945)
  조선총독부 철도국설치(1945)
  조선총독부 교통국으로 개편(1943)

○ 미군정시대
- 미 군정청 교통국 설치(1945)
- 미 군정청 교통국을 운수국으로 개칭(1946)

○ 대한민국시대
- 교통부 설치(1948.8.15)
- 교통부 외청으로 철도청 설치(1963.9)
- 철도청을 한국철도시설공단과(2004.1)
  한국철도공사로 분리(2005.1)

표 1.3 주요 선별 개통 년 월 일

선 명	구 간	영업개시일
경 인 선	노량진-인천	1899. 9.18
경 부 선	서울-부산	1905. 1. 1
경 의 선	서울-신의주	1906. 4. 3
군 산 선	이리-군산	1912. 3. 6
호 남 선	대전-목포	1914. 1.11
경 원 선	용산-원산	1914. 8.16
대 구 선	대구-영천	1918.10.31
경 전 선	송정리-순천 진주-삼랑진 마산-삼랑진	1922. 7. 1 1923.12. 1 1905.10.2
경 북 선	김천-점촌	1924.10. 1
안 성 선	천안-안성	1925.12. 1
진 해 선	창원-진해	1926.11.11
용 산 선	용산-당인리	1929. 9.20
장 항 선	천안-장항	1931. 8. 1
수 여 선	수원-여수	1931.12. 1
동해남부선	부산진-포항	1935.12.16
전 라 선	이리-여수	1936.12.16
수 인 선	수원-남인천	1937. 8. 6
경 춘 선	성동-춘천	1939. 7.25
영 동 선	철암-묵호리	1940. 8. 1
중 앙 선	청량리-경주	1942. 4. 1
화 순 선	화순-복암	1942.10. 1
가 야 선	범일-사상	1944. 6.10
우 암 선	부전-우암	1951. 8. 1
문 현 선	부산진-우암	1951. 8.10
울 산 선	울산-울산항	1951. 8.10
김 포 선	소사-김포	1951. 8.20
장생포선	야음-장생포	1952. 9.25
옥 구 선	군산-옥구	1953. 3. 9
사 천 선	개양-사천	1953. 5.24
부 전 선	가야-부전	1955. 9. 1
문 경 선	점촌-가은	1955. 9.15
충 북 선	조치원-봉양	1958. 5.15
강 경 선	채운-연무대	1958. 5.15
주 인 선	주안-남인천	1959. 5.31

표 1.3 계속

선 명	구 간	영업개시일
서울교외선	능곡-수색	1963. 8.20
진 삼 선	사천-삼천포	1965.12. 7
고 한 선	증산-고한	1966. 1.19
경 북 선	김천-영주	1966.11. 9
경 전 선	진주-순천	1968. 2. 7
경의복선	서울-수색	1968.10.30
문 경 선	진남-문경	1969. 5.10
경인복선	서울-영등포	1969. 6.28
태 백 선	정선-여량	1971. 5.21
경원복선	청량리-성북	1971. 5.27
경부고속	서울-대구	2004. 4. 1

자료 : 철도청, 철도주요연표, 2002

사 례

화륜거(火輪車) 이야기

김기수가 1876년 수신사로 일본에 다녀온 후 기록한 「일동기유」에서 기차를 화륜거라 하고 다음과 같이 기술하였다.

"요코하마(橫濱)에서 신바시(新橋)까지는 화륜거를 탔는데 역루(驛樓)에서 조금 쉬었다. …중략… 차가 벌써 역루에 기다린다고 하기에 역루 밖에서 복도를 따라 수십 칸을 지나가니 복도는 다 되었는데도 차는 보이지 않았다. 장행랑 하나가 4~5십 칸이나 되는 것이 길가에 있어 나는 차가 어디에 있느냐고 물으니 이것이 차라고 대답하는 것이었다. 차는 앞의 4칸, 1차에는 화륜이 있는데 앞에는 화륜이 끌고 뒤에는 사람을 실었다. …중략… 쇠갈고리(連結器)로써 이를 연결하여 1차가 1차에 연결되어 4~5차, 10차까지 이르게 되니 능히 3,4십 칸이나 4,5십 칸이 되었다. 마루로써 오르고 내리며 집에 앉게 되었다. 밖에는 문목으로 장식하고 안에는 가죽과 털, 담요 등으로써 꾸몄다. 양쪽에는 의자처럼 높고 가운데는 낮고 편편한데 걸터앉아서 마주보고 대하니 한 방에 6인 혹은 8인이나 되었다. 양쪽 가에는 모두 유리로써 막았는데 장식이 찬란하여 눈이 부셨다. 차마다 모두 바퀴가 있어 앞차의 화륜이 구르면 여러 차의 바퀴가 따라서 모두 구르게 되니 우레와 번개처럼 달리고 바람과 비같이 날뛰었다. 한 시간에 3~4백리를 달린다고 하였는데 차체는 안온하여 조금도 움직이지 않으며 다만 좌우에 산천초목 · 가옥 · 인물이 보이기는 하나 앞에 번쩍 뒤에 번쩍하므로 도저히 잡아 보기가 어려웠다. 눈 깜짝할 사이에 벌써 신바시 까지 도착하였으니 그 거리가 95리나 왔던 것이다."

자료 : 한국철도100년사, 철도청, 1999.

5) 철도의 발전 과정과 역할

철도의 발전 과정을 보면 다음 특징을 들 수 있다.

첫째, 철도는 산업사회의 형성과 발전에 크게 기여하였다. 산업혁명과 더불어 증기와 전기에 의한 동력이 개발됨으로써 철도와 같은 대량운송체계의 구축이 가능하게 되었다. 이는 산업 활동을 촉진하고 그 지속을 보장해주는 원동력이 되어 산업사회발전에 크게 이바지한 요소로 간주되고 있다.

둘째, 19세기 철도는 자본주의 체제 유지와 군사적 목적을 위해 크게 이용되었다. 자본주의 사회에서 필요한 원료와 제품의 수송을 위해서 군사적 행동과 연계된 병력과 군수품의 이동수단으로서 철도가 필요한 교통수단이었다.

영국이 인도 식민지 경영을 위해 대규모 철도를 부설한 사실과 미국이 남북전쟁기간(1861~1865) 중에 철도를 통해 군대와 보급품을 운송한 사실, 그리고 두 차례에 걸친 세계대전 기간 중에 수행한 역할을 예로 들 수 있다.

특히, 일본은 청일전쟁과 노일전쟁 및 2차 세계대전까지 한반도와 중국대륙에 철도를 부설하였으며 한반도에서는 식민지 지배 기반을 구축하기 위해 경부선과 경의선을 개통하여 남북 종관철도망을 확보하고 남서와 동북을 연결하는 교차철도망인 경원선, 호남선, 함경선을 차례로 건설하였다.

셋째, 철도 발전은 국가발전과 경영에도 필요한 요소이다. 철도가 국토의 주요 거점을 연결하면서 사회적 경제적 교류를 촉진하고 산업기반 조성, 관광지 개발 등 지역경제 활성화에 기여하고 유통구조의 변화, 지역 주민간의 이동 확대와 사회의식의 변화로 국가발전을 가져오는 데도 크게 기여하고 있다.

넷째, 철도는 앞으로 지속가능한 교통수단으로 발전할 것이다. 경제활동의 세계화와 경제적 이해의 공동추구를 위한 지역 경제권역의 형성으로 인적, 물적 교류가 증대되고 소득수준이 향상되어 삶의 질과 시간가치를 중시하고 에너지 이용의 높은 효율성과 환경친화적인 교통수단을 요구하고 있다. 이러한 교통서비스 요구를 가장 많이 충족할 수 있는 수단으로서 신속, 안전, 편리, 쾌적한 철도가 그 역할을 다할 수 있기 때문이다.

CHAPTER 02

철도수송계획

1. 철도계획의 기본

철도는 본래 공공적 성격이 강하다. 우리나라는 2004년까지 정부조직인 철도청에서 철도업무를 관장해 왔다.

정부의 철도산업구조개혁계획에 따라 2004년에 고속철도를 포함한 철도의 건설과 시설관리 업무를 관장하는 한국철도시설공단을, 2005년에는 철도를 운영하는 한국철도공사를 설립하여 철도시설 부문과 철도운영 부문을 분리하였다.

「철도산업발전기본법」에는 철도의 관리청은 국토교통부장관으로 하고 철도시설은 국가가 소유하는 것을 원칙으로 하면서 철도산업시책은 효율성과 공익적 기능을 고려하여 추진하도록 하고 있다. 「철도건설법」에서 국토교통부장관은 10년 단위로 국가철도망구축계획을 수립 · 시행하여야 하고 이 철도망계획은 국가기간교통망계획과 대도시권광역교통계획과 조화를 이루도록 하여 체계적인 철도망의 구축으로 철도시설이 서로 유기적인 기능을 발휘할 수 있도록 장치를 마련해 놓고 있다. 다시 말하면 철도가 국가의 발전과 국민의 교통편의 증진을 도모할 수 있도록 국가 책임의 철도계획체계를 갖추고 있는 것이다.

또한 도시철도 또는 전용철도의 경우도 서울특별시장 · 광역시장 · 특별자치시장 · 도지사 및 특별자치도지사는 관할 도시교통권역에서 도시철도를 건설 · 운영하려면 관계 시 · 도지사와 협의하여 10년 단위의 도시철도망구축계획을 수립하여 국토교통부장관의 승인을 받아 시행하도록 규정하고 있다. 그리고 도시철도망계획은 국가기간교통망계획, 중기교통시설투자계획, 대도시권광역교통기본계획 및 대도시권광역교통시행계획과 조화를 이루어 수립토록 규정하고 있다. 이는 국가전체의 교통체계의 일관성을 유지하고 수송효율을 높임으로서 도시교통의 발전과 도시교통 이용자의 안전 및 편의증진에 이바지하기 위한 것이다.

철도 운영은 효율과 공익적 기능을 동시에 고려하여야 한다. 그래서 국가는 교통서비스 제공의 형평성 유지를 위해 수익성이 없는 구간에도 열차를 운영하거나 원가가 충분히 반영되지 못하는 운임수준을 유지하여야 하는 경우도 있다.

도시철도의 경우도 도시철도를 필요에 따라 국가가 건설 · 운영하기도 하고 건설공사비의 일정부분을 중앙정부에서 부담하는 등 도시교통권역의 원활한 교통소통을 위해 노력하고 있다.

2. 철도계획의 흐름

계획은 미래를 예측할 수 있는 힘을 토대로 사회적 힘을 통제할 수 있도록 해주는 도구이며 예측한다는 것은 통제한다는 것을 의미하므로 과학적인 미래예측 관련지식이 계획기술의 중요한 부분을 차지한다(원제무 외 역, 1998). 교통의 경우 교통체계는 여러 가지 요소에 의해서 끊임없는 변화과정을 겪고 있는데, 이 같은 변화는 물리적·공간적·사회적·경제적 변화에 의해 지속적으로 변형되어가는 하나의 과정으로서 교통체계는 급격히 변화하는 주변 여건 아래서는 변화되는 환경에 적응치 못할 뿐만 아니라 교통체계를 구성하는 요소간의 상충이 일어나기 때문에 이를 적절히 조정하거나 통제하지 못하면 통행자들의 기본욕구를 충족하지 못하고 국토의 공간구조를 균형 있게 형성하기가 어려워진다(이건영 외, 1997).

철도계획은 철도를 포함한 교통현상에 관한 경험적 사실과 자료에 바탕을 두고 앞을 헤아려 보고 미래의 바람직한 상태와 현실 문제 개선의 길잡이가 되는 수단을 찾아내는 것이라 할 수 있으며, 다음의 단계를 거쳐 수립한다.

① 목표설정
② 세력권의 설정
③ 현황조사
④ 교통수요의 예측
⑤ 시설기준 책정
⑥ 운영계획 및 수송능력 검토
⑦ 비용의 산정 및 편익의 측정
⑧ 경제성 및 재무 분석
⑨ 종합평가

그리고 철도사업은 다음과 같은 특징을 가지고 있으므로 철도건설사업계획은 종합적이고 체계적으로 접근하여야 한다.

① 수명주기(life cycle)가 길다.
② 직·간접적인 이해관계자가 많다.
③ 대규모 투자를 필요로 한다.
④ 지역 사회에 미치는 영향이 폭넓고 또한 길다.

3. 교통수요 예측

1) 교통수요예측의 원리

교통수요(transportation demand)는 인간에게 필요한 각종 사회·경제활동들이 지리적으로 흩어진 공간상에서 일어나기 때문에 발생한다. 즉 인간이 거주하는 장소에서 삶의 영위에 필요한 모든 활동을 수행할 수 없기 때문에 사람과 물자의 이동이 필요하며, 이러한 이동의 수요를 충족시키기 위해 교통수요가 발생하게 된다.

사람은 교통에 대한 필요성과 그가 처한 환경을 바탕으로 어떤 수단을 선택할 것인지 의사결정을 한다. 이런 선택은 통행의 목적, 빈도, 시간대, 목적지, 교통수단의 특성에 따라 결정된다.

교통수요는 교통시설이나 교통서비스 등으로 구성된 교통시스템을 이용하는 정도라고 정의할 수 있다(윤대식, 2001).

철도부문 투자사업의 교통수요를 예측하는 방법은 본질적으로 도로부문 투자사업의 경우와 동일하나, 철도부문은 대부분 대규모사업이고 영향권이 광범위하여 주로 종합적, 체계적 분석방법을 이용하게 된다.

도로의 경쟁대상은 주로 철도 혹은 다른 병행도로가 대부분이지만 철도의 경우는 병행도로는 물론이고 해운, 항공노선도 경쟁대상이 되므로 이들 여러 교통수단의 상호 경쟁적 혹은 보완적 관계를 종합적으로 고려하여 수송수요를 예측하여야 한다. 한편 지선(支線)의 건설, 혹은 신호체계 개량 등 소규모투자사업의 경우는 주로 대상

노선 분석방법(帶狀路線分析方法)을 이용하여 수요를 예측하기도 한다.

철도부문 투자사업의 수송수요는 정상교통량(定常交通量), 전환교통량(轉換交通量), 유발교통량(誘發交通量) 등으로 구분하고, 투자사업의 특성(규모, 영향권의 범위, 다른 수단과의 경쟁정도 등)을 고려하여 종합적 체계분석방법이나 대상노선 분석방법을 선택하여 수요를 예측하는 것이 바람직하다.

철도부문 투자 사업은 도로부문에 비하여 다음의 몇 가지 특성을 지니고 있다.

① 철도는 대량의 대중교통수단이므로 간선교통망의 일부가 된다. 따라서 거의 모든 구간이 도로망과 경쟁이 되고, 교통수요는 상호 서비스의 우열(優劣) 즉, 운임, 속도, 정시성 등의 경쟁에 의해 결정하게 되므로 철도의 교통수요는 항상 다른 수요와 함께 종합적으로 예측되어야 한다.

② 철도는 궤도 위를 주행(走行)하며 지정된 역에서만 승·하차(乘·下車)가 가능하므로 그 자체로서 수송행위가 끝나는 일은 거의 없다. 대부분의 경우 도로(또는 해운, 항공)와의 연계(連繫)가 불가피하므로 접근 수송에 소요되는 비용과 시간 그리고 화물의 경우는 환적(換積)비용과 보관료까지 고려하여야 한다. 또한 역의 수가 적거나 위치가 적당하지 않으면 철도수요는 감소하게 된다.

③ 철도수송은 공로수송에 비해 서비스수준이 다양하므로 서비스별 수요와 분담상태를 예측하기 힘들다. 여객수송의 경우 고속철도, 새마을, 무궁화에 이르는 등급이 있고, 화물수송의 경우도 소화물, 차급수송, 컨테이너수송, 전용열차와 같은 다양한 서비스가 있다.

④ 철도는 공익적 기능을 고려하므로 운임수준이 시장에서만 결정 되는 것이 아니라 국가의 정책에도 영향을 받는다. 일반적으로 수송 수요는 운임에 민감하므로 미래의 국가정책방향에 대한 적절한 가정이 필요하게 되고 예측되는 수요는 이와 같은 가정의 합리성에 크게 좌우된다.

⑤ 철도는 대량수송수단이므로 소량 수요에 적극적으로 대처할 수 없다. 즉 철도는 수요와 공급측면을 고려하여 합리적인 운행계획을 세우고 최종적인 교통수요는 운행계획(運行計劃)에 따라 결정되는 것이다.

2) 종합적 체계분석방법에 의한 교통수요의 예측(경제기획원, 1982)

다음과 같은 5단계의 예측과정을 거친다.

(1) 제1단계 : 현황분석

철도부문 교통수요를 정확히 예측하기 위해서는 영향권지역의 통행실태 및 인구, 지역총생산, 토지이용형태 등 사회·경제적 여건을 조사 분석하여야 한다. 여기서 통행(trip)이란 '하나의 출발지(origin)에서 하나의 목적지(destination)로 가는 한 방향의 이동'을 말한다. 이들에 대한 조사 분석은 영향권지역(影響圈地域)을 적당한 크기로 분할·구분(zoning)하여야 하고 이 분할된 지역, 즉 존(zone) 간의 사람 및 화물의 흐름을 파악함으로서 대상지역의 통행특성 및 구조를 분석할 수 있게 된다. 이와 같이 대상지역을 여러 개의 존으로 분할·구분하려 할 때 기준이 되는 사항은 자료수집과 처리의 용이성, 사회·경제적 변수의 동질성 등으로 집약할 수 있다. 철도부문일 경우 존은 주로 철도역을 중심으로 분할하는 것이 일반적이다.

자료수집, 처리의 용이성을 위하여 존의 수를 가능한 적게 하는 것이 좋으나 너무 수가 적으면 자료통합에 의한 오차가 발생하는 등 예측 결과의 신뢰성이 떨어지게 되므로, 대상 투자사업의 특성에 따라 존의 수가 결정되어야 한다. 도로사업의 경우 통행실태분석을 위해 우리나라에서는 일반적으로 서울특별시를 80~100개의 존으로 부산광역시의 경우는 60~70개 존으로 전국은 60~200개 정도의 존으로 구분하고 있다.

존의 경계는 일반적으로 대상지역의 사회·경제적 특성과 지형 등 물리적 특성을 고려하게 되는데 자료의 이용가능성을 고려하여 행정구역 경계를 존의 경계로 하되 각 존의 소비행태, 통행특성, 소득수준 등 사회·경제적 특성이 유사하게 지역을 구분하는 것이 바람직하다.

존별 사회·경제적 여건은

- ○ 인구 및 밀도(연령별, 직업별, 성별, 가구 수 등)
- ○ 경제 및 고용규모(산업별 종사자, 산업별 생산액, 개인소득 등)
- ○ 토지이용 형태(유형별 면적, 밀도 등)
- ○ 차량 보유현황(차종별 등)

등과 같이 교통량의 발생 및 증가와 직접관련이 있는 변수를 의미한다.

통행실태를 파악하기 위한 기·종점(起·終點, O/D)자료는 주요 역간 O/D표를 한국철도공사에서 매년 작성하여 발표하고 있으므로 기본적인 자료가 될 수 있다.

그러나 이 O/D자료는 철도수요에만 국한되어 있고 통행목적 등은 파악되지 않고 있으므로 다음과 같은 사항을 추가로 조사하여 수요 추정에 이용하는 것이 바람직하다.

○ 통행목적(여객의 경우)
○ 최초출발지와 최종목적지
○ 최초출발지 및 최종목적지와 역까지의 접근수단
○ 접근수단 이용 시의 비용과 소요시간
○ 적·하차(積·下車) 비용
○ 경쟁 교통시설(도로, 항공, 해운 등)을 이용하는 통행의 O/D 등

위와 같은 조사는 전수조사보다는 표본조사에 의하여 실시되며 철도공사의 자료를 이용하여 접근시간 및 비용까지 포함한 출발지와 목적지의 O/D를 만들 수 있다. 이 때 O/D표는 여객의 경우는 열차등급별로, 화물은 품목별로 구분하여 작성하는 것이 바람직하다.

화물의 품목별 분류는 한국철도공사에서 양곡, 비료, 양회, 무연탄, 유류, 광석, 철도용품, 기타로 구분하여 집계하고 있으므로 특별한 경우를 제외하고는 이에 준하는 것이 편리하다.

이를 이용하여 여객 및 화물의 O/D표, 기·종점 간 수송비용과 소요시간 행렬표(行列表)를 작성할 수 있다.

교통량 조사는 각 노선에 어느 정도의 수송량이 존재하는가를 조사하는 것으로 주된 조사항목은

○ 열차운행 횟수(여객, 화물)
○ 각 역의 승·하차 여객 및 적하물량
○ 각 역의 통과교통량
○ 열차의 편성상태

○ 운행시간대(運行時間帶)의 분포

등이며 이들은 한국철도공사의 기존자료를 이용하여 구할 수 있다.

분석대상이 되는 지역에서 관련되는 자료를 확보하면 변수 간의 관계를 나타내는 모형을 만드는데 모형은 주로 수학식으로 현상을 기술하고 예측하는 데 사용된다.

예측모형에서는 분석대상 시스템에서 변수 상호 간에 어떤 작용이 이루어지는가를 이용하여 검토하고 예측대상 시스템에 포함되는 변수를 찾아낸다(이규방 외, 1998).

(2) 제2단계 : 통행발생(通行發生, trip generation)의 예측

가. 모형의 정립

통행발생은 전통적인 4단계 교통수요 예측과정의 첫 번째 단계로서 어떤 지역 혹은 도시 내에서 구획된 교통존에서 나가거나 혹은 들어오는 사람 또는 차량의 통행량을 예측하는 단계이다(윤대식, 2001).

통행발생의 예측은 크게 통행유출량(通行流出量)과 통행유인량(通行誘引量)으로 구분되며 기·종점조사에 의하여 파악된 존별 통행유출량(trip production) 및 통행유인량(trip attraction)과 제1단계에서 조사된 사회·경제적 변수와의 상호연관성을 계량모형(計量模型)으로 규명하는 단계로서 통행의 출발, 도착과 통행목적을 정확히 입증하고 계량화하여야 한다.

다시 말해서 통행발생분석의 궁극적 목적은 앞에서 말한 목적별 통행의 출발, 도착량과 그 지역의 사회·경제적 변수들과의 사이에 상관관계를 설정하고 이에 의하여 미래의 통행량을 추정하는데 있으며 장래의 불확실성 때문에 야기되는 오차(誤差)를 최소화하기 위하여 경험적(經驗的)인 판단력이 요청되며 여러 가지 가정(假定)에 의한 엄밀한 비교 검토를 통하여 예측결과를 분석하여야 한다.

일반적인 통행유출 및 통행유인 모형의 형태는

$Ti=f(Pi,\ LU_i^R \cdots\cdots)$: 통행유출모형

$Tj=f(LU_j^M,\ LU_j^C,\ Ij \cdots\cdots)$: 통행유인모형

여기서,

Ti : 존 i의 통행발생량

Tj : 존 j의 통행유인량
Pi : 존 i의 인구
LU_i^R : 존 i의 주거지역 면적
LU_j^C : 존 j의 상업지역 면적
LU_j^M : 존 j의 공업지역 면적
Ij : 존 j의 평균소득 수준을 나타낸다.

즉 통행유출모형은 업무, 관광, 방문 등 통행목적별로 각 존에서 생성되는 통행량을 그 존의 인구수, 주거지역면적 등의 함수로 표현하는 것으로 이들 변수 이외에도 소득수준 등 다른 변수들을 포함하여 여러 형태의 모형을 정립할 수 있다.

위의 모형에서 Ti, Tj는 i지역과 j지역의 전체교통량일 수 있고, 통행목적별로 구분된 교통량, 화물 품목별로 구분된 수송량, 등급별로 구분된 교통량일 수도 있다. 예정된 사업이 한 도시 내에서만 계획되어 정기여객과 비 정기여객으로 구분할 필요가 있을 경우에는 통행목적별로 구분하면 된다.

화물수송량을 품목별로 구분하는 이유는 화물의 이동이 생산지와 소비지 뿐 아니라 원료산지, 중간가공공장 등에 따라 2차 수송, 3차 수송 등 품목별로 서로 다르게 이루어지기 때문이다.

우리나라 철도화물의 상당부문을 차지하고 있는 석탄과 양회(洋灰)는 주로 산지가 강원도이며 대규모 소비지는 수도권이다. 따라서 석탄이나 양회는 수도권 등 대도시 부근에 가공공장이 있는 경우가 많으며 철도수송은 완제품일 수도 있고 반제품일 수도 있어 이들의 유통구조는 복잡하게 되고 따라서 품목별로 상관되는 변수가 다른 것은 당연하다.

모형의 형태는 일반적으로 선형함수(線型函數)로 표현되며 이외에도 비선형함수(예: 지수함수, 로지스틱함수, 곰페르츠함수 등)로 모형을 정립할 수 있으나 선형함수로 정립하는 것이 추정하기가 용이하고 비용도 절감되므로 널리 이용하고 있다.

비선형함수는 비선형 최우추정법(最尤推定法) 등 복잡한 추정과정을 거치게 되므로 이용에 어려움이 있다.

선형함수일 경우 일반적으로 최소자승법(method of least squares)을 이용하여 추정하게 되는데 설명변수(Pi 등)가 2개 이상인 경우는 쉽게 추정할 수 없으므로 보통 컴퓨터를 이용하게 되며 다양한 프로그램(회귀분석프로그램)이 개발되어 있다.

통행유인모형은 각 존으로 유인되는 통행량을 그 존의 공업지역, 상업지역, 소득수준, 관광지 유무 등 통행유인특성의 함수로 표현하는 것으로 통행유출모형과 마찬가지로 정립하여 추정하게 된다.

나. 모형의 추정과 평가

통행유출모형과 통행유인모형을 선형함수로 정립하는 경우는 최소자승법에 의해 추정하게 되고 보통 컴퓨터 프로그램을 이용한다. 통행발생모형은 다양하게 설정할 수 있으며 보통 여러 개의 모형을 추정하여 그 결과를 상호 비교함으로서 가장 바람직한 모형을 채택하게 된다.

여러 형태로 설정된 수개의 모형 중에서 최적 모형을 선정하기 위한 각 모형의 평가기준은

- ㅇ가능한 적은 수의 변수를 사용하고(principle of parsimony) 포함된 변수는 충분한 경제적 의미가 있을 것
- ㅇ현실을 잘 반영할 것

등이 있으며 사회과학 분야에서는 위의 두 기준이 가장 중요한 기준이 된다.

위 기준에 의해 모형을 평가하기 위하여 검토되는 검증 값은 결정계수(coefficient of determination: R^2), F비율, 회귀계수의 값 및 부호(magnitude and sign), 회귀계수의 표준오차(standard error) 및 유의수준(level of significance) 등이다. 회귀관계의 크기 및 부호는 해당변수와 종속변수에 미치는 계량 경제적 의미(econometrics meaning)를 나타내 주며, 만약 부호가(+)이면 종속변수(Ti)와 해당 설명변수(Pi 등) 간에는 직접적인 관계나 정(正)의 관계가 있으며 만약(-)이면 부(負)의 관계가 있는 것이다.

회귀계수 값의 크기가 통계적인 의미가 있는지 없는지를 보통 t검정에 의하게 되며 t=회귀계수의 값/해당계수의 표준오차(단 Ho : β=0일 때)로 계산된다. 이 t값의 크기로 우리는 유의수준(有意水準) α를 계산할 수 있으며 이 α의 값은 Ho : β=0의 영가설(零假說, null hypothesis)이 진(眞)인데도 불구하고 허위라고 판단하였을 때 범하게 되는 오류(誤謬)의 크기가 된다. 여기서 영가설이란 '모집단에서는 두 변인 간에 관계가 존재하지 않는다는 진술'을 말한다. 따라서 이 α의 값이 충분히 작은 경우(보통 α는 5% 혹은 10%의 기준을 사용함) 당해 회귀계수의 값은 통계적으로 유의성이 인정될 수 있다.

모형의 설명력은 보통 R^2으로 대변되는데 R^2의 의미는 해당 모형에 포함된 모든 설명변수들이 종속변수의 변동 중 얼마나 설명할 수 있는가 하는 것으로 R^2=0.5이라 하면 종속변수의 변동 중 50%를 그 모형에 포함된 설명변수들이 함께 설명했다고 볼 수 있다.

다. 통행유출량과 통행유인량의 예측

이상의 과정을 거쳐 최적모형이 선정되면, 이모형을 이용하여 미래의 존별 통행유출량 및 통행유인량을 예측하여야 하며 아래와 같은 과정을 거치는 것이 일반적이다.

① 설명변수의 미래예측

최적 모형에서 사용한 설명변수들의 미래 예측치는 신뢰성이 있는 이미 예측된 자료를 이용하거나 실제로 모형을 정립하여 예측하여야 한다. 예를 들어 존별 인구는 자연증가 추세를 이용하여 추정할 수 있고 토지이용형태별 면적은 상위계획의 토지이용계획을 이용하여 추정할 수 있다.

② 종속변수, 즉 통행발생량의 예측

위에서 예측된 설명변수들의 미래 값을 최적 모형에 대입하여 존별 통행유출량과 통행유인량을 예측할 수 있다.

(3) 제3단계 : 통행분포(通行分布, trip distribution)

제2단계의 통행발생 단계에서 예측된 각 존의 유출 및 유입통행량을 바탕으로 각 출발지-목적지 쌍(origin-destination pair) 사이를 통행하는 통행량을 예측하는 단계이다. 일반적으로 우선 여러 모형들을 검토한 후 대상지역의 여건, 통행특성 그리고 이용 가능한 자료 상태를 보아 적합한 모형을 선정하는 것이 바람직하다.

통행분포를 위한 모형에는 성장인자(growth factor)를 기초로 하는 균일성장인자모형(uniform-factor model), 평균성장인자모형(average-factor model), 프래타모형(Fratar model), 디트로이트모형(Detroit model) 등이 있고 또 각 존의 특성을 기초로 하는 중력모형(重力模型, gravity model), 확률모형(opportunity model) 등이 있다.

가. 성장인자모형

성장인자모형은 존의 성장률을 산출하여 현재의 존 간 기·종점 통행량에 적용하는 것으로 계산방법이 단순하여 단기추정에는 유리한 모형이나 각 존 간의 거리, 통행시간, 통행비용 등의 인자(因子)들을 고려하지 못하고, 토지이용과 존 사이의 활동(interzonal activity)에 있어서의 중요한 변화를 통행분포 예측과정에 적절히 반영하지 못하므로 미래의 도로망 구축이나 새로운 교통수단 도입, 토지이용에 큰 변화가 일어날 경우에는 오차가 크게 되며 또 분포과정이 임의적이라는 단점이 있다.

① 균일성장인자모형

성장인자모형 가운데서 가장 단순한 형태로서 분석대상지역에 대해 하나의 성장인자를 적용하여 존 간의 통행분포를 예측하는 방법이다. 즉 기준연도의 존 간 통행량에다 하나의 성장인자를 균일하게 곱하여 목표연도의 존 간 통행량을 예측한다. 이 방법은 기준연도와 목표연도 사이에 인구 및 토지이용의 변화가 존 사이에 심한 차이를 보일 경우 예측에 큰 오차가 나타날 수 있다는 단점이 있다.

② 평균성장인자모형

각 존마다 다른 성장인자를 적용하여 존 간의 장래 통행분포를 예측하는 방법으로 목표연도의 존 간 통행량을 예측하기 위해 존들의 성장인자의 평균값을 기준연도의 존 간 통행량에 곱하여 산출하며 균일성장인자모형보다 정밀한 예측방법이다.

③ 프래타모형

평균성장인자모형보다 진일보된 모형으로 목표연도의 존 간 통행량을 예측하기 위해 먼저 각 존의 성장인자를 계산한 다음 보정식(補正式)을 도입하여 예측하는데 평균성장인자모형보다 계산과정은 복잡하나 짧은 반복계산과정을 거쳐 바람직한 해(解, solution)를 얻을 수 있다.

④ 디트로이트모형

프래타모형과 비슷한 계산과정을 적용하나 프래타모형의 보정 항을 단순한 성장인자로 대치하여 사용한다. 이모형은 반복계산의 중지를 위한 기준에 수렴하는 속도가 프래타모형보다 약간 느리지만 반복계산단계에서의 계산과정이 프래타모형보다 훨씬 단순한 장점으로 성장인자 모형 가운데 가장 효율적인 것으로 인정받고 있다(윤대식, 2001).

나. 확률모형

확률모형의 기본가정은 어떤 통행이 어느 존을 도착지로 할 확률은 그 존이 도착지가 될 확률에 출발지에서 더 가까운 곳에 도착지가 될 수 있는 존이 발견되지 않는 확률을 곱한 것과 같다는 것인데, 이 기본가정을 중력모형과 비교하여 볼 때 가능한 최소시간에 목적지에 도달하려는 점과 존의 구역설정에 구애받지 않고 관찰한 자료를 적응시키는데 좋고 중력모형 보다 더 정확한 예측을 할 수 있다는 점이 유리하나, 한 존이 도착지로 될 확률을 구하는데 많은 애로가 있고 통행목적에 따른 특성을 감안하지 못하며 위의 확률변화에 따른 전체적 모형응용이 복잡하다는 단점이 있다.

다. 중력모형(경제기획원, 1982 ; 윤대식, 2001)

중력모형은 뉴턴의 중력법칙(Newton's law of gravity)을 사회현상의 하나인 인간의 공간적 이동행태 규명을 위해 적용한 것이다. 이 모형의 기본원리는 기·종점간의 통행은 각 교통지구(traffic zone)간의 상대적인 흡인력인 인구규모, 시설분포 등과 같은 다양한 외생변수의 크기에 비례하고 각 지구간의 통행저항요인인 통행거리, 통행시간, 통행비 등에 반비례한다는 데 근간을 두고 있다(박창호 외, 2000). 즉 물체간의 중력 작용은 두 가지 요인에 의해 결정되는데, 하나는 물체의 크기(scale impact)로서, 대도시들은 소도시들에 비해 사람이나 재화의 상호교류가 많다는 것이다. 다른 하나의 요인은 물체 간에 떨어진 거리(distance impact)로서 서로 멀리 떨어져 있는 도시들보다는 인접해 있는 도시들 간에 상호교류가 많다는 것이다. 기본원리는 존 간의 통행은 각 존의 상대적 유인력에 정비례하고 존 간의 공간적 분리(거리 혹은 통행시간)에 반비례한다는 것으로 일반적으로 중력모형이 널리 이용되고 있다. 그 이유는 중력모형이

- ◦ 토지이용도에 따라 통행량 분포를 고려하고
- ◦ 통행목적에 따라 분포가 조정되며
- ◦ 모형자체가 유연성이 있어 어느 도시에서나 적용이 무난하고
- ◦ 확률모형보다 입력 자료가 간단하며
- ◦ 중력모형은 통행분포에 큰 영향을 미치는 통행시간 혹은 거리 등이 가장 잘 반

영된다는 점이 있기 때문이다.

① 중력모형의 기본원리

이제 이들 두 가지 영향을 묶어서 중력모형의 기본 식을 나타내면 다음과 같다.

$$T_{ij}=P_iP_j/d_{ij} \quad (2.1)$$

여기서, T_{ij} : 존 i, j 간의 통행량

P_i : 존 i의 인구

P_j : 존 j의 인구

d_{ij} : 존 i와 존 j 사이의 거리

② 기본모형의 수정

중력모형의 기본개념을 단순하게 표현한 식(2.1)은 보다 현실적으로 수정될 필요가 있다. 이 단순한 형태의 수식으로는 통행의 유발 및 유입에 영향을 미치는 여러 요인에 의한 영향, 즉 통행량 보존법칙, 통행발생의 상대성, 대상교통지구간의 관계, 통행저항요인, 통행특성 등과 같은 복합적인 관계를 규명하는데는 한계가 있다. 따라서 이러한 문제점을 보완하기 위해 기본모형에 상수를 도입하고 교통지구 i, j 의 인구 P_i, P_j 대신에 통행발생량 및 유입량인 O_i, D_j를 사용하고, 통행저항변수인 두 교통지구간의 거리는 공간거리 뿐만 아니라 시간거리, 또는 비용 등으로 나타낼 수 있는 일반함수 형태를 도입하여 통행제약개념을 반영하는데, 기본모형의 수정은 ㉠ 거리요소(distance element) ㉡ 존의 규모요소(scale element) ㉢ 상수(constant)의 세 가지 요소에 의해 이루어진다.

㉠ 거리요소

거리요소에 의한 기본모형의 수정은 두 존 간의 거리(dij)가 상호교류량(Tij)에 어떤 함수관계를 가지면서 영향을 미치는가에 의존한다. 식(2.1)에서는 Tij와 dij는 단순한 반비례 관계를 보여주고 있으나 실제로는 이와 다를 것이다.

예를 들어 철도나 지하철의 경우 단위거리 당 요금은 통행거리가 길어질수록 감소한다. 따라서 통행량은 통행거리에 따라 일정하게 영향을 받지는 않을 것이다.

한편 두 지역 혹은 국가 간의 교류 량은 물리적으로 떨어진 거리 외에 두 지역의 정치, 사회, 문화, 언어 등의 차이에 따라 크게 달라질 수 있다. 따라서 식(2.1)의 dij^{-1}보다는 일반적으로 dij^{β}(여기서 β는 파라미터)로 수정하는 것이 보다 현실적이다.

㉡ 규모요소

식 (2.1)의 기본모형을 살펴보면 존 i와 j사이의 교류 량(Tij)은 존 i의 규모 또는 인구(Pi) 및 존 j의 규모 또는 인구(Pj)에 단순히 비례하는 것으로 되어 있다. 그러나 실제로 두 존 사이의 교류 량은 인구 이외의 다른 많은 요인들의 영향을 받을 것이다.

예를 들어 두 존 간의 상품거래량은 두 존의 인구규모 외에 두 존의 소득수준에 의해 상당한 영향을 받을 것이다. 따라서 Pi를 Pi^{λ}로, 그리고 Pj를 Pj^{α}로 수정하는 것이 보다 현실적이다. 여기서 λ와 α는 파라미터로서 양(+)의 값을 가지는 것이 일반적이다.

㉢ 상수요소

식 (2.1)의 기본모형에 대한 마지막 수정은 모형식이 실제 현실세계에 부합되게 하는 상수의 도입이다. 예를 들어 존 i와 존 j 사이의 1일 통행수요와 1개월 통행수요를 예측하는 경우, 만약 기본모형을 그대로 쓰면 1일 통행수요와 1개월 통행수요의 가정이 같아지는 잘못된 결과를 얻을 것이다. 왜냐하면 Pi, Pj, dij는 1일이건 1개월이건 같기 때문이다. 따라서 이러한 문제를 해결하기 위해 상수의 도입이 필요하다.

이제 이상의 세 가지 요소로 식 (2.1)의 기본모형을 수정하면 다음과 같은 수정된 중력모형을 얻을 수 있다.

$$T_{ij}=KP_i^{\lambda}P_j^{\alpha}/d_{ij}^{\beta} \tag{2.2}$$

혹은

$$T_{ij}=KP_i^{\lambda}P_j^{\alpha}d_{ij}^{\beta} \tag{2.3}$$

여기서, K=상수

α, β, λ=파라미터

식(2.2) 혹은 식(2.3)과 같은 수정된 중력모형을 통행분포의 예측을 위해 사용하려면 존별 인구(P_i, P_j) 대신 존별 출발통행량(O_i) 및 도착통행량(D_j) 자체를 직접 변수로 도입하고, 아울러 거리요소에 의한 영향력(d_{ij}^{β})도 보다 일반화된 형태로 표현되어야 한다. 따라서 중력모형식을 좀 더 일반화시켜 표현해 보면 다음과 같다.

$$T_{ij}=KO_iD_jF_{ij}(c_{ij}) \tag{2.4}$$

여기서, c_{ij}=존 i로부터 존 j로 가는데 소요되는 일반화된 통행비용

식(2.4)에서 $F_{ij}(c_{ij})$는 대개 교통저항(impedance)과 역 지수의 함수관계를 가지는 존 i와 존 j간의 통행비용함수로서 거리나 비용이 증가함에 따라 통행행위를 억제시키는 마찰인자(friction factor)로 작용하기 때문에 통행저항함수라 하며 통행시간, 통행거리, 통행의 금전비용 등의 함수로 표현되며 통행의 특성에 따라 변화가 가능하다는 장점을 가진 것이 특징이다.

중력모형은 출발지 및 목적지 존의 토지이용, 존 사이의 거리, 통행비용, 통행시간 등을 통행분포의 예측과정에서 고려할 수 있는 장점을 가지나, 통행에 마찰인자로 작용하는 통행시간, 통행거리, 통행의 금전비용은 기준연도의 값이 목표연도에도 동일한 값을 가질 것으로 가정하는 것과, 존 사이의 통행시간은 하루 중에도 시간대별로 많은 차이를 보이는데도 하나의 값만을 가질 것으로 가정하고, 먼 통행은 과소 예측하고 가까운 통행은 과대예측하는 경향을 가지는 한계가 있다.

이상과 같은 중력모형의 추정방법은 그 과정이 상당히 복잡하고 반복적인 계산을 하여야 하므로 일반적으로 컴퓨터를 사용하게 된다. 현재 우리나라의 연구기관에서는 이 중력모형에 의한 통행분포량 예측프로그램이 쉽게 이용될 수 있도록 개발되어 있다.

(4) 제4단계 : 교통수단 선택(modal choice)

가. 기본개념

교통수단 선택은 각 출발지와 목적지 간의 통행량 가운데 각 교통수단별 분담비율을 예측하는 단계이다. 따라서 교통수단 선택단계에서는 통행발생, 통행분포의 과정

을 거쳐 예측된 출발지-목적지 통행량(origin-destination travel demand)이 교통수단별로 어떻게 분담될 것인가를 예측한다. 이런 이유 때문에 교통수단 선택은 교통수단 분담(modal split)이라 불리기도 한다. 교통계획과정과 교통정책결정과정에서 교통수단분담예측은 중요한 단계로서 도시 내의 혼잡을 어느 정도 수준으로 유지할 것인가 하는 지표를 제시해 줄 수 있다는 점이다. 즉 통행수요를 어떤 수단으로 전이시키느냐에 따라 도시 교통시설의 규모와 이에 대한 혼잡정도를 가늠하게 할 수 있는 척도로서 중요시되고 있다.

교통수단 선택단계에서는 출발지 존 i에서 목적지 존 j로 가는 통행수요 T_{ij}가 주어졌을 때 이들 통행이 여러 가지의 대안적 교통수단(alternative travel modes) 가운데 어떤 교통수단을 이용할 것인가를 예측한다. 즉 교통수단 선택단계에서는 출발지 존 i에서 목적지 존 j로 교통수단 m을 이용하여 가는 통행수요 T_{ijm}을 예측한다.

교통수단 선택에는 이에 영향을 주는 인자를 정량적(定量的)으로 파악하는 것이 필수적이며 속도, 통행거리, 비용, 안전도, 편의도, 특정한 교통수단의 유무, 도시크기, 도시형태, 사회·경제적 배경 등 많은 인자에 의해 교통수단 선택이 이루어진다.

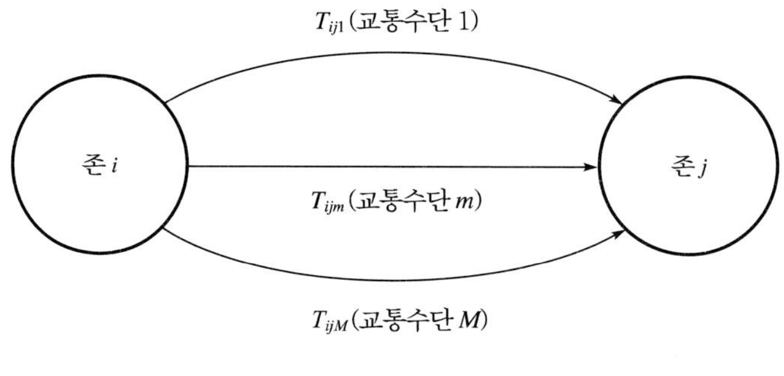

그림 2.1 교통수단 선택

나. 교통수단 선택에 영향을 미치는 요소

교통수단에 영향을 미치는 요소는 통행자의 특성, 통행의 특성, 교통수단의 특성으로 크게 구분할 수 있다.

① 통행자의 특성

통행자의 특성으로는 통행을 발생시키는 가구들의 사회·경제적 특성치인 가구소득, 가구의 승용차 보유대수, 운전면허 보유 여부, 교육수준, 가구규모, 성별, 나이, 주거 밀도 등 외생변수들이 포함된다. 이들 통행자의 특성들은 상호 밀접하게 연관되어 있다. 따라서 이러한 특성들을 모두 측정하여 교통수단 선택의 설명변수로 사용하는 것은 현실적으로 여러 한계를 가지므로 이들 가운데 가구소득, 승용차 및 운전면허 보유여부, 가구규모, 성별, 나이 등의 주요 변수들만이 통행자의 특성을 나타내기 위해 주로 사용된다.

② 통행의 특성

통행특성은 통행목적, 통행거리, 통행비용, 통행시간대 등이 주요 영향요인으로 작용한다. 통행은 그 목적별로 통근, 통학, 쇼핑, 업무, 여가 및 친교 등의 통행으로 구분되며, 이들 목적별 통행별로 각기 다른 교통수단 선택확률(혹은 분담률)을 가진다. 대중교통수단을 이용하는 통행은 통행목적과 직접 관련이 있다. 대체로 가정기반 통행(home-based trip)이 비 가정기반 통행(non home-based trip)보다 대중교통수단 이용의 비중이 더 크고, 가정기반 통행 중에서도 통학이나 통근 통행이 쇼핑 통행보다 대중교통 이용률이 더 크게 나타나는 특징이 있다. 예를 들면 도로교통 혼잡이 심한 도시에서 통근통행을 위해서는 정시성이 있는 지하철을 이용할 확률이 크지만, 식품구매를 위한 쇼핑통행을 위해서는 구매품의 수송에 편리한 승용차를 이용할 확률이 상대적으로 클 수 있을 것이다.

통행거리는 출발지와 목적지 사이의 직선거리를 구하거나 출발지와 도착지간 경로들의 통행시간으로부터 찾아내는 방법 등이 사용될 수 있으며, 이것으로 수단별 통행특성의 차이를 구할 수 있다.

통행은 통행시간대별로 각기 다른 교통수단확률을 가진다. 즉 대중교통의 이용이 가능한 시간대의 통행은 그렇지 않은 시간대(예, 늦은 밤)의 통행에 비해 대중교통수단의 선택확률이 상대적으로 클 것이다.

통행의 거리별로 장거리통행과 단거리통행으로 나누어지는데, 일반적으로 장거리통행은 단거리통행에 비해 대중교통수단의 선택확률이 높다.

③ 교통수단의 특성

교통수단의 특성은 해당지역에 제공되는 교통수단의 서비스수준(level of service)을 나타내는데 통행시간, 통행비용, 편리성, 안전성, 안락감(comfort) 등이 포함된다. 통행시간은 차내 통행시간(in-vehicle travel time)과 차외 통행시간(out-of-vehicle travel time)과 대기시간(waiting time)이 포함된다. 통행비용에는 교통요금, 자동차 주행비(vehicle operating cost), 통행료(toll) 등이 포함된다.

편리성을 나타내는 지표로는 환승횟수(回數) 등이 포함된다. 안전성을 나타내는 지표로는 교통사고 건수, 교통사고 부상자 및 사망자수 등이 포함된다. 안락감을 나타내는 지표로는 차내 온도, 청결도, 승차감, 차량소음, 사생활 보호 등이 포함된다.

이 특성들은 대중교통수단의 운행간격, 운임, 좌석확보율, 전용차로구간의 유무, 접근의 용이성에 의해 결정된다.

다. 모형 설정

교통수단선택은 통행발생 및 통행분포와 매우 밀접하게 연관되어 있어 독립적으로 다루는 데는 다소 문제점이 있다. 즉 통행자의 차량소유 여부, 목적지와 통행의 용이성, 운행차종의 제한 등에 따라 상당한 영향을 받는다. 일반적으로 교통수단 선택확률의 예측은 통행발생과 통행분포의 예측을 거친 후에 이루어진다. 그러나 때로는 통행발생단계에서 함께 예측하거나, 통행발생이나 통행분포단계 사이, 통행분포나 통행배정단계 사이에 예측하기도 한다. 교통수단선택모형은 교통수요예측 과정 중 어느 단계에서 이루어지느냐에 따라 그 추정모형이 구별된다.

최근에는 개인의 수단선택행위의 특성을 반영하여 이용수단의 효용이나 비효용을 감안해 수단 분담율을 확률적으로 찾아내는 방법이 많이 사용되고 있다.

① 통행발생 분담모형(trip generation modal split model) → 모형 ①

이 모형은 통행발생단계에서 회귀분석을 통해 교통수단별 분담율을 정하는데, 감안되는 인자들은 존의 사회·경제적인 배경 및 각 존에서의 수단별 교통시스템에의 접근성(接近性, accessibility) 등이다.

② 통행단 수단분담모형(trip end modal split model) → 모형 ②

이 모형은 수단분담율이 교통수단의 특성에 따라 통행자가 선택하는 것이 아니라 교통지구 내의 자동차 보유대수, 인구밀도, 소득수준 등 경제적 특성에 의해 결정된다는 전제에서 출발하여 통행자의 목적지에 대한 통행상호 연관성과는 별개로 특정교통지구에서의 통행단(通行端)을 근간으로 하고, 대중교통 이용자는 모두 의존통행자(captive riders)로 보는 관계로, 대중교통서비스율이 낮고 혼잡이 적은 단기예측에 유리하다.

이 모형은 수단선택에 영향을 미치는 다양한 특성과 구체적인 대안수단의 특성들을 설명변수로 내재시킬 수 없는 것이 문제점이나 복잡한 계산과정을 줄일 수 있어 목적에 따라서는 유용한 경우도 있다(박창호 외, 앞의 책). 그리고 통행발생단계와 통행분포단계 사이에서 행해지는 것으로 각 존별 통행발생을 예측한 후에 교통수단 선택확률을 추정하고 그 다음에 통행분포모형을 이용하여 교통수단별로 존간 통행분포를 예측하는데, 이를 통행단 수단분담모형이라고 한다. 개념상 통행발생 분담모형과 유사하나 분담율을 각 존별로 구하는 것이 특색이다.

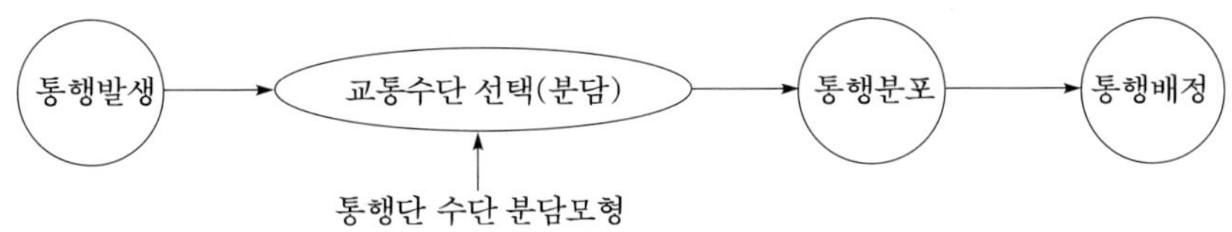

그림 2.2 통행단 수단분담모형

③ 통행교차 수단분담모형(trip interchange modal split model) → 모형 ③

이 모형은 교통지구간 유출입 통행쌍(zone pair)의 교차 통행량을 예측하는 것으로 통행분포단계와 통행배정단계 사이에서 행해진다. 우선 통행분포모형을 적용하여 존간 통행량을 구하고 존 i, j에서의 사회 · 경제적인 특성인자들 혹은 교통수단별 노선 망에 있어서의 시간, 거리, 비용, 서비스 수준 등 상대적 인자들을 고려하여 존간 분담율을 산정하는 것이다. 이 방법은 존간 통행분포가 이루어진 후에 수단분담이 이루어지기 때문에 앞의 인자들에 의해 교통수단을 선택할 여지가 있는 선택통행자(choice riders)가 교통수단을 선택하는 행위를 예측하는데 적절하다. 이 모형은 교통수단과 서비스 수준의 차이와 통행자의 사회·경제적인 특성의 함수로써 전환곡선(diversion curve)을 이용하는 방법과 개별통행자의 행태를 고려한 방법이 있는데 통행분포단계 이후에 수단분담이 이루어지기 때문에 통행교차 수단분담모형이라고 한다.

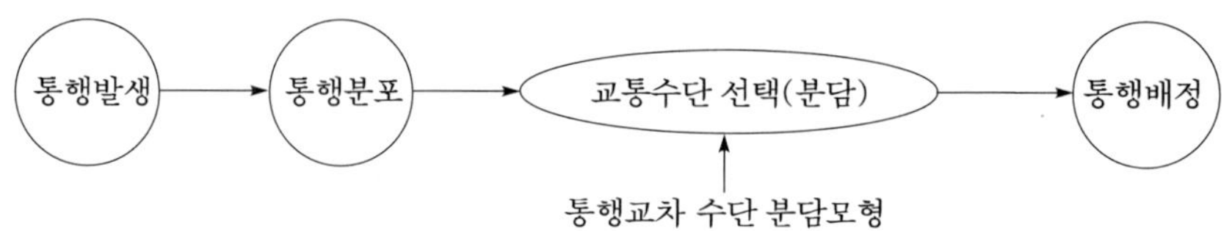

그림 2.3 통행교차 수단분담모형

이상의 3개 모형을 비교하면 모형 ①과 ②는 모형설정 및 응용이 비교적 단순하고 입력 자료도 간단한 편이나 결과는 개괄적이 되는 것을 면치 못한다.

모형 ③은 이론적으로는 3개 모형 중에서 가장 현실적이며 교통수단별로 교통망의 신설이나 운영면의 변화를 비교적 민감하게 반영시킨다. 그러나 이 모형은 존 간의 세밀한 교통수단별 성격들을 파악하여야 하는데 이에 따른 입력자료나 분석 등에 어려운 점이 많다.

실제적인 모형의 형태는 간단한 회귀분석법을 이용하는 경우와 로짓모형(logit model) 등 복잡한 방법을 이용하는 경우도 있다.

④ 로짓모형을 이용한 통행분담 예측

로짓 모형의 일반적인 형태는

$$Pk=Uk/\Sigma Uk' \quad \text{여기서} \quad k \neq k'$$

로 표시되며, 이 경우 Pk는 교통수단 k를 선택할 확률이고, Uk(혹은 Uk')는 교통수단 k(혹은 k')에 대해 통행자가 부여하는 효용(utility)을 의미한다. 이 Uk는 교통수단별 특성을 나타내는 소요시간 혹은 요금 등의 변수와 통행자의 소득수준, 직업 등 사회·경제적 변수 등의 함수로 표시되며 선형으로 혹은 비선형의 함수로 할 수 있다. 로짓모형의 일반적 형태는 다시

$$Pk=\exp(a+bTk+cCk)/\Sigma \exp(a+bTk'+cCk'), \quad \text{단} \quad k \neq k'$$

과 같이 표현할 수 있다. 이때 Tk, Ck는 각각 수단 k를 이용할 경우의 소요시간, 요금이며 a, b, c는 계수 혹은 상수이다. 위의 모형은 비선형이기 때문에 일반적으로 최우추정법(maximum likelihood estimation method)을 이용하여 계수

혹은 상수를 추정하게 되며, 모형의 평가과정은 회귀분석모형의 평가과정과 거의 같다.

Pk는 위에서 설명한 통행분담 예측방법 중에서 어떤 방법(모형 ①, ②, ③)을 택하느냐에 따라 그 형태가 달라질 수 있다. 즉 모형 ①과 ②에서는 Pk가 P_{ijk}(존 i에서 교통수단 k를 이용하여 존 j로 통행할 확률)로 바뀌게 되고, 따라서 설명변수(T_i, C_i)도 T_{ijk}, C_{ijk}로 바뀌어야 한다. 모형 ③을 이용할 경우는 존 i에서 존 j로 통행하는 교통량은 제3단계에서 이미 산출되어 있으므로 Pk만을 구하면 된다.

위와 같이 산출한 Pk(혹은 P_{ijk})에 제3단계에서(혹은 제2단계에서) 예측한 통행분포량(혹은 통행발생량)을 곱하여 교통수단별 통행분담량을 예측할 수 있다. 그러나 이와 같은 로짓모형을 이용한 통행분담량의 예측방법도 추정방법이 매우 복잡하여 컴퓨터 프로그램을 이용하게 된다.

화물수송량의 교통수단별 분담률 예측은 여러 가지 요인에 대하여 분석하여야 하므로 일반화된 방법은 별로 없다. 이는 수단선택에 영향을 미치는 요금의 구조가 철도의 경우 고정비의 비중이 높고, 도로는 'door to door'의 수송이 가능한 반면, 철도는 상·하차(上下車)의 비용을 별도로 고려하여야 하기 때문이다.

화물수송량의 수단별 분담구조를 예측하고자 할 때 고려하여야 할 몇 가지 사항은 아래와 같다.

① 화물의 중량과 크기

탁송화물의 크기와 적재중량과의 관계는 수단의 선택에 중요한 요인이 된다. 화물이 1대의 차량에 적재된다면, 철도보다 오히려 도로수송이 유리하다. 다수의 차량에 적재되는 대량화물은 철도가 훨씬 유리하며, 따라서 광석이나 석탄 등과 같은 용적화물은 철도가 많이 이용되고 있다.

② 수송의 밀도

철도는 적재용량이 크기 때문에 교통량이 적은 지역에서는 도로에 비해 비경제적이다.

③ 수송시간

철도수송은 일정한 운행계획에 따라 움직이기 때문에 화주(貨主)의 요구에 대해 융통성이 적다. 또한 한 열차분이 집합되기를 기다려야 하며 열차의 편성에도 장시간을 요한다. 따라서 시간가치가 높은 낙농품, 야채, 과일, 생선 등의 수송에는 적합하지 않은 경우가 대부분이다. 그러나 최근 고속철도의 개통으로 수송 빈도가 높고 운행시간이 적게 소요되어 고속철도를 이용한 운송품목이 개발되고 있다.

④ 특수시설물

중량화물의 적하에는 특수 장비가 있을 경우 비용을 절감시킬 수 있다. 또한 팔레트(pallet)에 의한 수송과 컨테이너 등의 수송량이 최근 급증하고 있는데 이에는 특수시설물 또는 컨테이너 야적장 등이 필요하다. 현재 컨테이너를 취급할 수 있는 장비를 갖고 있는 역은 경인 ICD, 부산, 광양뿐으로(부산신항 예정) 다른 지역과의 컨테이너 수송은 제약을 받을 수밖에 없다.

(5) 제5단계 : 부하교통량의 예측(통행배정 : trip assignment, route choice)

이 단계는 교통수요 예측과정의 마지막 단계로서 각 출발지와 목적지간을 특정 교통수단을 이용하여 통행하는 통행량 중에서 각 통행노선별 통행량을 예측하는 단계이다.

철도노선 망에 교통량을 부하(負荷)하는 것은 철도노선이 거의 고정되어 있고 철도노선 간 경쟁이 이루어지지 않으므로 제4단계에서 추정한 철도구간별 교통량을 모두 대상노선에 부하하면 된다(경제기획원, 1982).

그러나 새로운 철도의 건설이 철도시스템에 대한 접근성이 보다 개선되고 교통저항이 줄어들어 기존철도와 경쟁이 될 경우는 통행자가 출발지에서 목적지까지 가기 위해서는 최단경로를 이용한다는 가정에 기초하는 전량통행배정기법이나 용량제약통행배정기법 또는 통행자의 특성에 따라 통행경로 선택행태가 확률적인 측면을 가지고 있다는 확률선택모형에 기초를 두고 통행량을 배분한다.

일반적으로 제2단계에서 제5단계까지의 4가지 교통수요의 요소를 순차적으로 예측하는 방법을 '4단계 교통수요분석기법'이라 한다.

(6) 교통량 유형별 수요예측

가. 정상교통량의 예측

정상교통량(正常交通量)이란 대상 투자 사업이 실시되지 않을 경우에도 기존 철도시설을 이용하게 되는 미래교통량을 의미하며, 대상지역의 사회·경제적 여건변화, 예를 들면 인구증가, 자동차사용횟수의 증가 등에 따라 미래의 교통량은 증가한다.

이와 같은 정상교통량은 통행발생량 및 통행분포량 예측단계에서 대상철도시설의 개선을 고려하지 않고 교통량을 예측하여 구할 수 있다.

나. 전환교통량의 예측

대상 투자사업의 실시로 통행시간의 단축 등과 같은 통행여건이 개선되면 도로시설 혹은 다른 교통수단을 이용하던 교통량의 일부가 새로운 시설을 이용하게 되는데 이때의 교통량을 전환교통량(轉換交通量)이라고 한다. 따라서 전환교통량의 크기는 대상 투자사업의 특성(예 : 설계속도, 신호체계 등), 기존시설의 서비스 정도 및 경쟁여건 등에 의해 결정된다. 전형적인 전환교통량의 예는 철도교통량의 신설도로로 전환, 항공교통량의 신설고속철도로의 전환, 도로교통량의 철도로의 전환 등이 있다.

이와 같은 전환교통량을 예측하기 위하여 통행발생량, 통행분포량 및 교통수단선택 예측단계에서 대상 철도시설의 개선을 고려하여 수단별 통행량을 예측하고 대상 철도를 이용하게 될 통행량을 예측한다. 이 중에서 예측된 정상교통량을 제외시키면 전환교통량을 예측할 수 있다.

다. 유발교통량의 예측

대상 투자 사업이 실시되기 이전에는 전혀 발생하지 않았으나 투자사업의 실시로 새로이 유발(誘發)되는 교통량을 유발교통량이라 한다. 예를 들어 투자 사업이 실시되기 전에는 수송시간이 많이 소요되거나 수송비용이 고가이기 때문에 시장성이 전혀 없어 특정지역 내에서만 소비되던 제품(예 : 농수산품 등)이 새로운 철도의 건설 혹은 새로운 수송방식의 채택으로 수송시간을 단축하거나 수송비용이 저렴하게 됨으로서 다른 시장에서 경쟁이 가능하게 되면 이를 수송하기 위해 수송수요가 새로이 유발된다.

그러나 평가대상철도가 새로운 교통량을 유발할 수 있는가를 예측하는 것은 특별한 경우를 제외하고는 매우 어렵다. 특히 종합적 체계분석 방법에 의해 유발교통량을 예측하는 것은 더욱 어렵고 일반적으로는 위의 정상교통량과 전환교통량에 유발교통량이 포함된 것으로 보아 예측하지 않거나, 또 투자사업의 특성에 따라 정상교통량의 일정비율을 유발교통량으로 보기도 한다.

3) 대상노선(帶狀路線) 분석방법에 의한 교통수요 예측

종합체계 분석방법은 주로 대규모 철도사업의 경제적 타당성을 종합적으로 검토하려 할 때 이용되는 반면 대상노선 분석방법은 지선(支線)철도나 규모가 비교적 작고 주변지역의 사회·경제적 여건(예 : 토지이용) 등이 미래에도 크게 변하지 않을 것이 예상되는 경우에 주로 이용되는 수요예측방법이다.

즉 대상철도와 경쟁이 되는 도로 등 교통시설이 용이하게 파악될 수 있는 경우에는 주변지역 이외 지역의 토지이용 등 사회·경제적 여건을 분석할 필요가 없고, 다만 주변지역의 여건만을 분석하여 교통수요를 예측하게 된다. 이 경우에도 종합적 체계분석방법과 마찬가지로 5단계의 수요추정과정을 거치는 것이 타당하지만 대상철도의 특성에 따라서는 이 중 1, 2단계는 생략될 수도 있다.

대상노선 예측방법을 이용한 유형별 교통량(정상, 전환, 유발교통량)의 예측방법은 다음과 같다.

가. 정상교통량의 예측

대상 철도구간의 정상교통량을 예측하기 위해서는 대상 철도구간의 개선으로 영향을 받으리라고 판단되는 지역의 사회·경제적 여건을 기존자료를 주로 이용하여 조사하고 이들 대상 철도구간의 교통량(주로 철도공사에서 작성, 발표하는 자료 이용)과 상관관계를 계량적 모형으로 정립하여야 한다. 다시 말하면 대상 철도구간의 과거 통행량 실적 즉 t년도의 교통량 T_t를 영향권 지역의 인구 P_t(t년도의 인구), 지역총생산 GRPt(t년도의 GRP) 등의 사회·경제적 변수의 함수로 표시하여 예측하게 된다.

그러나 영향권 지역이 작을 경우 이와 같은 함수관계를 정립하기 위한 사회·경제적 변수를 구하기는 쉽지 않으며, 따라서 이 경우는 T_t를 시간변수(t)에만 회귀시켜 미래의 T_t를 구할 수도 있다.

이 경우 시간변수(t)는 영향권 지역의 사회·경제적 여건의 변화를 나타내는 대리변수(代理變數, proxy variable)의 의미를 지니며, 이와 같은 예측방법이 복잡한 추정방법보다 의외로 현실을 잘 반영하는 경우도 있으며 아래와 같은 방법이 있다.

○ 선형모형(linear model)

T_t를 t로 회귀시키는 경우 가장 간단한 방법은 선형모형을 정립하는 것으로

$$T_t = a + b_t$$

로 표현할 수 있다. 이 때 a는 상수로서 추정치는 0보다 크거나 같아야 하며, b는 계수로서 통행량이 매년 증가하는 추세에 있으면 0보다 커야 하고, 반대로 감소(減少)하는 추세에 있으면 0보다 작아야 한다.

선형모형 외에도 여러 형태의 비선형모형을 정립할 수 있는데 예를 들면 지수모형, 로지스틱모형, 곰페르츠모형 등이 있다.

○ 지수모형(exponential model)

$Tt=at^b$

ln 함수로 바꾸면 $\ln(Tt)=\ln(a)+b\ln(t)$

여기서 ln(a)는 상수이며 b는 계수이고 부호는 선형모형의 경우와 동일하다.

○ 로지스틱모형(logistic model)

$$Tt = \frac{A}{1+e^{-(bt+a)}}$$

여기서 A는 Tt의 최대치를 나타내는 상수이고(0보다 커야함), a와 b는 각각 선형모형에서 상수, 계수와 같은 개념이다.

○ 곰페르츠모형(Gompertz model)

$Tt = ac^{bt}$

여기서 a와 c는 상수이고 b는 계수이며 0보다 커야한다.

이상과 같은 모형의 추정은 일반적으로 수작업(手作業)이나 소형컴퓨터로 가능하며, 따라서 설명변수인 t의 미래 값을 추정모형에 대입하여 대상 철도구간의 미래 정상교통량을 예측할 수 있다.

나. 전환교통량의 예측

전환교통량의 예측방법은 대상 철도구간의 개선방법(신설 혹은 개량)에 따라 약간의 차이가 있어 기존철도를 개량하는 경우(신호체계 개량 혹은 전철화)에는 경쟁교통시설을 이용하는 교통량이 전환대상 교통량이 되고 새로운 철도를 건설하는 경우는 기존철도의 정상교통량도 전환대상이 된다.

전환교통량을 예측하기 위해서는 영향권 지역 내의 병행이 되는 모든 도로구간과 철도구간의 정상교통량을 먼저 예측하여야 하고 도로 및 철도의 각 경쟁구간의 미래 정상교통량 중에서 개량되는 철도로 전환되리라고 예측되는 교통량을 산출하여야 한다. 이를 위한 일반적인 방법은 전환곡선(diversion curve)에 의하는 방법과 계량적인 모형을 이용하는 방법 등이 있다.

전환곡선을 이용하는 방법은 교통수단 선택확률과 교통수단 선택에 영향을 미치는 요소에 해당하는 설명변수인 토지이용, 가구의 사회·경제적 특성, 교통시스템에의 접근성 등의 관계를 그래프 형태로 표현한 후에 이를 이용하여 장래의 교통수단 선택확률을 예측하는 방법이다(윤대식, 2001).

전환곡선은 여러 가지 형태가 있을 수 있으며 주로 새로운 철도의 개량으로 인하여 단축되는 시간(혹은 거리)에 따라 전환율이 결정되며, 예를 들어 시간 혹은 거리 단축이 클 경우에는 새로운 철도로 전환되는 교통량의 비율 즉 전환율은 높아진다.

대상투자사업의 여건과 유사한 투자사업의 과거 실적자료가 있을 경우에는 계량모형으로 전환교통량을 산출할 수 있는데 선형모형 혹은 비선형모형으로 전환모형을 직접 정립하여 추정할 수 있다.

그러나 우리나라의 경우 전환율에 대한 과거 실적자료가 많지 않으므로 이 모양을 이용하기는 어렵다.

다. 유발교통량의 예측

철도의 개량 또는 신설로 인한 유발교통량을 예측하는 것은 대상노선 분석방법을 이용하는 경우도 매우 어렵다. 따라서 과거의 경험과 자료를 근거로 정상교통량의 일정비율을 유발교통량으로 보는 방법과 대상 자료의 특성과 유사한 지역의 과거실적을 분석하여 기본 자료로 이용하는 방법도 있다. 이와 같은 유발교통량은 대상철도가 개통된 후 3~5년 정도의 일정기간만 발생하는 것으로 본다.

4. 수송능력 계획

철도계획의 기본은 수송계획으로 다음 사항을 고려하여 수립해야 한다.

① 운반의 대상(여객 또는 화물)
② 수요의 규모(인, 인·km, 톤, 톤·km)

③ 열차의 속도(km/h)
④ 열차의 빈도(열차횟수와 열차단위)
⑤ 수지분석(운임, 경영수지 등)

1) 철도수송능력의 정의

철도수송능력(輸送能力, transport capacity)이란 철도여객과 화물을 수송할 수 있는 능력을 말하며, 일반적으로 철도용량이라고 한다. 이는 철도건설 시의 시설능력 판단과 영업 운영할 때의 선로, 차량, 운전설비 등의 능력판단의 기준이 되며 철도수송능력을 판단하려면 철도용량(鐵道容量)을 검토해야 한다.

2) 철도용량의 구분

철도용량은 선로용량, 정거장 구내(構內)용량, 동력차의 견인(牽引)용량을 나타내는 견인정수(牽引定數, nominal tractive capacity of locomotive) 등 3가지로 구분한다.

(1) 선로용량

선로의 용량은 예측된 수요와 비교하여 미래의 애로구간(隘路區間, bottleneck)에 사업의 필요성이나 투자시기를 판단하는 근거가 된다.

선로용량은 철도수송에 직접적인 영향이 있는 본선 선로에 얼마나 많은 수의 열차를 운행시킬 수 있는 지를 나타내는 능력을 말하며 열차운행횟수로 표시한다. 즉 철도의 어느 구간의 정거장과 정거장 사이의 본선구간에서 1일간 가능한 최대운행횟수를 말한다.

따라서 승객이나 화물로 예측된 교통수요는 계절별, 요일별, 시간별 분포를 추정하고, 적정 승차율이나 적재율을 감안하여 열차운행횟수로 환산하여야 한다. 특히 여객의 경우에는 시간별 분포가 크게 다르므로 피크 시(peak hour)의 최단시격이 선로의 용량을 결정하는 주요 요인이 되며, 거꾸로 시격(時隔, headway)은 수요에도 많은 영향을 준다.

열차운행횟수는 일반적으로 편도횟수를 말하며 왕복횟수로 표시할 때는 반드시 왕복임을 기재하여 착오를 예방한다.

(2) 정거장 구내용량

정거장 구내에서 얼마나 많은 차량을 유치(留置), 조성(組成, car arrangement), 운영할 수 있는 지의 능력을 말한다.

즉 정거장 구내에 배선된 각각의 선로에 유치할 수 있는 차량 수를 말하며, 차량수는 길이 14m를 1량으로 환산하는 차장률(車長率, converted car length rate)로 나타낸다.

(3) 동력차의 견인용량

견인용량은 동력차가 정해진 속도 종별에 해당하는 열차중량을 견인하여 정해진 운전시간에 지연하지 않고 안전하게 운행할 수 있는 견인중량을 말한다.

견인용량은 실제 량 수가 아니라 환산한 차량(車輛) 수로 객차는 40t, 화차(貨車)는 43.5t를 1량으로 계산한 견인정수를 사용한다.

3) 철도수송능력 검토의 목적

① 철도수송수요의 증가에 대비하여 여객열차와 화물열차의 수송능력과 과부족 현황을 분석하고 이에 따라 수송대책을 수립하고자 하는 것이다.

② 기존철도나 신설철도에 대한 선로용량, 구내용량, 견인정수를 정확하게 분석하여 선로 및 정거장 구내 개선을 위한 개량계획과 신설 철도의 본선구간과 정거장 구내의 철도용량을 확보하는 건설계획의 기초 자료로 활용한다.

③ 여객과 화물을 효율적으로 운송할 수 있도록 열차를 조성함으로서 철도경영개선에 기여한다.

④ 철도수송의 애로는 수송능력 부족에 기인하고, 수송능력 부족은 수송 장비의 부족 또는 노후화, 선로용량과 정거장 구내용량 부족, 선로의 기울기나 곡선의 불량으로 견인중량이 감소하고 주행속도가 떨어지는데 있으므로 이러한 수송능력 부족을 가져오는 요인을 개선하여 철도수송 애로사항을 해소한다.

⑤ 철도용량은 철도경영에 미치는 영향이 크므로 일반적으로 다음과 같은 경우에 검토한다.

- ○ 열차운행표를 작성할 때
- ○ 열차운전설비를 계획할 때
- ○ 정거장구내 유효장(有效長, effective length of track) 확장 등 개량계획을 할 때
- ○ 교행역 신설을 계획할 때
- ○ 기존철도의 급기울기, 급곡선, 교량하중 등 개량계획을 수립할 때
- ○ 단선(單線)을 복선화(複線化) 또는 복선 전철로 개량할 때
- ○ 신선(新線) 건설계획을 할 때
- ○ 열차속도 향상과 정거장구내 통과속도 향상을 위한 개량 계획을 할 때 등이다.

4) 선로용량

(1) 선로용량(track capacity) 구분

일정 선로상태에서 하루에 운행 가능한 편도열차횟수를 말하며, 일정구간의 운전허용시간, 구간통과 소요시간 및 교행시간을 근거로 산출한다.

따라서 선로용량은 선로조건, 차량성능, 운전상태 등에 의하여 좌우되며 이론상의 용량, 가능한 용량, 실제용량으로 구분할 수 있는데 일반적으로 선로용량이라 하면 실제용량을 말한다.

① 이론상의 용량

이상적 조건에서 이론적으로 선로통과가 가능한 최대열차횟수를 말한다. 운전시간은 이론적 운전시간 및 각 역의 열차통제, 평균운용시간을 기준하며 선로보수나 선로공사에 의한 주행 지연시간은 고려하지 않는다.

이론상의 용량은 지하철과 같이 열차운행이 단순하며 독립된 체제에서 단기간 동안에만 달성될 수 있다.

② 가능한 용량

전 노선에 걸쳐 24시간 동안 규칙적으로 지체 없이 운행될 것이라는 가정에서의 최대열차횟수를 말한다.

이론상의 운전시간에 열차편성의 변동성, 기관사의 운전습관, 기계성능상의 변동, 교행운전을 위한 추가여유를 주어야 한다. 기타 모든 조건은 이론상의

용량의 가정과 같다. 가능한 용량은 주요 선로에 유지보수공사로 인한 감속의 필요성이 없고 종착역에서의 열차접속의 필요성이 크지 않을 경우 달성이 가능하다.

③ 실제용량

착발역이나 중간역의 열차접속으로 인한 시간제한을 고려하여 시각표에 따라서 규칙적으로 운행할 때의 최대횟수이다. 이 때 선로 유지보수로 인한 속도제한을 감안하여 추가적으로 시간차를 두어야 한다.

철도망의 복잡성과 선로상태에 따라 실제용량은 일반적으로 가능용량보다 20~30% 작은 것이 보통이다.

선로의 용량분석은 복잡하고 반복적인 조사를 필요로 한다. 왜냐하면 용량분석은 선로, 차량, 운전규칙, 유지보수 등의 선로자체의 구성요소뿐만 아니라 외부적인 제한과 영향도 고려하여야 하기 때문이다.

일반적으로 용량증대를 위한 투자와 선로 및 궤도 보강계획의 경제적 효과를 정확히 측정하기 위해서는 가능한 용량이나 이론상의 용량이 아닌 실제용량을 사용하여야 한다.

(2) 선로용량 표시

① 수송능력을 증강하기 위한 방안으로 열차운행횟수의 증대, 열차편성의 장대화 등의 수단이 필요하다. 열차운행횟수를 증대시키려 해도 한 선구에 운행할 수 있는 열차운행횟수에는 선로조건에 따라 일정한 한계에 도달하게 되는데 이 한계를 선로용량이라 한다.

② 선로용량은 철도선로 상에 주야간 구별 없이 1일 24시간 실제운행 가능한 최대 열차운행횟수이나 1일 24시간 중 0-4시 또는 0-5시 정도는 선로유지보수, 열차지연 등 불용시간을 고려하여 선로용량을 검토해야 한다.

③ 단선철도는 편도열차횟수를 표시하는 것이나 상·하행 열차횟수의 합계를 표시하는 경우도 있다. 일반적으로 단선구간에서는 특정한 두 정거장 간 선로용량을 당해선 전(全)구간의 선로용량으로 하고 있다.

④ 복선철도는 상선, 하선별 1일 열차운행횟수를 선로용량으로 표시한다.

(3) 선로용량에 영향을 주는 요인

선로용량은 당해선구의 열차종별, 운행되는 열차종류의 비율, 유효시간대 등 운전방식과 열차운행표 등 열차운행도표 구성에 의해 영향을 받는다.

열차운행도표 구성의 주요 요인은 선로의 단선 및 복선, 폐색장치의 종류, 열차속도, 열차종별의 운행횟수 비, 정차시간, 정거장간 평균운전시분, 교행 및 대피시설 유무, 구내작업 상황, 착발선 용량, 보안제어장치의 취급시분, 선로유지보수 시간, 열차운행여유 시분 등이다.

(4) 선로용량 증대

선로용량 증대를 위한 방안을 열차운용, 시설, 차량, 전기 및 신호부문으로 나누어 보면 다음과 같다.

① 열차운용
- ○열차종별의 단순화(열차별 속도의 단순화)
- ○정차시간 단축
- ○열차운행방면별 중련운행(重連運行)
- ○열차설정 시 불용시간의 최소화
- ○열차길이의 최대화

② 시설
- ○단선을 복선화
- ○무인신호장 등 교행대피시설의 확대
- ○선로기울기 완화
- ○정거장구내 시설개량
- ○분기기(分岐器)의 번호를 높임
- ○선로의 설계속도를 높임

③ 차량
- ○차량 가속도와 감속도의 성능 향상
- ○차량 최고속도 향상

④ 전기 및 신호

○ 전철화 확대
○ 폐색구간 단축(신호기 간격 조정)
○ 신호시스템 개량(ABS, CTC, MBS 등 도입)

(5) 선로이용률

선로이용률(線路利用率, line utilization rate)은 1일 24시간 중에 열차설정가능시간의 비율을 말하며 다음 식으로 표현한다.

$$f= \frac{t_{run}}{T} \times 100 \tag{2.5}$$

여기서, f : 선로이용률(%)
t_{run} : 열차설정 가능시간(분)
T : 1일 1,440(분)

선로이용률 f에 영향을 주는 인자는 다음과 같다.

① 열차종별의 다소
② 열차지연 정도
③ 여객열차와 화물열차, 고속열차와 저속열차의 횟수 비(比)
④ 선로유지보수 시간(1일 4시간)
⑤ 불용시간 발생 등

이상과 같은 영향으로 실제 열차설정시간이 감소되며 선로이용률은 60~75% 범위로 선로이용률 표준은 다음과 같다.

○ 일반철도 여객, 화물 혼용구간일 경우 : 60%
○ 전동열차 전용선구간, 평행 다이어일 경우 : 75%
규격 다이어일 경우 : 60~75%

(6) 선로용량 산정방법

수송능력의 열차설정능력은 하루에 열차를 몇 회 주행시킬 수 있느냐 하는 것으로, 선구의 열차설정 능력을 보여주는 수치 척도가 선로용량이다. 도시철도의 선구에서는 러시아워(rush hour)의 열차설정 능력이 문제가 되므로 선로용량은 첨두 시간 1시간 당 몇 개의 열차로 표시된다.

가. 단선구간

단선구간이란 두 정거장 간 본선에서 상행과 하행열차가 단일선로 위를 운행하여야 하는 구간으로 정거장 구내는 열차 교행(交行)을 위해 상·하 본선을 반드시 설치해야 하고 그 이외 대피선을 설치해야 화물열차가 여객열차를 대피할 수 있다.

단선구간 용량계산은 일반적으로 동일 종류의 열차가 속행 운전하지 않고 단독 운행하는 것으로 간주하여 계산한다.

$$N = \frac{fT}{t+c} \tag{2.6}$$

여기서, N : 선로용량(상 · 하선 왕복횟수)

T : 1일 시분(1,440분)

f : 선로이용률(예)

일반여객, 화물혼용선구 ; 60%

전동열차 전용구간 평행다이어 ; 75%

규격다이어 ; 60~75%

c : 열차취급시분

마주 오는 열차가 통과하고 분기기, 신호기를 전환하여 발차할 수 있는 상태가 되기까지의 소요시간

자동연동 폐색식은 1.5분, 비 자동폐색식은 2.5분.

t : 역 간 평균운전시분

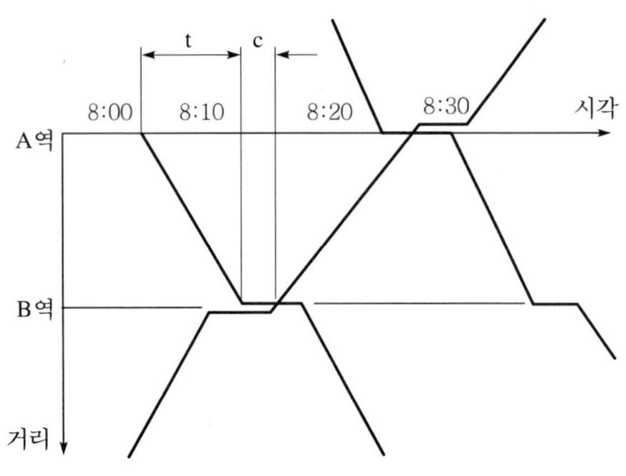

그림 2.4 단선구간의 열차운행표

위 식에 의하면

- ◦ 역간거리가 길면 운행시간(t)이 길어져 선로용량이 줄어들고
- ◦ 신호체계의 자동화, 열차집중제어장치(CTC) 등에 의한 열차취급시간 (c)를 줄이면 선로용량은 증가하고,
- ◦ 전철화, 차량성능 향상 등에 의해 열차속도를 증가시키면 운행 시간(t)이 줄어 선로용량이 증가한다.

일반적으로 단선의 선로용량은 60~80회/일 정도이고, 고속열차와 저속열차가 같이 운행하든지, 열차행선지가 다르며 기다리는 시간이나 대피시간이 많으면 선로용량이 줄게 된다.

실제로 운행상의 지체를 고려하고 대피에 소요되는 시간 등을 고려하여 선로용량은 이론상의 용량보다 다소 낮게 책정된다.

나. 복선구간

복선구간은 상·하선별로 열차를 운행하므로 정거장 구내에서도 상·하 본선별로 열차를 운행한다. 3선은 중간선이 필요한 경우에 사용하는 것이므로 열차 수에 따라 아침에는 하선(下線)을 복선으로, 저녁에는 상선(上線)을 복선으로 사용한다든지 하여 열차운행의 효율성을 높인다.

2복선은 복선이 2조이므로 선로별, 방향별로 나누어진다. 선로별은 고속열차, 저속열차 등 열차목적을 기준으로 하고 방향별은 열차방향을 기준하여 열차를 운행하는 것을 말한다.

3복선은 복선이 3조이기 때문에 선로별, 방향별, 수송목적별로 다양하게 조합운행이 가능하다.

① 용량계산을 위한 가정

㉠ 동일 종류의 열차작업상 필요한 정차시분은 모두 동일하다.

㉡ 대피정거장의 배치간격은 같은 간격으로 생각한다. 또한 대피선이 있는 정거장은 몇 개의 열차라도 자유롭게 대피할 수 있다.

㉢ 저속열차가 고속열차를 대피함에 따라 발생하는 추정지연시분은 열차운행표상에서 최대지연시분과 최소지연시분의 산술평균으로 한다.

㉣ 대피정거장의 배치간격은 동일한 것으로 하고 동일 종류의 열차는 각 중간정거장에서 작업시간이 모두 같은 것으로 한다.

② 선로용량 산정 식(철도청, 선로용량산정 기준, 1985)

㉠ 기본 식

$$N = \frac{fT}{K} \tag{2.7}$$

여기서, N : 선로용량(횟수/일 · 방향)

T : 1일 시분(1,440분)

f : 선로이용률(보통 0.6 적용)

$$K = hv' + \Sigma dv \tag{2.8}$$

h : 속행하는 1군의 고속열차 상호간의 시격(분)

v' : 저속열차의 횟수 비=저속열차횟수(설정)/편도열차횟수(설정)

v : 고속열차의 횟수 비=고속열차횟수(설정)/편도열차횟수(설정)

d : 저속열차가 단독의 고속열차를 1회 대피했을 때의 추정지연시분

$$d = \frac{p}{2q}(tn' - tn) + r + u - \left(1 - \frac{p}{2q}\right)(s' - s) \tag{2.9}$$

p : 주어진 구간의 총 정거장수

q : 주어진 구간의 총 대피 정거장 수(시·종점정거장은 대피정거장으로 계산함)

tn': 저속열차 1구간 평균운전시분

tn : 고속열차 1구간 평균운전시분

r : 자동폐색구간에서 대피정거장에 먼저 도착하는 저속열차와 후속 고속열차 간에 확보해야 할 최소운전시격

u : 자동폐색구간에서 먼저 출발하는 고속열차와 대피정거장을 나중에 출발하는 저속열차 간에 확보해야 할 최소운전시격(나중에 출발하는 열차가 진행신호현시를 볼 수 있는 조건)

s' : 저속열차 각 정거장 표준정차시분

s : 고속열차 각 정거장 표준정차시분

㉡ 복선구간 실용 간이식

$$N = \frac{fT}{hv' + (r + u + 1)v} \qquad (2.10)$$

여기서, 사용한 부호는 식(2.8), 식(2.9)와 같음

종래의 선로에서는 h=6분, r=4분, u=2.5분으로 하고 있으나, 최근에는 폐색신호기의 증설과 개량으로 h=3분, r, u=2분 정도로 단축시켜 선로용량을 증가시키고 있다.

일본의 신칸센에서는 h는 약 4분, r, u는 각각 2분으로 하여, 1시간 편도 최대 15개 열차가 가능하도록 하고 있다.

고속노선은 야간에 시설보수에 약 6시간을 할애하고 있어 선로이용률은 약 75%가 된다.

종래는 복선의 용량을 단선의 2배 정도로 보고 있었으나, 차량성능의 개선, 신호방식의 개량 등에 의해 약 3배인 200회 이상으로 가능해졌다. 그리고 역에서 착발선의 다소나 역 출입의 분기기 배치, 제한속도에 의해서도 선로용량은 영향을 받는다.

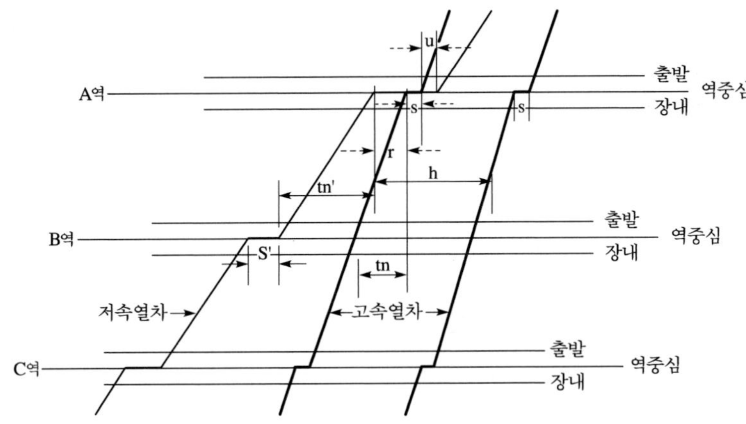

그림 2.5 d와 tn, tn', s, s', h, r, u와의 관계

CHAPTER 03

철도건설

1. 철도건설의 의의

철도건설은 넓은 의미로는 종래 철도선로가 없던 2지점 간을 연결하여 그 지역의 경제개발이나 지역사회의 격차해소를 목적으로 하는 신규 노선 건설과 기존철도의 수송력이 한계에 이르러 선로를 단선에서 복선으로 하거나, 곡선 및 기울기 등을 개량하여 수송력을 증대시키는 선로개량(track improvement)을 포함한다.

철도건설과 관련되는 법령은 「철도건설법」, 「대도시권광역교통관리에관한특별법」, 「도시철도법」 등이 있다.

국토교통부장관은 국가의 효율적인 철도망구축을 위해 10년 단위로 아래 사항이 포함된 국가철도망구축계획을 수립·시행하여야 하며 이 철도망계획을 수립할 때는 관계 중앙행정기관의 장 및 관계 시·도지사와 협의한 후 「철도산업발전기본법」에 의한 철도산업위원회의 심의를 거쳐야한다. 그리고 철도망계획은 국가기간교통망계획과 중기교통투자시설계획, 대도시권광역교통기본계획 및 시행계획과 조화를 이루도록 하며 대도시권광역교통계획에 포함되어 있는 광역철도계획을 반영하여야 한다.

그리고 철도망계획에는 다음 사항을 포함하도록 규정하고 있다.

① 철도의 중장기 건설계획
② 다른 교통수단과의 연계교통체계 구축
③ 소요재원의 조달방안
④ 환경친화적인 철도의 건설방안
⑤ 그 밖에 체계적인 철도건설 사업을 위하여 필요한 사항

국토교통부장관은 철도건설사업의 체계적인 수행을 위하여 국가철도망구축계획에 따라 사업별로 아래 사항이 포함된 철도건설기본계획을 수립하고, 철도건설 사업은 철도건설 사업을 시행할 수 있는 자가 사업규모와 내용, 사업구역, 사업기간 등을 포함한 철도건설사업 실시계획을 작성하여 국토교통부장관의 승인을 얻어 시행하도록 규정하고 있다. 사업별 철도건설기본계획에 포함될 사항은 다음과 같다.

① 장래의 철도교통수요 예측
② 철도건설의 경제성 · 타당성 그 밖의 관련사항의 평가
③ 개략적인 노선 및 차량기지 등의 배치계획
④ 공사내용, 공사기간 및 사업시행자
⑤ 개략적인 공사비 및 재원조달 계획
⑥ 연차별 공사시행계획
⑦ 환경보전 · 관리에 관한 사항
⑧ 지진대책
⑨ 그 외의 사항
   ㉠ 철도의 예정노선을 표시하는 지형도
   ㉡ 다른 교통수단과의 연계수송에 관한 사항
   ㉢ 건설 예정노선에 투입되는 철도차량의 형식, 소요량 및 확보계획
   ㉣ 철도교통수요 예측을 고려한 개략적 열차운행계획

그리고 철도건설사업을 할 수 있는 자는 국가, 지방자치단체 또는 한국철도시설공단, 「사회기반시설에대한민간투자법」에 의하여 철도를 건설하는 경우에는 그 법에서 정한 자로 제한하고 있다. 다만 철도건설사업을 효율적으로 시행하기 위해 국토교통부장관이 필요하다고 인정하는 경우에는 그 사업의 전부 또는 일부를 「공공기관의운영에관한법률」에 따른 공공기관으로 하여금 시행하게 할 수 있도록 여지를 두고 있다.

또한 철도건설사업으로 조성 또는 설치된 토지 및 시설은 준공과 동시에 국가에 귀속됨을 원칙으로 하고 있다. 다만 사업시행자가 한국철도시설공단인 경우와 「사회기반시설에대한민간투자법」에 의한 민자유치사업의 시행자인 경우 고속철도건설사업으로 조성 또는 설치되는 토지 및 시설의 귀속에 관하여는 각각 「한국철도시설공단법」 및 「사회기반시설에대한민간투자법」이 정하는 바에 따르도록 규정하고 있다.

철도건설에 관한 비용은 일반철도는 국고 부담으로, 고속철도는 국고와 사업시행자간 분담토록 하고 있으며 이 분담비율은 「철도산업발전기본법」에 의한 철도산업위원회에서 결정한 비율에 의하며, 특히 국가가 철도시설 투자를 함에 있어서는 사회적, 환경적 편익을 고려하도록 규정하고 있는 것은 철도의 공공성을 고려하면서 환경친화적인 교통시설을 계획하고 건설하도록 한 의지를 엿볼 수 있다.

2. 철도건설사업 계획

1) 철도건설사업의 정의

철도건설사업이란 '새로운 철도의 건설, 기존 철도 노선의 직선화·전철화 및 복선화, 철도차량기지의 건설과 철도역 시설의 신설·개량 등을 위한 다음 사업을 말한다.'라고 「철도건설법」에서 정의하고 있다.

① 철도의 선로와 선로에 부대되는 시설, 물류시설·환승시설 및 역사와 동일 건물 안에 있는 판매시설, 업무시설, 근린생활시설, 근린공공시설, 숙박시설, 관람집회시설 및 전시시설 등의 역 시설 및 철도운영을 위한 건축물·건축설비
② 선로 및 철도차량을 보수·정비하기 위한 선로보수기지, 차량정비기지 및 차량유치시설
③ 철도의 전철전력설비, 정보 통신설비, 신호 및 열차제어설비
④ 철도노선 간 또는 다른 교통수단과의 연계운영에 필요한 시설
⑤ 철도기술의 개발·시험 및 연구를 위한 시설
⑥ 철도경영연수 및 철도전문 인력의 교육훈련을 위한 시설
⑦ 그 밖에 철도의 건설·유지보수 및 운영을 위한 시설

그리고 위의 건설 사업으로 인하여 주거지를 상실하는 자를 위한 주거시설 등 생활편익시설의 기반조성사업과 철도건설 사업에 편입되는 부지에 공공시설, 군사시설 또는 공용건축물이 있는 경우에는 그 공공시설 등의 관리청 또는 소유자의 신청에 의하여 기존의 공공시설 등에 대체되는 공공시설을 설치하는 사업도 포함된다.

2) 철도건설사업의 계획과정 및 시행(국토교통부, 철도설계기준(노반편),2013)

철도건설사업은 건설사업의 목적과 필요성, 철도시스템, 선로구간 및 연장, 정거장 입지, 건설기간 및 건설비 추정 등을 구상하는 기본구상, 예비타당성조사, 기본계획수립조사 및 기본계획수립, 기본설계, 실시설계, 공사 집행 및 시공, 준공 및 시운

전, 개통 및 영업개시를 할 때까지 과정별로 관련계획을 수립하여 효율적으로 추진하여야 한다. 공사방식은 철도건설사업기본계획이 수립되면 '대형공사 등의 입찰방법심의 기준'에 따라 정한다.

철도건설사업 중 설계·시공일괄입찰공사 및 기타공사의 계획과정 및 시행절차는 그림 3.1과 같다.

본 2절에서는 건설사업의 시행절차 중 기본구상, 예비타당성조사, 기본계획수립조사, 기본계획수립, 기본/실시설계, 사업영향조사단계까지만 기술하고 공사시행, 준공, 시운전 및 영업개시는 별도의 절로 구분하여 설명키로 한다.

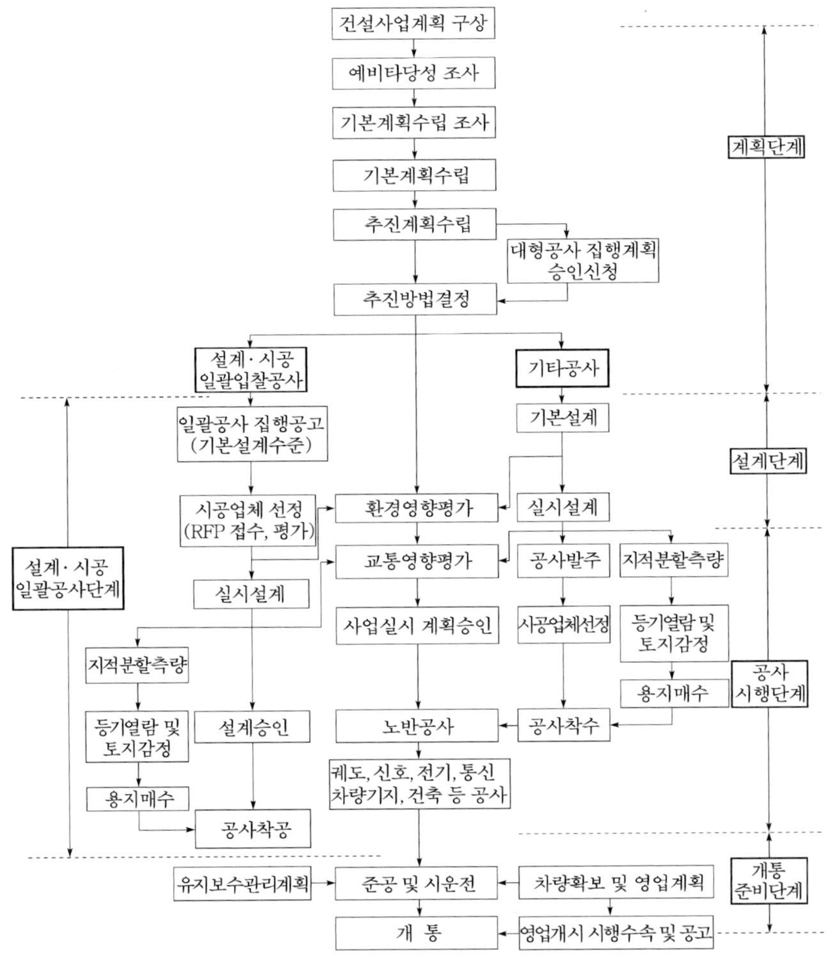

그림 3.1 철도건설사업시행 절차

(1) 건설사업 기본구상

철도시설이 없는 구간에 새로운 철도를 구상하거나, 기존철도의 시설의 미비 또는 장비가 취약하여 열차운행 효율을 증대할 수 없을 경우 수송능력을 증대하기 위한 건설사업의 필요성 등 자료를 수집하고 정리하는 과정으로서 예비타당성조사 이전까지를 말한다.

국토종합개발계획 및 국가철도망구축계획에 따라 새로운 철도건설의 필요성, 기존철도의 시설개량, 철도시스템의 개선 등의 필요성을 검토하게 된다.

(2) 예비타당성 조사

건설 사업을 추진하기 위해 건설사업 구상자료를 정리하여 기획재정부에 요청하면 도로·철도부분의 예비타당성조사 표준지침(한국개발연구원)에 따라 예비타당성조사를 시행하고 그 결과에 따라 추진여부와 우선순위를 결정하여 시행하는 것이 일반적인 절차이다.

(3) 기본계획수립 조사

가. 일반 사항

① 기본계획수립조사는 당해 사업의 시행 여부를 결정하기 위한 예비 타당성조사 성과물을 토대로 기본계획을 수립하기 위해 철도시스템 및 노선 선정과 정거장 입지선정, 연약지반, 선로시설물과 지장물 보상, 건설비의 적정성을 검토하여 사업시행 후 타당성 내용의 변동에 따른 문제점을 사업시행 전에 찾아내는데 있다.

② 최적대안으로 선정된 노선 및 정거장계획과 사업비 산정, 수송수요예측 및 경제적 타당성분석 등 대상 사업에 대한 기술 및 학술적 조사를 거쳐 사업의 기본계획을 수립한다.

③ 기본계획수립조사는 그림 3.2의 흐름도와 같은 내용으로 실시한다.

나. 기술 분야

① 관련계획 조사 분석

㉠ 상위 계획 및 관련계획

㉡ 기존 철도시설 현황 및 시설계획

㉢ 현지답사 등 현장조건

㉣ 수리, 수문 및 하천, 기상, 해양 등 참고문헌 및 자료

그림 3.2 기본계획수립조사 흐름도

ⓜ 연약지반 등 지반조사

ⓑ 지장물 보상, 민원 및 용지 등의 실태

ⓢ 당해 사업과 관련된 지역의 자연환경

② 철도시스템 계획

㉠ 열차운행 최고속도, 여객 및 화물 혼용, 급행 및 완행열차 편성 등 열차수송 능력은 교통수요를 고려하여 수립한다.

㉡ 기존 철도의 개량 및 복선화, 신선건설, 전철화, 장대레일화 등은 선로 구조물의 상태를 검토하여 계획한다.

㉢ 정거장 배선은 시·종점 정거장, 중간 정거장, 중간분기 정거장 등의 기능에 따라 통과선, 대피선 및 유효장을 고려하여 계획한다.

㉣ 선로구축물 및 궤도구조는 궤간, 레일, 침목, 체결구, 도상 등의 유지 보수를 고려하여 계획한다.

㉤ 차량과 구조물은 여객열차와 화물열차의 속도향상과 안전성, 쾌적성, 편의성 등의 서비스를 고려하여 결정한다.

㉥ 열차폐색장치, 열차제어장치 등 신호체계는 급행 또는 완행열차의 운행능력 및 열차운행속도 향상을 고려하여 계획한다.

㉦ 전기체계는 전철화 여부, 열차운행 및 선로시스템, 궤도구조시스템 등을 고려하여 계획한다.

㉧ 통신체계는 열차무선, 열차운전실 내부, 정거장 열차운용계획과 철도종합정보처리설비 기능을 고려하여 계획한다.

㉨ 정거장 시설은 여객취급, 화물취급, 철도서비스 향상 등을 고려하여 다른 교통수단과 쉽고 편리하게 환승·연계할 수 있는 종합교통터미널 기능을 검토하여 계획한다.

㉩ 차량기지, 보수기지, 현장사무소 등 기타 부대시설은 철도운용 및 유지 보수 등을 고려하여 계획한다.

③ 건설기준 계획

㉠ 노선의 기능과 성능수준을 토대로 하여 설계속도를 정한다.

㉡ 설계속도와 열차운행계획에 따라 철도시스템을 선정한다.

㉢ 설계속도와 운행할 차량의 성능 특성에 따라 노반, 궤도, 신호, 전기, 통신 등 시설계획을 수립하기 위한 적용기준을 선정한다.

㉣ 노반과 궤도의 선로구축물을 설계하기 위한 표준활하중, 곡선반경, 선로기울기, 건축한계 등의 건설기준을 선정한다.

㉤ 시·종점정거장, 중간정거장 등 그 기능적 특성에 따라 정거장 유효장 등 배선계획기준 등을 선정한다.

④ 노선선정 및 정거장 입지선정

철도노선은 지역사회에 미치는 편익이 커야하고 철도사업자의 이익도 커야 하므로, 이를 위해 여러 대안을 검토하여 가장 양호한 노선을 선택하는 노선선정(路線選定, route location)이 중요하다.

가장 양호한 노선이란 철도 건설 및 차량 도입비용 등 투자비와 선로 개통 후 열차를 운전하여 여객과 화물을 운송하고 이들 여러 시설과 설비를 유지 관리하는데 필요한 운영비가 최소가 되고 수입이 최대가 되도록 하는 노선을 말한다.

일반적으로 건설비와 운영비는 경합관계에 있는데 초기투자비인 건설비를 줄이면 기울기나 곡선이 급하게 되어 수송력이 떨어지고 유지관리비가 증가되어 운영비를 증대시키고 안전성에도 영향을 미치게 되며, 운영비를 줄이기 위해 초기투자비를 높이면 예산상의 부담을 가져온다. 따라서 시설물의 초기투자비와 건설 후 운영비를 합한 총 수명주기비용(總壽命週期費用, total life cycle cost)이 최소가 되는 방안을 찾아야 한다.

다만, 앞으로의 노선선정은 다소의 건설비가 많이 투자되더라도 철도산업의 특성인 안전성, 정시성, 고속성, 대량수송성 등을 살려 경쟁력을 향상시키고 기술수준과 경제사회 발전에 대응할 수 있도록 건설노선의 수준을 높이는 것이 바람직할 것이다.

노선선정은 기술적으로 보아 합리적이고, 또 편리한 방법이면 본질적으로 어떤 순서와 방법을 채택하더라도 지장이 없을 것이나 국토교통부가 제정한 「철도설계기준(노반편)」에 명시된 내용은 다음과 같다.

㉠ 도상선정(圖上選定, paper location)

- 예비타당성 노선을 토대로 25,000분의 1 지도로 현지 상황을 사전 조사하여 노선 및 정거장 입지를 계획한다.
- 관련계획 조사 분석 결과와 현지조건을 고려하여 실제 실현 가능한 대안 노선 및 정거장 입지를 계획한다.
- 정거장은 여객 및 화물의 집산이 쉽게 이루어지도록 다른 교통수단과 연

결되는 곳에 계획하되, 여객수와 화물수송량이 많은 지역에는 여객전용역과 화물전용역을 구분하여 계획한다.

- 대안노선 및 정거장 입지는 건설기준에 적합하고 「철도건설규칙」에 적합하여야 한다.
- 대안별 평면선형과 종단선형, 선로구조물을 선정하여 비교한다.
- 대안별 교통수요 예측에 따른 열차운영 계획을 비교한다.
- 대안별 선로구조물 등에 대한 노반 공사비를 개략 산출하고 비교한다.
- 대안별 노선 및 정거장의 대안별 입지를 종합적으로 비교하여 관계기관과 협의 후 최적대안을 선정한다.

㉡ 답사(踏査, reconnaissance)

- 도상선정에서 선정된 몇 개의 대안에 대하여 실제로 현지를 답사하여, 도상(圖上)에서는 검토할 수 없었던 지형·지질 등 기술적인 양부(良否)를 조사하여 비교하는 작업을 말한다.

  25,000분의 1 지도로 계획한 최적대안을 5,000분의 1 지도로 재검토하고 현지를 조사하여 측량할 노선을 결정한다.

㉢ 최적노선선정

- 대안별 노선의 입지가 주변 자연 생태계에 미치는 영향을 검토하여 최적노선을 선정한다.

㉣ 노선측량

- 과업지시서에 따라 선로예비측량수준의 노선측량을 시행한다.

⑤ 노반구조물 및 정거장 계획

- 측량성과물을 토대로 선로평면선형과 선로종단선형을 계획한 후 현장을 답사하여 토공, 교량, 터널, 정거장 위치 등 선로 구조물을 계획하고 선로평면도와 선로종단도, 정거장 평면도를 작성한다.
- 선로평면 및 종단도, 선로구조물 계획을 기준하여 연약지반 등 특수한 지역은 표준으로 지반조사를 하고 수리, 수문, 지장물 등 현지조건을 조사하여 선로구조물 표준을 계획한다.
- 선로구조물 표준은 기존철도의 표준도와 정규도, 기존철도, 「철도건설규칙」 등을 참고하여 노반 공사비를 추정하는데 필요한 표준공법을 설정하고 토공, 교량, 터널, 정거장 등 표준단면도와 일반측면도, 평면도를 작성할 수 있도록 계획한다.

○ 정거장은 열차운행계획에 따른 통과, 대피, 정차, 여객승강장, 화물적하장, 운전취급 및 영업시설, 지하도, 광장 등을 고려하여 정거장 배선과 시설을 계획하여야 한다.

○ 정거장시설은 1,000분의 1 평면도로 계획하여 정거장 선로평면도를 작성한다.

⑥ 열차운행능력 검토

○ 교통수요에 따른 열차운행방식 및 소요 차량 수, 1개 열차 차량편성 수, 선로용량, 열차운행속도, 표정속도 등을 검토하여 열차운행능력을 판단하여야 한다.

○ 최적노선으로 선정한 선형에 대한 열차운행능력을 검토하고 이에 따른 차량소요판단 등 열차운행계획을 수립한다.

⑦ 노반공사 수량산출 및 공사비 추정

○ 토공, 교량, 터널, 정거장 등 표준공법 선정에 따른 노반공사 수량을 산출하고 사토량(捨土量), 토취량(土取量) 등 토공배분, 용지면적, 지장물 이설 등의 수량을 산출한다.

○ 노반공사 수량에 대한 표준단가를 추정하여 노반 공사비를 산출한다.

⑧ 총 건설비 및 총 공사기간 추정

○ 건설사업 시스템에 따른 용지 및 지장물 보상비 추정, 노반, 궤도, 건물, 신호, 전기, 통신, 부대시설 등 세부사업별 건설비를 추정한다.

○ 세부사업별 공정을 검토하여 건설사업 총 공정을 계획하고 연차별투자계획을 추정한다.

다. 경제성(학술)분야

① 사회 · 경제지표 현황 분석

㉠ 총인구 현황, 지역별 인구분포, 해당권역 인구현황 분석

㉡ 도시화 현황 및 토지이용 현황 분석

㉢ 경제성장 및 자동차 보유대수 추이 분석

② 교통 현황 분석

㉠ 도로, 철도, 항공, 항만 등 교통현황 분석

㉡ 여객 및 화물수송 실적과 교통수단별 분담구조 분석

㉢ 해당권역의 교통 현황과 수송실적 분석

③ 장래여건 분석

㉠ 국토종합계획, 국가기간교통망계획, 지역계획 등을 검토하여 장래 여건에 미치는 영향을 조사 분석

㉡ 대상지역 및 주변지역에 대해 장래 사회 경제지표를 전망하고 교통증가 추세를 조사 분석

④ 교통수요 예측

㉠ 교통수요 모형을 정립하고 통행발생, 통행 분포, 수단 분담 및 통행(노선)배정 등을 통해 장래 교통수요 예측

㉡ 대안노선 및 정거장 입지별 교통수요 예측, 속도수준 별 및 연도별 수요 예측

⑤ 경제성 분석

㉠ 경제성평가 기간, 사회적 할인율, 비용 및 편익항목 등 기초지표의 결정 사회적 할인율이란 공공부문 투자에서 특정사업을 시행할 가치가 있는가를 판단하는 데 사용되는 할인율을 말하며, 할인율은 시차를 두고 발생하는 미래의 편익과 비용을 현재가치로 환산하는 데 사용하는 개념이다.

㉡ 차량운행비 절감 편익, 통행시간 절감 편익, 교통사고 절감 편익, 환경오염 절감 등을 검토

㉢ 편익/비용 비율(B/C Ratio), 순 현재가치(NPV), 내부수익율(IRR) 등 경제적 타당성 분석기법과 판단기준 등을 검토

㉣ 건설비, 보상비 등 직접 건설비용과 개량 후 유지관리 등 시설운영에 따른 비용, 차량소요량과 차량운행비용 등을 추정하여 검토

㉤ 민감도분석과 위험도를 분석하여 검토

㉥ 투자시기에 따른 경제성 변화를 분석하여 최적투자시기 분석

㉦ 대안노선 및 정거장 입지별 경제성을 비교 분석하여 최적 대안을 선정

⑥ 재무성 분석

㉠ 수송수입을 추정하여 손익분석과 재무상태 변동 등을 분석, 검토

㉡ 단기흑자연도, 누적흑자연도, 대체비용, 잔존가치 등을 검토하여 수익률을 분석한다.

㉢ 대안노선 및 정거장 입지별 재무성 분석을 검토하여 최적대안을 선정

⑦ 최적 대안노선 세부분석 및 건설효과 분석

㉠ 최적대안노선의 기능성 정립과 대안노선의 속도수준별 비용 및 성능 분석

㉡ 대안노선 및 정거장 입지별, 경제성, 재무성 및 기타 효과분석에 따라 최적 대안노선 및 정거장 입지를 선정하고 총 사업비 및 공사기간에 대한 연차별 투자계획 및 재원대책 방안을 계획

㉢ 경제성, 재무성의 세부검토 외 지역개발효과, 관광개발효과, 환경영향, 교통근접성 변화에 따른 토지이용계획 등을 분석

㉣ 에너지 절감, 관련사업 발전, 기술 발전 등 효과 분석

⑧ 재원대책 계획

㉠ 투입가능 자기자본계획, 금융기관 등 타인자본 조달계획 등 투자재원구성 계획 수립

㉡ 재원조달의 적정성 분석

㉢ 연차별 투자계획에 따른 재원대책을 계획

⑨ 설명회 등 지자체 협의 및 자문

㉠ 설명회를 개최할 필요성이 있는 경우는 설명회를 개최하여 지자체의 의견을 청취하고 민원해소 방안을 검토하여야 하며, 그렇지 않을 경우는 지자체의 의견청취와 민원해소 방안을 계획한다.

㉡ 전문가의 자문과 발주자의 의견을 수렴하여 계획을 조정한다.

라. 노반계획 일반사항

노선 및 정거장입지는 「철도건설규칙」 등 관계규정에 적합해야 하며, 친환경적 철도노선이 선정되도록 노력하고, 선형계획은 노선의 기능과 설계속도에 따라 가능한 대안노선에 대하여 열차운행성 등 기술성과 경제성 검토결과를 토대로 최적노선으로 계획되어야 한다.

그 외 교량, 터널, 정거장을 포함한 구조물 계획과 자재선정에 관한 사항은 「철도설계기준(노반편)」을 참고한다.

(4) 기본계획 수립

기본계획은 예비타당성조사와 기본계획수립조사 자료를 토대로 실현 가능한 철도노선 및 역 입지를 조사하여 기술성과 경제성을 검토하고 계획의 기본을 수립하는 것을 말한다.

국토교통부장관은 철도건설사업의 체계적인 수행을 위하여 미리 관계 중앙행정기관의 장 및 특별시장·광역시장 또는 도지사와 협의하여 사업별 철도건설기본계획을 수립하여야 하며, 수립한 때에는 고시하여야 하고 이 기본계획에는 다음의 사항이 포함되어야 한다.

다만, 고속철도건설기본계획은 철도산업위원회의 심의를 거쳐야 한다.

가. 건설사업 개요

① 사업의 목표 및 기본방향
② 철도건설의 경제성·타당성과 그 밖의 관련사항의 평가
③ 사업내용, 사업기간 및 사업시행자
④ 소요비용 및 재원조달계획
⑤ 연차별공사시행계획
⑥ 시설물 유지관리계획
⑦ 환경보전·관리에 관한 계획
⑧ 건설기준
⑨ 지진대책 등

나. 교통수요 예측

① 구간별 여객 및 화물 교통수요 예측
② 구간별 교통수단별 통행 분담 예측
③ 연차별 구간별 교통수단별 수요 예측

다. 열차운행 능력 및 선로용량

① 선로구간별 선로용량 판단 및 교통수요 감당 과부족 판단
② 교통수요에 따른 연차별 선로구간별 1일 열차운행횟수 판단
③ 열차운행능력에 따른 연차별, 선로구간별 여객과 화물의 1일 열차운행 횟수 판단
④ 열차운행 최고속도 및 열차운행 소요시간, 1개 열차편성, 최소운행시격 등 열차운행능력 검토

라. 총 건설비 및 건설사업 규모

① 용지, 노반, 궤도, 건물, 전기, 신호, 통신 등 세부사업별 건설비
② 세부사업별 사업규모 또는 주요 수량 측정

마. 추진계획

① 세부사업별 추진계획
② 사업추진 방법(설계 · 시공일괄입찰, 기타 등)
③ 세부사업별 집행계획
④ 공사관리 및 사업관리계획
⑤ 발주자 부담재료 및 외자재(外資材) 수급계획
⑥ 보수기지 및 차량기지 설비계획
⑦ 시운전계획
⑧ 개통 및 영업개시계획 등

(5) 기본/실시설계

가. 기본설계

기본설계는 예비타당성조사, 기본계획·타당성조사를 토대로 시설물의 규모, 배치, 형태, 공사방법 및 기간, 공사비 등에 관한 조사·분석, 비교·검토를 거쳐 최적 안을 선정하고, 설계기준, 설계조건 등 실시설계용역에 필요한 기술 자료를 작성하는 것이다.

건설사업추진계획에 따라 대형공사 집행계획 및 추진방법이 결정되면 기타공사, 설계 · 시공일괄입찰공사, 대안입찰공사로 구분하여 기본설계를 시행하고 설계의 경제성 등도 검토한다.

나. 실시설계

건설사업 추진계획에 따라 대형공사 집행계획 및 추진방법이 결정되면 기타공사와 대안입찰공사는 실시설계를 시행하도록 계획한다.

실시설계는 기본설계를 토대로 하여 목적 시설물의 규모, 배치, 형태, 공사방법, 공사기간, 공사비, 유지관리 등에 대한 세부조사 및 분석, 비교·검토를 거쳐 최적안

을 선정하고, 상세 설계를 수행하며, 시공 및 유지관리에 필요한 기술 자료를 작성하는 단계다.

① 기타공사

기타공사는 노반공사, 궤도공사, 신호공사, 전기공사, 통신공사, 건축공사, 차량기지공사 등 세부사업별 실시설계를 시행할 수 있도록 계획한다.

② 대안입찰공사

㉠ 대안입찰공사(代案入札工事)는 건설사업 중 어느 구간 또는 어느 사업의 일부가 될 것이므로 세부사업별 중 노반공사만 또는 주요 시설물을 대안입찰로 할 것인지, 세부사업별로 포함하여 할 것인지를 계획한다.

㉡ 일반적으로 대안입찰공사는 어느 구간 한정적일 경우는 철도시스템을 고려하여 노반공사만 대안입찰로 시행하는 것이 시행착오를 줄일 수 있을 것이므로 이를 검토한 후 계획한다.

㉢ 대안입찰공사는 기타공사와 같은 수준으로 실시설계를 시행한 후 대안입찰공사를 계획한다.

다. 설계일반사항(국토교통부, 철도설계기준(노반편), 2013)

① 기본 원칙

㉠ 노반시설은 설계속도에 대하여 안정성, 기술성, 시공성, 경제성이 확보되고, 노선의 기능과 성능이 적합해야 한다.

㉡ 노반시설은 차량한계내의 차량이 안전하게 운행될 수 있도록 건축한계를 저촉하지 않아야 한다.

㉢ 노반시설은 환경 친화적으로 설계해야 한다.

㉣ 노반시설은 사용기간 중 화학적, 물리적 작용에 대하여 충분한 내구성을 확보해야 한다.

㉤ 설계의 경제성 등을 검토하여 최적 안에 대하여 재검토한다.

② 하중

㉠ 노반시설의 설계는 시공 중, 완성 후 구조물에 작용하는 모든 종류의 하중에 의한 영향을 고려해야 한다.

- 재료, 자연환경의 하중과 같은 영구하중.
- 빈도에 관계없이 변동성 있는 하중.

○ 차량과 보행자 같은 준영구적인 하중.

○ 교통 또는 자연 환경 재해 상 우발적인 하중.

㉡ 열차하중은 표준활하중을 기준으로 하며, 충격과 함께 열차운행에 의한 피로의 영향과 따로 정한 설계기준 등 관계 규정을 따른다.

㉢ 장대레일 적용구간의 구조물은 온도변화에 대한 고려를 해야 한다.

③ 계획

㉠ 일반사항

i) 철도시설의 계획은 해당 노선의 기능과 성능, 안전성과 승차감을 확보할 수 있도록 계획해야 한다.

ii) 시설물형식은 시공 시 품질관리가 용이하고, 완공 후 유지관리가 용이한 단순한 구조형식을 적용할 수 있도록 계획해야 한다.

iii) 주위의 자연환경과 어울리는 환경 친화적인 계획을 하고, 특히 소음, 진동이 적거나 또는 소음, 진동 저감방안을 검토해야 한다.

iv) 철도운행으로 인하여 인접구조물에 미치는 영향이 예상될 경우 최소화시킬 수 있는 대책을 강구하는 계획을 해야 한다.

v) 구조물의 변형 및 안정성과 관계되는 규정 외에 재료의 거동, 고속차량운행에 따른 공진 등 구조물과 차량의 운행조건이 만족되는 계획을 해야 한다.

vi) 원활한 철도시스템 운영을 위한 인터페이스를 고려하여 계획해야 한다.

vii) 도로, 하천, 기타 기존시설물과 교차 되는 경우에는 교차조건에 대하여 면밀히 검토 후 입지여건을 고려하여 계획해야 한다.

viii) 고속철도 계획 시 운행에 따른 다음 사항을 특별히 고려하여 계획해야 한다.

○ 열차풍의 영향

○ 공진발생의 영향

○ 터널구간의 공기압 영향

㉡ 인터페이스

i) 노반구조물은 궤도구조를 고려하여 계획해야 한다.

ii) 차량형식과 구조물은 열차 속도유지, 승객의 쾌적성 및 안락성 등을 고려하여 계획해야 한다.

iii) 전기철도, 전차선로, 전력설비시스템 등을 고려하여 계획해야 한다.

iv) 열차폐색장치, 열차제어장치 등 신호체계는 열차운행속도를 고려하여 계획해야 한다.

v) 전기체계는 열차운행 및 선로시스템, 궤도구조시스템 등을 고려하여 계획해야 한다.

vi) 통신체계는 열차운용계획과 철도종합 정보처리 설비기능을 고려하여 계획해야 한다.

vii) 정거장시설은 타 교통수단과 환승, 연계할 수 있는 기능을 검토하여 계획해야 한다.

viii) 부대시설은 철도운용 및 유지보수 등을 고려하여 계획해야 한다.

Ⅸ) 노반시설의 방재설비는 차량 및 열차운행조건을 감안하여 계획해야 한다.

㉢ 유지관리

i) 세부적인 설계과정에서 필요할 경우 유지관리에 필요한 최소기준을 제시해야 한다.

ii) 방재설비는 차량 및 열차운행조건에 따라 방재기준을 정하고, 안정성과 경제성을 종합적으로 분석 검토하여 노반구조물의 방재설비를 계획해야 한다.

iii) 유지관리용 접근로 및 방호울타리

○ 유지관리용 접근로

토공, 교량, 터널 등의 구조물에 차량이 접근할 수 있는 진입로 설치는 가급적 기존도로를 최대한 활용하고, 신설할 경우는 용지 및 공사비를 최대한 절감할 수 있도록 계획해야 한다.

○ 주차장

접근로 종점부에는 점검차량과 유지보수용 자재를 적치할 수 있는 주차장을 설치하되 대상구조물에서 이용이 편리한 위치를 선정해야 한다.

○ 방호울타리

- 열차안전에 지장을 초래할 우려가 있는 장소에는 안전사고를 사전예방하기 위한 방호울타리를 설치해야 한다.
- 깎기나 쌓기부, 교량구간은 용지경계선에, 터널 갱구부 주위는 비탈면에 맞추어 설치해야 한다. 다만, 다른 구조물과 접속개소는 연속설치하고 인근 주민의 통행 등 현지여건을 고려하여 설치해야 한다.
- 교량하부에 쓰레기 등 유해적치물 등을 방치할 수 있는 장소에는 교량

방호울타리를 설치해야 한다.

④ 허용한계

㉠ 철도의 건축한계 일반

○ 건축한계 내에서는 건물, 기타 건조물을 설치하지 못한다.
그 기준은 제4장 철도선로의 7) 건축한계에 기술되어 있는 것과 같다.

㉡ 도로횡단 시설한계

i) 도로횡단 시설한계(도로의 구조·시설기준에 관한 규칙)의 통과높이 H는 4.5m로 한다. 동계 적설에 의한 한계높이의 감소 또는 포장 덧씌우기 등이 예상되는 경우를 고려하여 5.0m 이상으로 하는 것이 바람직하다.
다만, 부득이한 경우에는 도로의 구조·시설기준에 관한 규칙에 따라 축소할 수 있다.

ii) 도로횡단 철도구조물이 규정된 다리밑 공간을 확보한 경우에도 적재높이 제한 위반차량으로 인한 충격이나 파손이 우려되는 개소는 차량통과한계 틀을 설치해야 한다.

iii) 도로횡단 구조물의 다리밑 공간이 4.7m(고속철도 5.0m) 미만의 개소에는 차량통과한계 틀 및 차 높이 제한표지를 설치하되 전후 고가도로 또는 보도육교 등 현지여건을 감안하여 설치여부 결정해야 한다.

iv) 차량통과한계 틀 설치위치

○ 교량 : 전방 20~50m 부근에 지형여건 감안 설치

○ 통로박스 : 전방 5~15m 부근에 지형여건 감안 설치

v) 차량통과한계 틀 설치높이는 구조물의 실제 통과높이보다 0.1m 낮게 설치한다.

vi) 차 높이 제한표지에는 구조물의 실제 통과높이보다 0.2m 낮게 표기한다.

vii) 차 높이 제한표지는 도로교통법의 관계 규정을 따른다.

㉢ 하천 등의 다리밑 공간

i) 교량 밑의 통행에 사용되는 공간 또는 교량 밑에서 수위(水位)까지의 공간높이를 말하며, 배가 지나다니는 수로 위의 공간높이는 다음과 같다.

○ 범선 또는 소기선 통과 ································ 최고수면에서 30m

○ 대기선 군함 ·· 최고수면에서 45~60m

○ 소증기선 ·· 최고수면에서 4.5m

○ 폰툰(pontoon), 바지선(barge) ························· 최고수면에서 3.0m

ii) 교량 계획 시 조사한 계획 홍수위가 주 거더 밑에 있도록 계획해야 한다. 선박의 운항이 없는 하천의 경우에는 하천설계 기준의 계획홍수량에 따라 아래 표의 값을 표준으로 하되, 하상변동에 의한 수위상승과 만곡부의 수위상승, 수리계산 오차 등을 고려하여 제방여유고 이상을 확보해야 한다.

계획홍수량에 따른 다리밑 공간

계획홍수량(m^3/sec)	다리밑 공간(m)
200 미만	0.6 이상
200 이상~500 미만	0.8 이상
500 이상~2,000 미만	1.0 이상
2,000 이상~5,000 미만	1.2 이상
5,000 이상~10,000 미만	1.5 이상
10,000 이상	2.0 이상

주 : 하천에서의 다리밑 공간은 홍수위로부터 교각이나 교대 중 가장 낮은 위치의 받침하면까지의 높이를 말하며, 라멘교의 경우에는 헌치 하단까지의 높이를 말한다.
다만, 계획홍수량이 50m^3/sec 이하, 제방높이 1.0m 이하, 다리밑공간은 0.3m 이상을 확보해야 한다.

㉣ 지하 구조물의 최소토피

i) 철도 관련 지하시설물의 윗면에서부터 도로면, 지상 면, 하천 하상고까지의 최소토피는 다른 지하매설물의 영향이 철도 운행에 미치지 않고, 철도 시설물의 보호 및 안전이 확보되어 일정 이상의 토피를 유지 할 수 있도록 계획, 설계해야 한다.

ii) 도로 및 지상 부 최소토피는 기존도로 지하에 이미 매설되어있는 시설물의 안전을 고려하고, 그 이외의 구간은 장래시설물의 설치 필요 공간을 확보하기 위하여, 도로면 또는 지면으로부터 지하구조물 윗면까지 일정 이상의 토피를 유지 할 수 있도록 계획해야 한다.
다만, 현지여건상 부득이한 사유가 있거나 도로개구부 등 지형 상 특별한 경우에는 철도 시설물의 성능을 저하시키지 않는 범위에서 관리청과 협의하여 최소토피를 조정할 수 있다.

iii) 하천을 횡단하는 철도 지하구조물 윗면까지 최소토피는 하천의 장래 계획 및 홍수 시 세굴 등을 고려하여 하상고(저수로 기준)와 일정한 깊이를 유지할 수 있도록 계획해야 한다.

iv) 최소 토피에 관한 설계기준은 관계 법령 및 설계기준의 각 장에서 정한 기준을 따른다.

라. 내진설계(국토교통부, 철도설계기준(노반편), 2013)

① 기본방침

㉠ 인명피해를 최소화 한다.

㉡ 지진 시 시설물 부재들의 부분적인 피해는 허용하나 전체적인 붕괴는 방지해야 한다.

㉢ 지진 시 가능한 한 시설물의 기본적인 기능은 발휘할 수 있게 해야 한다.

㉣ 시설물의 정상수명 기간 내에 설계지진력이 발생할 가능성은 희박하다.

㉤ 설계기준은 남한 전역에 적용될 수 있다.

㉥ 이 설계기준을 따르지 않더라도 창의력을 발휘하여 보다 발전된 설계를 할 경우에는 이를 인정한다.

② 설계일반

㉠ 내진등급

i) 철도 구조물은 구조물의 중요도를 고려하여 아래 표와 같이 내진등급을 분류한다.

철도의 내진등급

내진등급	구분 내용	설계지진의 평균재현주기
내진1등급	설계지진 발생 후에도 교통수단을 유지하기 위한 중요시설물	1000년 (단 열차주행안전성검토는 100년)
내진2등급	내진1등급에 속하지 않는 철도구조물	500년

㉡ 철도의 내진설계 시 검토해야 할 사항

i) 기본적인 검토사항

○ 내진등급 여부

○ 철도가 있는 지역 및 지반의 분류
○ 지진계수 결정
○ 재현주기별 지진 위험도계수결정
○ 설계지진의 응답스펙트럼 결정

ii) 전반적인 검토 사항

○ 열차 주행안전성 검토

- 설계지진 발생 시 감속된 상태로 운행하는 열차의 주행안전성을 보장하는 것으로 철도 구조물의 변형, 응력, 진동 및 궤도 틀림 등이 열차의 안전성을 위협해서는 안 되며, 탄성영역의 거동이 지배적이어야 함. 또한 기초지반의 영구적인 침하나, 액상화를 검토하여 열차주행안전성을 확보해야 한다.
- 구조물 진동에 의한 열차의 탈선을 방지하기 위하여 열차 속도별 허용침하량을 만족해야 하며 교축 직각 방향에 대한 충분한 강성을 확보토록 탄성설계를 해야 한다.
- 재현주기는 100년을 기준으로 한다.
- 하중조합 U = 1.0(D+L+E+Q+H)이며 이 경우 활하중은 단선을 기준으로 한다.

  여기서, D : 고정하중 또는 이에 따른 단면력
  L : 활하중 또는 이에 따른 단면력
  E : 지진의 영향 또는 이에 따른 단면력
  Q : 부력 또는 양압력, 수압, 파압 등의 하중
  H : 토압 또는 이에 따른 단면력

○ 구조물 설계

- 설계지진 발생 후의 피해 정도를 최소화하고 구조물을 구성하는 부재들의 부분적인 피해는 허용하나 구조물의 전체적인 붕괴는 방지해야 한다.
- 기초지반 및 말뚝의 극한지지력, 기초 및 구조물의 설계지진력으로 적용해야 한다.
- 구조물은 내진등급에 따라 설계하며 비탄성 변형을 허용하는 경우에는 구조물의 연성거동을 확보해야 한다.

- 하중조합 U=1.0(D+L/2+E+Q+H)을 사용하며 이 경우 L/2은 단선의 열차 활하중이다.
- 교량의 내진설계에서는 연성 확보를 위해서 교각에 소성힌지를 형성시키거나, 필요한 경우 합리적이고 타당성 있는 지진격리장치를 사용할 수 있다. 소성힌지의 형성 위치는 유지관리와 보수, 보강이 가능한 곳을 선택하는 것으로 한다.

○ 철도구조물별 검토사항
- 구조물별 내진설계기준에 따라 검토한다.
- 별도의 내진 기준이 언급되지 않은 경우 지진하중을 고려하지 않는다.

○ 궤도, 정거장, 신호 및 통신체계 관련 고려사항
- 궤도

  모든 유형의 궤도에 있어서 각 궤도구성 품(레일, 체결 장치, 침목, 도상 등)은 모든 수준의 지진하중에 견딜 수 있다고 인식되고 있기 때문에 궤도 구조 자체에 대해서는 별도의 내진설계를 수행할 필요는 없다.
- 전차선주 및 전차선

  고가교 상에 건설되는 전차선주의 경우에는, 지지되는 구조물과의 동적 상호작용을 고려한 내진설계법을 적용해야 한다.
- 신호 및 통신설비

  신호 및 통신설비가 설치된 기준에 대한 내진설계의 기본방침과 그 설계 방법은 전차선주 및 전차선의 경우와 동일하며, 지중 또는 궤도상에 설치된 신호 및 통신설비는 별도의 내진설계를 수행하지 않는다.

㉢ 설계지반운동

i) 수준분류

○ 설계지반운동의 수준은 다음과 같이 분류해야 한다.
- 평균재현주기 100년 지진지반운동(10년 내 초과확률 10%)
- 평균재현주기 500년 지진지반운동(50년 내 초과확률 10%)
- 평균재현주기 1,000년 지진지반운동(100년 내 초과확률 10%)

ii) 표현방법

○ 설계지반운동은 그 지역의 지반조건을 고려한 5% 감쇠비를 적용한 표준설계응답스펙트럼으로 표현해야 한다.

그러나 지역특성을 잘 나타내는 합리적인 근거가 있는 응답스펙트럼의 사용도 가능하다.

㉣ 지진구역

i) 지진재해도 해석결과에 근거하여 남한 전지역을 2개의 지진구역으로 설정하며, 각 지진구역별 구역계수(Z)는 다음에 표시된 값과 같다.

ii) 구역계수는 각 지진구역에서의 평균재현주기 500년에 해당하는 지진지반운동의 최대지반가속도 값을 중력가속도(g)로 나눈 값으로 무차원량으로 표시된다.

iii) 다만, 다음 표의 지진구역에서 구분된 행정구역의 경계를 통과하는 시설물에는 상위 지진구역계수를 적용해야 한다.

지진지역구분

지진구역	행정구역		구역계수(Z)
I	시·도	서울특별시, 6개광역시 경기, 강원남부, 충남북 경남북, 전북, 전남북 동부	0.11
II	도	강원북부, 전남 남서부, 제주도	0.07

주 : 강원 북부 ; 춘천시, 속초시, 홍천, 철원, 화천, 평창, 인제, 고성, 양양, 양구 등
강원 남부; 삼척시, 강릉시, 동해시, 원주시, 태백시, 영월, 정선
전남 북동부 ; 광양시, 나주시, 여수시, 순천시, 장성, 곡성, 장흥, 보성, 화순 등
전남 남서부 ; 목포시, 무안, 신안, 완도, 영광, 진도, 해남, 영암, 강진, 고흥, 함평

㉤ 가속도계수, 지반특성에 따른 지반분류와 지반계수 설정, 탄성지진응답계수, 내진해석 및 교량 등 구조물설계에 관한 구체적인 사항 등은 국토교통부의 「철도설계편람(노반편)」에 기술되어 있다.

③ 품질보증 요구사항

㉠ 내진시설물의 적절한 품질보증요건을 만족시키기 위하여 설계, 시공, 완공 후 공용기간 단계별로 이루어져야 한다.

㉡ 설계는 시설물 부재 재료의 특성과 세부사항 및 치수를 제시해야 하며, 특별한 장치가 도입될 경우에는 이에 대한 특성도 포함해야 한다.

㉢ 시공 중에 특별한 검토를 요구하는 중요한 시설물의 부재는 설계도면에서 확인이 되어야 하고, 이에 대한 검토방법이 제시되어야 한다.

마. 분야별 실시설계

① 노반공사

㉠ 기본설계 후 부득이 노선 위치 및 정거장 위치, 차량기지 위치 등 변경 조정해야 할 사항이 있으면 변경 조정하도록 계획한다.

㉡ 기본설계 후 철도정책에 따라 여객전용철도, 여객·화물혼용철도, 화물 전용철도 등 철도의 목적이나, 속도향상 등 선로등급을 상향 조정해야 할 경우는 노선, 정거장 위치, 차량기지 위치 등을 변경 조정토록 계획한다.

㉢ 기본설계 결과에 따라 실시설계를 해야 하나 노선의 평면도와 종단도(縱斷圖)를 완성한 후 현지 조사하여 현지실정에 적합하고 경제적인 시설물이 되도록 계획한다.

㉣ 총 사업비와 총 공기, 열차운영, 유지관리를 위해 경제성과 효율성을 고려하여 설계토록 계획한다.

② 궤도, 신호, 전기, 통신, 건축공사

기본설계 후 노반공사의 실시설계계획이 변경 조정될 경우는 이에 따라 검토하여 변경설계 한다.

③ 차량기지공사

㉠ 기본설계를 검토하여 보완설계 한다.

㉡ 기본설계 후 지방자치단체의 요구사항, 민원, 환경영향평가 결과 보완 사항 등이 있을 경우 보완설계 한다.

④ 상하수도공사, 조경공사

기본설계 후 변경 또는 보완 설계할 사항이 있을 경우 변경설계 한다.

⑤ 실시설계과정의 열차운행계획

실시설계에서 선로의 평면도 및 종단도면이 완성되면 최종적으로 열차운행 모의실험을 검토하여 열차운행계획을 보완한다.

⑥ 경제성 등 검토(설계 VE)

설계의 경제성 등을 검토하여 최적 안에 대하여 재검토한다.

(6) 사업시행영향조사

철도건설사업시행 영향조사는 환경영향평가, 교통영향평가, 수리·수문조사와 실시설계 및 시공단계에서 철도입지주변을 조사하는 것이다.

사업시행 영향조사는 철도시설물 건설에 영향을 미치거나 이 건설로 인해 영향을 받을 수 있는 사항에 대한 조사로서 사업실시계획 승인 절차에 따른 적합한 시기에 평가를 받기 위해 조사를 한다. 그 외 문화재영향, 폐광 등 철도공사에 영향을 미칠 수 있는 분야에 대하여도 필요한 조사를 한다.

가. 환경영향조사

① 조사목적

건설사업 시행으로 인한 노선 및 정거장 주변 자연환경과 생활환경 현황을 조사하여 환경에 미칠 영향을 예측하고 환경피해를 최소화 할 수 있는 저감대책을 수립하여 사업에 반영하기 위해 조사한다.

② 조사범위

㉠ 평가항목을 선정하여 조사하도록 계획한다.

㉡ 환경기준유지 및 특별대책지역 규제내용의 저촉 여부

㉢ 한강, 낙동강 등 4대강 수계(水系) 물 관리종합대책 부합 여부

㉣ 관련 법규상의 행위규제 저촉 여부

㉤ 노선 및 정거장 위치, 차량기지 위치의 주변지역 토지이용 상황 파악

㉥ 자연환경

○ 지형, 지질관련 현황

○ 동식물 등 자연생태계 현황

㉦ 생활환경

○ 토지이용 현황

○ 소음, 진동, 악취 등 대기 질 현황

○ 토양현황

○ 일조장애 및 위락경관

㉧ 사회 · 경제 환경

○ 교통 : 교통조사 별도시행

○ 문화재 : 문화재 별도시행

㉨ 전력유도 장애

○ 전력유도로 인하여 인근 통신선로에 미치는 유도장애를 예측하여 제시

㉩ 전자파동 기타

ㅇ전자파 및 전파발생 현상과 피해 사례 등을 파악 연구

③ 환경영향요소 및 항목설정

㉠ 환경영향요소 및 관련 항목 간 상호관련 표에 의거 사업계획에 관련된 환경영향요소를 추출하고 환경영향요소의 규모, 지역특성, 기존 자료에 근거한 환경현황에서 장래 환경영향정도를 감안하여 환경 예측 및 평가대상이 되는 환경 항목을 설정

㉡ 환경영향요소와 환경항목간의 상호관계는 숫자 또는 부호로 영향의 크기 및 중요도를 표시

④ 환경현황 조사 분석

㉠ 환경항목은 지역특성 및 사업내용을 고려하여 설정

㉡ 조사범위는 계획노선 및 정거장, 차량기지 등 주변영향권

㉢ 현황조사는 현장조사, 자료조사 및 탐문조사 병행

⑤ 환경영향예측 및 평가

㉠ 환경영향의 요인과 문제점을 면밀히 검토하여 종합적으로 예측하고 평가

㉡ 환경항목별 환경영향의 예측 및 평가에 필요한 사항은 환경성 검토 방법과 환경법규에 따름

㉢ 평가내용의 표현방법은 막연하게 추상적으로 표현하지 말고 가능한 정량적 및 기술적으로 표현하여 건설 사업에 반영할 수 있도록 함

⑥ 해로운 환경영향 저감방안 및 대책수립

㉠ 해당 사업이 환경에 미치는 영향을 미리 조사·예측·평가하여 해로운 환경영향을 피하거나 제거 또는 감소시킬 수 있는 방안 마련

㉡ 해로운 환경영향 저감 및 방지대책을 항목별로 그 효과, 안전, 기술, 비용 등을 검토하여 최선의 대책을 제시

㉢ 해로운 환경영향의 감소대책은 설계에 반영되도록 하고 환경친화적이고 지속가능한 발전과 건강하고 쾌적한 주민생활이 영위될 수 있도록 수립함

⑦ 기타사항

㉠ 환경성 검토는 위치도, 지형도, 토지이용계획도, 식생도, 자연녹지도, 시설배치도, 수계도, 대기, 소음, 진동, 수질 등 측점지점 위치도를 첨부

㉡ 상업지구 및 주변지역의 지형조건, 지리적 성격, 토지이용 등 모든 특성을 고려한 합리적인 환경성 검토가 되도록 함

나. 문화재영향조사

① 조사목적

사업시행지역 및 주변지역에 문화재분포 현황과 영향을 파악하고, 훼손을 최소화할 수 있는 보존대책을 수립하기 위해 조사를 계획한다.

② 조사범위

㉠ 건설사업노선 및 정거장은 본선 선로중심에서 좌우 각 폭 2km 이내, 차량기지는 가장 넓은 폭 중심에서 좌우 각 2km의 문헌조사(최근 문화재조사 포함)를 통한 유적 분포 현황 파악

㉡ 위 기준 좌우 각 1km의 문화재 일반 지표조사를 통한 유적분포 현황 파악과 문화재 영향 평가

㉢ 위 기준 좌우 각 500m의 직접영향권 예정지의 정밀지표조사를 통한 문화재 파악과 조치방안 제시

㉣ 위 기준 좌우 각 1km의 생물학, 지질학, 민속학, 어문학적으로 보존 가치가 있는 문화재 및 문화양상 파악

㉤ 직·간접 영향권 내의 문화재 중 현상보존 및 이전대상 문화재 파악

㉥ 지명조사를 통한 지명유래와 변천내용 파악

㉦ 각 분야별 문화재의 보존대책과 조치방안 제시

사례

문화재 조사 · 발굴을 위한 장치

경부고속철도는 건설사업의 시행으로 각 종 문화재가 훼손되거나 멸실되는 일이 없도록 건설계획단계부터 문화재 관련기관과의 협의를 거쳐 사전 장치를 마련하여 시행하였다.

- 경부고속철도가 통과하는 전 구간에 걸쳐 문화 유적지에 대한 지표조사를 한다.
- 지표조사 결과, 필요하다고 선정된 지역은 시굴 및 발굴조사를 한다. 시굴 및 발굴조사는 사전 승인을 받아야 하며 완료 후는 발굴완료 신고를 하고 발굴유물은 국가 귀속을 위한 절차를 밟는다.
- 사적(史蹟)통과 구간의 현상 변경이 있을 때는 협의를 거친다.
- 문화재자문회의를 거쳐 그 의견을 사업에 반영한다.

이 장치의 일환으로 11명의 전문가로 구성된 문화재자문위원회가 발족되었다.

자료 : 경부고속철도 건설 이야기, 한국철도시설공단, 2004.

③ 조사시행

㉠ 문화재청의 문화재위원회와 협의하여 조사단구성과 조사시행방법, 조사 후 영향평가, 문화재 발굴, 보존대책 등을 계획

㉡ 건설사업 선로연장이 길고 방대하여 여러 지방도로가 걸쳐 있을 때에는 문화재자문위원회를 구성하여 이들로부터 조사단 구성, 조사시행 방법, 조사 후 영향평가, 문화재 발굴, 보존대책 등 조치방안을 강구하는 계획을 검토받음.

④ 조사 후 평가 및 처리

문화재청의 문화재위원회의 심의 결과에 따라 처리대책을 계획함.

다. 폐광 등 광산실태조사

① 조사목적

사업시행지역 및 주변지역에 폐광(廢鑛) 등 광산실태를 조사하여 건설사업 추진에 지장이 없도록 하기 위함.

② 조사범위

㉠ 건설사업 노선 및 정거장은 본선 선로중심에서 좌우 각 폭 500m, 차량 기지는 부지 끝에서 500m 이내 조사

㉡ 광업권 조사

㉢ 실제개발 여부 및 규모조사

㉣ 수집 가능한 폐광갱도 자료조사와 현장조사

㉤ 필요시 정밀조사

㉥ 동굴조사

③ 조사시행

㉠ 현황조사

◦ 건설사업 지역 및 주변지역의 광업권등록상황과 광산개발 현황, 생산 실적 등의 자료수집 및 분석

◦ 광산지질조사, 지구물리탐사, 시추조사, 굴진현황조사, 매장량조사 등의 관련보고서 및 자료를 수집분석

㉡ 원격탐사

◦ 항공사진자료 등의 판독과 분석으로 지표 상태나 개발 흔적 등을 파악

◦ 위성영상자료 판독을 통하여 광산개발이 예상되는 지역을 파악하여 도면에 표기하고 현장답사계획 수립

㉢ 현장조사

○ 현지인과 광업관련기관 및 종사자 등을 탐문하여 광산개발 흔적 정보를 수집
○ 자료수집 분석, 항공사진 판독, 탐문조사 등으로 개발 흔적 추적조사

④ 조사 후 평가 및 처리

㉠ 위해(危害) 개소 분류

건설사업 노선과 광산개발 흔적 간의 이격거리(횡단거리, 수직 상하 거리 등)를 표시하고 선로 평면도 및 종단면도, 횡단면도에 표시

㉡ 안전성 판단 및 검토

○ 광산개발 또는 폐 광산이 철도시설에 미치는 안정성에 대하여 직·간접 영향 등을 판단
○ 영향권 판단이 곤란할 경우, 열차가 주행할 때 발생하는 진동이 광산에 미치는 영향을 판단하기 위한 3차원 해석 등 특수 검토방안을 제시
○ 정밀조사 및 검토방안 제시

㉢ 처리 및 대책

○ 안정성 판단 및 검토결과에 따라 보강방안 제시
○ 보강방안이 미흡할 경우 노선변경 등 대안을 제시

사 례

폐 광산으로 고속철도터널의 계획노선을 변경

경부고속철도노선 중 경기도 화성군 상리터널계획구간에 폐 광산의 주 갱구와 보조 갱도가 수십 군데 발견되어 터널 붕괴 등 대형사고 가능성이 지적되었다.

이때는 상리터널 전체 연장 2.1km 가운데 입구 쪽 298m가 굴착된 상태였다. 공사 착수 전에 기본노선 축을 선정하는 기본조사에서는 폐광에 대한 지적이 없었으나 실시설계과정에서 현지조사를 통해 노선 변경에 대한 검토 작업이 시행되어 터널의 안정성 확보를 위해 기본노선에서 약 30m 이동하여 공사를 진행하였다. 그러나 터널 안전성에 대한 새로운 문제 제기로 외국의 전문가 및 전문용역회사에게 안전성 평가를 의뢰하여 그 결과 등을 종합적으로 판단하여 당초 노선보다 동쪽으로 최고 500m 이상 우회하는 것으로 변경하여 우려했던 폐 갱도와의 최단거리는 300m 이상 벌어지게 되었다. 물론 이로 인해 상리터널의 건설이 당초 일정보다 3년 정도 늦어지게 되었다.

다행히 경부고속철도공사의 전체 공기가 연장되어 그 범위 안에서 이 구간의 터널건설이 완료되었다.

자료 : 경부고속철도 건설 이야기, 한국철도시설공단, 2004.

3. 공사시행

1) 실시계획 승인

철도건설사업을 시행하는 자는 사업규모와 내용, 사업구역, 사업 기간 등을 포함하는 철도건설사업실시계획을 작성하여 국토교통부장관의 승인을 받아야 한다.

국토교통부장관은 실시계획을 승인한 때에는 이를 고시하고 관계 지방 자치단체의 장에게 고시한 내용의 사본을 송부하고 철도사업에 수용 및 사용을 필요로 하는 토지 등의 소유자 및 권리자에게도 이를 통지하고 실시계획 및 관계 도면을 이해관계인이 볼 수 있도록 하여야 한다.

실시계획의 승인·고시가 있는 때에는 「공익사업을위한토지등의취득및보상에관한법률」의 규정에 의한 사업인정 및 사업인정의 고시가 있는 것으로 본다. 이때부터 사업시행자는 사업에 필요한 토지 등의 수용 및 사용을 할 수 있는 법률적인 근거를 가지게 된다. 물론 토지 등의 소유자 및 권리자와 매수 협의가 성립되지 아니할 때는 재결신청을 하여야 효력이 소멸되지 않는다.

또한 사업의 실시계획 승인을 얻으면 「국토의계획및이용에관한법률」에 의한 개발행위허가, 「도로법」에 의한 도로관리청의 협의 또는 승인, 「자연공원법」에 의한 공원관리청의 허가, 「농지법」에 의한 농지전용의 허가 또는 협의 등 여러 관련법에 의한 협의·승인·허가·인가·동의·해제·결정·신고·지정·면허·심의·처분 등이 있은 것으로 보아 사업시행에 필요한 행정절차를 간소화하도록 제도적으로 뒷받침하고 있다.

2) 공사시행계획

(1) 추진계획 확정

① 건설사업 추진계획에 따라 대형공사 집행계획 및 추진방법을 결정한다.

② 공사발주기관과 물품 및 장비조달기관은 소관 사업계획을 수립한다.

③ 민간투자사업으로 시행하는 철도건설은 「사회기반시설에대한민간투자법」에서 규정한 방식으로 추진한다.

(2) 물품 및 장비조달계획

① 건설사업 시행기관에서는 공사발주 전에 발주처에서 공급할 물품 및 장비조달 계획을 수립한다.

② 내자, 외자가 필요한 경우 조달계획서를 작성한다.

(3) 예산배정

① 세부사업별 공사발주나 물품 및 장비조달이 추진계획에 지장이 없도록 소요예산을 적기에 배정 조치한다.

② 해외에서 도입해야할 특수한 물품 및 장비가 있을 경우 소요 예산을 내자와 외자로 구분하고 이를 확보할 수 있도록 계획한다.

(4) 공사관리조직 및 관리요원확보

① 공사현장을 효율적으로 관리하기 위해 공사규모와 세부사업별 전문기술과 특성을 고려한 지역단위 현장관리사무소 운영체계의 직제와 관리요원을 확보하도록 계획한다.

② 공사발주 이전에 현장관리사무소를 설치하여 시공업체와 감리단이 착공신고서를 접수할 수 있도록 계획한다.

(5) 공사발주

① 기타공사, 대안입찰공사, 설계 · 시공일괄입찰공사별로 공사를 발주하여 시공경험이 풍부하고 우수한 기술요원과 최신장비를 보유한 시공업체가 낙찰될 수 있도록 계획한다.

② 특히 설계 · 시공일괄입찰공사는 기본계획수립조사 시 선정한 노선을 재검토 대안노선으로 결정할 경우가 있으므로 지방자치단체와 반드시 협의하여 공사착공 후 공사단계에서 노선을 다시 조정하는 경우가 발생하지 않도록 계획한다.

③ 건설사업의 특성에 따라 총 공정을 고려하여 장대터널이나 장대교량 등 공기를 좌우하는 개소는 우선 발주를 선행하는 방향으로 계획하고 부분개통을 목표로 하는 사업은 단계별 개통계획에 따라 공사발주를 계획한다.

④ 영업선 근접공사나 기존 운행선을 개량하는 공사는 열차운행 횟수와 운행시격

(運行時隔), 여객열차, 화물열차 등 열차 특성을 고려하여 안전하게 시공할 수 있는 공법과 가 시설(假施設) 등을 선로차단 시간 내에 안전하게 시공할 수 있는 방안으로 공사발주를 계획한다.

⑤ 궤도, 전기, 신호, 통신, 건축 등 부대공사도 노반공사와 기술적 연계성을 고려하여 안전하게 시공하고 공정을 관리할 수 있는 방안으로 공사발주를 계획한다.

(6) 기공식행사

① 행사계획 수립

② 행사장 현장준비

③ 현장행사장 점검

④ 행사예행 연습

3) 공사 관리

(1) 예산 및 자금 확보계획

① 예산확보

◦ 추진계획에 따라 목표기간 내에 완성하기 위해 연차별투자계획을 검토하여 연차별소요예산을 확보한다.

◦ 연차별 세부사업별 예산요구 설명 자료를 작성하여 관계기관에서 쉽게 이해할 수 있도록 준비한다.

② 자금확보

◦ 건설사업을 착공한 후 건설업체가 선금급, 기성금, 준공금을 신청하면 자금지급이 가능하도록 자금을 확보한다.

(2) 발주처조달 공사용 자재 및 장비확보계획

① 공사용 자재

◦ 물품수급계획서에 따라 적기에 자재조달이 실행되도록 수시 점검하여야 한다.

② 장비

◦ 장비의 종류는 궤도용 장비, 전철용 장비, 신호설비용 특수 재료 및 장비, 차량검수장비 등으로서 국내 생산이 되지 않는 품목은 외자조달을 할 수 있도록 계획한다.

- 국내조달은 조달품목의 규격과 검사기준 또는 시방서, 조달 시기 등을 구비하여 조달한다.
- 외자조달은 외자조달 품목의 규격과 성능, 조달시기 등을 구비하여 조달한다.

(3) 공사 관리지원 계획

① 일반사항

- 건설사업시행기관에서 공사를 발주하여 준공, 개통할 때까지 시공과정의 공사관리가 최적화되도록 지원하는 것을 공사 관리지원이라 한다.
- 공사 관리는 공사비 및 공사규모관리, 공정관리, 공사품질관리 등으로 구분한다.

② 공사비 및 공사규모관리

- 건설사업시행기관은 착공 후 현장관리사무소(예, 한국철도시설공단 지역본부), 감리단, 시공회사 현장사무소와 합동으로 현지를 정밀 조사하여 시공도면을 작성한다. 현장조건상 또는 민원이나 지방자치단체의 요구로 부득이 설계변경할 경우 공사비와 공사규모를 당초 계획한 범위를 벗어나지 않도록 통제하거나 그 범위 내에서 효율적이고 경제적으로 조정할 수 있는 방안을 결정해주어야 한다.
- 이를 통제하는 제도적인 수단인 건설기준, 설계기준, 표준도, 품셈기준, 적산방식 등을 개선 보완하여 총 규모 범위 내에서 탄력적으로 운용할 수 있도록 계획한다.
- 부득이한 경우 당초 총 규모 범위 내에서 시행이 곤란할 때는 총 규모를 조정한다.

③ 공정관리

- 건설사업시행기관, 현장관리사무소, 감리단, 시공회사 현장사무소 등에서 추진계획에 따른 총 공정목표대로 공사를 시행할 수 있도록 착공 전에 용지매수 및 지장물 철거, 물품 및 장비조달, 시공방법 결정 등 기본방침을 조속히 결정하도록 계획한다.
- 민원이나 지방자치단체의 계획변경 요구로 용지매수 및 철거지연, 설계변경으로 인한 물량증가 등 공기 내에 시행이 불가능할 경우는 공기 내에 시행가능 하도록 공정을 효율적으로 조정할 수 있는 방안을 제시해준다.

④ 공사의 품질관리

- 설계의 품질향상과 검증, 공사용 재료의 규격과 품질 확보, 설계도와 시방서를 준수하여 완벽한 공사가 되도록 한다.

- 설계의 품질향상은 설계기준의 개선보완과 우수한 전문 설계기술자가 설계할 수 있도록 계획하고, 설계검증은 설계한 도서 내용의 오류 방지와 설계자의 설계기술 수준을 향상시키기 위해 제3자인 우수한 전문 설계기술자가 설계 전(全)과정을 확인하고 점검할 수 있도록 한다.
- 공사재료의 품질 확보는 설계할 때 재료규격과 재료의 품질검사기준을 명확하게 명시하고 시공회사와 감리단이 이를 이행할 수 있도록 계획한다.
- 설계도와 시방서를 자율적으로 준수하는 제도적 장치를 마련할 수 있도록 ISO (International Standardization Organization) 9000시리즈의 품질관리기법과 14000시리즈의 환경친화적인 기법을 발주처, 시공회사, 감리단이 다 같이 도입하여 이행하도록 계획한다. 만약 두 가지 기법의 동시 도입이 곤란할 경우 최소한 9000시리즈 기법은 반드시 도입하여 이행하도록 계획한다.
- ISO 9000시리즈 기법을 이행하기 위해 발주처와 시공회사, 책임 감리단은 QA, QC, QS를 수행할 수 있는 절차서(manual)를 개발하여 이행하도록 계획한다.
- 발주처는 품질보증(quality assurance, QA) 기능을, 시공회사는 자율적인 품질관리(quality control, QC)를, 책임 감리단은 품질검사(quality surveillance, QS) 기능을 이행할 수 있도록 계획한다.

4. 공사준공

사업시행자는 철도건설 사업에 관한 공사를 완료한 때에는 국토교통부장관에게 공사 준공보고서를 제출하고 준공확인을 받아야 한다. 국토교통부장관은 준공확인에 필요한 검사를 의뢰할 수 있으며 공사가 승인된 내용대로 시행되었다고 인정되는 경우에는 이를 고시한다. 이 고시를 한 때는 철도건설법이 정하는 바에 따라서 다른 법률에 의한 인·허가 등의 의제 조항에 명시된 당해 사업의 준공검사 또는 준공인가 등을 받은 것으로 본다.

사업시행자는 준공고시가 있기 전에는 철도건설 사업으로 조성 또는 설치된 토지 및 시설을 사용할 수 없게 되어 있다.

5. 시운전계획 및 영업개시

1) 시운전계획

(1) 시운전계획의 필요성

① 건설사업의 노반공사, 궤도공사, 신호공사, 전차선 등 전기공사, 통신공사, 정거장 및 건축공사가 완료되면 영업개시 이전에 반드시 열차운행계획에 따라 열차를 실제 운행하면서 운전성능시험과 안전성시험을 하여 보완하고 영업개시 계획을 수립해야 한다.

② 차량, 팬터그래프(pantagraph), 커티너리(catenary), 열차제어, 궤도 등에 대해 실제 운행하면서 성능과 안전성시험을 하여야 한다. 이는 철도기술수준 향상을 위해서도 필요한 과정이다.

③ 속도정수 사정(査定)기준 규정에 차량의 신조(新造) 또는 도입, 중요부분을 개조하였을 경우에는 시험을 거쳐 운전성능을 사정하도록 규정하고 있다.

(2) 운전시험의 구분

① 운전시험은 운전성능시험과 차량주행, 시설 등 안전성운전시험으로 구분한다.

② 운전성능시험은 견인성능시험, 열차저항시험, 제동성능시험, 기기용량 시험으로 구분한다.

③ 차량주행, 시설 등 안전성운전시험은 차량주행, 전력·신호 설비, 노반·궤도시설 안전성운전시험으로 구분한다.

㉠ 차량주행 안전성운전시험은 탈선에 대한 안전성, 승차감 등을 확인하여 차량의 운전속도한계 등을 결정한다.

㉡ 전력·신호설비 안전성운전시험은 변전소의 변전용량, 집전용량, 신호 가시거리, 신호장애 등을 대상으로 차량운전대의 노치(regulating notch)취급이나 운전속도 등에 관련되는 시험을 말한다.

㉢ 노반, 궤도시설의 안전성운전시험은 선로곡선, 정거장분기기, 선로의 좌우·상하진동, 교량의 강도(强度)를 대상으로 운전속도 등에 관한 시험을 말한다.

(3) 시운전 실시계획

시운전 실시계획은 시험목적, 측정조건, 시운전 장소, 시험 일시 및 기간, 측정자, 측정항목, 시운전열차편성, 시운전열차운행표(dia), 시운전 준비, 시운전 소요경비 등을 검토하여 수립한다.

가. 시험목적

① 시험의 목적은 무엇이며 어떤 시험성적이 언제까지 필요한지 확실하게 계획한다.

② 목적이 불명확할 경우 필요한 시험목적이 아닌 결과를 얻을 경우 어떻게 처리할 것인가를 고려해야 한다.

③ 시험 중에는 항상 시험 진행 상황을 감시하여 변경방안을 강구해야 한다.

나. 측정조건

시험 목적달성을 위해 어떤 조건으로 어떻게 측정하는 것이 좋은 지 및 조정조건, 선로조건, 편성하중조건 등을 생각하여 계획 한다.

다. 시운전 장소

① 지상설비 및 선로조건으로서는 곡선반경, 곡선 수, 선로기울기 및 기울기 길이 등 건설기준을 만족하고 속도를 낼 수 있는 어느 일정구간을 시험선 구간으로 선정한다.

② 부대조건으로서는 차량기지 인입선의 진·출입, 시험차량의 전향 등을 생각하여 시험운전에 적절한 구간을 선정한다.

③ 시험선 구간을 정하여 차량의 성능을 위주로 운전 시험하는 것이 일반적이나 반드시 영업 개시 전 전 구간을 충분히 시운전하고 그 결과를 보완하여 영업개시계획을 수립하여야 한다.

라. 시험일시 및 기간

① 시험선 구간을 정하여 차량의 성능을 위주로 운전 시험할 경우는 차량 편성 별 몇 만 km를 주행시험 해야 하는지를 차량설계 및 연구기관에서 요구하는 측정기간으로 계획한다.

② 신선건설이나 개량한 전(全) 구간을 영업개시 전 최소 3개월~10개월 간 시운전하여 보완하고 영업개시계획을 수립하여야 하며, 차량의 종별에 따라 적정한 기간을 정하여 시운전계획 기간을 수립한다.

③ 시험결과 성적이 언제까지 필요한지와 기상조건, 승무원 및 측정자, 차량 등 동원시기 등을 생각하여 수립한다.

마. 측정자

① 측정 상 기술적인 정밀성, 특수 장치의 정밀성, 자료 분석의 질적 수준 등을 생각하여 측정자를 선정한다.

② 필요에 따라 대학 및 연구원 등의 전문기술진을 참여하도록 하거나 대학 및 연구원에 의뢰할 수도 있다.

바. 시운전열차 편성

① 운전시험

㉠ 기관차 견인열차일 경우

○ 시운전열차는 계획한 견인정수와 동일한 견인중량으로 조성해야 한다.

○ 견인중량의 과다는 직접운전시분에 영향을 미치기 때문에 표준운전시분의 판단을 곤란하게 한다.

㉡ 전동차와 동차일 경우

○ 견인정수표에서 정한 속도별에 맞는 M · T(motor car, trailer) 비율로 조성한다.

○ M · T비율이 계획한 것과 일치하지 않을 경우는 유추 적용할 수 있다.

② 선로기울기 기동시험

㉠ 기관차 견인열차일 경우

○ 시험목적에 알맞은 견인중량으로 조성하는 것이 중요하다. 그러나 실제는 견인정수를 환산하여 조성하므로 실 중량을 견인정수와 일치시키는 것이 곤란한 경우가 있다. 견인정수는 기관차가 정해진 운전속도로 견인할 수 있는 최대차량 수로서 여기서 차량 수는 실제량 수가 아니고 환산량 수를 의미한다는 것은 앞에서 이미 설명한 바와 같다.

- 시험결과 실제영업열차의 중량 불일치에 대응할 수 있도록 견인중량은 계획한 견인정수에 몇 %를 더한다.
- 장대열차를 조성하기 곤란할 경우는 사전에 대용(代用) 하중차(기관차, 양회적재차)를 준비하여 시험조건에 만족하게 해야 한다.

㉡ 전동차와 동차일 경우
- 열차편성 비율만 같으면 시험목적을 달성할 수 있다.

③ 기기용량시험

㉠ 기관차 견인열차의 경우
- 기기용량은 항상 사용조건에 견딜 수 있어야 한다.
- 가능하면 계획견인정수와 동일한 시험편성으로 하는 것이 좋다.

㉡ 전동차와 동차일 경우
- M · T비율만 맞으면 같은 조건의 시험결과를 얻을 수 있다.

④ 주행안정성시험

㉠ 기관차 견인열차일 경우
- 차량의 주행성능은 열차조성의 연결위치나 전후에 연결된 차량의 성능에 따라 영향을 받는다.
- 결함이 있는 차량은 열차조성을 하지 말아야 한다.

㉡ 전동차나 동차일 경우
- 속도조건을 만족할 수 있는 최소한의 편성으로 시행하는 것이 좋다.

⑤ 교량, 궤도 등 선로시설에 대한 시험

㉠ 선로시설은 교량이나 궤도의 곡선구간, 분기구간 통과 등 무엇을 시험할 것인가에 따라 열차편성을 계획한다.

㉡ 선로시설을 시험하기 위한 열차편성은 화물열차, 여객열차, 전동차를 고려하여 계획한다.

㉢ 교량이나 노반구축물을 시험할 경우는 화물열차를 편성할 때 기관 중련견인으로 편성하여 속도별 제동 등 설계에서 요구하는 응력에 미치는 영향을 확인한다.

㉣ 주요 간선의 여객전용선으로 운행할 경우는 실제 영업 운행할 여객 열차를 편성하여 운전시험과 바로 앞의 항과 같은 화물열차의 운전시험을 각각 계획하여야 한다.

㉤ 화물전용선일 경우도 바로 앞의 항과 같은 화물열차 운전시험을 계획한다.

⑥ 전기설비에 대한 시험

화물열차는 전기기관차로, 여객열차는 전기기관차식 여객열차(push pull), 또는 전동차 등 실제 운행할 열차편성 모델로 시운전열차를 계획하여 ⑤)항과 같이 운전시험을 계획한다.

사. 시운전열차 운행표(diagram)

① 시운전열차를 별도 편성할 경우

열차운행계획에 따른 열차편성으로 시운전을 시행하고 최소열차운행계획시격으로 운행할 수 있도록 시운전을 계획한다.

② 시운전열차를 별도로 편성하지 않을 경우

㉠ 시간대

최근 열차밀도가 높아 주간에는 열차설정이 곤란하지만 야간에는 시험에 어려움이 많으므로 주간에 시험하는 것이 좋다. 이때 다소의 조건 변경을 계획한다.

㉡ 표준운전시분

시험할 때와 통상 운행할 때의 취급상 다른 점은 무엇인가를 생각해야 한다. 속도 노치의 취급, 정거장 통과, 정차의 지장 유무, 정거장 간 정차취급의 유무, 정차한 경우 소요정차시분 등을 생각하여 이들에 만족하는 운전시분을 계획한다.

예를 들면, 제동시험의 경우 정거장 사이에서 정차해야 하므로 정차에 소요되는 시분, 정차에서 발차까지 소요시분, 가속에 소요되는 시분 등을 계산하여 시험 중 표준운전시분으로 계획한다.

㉢ 여유시분

일반적으로 열차운행표를 설정할 때 구간운전계획시분에 단수처리를 하고, 몇 %의 여유시분을 더하여 운전시분으로 하고 있다. 시험 운행표도 특별한 경우가 아니면 일반적인 운행표 설정과 같은 방법으로 계획한다.

열차운행표 상의 여유는 지연할 경우 지연을 회복하기 위해 여력을 갖기 위한 일반적인 운행표 설정일 경우이며, 시험운행표는 운전 시험에 필요한 시분만 산정한다.

㉣ 정차정거장 정차시분

특급열차의 운전시험일 경우는 소정의 정차정거장 이외에 정차횟수를 많이 하면 시험의 의의가 없다.

온도상승시험에서 정차횟수나 시분이 많으면 영업운전상태의 시험 운전효과가 없다. 제동시험에서는 제륜자온도가 더 높을 경우 온도를 낮추기 위한 시분이 필요하다. 그러므로 시험목적에 맞는 정차정거장, 정차시분, 정차횟수를 선정하여 계획하여야 한다.

아. 시운전 준비

① 측정을 위한 가설공사, 하중적재 등의 필요 여부, 시험일정, 열차운용, 공사의 난이도 등을 생각하여 시험 준비를 계획한다.

② 기관차사무소, 정비창, 소관부서별 임무와 규모에 따라 준비해야 할 사항을 교환하여 운전시험에 차질이 없도록 계획한다.

(4) 시운전 주의사항

① 시운전실시에서 제일 주의할 사항은 운전사고, 상해사고를 예방하는 것이다.

② 문제가 있을 때는 시험을 중단하고 점검해야 한다.

③ 시운전 지휘자는 운전실에 다수의 관계자가 탑승하기 때문에 정지 위치의 통과, 정차 등에 주의해야 한다.

또한 시운전 도중에 시험을 위한 가설공사의 점검 때문에 도중하차 하든가 차량 차체 밑으로 점검을 위해 들어가는 경우가 많으므로 차량 외부에서 작업은 지휘자의 허가 없이 절대로 개인행동을 못하도록 사전연락하고 확인하여 상해방지에 최선을 다해야 한다.

④ 시운전 시작에 앞서 계획한대로 시행할 수 있는지 반드시 확인하고 기관사, 차장(車掌, conductor)) 등 필요한 관계자에게 시운전계획을 설명하여 시험이 순조롭게 시행되도록 인지시킨다.

⑤ 측정기기, 방송, 무전기, 전호기 등의 기능을 확인하여야 한다.

⑥ 시운전하기 전에 편성하중에 대해 통보하여 시운전 요건이 구비되도록 확인해야 한다.

⑦ 시운전 당일 열차운행표 전반의 상황을 파악해야 한다.

㉠ 운전사령이나 관계역장에게 시운전 목적과 방법을 설명하여 주지시키고 시

운전 열차가 지연되더라도 대피시키지 말고,

㉡ 어느 역 동시진입 등으로 시험열차에 지장을 줄 우려가 있으므로 시운전열차를 우선하여 취급토록 요청한다.

⑧ 기관사, 차장 등 운전관계자뿐만 아니라 측정관계자에게도 시험 목적, 시험방법, 시험조건, 측정항목 등을 설명해야 하며 특히 기관사에게 시험목적과 시험방법, 시험조건에 알맞은 운전취급을 할 수 있도록 사전 설명하여 운전 시 계속 지시하지 않아도 조정할 수 있도록 교육시켜야 한다.

⑨ 시운전 열차운행표 검토

㉠ 시운전열차의 운행표는 사전 검토하여 계획대로 운행 되도록 하고 시운전열차의 전후 상황을 파악하여야 한다.

㉡ 얼마의 여유시간과 어떤 어려움이 있는가?

㉢ 시운전열차 선행, 후속열차는 무엇인가?

㉣ 추가시운전계획은 무엇이 있는가?

㉤ 열차가 지연하더라도 측정을 계속할 수 있는 것인가?

⑩ 관계자료 준비

시운전운행표, 관련공문, 운전선도, 시험당일의 서행개소, 특수취급차량, 성능곡선, 관계도면 등 시험에 관련되는 자료를 준비하여 관계자에게 배포 또는 통보하고 대비해야 한다.

(5) 시운전 시행

가. 운전지시

① 속도정수 담당자가 운전지시를 한다.

② 속도정수 담당자는 시험의 목적, 측정항목, 측정요령, 선로상태, 차량 조건 등을 인지하고 확인해야 한다.

③ 기관사에 대해 목적과 조종방법을 미리 설명하여 인지시켜야 한다.

④ 운전상황에 따라 역행(力行), 타행(惰行), 제동 등 지시할 사항이나 원활한 운전을 해치는 것이 무엇인가를 파악하는 등 운전전반의 상황을 파악하고 숙지해야 한다.

⑤ 신호, 감속제동 등 보안취급은 기관사의 책임 아래 철저히 이루어지도록 지시한다.

⑥ 운전지휘자는 보안확보에 적극 협조해야 한다.

나. 시운전 중 연락 요령

① 운전지휘자와 시험관계자 상호간 연락

- ○ 시험조건
- ○ 조정방법의 지시, 확인
- ○ 시험개시의 시기 및 장소의 약속
- ○ 차량시험

② 기타

- ○ 시험 진행상황 개요
- ○ 운전상황 개요
- ○ 연락은 정거장 방송 또는 무전기로 명확하게 전달한다.
- ○ 정확한 연락을 위해 무전기의 채널, 방송기구의 음향 조정, 스피커의 위치조정 등을 시험하여 차질이 없도록 확인한다.

다. 운전 중 이상 시 조치

① 운전지휘자는 시운전 중 이상상태가 발생하여 위험을 인지할 때는 주저 없이 시운전을 중단한다.

② 시험열차가 지연한 경우는 지연의 정도, 영업열차에 미치는 영향 등 신중히 생각하여 계획과 같이 계속할 수 있는지 여부를 판단한다.

③ 시험운전을 중단할 경우 시험횟수를 줄이는 등 다음 조치를 생각하여 판단한다.

④ 시험열차의 차량이나 측정 장치의 고장, 열차운행표의 혼란 등으로 시험을 계속할 수 없을 경우는 신속하게 역장 또는 사령관계자와 연락하여 대피하고, 대피 후의 운전, 기타 사항을 긴밀하게 협의해야 한다.

사례

고속열차의 뒷부분이 흔들리다.

1999년 12월 말 한국고속철도공단이, 2004년 4월 개통을 앞두고 시험 운행 중이던 경부 고속열차에서 주행할 때 열차 뒷부분이 심하게 흔들리는(swaying) 현상이 발생하였다. 이 같은 현상이 계속되면 고속열차의 승차감이 크게 떨어지고 레일과 차량 바퀴가 마모되어 안전 운행에도 큰 영향을 미치게 된다.

당시 140km/h 이상의 속도로 주행하면 열차 뒷부분에서 좌우 흔들림으로 횡가속도가 기준치 0.183m/s^2를 훨씬 초과하는 0.33m/s^2로 나타났다. 그래서 고속철도공단과 차량공급자인 프랑스 알스톰사가 오랫동안 시험 및 조사활동을 실시하여 흔들림 현상을 잡기 위한 세 가지 대책을 제시하였다. 첫째, 바퀴의 경사각을 조정하여 혹한기에도 차량의 흔들림 특성과 공진(共振)이 발생하지 않도록 하며(흔들림 현상이 겨울철에만 발생하였음), 둘째, 혹한기에도 진동흡수장치인 공기스프링의 특성이 바뀌지 않도록 전기보온장치를 설치하는 방안이고, 셋째, 흔들림을 감쇄시켜주기 위해 횡 댐퍼(damper)를 설치하는 것이었다.

이 중 횡 댐퍼를 설치한 차량을 시험선에 투입하여 혹한기 확인시험에 들어갔다. 그 결과 흔들림 현상은 많이 감소하였으나 만족할 만한 성과가 없어 바퀴의 경사각도 변경하여 횡 댐퍼 설치와 동시에 다양한 형태의 시운전을 2002년 12월 말부터 2003년 3월 말까지 시행한 결과 흔들림 현상이 해소되었다. 바퀴 경사각 변경으로 우려했던 바퀴의 마모 특성 검증을 위해서는 프랑스에서 경사각 20분의 1인 바퀴로 46만 km 주행시험을 실시한 결과 안전성이나 내마모성에도 문제가 없는 것으로 추가확인 되었다.

자료 : 경부고속철도 건설이야기, 한국철도시설공단, 2004.

(6) 시운전 성과자료 정리

① 시험성과의 자료를 정리할 경우는 시험성적보고서(속도정수 사정기준)에 맞게 정리한다.
② 시험의 목적, 기일, 장소, 운전조작, 시험의 종류 등을 명기한다.
③ 시험결과 개요를 알기 쉽게 해석하여 명기하고 그래프를 사용하여 기입한다.
④ 시험의 경과, 성적을 상세하게 정리한다.
⑤ 열차운행계획의 적용가능성 여부를 판단하여 정리한다.
⑥ 실제운전상황을 운전선도에 속도뿐만 아니라, 시분, 노치, 제동취급, 신호, 서행, 전압, 전류 등을 상세하게 정리한다.

⑦ 표준운전시분을 조사목적으로 한 경우에는 운전시분 총괄표를 정리한다.

2) 영업개시

(1) 영업개시 예정기일 보고

① 건설사업시행자는 공사를 완료하고 개통가능시일을 예정하여 철도영업 부서로 영업개시 예정기일 30일 이전에 통보한다.

② 시운전 결과에 따라 보완관계로 예정기일에 영업개시가 곤란할 경우에는 이를 즉시 통보해야 한다.

(2) 시운전실시 결과 보완시행

① 시운전실시 주관부서는 시운전 결과 보완할 사항은 건설사업 시행자에게 통보하고 시운전을 다시 반복할 필요가 있을 경우 다시 시운전을 실시한다.

② 건설사업 시행자는 시운전 결과 보완 요청이 있을 경우 즉시 보완 조치하고 조치완료일을 시운전실시 주관부서로 통보한다.

③ 시운전실시 주관부서는 시운전실시를 철저하게 시행하여 영업개시에 지장이 없도록 건설사업 시행자에게 보완하도록 통보하고, 건설사업 시행자는 완벽하게 보완하여야 한다.

(3) 대장 및 도표제출

건설사업 시행자는 영업개시 후 2개월 이내에 대장 및 도표를 영업담당 부서와 시설유지관리부서 등 철도운영부서에 1부씩 송부한다.

(4) 개통식행사 계획

기공식행사 계획과 같이 계획하여 시행한다.

(5) 유지보수관리계획

가. 요원확보

① 신선건설이나 단선을 복선전철화 하는 등 건설 사업을 완료하면 영업요원과 유지보수 관리요원을 확보하여야 한다.

② 정거장 및 신호장, 시설관리사무소, 신호 및 전기관련보수사무소, 차량사무소, 차량기지, 기관차승무사무소 등 영업 및 유지보수관리사무소의 장비와 비축자재를 확보하도록 계획한다.

나. 예산확보

① 건설 사업을 완료하여 영업개시 후 유지보수 관리에 필요한 인건비와 장비, 비축자재, 사무소유지관리를 위한 소요예산을 확보하여야한다.
② 예산담당부서에서는 유지보수 소요예산을 확보, 배정토록 계획한다.

CHAPTER 04

철도선로

1. 철도선로의 정의

철도선로라 하면 열차 또는 차량을 운행하기 위한 궤도와 이를 받치는 노반 또는 인공구조물로 구성된 시설을 말한다.

궤도는 도상(道床, ballast), 침목, 레일과 그 부속품으로 이루어지며 선로의 중심 부분이다.

노반은 선로의 구성부분으로 궤도를 받치는 토대로서, 자연지반 그대로이거나 땅 깎기, 흙 쌓기를 하거나 교량, 터널 등의 구조물로 계획된 높이만큼 형성된 부분을 말한다.

노반의 윗면을 노반 면, 노면, 또는 시공기면(施工基面, formation level)이라 한다.

도상은 레일과 침목으로부터 전달되는 차량하중을 노반에 넓게 분산시키고 침목을 일정한 위치에 고정시키는 기능을 하는 자갈 또는 콘크리트 등의 재료로 구성된 구조부분을 말한다.

철도를 건설할 때 시공기면을 자연지면과 일치하게 할 수는 없으며 지형에 따라 흙 쌓기와 땅 깎기를 하여야 한다. 특히 선로가 산악지대, 하천, 도로 및 시가지를 횡단하거나 입체교차를 하는 곳에는 교량, 터널, 암거, 고가교 등의 각종 구조물을 설치하여야 한다.

철도선로는 지형의 고저(高低)로 기울기가 생기게 되며 방향을 전환시키기 위해 곡선이 생기게 되나 열차운전의 안전을 위해 기울기나 곡선반경 등 선로구조에 대한 일정한 한도가 「철도의 건설기준에 관한 규정」(국토교통부 고시 제2014-607호, 2014.10.15.)에 규정되어 있다.

2. 선로의 설계속도

설계속도는 선로를 설계할 때 기준이 되는 상한속도를 말한다.

종전에는 선로의 건설과 보수에 있어서 수송량과 열차속도에 따라 선로의 등급을 정하고 그 등급에 해당하는 선로구조로 건설하여 경제적인 건설과 유지보수가 되도록 하였으나, 개정된 규정에는 선로의 등급을 없애고 당해노선의 설계속도에 따라 선로를 건설하도록 하고 있다.

즉 특급선, 주요한 간선, 전동차 전용선 및 기타 간선, 청원선 및 인입선 등으로 선로의 등급에 따라 고속선·1급선·2급선·3급선·4급선으로 구분하며 열차의 속도, 곡선 및 기울기 등이 달라졌으나 선로의 등급에 대한 구분이 없어지고 정해진 설계속도에 따라서 그 기준 값이 달라진다.

설계속도는 다음 사항을 고려하여 속도별 비용 및 효과분석을 실시하여 정한다.

① 초기 건설비, 운영비, 유지보수비용 및 차량구입비 등의 총생애주기비용 대비 효과

② 역간 거리

③ 해당 노선의 기능

④ 장래 교통수요 등

동일한 노선이라 할지라도 도심지 통과구간, 시·종점 부, 정거장 전후 및 시가화 구간 등 노선 내 다른 구간과 같은 설계속도를 유지하기 어렵거나, 같은 설계속도 유지에 따르는 경제적 효용성이 낮은 경우에는 구간별로 설계속도를 다르게 정할 수 있도록 하였다.

3. 궤도구조

1) 궤도의 의의(意義)

철도가 다른 교통수단과 차이가 나는 특징 중의 하나는 일정한 선로 위를 차량이 주행하는 점이다. 궤도는 레일, 침목 및 도상과 이들의 부속품으로 구성되는 시설을 말한다.

철도선로의 일반적인 구조는 그림 4.1과 같이 노반위에 자갈을 일정한 두께로 포설하고(자갈도상일 경우) 그 위에 침목을 일정한 간격으로 부설하여 침목위에 두 줄의 레일을 정해진 간격으로 평행하게 침목에 체결한 것으로 노반과 함께 열차하중을 직접 지지하는 중요한 역할을 한다.

따라서 레일의 중량을 결정하여 차량의 축중에 의한 레일의 응력이 피로강도를 넘지 않도록 하여야 한다. 그리고 궤도의 파괴는 궤도를 구성하고 있는 레일에 따라 현저하게 달라지고 반복되는 열차통과하중으로 일어나는 궤도파괴량이 많으면 보수

비는 그만큼 증가하고 빈번한 보수로 열차운행에 지장을 가져와서 비경제적이다. 그래서 궤도구조별로 초기투자비와 보수비와의 상관관계를 분석하여 가장 경제적인 구조로 하여야 한다.

아울러 레일을 용접하여 장대화하는 것은 이론적으로는 오래전부터 확립되어 있었으나 용접기술의 불확실성으로 보편화가 늦었다. 그러나 열차의 속도가 향상되면서 특히 고속철도에서 레일 이음매 부위에서 충격으로 인한 안전상의 문제와 진동에 의한 승차감측면에서 장대레일의 채택은 불가피해졌고 용접술의 발달로 보편화되어 기존선에도 일반적으로 적용하고 있다.

이제 레일의 장대화는 안전성이나 승차감 외에도 보수의 편의성 때문에 현대철도의 필수요소가 되고 있다.

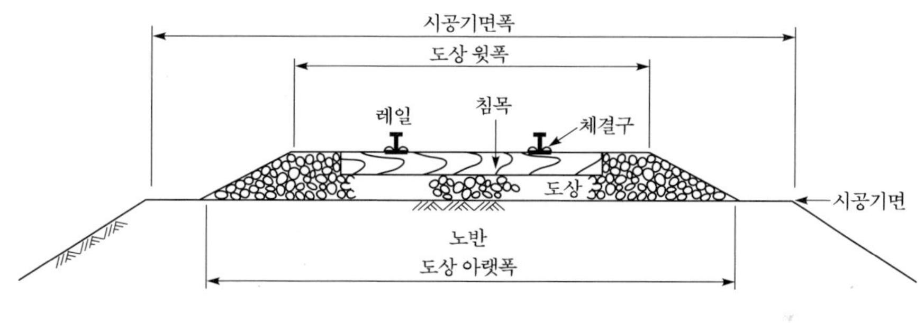

그림 4.1 궤도구조단면도

궤도의 구성요소 및 기능은 다음과 같다.

① 레일
- ○ 차량의 하중이 직접 작용하므로 축중에 의한 레일의 응력이 피로강도를 넘지 않아야 한다.
- ○ 차량의 주행을 유도한다.
- ○ 신호전류의 궤도회로, 동력전류의 통로를 형성한다.

② 침목
- ○ 레일로부터 받은 열차하중을 도상에 넓게 분포시켜 준다.
- ○ 레일을 견고하게 체결시키고 좌우레일 궤간을 바르게 유지한다.

③ 도상

○ 침목으로부터 받은 하중을 분산시켜 노반에 전달한다.

○ 침목의 위치를 유지한다.

○ 탄성으로 열차의 진동에너지를 흡수한다.

○ 자갈도상은 빗물의 배수를 빠르게 한다.

2) 궤도의 구비조건

궤도는 항상 빠른 속도의 무거운 열차하중을 직접 지지하므로 다음 조건을 구비하여야 한다(이종득, 2001).

① 열차의 충격하중을 견딜 수 있는 재료로 구성해야 한다.
② 열차하중을 시공기면 아래의 노반에 균등하게 전달할 수 있어야 한다.
③ 차량의 동요와 진동이 작아 승차감이 좋아야 한다.
④ 유지보수가 용이하고, 구성 재료의 교체가 간편해야 한다.
⑤ 궤도틀림이 작고, 열화(劣化)진행이 완만해야 한다.

3) 도상(道床)

(1) 도상의 역할

도상은 레일 및 침목으로부터 전달되는 차량하중을 노반에 넓게 분산시키고 침목을 일정한 위치에 고정시키는 기능을 하며 자갈 또는 콘크리트 등의 재료로 구성된다.

도상의 기능을 다하고 재료의 역학적 성질을 만족하는 도상재료의 선택을 위해서는 구조적인 측면과 함께 시공성 및 경제성 등을 검토하여야 한다(이기승, 2005).

① 안전성 : 열차의 동적, 정적하중에 안전
② 시공성 : 각종 구조물 조건에 적합한 시공성 확보
③ 환경친화성 : 소음, 진동의 저감
④ 경제성 : 수명주기비용(LCC)의 최소화
⑤ 유지보수성 : 내구성 확보 및 보수 편의성 확보

(2) 도상의 종류와 재료

도상은 자갈도상과 콘크리트도상으로 대별되며, 자갈도상은 보통도상과 보조도상으로 구분되고, 일반쇄석과 친자갈이 사용된다. 도상은 열차의 반복하중을 받아 노반 속으로 매립되어 변위(變位)를 일으켜 궤도 틀림의 원인이 된다. 특히 노반이 연약한 경우는 이 현상이 뚜렷하다. 일반적으로 도상두께를 충분히 확보하고 보통도상의 밑에 막자갈, 자갈 등으로 보조도상을 부설하여 배수를 좋게 한다.

한편, 터널 내 등 누수가 있는 곳, 어두운 곳이나 작업환경이 나쁘고, 보수작업이 곤란한 지하철과 같은 장소에서는 자갈도상 대신 콘크리트 도상을 설치하여 보수작업을 줄이게 한다.

가. 자갈도상

도상으로 자갈, 깬 자갈 등의 도상이 오래 동안 채용되어 왔다. 도상은 열차로부터 레일, 침목을 경유하여 하중(荷重)을 넓게 분산시켜 노반에 전달하고 차량의 좌우(左右)움직임, 온도 변화에 따른 레일의 신축에 의한 침목의 이동을 방지하는 역할 외에 차량주행에 따른 진동에너지를 탄성을 주어 흡수하며, 빗물의 배수(排水)를 쉽게 하고 잡초가 자라는 것을 억제한다.

침목의 아랫면으로부터 노반표면까지를 도상두께라 하며, 설계속도에 따라 250mm~350mm 이상으로 하도록 규정하고 있다. 이때 도상두께는 도상매트를 포함한다. 다만, 장대레일인 구간은 설계속도에 관계없이 300mm 이상으로 하여야 한다. 자갈도상이 아닌 경우는 사업시행자가 별도의 설계기준을 마련하여 시공하도록 하고 있다.

자갈도상은 건설비가 싸며, 궤도틀림 정정이 비교적 쉽고, 무거운 차량을 잘 지지하여 예로부터 동서양을 불문하고 많이 사용 되어 왔다.

열차주행 시 레일의 수평, 좌우 등의 변화로 인한 궤도틀림은 무거운 레일, 장대레일, PC침목, 깬 자갈 등의 사용으로 작아지고 있다. 그러나 시간이 경과함에 따라 도상자갈이 마멸(磨滅)되어 미립자(微粒子)화하고 토사(土砂) 혼입으로 배수가 불량하여 굳어져 탄성을 상실하므로 자갈치기나 교체작업을 하게 된다.

궤도틀림의 보수와 도상자갈치기는 열차운행횟수의 증가로 작업시간을 얻는데 어려움이 있다. 이를 위해 터널 내에는 보수작업이 보다 적은 콘크리트도상이 채용되고, 고속철도인 일본 신칸센(新幹線), 일부 도시철도구간 등에서는 슬래브(slab)궤도를 부설하고 있다. 그러나 일반적으로 자갈 도상궤도가 높은 비율을 차지하고 있다. 우리나라 철도의 대부분과 경부고속철도구간(서울-대구)에는 자갈도상을 채택하고 있다.

도상으로서 깬 자갈은, 화강암(花崗岩), 규암(硅岩), 안산암(安山岩) 등의 단단하고 인성(靭性)이 풍부한 돌을 쇄석기(碎石機)로 입경(粒徑) 60~20mm 정도로 파쇄(破碎)한 것으로, 지지력(支持力), 저항력(抵抗力)이 크고 배수도 양호하여 도상재료로 많이 사용된다.

큰 입경의 비율이 높으면 공극(空隙)이 커져 침하에 대한 저항이 감소하며, 입경이 작은 깬 자갈의 비율이 높으면 세립(細粒)화 되어 좋지 않아 적정한 입도(粒度)를 가지도록 하여야 한다.

산이나 하천의 자갈을 체가름 하여, 정해진 입도범위 내에 들도록 하여 사용하는 경우도 있지만 지지력이 약하여 열차운행 횟수가 적은 선구나 측선 등에 사용한다.

자갈은 열차주행에 의한 반복하중으로 마멸, 감소되든지 노반 속으로 침하되기 때문에 때때로 보충하지 않으면 안 된다.

자갈도상의 구비조건은 아래와 같다.

① 견고한 재질로서 충격과 마모에 대한 저항력이 있고,
② 단위중량이 크고, 모서리를 가진 각진 형태로 입자 간의 마찰력이 크며,
③ 입도(粒度)가 적정하고 도상작업이 쉽고,
④ 점토나 먼지 등 불순물의 섞인 비율이 낮고 배수가 양호하여야 한다.
⑤ 동상(凍傷)이나 풍화(風化)에 강하고 잡초가 잘 자라지 않으며,
⑥ 대량 생산이 가능하고 값이 저렴해야 한다(이종득, 2001).

나. 콘크리트도상

① 콘크리트도상의 필요성

콘크리트도상은 자갈도상의 문제점을 보완하고자 자갈 대신 콘크리트로 대체한 것으로 침목을 콘크리트 도상에 매설하거나 레일 자체를 콘크리트 슬래브에 직접 체결하는 구조로서 별도의 탄성대책과 함께 채택되어 사용되고 있다.

② 콘크리트도상의 장단점

㉠ 장점

- 도상다짐이 불필요하여 보수비가 적다.
- 궤도틀림의 진행이 적고, 궤도 횡방향의 안전성이 높다.
- 터널단면의 높이를 낮출 수 있다.

○ 탄성패드를 사용하면 도상의 진동과 차량의 동요가 작아진다.

ⓛ 단점

○ 궤도의 탄성(彈性)이 작으므로 충격과 소음이 크다.

○ 건설비와 교체비용이 많이 소요되고 궤도변형 시 보수가 어렵다.

○ 노반의 침하로 손상을 입을 우려가 있다.

○ 현장타설 공법은 시공에 장기간이 소요되어 기존 영업선 운전에 영향을 준다.

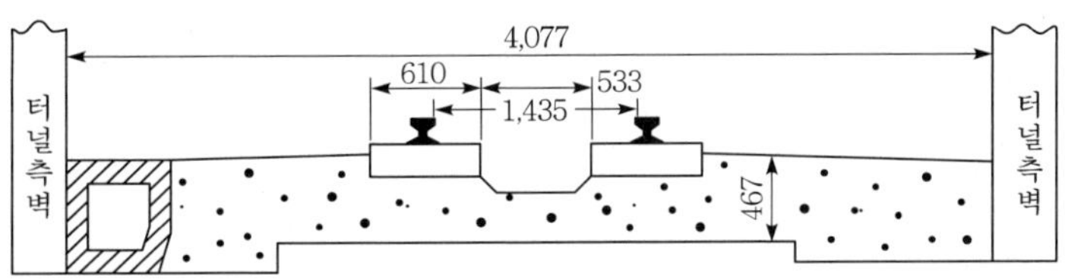

그림 4.2 터널의 콘크리트도상 예(단위 mm)

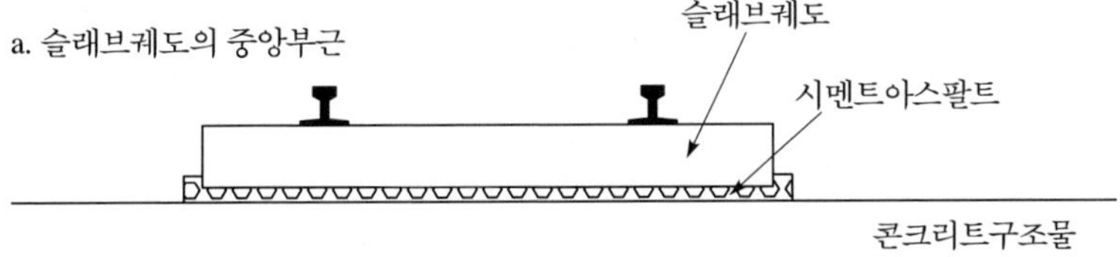

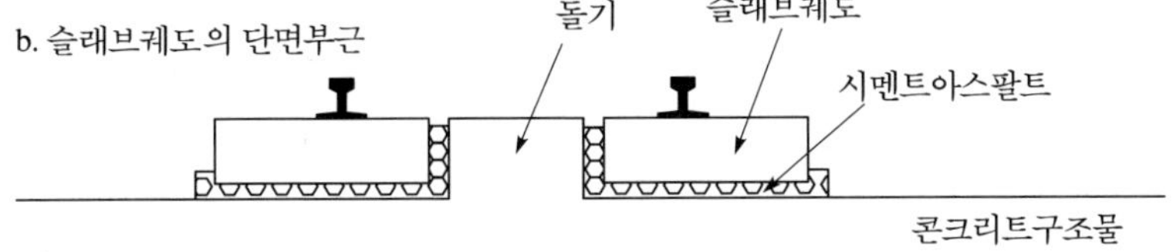

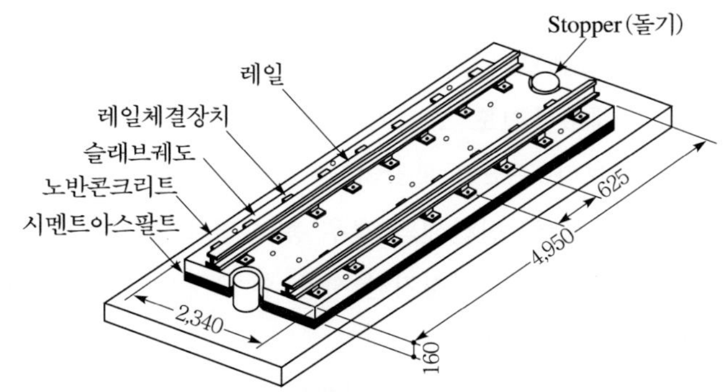

그림 4.3 슬래브궤도 예(단위 mm)

지하철이나 장대터널 등의 보수나 배수가 곤란한 노선 등에는 그림 4.2와 같이 콘크리트도상에 직접 콘크리트로 된 짧은 침목을 놓는 구조로 한다. 콘크리트도상은 탄성이 부족하고 레일이음매에 손상이 생겨서 탄성체결(彈性締結))장치와 장대레일 부설로 이들 문제점을 해소하여 궤도틀림이 작고, 보수가 거의 불필요하게 되어 최근 지하철에서 도상의 기본구조로 채택되고 있다. 그리고 고가교(高架橋), 터널 등의 콘크리트 구조물에도 쓰이고 있다.

그러나 콘크리트도상은 건설비가 자갈도상에 비해 많이 소요되고, 개축할 때 기존 철도 운행에 지장을 주므로 일반노선에서는 자갈도상을, 터널이나 고가교 등 강성노반에서는 콘크리트 도상을 채택하고 있다.

다. 슬래브(slab)궤도

일본 동해도 신칸센은 장대레일과 강화(强化)된 도상궤도를 채택하였으나 초고속 운전으로 인한 궤도틀림과 도상이 내려앉아 이것을 바로 잡기 위해 보수작업이 많이 필요하였다.

그래서 근본적으로 보수비를 줄일 목적으로 새로 개발한 것이 침목과 도상을 일체로 한 슬래브궤도이다. 그 구조는 그림 4.3과 같다

공장에서 생산된 슬래브(콘크리트로 만든 두꺼운 판으로 규격은 길이 5m, 폭 2m, 두께 20cm)를 콘크리트 노반 위에 시멘트아스팔트 층(두께 약 50mm)을 깔고 돌기콘크리트로 노반에 고정시킨다. 돌기콘크리트를 슬래브의 일부로 같이 제작하여 노반콘크리트에 매입하거나(이태리 IPA) 슬래브를 현장에서 타설하는(영국 PACT) 방법도 있다. 레일은 궤도패드를 삽입하여 상하, 좌우로 조정할 수 있는 체결장치로 슬래브 위에 고정된다.

그 결과 종래의 자갈도상궤도와 거의 동등한 탄성을 가져 소음 진동의 문제에서 더 나은 효과를 보이고 궤도틀림도 고치기 쉬워졌다.

슬래브궤도는 자갈도상보다 구조가 복잡하고, 초기투자비가 높은 편이나 유지관리비가 절감되기 때문에 일본 산양 신칸센의 경우 총 수명주기비용(건설비와 보수비 등 합계)은 자갈도상보다 더 유리하고 일정기간 사용 후 도상상태도 자갈도상에 비해 양호한 것으로 나타났다(이기승, 2005).

또한 최근에는 환경을 고려한 방진, 방음대책으로 슬래브 아래와 시멘트 아스팔트 사이에 고무판을 삽입한 방진 슬래브궤도가 시가지 등 일부 구간에 사용되고 있다.

4) 궤도역학(軌道力學, track dynamics)

(1) 의 의

궤도에 발생하는 응력을 이론적으로 규명하는 것은 매우 복잡하고 어려운 일이다. 궤도역학은 철도에서 궤도 각 부위의 역학적 해석과 궤도와 차량간의 관계를 역학적으로 해석하는 분야로서 열차의 안전운행에 아주 중요한 분야이다.

많은 학자들과 기술자들이 이론적인 수식을 도출하고 관련 데이터를 축적하였다. 그러나 궤도는 다른 구조물에 비해 복잡한 요인에 의해 영향을 받기 때문에 궤도에 생기는 응력은 가정을 설정하고 계산하고 있다. 즉 궤도에 생기는 응력은 레일이 침목에 꽂혀있는 보(beam)와 같다고 보고 이론을 전개한다(IRJ, 2007.7).

일반토목구조물은 탄성한계 내에서 외력과 변위가 서로 비례관계에 있어 영구구조물의 성격을 갖도록 하는 것이 가능하나, 철도에서는 무거운 차량을 전 구간을 통해 궤도를 포함한 지상설비로 지지하므로 경제적인 측면에서 영구구조물로 하지 않고 상시보수를 전제로 하는 가설구조물과 같은 성격을 지닌 특수구조물로 하고 있는 것이다.

즉, 노반 위에 도상, 침목, 레일 등을 부설하였으나 엄격히 이들이 서로 분리된 상태이며 외력과 기상작용에 의해 변형되는 구조여서 건설 당시의 원형을 항상 유지하는 것이 불가능하기 때문이다(이종득, 2006).

따라서 궤도역학은 열차하중 또는 기상조건 등에 의하여 궤도 각 부위에 생기는 응력, 변위, 진동 등을 해석하여 궤도의 열화 또는 파손과 열차중량, 속도 등의 관계를 분석한 후 적정한 궤도구조를 결정하여 궤도의 파손을 방지하고 열화를 최소화하는데 그 의의가 있다.

(2) 궤도에 작용하는 힘

열차가 주행하는 동안에는 수직, 횡 및 종 방향의 힘이 궤도에 작용한다.

궤도에 작용하는 힘은 차륜에서 직접 레일에 전달되는 외력뿐만 아니라 기온의 변화에 따라 레일 방향으로 압축력과 인장력이 발생한다.

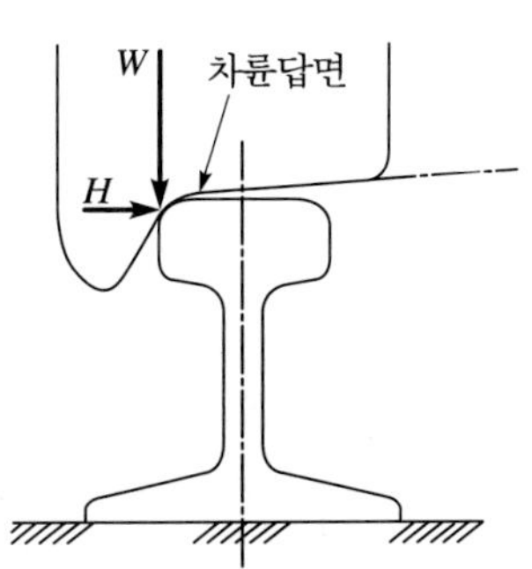

그림 4.4 레일에 작용하는 힘

이들은 그림 4.4와 같이 레일에 연직으로 작용하는

수직력(normal force), 레일 방향에 직각으로 작용하는 횡력(lateral force), 레일 방향에 나란한 축력(parallel force)의 3종류로 나누어 생각할 수 있다.

㉮ 수직력

수직력은 차륜을 통해 레일에 작용하는 힘으로 윤중(wheel force)이라고도 한다. 이 힘은 궤도에 발생하는 응력의 원인이 되어 궤도와 노반 피로의 결정적인 인자로 궤도를 구성하는 부재의 크기를 결정하는 중요한 요소이다. 열차가 정지하고 있을 때의 윤중은 차량 자체의 무게와 윤축의 배치에 따라 정해지며 차량에 따라 다르고 공칭윤중 보다 20% 정도의 차이가 있는 경우도 있다(이종득, 2006). 궤도가 수직력을 받을 때 레일과 침목의 거동은 탄성인 반면에 도상과 노반의 거동은 탄·소성이다.

열차가 주행할 때는 다음과 같은 여러 가지 원인에 의해 부가적으로 윤중에 증감이 생긴다.

① 곡선부를 통과할 때 대응횡력

그림 4.5와 같이 횡력 H에 저항하는 힘 H'가 차륜중심에 작용하여 윤중의 증감을 발생시킨다.

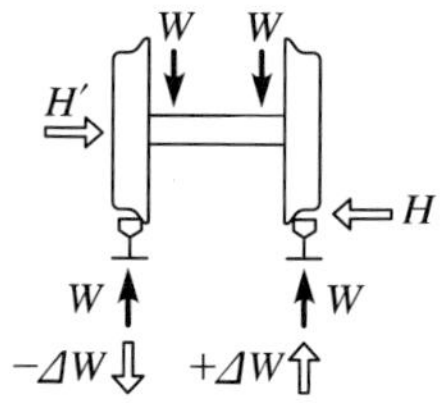

그림 4.5 횡력에 의한 윤중의 증감

② 곡선부를 통과할 때 불평형 원심력에 의한 원심력의 증감

곡선통과속도가 설정캔트에 해당되는 속도와 다른 경우에 원심력의 과부족에 의해 차량에 회전 모멘트(moment)가 작용하여 좌우 차륜에 윤중의 증감을 발생시키는 경우로 정지되어 있을 때의 윤중 보다 50~60% 정도 증가하는 경우도 있다.

③ 차량 동요관성력의 수직성분

정지차량의 약 20% 정도가 된다.

④ 차륜과 레일의 결함에 의한 충격력

차륜과 레일에는 결함이 발생하며 이로 인해 차륜과 레일이 접촉할 때 추가적인 동적하중을 일으킨다. 이 동적하중은 열차의 주행속도에 따라서 달라지는데 저속에서는 이것을 무시할 수 있지만 중간 이상의 속도, 특히 고속에서는 영향이 커진다. 이 동적하중을 측정한 결과 10t의 윤하중으로 200km/h의 속도로 주행할 때는 6t만큼의 정적 윤하중을 증가시키는 것과 같은 영향이 있는 것으로 나타났다(서사범 역, 2004).

㉯ **횡 력**

차륜으로부터 레일에 작용하는 횡방향의 힘을 횡력이라 부른다. 횡력은 차륜답면이 원뿔형으로 테이퍼져 있어 열차가 정지 시에도 작용하나 무시할 정도이고 주행 시에 발생한다. 횡력은 승차감에 영향을 주며 열차 안전에 중요한 영향을 미친다. 횡력이 궤도의 횡저항력을 초과하면 궤도가 이동하고 결국에는 탈선을 일으킬 수 있다. 탈선이론에 관해서는 7장 철도차량의 '열차의 운동역학'편에서 설명한다.

① 횡력의 발생 원인

㉠ 곡선 통과시의 횡력

2축 이상의 고정축을 가진 차량이 곡선을 따라 방향을 전환하여 주행하려면 바깥차륜은 안쪽차륜보다 많이 회전해야 하는데 차륜은 차축에 고정되어 있어 각각 회전할 수 없고 차체나 대차도 고정되어 있어 차륜은 곡선중심을 향하여 레일 면에서 미끄러지면서 앞으로 나가게 된다. 이때 차륜과 레일 면에 마찰력이 작용하는데 이것을 차륜의 방향전환에 의한 횡압이라 한다. 이 횡압은 보통차륜의 구조로는 피할 수 없고 곡선반경과 차량배치, 축거의 영향을 받으며 윤중의 25% 정도이다. 특히 곡선반경이 600m 이하에서는 반경에 반비례하여 커지는데 곡선반경이 짧을수록 횡압이 커진다.

㉡ 곡선통과 시 불평형 원심력의 좌우 방향 성분

곡선통과 속도가 설정된 캔트에 해당되는 속도와 다를 때 원심력의 과부족이 생긴다. 캔트설정속도 이상으로 주행 시는 곡선외측으로, 그 이하일 경우는 곡선내측으로 횡력이 작용한다.

㉢ 차량동요에 따른 횡력

차체의 동요 및 차량의 사행동에 의해 좌우 방향의 횡력이 생긴다. 이것은 각종 유형의 궤도 틀림과 차량의 결합에 기인하는 추가의 동적인 힘이라고 할 수 있다(서사범 역, 2004).

㉣ 분기기, 신축이음매 등 특수부위에서 충격력

분기기 포인트 부, 크로싱 부, 신축이음매의 바뀌 타는 부분 등에서 주로 대차의 스프링 하 질량(unsprung mass)의 관성력에 의해 충격 횡력이 작용한다.

② 횡력에 의한 궤도의 변형

횡력에 의한 궤도변형에는 궤도의 줄 틀림, 레일 박힘, 궤간확대가 있다. 그림 4.6 (a)와 같이 레일두부에 하중이 가해져 레일 밑 부분을 횡으로 밀면 레일 변위는 대체로 그림 4.6 (b)와 같이 비례하여 발생하며 레일은 일종의 스프링에 의해 지지되고 있다고 생각한다. 또 좌우의 레일은 그림 4.7과 같이 침목과 도상의 스프링 구조에 연결된 것으로 생각할 수 있다.

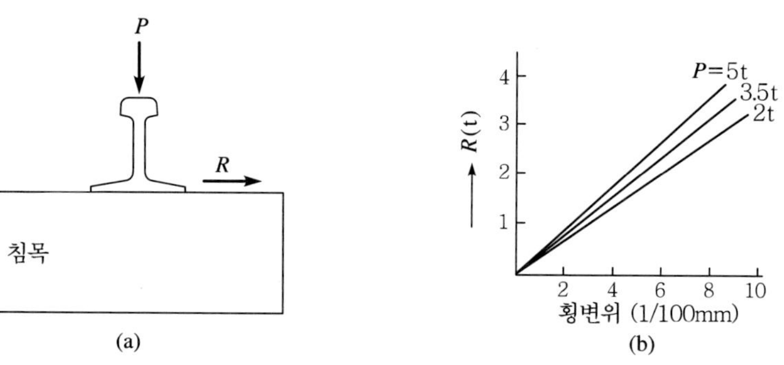

그림 4.6 횡스프링 상수실험

지금 좌우 레일에 횡압이 작용하면 이들 스프링은 각각 횡압·인장을 받아 좌우의 레일이 변형하거나 또는 궤도 자체에 변위가 발생하게 된다. 횡압의 크기가 작아서 스프링의 탄성한계 내에 있을 때는 횡압이 제거되면 원상으로 돌아가고 한도를 초과하면 변위는 갑자기 커져 원상으로 회복되지 않는다. 이 변형은 침목의 활동, 스파이크의 밀어내기, 스파이크 부상 등의 원인이 된다.

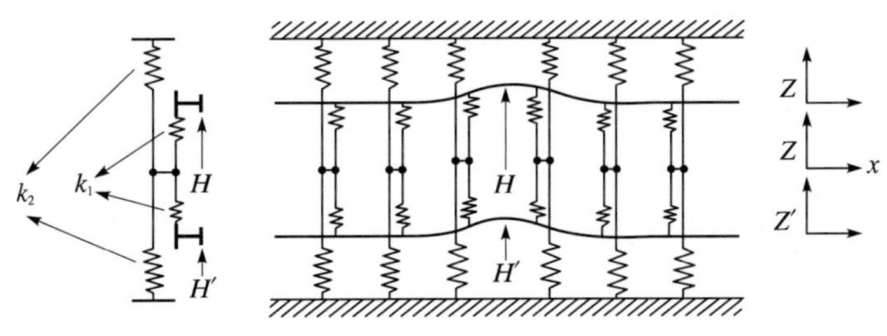

그림 4.7 횡력에 의한 궤도변형

㉰ 축방향력

이 힘은 온도변화나 열차의 가속이나 감속에 의해 발생하고 레일의 길이 방향으로 작용하는 힘으로서 철도교량의 설계 등에 고려된다.

① 레일의 온도 변화

레일의 온도 변화에 따라 레일의 자유로운 신축이 구속되었을 때 레일 방향으로 생기는 힘이다. 장대레일은 체결장치와 침목을 사용하여 도상저항으로 레일의 온도 상승과 하강에 자유로이 신축할 수 없도록 구속시킨 것으로 구속된 신축량에 상당하는 내부응력을 가지고 있다. 그리고 이 힘은 레일단면에 거의 직각으로 분포되어 있다. 장대레일의 신축이론에 대한 내용은 뒤의 '장대 레일' 편에서 설명한다.

② 제동 및 시동

차량 제동 및 시동 시에 가속과 감속에 의한 반력이 차륜을 통해 레일에 작용한다.

③ 기울기 구간에서 차량의 점착력을 통해 전후로 작용한다.

(3) 레일 휨응력 및 침하량

궤도는 궤도 구성의 요소마다 역학적인 특색이 있고 여러 요소로 이루어진 궤도를 강체로 보기도 어려워 궤도의 역학적인 해석은 많은 학자들에 의해 가정과 실험을 통해 연구되어 왔다. 독일의 Zimmermann 박사는 각 침목을 지점으로 하는 연속적 탄성체로 생각하여 이론을 정립하였고, 미국 Illinois 대학의 Talbot교수는 '궤도를 구성하는 모든 요소는 탄성체이며 레일은 연속적 탄성체의 보'라는 이론과 실험에 의한 결론을 얻어 궤도의 침하와 레일의 응력을 해석하였다.

여기서는 Talbot교수가 탄성곡선방정식으로 해석한 결과를 소개한다(이종득. 2006).

레일 밑에 완전탄성체가 받치고 있다고 가정하면 침하량 y는 그 점의 단위 면적당 압력 Pkg/cm^2에 비례한다. 그래서 궤도계수인 '단위 길이의 궤도를 단위량만큼 침하시키는데 필요한 힘'을 U라 하면

y = P/U로 표시할 수 있다.

또, 그림 4.8에서 차량의 윤중을 P, 레일의 휨모멘트를 M라 하고, 차륜에서 휨모멘트가 0이 되는 지점까지의 거리를 x_1, 침하가 0이 되는 지점까지의 거리를 x_2라 하면,

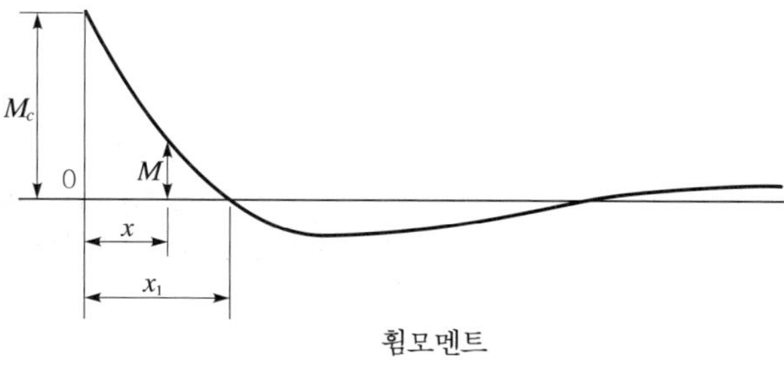

휨모멘트

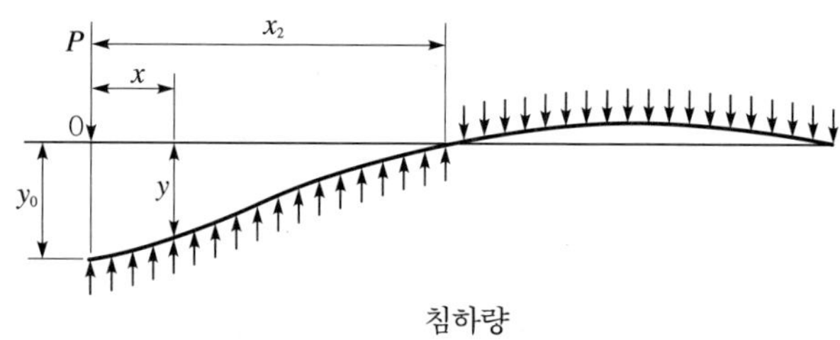

침하량

그림 4.8 단일윤중이 작용하는 레일의 휨모멘트와 궤도침하

$x_1 = \pi/4 \sqrt[4]{4EI/U}$

$M_0 = P\sqrt{EI/64U} \fallingdotseq 0.318Px_1$

$y_0 = -P/\sqrt[4]{64EIU^2} = -0.393P/Ux_1$

$x_2 = 3x_1$

여기서, E : 레일의 탄성계수($2.1 \times 10^6 kg/cm^2$)

I : 레일의 단면2차모멘트

궤도계수는 궤도를 구성하는 각 요소의 상태와 침목간격에 따라 다른데 미국철도기술협회(AREA)의 실험결과는 표 4.1과 같다.

표 4.1 궤도계수(U)의 크기 (침목중심 간격 : 56cm)

레일	침목치수	도상	노반	U($kg/cm^2/cm$)
42kg	18×23×260cm	화산암	모래와 진흙이 혼합된 불량상태	37
"	"	"	모래와 진흙이 혼합된 양호한 상태	52.5
"	15×20×250cm	석회암	모래와 진흙의 혼합물을 잘 다지지 않은 것	68
"	"	"	상기 노반을 잘 다진 것	75.6
"	18×23×250cm	"	상기 노반을 잘 다지지 않은 것	74.5
"	"	"	상기 노반을 잘 다진 것	76.3
"	18×23×260cm	깬자갈	모래와 진흙	84
65kg	"	"	잘 다져진 노반	203~210
55kg	18×23×250cm (탄성체결)	좋은 강자갈	넓고 견고한 노반	평균 203
"	"	석회암	넓고 견고한 노반	평균 357

자료 : 이종득, 철도공학, 2006

(4) 침목응력

침목에 작용하는 힘은 레일압력으로 레일과 침목은 도상 및 노반과는 대조적으로 거의 탄성 거동을 나타낸다(서사범 역, 2004). 침목 간격을 더 좁게 하면 하중 분포가 더 좋아져 응력은 더 적게 발달한다. 차륜이 레일 위에 올라오면 차륜의 하중은 레일을 통하여 침목에 전달된다. 경험적으로 1개의 침목에 작용하는 레일압력은 차륜이 침목 바로 위에 올 때 가장 크고 그 크기는 차륜 하중의 1/2이고 나머지 1/2은 전후 침목이 각각 부담한다고 보았다. 그러나 응력을 측정한 결과에 의하면 연속한 침목에서 윤하중의 분포는 유한요소해석에 의해 다음과 같은 것으로 나타났다(서사범 역, 2004).

- ㅇ윤하중 아래의 침목 : 40%
- ㅇ처음 이웃하는 침목 : 23%
- ㅇ두 번째 이웃하는 침목 : 7%

레일압력이 침목에 작용할 때 침목 아래의 도상이 잘 다져서 반력상태가 균일하면 그림 4.9(a)와 같이 침목의 중앙부에 큰 휨모멘트가 발생하게 되나 선로 보수 시에는 레일을 중심으로 좌우 같은 길이만큼 잘 다지고 침목 중앙부는 다지지 않으므로 그림 4.9(b)와 같이 휨모멘트는 레일 바로 아래에서 가장 크고 중앙부에는 작용하지 않는다(이종득, 2006).

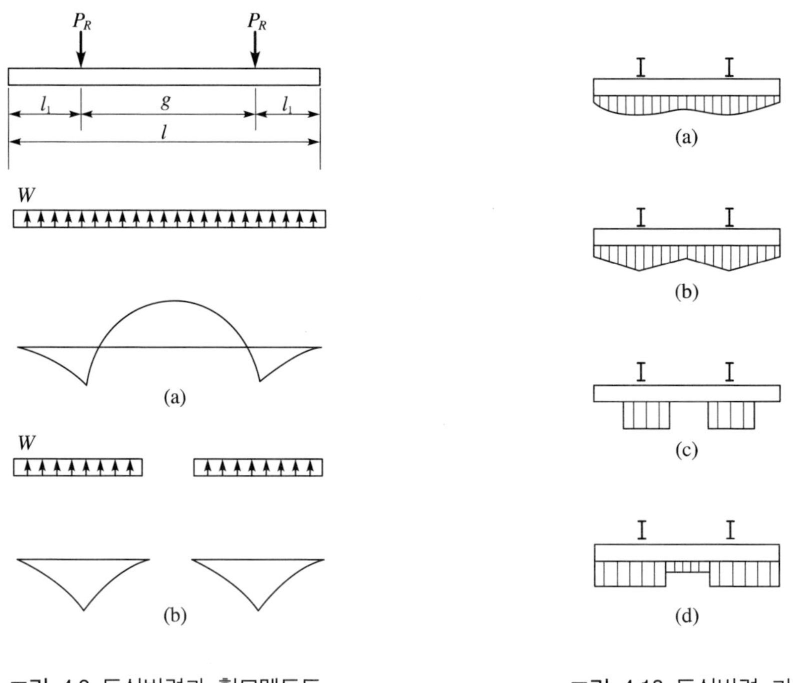

그림 4.9 도상반력과 휨모멘트도

그림 4.10 도상반력 가정

이 경우에 휨모멘트는 다음과 같이 계산한다.

도상반력은 침목압력이 잘 다져진 부분인 $2\times l_1$ 구간에서 등분포 하므로

등분포 하중 W = $P_R/2l_1$, 여기서 P_R은 침목 1개가 받는 레일의 압력을 나타낸다.

따라서 휨모멘트 $M = W\times l_1 \times l_1/2 = (P_R/2l_1)\times l_1 \times l_1/2$

$= P_R l_1/4$이다.

실제로는 도상이 침목을 균일하게 지지하기는 어렵다.

궤간에 비해 침목이 길면 레일이 내측으로 경사져서 레일 바로 아래 부위의 휨모멘트가 커지므로 침목이 잘라지기 쉽고 반대로 침목이 짧으면 중앙부의 휨모멘트가 커진다. 또 PC침목과 같이 밑면의 폭이 균일하지 않으면 반력도 밑면의 폭과 보선작업의 품질에 따라서 달라진다. 따라서 침목의 휨모멘트를 계산할 때는 위의 그림 4.10과 같이 근사적인 반력조건을 가정하여 해석하는 것이 안전하다.

(5) 도상압력

Talbot 박사의 실험에 의하면 침목에서 전달된 힘은 도상 내에서 그림 4.11과 같이 분포된다고 한다(이종득, 2006).

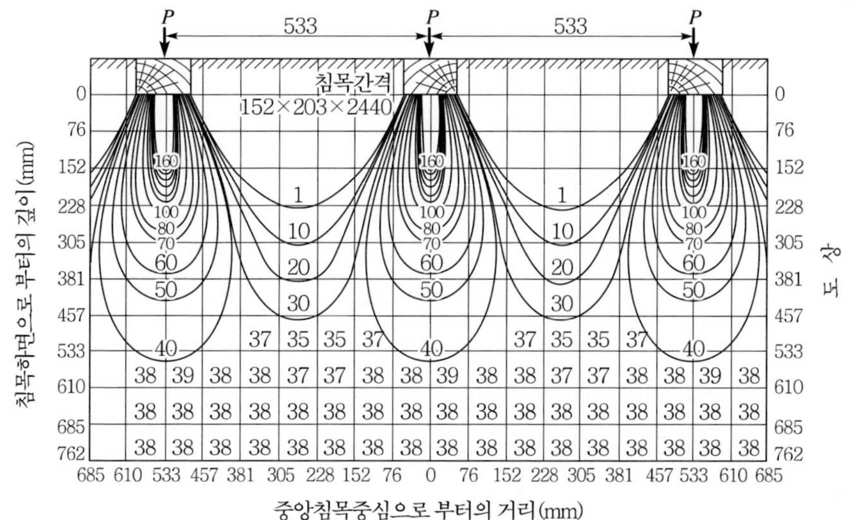

그림 4.11 도상압력의 분포

이 분포도에 의하면 도상압력은 침목 바로 아래 부위에서 가장 크고, 도상의 두께와 침목 중심간격이 같을 때 고르게 분포되므로, 도상 두께는 가능한 침목의 중심간격과 같이 하는 것이 바람직하나 도상자갈이 많이 소요되어 보조도상을 두는 경우가 많다.

실험으로 구한 도상 압력은 다음과 같다.

$$P_m = 0.027P_R/(10+h^{1.35})$$

여기서, P_m : 도상 압력(kg/cm^2)

h : 도상 두께(cm)

그리고 열차가 통과할 때의 침하와 응력을 측정한 결과에 의하면 도상의 거동은 탄성과 소성의 성질을 가지는 것으로 나타났다. 즉 통과열차 하중에 의한 변형은 두 가지 성분으로 구성되어 있는데 하나는 열차 통과 후에 사라지는 탄성 성분이고 다른 하나는 열차가 통과 후에도 남아 있는 소성 성분을 말한다(서사범 역, 2004).

4. 노반(路盤, road bed)

1) 노반의 의의

토공노반은 궤도를 직접 지지하기 위한 흙 구조물로서, 이 위를 중량이 큰 열차가 계속해서 고속으로 운행하므로 노반은 열차하중을 기초지반으로 분산, 전달하여 열차가 안전하게 주행할 수 있도록 적당한 탄성을 가지고 궤도를 견고하게 지지해야 하며 열차하중에 의한 압력과 충격으로 인해 침하(沈下)가 일어나거나 변형(變形)이 되어서는 안 된다. 그리고 배수를 위해 시공기면 폭 중심에서 외측방향으로 기울기를 두어 우기 시 신속하게 자연배수가 되어 우수(雨水)나 유수(流水)로 인한 침해를 받지 않도록 해야 한다.

흙 쌓기 구간에서는 노반의 전압(轉壓)을 잘 하여야 하고 땅 깎기 구간에서는 배수가 잘되도록 유의하여야 한다. 최근 궤도의 진동은 노반의 영향을 많이 받는다는 것

이 입증되었고 노반의 배수가 궤도보수에 큰 영향을 주므로 열차하중과 강우(降雨) 시의 피해를 줄이기 위해 선로측구나 선로 간 배수구 및 선로횡단 배수공, 지하배수공을 설치하고 비탈면은 떼나 여러 방법으로 보호해야 한다.

노반의 토질은 물을 많이 흡수하여도 무너지지 않을 정도의 것으로 하여야 한다. 점성토인 경우 빗물이 고이면 흙이 유연해져, 도상의 쇄석이나 자갈이 노반의 흙 속으로 파고들어 물이 침투하여 노반을 점점 유연하게 하여 도상이 침하된다.

또한 열차의 반복하중으로 유연해진 흙은 도상의 자갈 사이로 올라와 도상을 고결(固結)시키거나, 레일 이음매에서는 분니(墳泥)현상을 일으킨다. 온도가 영하로 내려가면 노반 내 물이 얼면서 팽창하여 궤도를 들어올려, 궤도면이 높아지거나 낮아지는 동상(凍上) 현상이 나타나기도 한다.

그래서 노반의 보호를 위해 지표수와 지하수에 대한 배수시설을 충분히 하고 특히 한랭 지대의 원 지반 또는 동상이 발생할 수 있는 토질로 구성된 노반은 동결 깊이까지 동상이 발생하지 않는 재료로 치환하여 이를 방지하여야 한다.

2) 시공기면(施工基面, formation level)

시공기면은 노반을 조성하는 기준이 되는 면으로 선로중심선이 갖는 노반의 높이를 표시하는 표준 면을 말한다. 일반적으로 설계도면에서 나타난 시공의 기준이 되는 높이이며 시공기면의 폭은 설계속도에 따라 다르다.

토공노반의 시공기면 폭은 열차를 안전하게 주행시키기 위한 각 종 보수작업이 안전하게 이루어지기 위해서 될 수 있는 한 넓은 것이 좋으나, 열차하중의 분산범위, 노반의 차수성, 시공기면의 배수성, 시공성 등을 고려하여 설계하며 전철구간에서는 전철선 지주 설치, 곡선구간에서는 캔트(cant), 땅 깎기 구간에서는 배수처리를 위해서 그 폭을 넓혀야 하며 시공기면 횡단기울기는 우기 때 배수를 위해 시공기면 중심에서 선로횡단측구방향으로 3% 정도로 한다.

그리고 교량, 터널 등 구조물 구간에서의 시공기면의 폭은 유지보수용 보도 등 부대시설을 위한 폭을 감안하여야 한다.

그러나 시공기면 폭의 확대는 용지비와 건설비의 증액을 필요로 하기 때문에 위의 여러 가지 조건을 고려하여 결정할 필요가 있다.

철도의 건설기준에 관한 규정에서는 직선구간과 곡선구간으로 구분하여 직선구간은 설계속도에 따라 표 4.2의 값 이상으로 하도록 규정하고 있으며, 선로를 전철화하는 경우에는 설계속도에 관계없이 4.0m 이상으로 하도록 규정하고 있다.

표 4.2 시공기면의 폭

설계속도 V(km/시간)	최소 시공기면의 폭(m)	
	전철	비전철
250∠V≤350	4.25	-
200∠V≤250	4.0	-
150∠V≤200	4.0	3.7
70∠V≤150	4.0	3.3
V≤ 70	4.0	3.0

곡선구간에서는 직선구간의 폭에 도상의 경사면이 캔트에 의해 늘어난 폭만큼 더하여 확대한다. 다만, 콘크리트도상의 경우에는 확대하지 않는다.

그리고 선로를 고속화하는 경우에는 유지보수요원의 안전 및 열차의 안전운행이 확보되는 범위 내에서 시공기면의 폭을 다르게 적용할 수 있다.

3) 땅 깎기

땅 깎기 원 지반은 상부노반조건을 만족하여야 하며 그렇지 못할 경우는 원 지반을 안정처리 하여야 한다. 자연지반은 매우 복잡하고 불 균질하며 땅 깎기 한 비탈면은 시간에 따라 점차 불안정하게 되고 강우 등의 주변 환경 변화에 따라 안정성이 영향을 받으므로 이들을 고려한 안정성 검토 및 보호대책이 이루어져야 한다. 특히 풍화가 빠른 암석, 균열이 많은 암석, 바둑판 모양의 균열이 있는 암석 등 붕괴 요인을 가지고 있는 암반비탈면의 경우는 비탈면 안전성을 검토하여야 한다.

땅 깎기 지역의 원 지반에는 유입되는 지표수나 솟아나는 지하수가 고이지 않도록 배수시설을 설치하고 원지반면은 배수공 위치를 향하여 5%의 횡단기울기를 두고 평탄하게 하여야 한다.

땅 깎기 비탈면의 기울기는 지반조사 및 시험성과, 시추조사 시 코아회수율(TCR) 및 암질지수(RQD), 불연속면의 특성, 풍화 정도 등을 고려하여 구간별로 안전성 해석을 실시하여 결정한다. 그러나 이들은 상세한 조사에 의해서도 충분히 파악할 수 있는 것이 아니므로 충분한 확신을 가질 수 없는 경우는 국부적으로 굴착을 하여 원 지반상태를 파악한 후 그 결과에 따라 설계를 하고, 굴착시공 중 원 지반상태가 실시 설계와 다른 경우는 변화된 상황을 고려하여 비탈면의 안정성을 재검토한 후 비탈면의 기울기를 다시 결정하여야 한다. 특히 중요한 땅 깎기 비탈면의 경우는 중요도에 따라 붕괴방지 수준의 내진등급을 고려한 비탈면 안정해석을 해야 한다. 그리고 비탈면의 안정성을 주의 깊게 관찰하기 위해 필요한 개소에 계측을 수행하도록 설계한다.

그 외 소단(小段)과 땅 깎기 비탈면의 기울기는 다음과 같다(국토교통부, 철도설계기준(노반편), 2013).

① 리핑 암 및 흙비탈면의 경우 소단 폭은 1.5m로 하고 비탈면 높이가 10m 이상일 경우에는 매 5m마다 설치한다. 그러나 흙과 바위와의 경계나 투수층과 불투수층과의 경계에는 비탈 높이와 관계없이 필요에 따라 소단을 설치하고 외측으로 향하여 5%의 횡단 기울기를 둔다.

② 표면 수나 용수에 의해 비탈면이 세굴 되거나 붕괴될 염려가 있는 경우에는 비탈어깨나 소단에 배수로를 설치하여야 하며 특히 용수에 대해서는 용수지역과 용수량 등을 고려하여 배수공법의 선정 및 배치에 유의하여 설계한다.

③ 땅 깎기 높이가 20m 이상인 비탈면은 지층이 불 균질하고 불연속면을 수반하는 경우가 많기 때문에 안정에 관한 지층특성 및 지하수 상황 등을 보다 상세히 조사하여 설계하고 유지관리를 위한 접근로 및 접근계단 등을 설치하여야 한다. 이때 소단은 유지보수작업을 위하여 높이 20m 마다 3~4m 정도의 소단을 설치하는 것이 좋다.

④ 리핑 암과 발파 암의 경계와 암반의 특성이 급격히 변화하는 곳에는 폭 1.0m의 소단을 설치한다.

⑤ 땅 깎기에서 발생하는 재료는 사용가능 여부를 판단하기 위한 토질시험을 하여 활용한다.

⑥ 사토장은 우수로 인한 토사유출 및 붕괴 위험방지를 위해 사토비탈면의 기울기를 1:2보다 완만하게 하고 비탈면 배수나 기존수로에 대한 대책과 옹벽 등의 보호공사와 환경영향을 고려한 방재대책을 검토하여 사토장이 안정되도록 한다.

⑦ 땅 깎기 비탈면의 기울기는 표 4.3의 값을 기준으로 하고 리핑암과 발파암의 기울기는 위 「철도설계기준(노반편)」을 참고한다.

표 4.3 땅 깎기 비탈면 기울기

토 질		땅 깎기 높이	비탈면기울기	비 고
암괴, 호박돌을 함유한 점성토		5m 이하 5~10m	1 : 1.0~1.2 1 : 1.2~1.5	GM GC
점성토		0~5m	1 : 1.0~1.5	ML, MH, CL, OL, CH
자갈	조밀하고 입도가 양호한 경우	10m 이하 10~15m	1 : 1.0 1 : 1.0~1.2	GW, GM GC, GP
	조밀하지 못하고 입도가 불량한 경우	10m 이하 10~15m	1 : 1.0~1.2 1 : 1.2~1.5	
세립분이 함유된 모래	조밀한 경우	5m 이하	1 : 1.0	SM, SC
	조밀하지 않은 경우	5~10m 5m 이하 5~10m	1 : 1.0~1.2 1 : 1.0~1.2 1 : 1.2~1.5	
모 래			1 : 1.5 이상	SW, SP
풍화암			1 : 1.2 이상	시편 미형성 암
연 암			1 : 0.7~1.2	
경 암			1 : 0.5~0.8	

자료 : 국토교통부, 철도설계기준(노반편), 2013.

4) 흙 쌓기

흙 쌓기 후 노반이 침하하거나 변형을 일으키면 선로구조에 큰 영향을 미치므로 흙 쌓기 할 때는 다짐이나 배수, 사용재료의 선택, 연약지반 위의 흙 쌓기에 세심한 주의를 기울여야 한다.

흙 쌓기 노반은 상부노반과 하부노반으로 구분하며 상부노반은 시공기면에서 고속철도는 3.0m, 일반철도는 1.5m 깊이에 있는 흙 쌓기 노반이며 하부노반은 상부노반 아래 부분부터 원 지반까지의 흙 쌓기 노반이다. 상부노반은 흙 노반과 강화노반으로 구분한다.

(1) 흙 쌓기 일반

① 흙 쌓기 한 층의 마무리 두께는 다짐 규정을 만족하는 두께로 하여 0.3m를 넘지 않는 것을 표준으로 한다.

② 일반적으로 흙 쌓기 최대높이는 10m 전후로 하고 부득이한 경우 더 높게 할 수 있다.

③ 흙 쌓기 비탈면의 기울기는 다음과 같은 값을 표준으로 한다.

표 4.4 흙 쌓기 비탈면의 기울기

시공기면까지의 높이(H)		비탈면 기울기	
일반철도	고속철도	일반철도	고속철도
5.0m 미만	3.0m 미만	1 : 1.5	1 : 1.8
5.0m 이상 10.0m 미만	3.0m 이상 9.0m 미만	1 : 1.8	1 : 1.8
10.0m 이상 15.0m 미만	9.0m 이상 15.0m 미만	1 : 2.0	1 : 2.0
15.0m 이상	15.0m 이상	1 : 2.3	1 : 2.3

④ 비탈면안정에 대한 안전율은 파괴 시 인명 및 재산에 심각한 피해를 초래하는 경우는 2.0 이상, 기타 공용하중 비탈면의 경우는 1.3 이상, 시공 중인 경우는 1.2 이상, 지진하중을 고려한 경우는 1.1 이상을 기준으로 한다.

⑤ 흙 쌓기 높이가 높은 경우는 비탈면을 흐르는 표면수의 유량이 많고 유속이 빨라지므로 이로 인한 비탈면 침식 또는 붕괴를 방지하기 위하여 소단측구를 설치하여야 한다. 소단은 일반철도의 경우 시공기면에서 매 5m 높이마다 설치하고, 고속철도는 상부 노반 쌓기와 하부 노반 쌓기의 경계에 설치하고 다음 6.0m 높이마다 설치하며 폭은 1.5m로 하고 외측으로 향하는 5%의 횡단기울기를 둔다.

⑥ 다짐은 땅고르기를 하고 함수비를 규정대로 조절한 후 시공기면과 비탈면을 고르게 다짐한다. 특히 다짐재료는 최적함수비가 유지된 상태에서 다짐하도록 한다.

⑦ 토취장 굴착방법, 시공기계의 선정과 조합, 적정함수비의 범위를 정하기 위해 현장 다짐시험을 하여 작업 기준을 결정한다.

⑧ 흙 쌓기가 교대나 횡단구조물에 접하는 경우는 반드시 접속 부를 설치한다. 사용재료는 압축성이 작고 입도분포가 좋은 강화노반재료와 동등한 재료를 사용한다.

⑨ 흙 쌓기와 구조물이 접하는 부분에 분기기를 설치할 때는 접속 부를 분기기까지 연장하고 사각구조물에서는 좌우 궤도강성의 균일성을 유지하도록 한다.

⑩ 원지반의 기울기가 1:4보다 급한 기울기를 가진 지반 위에 흙 쌓기를 하는 경우에는 흙 쌓기 지반과 원지반이 밀착되도록 하고 지반 변형과 활동을 방지하기

위하여 원지반면은 층 따기를 한다. 층 따기 치수는 토사인 경우 최소높이 0.6m, 최소 폭 1m(기계 토공 시에는 3.0m 이상)으로 하고 암반인 경우는 층 따기 깊이를 암 표면으로부터 연직으로 최소 0.4m로 한다.

⑪ 흙 쌓기 지지 지반이 조건을 만족시키지 못하는 경우에는 연약지반 처리대책을 수립한다.

(2) 상부 흙 노반

① 흙 노반의 재료는 양질의 자연 흙 등을 이용하고 노반 분니가 발생하지 않고 진동이나 유수에 대해서 안정해야 하며 열차하중을 지지 할 수 있는 강도가 있어야 한다.

② 노반재료로 적합한 자연 흙의 조건은 다음과 같다.

- 최대입경은 25mm 이하이고
- 200번체 통과율이 35%이며,
- 40번체 통과분에 대한 소성지수가 10 이하일 것이며 불량한 토사가 혼입되지 않아야 한다.

③ 상부노반의 흙다짐은 KS F 2312의 D다짐에 의한 최대건조밀도의 95% 이상의 다짐으로 설계해야 한다.

(3) 상부 강화노반

강화노반은 노반의 지지력을 확보하기 위해 압축성이 작고 입도분포가 양호하며 견고하고 내구성을 가진 자료를 사용한다. 이 재료와 다른 종류의 재료를 이용하는 경우는 지지력, 내구성 등을 검토하여 앞의 노반재료와 동등 이상의 성능을 가지는 것으로 하며 필요에 따라 노반 아래에 배수 층을 설치한다.

강화노반의 폭은 시공기면 전체에 설치할 필요는 없으며 열차하중을 받는 범위를 고려하여 정한다. 곡선구간은 캔트에 의해 도상하단이 넓어지므로 이를 고려하여 정하고 측구를 설치할 경우는 강화노반에 접속하도록 해야 하나 측구가 표준보다도 선로 바깥에 있을 경우는 강화 노반도 이에 따라 접속하도록 해야 한다. 그 두께는 궤도구조, 열차속도, 노반강도 및 동결심도에 대해 안정하도록 설계해야 한다. 강화노반 두께는 열차속도가 200km/시간 이하는 0.2m, 200km/시간 초과 300km/시간 이하는 0.3m, 300km/시간 초과 400km/시간 이하는 0.4m를 기준으로 한다.

그리고 강화노반의 최소두께는 사용하는 재료의 분리를 방지하기 위해 최대입경의 3배 이상으로 한다.

사용재료는 가늘고 긴 석편, 편평한 석편, 깨어지기 쉬운 석편 등을 함유하지 않아야 하며, 먼지, 진흙, 유기물 등을 함유하지 않아야 한다.

(4) 땅 깎기와 흙 쌓기의 접속 부

① 땅 깎기로부터 흙 쌓기로 바뀌는 곳에는 원지반면의 종단경사가 1:1.5보다 완만하도록 원 지반을 땅 깎기하며 원 지반면에는 층 따기를 한다.

② 땅 깎기와 흙 쌓기의 접속부에는 반드시 배수공을 설치하여야 한다.

③ 특히 종단기울기가 변하는 변곡점부에는 노반이 연약해지는 것을 방지하기 위한 횡단배수유도관을 설치하여 배수처리를 한다.

④ 노반과 궤도를 지지하는 조건이 급격하게 변하는 것을 피할 수 있게 깎기와 쌓기의 접속 부, 교량과 토공노반, 터널과 토공노반 접속구간은 완충구간을 설치한다.

(5) 한쪽 땅 깎기 및 한쪽 흙 쌓기

① 궤도 아래 침목 끝 양측에 도상 두께를 더한 범위가 흙 쌓기와 땅 깎기의 양쪽에 모두 걸친 경우에는 상부노반 표면으로부터 최소한 1.0m 깊이까지 원 지반을 땅 깎기 한 후 상부노반 흙 쌓기를 한다. 이때 지지(支持) 지반이 경사져 있는 부분은 0.6m 높이로 층 따기를 한다.

② 배수를 원활히 하기 위해 배수공을 설치한다.

(6) 암석 쌓기

① 재료는 연암 또는 경암 이어야 하며 노반에 암반의 간극이 충분히 메워질 수 있도록 입도를 조정하고 다짐방법은 시험시공을 한 후 시공성 및 경제성을 고려하여 결정한다.

② 시공기면으로부터 밑으로 0.6m 부분은 암버럭으로 쌓아서는 안 된다.

③ 암석 쌓기 부분 위의 상부노반에 세립재료를 쌓는 경우에는 필터의 역할을 충분히 하는 입상(粒狀)재료를 사용하여 입도조절 층으로 한다.

5. 철도건설기준

철도건설은 국토교통부의 「철도의건설기준에관한규정」에 적합하게 시행되어야 한다.

1) 궤간

궤간은 1,435mm를 표준궤간으로 하고 있다. 양 레일 안쪽 사이의 거리 중 가장 짧은 거리를 말하며, 레일의 윗면으로부터 14mm 아래 지점을 기준으로 한다.

궤간의 종류는 광 궤간(broad gage), 표준궤간(standard gage), 협 궤간(narrow gage)이 있으며, 표준궤간은 영국에서 1825년 개통된 철도가 1,435mm로 건설된 후 1845년 영국의회에서 철도의 궤간을 1,435mm로 정하여 이 궤간이 그 후 구미 각국에서 채용하여 보급되었다. 1887년 국제철도회의에서 1,435mm를 세계의 표준궤간으로 정하였다. 그러나 실제 궤간은 열차의 동요와 선로의 보수 등을 고려하여 다음 치수 범위 이내로 한다.

실제궤간=1,435mm+슬랙+공차

슬랙 및 공차는 궤도설계기준 및 선로정비규칙에서 별도로 정한다.

세계 각국에서 채택하고 있는 궤간은 표 4.5와 같다

표 4.5 세계 각국의 궤간

나라 명	궤 간(m)
인도, 아르헨티나, 칠레	1.676
스페인, 포르투갈	1.668
아일랜드, 브라질, 오스트리아	1.600
러시아연방, 카자흐스탄, 폴란드, 몽골	1.520
유럽, 중국, 한국, 북한, 일본사철, 일본신칸센, 미국	1.435
일본국철, 호주, 인도네시아, 뉴질랜드, 남아프리카	1.067
인도, 아르헨티나, 태국, 말레이시아	1.0
멕시코, 미국 일부	0.914
인도, 브라질	0.762

자료 : 철도공학개론(이종득, 2001), 국제철도운영연구(철도청,2001), IRJ('07.8)

2) 곡선(曲線, curve)

(1) 곡선의 종류

평면곡선에는 단곡선(simple curve), 복심곡선(compound curve), 반향곡선(reverse curve), 완화곡선(transition curve) 등이 있으며, 철도노선은 가능한 직선이면 좋으나 지형과 구조물 등으로 방향을 전환하는 지점에 곡선을 삽입하고 곡선은 보통 원곡선으로 단곡선과 완화곡선이 많이 이용되고 기울기가 변하는 곳에는 종곡선을 삽입한다.

(2) 곡선반경(radius of curve)

곡선반경은 운전 및 선로 보수 상 가능한 큰 것이 좋으나 불가피하게 반경이 작은 곡선을 두어야 할 때가 많다. 최소곡선반경은 궤간, 열차속도, 차량의 고정축간거리(固定軸間距離, rigid wheelbase) 등에 따라 결정되며 아래와 같이 규정하고 있다. 국철의 고정축거는 3.75m 이하로 한다.

① 본선의 곡선반경은 설계속도에 따라 다음 값 이상으로 하여야 한다.

설계속도 V(km/시간)	최소 곡선반경(m)	
	자갈도상 궤도	콘크리트도상 궤도
350	6,100	4,700
300	4,500	3,500
250	3,100	2,400
200	1,900	1,600
150	1,100	900
120	700	600
$V \leq 70$	400	400

주: 이외의 값은 제7조의 최대 설정캔트와 최대 부족캔트를 적용하여 다음 공식에 의해 산출한다.

$$R \geq \frac{11.8\,V^2}{C_{max} + C_{d,max}}$$

여기서 R : 곡선반경(m)

V : 설계속도(km/시간)

C_{max} : 최대 설정캔트(mm)

$C_{d,max}$: 최대 부족캔트(mm)

② 그러나 정거장의 전후구간 등 부득이한 경우에는 다음 표의 값의 크기까지 곡선반경을 축소할 수 있다. 고속선은 속도를 고려하여 조정하도록 하고 있다.

설계속도 V(km/시간)	최소 곡선반경(m)
200∠V≤350	운영속도 고려 조정
150∠V≤200	600
120∠V≤150	400
70∠V≤120	300
V≤ 70	250

③ 전동차전용선의 경우는 설계속도에 관계없이 250m 이상으로 한다.

④ 부본선, 측선 및 분기기에 연속되는 경우에는 곡선반경을 200m까지 축소할 수 있다. 다만, 고속철도전용선인 경우 다음 표의 값과 같이 축소할 수 있다.

구 분	곡선반경(m)
주본선 및 부본선	1,000(부득이한 경우 500)
회송선 및 착·발선	500(부득이한 경우 200)

(3) 직선 및 원곡선의 최소길이

본선의 직선 및 원곡선의 최소길이는 설계속도에 따라 다음 표의 값 이상으로 하여야 한다. 다만, 부본선, 측선 및 분기가에 연속되는 경우에는 직선 및 원곡선의 최소길이를 다르게 정할 수 있다.

표 4.6 직선 및 원곡선의 최소길이

설계속도 V(km/시간)	직선 및 원곡선 최소길이(m)
350	180
300	150
250	130
200	100
150	80
120	60
$V \leq 70$	40

주: 이외의 값은 다음의 공식에 의해 산출한다.

$L = 0.5V$

여기서 L : 직선 및 원곡선의 최소길이(m)

V : 설계속도(km/시간)

(4) 완화곡선(緩和曲線)

열차가 직선에서 원곡선으로 바로 진입하거나 원곡선에서 바로 직선으로 진입할 경우에는 열차의 주행방향이 급변하여 차량의 동요가 심하여 원활한 운전을 할 수 없으므로 직선과 원곡선 사이에 완화곡선을 삽입하여야 한다.

또한 원곡선에는 차량의 원심력에 대응하기 위해 외측 레일에 캔트가 있고 직선에는 양측 레일이 수평이기 때문에 곡선과 직선이 직접 접촉할 때 접촉점의 외측레일에 층이 생기므로 이런 것을 없애서 열차가 안전하고 원활하게 통과하도록 하기 위해 직선과 곡선사이에 반경이 무한대에서 원곡선 반경의 곡률을 가진 곡선을 삽입해야 하는데 이 곡선을 완화곡선이라 한다.

「철도의건설기준에관한규정」에서는 다음과 같이 규정하고 있다.

① 본선의 경우 설계속도에 따라 다음 표의 값 미만의 곡선반경을 가진 곡선과 직선이 접속하는 곳에는 완화곡선을 두어야 한다. 다만, 분기기에 연속되는 경우이거나 기존 선을 고속화하는 구간에서는 제2항의 부족캔트 변화량 한계 값을 적용할 수 있다.

설계속도 V(km/시간)	곡선반경(m)
250	24,000
200	12,000
150	5,000
120	2,500
100	1,500
$V \leq 70$	600

주 : 이외의 값은 다음의 공식에 의해 산출한다.

$$R = \frac{11.8\,V^2}{\Delta C_{d,lim}} \tag{4.1}$$

여기서 R : 곡선반경(m)

V : 설계속도(km/시간)

$\Delta C_{d,lim}$: 부족캔트 변화량 한계값(mm)

부족캔트 변화량은 인접한 선형간 균형캔트 차이를 의미하며, 이의 한계값은 다음과 같고, 이외의 값은 선형 보간에 의해 산출한다.

설계속도 V(km/시간)	부족캔트 변화량 한계값(mm)
350	25
300	27
250	32
200	40
150	57
120	69
100	83
$V \leq 70$	100

② 분기기 내에서 부족캔트 변화량이 다음 표의 값을 초과하는 경우에는 완화곡선을 두어야 한다.

○ 고속철도전용선

분기속도 V (km/시간)	$V \leq 70$	$70 < V \leq 170$	$170 < V \leq 230$
부족캔트 변화량 한계값(mm)	120	105	85

○ 그 외

분기속도 V (km/시간)	$V \leq 100$	$100 < V \leq 170$	$170 < V \leq 230$
부족캔트 변화량 한계값(mm)	120	$141-0.21V$	$161-0.33V$

③ 본선의 경우 두 원곡선이 접속하는 곳에서는 완화곡선을 두어야 하며, 이때 양쪽의 완화곡선을 직접 연결할 수 있다. 다만 부득이한 경우에는 완화곡선을 두지 않고 두 원곡선을 직접 연결하거나 중간직선을 두어 연결할 수 있으며, 이때 아래 각 호에서 정하는 바에 따라 산정된 부족캔트 변화량은 제1항 표의 값 이하로 하여야 한다.

ㅇ중간직선이 없는 경우

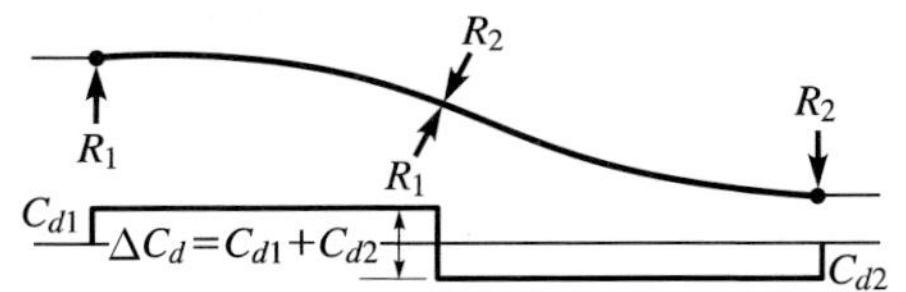

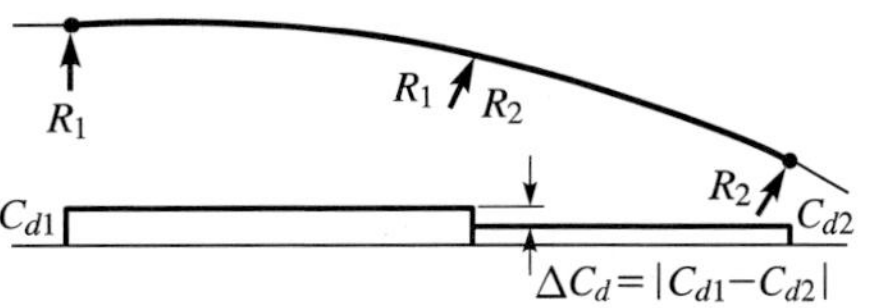

ㅇ중간직선이 있는 경우로서 중간 직선의 길이가 기준 값보다 작은 경우

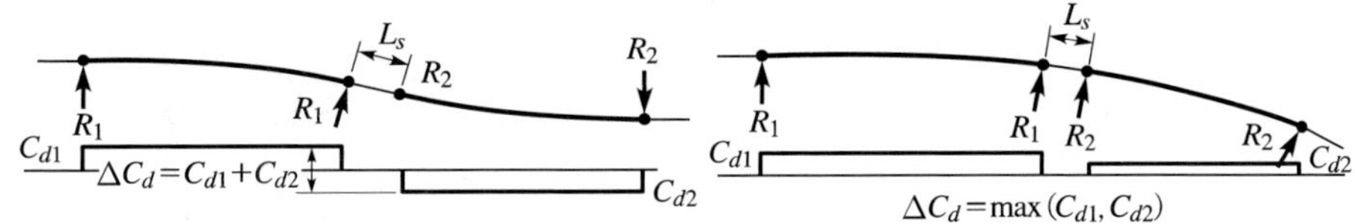

중간직선이 있는 경우, 중간직선 길이의 기준 값($L_{s,lim}$)은 설계속도에 따라 다음 표와 같다.

설계속도 V(km/시간)	중간직선 길이 기준 값(mm)
$200 < V \leq 350$	$0.5V$
$100 < V \leq 200$	$0.3V$
$70 < V \leq 100$	$0.25V$
$V \leq 70$	$0.2V$

ㅇ중간직선이 있는 직선과 원곡선이 접하는 경우로 보아 제1항에 따른 기준에 따른다.

④ 제1항에 따른 완화곡선의 길이(m)는 다음 공식에 의하여 산출된 값 중 큰 값 이상으로 하여야 한다.
다만 정거장 전후구간, 전기자동차 전용선 등 부득이하여 경우 곡선반경을 축소한 경우는 그에 따라 축소할 수 있다.

$$L_{T1} = C_1 \Delta C \qquad L_{T2} = C_2 \Delta C_d$$

L_{T1} : 캔트 변화량에 대한 완화곡선 길이(m)

L_{T2} : 부족캔트 변화량에 대한 완화곡선 길이(m)

C_1 : 캔트 변화량에 대한 배수

C_2 : 부족캔트 변화량에 대한 배수

ΔC : 캔트 변화량(mm)

ΔC_d : 부족캔트 변화량(mm)

설계속도 V (km/시간)	캔트변화량에 대한 배수	부족캔트 변화량에 대한 배수
350	2.50	2.20
300	2.20	1.85
250	1.85	1.55
200	1.50	1.30
150	1.10	1.00
120	0.90	0.75
$V \le 70$	0.60	0.45

주 : 이외의 값은 다음의 공식에 의해 산출한다.

캔트 변화량에 대한 배수 : $C_1 = \dfrac{7.31\,V}{1000}$

부족캔트 변화량에 대한 배수 : $C_2 = \dfrac{6.18\,V}{1000}$

여기서 V : 설계속도(km/시간)

주행차량이 받는 단위시간 당 캔트량의 변화와 캔트부족량의 변화는 승차감이 나쁘지 않은 범위 내에서 일정한 값 이상이어야 한다. 그래서 완화곡선의 길이는 열차의 운전속도에 비례하여 길이를 정하게 된다.

완화곡선의 길이는 차량이 3점지지현상이 일어났을 때, 차륜플랜지의 최소 높이 25mm까지 부상(浮上)하여도 탈선하지 않는 기울기의 캔트체감거리 이상이어야 하고, 열차가 주행할 때 속도에 따라 1초에 $1\frac{1}{4}''$ 씩 높이로 변하기 때문에 이에 따라 충분한 완화곡선의 길이가 정해져야 한다.

또한 캔트량의 급변화로 인하여 열차가 통과할 때 단위시간에 경사되는 정도와 열차가 받는 원심가속도의 변화 등으로 승차감이 나쁘지 않을 정도의 길이를 정하여야 한다.

$$L = \frac{V}{Co} \cdot C \qquad (4.2)$$

여기서, L=완화곡선의 길이(m)

V=열차의 속도(km/h)

Co= 캔트량 체감의 시간적 변화율

($1\frac{1}{4}$″/sec=3.175cm/sec =0.1143km/h)

C=최대설정 캔트량(160mm)

식(4.2)에서 Co=0.1143km/h를 대입하면 식(4.3)이 성립한다.

$$L=8.75\ VC \qquad (4.3)$$

식(4.3)에서 선로의 등급별 최고속도를 각각 대입하여 완화곡선의 길이를 구하는 캔트의 배수를 산출하였다.

고속선 $L = 8.75 \times 350 \times C = 3,062C \fallingdotseq 2,500C$

$L_1 = 8.75 \times 200 \times C = 1,750C \fallingdotseq 1,700C$

$L_2 = 8.75 \times 150 \times C = 1,312C \fallingdotseq 1,300C$

$L_3 = 8.75 \times 120 \times C = 1,050C \fallingdotseq 1,000C$

$L_4 = 8.75 \times 70 \times C = 612C \fallingdotseq 600C$

완화곡선의 종류에는 $y=ax^3$의 3차 포물선(抛物線, cubic parabola), 곡률이 곡선장에 비례해서 체감되는 크로소이드 곡선(clothoid curve), 극좌표의 장현에 비례해서 직선체감을 하는 렘니스케이트곡선(lemniscate curve), 나선곡선(spiral curve) 등이 있으며 우리나라 철도에는 3차포물선 방정식을 채택하고 있다.

측선에 대하여 특별히 규정하지 않은 것은 일반적으로 차량속도가 느려 완화곡선의 삽입 필요성이 별로 없기 때문이다.

(5) 곡선 사이에 직선의 삽입

본선에 있어서 인접한 두 곡선이 있는 경우에는 각 곡선에 대한 캔트를 체감한 후 설계속도에 따라 표 4.6에서 정한 크기 이상의 직선을 두어야 한다.

차량이 곡선에서 직선 또는 직선에서 곡선으로 주행할 때 차량에 동요가 발생하므로 차량이 원활하게 주행할 수 있도록 두 곡선 사이에 차량의 고유진동주기를 고려하여 상당한 길이의 직선구간을 두어야 한다.

선로의 곡선형상에는 방향이 서로 반대인 배향곡선(背向曲線)과 방향이 서로 같은 곡선이 있다. 배향곡선은 곡선과 곡선 사이에 앞에서 말한 일정한 직선길이를 반드시 두어야 하며, 방향이 서로 같은 곡선인 경우 현장조건상 부득이 두 곡선 사이에 위의 표에 의한 길이의 직선을 둘 수 없는 경우에는 설계속도 70km/h 이하인 노선에 한하여 다음 공식의 범위 안에서 원의 중심이 2개인 같은 방향으로 연속된 곡선(복심곡선)으로 할 수 있다.

$$|R_1 \times R_2 / (R_1 - R_2)| \geq 1,200$$

여기서 R_1 및 R_2는 인접한 곡선의 반경(m)

노선선정 시 될 수 있으면 복심곡선의 선형은 피하는 것이 바람직하나 지형여건 등 부득이한 경우에는 설계속도 70km/h 이하인 노선에 한하여 위의 조건식이 성립하는 경우에만 계획하도록 하였다.

다만 분기기에 연속되는 경우에는 열차가 저속으로 운행하므로 위의 규정을 따르지 않을 수 있다.

3) 기울기(grade)

(1) 기울기의 표시

선로의 기울기는 최소곡선반경보다도 수송력에 직접적인 영향을 주므로 가능한 수평에 가깝도록 하는 것이 좋으나 수평으로 하면 많은 토공(土工)과 교량, 터널 등의 구조물이 필요하게 되어 건설비가 많이 소요되어 우리나라와 같은 산악이 많은

지역에서는 기울기가 급한 선형이 생긴다. 그러나 10‰ 정도 보다 완만한 기울기는 기관차의 견인력에 큰 영향을 주지 않으며 배수에도 좋다.

기울기 표시는 나라에 따라 다르나 철도에서는 천분율을 많이 사용한다.

① 천분율(permillage, ‰)

수평거리 1,000에 대한 고저차로 20/1,000 또는 20‰로 표기하고 한국, 프랑스, 독일, 일본 등 세계 각국 철도에 널리 사용되고 있다.

② 백분율(percentage, %)

수평거리 100에 대한 고저차로 표시하며 2/100, 또는 2%로 표기하고 미국철도에 사용하고 있으며 한국에서는 도로에서 백분율을 사용하고 있다.

③ 고저 차(高低差)

높이 1에 대한 수평거리를 표시하며 영국에서 사용되고 있다. 일반적으로 고저 차이 즉 높이를 분자로 하고 수평거리를 분모로 하여 고저차와 수평거리의 비율로 표기하고 있다.

(2) 기울기의 분류

기울기는 열차운전계획상 다음과 같이 분류한다.

가. 최급기울기(maximum grade)

열차운전 구간 중 가장 급한 기울기를 말한다. 장대터널 내부는 습기가 많아 레일이 미끄럽기 때문에 기관차의 견인력이 감소되고 열차에 대한 공기저항이 커지므로 선로등급별로 기울기를 일정한 크기 이하로 하도록 규정하고 있다.

나. 제한기울기(ruling grade)

기관차의 견인정수를 제한하는 기울기를 말하며 반드시 최급기울기와 일치하는 것은 아니다.

다. 타력(惰力)기울기(momentum grade)

제한기울기보다 심한 기울기라도 그 연장이 짧은 경우에는 열차의 타력에 의하여 이 기울기를 통과할 수 있다. 이러한 기울기를 타력기울기라 한다.

라. 표준기울기(standard minimum grade)

열차운전계획상 정거장 사이마다 조정된 기울기로서 역간에 임의 지점 간 1km의 구간 중 가장 급한 기울기로 조정된다.

마. 가상기울기(virtual grade)

철도선로에서 실제 기울기 이외, 운전계획을 세우기 위해 필요한 가상의 기울기로 제한기울기, 표준기울기 등이 있다.

(3) 선로의 기울기

① 본선의 기울기는 설계속도에 따라 다음 표의 크기 이하로 하여야 한다.

표 4.7 선로의 기울기

설계속도 *V*(km/시간)		최대기울기(‰)
여객전용선	250∠ *V*≤350	35[(1),(2)]
여객화물 혼용선	200∠ *V*≤250	25
	150∠ *V*≤200	10
	120∠ *V*≤150	12.5
	70∠ *V*≤120	15
	V≤ 70	25
전기동차전용선		35

(1) 연속한 선로 10킬로미터에 대해 평균기울기는 1천분의 25 이하여야 한다.

(2) 기울기가 1천분의 35인 구간은 연속하여 6킬로미터를 초과할 수 없다.

주 : 단, 선로를 고속화하는 경우에는 운행차량의 특성 등을 고려하여 열차운행의 안전성이 확보되는 경우에는 그에 상응하는 기울기를 적용할 수 있다.

② 본선이 정거장의 전후구간 등 부득이 한 경우는 선로의 기울기를 다음 표에서 정하는 크기까지 다르게 적용할 수 있도록 하였다.

표 4.8 정거장 전후구간 등 부득이한 경우

설계속도 V(km/시간)	최대기울기(천분율)
200∠V≤250	30
150∠V≤200	15
120∠V≤150	15
70∠V≤120	20
V≤ 70	30

주: 단, 선로를 고속화하는 경우에는 운행차량의 특성을 고려하여 그에 상응하는 기울기를 적용할 수 있다.

③ 전기동차전용선인 경우는 설계속도에 관계없이 1천분의 35

④ 본선의 기울기 중에 곡선이 있을 경우 기울기는 위에서 정한 기울기에서 다음 공식에 의하여 산출된 환산기울기의 값을 뺀 기울기 이하로 하여야 한다.

Gc=700/R

여기서, Gc : 환산기울기(천분율)

R : 곡선반경(m)

기울기가 있는 선로에 곡선이 겹쳐 있을 경우에는 열차의 저항은 곡선저항이 가산되므로 이때는 곡선저항과 같은 환산기울기 값만큼 기울기를 완화시켜야 한다. 이와 같이 곡선저항을 선로기울기로 환산한 것을 환산기울기라 하고 실제 기울기에서 환산기울기를 뺀 기울기를 보정기울기라 한다. 그리고 이런 과정을 곡선보정이라 한다.

예를 들면 기울기 20‰의 선로 중에 곡선반경 300m의 곡선이 겹쳐 있을 경우에는 환산기울기 700/300=2.33‰만큼 기울기를 완만하게 하여 17.67‰를 보정기울기로 한다.

⑤ 정거장 안에서 선로의 기울기는 1천분의 2 이하로 한다. 다만, 열차를 분리 또는 연결하지 아니하는 본선으로서 전기동차전용선인 경우에는 1천분의 10까지, 그 외의 선로인 경우에는 1천분의 8까지 할 수 있으며, 차량을 유치(留置)하지 아니하는 측선은 1천분의 35까지 할 수 있다.

⑥ 종곡선 간 직선 선로의 최소길이는 설계속도에 따라 다음 값 이상으로 하여야 한다.

$$L = 1.5V/3.6$$

L : 종곡선 간 같은 기울기의 선로길이(m)
V : 설계속도(km/시간)

선로의 기울기는 수송력 및 열차속도에 직접 영향이 있으므로 될 수 있으면 이것을 완화하도록 하여야 한다.

반면 선로의 기울기를 완화하면 비용이 많이 소요된다. 중요한 선로는 수송력 및 열차속도에 중점을 두어야 한다. 비교적 중요치 않은 선로에는 수송력 및 열차속도를 어느 정도 낮추더라도 경제적인 선로를 만드는 것이 합리적일 수 있다.

이러한 점을 고려하여 기울기의 한도를 규정하였다. 그리고 이 한도는 가장 급한 것이므로 이것보다 완만한 기울기를 사용하지 않으면 아니 된다.

철도차량의 열차저항은 열차주행에 의한 주행저항(차축저항+바퀴와 레일간의 저항+공기저항)과 경사진 선로를 올라갈 때 발생하는 기울기저항과 곡선을 통과할 때 생기는 곡선저항이 있다. 기울기저항의 값은 차량중량의 기울기에 대한 수평분력으로 나타내며 기울기 1‰일 때 1kgf/ton의 저항 값을 받는 것이다. 이 때문에 차량의 성능은 기울기상에서 요구되는 운전성능에 따라 결정되어진다.

전기차(電氣車)는 경사진 선로에서 등판력이 강하지만 기관차 견인열차는 기울기의 영향이 크므로 선로의 설계속도별로 기울기를 정하였다. 기관차 견인열차는 점착견인력 범위 내에서 견인력을 증가하면 견인중량 및 견인 연결 차량수를 증가시킬 수 있으나, 견인중량을 증가시키면 시킬수록 열차속도는 떨어진다.

전동차전용선로에서 선로의 설계속도에 관계없이 기울기 한도를 35‰로 한 것은 전동차는 일반적으로 가·감속력이 크고 통근형전동차는 도심 등 시가지 구간에 건설, 운영되는 경우가 많으므로 선로 건설에 따른 기존 시설물의 보상을 최소화하기 위한 것이다. 그러나 35‰ 기울기로 500m 이상 운전 시에는 차량에 무리를 가져올 수 있다.

정거장 전후(前後)구간 등 부득이한 경우에 선로의 설계속도별 기울기를 다르게

규정하고 있는 것은 정차할 열차가 정거장에 진입할 때 일반적으로 제동을 하면서 열차속도를 줄이고, 열차가 출발할 때는 속도가 높지 않아 가속도가 크고, 열차운전에 지장을 최소화하면서 기울기를 크게 하지 않으면 아니 되는 지형의 불리한 점을 극복하고자 정거장 전후구간의 실제 열차속도에 근접하게 설계함으로써 용지비나 건설비 등의 과다 소요를 방지하고자 함이다. 그러나 정거장은 확장하는 일이 많으므로 그 전후에는 상당한 구간을 수평으로 두는 것이 이상적이다.

정거장 내의 본선 및 측선의 기울기는 열차의 출발저항을 고려하고 차량을 인력(人力)으로 떠미는 작업이나 정지 중에 차량은 중력에 의해 스스로 굴러가지 않도록 하여야 한다. 최근 차량이 롤러(roller) 축수를 사용하고 있기 때문에 시험 결과에 따라 중력의 작용으로 굴러가는 한계를 고려하여 2‰ 이하로 정한 것이다.

차량을 해결하지 않을 경우 8‰로 정한 것은 전기기관차의 제동 및 출발 능력을 고려하고 승강장, 대합실 등 여객취급설비를 할 수 있는 기울기를 고려하여 정한 것이다. 차량을 유치하지 아니하는 측선 즉 입환인상선(入換引上線) 등에 있어서는 목적이 다르므로 35‰까지 인정한 것이다.

차량이 곡선인 선로구간을 주행할 경우 관성에 의하여 곡선의 접선방향으로 직진하려 하므로 차량바퀴의 플랜지(flange)가 궤도에 횡압(橫壓)을 가하게 되고, 또 곡선구간의 선로에는 내·외측 레일 간 길이의 차이가 있어 근소하지만 차량바퀴의 미끄럼이 발생하므로 캔트량과 관련하여 원심력에 의한 횡압으로 저항력이 발생하는데 이와 같이 곡선을 주행할 때 일어나는 저항 중에서 주행저항을 제외한 마찰에 의한 저항을 곡선저항이라 한다.

곡선저항은 곡선반경, 캔트량, 슬랙량, 대차구조, 레일형상 및 운전속도 등의 인자(因子)에 의하여 변화한다. 이 곡선저항은 4축 2대차일 경우 "모리슨"의 실험식에서 얻은 산식을 적용하는 것이 일반적이다.

$$\Upsilon c = 1{,}000.f.(G+L)/R \qquad (4.4)$$

여기서, Ɣc : 곡선저항(kg/t)
G : 궤간(m)
L : 평균고정축거(2.2m)
R : 곡선반경(m)
f : 레일과 차륜 간의 마찰계수(0.15~0.25, f=0.2)

이 식에서 Υ_c(kg/t)=i(‰)와 같으므로(7장의 '기울기 저항' 참조) 이 식을 이용하여 기울기 구간에 곡선이 중첩되었을 경우, 곡선구간에 대한 보정기울기로 환산하는 방법으로 수치를 대입하여 보면 표준궤간이 1.435m일 때

$$\Upsilon_c = 1{,}000 \times 0.2 \times (1.435+2.2)/R = 727/R \fallingdotseq 700/R \quad (4.5)$$

따라서 환산기울기 Gc=700/R으로 정하였다.

(4) 종곡선의 삽입

종곡선(縱曲線)은 차량이 선로기울기의 변경지점을 원활하게 통과하도록 종단면상에 두는 곡선을 말한다.

기울기가 서로 다른 선로가 접속하는 경우 그 기울기의 차이가 설계속도 200∠V≤350(km/h)에서 1천분의 1 이상, 70∠V≤200에서 1천분의 4 이상, V≤ 70에서 1천분의 5 이상인 때에는 설계속도에 따라 다음 표의 크기 이상의 종곡선을 직선 또는 원의 중심이 1개인 곡선구간에 두어야 한다. 다만, 기존선의 개량 등으로 인하여 부득이한 경우는 원의 중심이 1개인 곡선구간에 둘 수 있다.

표 4.9 최소 종곡선 반경

설계속도 V(km/시간)	최소 종곡선 반경(m)
265∠ V	25,000
200	14,000
150	8,000
120	5,000
70	1,800

주: 이외의 값은 다음의 공식에 의해 산출한다.

$R_v = 0.35\,V^2$

여기서 R_v : 최소 종곡선 반경(m)

V : 설계속도(km/h)

200∠ V≤350의 경우, 종곡선 연장이 1.5 V/3.6(m) 미만이면 종곡선 반경을 최대 40,000m까지 할 수 있다.

도심지 통과구간 및 시가화 구간 등 부득이한 경우에는 다음 표와 같이 종곡선 반경을 축소할 수 있다.

설계속도 V(km/시간)	최소 종곡선 반경(m)
200	10,000
150	6,000
120	4,000
70	1,300

주 : 이외의 값은 다음의 공식에 의해 산출한다.

$R_v = 0.25\,V^2$

여기서 R_v : 최소 종곡선 반경(m)

V : 설계속도(km/시간)

선로의 기울기 변경지점에는 열차가 주행할 때 열차 전후방향으로 인장력(引張力)과 압축력(壓縮力)이 크게 작용하여 연결기의 파손 위험이 발생될 뿐만 아니라 차량이 부상(浮上)되어 탈선(脫線)위험과 선로에 손상을 주게 되고 상하 동요(動搖)가 커져 승차감을 악화시키고 건축한계와 차량한계에도 영향이 있으므로 이러한 악영향을 완화시키기 위하여 기울기 변경점에는 종곡선을 설치하도록 한 것이다.

가. 종곡선 반경(R)의 산정

① 종곡선구간의 열차속도와 종곡선 반경, 수직가속도와 상관관계

$$Pa = \frac{1}{Rg} \cdot \left(\frac{V}{3.6} \right)^2 \tag{4.6}$$

여기서, Pa : 상하방향 가속도계수(중력단위 ; 0.01g~0.02g)

R : 종곡선 반경(m)

g : 중력가속도(9.8m/sec^2)

V : 열차속도(km/h)

식(4.6)을 종곡선 반경 방정식으로 정리하면

$$R = V^2/(127Pa) \tag{4.7}$$

② 설계속도별 종곡선 반경

$$R=V^2/(127\times0.02)=V^2/2.54\fallingdotseq0.4V^2$$

350km/h	$R1 = 0.4\times350^2=49,000\fallingdotseq25,000m$
200	$R2 = 0.4\times200^2=16,000$
150	$R3 = 0.4\times150^2=9,000$
120	$R4 = 0.4\times120^2=5,760\fallingdotseq6,000$
70	$R5 = 0.4\times70^2=1,960\fallingdotseq4,000$

여기서 설계속도 70km/h인 선로는 20m 당 평균기울기 변화율(5‰)을 감안하여 R=4,000으로 정하였다.

선로의 기울기는 평면선형 직선구간에서 변하는 것이 바람직하나, 지형 여건상 또는 기존선 개량 등으로 인하여 부득이한 경우에는 원곡선 구간에서만 이를 허용하였다.

다만, 이런 경우 선로의 평면곡선과 종단곡선이 서로 경합하므로, 이때 평면곡선의 횡 방향 가속도의 변화를 평면곡선의 캔트로 보정하여 열차가 안전하게 주행할 수 있도록 표 4.9의 종곡선 반경보다 크게 하여야 한다.

나. 종곡선의 설치

그림 4.12와 같이 m‰와 n‰의 기울기가 서로 접하고 있는 기울기의 종곡선 설치에 필요한 수치인 l 및 y는 다음 식으로 구한다.

$$l = R.\ \tan I.A/2 = R/2\cdot(m-n)/1,000 = R(m-n)/2,000$$
$$y = x^2/2R$$

통상적으로 많이 사용하고 있는 식은 위의 식을 정리하여 다음과 같이 된다.

$$y=\frac{d}{2,000\cdot L}\cdot x^2$$

여기서, l : 종곡선 시종 점에서 기울기 변화 점까지의 거리

y : x거리에 대한 종거

m : 시점에서 기울기변화점을 향한 기울기로 상향일 때 +, 하향일 때 −

n : 기울기변화점에서 종점을 향한 기울기로 상향일 때 +, 하향일 때 -

d : 양 기울기의 차이(m-n)

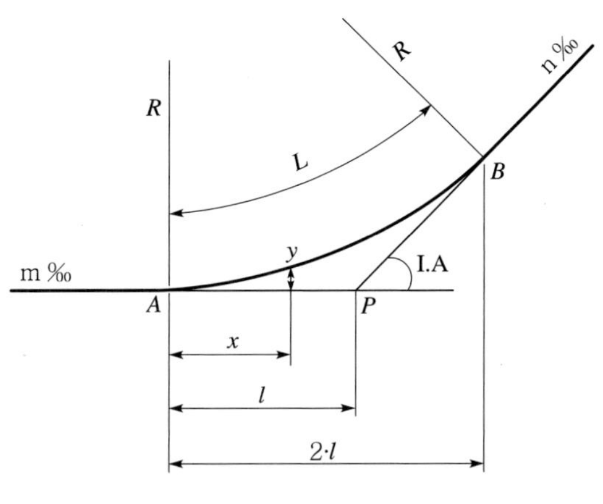

그림 4.12 종곡선 설치

4) 슬랙(slack)

철도차량은 2개 또는 3개의 차축을 대차(臺車)에 연결시켜 고정된 구조로 되어 있어 곡선구간을 통과할 때, 전후 차축의 위치 이동이 불가능할 뿐만 아니라 차륜에 플랜지가 있어 곡선구간을 원활하게 통과하지 못한다. 그러므로 곡선구간에서는 직선구간보다 궤간을 확대시켜야 한다. 즉 곡선의 내측레일을 궤간 외측으로 일정한 양 만큼 확대하여야 하는데 이 확대하는 것을 슬랙이라 한다.

반경이 300m 이하인 곡선구간의 궤도에는 표준궤간에 다음의 공식에 의해 산출된 슬랙을 두어야 하고 그 값은 30mm 이하로 하도록 규정하고 있다.

$$S = \frac{2,400}{R} - S' \tag{4.8}$$

여기서, S : 슬랙(mm)

R : 곡선반경(m)

S' : 조정치(0~15mm)

그리고 이 공식에 의한 슬랙은 다음의 구분에 따른 길이로 체감하여야 한다.

① 완화곡선이 있는 경우 : 완화곡선 전체의 길이

② 완화곡선이 없는 경우 : 최소체감길이(m)는 0.6ΔC보다 작아서는 아니 된다. 여기서 ΔC는 캔트변화량(mm)이다.

③ 복심곡선 안의 경우 : 두 곡선 사이의 캔트차이의 600배 이상의 길이. 이 경우 두 곡선 사이의 슬랙의 차이를 체감하되, 곡선반경이 큰 곡선에서 행한다.

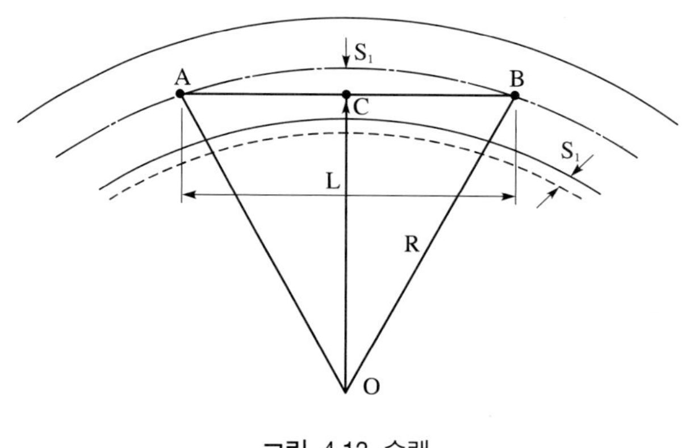

그림 4.13 슬랙

그림 4.13에서와 같이 차량중심과 선로중심과의 최대편기는 A, B점의 중앙인 C점에서 발생한다. 이 편기량을 S_1이라 하면

$$\overline{AC}^2=\overline{AO}^2-\overline{CO}^2$$

여기서, AC=L/2, AO=R, CO=$(R-S_1)$을 대입하면,

$$(L/2)^2=R^2-(R-S_1)^2,\ L^2/4=2RS_1-S_1^2$$

여기서 S_1^2은 $2RS_1$에 비해 아주 작으므로 무시하여도 차이가 크지 않다.

$$\text{즉 } L^2/4=2RS_1,\ \text{따라서 } S_1=L^2/8R \tag{4.9}$$

식(4.9)는 이론적으로 구한 슬랙이다.

과거에는 실험상 고정축거 사이의 최대편기는 AB의 중앙에서 생기지 않고 AB의

3/4 위치에서 생긴다고 가정하여 고정축거를 더 길게 하여 슬랙을 크게 구하였다.

그러나 차량의 좌·우 선에 대한 정확한 수치 파악의 어려움을 해소하기 위한 수단이었기 때문에 이런 가정은 실제로 슬랙이 과다하여 레일의 마모를 크게 하였고, 차량의 사행운동(蛇行運動)이 발생하여 승객들에게 불쾌감을 증가시켰다. 그래서 이런 잘못을 없애기 위해 슬랙 산출식의 고정축거를 현재 운행 중인 디젤기관차 7,000대를 기준하여 3.75m로 축소하였다.

그러므로 고정축거 L=3.75m+0.6m=4.35로 정하고 식(4.9)에 대입하면 다음과 같이 된다.

$$S_1=L^2/8R=4.35^2/8R(m)=2,365/R(mm)\fallingdotseq 2,400/R(mm) \tag{4.10}$$

따라서, 슬랙의 기본공식 S=2,400/R이 되고 선로유지보수를 위한 현장실정을 고려하여 $S=\dfrac{2,400}{R}-S'$ 산식이 성립된 것이다.

슬랙의 최대한도를 30mm로 한 것은 슬랙이 너무 크면 차륜의 플랜지가 얇게 되었을 때 탈선할 우려가 있기 때문이다.

즉, 차륜두께 : 130mm, 차륜간거리 : 1,352~1,356mm, 플랜지 두께 : 23~34mm로 차륜이 궤간사이로 빠지지 않으려면,

○ 차축의 최소거리는 1,352+130+23=1,505mm이고,

○ 궤간최대거리는 1,435(궤간)+30(슬랙)+10(보수공차)=1,475mm이다.

따라서, 1,505−1,475=30mm로 이 정도의 가동여유를 두기 위하여 30mm로 제한하였다.

조정치(S')를 0~15mm로 한 이유는,

차륜최대거리는 1,356+(34×2)=1,424mm이고

궤간에서 여유는 1,435−1,424=11mm이다.

차량제작 시 좌우동 여유가 6~10mm이므로 최소치인 6mm를 취하면 11+6= 17mm의 여유가 있다.

여기서 선로정비규칙 최소치인 −2mm를 감안하면 17−2=15mm의 여유가 있다.

따라서 S'=0~15mm를 취하였다.

그리고 슬랙을 두어야 할 곡선구간은 승차감 및 유지보수 등을 고려하여 곡선반경 300m 이하인 구간으로 최근 철도의 건설기준에 관한 규정에서 조정하였다.

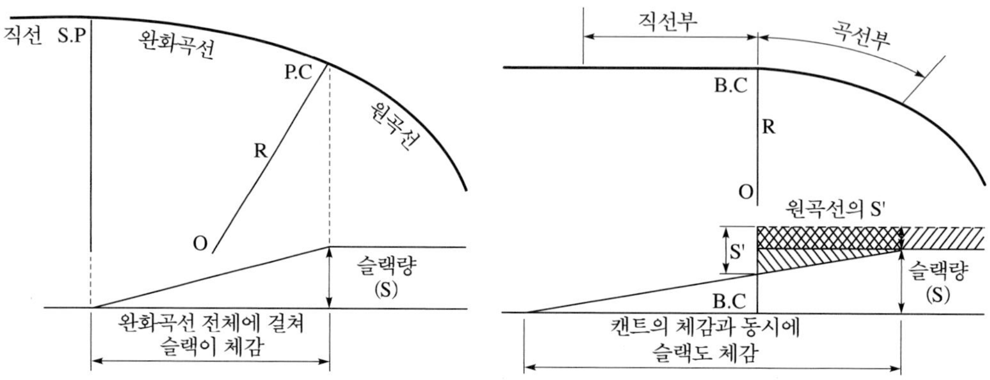

그림 4.14 완화곡선이 있는 경우의 슬랙 체감길이 **그림** 4.15 완화곡선이 없는 경우의 슬랙 체감길이

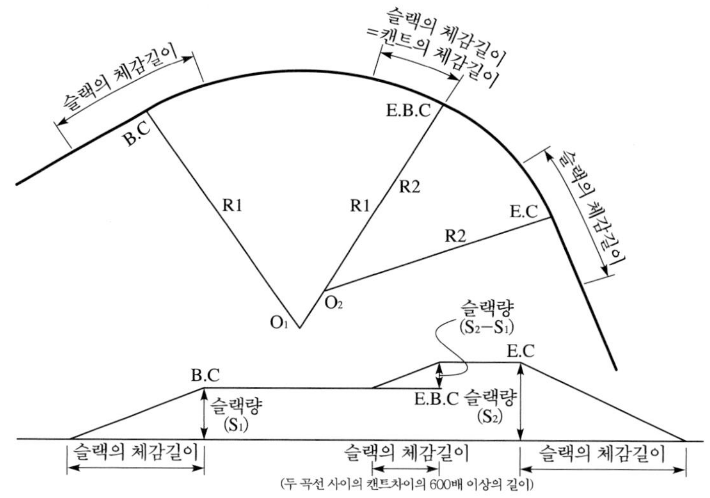

그림 4.16 복심곡선안의 슬랙 체감길이

5) 표준활하중(標準活荷重)

표준활하중은 궤도와 선로구조물을 설계할 때 적용하는 활하중으로서 선로를 운행하는 차량의 종류가 많아 축수(軸數), 축중(軸重), 축거(軸距) 등이 여러 종류다. 그러므로 설계할 때 각종 차량 중 대표적인 표준활하중을 정하여 설계하중으로 적용하고 있다.

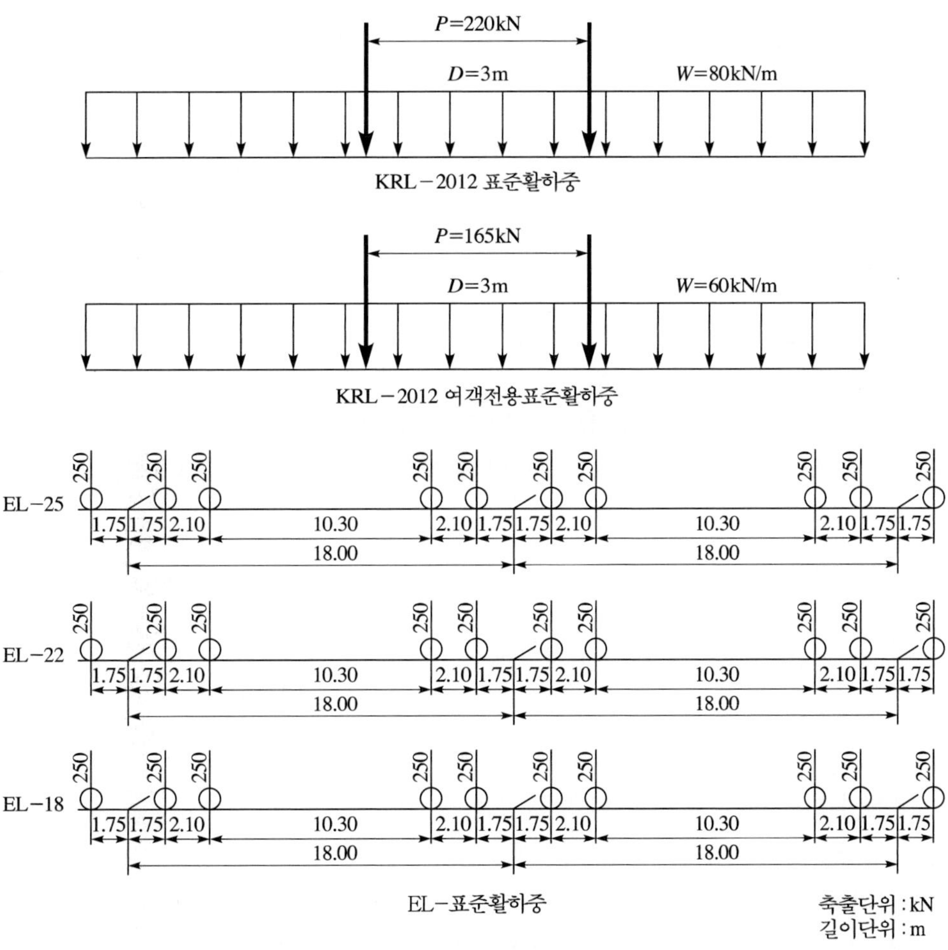

그림 4.17 표준활하중

「철도의건설기준에관한규정」에서는 선로 구조물 설계 시 여객/화물 혼용선은 KRL-2012 표준활하중을, 여객전용선은 KRL-2012 표준활하중의 75%를 적용한 KRL-2012 여객전용표준활하중, 전기동차전용선은 EL-표준활하중을 적용하도록 하고, 필요한 경우에는 실제 운행될 열차의 하중 및 향후 운행될 가능성이 있는 열차의 하중에 대하여 안전성이 확보되는 열차하중을 적용할 수 있도록 규정하고 있다.

원래 차량의 특성과 노반 간의 기술적 연계성은 매우 깊다. 그러나 차량의 개조나 다른 형식의 설계는 비교적 용이하나 궤도의 개축은 간단히 할 수 없으며 또 많은 비용이 소요된다. 그러므로 궤도 및 노반의 부담력을 먼저 규정하고 차량은 이 궤도 위를 주행할 때 궤도에 미치는 영향이 이 궤도의 부담력보다 크지 않게 규정한 것이다. 즉 궤도를 주로하고 차량을 이에 따르도록 한 것이며, 선로의 종류에 따라서 일정한 부담력을 가지도록 규정한 것이다.

궤도의 부담력을 규정하기 위하여 여러 종류의 기관차가 선로를 주행할 것을 가정하고 이들 기관차가 궤도에 주는 것과 같은 응력을 줄 수 있는 L-하중을 구해서 궤도설계상의 표준활하중으로 한 것이다.

부담력 표시에 레일을 제외한 것은 기관차가 침목, 도상, 노반에 대해서는 대부분 동일한 L-상당치의 하중이 작용하는 반면, 레일에 대해서는 다른 L-상당치의 하중이 작용하므로 설계속도에 따라 레일의 중량으로 그 크기를 규정하고 있다.

6) 캔트(cant)

열차가 곡선구간을 통과할 때 차량에서 발생하는 원심력이 곡선외측으로 작용하여 차량이 외측으로 기울면서 승객의 몸이 바깥쪽으로 쏠리어 승차감을 해치고, 차량의 중량과 횡압이 외측 레일에 부담을 크게 주어 궤도의 보수량을 증가시키는 나쁜 영향이 발생한다. 이러한 나쁜 영향을 방지하기 위하여 외측레일을 높여주는 것을 캔트라 하며 이 높여주는 양을 캔트량이라 한다.

분기기에는 궤도의 좌·우선로의 레일이 같은 침목에 고정되어 있어 리드곡선에 캔트를 설정할 수 없어 분기기에 연속되는 경우에는 캔트를 두지 않는다.

곡선구간의 궤도에는 다음 공식에 의하여 산출된 캔트를 두되 그 값은 설계속도와 도상의 종류에 따라 다음 표와 같이 일정한 값 이하로 하도록 규정하고 있다. 선로전환기에 연속되는 경우에는 캔트를 두지 아니한다.

$$C = 11.8\frac{V^2}{R} - C'$$ (4.11)

여기서, C : 설정캔트(mm)

V : 열차최고속도(km/h)

R : 곡선반경(m)

C': 캔트 부족량

설계속도 V (km/시간)	자갈도상 궤도		콘크리트도상 궤도	
	최대 설정캔트 (mm)	최대 부족캔트[(1)] (mm)	최대 설정캔트 (mm)	최대 부족캔트[(1)] (mm)
$200 < V \leq 350$	160	80	180	130
$V \leq 200$	160	100[(2)]	180	130

(1) 최대 부족캔트는 완화곡선이 있는 경우 즉, 부족캔트가 점진적으로 증가하는 경우에 한한다.

(2) 선로를 고속화하는 경우에는 최대 부족캔트를 120mm까지 할 수 있다.

그리고 이 캔트는 다음의 구분에 따른 길이로 체감한다.

① 완화곡선이 있는 경우 : 완화곡선 전체길이

② 완화곡선이 없는 경우 : 최소체감길이(m)는 0.6ΔC보다 작아서는 아니 된다. 여기서 ΔC는 캔트변화량(mm)이다.

③ 체감의 위치는

㉠ 곡선의 시·종점에서 직선구간으로 체감

㉡ 복심곡선인 경우는 곡선반경이 큰 곡선에서 체감한다.

(1) 캔트의 계산

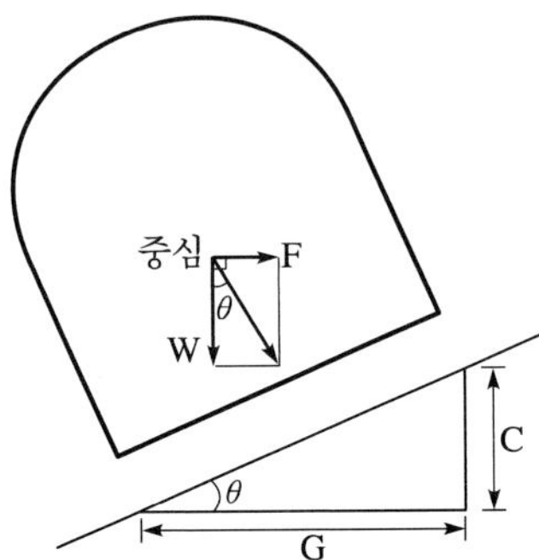

그림 4.18 캔트의 계산

위 그림에서 G를 레일과 레일간의 거리인 레일중심 간격, M을 차량의 질량, F를 원심력이라 하면 레일중심 간격과 캔트량의 비(比)는 차량중량과 원심력의 비와 같음을 알 수 있다.

즉 C/G=F/W라고 쓸 수 있다.

여기서, C =(F/W).G가 되며

F=원운동을 하고 있는 물체의 원심력으로 MV^2/R이고,

W는 질량 M에다 중력가속도 g를 곱한 값으로, 이것을 대입하면

$C = \frac{MV^2/R}{Mg} G = (V^2/Rg) \times G$가 된다.

그런데 V^2/Rg은 g를 $9.8m/s^2$으로, 속도 V의 단위를 km/h에서 m/s로 바꾸어 대입하면

$\frac{1000/(60 \times 60)V^2}{9.8R} = V^2/127R$이므로

$C = \frac{V^2}{127R} \quad G = \frac{V^2}{127R} \times 1{,}500 = \frac{11.8V^2}{R}$ 임을 알 수 있다.

(2) 캔트 부족량(deficiency of cant)

캔트를 붙일 때는 열차가 곡선 상에서 저속으로 주행하든가 정차한 경우에도 곡선 내측으로 전도(顚倒)되지 않도록 적당량을 붙여야 하며 180mm를 초과해서는 아니 된다. 다만 완화곡선이 있는 경우 즉 부족캔트가 점진적으로 증가하는 경우는 최대

130mm까지 할 수 있다.

표준궤간에서 설정캔트 량은 어떠한 차량이라도 정차하였을 때, 전복에 대한 안전율은 약 3 정도, 캔트에 의해 한 쪽으로 치우친 중심방향은 궤간의 2/3지점(middle third) 이내에 있어야 한다.

열차속도 향상을 위해 여객전용선일 경우에는 승차감을 고려하여 설정캔트 량을 180mm로 할 수 있으나, 자갈도상 궤도에서 화물열차나 기타 특수차량 등 저속열차와 여객열차를 혼용할 경우에는 초과캔트의 한계치 70mm(UIC Code 703R)를 고려하여 최대캔트 량을 160mm로 한 것이다.

화물열차 등 저속열차 주행빈도가 많을 경우에는 과다캔트로 인한 궤도파괴를 예방하기 위하여 설정캔트 량이 초과캔트 량 110mm 이내가 되게 다음 공식에 따라 초과캔트 량을 검토하여야 한다.

$$C_e = C - 11.8\frac{V_o^2}{R}$$

C_e : 초과캔트 량(mm)

C : 설정캔트 량(mm)

V_o : 열차의 운행속도(km/시간)

R : 곡선반경(m)

여객열차 위주로 속도향상을 위한 설정캔트 량을 180mm로 설정하였을 때는 저속열차의 속도를 적정하게 운행하지 않으면 선로 유지 보수에 어려움이 초래된다.

고속 및 저속 열차가 동시에 통과하는 곡선에서는 이 열차들의 자승 평균 속도를 구하여 그 속도에 맞는 캔트를 설정하기 때문에 고속열차의 경우는 캔트가 부족하게 되고 저속열차의 경우는 캔트가 남게 된다.

이처럼 고속열차의 부족한 캔트 량을 캔트 부족량이라 한다.

캔트가 과다할 경우에는 열차하중은 내측레일에 집중되어 내측레일에 손상을 크게 주며, 레일의 경사 및 궤간의 확대가 생기는 등 궤도의 틀림을 조장하여 승차감을 나쁘게 한다.

캔트가 부족할 경우는 원심력이 발생하여 외측레일에 집중되어 외측레일의 손상을 크게 하며 차량이 위로 올라타서 탈선을 하게 되는 등 안전성과 승차감이 떨어진다.

7) 건축한계(建築限界)

건축한계란 열차 또는 차량이 안전하게 운행할 수 있도록 궤도상에 설정한 일정한 공간을 말하며, 이 공간 안에는 건물 그 밖의 구조물을 설치하여서는 아니 된다. 다만, 가공전차선(架空電車線) 및 그 현수장치(懸垂裝置)와 선로보수 등의 작업상 필요한 일시적인 시설로서 열차 및 차량운전에 지장이 없는 경우는 설치할 수 있도록 하고 있다.

철도를 횡단하는 시설물이 설치되는 구간의 건축한계의 높이는 전차선 가설높이에 지장이 없도록 건축한계의 높이를 일반철도는 레일 면에서 7,010mm 이상, 고속철도는 레일 면에서 8,050mm 이상 확보해야 한다.

다만, 기존선 개량 등 부득이한 경우에는 승인을 받아 전차선 가설에 지장이 없는 범위로 축소할 수 있다.

직선구간의 건축한계는 그림 4.19와 같다.

곡선구간의 건축한계는 직선구간의 건축한계에 다음의 공식에 의해 산출된 양과 캔트에 의한 차량경사 량 및 슬랙 량을 더하여 확대한다. 다만, 가공전차선 및 그 현수선 장치를 제외한 상부에 대한 건축한계는 확대하지 아니한다.

$$W=50,000/R$$ (전동차전용선인 경우, 24,000/R)

여기서, W : 선로중심에서 좌우측으로 확대 량(mm)
R : 곡선반경(m)

건축한계 확대 량도 다음과 같이 체감한다.

① 완화곡선이 있는 경우
완화곡선 전체의 길이

② 완화곡선이 없는 경우
곡선의 시·종점으로부터 직선구간으로 26m 이상의 길이

③ 복심곡선 안의 경우

26m 이상의 길이. 이 경우 체감은 곡선 반경이 큰 곡선에서 행한다.

전기동차 전용선인 경우에는 다음 표의 값을 따른다.
다만, 도시철도와 연결 되는 경우에는 연계성을 고려하여 이에 맞도록 해야 한다.

전기동차 전용선의 건축한계 및 구축한계(단위 : mm)

항목	구간별	폭	높이	비고
건축한계	지상·고가	3,600	5,300	높이 : 레일 면 기준
	지하	3,600	48,000	
구축한계	지상·고가	3,600	5,800	폭 : 중앙기둥 제외
	지하 단선	4,700	4,850	
	지하 복선	4,100	4,850	

여기서, 26m는 특수 장물차량의 대차중심간 거리 18m에서 차량 끝단까지의 거리 4m를 합한 26m 이상의 길이로 하여야 한다는 것이다.

캔트가 설치되는 곡선에서는 내측레일을 기준으로 외측레일을 높이게 되므로 내측레일 정점(頂點)을 기준하여 내측으로 기울게 된다. 이때 곡선구간의 건축한계는 차량의 경사에 따라 캔트량만큼 경사되어야 하나, 실제 구조물의 시공은 경사시킬 수 없으므로 기울게 되는 양만큼 확대하여 주되 선로중심에서 구조물까지의 이격(離隔)거리는 차량의 상부와 하부가 달라진다.

슬랙은 곡선의 내측을 확대하도록 되어 있다. 그래서 슬랙에 의한 건축한계의 확대는 곡선의 내측 부분에만 적용한다.

8) 궤도의 중심 간격

정거장 외의 구간에서 2개의 선로를 나란히 설치하는 경우, 궤도의 중심 간격은 유지보수요원 대피 공간을 확보하여 직무사상사고를 예방하고 보선장비의 작업 공간 확

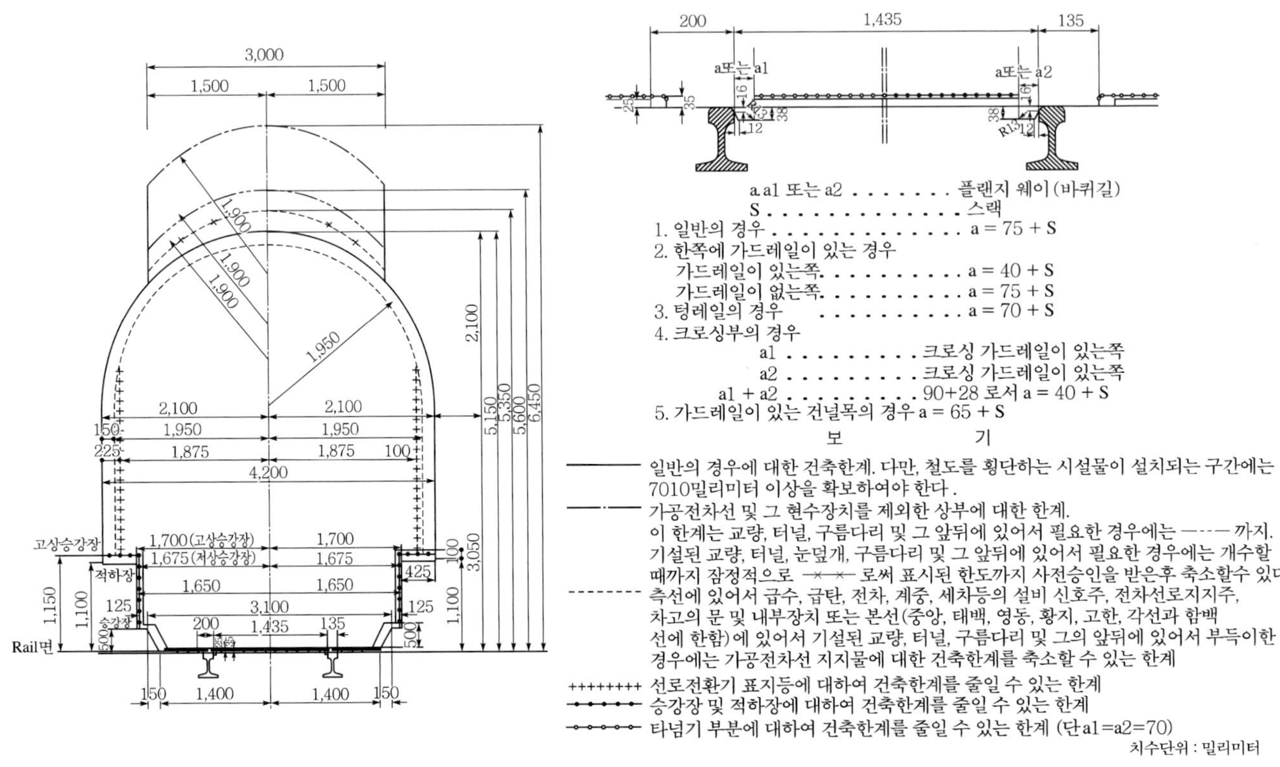

그림 4.19 직선구간의 건축한계

보 등을 감안하여, 설계속도(km/h) 250 초과 350 이하인 노선은 4.5m 이상, 150초과 250 이하인 노선은 4.3m 이상, 70 초과 150 이하인 노선은 4m 이상, 70 이하인 노선은 3.8m로 하고, 궤도중심간격이 4.3m 미만인 구간에 3개 이상의 선로를 나란히 설치하는 경우에는 서로 인접하는 궤도중심 간격 중 하나는 4.3m 이상으로 하도록 규정하고 있다. 그리고 고속철도전용선과 선로를 고속화하는 경우는 다음 사항을 고려하여 궤도의 중심간격을 다르게 적용할 수 있다.

① 차량교행시의 압력
② 선로사이에 대피소가 있는 경우 열차풍에 따른 유지보수요원의 안전
③ 직선 및 곡선부에서 최대 운행속도로 교행하는 차량 및 측풍 등에 따른 탈선 안전도
④ 궤도부설 오차

⑤ 유지보수의 편의성 등

정거장 안에 나란히 설치하는 궤도의 중심 간격은 4.3m 이상으로 하고, 6개 이상의 선로를 나란히 설치하는 경우에는 5개 선로마다 인접 선로와의 궤도의 중심 간격이 6m 이상인 선로를 확보하되 방풍벽 등을 설치하는 경우에는 이를 축소할 수 있다.

고속선의 경우 통과선과 부 본선간의 궤도중심 간격은 6.5m로 한다.

그리고 선로 사이에 전차선로 지지 주(支持柱) 및 신호기 등(信號機燈)을 설치하여야 하는 곳에는 궤도의 중심 간격을 그 부분만큼 확대하여야 한다.

곡선구간의 궤도의 중심 간격은 앞에서 열거한 궤도의 중심 간격에 건축한계 확대량을 더하여 확대하여야 한다.

6. 레일

1) 레일의 역할

① 레일은 차량의 무게를 직접 지지(支持)하고, 차륜으로부터의 하중(荷重)을 침목과 도상에 전달한다.
② 차량의 원활한 주행 면을 제공하며, 차륜이 탈선하지 않도록 안내한다.
③ 또한 신호전류의 궤도회로, 동력전류의 통로역할을 한다.

레일은 제일 윗면과 제일 밑바닥 면은 제일 큰 힘을 받고 중간부분으로 갈수록 힘을 점점 덜 받아 한가운데 부분은 일하지 않고 거의 놀고 있는 거나 마찬가지가 되어 재료를 아끼기 위해서 놀고 있는 중간부분을 파내어 버려 I자형으로 레일이 만들어졌다.

2) 레일의 무게

레일의 무게는 일반적으로 단위 m 당 중량 즉 kg/m로 표시하며, 차량의 축중(軸重)에 의한 레일의 응력이 피로강도를 넘지 않아야 할 뿐만 아니라 열차 통과톤수에 의한 궤도의 파괴에 대하여 유지보수가 경제적으로 이루어지도록 하여야 한다.

그리고 레일은 생산 공장의 규격이 정해져 있으며, 실제로 운행하게 될 최대기관차에 의한 응력 이상의 부담력을 가지고 있는 레일을 사용하여야 한다.

종래에는 선로의 규격에 따라 30kg, 37kg, 50kg 레일이 사용되었다. 그 후 개량하여 재래선용으로는 종래보다 높이가 높고, 단면2차모멘트가 큰 40N, 50N을, 경부본선용으로는 50kgN과 N형에 비해 상수(上首), 하수(下首)의 곡률이 큰 60kg 레일을 표준으로 하고 있다.

최근에는 열차의 고속화와 선로보수를 줄이기 위해 60kg 레일을 사용하는 등 레일의 중량화 경향이 뚜렷하다.

우리나라의 「철도의건설기준에관한규정」에는 설계속도가 120km/시간 초과일 때는 60kg/m, 120km/시간 이하인 경우와 모든 선로의 측선은 50kg/m 이상의 레일을 사용하는 것을 원칙으로 하되, 열차의 통과톤수, 축중 및 운행속도 등을 고려하여 조정할 수 있도록 규정하고 있다.

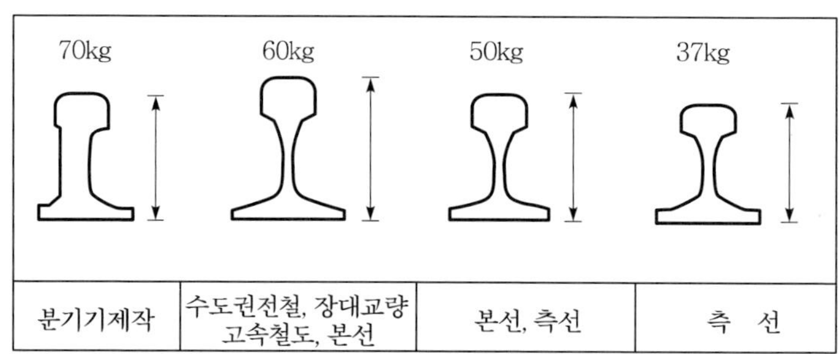

그림 4.20 레일의 종류 및 사용처

3) 레일의 단면형상(斷面形狀)

레일은 차륜의 축중(軸重) 등 수직력(垂直力) 외에 사행동(蛇行動)이나 곡선에서 횡압력(橫壓力) 등의 수평력(水平力), 온도변화에 의해 레일 길이 방향으로 작용하는 축력(軸力)에 의해 응력(應力) 및 변위(變位)를 일으키게 되므로 이에 대응하는 저항력을 지녀야 한다.

그래서 레일은 다음의 사항을 필수조건으로 하고 있다.

① 두부(頭部)의 형상은 차륜의 탈선이 쉽지 않아야 한다.
② 차륜과 마찰에 의한 마모저항력이 크고 형상의 변화가 작아야 한다.
③ 수직하중, 횡압, 길이 방향의 수평력에 대한 저항력이 커야 한다.
④ 상수(上首), 하수(下首)의 반경(半徑)이 작은 것은 파손되기 쉬우므로 피해야 한다.
⑤ 저부(底部)는 설치하기 좋게 넓어야 한다.
⑥ 상하 중간의 폭은 부식을 고려하여야 한다(이종득, 2001 ; 이기승, 2005).

레일의 각 부 명칭과 단면은 그림 4.21과 그림 4.22와 같다.

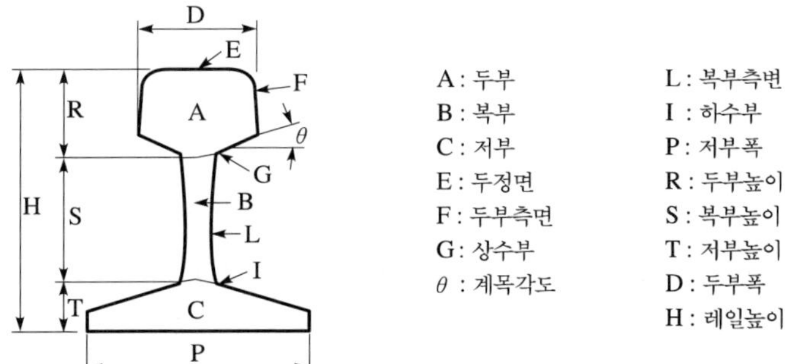

그림 4.21 레일의 각 부분 명칭

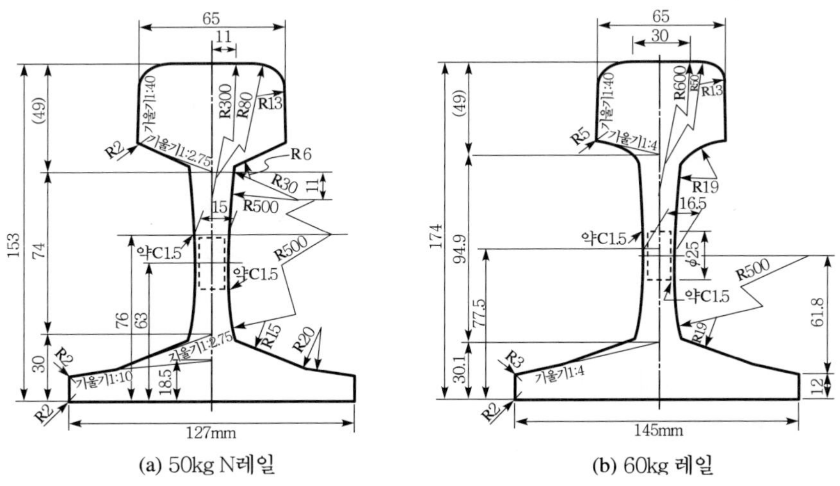

(a) 50kg N레일 (b) 60kg 레일

그림 4.22 레일의 표준단면

표 4.10 레일의 단면 제원

종별	두부 (mm)	저폭 (mm)	높이 (mm)	단면적 (cm^2)	중립축의 위치(mm)	단면 2차 Moment		중량 (kg/m)
						lx(cm^4)	ly(cm^4)	
30kg ASCE	60.32	107.95	107.95	107.95	52.07	604	152	30.1
37kg ASCE	62.71	122.24	122.24	122.24	58.42	952	227	37.2
40kg N	64.00	122.00	140.00	140.00	68.90	1,360	230	40.9
50kg P.S	67.86	127.00	144.46	144.46	66.88	1,744	377	50.4
50kg N	65.00	127.00	153.00	153.00	71.56	1,960	322	50.4
50kg ARA-A	69.85	139.70	152.40	152.40	–	2,059	–	49.91
60kg	65.00	145.00	174.50	174.50	77.80	3,090	512	60.80

자료 : 철도공학(이종득, 2006)

4) 레일의 재질

레일의 재질은 강도(强度), 내마모성(耐磨耗性), 내식성(耐蝕性) 등을 고려하여 고탄소강(高炭素鋼)을 사용하고 있다. 이 재질은 높은 인성(韌性)과 피로(疲勞)에 강하며 용접이 가능하도록 성분이 결정된다. 레일은 품질확보를 위해 인장(引張)시험, 하중시험, 파단면(破斷面)시험, 굴곡시험, 경도(硬度)시험, 마모(磨耗)시험, 부식(腐蝕)시험, 피로시험, 조직시험, 내상시험을 거친다.

열차운행 횟수가 많은 곡선의 외측레일은 마모의 진행을 억제하기 위해 레일의 두부표면을 열처리하여 사용한다.

또한 고탄소강레일은 강도나 내(耐)부식성을 높이기 위해 합금 강 레일이 연구되어 터널 등에서 시험용으로 사용되었으나 용접이나 제조비용 등의 문제점이 남아 있다.

일반적으로 탄소강의 5원소인 탄소, 규소, 망간, 인, 유황 중 탄소의 함유량에 따라 그 성질이 좌우되는데 원소별 특징을 보면 다음과 같다.

① 탄소(炭素)

함유량이 1%까지는 증가할수록 결정(結晶)이 미세해지고 항장력(抗張力)과 강도가 커지는 반면 탄성이 줄어든다. 보통 품질의 강은 0.4~0.5%의 탄소를 함유하고 있다.

② 망간

제강(製鋼)시 탈산제로 유황과 인(燐)의 유해성을 제거하며 함유량을 증가시키면 경도와 항장력이 커지나 탄성이 줄어들며 1% 이상이면 특수강이 된다.

③ 규소

0.4% 이상의 소량은 재질을 치밀하게 하고 항장력을 증가시킨다.

④ 유황

강재 중에 가장 유해한 성분으로 열화상태의 압연(壓延)중 균열을 발생케 하고 사용 중 충격에 의한 파손을 가져와 강질(剛質)을 불균일하게 한다.

⑤ 크롬

크롬은 경도와 마모저항을 증가시킨다. 2.0~2.5%의 크롬과 0.3~1.5%의 탄소를 함유하는 것은 대단히 단단하며 상당한 정도의 인성(韌性) 및 마모저항과 협력하여 높은 인장강도를 가진다(서사범 역, 2004).

5) 레일의 손상 · 마모와 수명

레일은 열차통과에 의해 반복하중을 받으며 차륜의 주행에 의해 마모되고 변형되며 시간이 지남에 따라 부식, 전식(電蝕)된다.

직선부에서는 마모가 적으나, 곡선부에서는 횡압이 걸리기 때문에 레일 두부의 마모가 많다. 콘크리트 도상에서는 레일의 두부 표면에 반상(斑狀)의 마모가 발생하여 이로 인해 이상 진동이 생기는 경우도 있다. 또한 습도가 높은 터널 안이나 해안에 가까운 선로에서는 부식이 많다.

레일은 손상과 마모로 교환되며 급 곡선의 열차운행횟수가 많은 구간에서는 1년 주기로 교환하는 경우도 있으나, 통과톤수 2~6억 톤 정도가 레일교환의 기준이 된다.

보통 10~25년을 표준으로 하고 있으나, 실제는 열차의 속도, 궤도보수 정도, 경영상황에 의해 레일의 수명이 결정된다.

6) 레일이음매

레일의 접속 부를 이음매라 한다. 궤도의 가장 큰 약점이기 때문에 그 배치나 종류에 따라 대책이 강구되어야 한다.

이음매는 아래 몇 가지 점에서 철도수송에 큰 약점으로 작용하고 있다.

① 이음매는 승차감을 저하시킨다.

② 이음매는 차륜과 레일에 상당한 피로와 마모를 발생시킨다.

③ 이음매 부위의 취약성으로 보수비를 크게 증가시킨다(서사범 역, 2004).

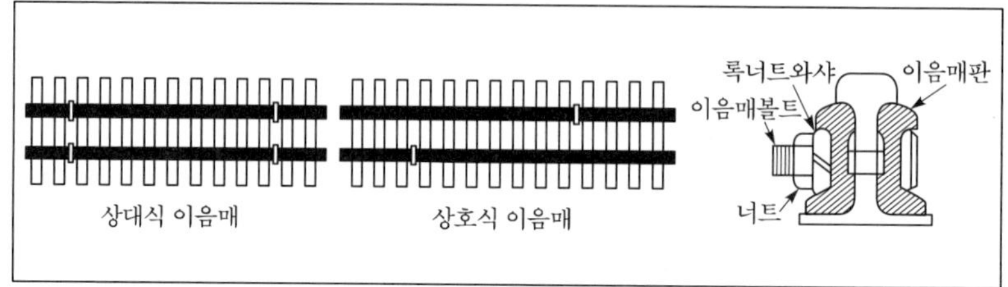

그림 4.23 레일이음매 및 이음매판의 예

이음매의 배치는 그림 4.23과 같이 상대식과 상호식이 있다.

일반적으로 많이 채택되고 있는 상대식은 좌우의 이음매 위치가 같아서 침목(枕木)의 보강이 쉬우나, 이음매 부위의 침하를 받기 쉽다.

미국 등에서 채용되고 있는 상호식은 이음매 부위의 침하량은 적으나 열차의 롤링을 일으키기 쉽다.

이음매 구조의 조건은 다음과 같다.

① 수직 · 횡 하중에 대하여 레일과 동등한 강도가 있어야 한다.
② 온도변화에 대한 레일의 신축(伸縮)을 감당할 수 있어야 한다. 예를 들면 온도변화 최대 80℃, 레일길이 10m의 신축 량은 9mm로, 최고온도에는 레일이 좌굴(座掘)되며, 최저온도에 대해서는 이음매 볼트에 과대한 힘이 걸리게 된다.
③ 체결과 해체가 용이하고 제작비나 보수비가 저렴해야 한다.

이음매판은 종래는 단책(短冊)형과 L형이 쓰였으나, N레일은 두부와 귀부가 큰 I형이 채용되고 있다. 레일이음부의 끝부분은 이음매판과 접하지 않게 된다.

전철구간이나 신호회로의 레일은 전류회로(電流回路)로 이용되며, 이음매판과 접촉면은 녹 등으로 전기저항이 많기 때문에 레일본드나 신호 본드를 사용한다.

레일본드는 동선(銅線)을 묶은 것을(신호 본드는 가늘다) 레일에 용접하여 붙이는 것으로 강도가 있고 레일의 온도변화에 의한 신축에 지장이 없어야 한다.

너트의 이완(弛緩)을 방지하기 위하여, 이음매판과 너트사이에 록너트왓샤를 삽입한다.

궤도회로의 이음매에 레일절연이 필요한 경우는 그림 4.24와 같은 절연구조로 한다.

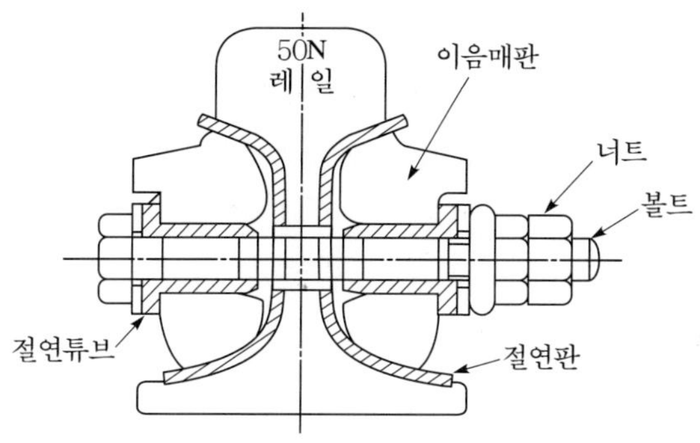

그림 4.24 절연(絶緣) 이음매

부설된 레일의 온도는 기온과 햇빛에 의해 상당히 높아지며 레일의 최고, 최저온도 차이가 60~80℃가 된다.

그래서 표준길이 25m 레일의 이음매 간격을 이음매 설정온도가 40℃일 때 1mm, 0℃일 때 13mm 정도로 하고 있다. 또한 터널 내 등에서는 온도변화가 작아도 일방적으로 2mm 정도로 한다(이종득, 2001).

이음매의 침목배치 방법에는 이음매가 침목 위에 위치하는 지접법, 침목 사이에 위치하는 현접법, 2정 또는 3정 이음매법이 있다.

7) 장대레일

(1) 개요

길이가 200m 이상 되는 레일을 장대레일이라 한다.

궤도의 이음매는 궤도 구조상 가장 큰 약점으로 보수가 많이 필요하고 차량의 동요(動搖)를 일으켜 승차감을 해친다. 될 수 있으면 이음매 수를 줄이기 위해서 레일 길이를 길게 하는 것이 좋으며 궁극적인 목표는 연속적인 궤도로 하는 것이다. 그러나 온도변화에 의한 신축(伸縮)으로 레일의 좌굴과 파단(破斷)의 위험이 있어 제한하고 있었으나 레일용접기술의 향상, 신축이음매 설치방법의 개발, 도상저항력이 큰 PC침목과 깬 자갈 도상의 보급 등으로 최근에는 25m 길이의 정척(定尺, standard) 레일 여러 개를 용접한 장대레일을 사용하여 승차감을 높이고 종전과 같은 이음부위의 손상이 없어 레일의 수명을 길게 할 뿐 아니라 보수비용도 최소화 하고 있다. 한

마디로 장대레일의 특징은 이음매 레일과는 달리 레일을 연속적으로 용접하여 레일 이음매가 없고 온도에 의한 길이의 변화가 일어나지 않는 부동(不動)구간을 가지고 있다는 것이다. 레일은 온도변화에 따라 신축을 일으키나, 무거운 침목에 견고히 체결하고 저항력이 큰 자갈도상을 만들면 레일에 발생하는 신축력과 자갈의 도상저항력이 서로 균형을 이루어 레일이 이동하지 않게 된다.

장대레일을 부설할 수 있는 조건은 다음과 같다.

① 곡선반경은 1,000m 이상
② 기울기의 종곡선 반경은 3,000m 이상
③ 레일의 무게는 50kg/m 이상
④ PC 침목 사용
⑤ 양호한 노반으로 궤도의 침하가 일어나지 않고 레일의 밀림 현상이나 균열 등으로 국부적 손상이 발생하지 않는 구간

그러나 전체길이가 25m를 넘는 무도상 교량이 있는 구간은 장대레일을 피한다.

(2) 용접법

가. 전기용접

장대레일은 전기 플래시 버트(flash butt)용접 법으로 용접하여 만든다.

플래시 버트 용접은 레일의 이음 부를 벼리기 위하여 레일에 전류를 통과시켜 저항으로 발생하는 열로 금속을 연결시키는 방법이다. 테르밋 용접과 달리 용접을 하기 위하여 추가의 화학제품이나 금속을 필요로 하지 않는다.

이 용접에서는 용접 중 모재(母材)가 대략 25~35mm 정도 소비된다.

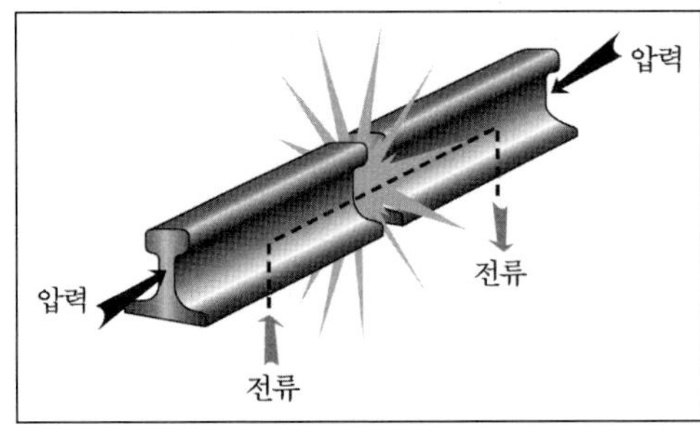

그림 4.25 전기 플래시 버트 용접

그림 4.25와 같이 용접할 레일을 2~6mm로 가까운 거리에 놓고 낮은 전압(6.3V)의 높은 전류(80,000A)를 통과시키면서 돌출된 부분부터 접촉시키면 이 부분에 전류가 집중되어 불꽃(spark)이 발생하고 양쪽 레일 사이의 간격을 띄었다 붙였다 반복하는 동안 레일은 1,500℃까지 온도가 상승하면서 녹는다. 이 때 양쪽에서 강한 압력(최고 80톤)으로 밀어주면 녹은 부분이 붙어 용접되는 것이다.

80,000A나 되는 높은 전류를 흘려주는 이유는 전기가 통과할 때 발생 하는 열이 전류의 제곱에 비례하기 때문이다.

나. 테르밋(Thermit)용접

이 전기 용접으로 25m의 정척레일을 300m로 용접해서 레일이 놓일 현장의 위치로 가져간 다음 현장에서 용접하여 장대레일로 만든다. 이 때 현장에서 사용하는 레일용접을 테르밋 용접이라 하여 그림 4.26과 같이 주형(鑄型)을 레일을 용접할 부위에 만들고 도가니에 알루미늄(Al)과 산화철(Fe_2O_3)의 분말을 혼합하여 점화시키면 약 3,000℃의 뜨거운 열을 내면서 산화철로부터 철이 유리되므로 이것을 용접할 부위에 흘러 들어가게 하여 용접하고 주위를 깨끗하게 다듬는다.

이 과정에서 대단히 높은 열이 발생한다. 이 용접에서는 알루미늄의 함유량을 적합하게 조절하는 것이 중요하며 장대레일의 수명에 결정적인 역할을 한다.

알루미늄과 산화철은 다음과 같은 식으로 반응한다.

$$2Al+2Fe_2O_3 \rightarrow 2Fe+Al_2+181.5kCals \tag{4.12}$$

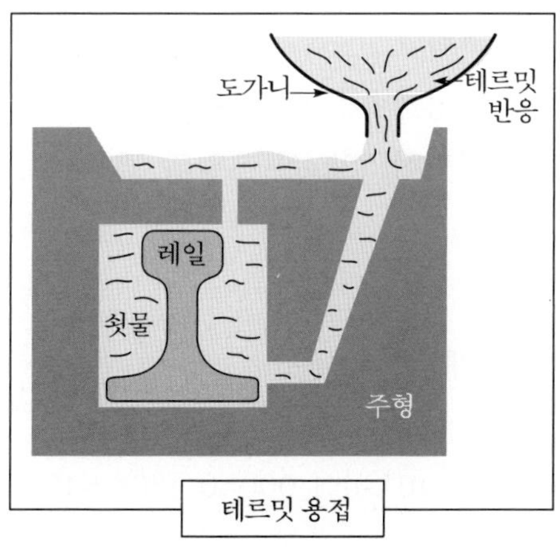

그림 4.26 테르밋 용접

(3) 장대레일의 축력분포와 신축량 계산

장대레일은 코일스프링으로 된 크립형 체결장치로 침목에 견고하게 장착되고 선로위의 자갈 즉 도상 저항으로 구속을 받고 있어 기온의 상승과 하강에 따라 자유롭게 신축할 수 없으므로 축력(軸力) 즉 레일 방향에 압축력과 인장력이 발생하는데 이때의 장대레일의 축력분포와 신축력을 분석해 보면 다음과 같다.

구속력이 없을 경우 레일의 자유 신축량은

$$\triangle L=\beta(t-t_0).\ L \quad (4.13)$$

또 레일이 완전히 구속되어 있을 때의 축력은

$$P=EA\beta(tmax-t_0) \quad (4.15)$$

여기서, $\triangle L$: 신축량

β : 레일의 선팽창계수(1.14×10^{-5})

t : 현재의 장대레일 온도(℃)

t_0 : 장대레일의 설정온도 즉 레일 부설시의 온도(t_{max}와 t_{min}의 중간 온도인 20℃)

t_{max} 및 t_{min} : 레일의 최고온도(60℃) 및 최저온도(−20℃)

L : 레일의 길이

P : 레일의 축력

E : 레일의 탄성계수($2.1\times10^{6}kg/cm^{2}$)

A : 레일의 단면적(50kgN 레일의 경우 $64.2cm^{2}$)

예를 들면

① 1,000m 장대레일의 최대 신축량은

$$1.14\times10-5\times\triangle t(40℃)\times1,000=0.456m=45.6cm$$

$\triangle t$=최고온도 60℃, 최저온도-20℃이고 설정온도 20℃이므로, 40℃

② 50kgN 레일의 최대축력은

$$2.1\times10^{6}\times64.2\times1.14\times10^{-5}\times40℃=61.5\text{ton}$$이다.

다음 그림 4.27은 일정한 종방향 도상저항력 $r_0$kg/cm로 구속되어 있는 레일의 축력 분포를 나타내고 있는데 $\triangle t$ 즉 장대레일의 현재온도와 부설시의 레일온도의 차이가 클수록 레일의 양쪽 부분에서 늘어나는 신축범위가 커짐을 알 수 있다.

도상저항력(r_0)을 일정하게 하면 온도가 1℃씩 상승할 때 마다 레일의 양쪽 끝부분에서부터 $E.A.\beta/r_0$만큼씩 신축구간이 확대된다.

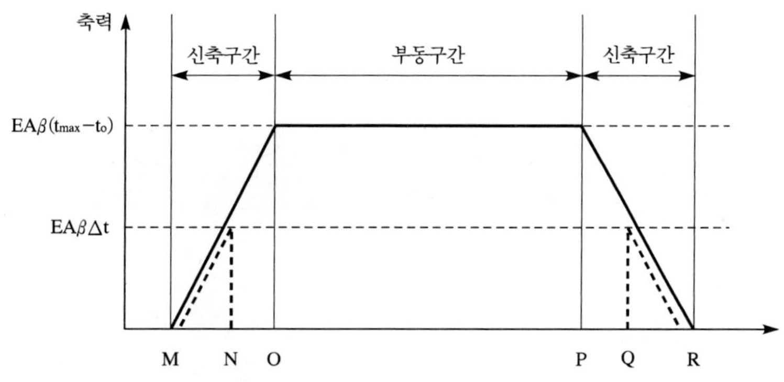

그림 4.27 장대레일의 신축구간

위의 그림에서 레일의 축력은 $P=E.A.\beta(t-t_0)$ 즉 $E.A.\beta\triangle t$이고, 기온이 t_{max}일 때는 축력은 $P=E.A.\beta(t_{max}-t_0)$가 된다.

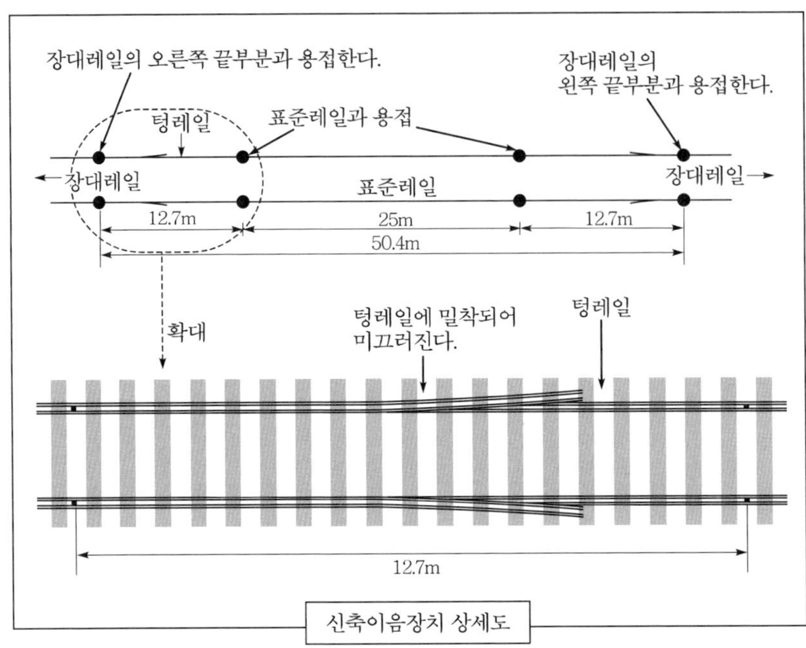

그림 4.28 신축이음매 예

또 기온 t℃일 때의 신축구간의 길이는 E.A.β△t/r_0가 되고, 이 신축구간은 온도가 높아짐에 따라 점차 M에서 O 방향으로(또 R에서 P방향으로) 확대되어 최대 신축길이는 E.A.β(tmax−to)/r_0가 되며 따라서 OP구간은 힘의 균형으로 변동이 없는 부동(不動)구간 즉 우리나라의 온도 변화 범위인 60℃~20℃에서는 레일의 신축이 없는 구간이다.

예를 들면 $t_{max}-t_0=40$℃, $r_0=6$kg/cm라 하면 50kgN 레일에서는 MO=RP=E.A.β(40℃)/r_0=102m가 되므로 장대레일에 신축이음장치의 설치가 필요한 경우에는 레일 양쪽 끝에 약 100m의 신축구간에 그림 4.28과 같이 신축이음장치를 설치하여 그 신축 량을 흡수토록 하고 있다.

8) 가드레일(guard rail)

본래의 레일과 병행하여, 마모나 탈선을 방지하기 위하여, 또는 건널목, 분기기 등에 가드레일이 사용된다.

마모방지 가드레일은 곡선 외측레일의 마모를 방지하기 위해 내측레일에 병행하여 설치한다. 또한 선로가 깊은 하천을 따라 가는 등 만일 탈선 차량이 전락하여 피해가 예상되는 구간 등에서는 그림 4.29와 같은 탈선방지 가드레일을 설치한다.

또한 교량 위에 설치되어 있는 가드레일도 탈선방지가 주목적이다.

건널목 가드레일은 좌우레일 사이의 포장부분과 레일의 간격을 확보하기 위하여 설치한 레일 또는 앵글재가 있다. 이 경우 레일과의 간격은 되도록 좁은 것이 바람직하다. 차륜의 치수를 기준하여 65mm를 표준으로 하고 있다.

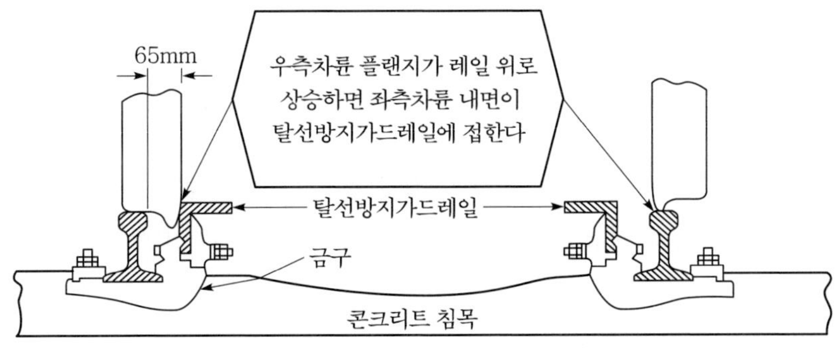

그림 4.29 가드레일 예

7. 침목(枕木, sleeper)

침목은 레일과 도상 사이에 위치한 궤도 부재이다. 최초에 레일은 지반위에 위치한 블록 위에 설치하였으나 더 좋은 하중 분포가 필요함에 따라 침목과 도상이 추가되었다.

1) 침목의 종류

침목은 레일을 견고히 붙잡아 좌우 레일의 간격을 바르게 유지하면서 레일로부터 받은 열차하중을 도상에 넓게 분포시켜 준다. 그리고 전철화 구간의 침목은 양 레일 사이의 전기적 절연을 확보하여야 한다.

침목은 분류 방법에 따라 여러 가지 이름으로 분류된다.

부설 용도에 따라 보통침목, 길이가 긴 분기기용 침목, 단면이 큰 교량용 침목, 폭이 넓은 이음매용 침목이 있고, 재질에 따라 목 침목, PC침목, 철 침목, 조합침목 등이 있다.

그리고 부설방법에 따라 일반적으로 가장 많이 사용되는 방법으로 레일에 직각으로 나란히 부설하는 횡 침목, 짧은 침목을 좌우 레일 별로 부설하는 블록(block) 침목, 레일 방향과 나란히 부설하는 종 침목이 있다.

철 침목은 유럽, 남미 등에서 사용되었으나 습기가 많은 구간에서 부식이 쉬울 뿐 아니라 값이 비싸고, 전기절연을 필요로 하는 구간에는 부적당하여 특별한 장소에 한정된다.

(1) 목침목(木枕木)

탄성이 좋은 목 침목은 레일의 체결이 쉽고 취급이 용이하며 전기절연도가 높다. 또한 가격도 저렴하여 오랫동안 사용되어 왔으나 내용연수(耐用年數)가 짧고(방식처리 7~15년) 도상저항력이 적을 뿐 아니라 목재를 구하기 어려운 점 때문에 최근에는 PC침목이 많이 사용되고 있다.

보통침목의 표준규격은 표준궤간에서 240×20×14cm이다. 재질은 견질(堅質)로 부식이나 노후(老朽)되지 않는 것이 좋으며 밤나무, 회나무, 소나무, 오크나무 등이 사용된다.

(2) PC침목

PC(prestressed concrete)침목은 압축에는 잘 견디지만 인장에는 약한 콘크리트의 약점을 보완하여 침목으로 사용하는 것으로 내장된 강선을 인장하여 미리 응력(stress)을 가한 다음 콘크리트를 넣어 제작한다.

따라서 침목내의 콘크리트는 항상 강선으로 압축되고 있어, 그림 4.30처럼 굽힘하중에 강하게 되고 균열이 생기지 않는다.

PC침목은 목 침목에 비해 비용이 약 2배가 되며, 내용연수는 약 5배 크다. 또한 레일을 탄성체결 방법으로 잡아매므로 보수비용이 절감되며 도상저항이 커서 장대레일 부설이 쉽다는 점 등 이점이 많지만 무게가 무거워(표준규격 약 180kg) 취급이 어렵고, 도상을 보수할 때 파괴되기 쉬우며 전기절연이 목 침목에 비해 떨어지는 등 단점도 있다.

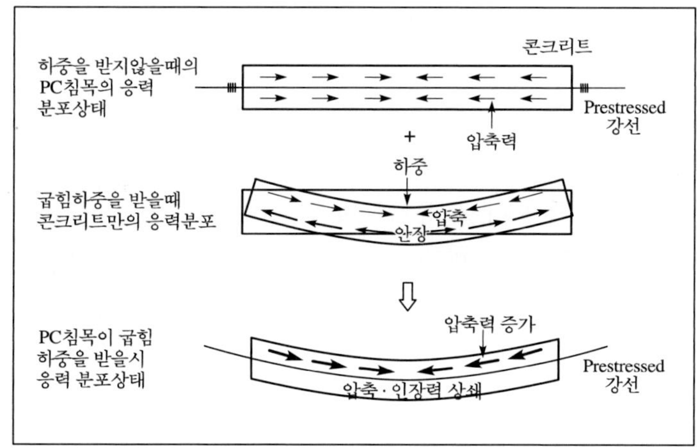

그림 4.30 PC침목내부의 응력분포

(3) 조합침목

철재와 콘크리트 등 다른 종류의 재료를 조합해서 각 재료의 장점을 발휘할 수 있도록 만든 침목으로 합성침목이라고도 한다.

(4) 트윈(twin) 블록침목과 모노(mono) 블록침목

트윈 블록침목은 그림 4.31과 같이 좌우 레일을 2개의 블록이 고정하며 블록은 Y

형 또는 L형의 연결봉으로 이어져 있다. 블록의 규격은 축중과 주행속도에 따라 다르다. 다음 그림은 프랑스 철도에 사용되는 철근콘크리트 트윈 블록침목 U 31 유형으로 축중 19~21t, 주행속도 200km/h에 견딜 수 있는 구조이다. 주행속도 300km/h의 TGV 궤도에 사용되는 U 41 유형은 중량이 260kg으로 블록의 긴 방향의 길이가 840mm, 높이가 261mm로 U 31보다 규격이 크다(서사범 역, 2004).

트윈 블록침목은 도상의 두께와 강도가 목침목의 경우보다 커야하는데 품질이 나쁜 도상에 부설할 경우는 도상을 더 두껍게 하여 필요한 강도를 가지도록 하여야 한다. 또한 블록이 서로 다르게 기울어지거나 궤간이 느슨하게 되지 않도록 특별한 관리를 하여야 한다.

트윈 블록침목의 장단점은 아래와 같다.

① 장점

㉠ 침목의 중량이 크고 블록 당 두 개의 측면이 있으므로 도상 횡 저항력이 커서 높은 열차속도에 견딘다.

㉡ 궤간을 허용오차 이내로 유지하며 약 50년의 수명을 가진다.

㉢ 궤도 중심 부근의 도상반력을 크게 받지 않는 부분은 단면이 작은 강재로 하여 경제성을 높인다.

㉣ 생산이 쉽고 일반적으로 목침목보다 비싸지 않다.

② 단점

㉠ 도상이 충분한 두께와 적합한 역학적 특성을 가지지 않으면 구조적으로 만족스럽지 못하다.

㉡ 하중분포와 유연성은 목침목보다 나쁘다.

㉢ 탄성체결장치를 필요로 하며 중량이 커서 취급이 어렵다.

㉣ 레일체결장치의 전기절연이 나쁘다(서사범 역, 2004).

㉤ 연결봉(tie bar)의 거동에 특별한 주의를 기울여야 하고 부식할 우려가 있으며 보수작업 시 어려움이 있다.

㉥ 모노 블록방식에 비해 도상 지지면적이 좁아 강성이 작기 때문에 보수주기가 짧다.

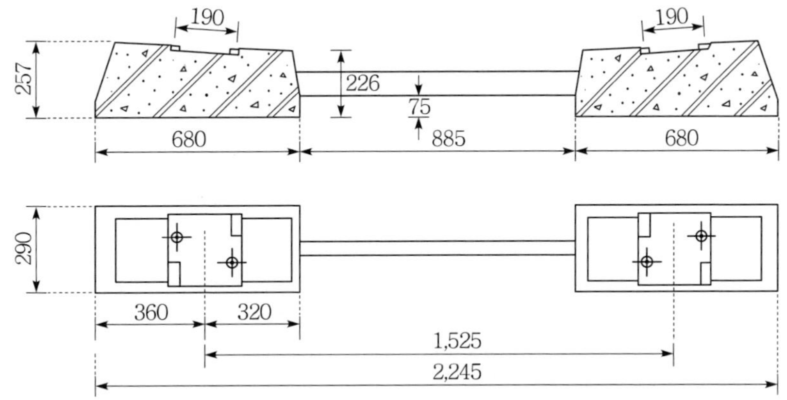

그림 4.31 철근콘크리트 트윈 블록침목 U 31(단위 mm)

이와 달리 PC 모노 블록침목의 모양은 목침목과 유사하며 다음과 같은 특징이 있다.

㉠ 역학적 성질은 PC침목과 같다.

㉡ 트윈 블록침목에 비해 일반적으로 가볍다.

㉢ 기하 구조적으로 다양한 특징을 가진다. 일반적으로 중앙 부위의 단면을 줄이는 특징을 가지고 있다.

㉣ 궤간을 잘 유지하며 수명이 약 50년으로 길다.

㉤ 탄성체결장치와 신호체계를 위한 부품이 필요하다.

㉥ 횡 저항력은 트윈 블록침목보다 작다. 그러나 목침목보다 크다.

㉦ 보수작업이 트윈 블록침목보다 용이하다.

2) 레일체결장치(締結裝置)

레일을 침목에 잡아매는 레일체결장치는 열차주행으로 생기는 수직하중, 차륜의 횡압, 레일의 온도신축에 의한 레일방향의 축력에 대항하지 않으면 아니 된다.

목 침목은 주로 구조용 강제(鋼製)인 개 못이 사용되며, 침목 하나에 좌우 4개를 박아 레일을 체결한다.

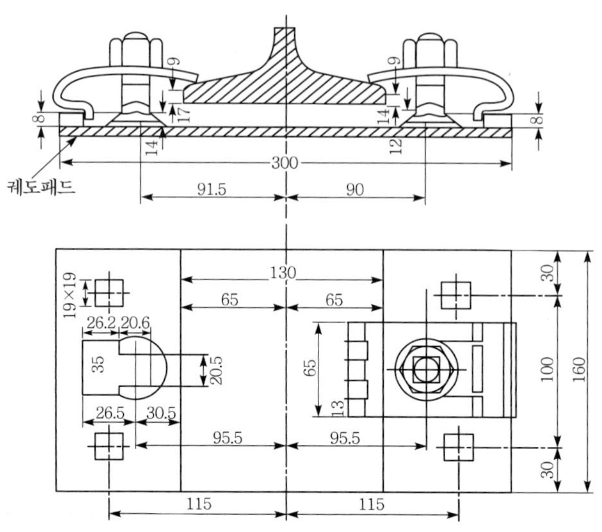

그림 4.32 타이플레이트 예(단위 mm)

곡선구간에서는 그림 4.32와 같이 레일과 목 침목 간에 횡압용강제(橫壓用鋼製)인 레일 지지판(타이플레이트, tie plate)을 삽입하는 예가 많은데 이것은 레일이 침목에 박힘을 방지하고, 레일로부터의 압력을 넓게 분포시켜 침목의 기계적 마찰을 경감하며, 차륜의 횡압력에 대한 저항을 증가시킨다.

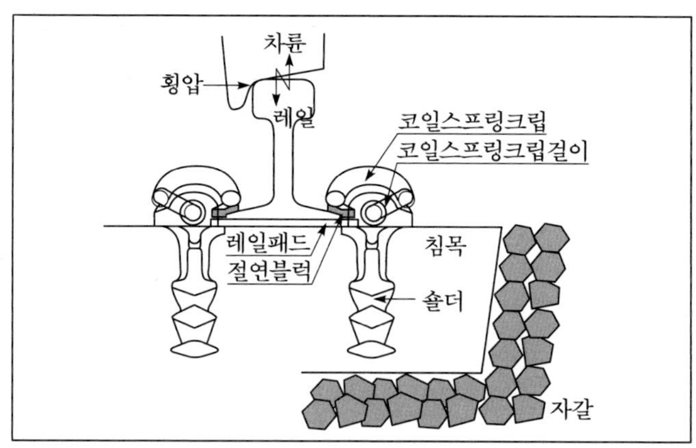

그림 4.33 PC침목 탄성체결

PC침목 등에서는 그림 4.33과 같은 탄성체결장치가 사용된다. 즉 열차의 진동하중에 대응하여 레일 밑에 고무가 주성분인 궤도패드를 부설하며 볼트를 사용한 판(板)스프링을 사용하여 탄성으로 레일을 체결한다. 콘크리트 도상에 직결하는 경우에도 이와 유사한 것을 사용한다.

또한 레일을 침목에 체결할 때는 차륜 답면과 접촉을 평균화하기 위해 내측으로 1/40의 경사를 두는 것을 원칙으로 하며, 타이플레이트 등에도 1/40의 경사를 둔다.

8. 분기기(分岐器, turnout)

1) 분기기의 구성

분기기는 철도차량의 이동을 중단시킴이 없이 방향을 바꿀 수 있는 장치라 할 수 있다(서사범, 2004).

분기기는 선로가 두 방향으로 분리되거나 합쳐지는 부분에 설치하는데, 열차를 유도하고 싶은 방향으로 전환시켜주는 포인트부, 두 개의 선로가 동일 평면에서 교차하는 크로싱부, 포인트와 크로싱 중간의 리드부로 구성되어 있다.

이 분기부에서는 일반궤도에 비해 텅레일의 단면적이 작고 또한 견고하게 체결되지 않을 뿐만 아니라 크로싱에 레일이 없는 결선(缺線)부가 있어 일반 궤도보다 통과속도가 낮게 제한된다.

방향을 바꿀 때는 레버 또는 손잡이를 사용하는 수동식 전환기나 전기전철기(電氣轉轍機)로 끝이 뾰족하게 제작된 가동레일인 텅레일(tongue rail)을 전환(轉換)하고 쇄정(鎖錠, locking)시켜 열차가 지나갈 때 텅레일과 기본레일 사이에서 틈이 발생치 않고 밀착을 계속 유지토록 하여야 한다.

2) 포인트의 구조

포인트의 종류는 보통선단(先端)포인트, 고속노선에 사용되는 탄성선단 포인트, 속도가 낮고 지방선의 중간역 등에 사용되는 스프링포인트 등이 있으며 보통선단포인트가 가장 많이 사용되고 있다.

그림 4.34와 같이 텅레일은 끝을 뾰족하게 한 가동레일로, 가볍게 움직일 수 있으며 후단(後端)이 이음매에 고정되어 있다. 특수레일 또는 보통레일을 깎아 만든 텅레일 선단은 두께를 수 mm로 얇게 사면으로 깎아 그 끝을 차륜플랜지가 올라타도록 만든다. 텅레일의 형태는 레일 끝에서 앞쪽으로 향하여 혀 모양으로 뾰족하게 만들어져 사용된다.

전철봉(轉轍棒)은 포인트를 전환할 때 전동기의 동력이나 인력으로 봉을 움직여 텅레일을 이동시킨다.

프런트 로드(front rod)는 텅레일과 기본레일을 밀착시켜 열차가 통과할 때 레일이 전환되지 않도록 한다.

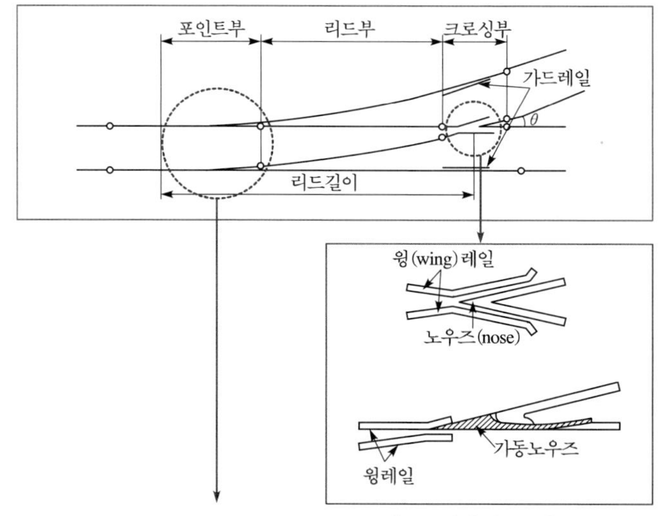

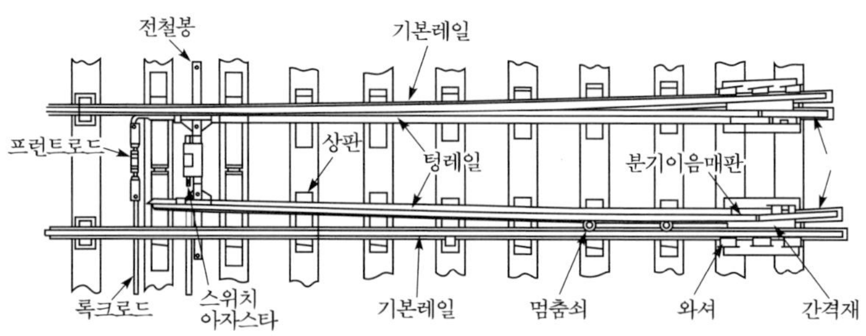

그림 4.34 포인트 부의 구조

상판(床板)은 텅레일을 좌우로 이동시켜주기 위해 평평하고 넓게 다듬어진 철판이다.

레일프레스는 기본레일이 횡압력에 저항하기 위한 레일체결 부품이고, 멈춤쇠는 텅레일이 기본레일 쪽으로 과도하게 밀리지 않게 정지장치(stopper)의 역할을 하는 것으로 텅레일의 중간에 볼트와 너트로 붙어 있다.

고속선용의 탄성포인트는 이음매부가 없이 텅레일과 리드레일이 일체로 되어 있어 텅레일이 휘어지도록 되어 있다.

이상에서 본 바와 같이 분기기는 그 구조가 일반궤도에 비해

① 텅레일의 단면적이 작고
② 견고하게 체결되지 않고
③ 완화곡선과 캔트가 없으며
④ 크로싱에 궤간 결선이 있고
⑤ 보수작업이 어려워

일반 궤도보다 통과속도가 낮게 제한된다(이종득, 2001).

3) 분기기 입사각(入射角)

그림 4.35와 같이 기본레일과 텅레일의 교각 I를 포인트의 입사각(switch angle)이라 한다. 분기 시 차륜이 텅레일에 닿는 부분을 적게 하기 위하여 입사각을 가능한 작게 하는 것이 좋으며 입사각이 작으면 텅레일은 길어지고 곡선반경이 커져 차량이 원활한 주행을 할 수 있다.

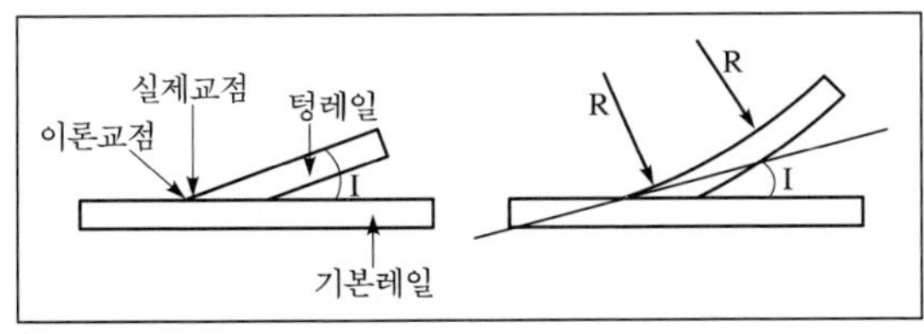

그림 4.35 분기기 입사각

4) 크로싱(crossing)

두 개의 선로가 평면에서 서로 교차하는 부분을 크로싱부라 하는데 그림 4.36과 같이 V자형의 노우즈레일(nose rail)과 X자형의 윙레일(wing rail)로 구성되어 있다.

크로싱 번호는 L_1/L_2로 결정한다. 가령 $L_1 : L_2 = 7 : 1$이면 7번 분기, 14 : 1이면 14번 분기라 표시한다. 크로싱 번호가 높아지면 분기기의 곡선 반경이 커지므로 열차주행이 원활해지고 속도 향상에도 유리하다.

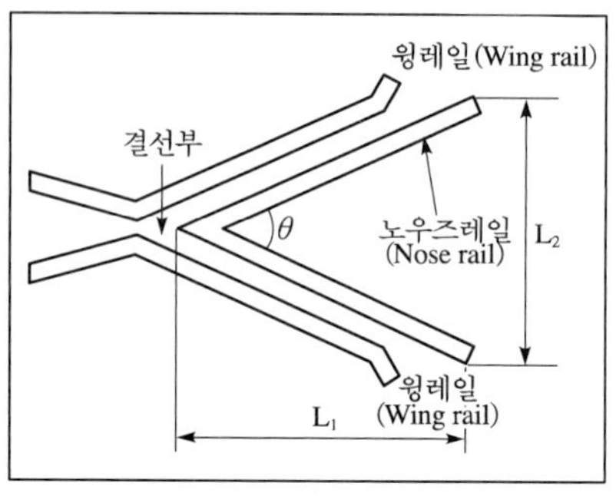

그림 4.36 분기번호의 결정

5) 결선부

크로싱에는 기본선과 분기선이 교차하는 곳에 위 그림 4.36과 같이 차량의 차륜이 통과할 수 있도록 레일이 없는 곳이 생기는데 이를 결선부라 하며 이 부분이 크로싱의 최대 약점으로 차량의 충격, 동요, 소음 등으로 고속열차를 안전하게 운행할 수 없을 뿐 아니라 승차감도 떨어진다.

또한 차륜이 노우즈레일의 끝부분을 밟아 노우즈레일이 손상, 마모되기 쉽다. 이 손상, 마모를 방지하기 위해 고 망간 강크로싱(Mn 11~14% 사용)을 사용하여 내구성을 향상시키고 있으나 차량 충격과 승차감 문제는 그대로 남기 때문에 궤간의 결선부를 없애기 위해 고속선에서는 노우즈가 이동하는 구조로된 가동노우즈 크로싱을 사용하기도 한다.

6) 분기가드레일

차량이 크로싱의 결선부를 통과할 때 차륜의 플랜지가 다른 방향으로 진입하거나 노우즈레일의 끝 부분을 훼손시키는 것을 막기 위해 즉 차륜을 목표 방향으로 안전하게 유도하기 위해 반대 측 주 레일에 가드레일을 부설한다.

이처럼 분기부에서는 우선 텅레일이 취약하고 또한 결선부와 가드레일에서의 충

격이 매우 크며 분기선 측의 리드부 반경에도 제한을 두고 있어 적당량의 캔트나 슬랙 및 완화곡선을 설치할 수 없어 차량의 안전한 고속 운행을 방해하는 골칫거리로 이런 문제점을 해결하기 위한 연구와 시도가 꾸준히 행해지고 있다.

9. 건널목시설

1) 건널목의 종류

철도와 도로가 동일 평면에서 교차하는 경우 교차되는 부분을 건널목이라 한다. 도로와 철도선로와는 교통본래의 사명과 안전을 위해 입체교차(立體交叉, grade separation 혹은 interchange)로 하여야 하나, 현실은 많은 평면교차(at grade)로 되어 있다. 철도사고의 대부분이 이 건널목에서 일어나고 있어 교통량에 따라 적정한 안전시설을 하여야 한다.

일반적으로 건널목에서는 철도의 우선 통행을 인정하고 있으며 도로교통을 차단하는 방식이 사용되고 있다.

건널목의 안전설비는 건널목의 위험도에 따라 설치되며 다음 사항을 검토하여 판단한다(이종득, 2001).

① 열차운행 횟수
② 도로교통량
③ 건널목의 투시거리
④ 건널목의 폭과 길이
⑤ 건널목의 선로수
⑥ 건널목 전후의 지형

건널목의 종류는 다음과 같이 구분하여 운영한다.

(1) 1종 건널목

차단기, 경보기 및 건널목 교통안전표지를 설치하고 차단기를 주야간 계속 작동하거나 건널목 안내원이 근무하는 건널목

(2) 2종 건널목

경보기와 건널목 교통안전표지만 설치하는 건널목

(3) 3종 건널목

건널목 교통안전표지만 설치하는 건널목

2) 입체교차

철도사고 중 대부분이 건널목에서 일어나고 있으며 여러 가지 자동경보장치의 설치, 안전교육 등으로 점차 감소추세에 있으나, 평면교차는 도로교통의 소통을 저해하고 철도사고의 주요 원인 중의 하나이므로 교통량이 많은 지점은 입체교차로 할 필요가 있다.

평면교차로 건설한 후 입체화하는 것은 용지확보의 어려움, 공사비의 추가소요 등의 문제점을 가져오므로 철도나 도로의 신설 시 입체교차에 관해 충분히 검토해야 한다. 이때 평면교차로 건설했을 때의 도로교통의 차단에 따른 사용자 비용, 사고발생에 따른 인적 및 물적 손실, 평면건널목의 운영관리비 등을 고려하여 교차방법을 선정하여야 할 것이다.

철도와 철도의 평면교차는 신호보안관계가 복잡해진다. 평면 교차일 경우 선로의 용량이 제한되는 요인이 되므로 원칙적으로 평면교차를 하지 않는 것이 좋다.

3) 건널목장치

평면으로 된 건널목에서 열차와 도로교통의 안전 확보를 위한 건널목장치에는 건널목 경보장치, 건널목 지장물 검지장치, 건널목 고장 감시장치, 건널목 정보분석장치 등이 있는바 세부내용은 제9장 철도신호 보안설비에서 설명한다.

10. 선로의 유지관리 (이종득, 2001; 서사범 역, 2004)

각종 철도시스템의 구성요소는 영업을 하기 시작한 이후부터는 열차주행이나 자연적 현상으로 마모되고 약화되기 때문에 일정 기간 후에는 보수를 필요로 하기 시작한다.

선로를 당초 설계수준으로 관리하는 것은 안전한 열차운전과 승차감 유지에도 중요하며 예방적인 유지관리는 선로의 수명주기비용을 줄여 결과적으로 철도경영에도 큰 영향을 미치게 된다.

그러므로 유지관리비는 특정 운전속도에 대하여 열차운행의 안전과 승차감을 보장하면서 가능한 낮게 유지하여야 한다. 안전에 관한 보수는 예방적이어야 하고, 승차감 보장을 위한 보수는 교정적이고, 예산측면에서는 안전을 보장하고 선로의 품질이 일정한 수준을 유지할 수 있도록 노력하여야 한다(서사범 역, 2004).

종전에는 보선요원을 배치하여 순회검사를 하고 수시보수와 재료의 교체작업을 해왔다.

그러나 최근에는 중량레일, 장대레일, PC침목, 두꺼운 깬 자갈 도상을 사용하고 최신의 보선장비를 도입하여 인력위주에서 기계위주의 유지관리기법을 채택하여 정기적인 보수와 재료 교체를 하여 보수노력을 많이 줄이고 있는 추세다. 특히 궤도는 반복되는 열차하중을 받으면 각부가 변형 또는 변위를 일으키게 되어 궤도 틀림이 생긴다. 궤도틀림이 커지면 열차의 동요 또는 충격으로 승차감이 나빠지고 열차 탈선으로까지 발전할 수 있다.

따라서 궤도의 변형 상태를 정확히 파악하여 불량한 곳은 시기를 놓치지 말고 즉시 보수하여(Do it right now.)궤도를 일정수준 이상으로 유지하여야 한다,

1) 궤도틀림의 종류

(1) 궤간(track gauge)틀림

좌우레일의 간격 편차를 말한다. 궤간에 대한 틀림은 레일 두부면에서 아래로 16mm 지점에서 좌우레일의 두부 내측 면 사이의 최단거리가 표준치보다 차이가 나는 것을 말한다. 곡선부에서는 설정된 슬랙량을 포함하여 기준으로 한다. 궤간 틀림은 레일 마모, 레일체결장치의 압출 등에 의해 커지고 침목의 직각틀림에 의해 작아지는 경우가 있다. 이 궤간이 표준치보다 큰 경우는 주행차량이 사행동을 발생시키

며 궤간이 크게 확대되었을 때는 차륜이 궤간내로 탈락하게 된다.

(2) 수평(cross level)틀림

좌우레일단면의 수평틀림을 말하며 고저차로 표시한다. 수평틀림은 차량에 좌우동(左右動)을 일으킨다.

(3) 고저(longitudinal level)틀림

한 쪽 레일의 길이방향의 높이 차이를 말한다. 즉 궤도의 이론적 위치와 실제 위치의 차이를 말하며, 종곡선이 삽입되어 있는 경우는 그 수치를 증감한 것을 기준으로 한다. 고저틀림은 궤도의 길이 방향의 부등침하, 특히 레일 이음매 부의 침하에 의하여 생기기 쉽다. 고저틀림은 주행차륜의 플랜지가 레일을 올라타서 탈선의 원인이 되며 수평틀림과 함께 궤도 보수비에 큰 영향을 주는 요소의 하나다.

(4) 줄(alignment)틀림

한 쪽 레일의 좌우방향의 들락날락한 방향의 틀림을 말하며 방향틀림이라고도 한다. 다시 말하면 궤도의 이론적 위치로부터 궤도의 실제 위치에 대한 수평 방향의 편차로 정의할 수 있다. 곡선부에서는 곡선반경에 의한 슬랙 등의 값을 정산하여 표시한다. 줄 틀림은 궤도의 횡방향 영향 및 차량의 특성에 좌우되며 주행차량의 요잉(yawing)을 일으키는 원인이 된다.

(5) 평면성틀림(twist)

평면성 틀림은 단위 길이 당 수평틀림의 변화량을 말하며 궤도를 평면으로 보아 꼬임의 상태를 표시한 것을 말한다. 이 틀림은 주행차륜의 플랜지가 레일을 올라타서 탈선의 원인이 된다.

특히 저속(속도〈100km/h)과 중간속도(속도〈140km/h)에서는 평면성 틀림이 탈선의 가장 빈번한 원인이기 때문에 분리하여 조사하고 있다.

(6) 복합 틀림

복합틀림은 방향과 수준이 어긋나게 겹치어져 있는 틀림을 말하며 일본에서 선로관리지표로 사용하고 있다. 방향틀림과 수준틀림의 부호가 같은 경우는 복합틀림의

값이 작아지고 부호가 다를 경우는 값이 커진다(예, 복합틀림 량 = | x-1.5y |, x는 방향틀림 량, y는 수준틀림 량).

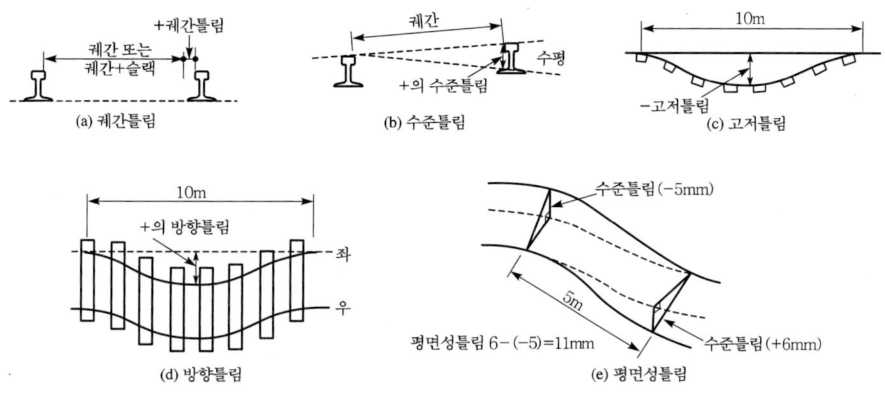

그림 4.37 궤도틀림

일본에서는 주로 화물열차의 도중 탈선사고를 방지하기 위해 최근에 "복합틀림의 정비기준"을 만들어 선로를 관리하고 있다(이기승, 2005).

궤도틀림으로 인한 실제 열차주행 시의 궤도틀림 상태를 알 필요가 있다. 이 틀림을 동적틀림(dynamic warp)이라 하고, 열차하중이 없는 상태의 측정 틀림을 정적틀림(static warp)이라 하는데, 열차가 없는 상태에서는 레일체결장치의 이완(弛緩), 침목과 도상과의 변형 등을 측정할 수 없으므로 실제와는 다른 상태를 나타내게 된다(이종득, 2004). 요즘은 대형 궤도 검측차로 정확한 동적틀림을 측정할 수 있으며, 궤도보수 관리의 작업 기준으로 궤도틀림에 대한 정비한도를 설정하고 있다.

2) 궤도틀림의 측정

종전에는 궤도틀림의 측정을 선로원이 육안으로나 단순한 도구로 하였다. 그러나 최근에는 궤도검측차를 이용하여 정해진 주기로 궤도를 순회하면서 검측하고 있다. 이들 검측차량은 측정 기선에 따라 즉 고저틀림, 수평 및 방향틀림은 10m 정도, 국지틀림은 3m 정도마다 그 값을 측정하는 기록장치가 있어 측정 결과를 기록하게 되어 있다. 그리고 각종 틀림의 측정 결과를 분석 처리한 값은 궤도 품질의 지표로서 사용된다.

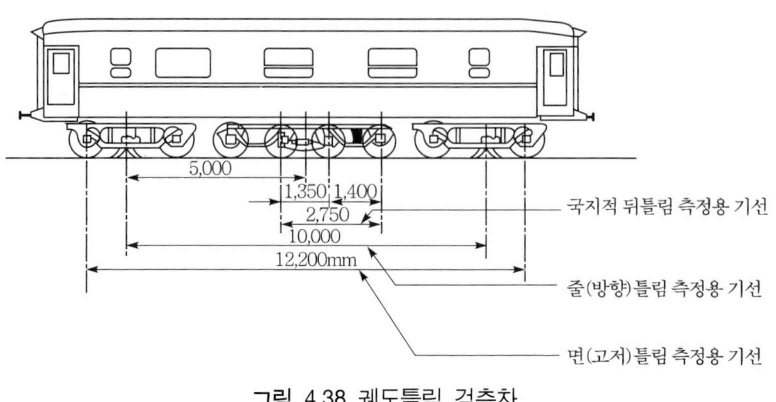

그림 4.38 궤도틀림 검측차

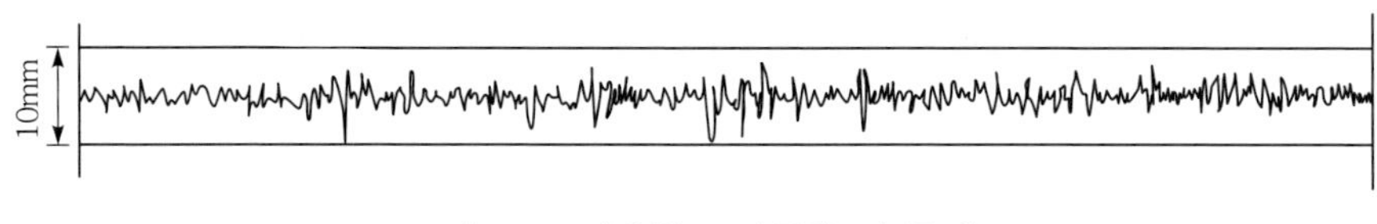

그림 4.39 검측차로 기록한 면 틀림

3) 궤도틀림의 한계 값

일반적으로 열차의 운행속도와 관련하여 "경보"와 "긴급"의 한계 값이 정해진다.

궤도틀림이 경보 값(L_{inf})에 도달한 때는 선로 팀이 궤도를 보수하여야 하며, 긴급 값(L_{sup})은 사실상 이 값에 도달하지 않아야 하는 값이며, 궤도의 품질이 돌이킬 수 없을 정도로 낮아진 상태를 의미한다. 보수작업의 결정은 경보 값과 긴급 값의 사이에서 이루어진다.

아래 표 4.13은 프랑스철도에서 이용하는 궤도틀림의 표준편차의 예를 보여주고 있다.

표 4.11 프랑스 철도에서 이용하는 궤도틀림의 표준편차(mm)

궤도분류	I		II		III	
한계 값	경보값	긴급값	경보값	긴급값	경보값	긴급값
면(고저) 틀림	0.6	0.8	0.7	1.0	0.8	1.2
줄(방향) 틀림	0.4	0.6	0.5	0.7	0.6	0.8

자료 : 철도공학개론(서사범 역, 2004)

여기서, 궤도분류 I 은 200km/h 이상의 고속궤도를, 분류 II 는 140~200km/h의 빠른 속도 궤도를, 분류III은 100~140km/h의 중간 속도 궤도를 말한다.

한편, 기존 선로에 근접하거나 횡단하는 공사로 인하여 기존 선로에 미치는 영향을 관리하기 위해서는 경계 값, 공사 중지 값, 한계 값으로 구분하여 관리할 수도 있을 것이다.

4) 궤도틀림의 진행

앞에서 명시한 한계 내에 있는 궤도틀림은 선로의 보수를 반드시 요하지 않으나 처음의 궤도틀림은 열차의 하중에 따라 어떻게 진행될 것인지와 이 한계를 초과하기 전에 어떻게 적절한 보수작업 시기를 계획할 것인지를 판단하고, 기존 영업선로를 횡단하거나 근접하여 공사를 할 때 기존선의 궤도 상태를 감시하는 데 중요한 자료로 사용될 수 있을 것이다. 궤도틀림의 진행은 시험과 통계분석 결과는 다음과 같다 (서사범 역, 2004).

① 궤도틀림은 보수 후 궤도가 충분히 안정상태가 되는 2백만 톤 정도의 통과하중에 이르기까지 급하게 진행되다가 이 하중을 넘으면 틀림의 진행이 늦어진다.

② 틀림의 종류에 따라 그 진행 특성이 다르다.

ⓐ 방향틀림

수평면에 대한 궤도하중이 수직하중과 달리 더 불규칙하며 불연속적이다.

ⓑ 궤간 틀림

궤간편차는 주로 노반과 차량의 유형에 의해 좌우되며 이 틀림의 진행 상태는 측정하기가 어렵다.

③ 경험에 의한 틀림의 전개식은 반 대수식이며 다음과 같다.

ⓐ 면 틀림

$$me(T)=a_1+a_o.\ \log T/Tr \tag{4.16}$$

여기서, me(T) : T톤의 하중 통과 시 평균 침하량

Tr : 2백만 톤

a_1 : 하중 Tr에 대한 평균 침하량(5~15mm 범위)

a_o : 노반의 품질에 의한 침하의 증가속도(mm/10년), 평균 값

은 2~6mm/ 10년

a_o/a_1의 값은 0.25~0.70 범위로 2백만 톤의 하중에 도달한 후에는 틀림 없이 느리게 진행됨을 설명하고 있다.

이 경험식에 의하면 보수 주기는 열차하중 2백만 톤에 대한 면 틀림의 표준편차에 의해 좌우되며 이는 보수 후의 궤도의 최초상태를 표현하므로, 보수주기는 보수작업의 품질에 의해 좌우됨을 의미한다.

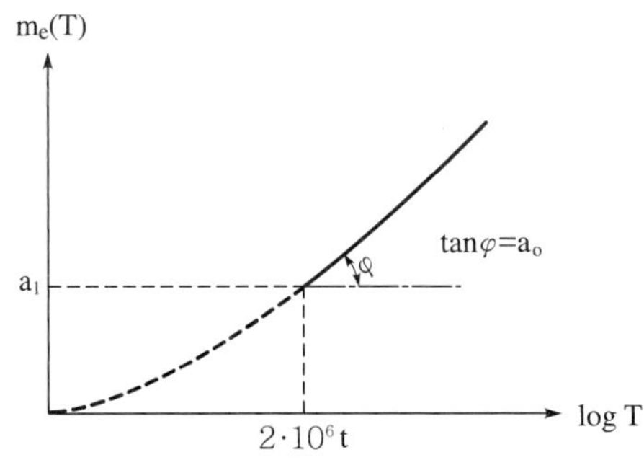

그림 4.40 열차하중과 궤도의 침하 값의 진행

ⓑ 줄 틀림(방향 틀림)

$$m_{HD}(T)=d_1+d_0.\log\ T/Tr \tag{4.17}$$

여기서, d_1, d_0은 식(4.16)과 같이 정의된다.

d_1=0.6~1.0mm

d_0=0.15~0.30mm/10년의 평균값

d_0/d_1=0.2~0.3

ⓒ 평면성 틀림

$$sd_{ld}(T)=g_1+g_0.\ \log\ T/Tr \tag{4.18}$$

여기서, $sd_{ld}(T)$: 하중 T톤 때의 평면성 틀림 표준편차

g_1 : 하중 2백만 톤에 대한 평면성 틀림의 표준편차 1.0~2.0mm

g_0 : 차하중에 따른 평면성 틀림 표준편차의 증가속도 0.2~ 1.0mm/10년

5) 보수작업용 장비

최근에는 도상다짐뿐만 아니라 궤도틀림도 고칠 수 있는 장비들이 개발되어 활용되고 있다.

① 도상다짐, 줄 틀림, 면 틀림을 정정(訂正)하는 멀티플 타이탬퍼와 같은 중(重)장비는 줄 맞춤과 면 맞춤을 체계적으로 하는 작업에 알맞다.
이 장비의 사용조건은 도상에 토사가 함유되어 있지 않고 튼튼하고 적당한 입도와 적당한 강도를 갖고 있어야 한다. 장비의 성능은 시간 당 평균 200~300m이며 최근에는 성능이 크게 향상되었다.
궤도 틀림을 정정하는 도상 다짐 작업은 다음 단계를 포함한다.
㉠ 궤도의 높이나 줄 틀림의 정정량을 결정한다.
㉡ 도상 다짐기계가 궤도를 지나면서 정정하여야 하는 궤도틀림에 따라 궤도를 좌우 또는 위로 움직이고 다짐봉을 내려서 침목 아래의 도상을 다진다.
㉢ 검측차가 통과하면서 남아 있는 틀림 량(보수 공차)을 측정한다.
그리고 보수용 중장비로는 발라스터 레귤레이터와 같은 도상 횡단면을 조정하는 도상정리 장비, 동적궤도 안정기와 같은 도상다짐기계 뒤에서 궤도의 안정성과 횡 저항력의 증가에 기여하는 도상압밀 또는 안정화 장비, 발라스터 클리너와 같은 도상 클리닝 장비를 갖추고 있어야 한다.

② 도상 경(輕)장비의 사용 시에도 도상재료가 견고하여야 한다.
이 장비는 쉽게 옮길 수 있으므로 유연성이 높으며 다음의 경우에 사용한다.
㉠ 중장비의 사용이 불리한 약 300m까지의 불연속 궤도 구간작업
㉡ 궤도의 특정한 지점에서 반복 다짐작업
㉢ 분기기의 높이 조정 작업
㉣ 중장비가 없거나 사용할 수 없는 구간의 작업

③ 자갈 쇠스랑과 곡괭이 등과 같은 손 도구는 현재 사실상 쓰이지 않지만 다음의

경우에 사용할 수 있다.

㉠ 새로운 견질의 재료가 없이는 기계적 다짐을 할 수 없을 만큼 오래 동안 풍화된 도상이 있는 궤도 구간

㉡ 외딴지역의 국지적이며 긴급한 반복 다짐

㉢ 철 침목 또는 목 침목의 경우

예정된 보수기간에는 궤도설비를 검사하고 만일 틀림이 있다면 정정하게 되지만 그보다는 예방적 유지보수전략을 채택하여 총 수명주기비용을 최소화하여야 하며 시설물의 적기보수를 놓쳐서 시설물이 구조적으로 급속히 취약해져 안전에 영향을 미치고 궤도의 수명을 줄이거나 복구비용이 기하급수적으로 증가하는 것을 막아야 할 것이다.

6) 보수작업 시 고려할 사항

보수작업을 할 경우에 유념할 사항은 다음과 같다.

① 면 맞춤과 줄 맞춤 작업은 궤도를 안정화하기 전에 시행한다.

② 중장비로 면 맞춤을 하는 경우에 궤도의 안정화 이전에는 선로 통행으로 야기되는 추가의 면 맞춤을 하지 않는다.

③ 안정화 기간 경과 후 틀림이 발견될 경우는 경장비로 면 맞춤을 한다.

도상갱신 후 2백만 톤의 열차하중이 통과할 때까지 틀림이 급속하게 일어난다. 이 기간은 열차하중이 일간 28,000톤 내외의 중위인 선로에서는 1~4개월, 열차하중이 큰 선로에서는 15~40일에 해당된다.

이 기간에는 연속적이고 신중하게 각종 틀림의 진행을 모니터하고 틀림의 누적이 특이하거나 과도하면 언제나 경 장비로, 필요시 중장비로 시기적절하게 국지적인 보수를 하여야 한다.

그러므로 보수 후 이 기간은 궤도의 수명과 보수비에 중요한 영향을 준다. 그래서 이 기간 중에 앞에서 언급한 필요한 조치를 취하지 않으면 문제가 자주 발생하며 궤도의 정상적인 선형을 복구하는데 기하급수적인 비용과 시간이 소요될 것이다.

잡초 억제도 중요한 보선작업 중의 하나이다.

잡초는 도상과 노반에 아래와 같은 해로운 영향을 심하게 줄 수 있다.

① 배수에 영향을 주고 오물과 초목 부스러기로 도상을 오염하고
② 균열과 갈라진 틈에서 뿌리의 팽창으로 침목과 같은 부재의 부식을 가속화시키며
③ 보통 육안으로 관찰되는 궤도의 결함을 잡초가 가려 일상 육안 검사로 발견할 수 없는 경우가 생긴다.

열차의 고속화, 운행횟수와 운송량의 증가로 궤도의 틀림도 많이 발생하여 보수량도 늘어나고 그 주기도 짧아지고 있다. 그러나 보수의 적기를 놓치면 안전을 보장할 수 없을 뿐 아니라 보수비용도 더 많이 소요되는 등의 문제를 발생시킨다. 따라서 궤도상태의 과학적이고 체계적인 조사와 진단을 통해 예방적인 유지보수로 품질 높은 철도교통서비스를 제공하여야 할 것이다.

CHAPTER 05

철도구조물

1. 개요

철도선로는 앞에서 언급한 것처럼 선로의 설계속도에 따라 기울기, 곡선반경, 시공기면폭 등의 기하구조가 달라지고 이러한 요건을 만족시키기 위해서는 확정된 노선에 따라 흙 쌓기나 땅 깎기를 하여 노반을 조성하여야 한다.

그러나 이런 토공(土工)으로 요구하는 선형을 만들 수 없을 때는 불가피하게 구교(溝橋), 배수(排水)시설, 교량이나 터널 등의 구조물에 의한 시공기면을 확보하여야 한다.

이들 구조물은 일반적으로 토공에 의한 시공기면 확보보다 공사비가 많이 소요되고 공사기간도 오래 걸리는 것이 일반적이지만 경우에 따라서는 계곡, 하천, 호수를 건넌다든지 다른 도로나 철도, 시가지 등을 지날 때는 불가피하게 구조물 건설이 필요하게 된다.

또한 경우에 따라서는 토공에 의한 노반 조성보다 구조물에 의하는 것이 더 경제적일 수 있고, 구조물 건설로 선형(線形)이 개선되어 수송력이 증대된다면 장기적으로 볼 때 훨씬 경제적일 수 있다.

본 장에서는 철도선로의 구조물 중 중요하고 그 대부분을 차지하는 철도교량과 철도터널에 대해 설명하고자 한다.

2. 철도교량

1) 교량의 구성

장애물을 건너가는 구조물을 교량이라 한다. 장애물로는 하천, 해협, 운하, 계곡, 도로, 선로 같은 것이 있다.

그래서 교량은 철도의 일부분으로서 열차를 안전하게 통과시킬 수 있도록 충분한 강도(强度)와 강성(剛性)을 가지고 외부의 하중에 견디어야 한다.

교량은 상부구조와 하부구조로 나누어진다.

상부구조는 교대나 교각 위에 설치되는 교량의 주형(main plate girder)을 비롯한 일체의 구조로서 교량주체이며 하중을 지탱하여 준다.

하부구조는 교대나 교각 및 그들의 기초로 상부구조를 받쳐주는 지주(支柱)가 되는 부분을 말하며 상부구조에서 전하여지는 힘을 받아서 이것을 지반에 전달하는 역할을 한다.

(1) 상부구조

상부구조는 주형(主桁), 바닥 틀, 바닥(floor slab), 가세 틀(bracing), 받침부(bearing)로 되어 있다. 상부구조는 열차나 궤도 등의 하중을 지지 하며 통로를 형성하고 다음과 같은 구조로 형성된다.

가. 주형

주형은 판형의 형 자체(main plate girder)나, 트러스의 상현재(上弦材), 하현재(下弦材) 등의 주(主)틀을 말한다.

나. 바닥 틀

바닥 틀은 바닥을 받쳐 하중을 주형에 전달하여 주는 틀로서 종형(縱桁, stringer)과 횡형(横桁, cross beam)을 말한다. 종형은 횡형 사이에 만들어진 종방향의 작은 형(girder)이고 판형에서는 없는 때가 많다. 횡형은 주형 사이에 연결되어 있는 횡방향의 형이다. 하중은 바닥판을 통하여 종형에 전달되고 종형을 통하여 횡형에, 횡형에서 주형에 전달된다.

다. 바닥

도로교에서는 바닥은 노면과 그 밑에 있는 상판(床板)으로 되어 있고, 철도교에서는 궤도가 교면(橋面)에 해당되며, 상판이 없는 것이 보통이다.

라. 가세 틀(bracing)

양쪽 주형을 연결하며 수평 횡 하중에 저항하는 구조 틀이며 압축 부분의 좌굴(挫屈, buckling)길이를 제한하고 사재(斜材) 구면이 나란히 꼴로 변형하는 것을 막고 지진, 풍압 등에 저항하는 역할도 한다.

마. 받침부(bearing)

상부구조와 하부구조를 연결하는 구조로 상부구조에 작용하는 모든 하중은 이 받침 부를 통하여 교대나 교각에 전달된다.

(2) 하부구조(substructure)

하부구조는 상부구조를 지지하며 수직(垂直)하중 이외 지진(地震) 등에 의한 수평 방향의 하중도 예상하여 설계되어야 한다.

교량의 양 끝에 있는 지대(支臺)를 교대(橋臺, abutment), 중간에 있는 지주(支柱)를 교각(橋脚, pier)이라고 한다.

교대는 지대로서의 작용을 할 뿐만 아니라, 그 배면(背面)과 측면에 있는 흙이 흘러 내려오지 않도록 옹벽(擁壁, retaining wall)의 역할을 하며, 측벽을 날개벽(翼壁, wing wall)이라고 부른다.

교각은 교대나 마찬가지로 보통 콘크리트 또는 철근콘크리트로 만들어지는데 유수(流水)의 저항(抵抗)을 적게 하기 위해 원형, 타원형, 첨두(尖頭)형의 단면을 쓰고 있다. 교대 및 교각의 지상에 직립(直立)된 부분을 구체(軀體)라 하고, 아래 쪽 지반에 접하여 있는 부분을 기초(基礎)라고 부른다.

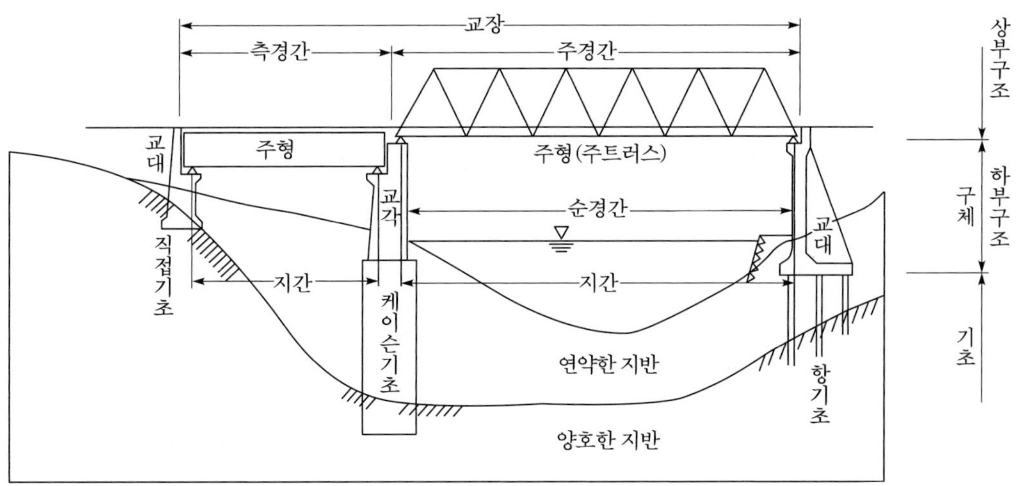

그림 5.1 교량의 기본구조

기초는 보통 눈에 띄지 않는 부분이지만 매우 중요하다. 부적당하거나 불충분한 기초는 하부구조의 침하(沈下), 미끄러짐(sliding), 기울어짐의 현상을 일으켜 상부구조에 치명적인 타격을 주게 된다.

목교(木橋)용으로 간단한 목주(木柱)를 쓰는 때도 있는데 이것을 나무벤트(wooden bent) 또는 각주(脚柱)라고 부른다. 요즘은 미리 제작된(precast) 철근콘크리트 주(柱)를 그대로 박아서 교각으로 쓰는 경우도 있다.

깊은 계곡이나 교량의 다리밑공간(clearance)이 클 때는 강제벤트(steel trestle bent)교각을 사용하는 경우도 있다.

2) 철도교의 계획

철도교는 구조형식, 구성 재료, 궤도구조 등에 따라 여러 가지 종류가 있다. 내구성도 고려하고 안전성과 경제성, 그리고 주위의 경관을 고려하여 형식을 결정하여야 하므로 그 결정은 상당한 전문지식과 경험이 요구된다.

이를 위해 사전조사와 교량의 가설위치와 형식 선정에도 주의를 기울여야 한다. 조사가 불충분하면 설계가 부실해지고 시공단계에서 어려운 문제가 발생할 수도 있기 때문에 단계별로 필요한 조사를 충분히 하는 것이 중요하다.

열차속도가 향상됨에 따라 선형위주로 교량위치를 선정하되 시거를 확보 하는 것도 고려하여야 한다.

또한 교량가설 예정지점의 입지조건을 고려하고 관련기관과 사전에 충분히 협의하여 시공 중에 문제가 발생되지 않도록 하여야 한다.

(1) 하천에 건설하는 경우

① 교량 위치, 교량길이와 교대의 위치를 결정할 때 하천형상과 하천개수(改修) 계획

② 지간, 다리밑공간, 교각의 형상을 결정할 때 계획홍수위, 계획홍수량, 항운조건, 인접구조물 현황 등

여기서 지간(支間, effective span)이란 교량 받침부에서 받침부까지의 길이를 말하고, 다리밑공간은 교량 밑의 통행에 사용되는 또는 교량 밑에서 수위(水位)까지의 공간 높이를 말한다.

③ 기초상단의 높이 결정에는 개수계획, 세굴상태 등

(2) 해협이나 운하에 건설하는 경우

① 지간과 다리밑공간의 결정에는 항로통과 선박의 크기 등

(3) 도로나 철도위에 건설하는 경우

① 교량위치, 교량길이, 지간, 다리밑 공간, 교대와 교각의 위치와 형상 등의 결정에는 도로나 철도의 폭원, 건축한계, 시거 등

② 교대나 교각의 기초 위치와 형상의 결정에는 지하매설물, 지하구조물 등

그리고 철도교는 예상되는 열차중량과 통과하중, 기상조건, 지진 등에 충분한 강도와 내구성을 가져야 하고, 초기건설비와 유지관리비를 합한 수명주기비용이 최소가 되어 경제적이어야 하며 기후, 주변의 주거여건, 하상(河床)의 변동 등 환경을 고려하고, 외관은 주위의 경관, 배경과 조화를 이루도록 계획하여야 한다.

그래서 교량은 구조역학, 재료공학, 지반공학, 내진공학, 하천공학, 조형예술 등 여러 분야를 종합적으로 응용하여 계획하여야 한다.

최근에는 재료의 개발, 공법의 개발, 컴퓨터를 이용한 설계기법의 발달로 건설비용을 절감하고 공기를 단축하며 소음의 경감이나 환경과의 조화에 크게 부응하고 있다.

3) 철도교의 설계

국토교통부에서 제정한 철도교의 설계 원칙과 기준은 다음과 같다.

(1) 설계 원칙

① 철도교량은 안전하고 경제적이며 목적에 적합한 것이어야 한다.
따라서 시험 결과나 과거의 경험을 바탕으로 하여, 구조물이 받는 하중, 온도변화, 지진의 영향, 기상작용, 지반의 지지력 등에 대응할 수 있도록 하고 구조물의 중요도, 시공 및 유지관리, 환경조건, 미관 등을 고려해서 교량의 형식, 사용하는 재료 및 허용응력, 구조세목을 정하여 교량을 설계하여야 한다.

② 일반적으로 교량 및 부재의 강도, 안정, 변형, 내구성 등에 대하여 검토하여야 한다. 필요한 경우에는 부재의 좌굴, 콘크리트의 균열에 대해서도 검토한다.

③ 지진의 영향을 고려하는 경우에는 구조물의 내진성에 대해 주의를 기울여야 한다.

ㅇ지진의 영향으로 과대한 변형, 비틀림, 응력집중 등이 생기지 않는 구조로 하여야 한다.

ㅇ재현주기 100년 지진에서도 열차가 주행기능을 수행할 수 있는 궤도 안정성이 확보되도록 구조물에 대한 검토를 해야 한다. 이때 구조물은 탄성설계를 기본으로 한다.

ㅇ설계지진 발생 후의 피해정도를 최소화하고 구조물을 구성하는 부재들의 부분적인 피해는 허용하나 구조물의 전체적인 붕괴는 방지할 수 있도록 구조물에 대한 검토를 하고

ㅇ일반적인 내진계산은 교량의 직교 2방향에 대하여 각각 독립적으로 지진의 영향을 고려해서 계산하고 있으나 실제의 지진 진동은 수평2방향과 연직방향의 3개 성분이 합성된 것이므로 구조물에 수평비틀림이 생기지 않도록 구조물의 강성의 중심과 질량의 중심이 가급적 일치되는 구조형식으로 하고

ㅇ기초 및 교대, 교각의 단면이 상당히 큰 경우 수화열해석에 의한 검토를 하고 온도해석 및 응력해석, 이들 결과를 사용한 균열발생에 대해 평가하여야 한다.

(2) 설계기준

① 교량 안전성설계는 정적해석에 의하여 수행해야 하며, 지진이나 충격 등의 영향을 계산하는 경우와 주행안전성 검토는 실제 열차하중을 사용한 동적해석에 의한 검토를 해야 한다.

② 강교의 설계는 허용응력설계법으로 하는 것을 원칙으로 하되 강합성교의 콘크리트 바닥판 등의 설계에는 강도설계법을 적용하는 것을 원칙으로 한다.

③ 콘크리트교량의 설계는 강도설계법으로 하는 것을 원칙으로 하되 하부구조의 안전성 검토, 기초구조 검토, 프리스트레스가 도입되는 부재의 사용성 검토 등에 대해서는 허용응력으로 적정성을 검토할 수 있다.

④ 구조물의 안전성검토에서는 일반적으로 받침면, 기초저면 등에서의 전도, 그리고 지반 말뚝 등의 수평 및 연직지지 등에 대한 안전도가 확보되도록 한다.

⑤ 구조물의 변형은 일반적으로 열차의 주행안전성, 승객의 승차감, 궤도-교량 간 종 방향 상호작용을 고려한 허용변이 량 이내라야 한다.

⑥ 철도교의 설계 내용기간(耐用期間)은 요구되는 공용기간과 환경조건에 대한 교량의 안전성과 내구성을 고려해서 정한다. 특히, 별도로 규정하지 않는 경우

철도교의 설계 내용기간은 100년으로 한다.

4) 철도교의 종류

(1) 구조형식에 의한 분류(서영갑, 1970)

가. 형교(桁橋, girder bridge)

들보구조로 하중을 받는 것으로 강형(鋼桁), 콘크리트형(桁) 등을 수평으로 가설하여 만드는 교량으로 고장력강(高張力鋼)을 사용하면 긴 지간의 교량을 건설할 수 있다.

단순형교와 연속교, 겔바형교가 있다.

① 단순형교(simple girder bridge)

단순형교는 양단을 단순 지지한 교량으로 지간을 길게 할 수 없어 교각 수가 많게 되며, 보통 지간 30m 이내의 교량에 쓰인다.

② 연속형교(continuous girder bridge)

연속교는 지지하는 지점이 중간부에도 있는 2경간 이상 연속된 주형을 사용하는 교량으로 주형의 높이를 작게 할 수 있어 장대지간 교량에 유리하나 기초에 유의하여야 한다. 여기서 경간(徑間, span)이란 교대와 교각 또는 교각과 교각사이의 공간을 말한다.

③ 겔바형교(Gerber girder bridge)

연속교에 힌지(hinge)를 넣어 부정정구조(不靜定構造)를 정정(靜定)으로 만든 형교이다. 연속교와 마찬가지로 지간을 길게 할 수 있어 강교나 철근콘크리트교로서 매우 좋은 형식이다. 기초지반이 견고하지 않은 곳에 이 형식의 교량을 시공(施工)하여 지점이 부등(不等) 침하(沈下)하여도 형(桁)에는 별로 지장을 주지 않는다.

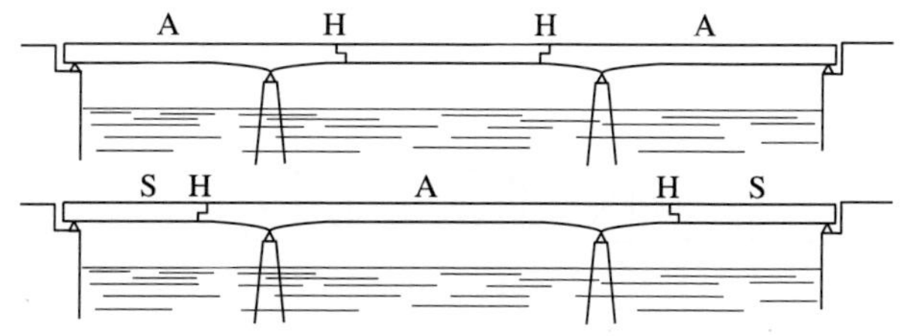

그림 5.2 겔바형교

나. 트러스교(truss bridge)

3개의 부재를 삼각형으로 연결한 골조구조를 트러스라 부르며 이것을 연속시켜 주형으로 만든 교량을 트러스교라 한다.

각 부재가 인장력과 압축력을 받아 전체로서 하중에 의한 굽힘 힘에 저항함으로서 짧고 가벼운 부재 구성으로 장대 경간의 교량이 가능하다.

일반적으로 지간이 길면 형교로서는 사하중(死荷重, dead load)이 크게 되어 비경제적이고 트러스교가 유리하다.

주 트러스의 형태와 받침부의 구조에 따라 여러 가지 형식이 있는데 형교에서와 같이 단순트러스교, 연속트러스교, 겔바트러스교 등이 있다.

① 단순트러스교(simple truss bridge)

트러스로 단순지지된 것을 말하며 지간이 보통 40m 이상 80m까지 가설된다.

② 연속트러스교(continuous truss bridge)

연속트러스 이론으로 계산되는 교량으로, 단순트러스교 보다 지간을 길게 할 수 있고 같은 하중, 같은 지간이면 연속트러스에서 일어나는 응력이 단순트러스보다 작아 단면의 축소로 재료를 절약할 수 있다.

단순트러스교에 비한 연속트러스교의 장단점은 단순형교와 연속형교를 비교할 때와 같다. 한강복선교는 3경간연속트러스교이다.

③ 겔바트러스교(Gerber truss bridge)

연속트러스교에 힌지를 넣어 겔바트러스교로 하면 정정(静定)구조가 되며 이것도 연속트러스교의 장점을 살리고 그 단점을 보충한 형식이며 단순트러스교보다 지간을 늘릴 수 있고 가설조건으로 기초지반의 영향을 덜 받는다. 캐나다의 퀘벡교(Quebec bridge)는 겔바트러스교이다.

부재의 조합방법에 따라 고안자의 이름을 붙여 와렌, 프랏트, 하우 등의 형식이 있으며 철도교에는 와렌과 프랏트 형식이 많다.

그림 5.3 트러스교

다. 아치교(arch bridge)

아치교는 형교나 트러스교가 곡선으로 발달된 것으로 볼 수 있다. 주(主) 구조 중에 원호(圓弧) 기타 곡선모양으로 아치작용을 갖는 부분이 있는 교량이다.

원래 석재로 만든 교량에 적당한 구조로 옛날부터 만들어 졌으나 강재를 사용하여 장대지간의 교량이 가능하게 되었다.

구성부재를 압축재로 사용하여 아치모양의 형태로 굽힘하중이나 전단(剪斷)하중에도 저항이 가능한 교량으로 설계된다.

양단 지점에 수평반력(水平反力)이 작용하므로 이 지점에 변위가 생기지 않도록 기초를 튼튼히 하여야 한다.

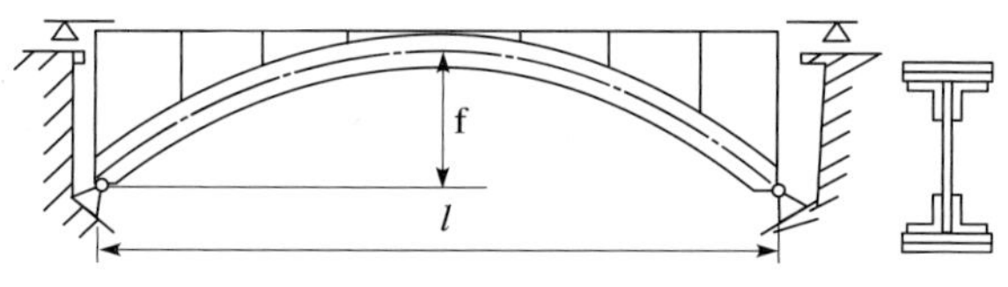

그림 5.4 아치교

라. 라멘교(Rahmen bridge)

주형(主桁)과 교각을 일체로 한 것으로 상부구조와 하부구조의 구분이 없으며 강재 또는 철근콘크리트로 만들어진다. 이것도 부정정 구조이며 견고한 지반에만 적합한 구조형식이다.

그림 5.5의 (a)는 철근콘크리트교로서 철도 고가선에 사용되고 (b)는 강교로서의 형식이다

주형의 휨모멘트(bending moment)가 작아져 교각의 안전성이 증가되고 교각받침이 생략되어 내진(耐震)구조로 만들 수 있다.

최근 도로의 횡단교량으로 외관을 보기 좋게 할 수 있는 RC라멘구조가 많이 보급되고 있다.

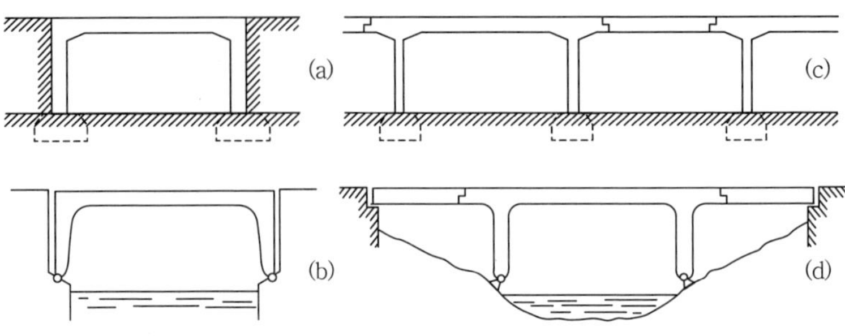

그림 5.5 라멘교의 예

마. 현수교(懸垂橋, suspension bridge)

강재 주 케이블로 교량상판을 달아매는 구조로 장대 지간이 필요할 때 채용 된다. 구조는 높은 강도의 인장력을 가진 주 케이블, 케이블을 지지하는 주 탑, 케이블을 지반에 고정한 앵커블록과 바닥 틀, 수직부재로 구성되며, 주 탑에 매달린 케이블은 유연한 구조이므로 바람에 대한 안전성을 풍동(風動)실험으로 검증하여야 한다.

그림 5.4는 현수교의 개략적인 구조를 표시하는데,

- ○ 인장력(引張力)을 받는 주 케이블과 그것을 지지하여 주는 앵커블록
- ○ 케이블의 최고점을 지지하여 주는 주 탑(支柱)
- ○ 바닥 틀(floor system)은 위에서 작용하는 하중으로 휨모멘트를 받으면 케이블은 이에 대한 저항이 없어서 제 멋대로 휘기 쉽다. 이것을 방지하기 위하여 저항을 갖는 보강형 또는 보강트러스로 변형과 진동을 작게 한다.
- ○ 바닥틀인 보강형이나 보강트러스를 주 케이블에 매다는 수직부재(suspension rod)로 되어 있다.

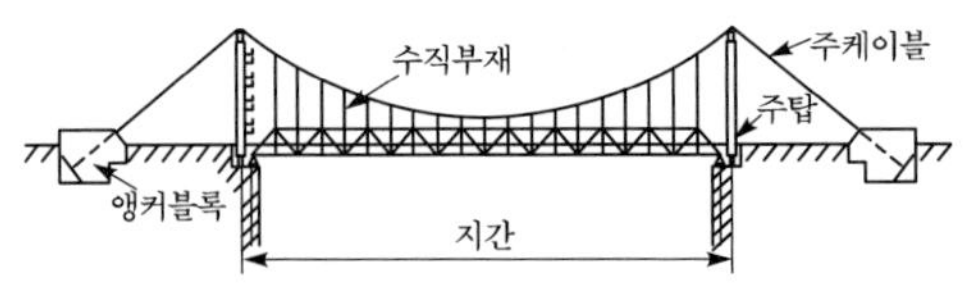

그림 5.6 현수교

바. 사장교(斜張橋, cable stayed bridge)

높은 탑으로부터 방사형(放射形)이나 하프형의 인장케이블로 주형을 지지하는 구조로 되어 있다. 즉 형(girder) 구조와 매단구조와의 복합구조로 된 교량이다.

과거에는 구조해석이 어려워 이 형식의 교량 선정이 드물었으나, 최근에는 전산기 도입에 의한 설계해석의 진보로 외관미와 장대 지간이 필요한 만(灣) 등의 횡단 교량에 채택되고 있다.

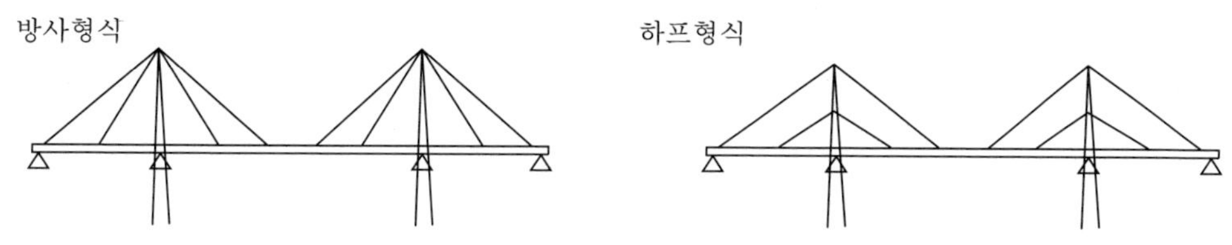

그림 5.7 사장교

(2) 구성재료(構成材料)에 의한 분류

가. 강교(鋼橋)

강교는 상부구조를 구성하는 주요 부재가 강재로 이루어진 교량을 말한다.

강(鋼)은 무거우나 강도가 대단히 뛰어나고, 가공성도 좋고, 접합도 용이하여 얇은 부재로 교량을 만드는데 적합하다. 접합은 리벳(rivet)으로 하고, 최근에는 용접기술의 발달로 공장에서 기본형을 용접으로 만든다.

현장 접합은 고장력(高張力) 볼트로 한다. 현장 용접은 우수한 용접공, 충분한 예열관리, 잔류응력이 최소로 되는 용접순서 등 특별한 관리가 요구된다.

강교의 결점은 부식하기 쉽다는 점이다. 대책으로 페인트 도장(塗裝)을 하고 있다. 최근에는 무도장 강재가 생산되어 사용하고 있는데 무도장 강재는 생산비가 일반 강재에 비해 높으나 사후 도장이 필요 없으므로 초기건설비와 설계사용기간의 유지관리비, 환경문제 등을 감안하여 재료를 선택하여야 한다.

종전의 철도교는 강교가 많이 채택되었으나, 최근에는 소음방지를 위해 콘크리트교가 주류를 이루고 있다.

나. 콘크리트교

콘크리트교는 상부구조를 구성하는 주요 부재가 콘크리트로 만들어진 교량으로 콘크리트교는 내구성의 관점에서는 강교보다 뛰어나나, 부재의 두께가 두꺼워 강교에 비해 무게가 큰 것이 불리하다.

콘크리트교는 철근 및 PC강선 등의 사용자재와 공법에 따라 철근콘크리트(RC)교, PC(prestressed concrete)교로 구분하며 지간이 25m 이상인 경우에는 일반적으로 PC구조로 하고 있다.

교량은 선로조건, 도로, 하천, 산악지대, 도시지역 등 선로횡단 조건과 지간, 교량길이, 소음과 진동, 선로주변 환경 등 현장조건에 적합한 형식의 교량을 선정하여야 한다.

특히 철도교량은 열차속도 향상과 선로보수의 기계화를 고려하여 특수 한 경우를 제외하고는 유도상(有道床) 구조인 콘크리트 슬래브 구조형식을 선정하도록 권고하고 있다(한국철도시설공단, 철도공사전문시방서, 2011).

다. 강 · 콘크리트 합성교

강형과 콘크리트 슬래브 양자를 합성한 구조가 일체로 되어 하중을 받는 것으로, 주로 강형은 인장력을, 콘크리트 슬래브는 압축력을 받는다. 강(鋼)과 콘크리트의 특성을 살린 경제적인 형식이다. 최근에는 장대레일과 궤도유지관리상 무도상 구조인 강교를 지양하고 유도상 구조인 강교에 콘크리트 슬래브를 합성한 구조형식을 선정하고 있다. 경간의 길이는 20~40m 범위이다.

(3) 주행로(走行路)에 의한 분류

가. 상로교(上路橋, deck bridge)

통로가 주형의 윗면(上面)에 배치되는 교량으로서 궤도를 지지하는 상판(床板)을 교형의 상부에 두는 것으로 철도교의 기본구조로 하고 있다.

나. 하로교(下路橋, through bridge)

통로가 주형의 아래면(下面)에 배치되는 교량으로서 트러스 전체를 한 개의 형(girder)으로 볼 때 통로가 거더 밑에 있는 교량을 말한다. 이것은 공간높이가 부족할 때 사용하는 형식이다.

(4) 교량의 궤도형식(이종득, 2001)

가. 강교직결궤도

레일을 교량의 종형(縱桁) 위에 체결장치로 설치하는 것으로 이 체결장치에 의해 상하, 좌우로 조정을 하여 레일을 소정의 위치에 부설한다.

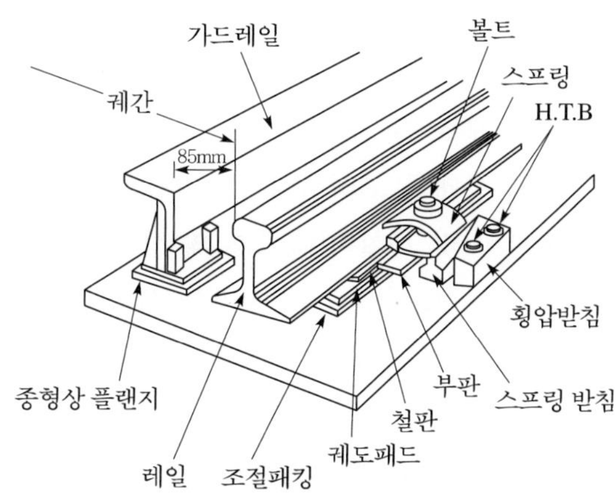

그림 5.8 강교직결궤도

나. 자갈도상궤도

깬 자갈을 교량 바닥에 깔고 배수구를 설치하는 일반적인 구조이다.

다. 슬래브궤도

교량의 시공기면 위에 PC슬래브를 부설하고 콘크리트교 본체에 원형 돌기 콘크리트를 5m 간격으로 두어 이 사이에 슬래브를 부설한다. 일본 신칸센의 기본구조이다.

라. 개상식(開床式)궤도

눈이 많이 내리는 지역에서 궤도에 눈이 쌓이지 않도록 교량에 구멍을 뚫어, 선로 부근에 내린 눈이 교량 밑으로 떨어지도록 한 구조다.

5) 철도교 시공

교량건설의 일반적인 조건은 안전, 신속이며 공사비가 적게 소요되고, 가설 중이거나 가설 후에 설계응력에 대하여 여분의 응력을 일으키지 않도록 하여 설계대로 현지에서 시공하는 것이다.

가설공법에는 여러 가지가 있으나 어느 공법을 채택하는가는 교량의 구조형식, 설계조건, 현지여건, 가설시기, 운반방법 등을 고려하여 가장 적당하다고 생각되는 공법을 선택한다.

또 장대지간인 경우나 지형에 따라서는 가설공법이 설계의 중대한 조건이 되는 일이 있으므로 그와 같은 경우에는 현장의 상황을 충분히 조사하여 당초부터 시공의 각 단계에 걸쳐 교량 부재의 상태를 고려하여 계획하고 설계하여야 한다. 그리고 거더를 가설할 때 사용하는 장비 및 가설비(假設備)의 성능과 안전성을 사전에 충분히 확인하여 두지 않으면 안 된다. 또 가설할 때 부재에 생기는 가설응력 중에서 가설완료 후에도 잔존하는 응력은 그 부재의 설계응력에 가산할 필요가 있다.

여기서는 철도교에 많이 사용되는 강교, 철근콘크리트교, 프리스트레스트교의 시공에 관한 사항을 한국철도시설공단에서 제정한 철도공사전문시방서(토목편)을 기준하여 설명한다.

(1) 강교시공법

종래 철도교량은 주로 강교로 하였으나 장대레일과 궤도의 유지관리상 무도상 구조인 강구조를 지양하고 강구조와 콘크리트 구조를 합성한 유 도상 구조형식을 선정하고 있으며 기존 철도교를 교체할 경우는 부득이 강교형식을 선정하고 있다.

강교는 I-빔, 플레이트 거더, 강 박스 거더, 트러스, 강 아치, 강 라멘교 등으로 구분하며 철도기능에 적합한 교량이 될 수 있도록 교량의 평면 및 종단계획과 횡단계획에 맞추어 정밀한 제작과 시공을 해야 하며 배수시설 및 부대시설 등은 교량의 유지관리에 편리하고 교량의 수명이 온전하게 유지되도록 해야 한다.

강교공사는 설계 도서를 검토한 후 강교 구조형식, 가설공법, 제작공장, 현장조건에 적합한 공사 준비를 완료하고 착공하여야 하며 다음 사항을 준비하여야 한다.

① 강교 제작공장 위치와 가설현장까지 운반방법 및 운반 장비 준비
② 강교 가설공법과 장비, 기계, 기구 준비
③ 강교받침 및 받침부속 재료, 공구준비
④ 크레인의 규격은 거더의 중량, 크레인 작업 반경, 크레인 붐 길이 등을 고려하여 준비한다.

부재(剖材)는 공장에서 제작되어 교량현장에 운반되므로, 강교의 가공, 용접, 부재의 조립 및 설치, 상부 구조공사는 승인된 시공도면과 제작도 및 절차서에 따라 제작하고 시공하여야 한다.

상부구조를 가설하는 공법에는 현장여건에 따라 다음과 같은 공법이 있다. 이 공법들은 다른 종류의 교량공사에도 적용된다.

가. 벤트(bent) 공법

교량가설지점의 아래 공간을 활용할 수 있을 때는 벤트(bent)공법을 채용하는 데, 벤트란 4각형이나 3각형으로 짠 강철재의 지주를 말하며 이 공법은 지간의 중앙위치 부근에 강제 스테이징(staging)을 짜고 그 위에 롤러를 설치하고 거더를 인출(引出)하여 가설하는 공법이다. 이때 스테이징 또는 침목 새들(saddle)이 가설 중에 침하하지 않도록 기초를 하고 설치하여야 한다. 그리고 롤러지점반력에 대하여 거더가 국부적으로 견딜 수 있는가를 체크하여야 하며 지점반력이 허용치를 넘을 경우는 밸런스가 붙은 2축롤러를 사용하여야 하고, 벤트 맨 위의 롤러 축에는 횡방향력이 작용하므로 벤트는 전도에 충분히 견딜 수 있도록 설계하여야 한다.

이 공법은 특별한 주행로를 필요로 하지 않고 도리 자체를 주행로로 하여 벤트위의 롤러에 의해 이동되기 때문에 현장 조건에 따라 유효하게 적용될 수 있다.

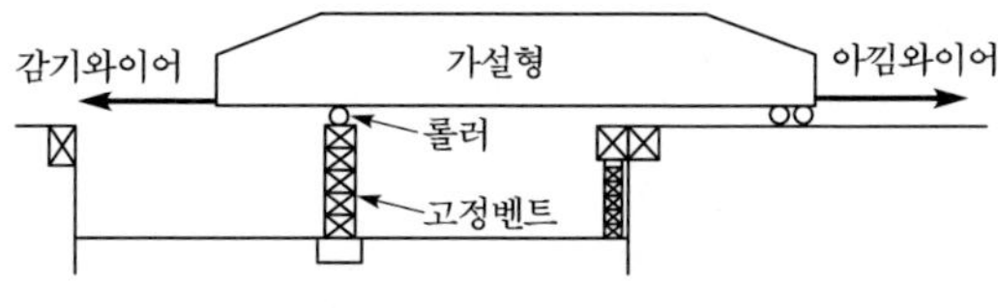

그림 5.9 벤트공법

나. 케이블가설공법

하천이나 깊은 계곡에서 케이블로 부재를 매달아 가설하는 케이블가설 공법이 있다. 이 공법은 양 교대 또는 교각 위에 철탑을 세우고 그 사이를 케이블로 연결하고 이 케이블에 행거로프를 늘어뜨려 여기에 거더를 달아 가설하는 방법으로 다음의 경우에 다른 공법으로 하는 것보다도 유리할 때 사용된다.

① 깊은 골짜기로 부근의 지반이 견고한 곳
② 수심이 매우 깊고 또 유속이 빠른 곳
③ 수상(水上)의 교통량이 많고 지보공(支保工)을 세울 수 없는 곳
④ 가설공사기간이 장마 등으로 벤트공법으로 할 경우에 위험이 예상 되는 곳

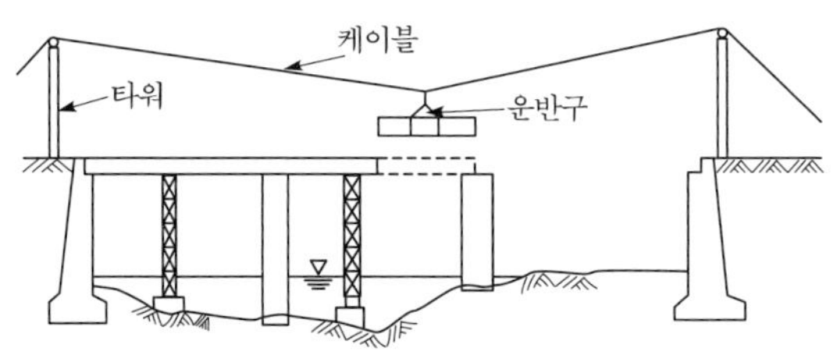

그림 5.10 케이블가설공법

다. 밀어내기공법

가설현장의 인접 장소에서 교형을 조립하여 잭 등으로 밀어내어 가설하는 밀어내기공법이 있다. 이 공법은 교량가설 지점 아래 도로가 있거나 사용이 제한되는 경우에 적용한다.

잭을 사용하여 가설 작업할 때는 다음 사항을 유의하여야 한다.

① 잭을 올리고 내릴 때에는 거더의 사하중(死荷重)과 잭의 압력을 견딜 수 있도록 수평한 면에 설치하여야 한다.
② 잭으로 거더를 밀어내어 작업할 경우는 교대(橋臺)에 잭을 직접 지지하여서는 아니 된다.
③ 설치된 거더를 들어 올리고 내리는 작업은 한 교각씩 교대로 작업하여야 한다.

④ 여러 개의 잭을 사용할 경우에는 유압을 연동으로 사용하여 지지력이 균등하게 하여야 한다.

그리고 거더의 횡 이동 작업 시 다음 사항을 특히 주의하여야 한다.

① 높은 거더는 작업 중 충돌이나 풍압으로 전도되지 않도록 작업 전에 검토하여 안전한 방법을 강구한 후 작업한다.
② 연속교 등 여러 곳에서 횡 이동할 경우는 횡 이동 방향이 일정하도록 신호하면서 작업한다.
③ 횡 이동 시 거더의 휨이나 가세 틀(bracing)에 무리한 응력이 발생하지 않도록 유의하면서 작업한다.

(2) 철근콘크리트(RC)교의 시공

교각 또는 교대에 지보공(支保工)을 세워, 지보공으로 지지되는 거푸집 안에 철근을 조립하고, 콘크리트를 타설(打設)한 후 콘크리트가 굳으면 거푸집과 지보공을 철거하여 완성한다.

상부구조를 가설하는 방법에는 다음과 같은 공법이 있다.

가. 상부가설 공법

① 동바리 공법(full staging method)

콘크리트 구조물의 경우 가장 일반적으로 사용되는 방법으로서 구조물을 가설하는 위치에 동바리를 설치하고 거푸집을 조립한 후, 콘크리트를 치고 양생하여 구조물을 건설하는 공법이다.

② 이동식 비계공법(movable scaffolding system : MSS)

완성된 교각 및 교면상에 설치된 이동 지지대에 가설용 거더를 설치하고 이 거더에서 직각방향으로 설치된 횡거더와 횡거더에 매달린 비계와 거푸집을 이용하여 한 경간씩 거더를 가설하는 공법이다.

③ 캔틸레버공법(free cantilever method : FCM)

교대 및 교각에서 지간 중앙을 향하여 거더를 한 블록씩 시공하는 공법으로 대표적인 것으로 디비닥공법이 있다.

공종별로 주의하여야 할 사항은 다음과 같다.

가. 거푸집 및 동바리

① 거푸집, 동바리 및 비계는 구조계산서와 상세도를 검토한 후 설치하여야 한다.
② 동바리 및 비계는 지반침하나 변형 없이 하중을 지지할 수 있어야 한다.
③ 동바리 및 비계의 기초는 지지력을 검토한 후 침하되지 않도록 기초 바닥을 처리하여야 하며 확인하고 점검하여야 한다.
④ 솟음(camber)을 두는 동바리는 처짐과 변형량을 생각한 형상으로 설치하고 확인, 점검을 하여야 한다. 솟음이란 구조물이 제작, 조립된 후에 작용하는 하중에 의해 구조물이 변형되었을 때 미관이나 기능을 해치지 않도록 하기위해 구조물 제작 시에 하중에 의해 변형될 반대 방향으로 미리 변형을 가하는 것을 말한다.
⑤ 콘크리트 타설 작업 중 침하와 변형을 정확하게 측정할 수 있는 장치와 관련기술자를 배치하여 점검하고 결과를 기록하여야 한다.
⑥ 동바리와 비계가 소요하중을 지지하기에 부적합하거나 불안하다고 판단될 때는 작업을 중지하고 보완하여 확인 후 다음 작업을 진행 하여야 한다.
⑦ 거푸집은 모르타르가 새어나오지 않도록 제작하여 설치하여야 하며 구조물 자중과 콘크리트 타설 작업하중이나 작업에 따른 진동 하중으로 인한 변형이 생기지 않도록 조립하여야 한다.
⑧ 목재거푸집은 목재의 수축으로 틈이 생기지 않도록 조립하고 유지하여야 하며 콘크리트에 손상 없이 쉽게 제거할 수 있도록 설치하여야 한다.
⑨ 철판거푸집은 표면이 매끄럽지 않거나 직선을 유지할 수 없는 철판은 사용할 수 없으며 항상 같은 형태로 유지할 수 있는 두께로 제작하여 조립하여야 한다.
⑩ 거푸집은 조립 후에도 비틀림이나 수축이 일어나지 않도록 관리하여야 한다.

나. 철근 가공 및 배근

① 철근 가공(加工)

㉠ 철근은 설계도 및 시공 상세도(shop drawing)에 따라 작성된 철근 가공도에 의해서 가공하여야 한다. 여기서 시공 상세도는 설계도를 기준하여 작성한 현장작업순서도나 제작도를 말하며 여기에는 시공 시 유의 사항 등이 포

함되어있어 이를 통해 현장에 종사하는 기능공 및 기술직원들이 설계도면 및 시방서 등의 불명확한 부분을 쉽게 이해할 수 있다.

㉡ 철근의 가공은 재질을 손상하지 않도록 해야 한다. 또한 한번 구부린 철근은 다시 가공하여서는 안 된다.

② 배근(配筋)

㉠ 철근을 조립할 때는 들뜬 녹 등 콘크리트와의 부착을 해칠 염려가 있는 것을 미리 제거시켜야 한다.

㉡ 철근은 콘크리트를 치는 동안 움직이지 않도록 철사나 철좌(鐵座) 등의 간격재를 사용하여 견고하게 조립하여야 한다.

③ 철근이음

㉠ 설계 및 시공 상세도에 표시되어 있지 않은 철근을 둘 경우, 이음의 위치 및 방법은 콘크리트표준시방서 철근이음의 규정에 따른다.

㉡ 가스압접(壓接)이음은 압접공의 자격을 가진 기술자가 하여야 한다.

㉢ 철근의 이음에 겹침 이음이나 가스압접이음 이외의 이음을 할 경우, 철근의 종류, 직경 및 시공 장소 등에 따라 이음방법을 검토하여 결정하여야 한다.

㉣ 장래의 이음을 위해 구조물에서 노출시켜 놓은 철근은 손상이나 부식되지 않도록 보호하여야 한다.

④ 콘크리트 타설 준비

㉠ 콘크리트 타설 전에 철근, 거푸집, 타설 순서, 1회 타설량, 시공이음 위치 등이 시공 상세도 및 철근가공 조립도와 맞는지를 확인하여야 한다.

㉡ 콘크리트 타설 전에 콘크리트 생산, 운반, 펌프 카, 다지기용 진동기, 작업 요원을 확인하여야 한다.

㉢ 콘크리트 타설 전에 운반 장치, 타설 설비, 거푸집 속을 청소하여 콘크리트에 잡물이 혼입되지 않도록 하여야 한다.

㉣ 콘크리트 타설 전에 거푸집 안에 있는 물을 제거하여야 하며 새로 친 콘크리트가 물에 씻기지 않도록 흘러들어오는 물을 방지하여야 한다.

다. 콘크리트 타설

① 콘크리트 타설은 정해진 시공계획에 따라 타설해야 한다.

② 콘크리트 타설 작업을 할 때에는 철근의 배치나 거푸집이 흐트러지지 않도록

하여야 한다.

③ 친 콘크리트는 거푸집 안에서 횡 방향으로 이동되지 않도록 시공하여야 한다.

④ 타설 도중에 심한 재료분리가 생길 때에는 재료분리가 되지 않도록 시공법을 조정하여야 한다.

⑤ 한 구획내의 콘크리트는 타설이 완료될 때까지 연속해서 쳐야 한다.

⑥ 콘크리트는 그 표면이 한 구간 내에서는 거의 수평이 되도록 치고, 콘크리트 타설의 1층 높이는 다짐능력에 따라 결정하여야 한다.

⑦ 거푸집의 높이가 높을 경우, 재료분리를 방지하고 상부의 철근 또는 거푸집에 콘크리트가 부착하여 경화하는 것을 방지하기 위하여 거푸집에 투입구를 설치하거나, 연속슈트나 펌프배관의 배출구를 타설 윗면 가까이 내려서 콘크리트 타설을 하여야 한다. 이 경우 슈트, 펌프배관, 버킷, 호퍼 등의 배출구와 타설 윗면까지의 높이는 1.5m 이하로 하여야 한다.

⑧ 콘크리트 타설 도중 브리딩(bleeding)에 의한 물이 있을 경우는 물을 제거한 후 그 위에 콘크리트를 쳐야 한다.

⑨ 벽 또는 기둥과 같이 높이가 높은 콘크리트를 연속해서 칠 경우에는 치기 및 다질 때 재료분리가 되지 않도록 콘크리트의 반죽질기 및 쳐 올라가는 속도를 조정하여야 한다.

⑩ 서중(暑中)콘크리트의 타설 온도는 35℃ 이하로, 한중(寒中)콘크리트의 타설할 때 온도는 10℃ 이상으로 하여야 한다.

라. 콘크리트 다지기

① 콘크리트 다지기는 내부진동기로 다지기를 하여야 하며 얇은 벽 거푸집 내에 내부진동기 사용이 곤란한 부위는 거푸집진동기로 다지기를 하여야 한다.

② 콘크리트 다지기는 철근의 주위와 거푸집 구석구석까지 잘 채워지도록 다지기를 하여야 하며 반드시 숙련된 기능공이 다지기를 하여야 한다.

③ 콘크리트 다지기는 타설 작업 시 콘크리트의 상하층은 일체가 되도록 다짐봉을 하층 콘크리트 속에 100~150mm정도 찔러 넣어서 다지기를 하여야 한다.

④ 콘크리트 다지기는 콘크리트 타설 마감 끝에서 600mm 이내에 다짐봉을 밀어 넣어서는 아니 된다.

⑤ 내부진동기의 다짐봉은 타설한 콘크리트에 연직으로 신속하게 넣어야 하며 반

드시 상하로 움직이면서 다짐을 하여야 한다.

⑥ 다지기의 다짐간격은 진동반경의 1.5배 이내로 다짐하여야 하며 장시간 다짐은 재료분리의 원인이 되므로 적정하게 다짐을 하여야 한다.

⑦ 다짐시간은 구조물의 규격, 타설 위치, 슬럼프 값에 따라 다르므로 다음을 참고한다.

㉠ 슬럼프 80mm인 경우 : 5~15초

㉡ 슬럼프 150mm인 경우

-상부 슬래브 등 작업이 쉽고 철근이 밀집하지 않은 경우 : 5초 정도

-PC Box벽체 등 철근 및 쉬스관이 조밀한 경우 : 10초 정도

-기타의 경우 : 20초 정도

⑧ 콘크리트 다짐은 콘크리트 타설 전에 교육을 실시하여 숙련공이 진동 다짐기로 다짐작업을 하도록 하여야 한다.

⑨ 콘크리트 다지기는 진동다짐봉이 배근된 철근이나 거푸집에 접촉되지 않도록 유의하고, 콘크리트를 밀어내는 목적으로 진동다짐봉을 사용해서는 아니 된다.

마. 콘크리트 양생

① 콘크리트 양생은 콘크리트를 치고 난 후에, 저온, 건조, 급격한 온도 변화, 진동, 충격 등 유해한 영향을 받지 않도록 한다.

② 양생법은 습윤 양생을 하여야 하며, 보통시멘트를 쓰는 경우에는 콘크리트를 친 후 5일 이상, 조강시멘트를 쓰는 경우는 3일 이상 양생하여야 한다.

③ 한중콘크리트는 콘크리트를 친 후 3시간 경과한 후에 가열을 하여야 하며 콘크리트의 온도 상승 및 하강속도는 1시간당의 온도차를 15℃ 이하로 하여야 한다. 또한 양생중의 콘크리트 온도는 65℃를 넘어서는 안 된다.

바. 콘크리트 시공이음

① 시공 상세도에서 정한 시공이음의 위치 및 구조를 변경하여서는 안 된다.

② 시공이음에서는 구(舊) 콘크리트 표면의 레이탄스나 흔들리는 골재 등을 완전히 제거하고 충분히 물을 흡수시킨 후에 신(新) 콘크리트를 쳐야 한다.

(3) 프리스트레스트콘크리트(PSC)교의 시공

프리스트레스트콘크리트는 "외력에 의하여 일어난 응력을 소정의 한도까지 상쇄할 수 있도록 그 응력의 분포와 크기를 정하여 미리 내력을 준 콘크리트"로 이 콘크리트를 이용한 교량을 PSC교량이라 한다(한국철도시설공단, 철도설계편람 콘크리트교량, 2004).

공장이나 교량 가설 부근의 PC 작업장에서 PC 거더를 제작하여 크레인으로 달아 올려 가설한다.

공종별 시공법과 주의할 사항은 다음과 같다.

가. 거더 제작 장소

① 위치는 재료적치 및 제작완료 후 운반거리, 크레인 등 대형장비의 진출입 등을 검토하여 선정한다.

② 제작 장소의 크기는 PC 거더의 총 소요 수, 1회 제작 수, 제작 능력, 공기, 재료 적치장, 제작설비 등을 검토하여 결정한다.

③ 제작 장소는 우기(雨期) 시 침수되거나 유실되지 않는 장소를 선정 하고 부지정리를 한다. 실제로 홍수 시 제작된 거더가 유실되어 피해를 본 사례가 많기 때문에 제작 장소 선정에 유의하여야 한다.

④ PC 거더 제작과정에 거더의 자중(自重)에 의해 침하하거나 구조물이 변형되지 않도록 바닥기초를 처리하고 부지 면을 수평으로 정리한다.

⑤ 프리텐션으로 제작할 경우는 인장작업대를 설치하여야 하며 인장작업대는 침하되지 않고 인장작업을 감당할 수 있는 견고한 작업대를 설치할 수 있는 장소라야 한다.

나. 거푸집 제작 조립, 철거

① 거푸집은 콘크리트 타설 중 변형되지 않는 강재를 사용하여 제작 한다.

② 거푸집은 프리스트레스에 의한 탄성영역, 크리프, 건조수축 등의 영향에 변형되지 않도록 제작하여 조립한다.

③ 거푸집은 콘크리트 타설 중이나 양생 과정에 변형되거나 기울어짐이 없도록 조립하고, 직선방향 및 수평방향이 정확한가를 측량 기계로 반드시 확인한다.

⑤ 프리스트레싱 중 부재의 변형을 막는 거푸집은 콘크리트 부재에 나쁜 영향을 주지 않는 범위 내에서 프리스트레싱 작업 전에 떼어낸다. 다만, 프리스트레싱이 끝난 후에 자중 등의 반력을 받는 부분의 거푸집 및 동바리는 떼어내서는 안 된다.

⑥ 측면의 거푸집은 프리스트레스의 도입에 지장을 주는 경우가 있으므로 프리스트레싱 하중계시도가 14MPa 이상이 되면 떼어내는 것이 좋다.
⑦ 프리스트레스 도입 후 처음으로 자중 및 그 밖의 하중을 받는 부분, 즉 보의 지간 중앙부 하면의 거푸집 및 동바리 떼어내기는 적어도 이들의 하중에 견딜 수 있을 정도의 프리스트레스를 도입한 후가 아니면 실시해서는 안 되며, 그 시기 및 방법에 대해서는 재령, 하중상태 등을 충분히 검토하여 결정한다.

다. PC케이블 배치 및 철근가공 조립

① PC 케이블 배치 시 정착구, 접속구, 쉬스관, 스페이스 등은 변형이 발생되지 않는 구조와 강도가 있는 것으로 배치한다.
② PC 케이블 배치 시 열을 가하거나 받지 않도록 하고 강재 절단은 반드시 기계적 방법으로 절단하여야 하며 산소나 가스 절단을 하지 않도록 유의한다.
③ 인장장치는 PC 강재 및 정착구, 콘크리트에 유해한 영향을 주지 않도록 한다.
④ 철근가공 및 조립은 RC교의 규정에 따른다.

라. 콘크리트 타설 준비

① PC 거더의 콘크리트는 고강도 콘크리트이므로 자연양생과 증기양생을 검토하여 콘크리트 타설 준비를 한다.
② 콘크리트 타설 전 사용 혼화재의 품질을 재확인한다.
③ 콘크리트 타설 준비는 RC교의 규정에 따른다.

마. 콘크리트 타설 및 다지기

① 콘크리트 타설과 다지기는 RC교의 규정에 따른다.
② 서중 및 한중 콘크리트는 별도의 규정을 정하여 타설한다.

바. 콘크리트 양생

① 콘크리트 양생은 RC교의 규정에 따른다.
② 증기양생일 경우는 콘크리트를 타설 후 초기경화를 시작한 2~3시간 지난 후 증기를 가해야 한다.

③ 콘크리트 타설 시 지연제를 사용했을 경우는 4~6시간 지난 후 증기를 넣어야 한다.
④ 증기양생 시 증기는 콘크리트에 직접 닿지 않도록 한다.
⑤ 증기양생의 최고 온도는 60℃~70℃가 될 때까지 시간당 15℃ 이하로 증가시켜야 한다.
⑥ 증기양생의 최고온도는 콘크리트가 소요 강도에 도달할 때까지 60℃~70℃ 온도를 유지해야 한다.
⑦ 증기양생 후 온도를 낮출 때에도 시간 당 15℃를 넘지 않도록 한다.

사. 프리스트레싱(prestressing)

① 프리스트레싱은 긴장재를 먼저 긴장한 후에 콘크리트를 치고 콘크리트가 굳은 다음, 긴장재에 가해 두었던 인장력을 긴장재와 콘크리트의 부착으로 콘크리트에 전달시키기 위해 미리 내력을 가하는 것을 말한다.
② 인장력의 하중계는 공인기관의 검정을 받은 기계를 사용한다.
③ 정착장치 및 접속장치는 품질을 확인한 후 프리스트레싱을 한다.
④ 정착구에 페인트를 칠하여 프리스트레싱 후 확인하고 잭킹(jacking) 시에 스트로크(stroke)량을 확인하며 압력을 가한다.
⑤ 강선다발의 탄성계수는 실측하여 확인한다.

아. 그라우팅

① 그라우팅 전에 쉬스관에 압축공기를 불어넣어 쉬스관 내를 깨끗하게 청소하여야 한다.
② 서중 또는 한중 그라우팅을 할 경우는 별도로 규정하여 그라우팅을 하여야 한다.

자. 운반 및 가설

① PC 부재의 운반 및 가설에는 부재의 운반방법, 쌓기 및 내리기 방법, 인출방법, 가설방법에 대한 안전성 계산서 등을 작성한다.
② PC 부재를 운반하는 과정에서 쌓기, 내리기 및 운반 중 충격이 발생하지 않도록 주의해야 하며, 보를 올리고 내리는 데 잭을 사용하는 경우에는 잭 받침대가 침하되는 것을 사전에 충분히 검토해야 한다.
③ PC 보는 가설할 때 보를 좌우로 기울이지 않도록 주의해야 한다.

④ 동바리는 보 가설 중에 변형이나 침하 등이 일어나지 않도록 견고한 것을 사용해야 하며, 특히 잭 받침대나 가설 중에 큰 집중하중이나 수평하중이 작용하는 부분의 동바리는 사전에 안전성을 검토해야 한다.

⑤ PC 보는 강재 보 보다 무거워서 떨어지거나 하였을 경우 피해가 크기 때문에 달아 올리는 와이어 품질, 굵기 등에 대하여 주의한다.

⑥ 보를 받침부에 거치할 경우 보와 받침부 면 사이에 틈이 생기면 3점지지 상태가 되기 때문에 틈이 생기지 않도록 한다.

⑦ 고정벤트는 가설 중 하중의 이동에 의해 변형을 일으키지 않는 것이어야 하며, 이동벤트는 소정의 시간 내에 안전하게 이동할 수 있는 것이어야 한다.

⑧ PC 보를 크레인을 사용하여 가설하는 경우는 크레인의 기능 및 성능을 충분히 검토하여 적절한 사용방법을 취한다. 또한 크레인 설치 위치의 내력(耐力)을 충분히 조사하여 부등침하 등에 의해 전도하지 않도록 한다.

사례

교량 PSM공법

PSM(precast span method)공법은 경부고속철도 공사에 적용하여 공기를 단축시킨 사례로, 교량 상판 1경간을 미리 제작하여 현장에 운반, 가설하는 최신식 교량가설공법이다. 국내에서는 최초로 길이 25m 폭 14m 중량 6백 톤의 교량상판을 가까운 제작 장에서 제작한 후 특수차량으로 현장에 운반하여 이동식 가설장비(Launching Girder)로 들어 올려 제자리에 맞추고 고정하는 공법이다. 이 공법의 장점은

① 공장 제작으로 정밀시공과 높은 품질확보 가능
② 공장제작으로 기후의 영향을 받지 않으며, 1 경간시공에 기존 공법(MSS 등)으로는 40일 걸리지만 PSM공법이면 3일 소요
③ 대량생산일 때는 전체비용 면에서 절감
④ 교량건설 현장의 하부 지장물에 영향을 받지 않음 등이다.

자료 : 경부고속철도 건설 이야기, 한국철도시설공단, 2004

⑨ 케이블에 의해 가설하는 경우, 타워는 가설 시의 하중 및 풍압에 대하여 강도는 물론 강성이 충분하여 좌굴에 저항해야 한다. 그리고 타워의 지지점(支持點) 이동 및 침하가 없어야 하고 케이블의 앵커가 충분히 단단하여 타워가 전도하지 않도록 한다.

⑩ PC 거더 제작 장소에서 가설현장까지 운반로 상태를 확인하여 안전하게 운반할 수 있도록 보완하여야 한다.

⑪ PC 거더를 적하하거나 운반 중에 좌우로 경사지게 취급하지 않아야 하며 취급 중 파손된 부분은 구조적 손상 여부를 검증 후 조치한다.

⑫ PC 거더 가설 후 횡 빔 콘크리트는 PC 거더의 철근과 횡 빔 철근을 완전히 연결 조립시킨 후 콘크리트를 타설하여야 한다.

⑬ PC 거더 가설 후 전도하지 않도록 전도방지시설을 하여야 한다.

3. 철도터널

철도터널은 독립적인 구조물이지만 철도 노선의 일부분으로서 노선 전체의 선형이 기술적으로나 경제적으로 타당한지를 검토하여야 한다. 종단 선형이 개략 결정되면 경제성과 환경성 등을 감안하여 가능한 절취부분이 적게 발생하도록 터널로 결정하는 것이 바람직하다. 그러나 터널 시공이 어렵고 비경제적일 경우는 절취하는 방안을 선택할 수 있으나 시공 후 절취 비탈면(斜面)의 안정적인 유지에 많은 비용이 발생하고 운행 중 사면의 붕괴로 안전에도 영향을 미치므로 가능한 되 메우기를 하여 원지형으로 복원하도록 계획하는 것이 바람직하다.

선로의 설계속도에 의해 터널의 종단 및 평면선형이 결정되며 터널의 공법채택은 시공 중의 안전성과 현장의 지반조건에 적합하도록 해야 한다. 특히 보조공법을 선정할 때는 터널의 굴착공법과 경제성을 감안하여 결정하여야 한다. 그리고 비상상태 발생에 대비한 신속한 대피와 복구가 가능한 계획이 되도록 하여 한다.

터널계획은 공사 중은 물론 유지관리를 할 때도 주변 환경에 영향을 미치지 않도록 환경보전에 대해 검토해야 한다. 터널은 땅 깎기나 다른 구조물에 비해 외부에 나타나는 면에서는 자연에 미치는 영향이 적어 일반적으로 자연보호 대책은 크게 문

제 되지 않는다. 그러나 환경과 자연보호에 관한 의식이 높아짐과 동시에 자연보호 대책이 강하게 요구되고 있을 뿐 아니라 터널은 일반적으로 자연경관이 비교적 좋은 지역에 건설되므로 위치를 선정할 때부터 갱구부근이나 수직구 부근 등은 주변경관과의 조화에 대하여 충분히 배려하여야 한다.

그리고 터널의 위치는 불안정한 지형이나 이미 재해가 발생한 곳은 가급적 피해야 한다. 지반활동지대의 단구(段丘)와 단층, 파쇄대(破碎帶) 지형, 단층대 지형 등은 안정도가 낮으므로 가급적 피하는 것이 좋다.

갱구부의 지반은 암석이 풍화되어 있거나 변질되기도 하여 절리(節理)와 균열이 발달되어 있고 표층이 굳지 않은 퇴적물에 덮여 있는 경우가 많으며 지층이 복잡하고 표류수와 지하수에 의해 영향을 받기 쉽고, 지형적으로 토피가 얇고 편압(偏壓)이 발생하는 경우가 많으므로 갱구부에 대한 계획을 할 때는 이들에 대해 충분히 검토를 하여야 한다.

터널단면의 형상은 단선터널, 복선터널 및 대 단면 터널로 구분하고 터널의 기능과 목적에 따라 계획하며 철도계획에 따라 단면형태가 결정되는 경우가 있다.

표 5.1 세계의 장대 철도터널

순 위	터널명	소재지	연장(m)	준공연도
1	고트하르트	스위스	57,100	2016
2	青 函	津輕海峽線	53,850	1988
3	도버해협	영국 · 프랑스	50,500	1994
4	大清水	上越新幹線	22,221	1980
5	금정	한국, 경부고속선	20,300	2010
6	심플론제1	스위스 · 이태리	20,036	1906
7	심플론제2	스위스 · 이태리	19,823	1921
8	新關門	山陽新幹線	18,713	1973
9	아페닝	이태리	18,516	1934
10	솔안	한국, 영동선	16,700	2012
11	六甲	山陽新幹線	16,250	1971
12	신후루가	스위스	15,384	1982
13	棒 名	上越新幹線	15,350	1981

자료 : 철도공학개론(이종득, 2001, 2012, "2016" 보완)

터널은 길이에 따라 방재시설 등을 달리해야 할 필요가 있으므로 1,000m 미만은 짧은 터널, 1,000m~5,000m는 장대터널, 5,000m 이상은 초 장대터널로 구분하여 계획한다.

연장 15km 이상의 터널은 재해대책을 고려하여 구조, 대피소 및 재난예방을 위한 구난 역(驛)을 설치하도록 계획하고 터널 안의 화재 및 차량사고 등이 발생할 경우 2차 사고를 예방하고 인명, 재산상의 피해를 최소화할 수 있도록 사고에 대비하여 환기·조명·재난 등에 대한 방재계획이 검토되어야 하며 경제적인 유지관리가 될 수 있도록 계획하여야 한다.

철도터널은 터널이 건설되는 위치와 기능에 따라 산을 통과하는 산악터널, 지하철의 도시터널, 해협의 해저터널이 있다.

처음 철도는 터널의 굴착이 쉽지 않아, 급한 기울기와 곡선으로 될 수 있는 한 짧은 터널을 통하는 선로로 건설하였으나, 그 후 굴착기술의 발달로 장대터널이 건설되어 기울기가 완만해지고 거리도 단축되어 수송력이 크게 증대되었다. 도시교통문제를 완화하기 위한 도시철도도 지하터널로 대부분 건설되고 있다.

터널은 굴착하기 전에 충분한 조사가 이루어져, 터널건설이 신속하고 경제적으로 수행될 수 있는 계획이 되어야 한다. 터널공사는 사전 조사를 하여도 예상치 못했던 단층(斷層), 도수(導水), 붕괴(崩壞) 등의 위험이 발생한다.

따라서 터널 굴착계획은 이런 점에 대한 대비책을 충분히 강구하여야 하며 터널 건설을 위한 계획과정에서 고려할 사항은 다음과 같다(국토해양부, 철도설계기준(노반편), 2011).

사례

레츠버그(Lőtschberg) 터널

터널 중 스위스 베른에서 이태리 밀라노 노선에 위치한 뢰츠버그 터널은 터널의 높이가 낮아 피기백(piggy back) 열차의 통과가 어려울 뿐 아니라 기울기가 2.5~2.7%로 매우 급하여 2대의 전기기관차가 견인하는 경우에도 최대중량은 1,300톤으로 제한되고 곡선반경도 300m에 불과하여 하루 통과열차 수가 190편이나 되나, 속도는 80~85km/h로 제한되고 있었다. 스위스철도당국은 철도의 고속화를 위하여 신규 터널인 레츠버그기본터널(Lőtschberg base tunnel)을 건설하였는바, 이 터널은 당초에 계획이 수립되고 나서 24년이 지난 2007년 6월 15일에 개통되었다(최 훈, 2005, IRJ, 2007.7).

1) 기본계획

(1) 선형계획

터널을 경제적으로 건설하기 위해서는 적절한 노선 선정이 중요하다. 노선 선정은 터널구간 뿐만 아니라 전후 구간의 선형도 고려하여 종합적으로 검토하여야 하며 다음과 같은 점을 고려한다.

가. 평면선형계획

① 터널의 노선은 터널의 용도, 주변 환경, 기존구조물에 대한 영향, 공사지역의 입지조건, 부속설비의 배치 등을 고려하여야 하며, 공사 중뿐만 아니라 완공 후 유지관리에도 영향을 미치는 지반조건을 충분히 고려하여 최적노선을 결정하여야 한다. 위치 선정에 특히 주의해야 할 점은 갱구 위치에 산사태나 지반의 미끄러짐, 붕괴의 위험성, 눈사태 등이 발생하였거나 예상되는 지점을 피해야 한다.

② 터널의 위치는 지형 및 토지이용현황, 지반조건, 토피 등을 감안하여 시공성을 우선하여 선정하되 편압 및 비탈면활동 등의 영향이 적은 지반에 가능한 자연비탈면의 경사각에 직교되도록 선정한다.

③ 용수가 많을 것으로 예상되는 지역이나 계곡 부, 심한 절리가 예상 되는 단층, 단애(斷崖), 파쇄대, 습곡지역, 대규모 애추(崖錐), 편압 지형은 피하는 것이 좋다.

④ 평면 선형은 직선이 바람직하나 경제성 및 시공성을 고려하여 종단선형과 연계하여 조화되도록 계획하여야 한다. 곡선일 경우는 선로등급에 따른 최소곡선반경 이상으로 계획한다.

⑤ 계획된 터널이 지상구조물, 지하구조물, 터널 등 기존시설물에 근접하여 통과하는 경우에는 기존시설물의 중요도 및 구조적인 특성에 따라 터널굴착공사로 인한 영향을 검토하여야 하며 장래 지상 및 지하개발 계획을 감안하여 필요 시 방호공 등의 사전대책을 수립하여야 한다. 이 때 터널 환기구, 피난갱, 장대터널의 작업구, 터널외부설비, 사토장 등의 입지조건도 검토하여야 한다.

⑥ 장대터널은 수직갱(垂直坑), 사갱(斜坑)의 설치가 쉬워야 한다.

⑦ 시가지 등에서는 사유지는 가능한 피하고, 도로 밑 등의 공유지를 지나도록 한다.

⑧ 터널을 2개 이상 병렬로 계획하는 경우에는 터널의 단면크기와 굴착 대상 지반의 공학적 특성을 감안하며, 굴착공사로 인한 주변지반 거동 및 발파진동이 인

접터널에 나쁜 영향을 미치지 않도록 상호 충분히 떨어지게 하여야 한다. 또한 병렬 혹은 교차되는 형태로 계획할 경우 선행시공과 후행시공 터널 상호간의 영향을 검토한 뒤 위치선정을 하여야 한다.

터널 상호간의 영향에 대해서는 지반조건이나 시공법에 따라 다르지만 지반이 완전탄성체일 경우는 굴착 폭 (D)의 2배, 연약 층의 경우는 5배로 하면 상호간에 거의 영향을 미치지 않는 것으로 알려져 있다.

일반적인 암반지반에서는 중심 간격을 3D이상으로 하는 것이 일반적이지만 터널의 입지조건 때문에 이보다 근접해야 할 경우나 연약한 지반인 경우는 상호간에 미칠 영향에 대해 충분히 조사, 검토한 뒤에 시공법이나 계측 등에 대한 계획을 세워야 한다.

또한 원지반의 안정성이 충분할 때나 용지비가 많이 소요될 때는 중심 간격을 좁게 하는 것이 유리할 때가 있다. 이때는 갱구부근만 근접시키고 터널 내부를 차차 넓혀 나가는 방법도 가능하다. 장대터널에서는 병렬터널 간의 연결 등 유지관리상의 문제보다는 보강 공사비가 문제가 되기 때문에 일률적으로 정하는 것보다는 터널단면의 크기와 지반조건에 따라 결정하는 것이 바람직하다.

나. 종단선형계획

① 터널의 기울기는 자연배수가 가능하도록 3‰ 이상으로 완만하게 계획하되 선로의 등급별 기울기 이하가 되도록 계획한다. 터널 개통 후 터널내부의 용출수를 자연 유출시키려면 통상적으로 0.1% 이상의 경사가 있으면 효과가 있으나 시공 중의 용출수를 자연 유출시키기 위해서는 적어도 0.5% 정도의 기울기가 필요하다. 외부의 물이 터널내로 유입되어 결빙되면 열차운행에 지장을 초래할 수가 있으므로 터널 시·종점부의 계획에 특별히 유의하여 가급적 외부의 물이 유입되지 않도록 하여야 한다.

② 계획기울기는 터널입구에서 진행방향으로 가능한 한 상향기울기가 되도록 하여 시공 중 원활한 배수가 이루어지도록 하는 것이 바람직하며 환기도 검토하여야 한다. 그러나 현장조건과 터널의 목적에 따라 하향기울기가 불가피할 경우는 공사 중 배수설비를 별도로 계획하여야 한다. 장대터널에서 배수보다 환기 기능을 우선적으로 고려할 필요가 있을 경우에는 반대로 하향기울기를 채택할 수 있으나 이 경우에는 공사 중 별도의 배수설비를 계획하여야 한다. 또한

선형조건 상 터널의 입구와 출구가 중앙부보다 높은 종단선형으로 계획된 경우에는 장래 유지관리를 고려한 배수설비를 계획하여야 한다.

③ 종단계획에 따른 터널의 최소 토피는 터널의 구조적 안전영역의 범위가 확보되도록 결정하여야 하며 최소 토피는 장래 예상되는 토지 이용 한계심도를 고려하여야 한다.

④ 터널 내에 정거장이 계획될 경우에는 승객의 편의를 고려하여 역사(驛舍)의 깊이를 결정하여야 한다.

다. 단면계획

① 내공단면은 터널의 목적 및 기능에 따라 소요 건축한계와 평면선형이 곡선인 구간은 캔트에 의한 차량 기울기량과 슬랙량을 더하여 확폭하여 설정하고 터널 내의 신호, 통신 등 설비의 시설 공간, 유지 관리에 필요한 여유 폭, 보수요원의 보도폭 등을 고려하여 정하며 시공 중 터널변형 등 시공오차에 대한 여유를 예상하여 결정한다.

내공단면을 결정하는 순서는 그림 5.11과 같다.

② 내공단면의 크기는 단선터널과 복선터널을 구분하여 계획하고 복선 터널일 경우는 지형 및 지반조건, 터널의 길이 등에 따른 조건을 검토하여 단선병렬터널이나 복선터널 채택여부를 검토하여야 한다. 정거장 전후구간 또는 터널 내에 정거장이 위치하여 터널단면이 커져야 할 경우에는 터널의 기능과 목적에 부합하도록 단면의 형태 및 크기에 대한 사항을 종합적으로 검토하여 계획하여야 한다.

③ 터널길이에 따른 단면계획 시에는 다음 사항을 고려하여 계획해야 한다.

㉠ 본선터널의 길이가 15km 이상인 터널에서 방재 요구조건이 미흡하다고 판단되는 경우에는 해당 터널특성에 적합한 별도의 대책을 수립해야 한다.

㉡ 장대터널과 초장대터널에서는 열차가 비교적 오랜 시간 터널 내부에서 운행되므로 이에 따른 열차 내 승객의 쾌적성, 안전성, 비상시 대피 및 터널의 유지보수 등을 검토하고 취약한 부분의 성능이 개선될 수 있도록 관련 구조물이나 설비를 설계에 반영해야 한다.

㉢ 장대터널과 초장대터널에서는 시공방법, 버력반출, 사토장, 공사용 설비, 환기탑의 설치 등을 고려하여 작업구의 위치를 결정함으로써 경제적이고 공기에 맞는 시공계획을 수립해야 한다.

④ 내공단면 검토 시에는 열차의 고속주행에 의하여 터널 내에 발생되는 공기저항 및 공기압 변화와 차량밀폐도 등을 고려하여야 하며, 이에 따라 부수적으로 발생하는 소음, 진동 및 압력 등이 승객에게 영향을 미치지 않도록 계획하여야 한다.

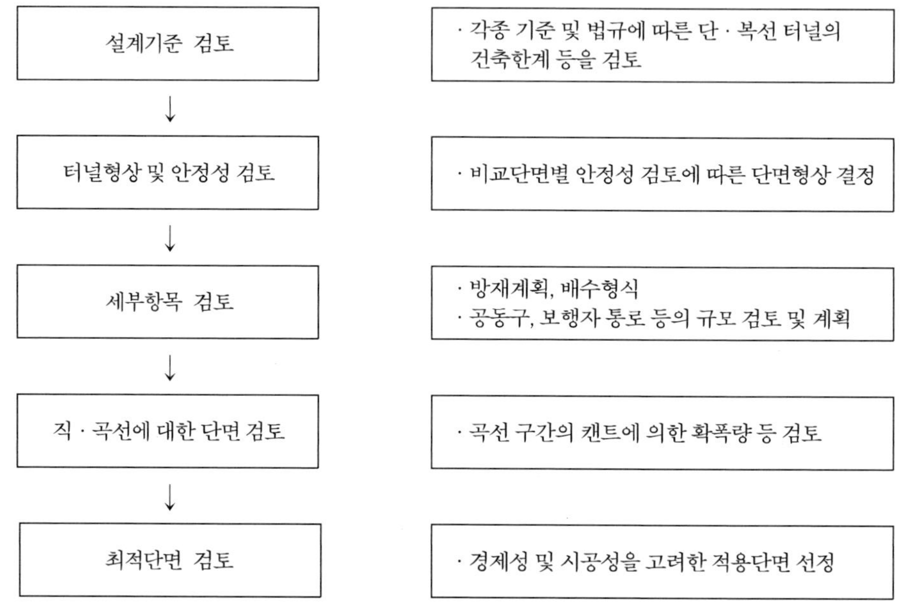

그림 5.11 내공단면 결정 순서

㉠ 열차가 고속으로 터널 내를 주행하게 되면 소밀파의 일종인 공기압파가 발생하게 되며 열차 선두부가 터널에 진입할 때와 터널을 빠져나갈 때는 양 압력파가 발생하며 열차 후미부에는 부 압력파가 발생한다.
이와 같은 열차에 의해 발생된 공기압파는 터널내의 공기를 매질로 음속으로 터널을 따라 스스로 전파되며, 터널을 따라 전파되는 공기압파의 일부는 터널의 출구부에서 대기로 탈출하지 않고 방향과 크기가 반대인 공기압파로 되어 다시 터널내로 반사하게 된다.

일단 발생된 공기압파는 터널벽면과의 마찰손실에 의해 에너지가 소진될 때까지 터널 내를 왕복운동하게 되며, 이와 같은 왕복운동이 계속되면서 파의 일부가 서로 중첩하게 되어 터널 내에는 아주 복잡한 공기압 변화를 나타내게 된다.

㉡ 열차가 고속으로 터널 내에 진입하므로 발생되는 풍압파는 터널 내를 왕복 운동하면서 터널 내에 압력변동을 발생시킬 뿐만 아니라 터널 내 풍속에도 변화를 주게 된다. 즉 열차 전면과 후방에서는 열차주행방향으로 공기의 흐름이 생기고 열차의 측면에서는 반대방향으로의 흐름이 생기게 된다.

㉢ 열차가 터널 내를 고속으로 주행하게 되면 열차는 주행에 대한 저항을 받게 되는데 이때 열차에 작용하는 저항은 공기에 대한 공기 역학적 저항과 열차 자체의 기계적 저항으로 구성된다.

공기역학적 저항은 열차의 선두부와 측면사이의 압력차, 열차의 후미부와 측면사이의 압력차이 및 열차의 측면에서 열차와 공기사이의 마찰 등에 의하여 발생하게 되며 기계적 저항은 차륜의 구름 저항, 회전부위의 마찰에 의해 발생하는 것으로서 열차의 중량과 길이에 비례하여 증가하는 것으로 알려져 있다.

㉣ 열차가 터널 내를 고속으로 주행하게 되면 열차진입으로 생긴 압축파가 터널 내에 전파되어 반대 측의 갱구에 도달할 때 갱구에서 외부로 방사되는 압력파를 터널출구 미기압파(Micro Pressure Wave) 또는 압축파라 부르며 이 미기압파에 수반되는 직접음을 공기압음이라 한다. 이러한 미기압파의 현상은 터널입구에서 압축파의 형성, 터널 내에서의 압축파의 전파, 터널 출구에서의 미기압파의 방사로 3단계로 구분된다.

압축파 전면의 압력경사를 줄이는 대책은 터널 입구를 변형해서 압축파의 압력경사를 작게 하는 방법, 터널 내 사갱을 압축파의 통로로 이용하는 방법, 터널벽면에 흡음재를 설치하는 방법, 토피가 얕은 곳에는 환기갱(換氣坑, shaft)을 설치하는 방법 등이 있다.

⑤ 터널의 단면은 응력, 변형 등에 대하여 구조적으로 안정하고 경제적인 형상이 되도록 하여야 한다. 일반적으로는 3심 혹은 5심원으로 이루어지는 마제형이나 계란형으로 계획하고 있으나 역학적으로 원형에 가까운 것이 좋다.

설계에 있어서 필요로 하는 터널단면이 현저하게 큰 경우는 사용 목적이나 시공조건 등을 고려해서 여러 중소 단면의 터널로 분할하거나 굴착단면이 작은 경우에는 시공능률을 고려해서 적당한 크기의 단면으로 하는 등 설계상의 검토가 필요할 경우가 있다.

단면형상의 설계는 터널의 안정적인 측면에서 가장 기본적인 설계 요소이기 때문에 지보재의 설계와 아울러 충분히 검토해야 한다. 특히 팽창성이 현저한 지반에서는 통상의 지보재로 터널을 안정시킬 수 없는 경우가 있으므로 이와 같은 경우에는 인버트(invert)를 설치해서 단면을 폐합하거나 원형에 가까운 단면형상으로 하는 등 단면 설계에 관한 검토가 충분히 이루어져야 한다. 인버터란 터널 단면의 바닥부분에 설치되어 터널단면을 폐합시키기 위하여 숏크리트 또는 콘크리트 등으로 설치한 지보재를 말한다.

복선의 경우, 단선터널 2선과 복선단면터널 중 시공성, 유지관리 등을 고려할 때 복선단면으로 하는 것이 좋으나, 주로 지질에 따라 결정된다.

㉠ 계란형

구조적으로 안정적이고 양수 압에도 안전하다. 원형보다는 굴착량이 적으나 마제형보다는 굴착량이 많아 다소 비경제적이다.

㉡ 원형 단면

지압(地壓)등 외력에 대하여 가장 안정적이고 양수 압에도 안정적이어서 이상적인 모양이다. 그러나 터널 하부에 쓸데없는 많은 공간을 발생시켜, 굴착량이 많아져 비경제적이 된다. 특히 지압이 큰 경우에는 TBM(tunnel boring machine), 실드(shield) 공법에 의한 굴착공법이 채용된다.

㉢ 마제형 단면

저부(低部)의 폭을 넓게 할 수 있으며 쓸데없는 공간이 작아 여굴 량이 적어 경제적이나 원형보다 구조적으로나 양수 압에 다소 불안정하나, 경제적인 단면으로 산악터널의 표준단면으로 채택된다.

㉣ 구형 단면

지하철 등 지표로부터 비교적 낮은 개착터널, 하천 밑의 침매(沈埋)터널에 채택된다.

표 5.2 터널의 단면 형상 비교

형상 \ 구분	단면	장점	단점
계란형	R1, R2, R3, R4	• 구조적으로 안정 • 양수압에 안정 • 원형보다 굴착량이 적어 경제적	• 마제형보다 굴착량이 크므로 다소 비경제적
원 형	R1, R2, R3	• 구조적으로 가장 안정 • 양수압에 안정	• 굴착시공이 공법에 따라 난이 • 굴착면이 크므로 비경제적
마제형	R1, R2, R3, R4, R5	• 굴착 시공성 양호 • 여굴량이 적어 경제적	• 원형보다 구조적으로 다소 불안정 • 양수압에 불안정

⑥ 지반조건이 열악하고 주변여건상 터널시공이 장래 문제를 유발할 가능성이 있는 지역 및 터널연장이 긴 장대터널에서는 가급적 소 단면 병렬터널을 계획하는 것이 바람직하다.

⑦ 터널굴착단면 계획은 내공단면을 기준으로 하여 지보재의 총 두께, 콘크리트라이닝의 두께 및 허용편차를 고려하여 구조적으로 유리한 형상으로 결정한다. 또한 동일 작업구간 내의 내공단면은 가급적 동일한 규격 및 형상으로 표준화하여 시공성을 높일 수 있도록 계획한다.

(2) 조사 및 시험(국토교통부, 철도설계기준(노반편), 2013)

가. 조사일반

① 조사의 원칙

㉠ 조사는 터널의 위치선정, 설계, 시공 및 완성 후의 유지관리에 중대한 영향을 미치는 사항으로 충분한 기초자료를 얻을 수 있도록 실시하여야 한다.

㉡ 조사는 터널의 목적 및 규모 등을 충분히 고려하여 조사내용, 순서, 방법, 범위, 정밀도 및 기간 등을 결정하여야 하며, 터널설계와 시공에 이용할 수

있도록 조사 성과를 정리한다.

㉢ 터널공사는 설계당시의 조사결과만으로 토질 및 지질상태, 지하수 및 용수, 가스발생, 갱내온도, 조명, 지표변위 및 원 지반상태, 지보재 및 막장상태, 환경상태 등을 파악하는 것이 어려우므로 시공 단계에서도 주기적인 조사를 실시하여 사고가 발생하지 않도록 사전 대비하여야 한다. 또한 계획 및 설계단계에서 적용한 지반분류 기준이 시공 시 조사에도 일관성 있게 적용되도록 한다.

② 조사의 구분

조사는 입지환경조사, 지반조사, 시공 중 보완조사로 구분되며 각 조사단계에서 다음 사항을 포함하여야 한다.

㉠ 입지환경조사는 터널의 건설에 영향을 미치거나 터널건설로 영향을 받을 수 있는 사항에 대한 조사로서 지형, 환경, 지장물, 지표 수리시설과 지하수 부존특성, 공사용 설비, 보상 및 관계법규 조사를 포함하여야 한다.

㉡ 지반조사는 터널건설의 기본계획 및 노선선정을 위한 예비조사, 터널 노선의 결정 이후 공사 착공까지의 설계 및 시공계획을 위한 본 조사 그리고 시공 중의 보완조사 등의 단계를 포함한 조사가 되어야 한다.

㉢ 시공 중 보완조사는 조사결과에서 나타난 지반의 문제점과 시공 중 발생한 문제점에 대하여 필요할 경우에 추가조사를 계획하여 실시한다.

나. 입지환경조사

① 일반사항

㉠ 입지환경조사는 환경영향평가, 교통영향평가, 수리·수문조사 외 실시 설계와 시공단계에서 철도입지 주변을 조사하는 것이다.

㉡ 입지환경조사는 터널건설에 영향을 미치거나 이로 인해 영향을 받을 수 있는 사항에 대한 조사로서 지장물 조사, 지표 수리시설과 지하수 부존 특성 조사, 공사용 설비조사, 보상 및 관계법규 조사, 지형조사, 환경조사, 사토장 및 토취장조사, 공사용 설비조사 등으로 구분하여 조사한다.

② 지형조사

지형조사를 할 때는 다음 사항을 고려하여야 한다.

㉠ 철도건설에 영향을 미치거나 공사로 인하여 영향을 받을 수 있는 지형을 지형도나 항공사진 등을 이용하여 분석하고 현장답사를 통하여 조사한다.

㉡ 불안정 지형이나 재해가 예측되는 지형 즉, 애추(talus), 붕괴지, 산사태로 매몰된 과거의 수로, 홍수 등으로 발생한 장소나 이런 우려가 있는 지형은 자료조사, 항공사진 판독, 지표지질조사 등을 시행한다.

㉢ 자료조사는 지형도(1:5,000~1:50,000), 지질도, 산사태위험도, 수문 기상 자료, 인접지역 시추자료, 유사구조물 시공사례 등 모든 자료를 포함한다.

㉣ 원격탐사를 이용하여 터널공사 지역의 광역적인 지형여건 및 수계 분석, 단층선, 식생 등을 종합적으로 파악할 수 있도록 하여야 한다.

③ 환경조사

환경조사에는 다음 사항을 고려하여야 한다.

경부고속철도 2단계구간의 천성산 터널 노선에 대한 환경문제로 공사가 중단되어 공사비가 증가되고 전체 공사기간도 늘어나서 이로 인한 사회·경제적 손실이 크게 발생된 점은 우리에게 시사하는 바가 크다.

㉠ 환경조사는 기본계획 및 노선선정 단계에서 실시하는 광역 환경조사와 시공계획 수립 후 실시설계 및 시공단계에서의 철도입지 주변 환경조사로 구분하여 실시한다.

㉡ 환경조사는 해당지역의 도시계획, 각종 상위 계획에 대한 조사를 한다.

㉢ 광역환경조사는 구조물 시공 및 사용에 의한 자연환경 및 사회환경에 대한 악영향을 최소로 줄이기 위하여 광범위하게 실시하여야 하며 다음사항을 포함한다.

- ○ 수리 수문 : 지형 및 하곡의 성상, 하천유량, 지하수위, 물이용 현황, 지하수에 영향을 미치는 다른 공사의 유무, 대수층의 존재 여부
- ○ 기상 : 기온, 강우, 강설, 바람 등의 영향, 눈보라와 돌풍의 발생 빈도 및 현황
- ○ 재해 : 산사태, 눈사태, 붕괴, 지진, 홍수 등의 발생지 및 피해정도
- ○ 토지 : 토지이용 현황, 주요구조물
- ○ 교통 : 기존철도, 도로의 규격, 구조
- ○ 공공시설물 : 학교, 병원, 요양소, 자연공원 등 공공시설물의 위치 및 규모
- ○ 문화재 : 사적, 문화재, 천연기념물 등의 위치, 규모 및 지정 현황
- ○ 지하자원 : 권리설정 현황, 광산 현황 및 광물의 부존상태
- ○ 광산개발 : 광산의 갱도나 폐갱도와 지하공동의 위치 및 규모
- ○ 기타 : 동식물의 분포상태 및 경관, 지역개발계획

㉣ 철도입지주변 환경조사는 시공에 의하여 발생되는 구조물 주변 환경변화의 예측, 환경보전대책의 입안, 대책의 효과 확인 등을 위하여 실시하며 다음 사항을 포함한다.

i) 물이용 현황

○ 지표수 및 지하수의 수질, 수원 현황, 탁수발생 가능성이 있는 인접공사, 유로 및 수위변화 가능성

○ 시공 중 발생하는 용수나 건설공사가 주변의 지표수 및 지하수에 미치는 영향 예측

○ 건설공사로 갈수가 예상되는 우물, 저수지, 용천, 하천 등은 그 분포, 수량의 계절적 변화, 이용 상황 등을 조사하여 갈수대책의 자료로 이용

ii) 소음 및 진동의 영향을 받을 수 있는 주변 현황

iii) 지반과 구조물의 변형

○ 건물, 구조물 상태, 지형 및 지질, 토지이용 현황, 구조물의 변형발생 가능성이 있는 인접공사

iv) 수질오염

○ 하천의 상태, 배수 상태, 수로 상태, 공사로 인한 폐수 및 폐유 발생 상태, 법 규제 상태

v) 대기오염

○ 대기 중의 유해물, 기상현상

vi) 교통장애

○ 교통량 혼잡상태, 도로관리자, 도로주변의 환경 등

④ 지장물 조사

㉠ 터널공사 전에 지역 내에 이미 설치되어 있는 상하수도관, 송유관, 통신 및 전력케이블, 도시가스관, 지하갱도 등의 지하시설물의 종류, 심도 및 크기를 파악하여 안전한 시공을 할 수 있도록 하여야 한다.

㉡ 시추조사는 관련 기관으로부터 지장물매설도를 구하여 참고하고, 터파기나 물리탐사를 이용하여 지하 지장물의 유무를 확인하고 유관 기관과 협의하여 시행한다.

㉢ 지장물조사결과는 후속 공사에 지장물 보호를 위해 활용한다.

⑤ 수문 및 수리조사

㉠ 수문조사는 시공 중 발생하는 용수나 터널공사가 주변의 지표수 및 지하수에 미치는 영향을 미리 예측할 수 있도록 실시한다.

㉡ 터널공사로 갈수가 예상되는 우물, 저수지, 용천, 하천 등에 대해서는 그 분포, 수량의 계절적 변화, 이용 상황 등을 조사하여 갈수대책의 자료로 이용한다.

㉢ 터널에 있어 수문조사는 막장의 자립성, 터널 내 용출수의 형태와 규모, 강수 및 갈수의 영향범위와 규모, 배수구나 양수시설 등의 계획과 설계의 검토를 가능하게 자료를 제공하도록 한다.

⑥ 공사용 설비조사

공사용 설비로는 터널입구 설비, 환기 및 집진설비, 운반설비, 골재 및 콘크리트 플랜트 설비, 수전 및 배전 설비, 용수 및 배수 설비, 임시건물 설비 등이 있으며, 공사용 설비계획에 필요한 자료를 얻기 위하여 다음 사항을 조사한다.

㉠ 지형, 지질, 기상 : 설비기능 저해 혹은 위험가능성이 있는 지형, 지질 및 기상

㉡ 주변 환경 : 주변 환경에 영향을 미치는 공사용 설비의 소음, 진동, 배수 및 교통

㉢ 전력의 사용 : 기 가설 송배전선의 용량, 주파수, 전압, 수전 및 변전의 난이, 수전 소요시간, 개략비용, 발전설비 등의 동력원, 공사용 장비운용에 소요되는 전력량

㉣ 화약고 설치계획 : 화약취급에 관한 법률이나 지방자치단체 조례

㉤ 용수 및 배수 : 콘크리트 혼합용수, 음용수, 기타용수의 취수조건, 터널 시공에 수반한 용출수의 처리, 세척수의 방류조건

㉥ 자재 및 버력 운반 : 기계 및 자재의 반출 및 반입, 버력 운반 등에 필요한 공사용 도로, 궤도 등의 규격, 교통량, 안전, 교통규제의 현황 및 주변도로 이용현황

㉦ 노무 자재 : 터널 외부 설비에 관계되는 콘크리트용 골재, 굳지 않은 콘크리트, 기타 자재의 공급경로, 공급사정의 현황 및 관리방법, 노무사정의 현황

㉧ 법규 등 규제 : 인접지역의 공사 유무, 규제사항

⑦ 보상조사

터널공사에서 보상대상은 용지취득에 수반되는 토지, 건물, 수목 등의 매수 및 이전, 지상권, 지하권, 수리권, 온천권, 어업권, 광업권, 채석권 등의 각종 권리의 침해, 농림 및 어업수익의 감소, 영업 손실 등이 있고, 이들의 보상을 위한 자료를 얻기 위하여 착공 전의 여러 사항에 대하여 충분한 조사를 하여야 한다.

⑧ 사토장 조사

㉠ 공사 중에 발생하는 버력을 처리하기 위한 사토장이 필요할 때는 지형, 운반방식, 운반거리, 운반도로의 교통규제, 교통안전 등의 운반조건, 사토장이 주변 환경에 미치는 영향, 사토 후의 토지의 형태 변화, 법규에 의한 규제에 대해 사전에 조사한다.

㉡ 사토를 위한 용지취득 및 사토에 따른 보상대상 사항에 대해 조사하여야 한다.

㉢ 사토장을 계획할 때는 사토 시 지반의 안정성, 토사유출, 유해광물에 의한 환경오염 방지에 관한 조사를 실시한다.

⑨ 관계법규 조사

터널건설이 법규에 의한 규제를 받는 경우에는 그 규제가 공사에 미치는 영향의 범위, 규제의 정도, 수속, 대책 등에 관한 사항을 조사해야 하며 제3장 "(6) 사업시행영향조사"내용을 따른다.

다. 지반조사

① 일반 사항

㉠ 지반조사는 예비조사, 본 조사, 보완조사로 단계별로 구분하여 시행한다.

㉡ 예비조사는 공사계획단계에서 터널의 위치선정을 위하여 실시하는 조사이다. 이 조사는 예비설계, 본 설계의 계획에 필요한 자료를 얻기 위해 하는 것으로 기존자료조사, 항공사진 판독 및 분석, 현장 답사 등을 실시하여 개략적인 지반특성을 파악할 수 있도록 하며 필요할 경우 시추조사를 한다.

㉢ 본 조사는 실시설계나 시공에 필요한 지반의 상세한 정보를 얻기 위하여 시행하는 것으로서 지층의 분포, 지질구조, 공학적인 특성 등 설계정수를 파악하기 위한 지표지질조사, 지구물리탐사, 시추 조사, 물리검층 및 현장시험, 실내시험을 포함한다.

㉣ 대규모 터널과 도심지 통과 터널은 정밀조사를 한다.

② 예비조사

㉠ 자료조사

i) 대상 지역의 지반 개략상황을 항공사진, 기존의 지반조사 자료와 지형도, 지질도, 지하매설물도, 기존 구조물 도면, 지하수 현황, 폐광 및 지반공동 현황 등 기존자료를 이용하여 파악한다.

ii) 기존의 지반자료 조사는 예비조사에 우선하여 실시한다.

㉡ 현장답사

i) 현장답사는 야외조사를 통하여 지형이나 지질 및 지반상태를 확인하거나 지역 주민들의 청문을 통하여 과거의 지형변화 등에 대한 정보를 수집하여 자료 조사에서 나타난 사항을 확인하고 도상계획에 참고할 수 있도록 하며, 조사수행에 영향을 줄 수 있는 제반 현장여건을 확인하여 본 조사계획을 수립한다.

ii) 현장답사 결과를 토대로 이미 계획된 사항에 대해서는 문제점을 파악하여 변경하거나 보완한다.

iii) 현장답사 중 계획된 구조물의 위치가 불량한 지반에 위치하였을 경우는 지반이 양호한 곳으로 위치를 바꾸거나 구조물의 형태 및 규모를 조정할 수 있도록 한다.

현장답사에서 조사할 주요 내용은 지형변화, 지질구조, 지표수 및 지하수, 인근 구조물 유지상태, 지하매설물, 수송로 등이다.

iv) 조사구역 인근에 구조물이 있을 때는 기초 형식, 규모, 구조물의 침하나 경사 등의 유무와 정도를 조사한다.

③ 본 조사

㉠ 지표지질조사

i) 지표지질조사는 현장정밀조사 이전에 지형, 토질, 지질구조, 암상과 지층, 지하수 등의 종류, 분포 및 상태 등을 개괄적으로 파악하여 본 조사를 실시할 때 기본 자료로 활용한다.

ii) 지표지질조사를 통해 단층, 습곡, 절리 등이 표시된 지질구조도 및 암의 종류가 표시된 지질도를 작성하고 지질재해의 가능성 등을 검토하여야 한다.

iii) 이 조사에서 표층지반, 암질, 지질구조, 지하공동, 암반거동, 지표수 및 지하수 등의 사항을 조사하여 결과를 응용지질도(engineering geologic map)에 표시한다.

iv) 항공사진은 1/10,000 이상의 축적, 지형도는 1/5,000 축척의 기본 지형도를 사용한다.

㉡ 시추조사

i) 공사구간 내 지반에 대한 지층구성과 지하수위를 파악하고 교란, 비교

란 시료를 채취하며 시추공을 이용한 현장시험을 수행하기 위해 시추조사를 실시한다.

ii) 시추공의 간격은 노선방향으로 50~200m 간격으로 배치하는 것을 표준으로 하되 공동이 산재되어 있거나 석회암 지대, 단층, 파쇄대 등의 경우는 시추간격을 축소 조정하여야 한다. 단 토피가 두꺼운 산악지형으로 접근이 어렵고 시추심도가 상당히 깊은 경우는 터널 양쪽 갱구 쪽에 각 2개소의 시추조사를 하고 항공사진 판독과 탄성파탐사 결과 지반조건이 불량한 연약 층에 시추조사를 하며 필요시 시공중에 터널 내에서 수평시추를 실시하여 지반상태를 확인할 수 있다.

iii) 시추심도는 원칙적으로 터널 바닥부에서 터널최대 직경의 1/2 이상의 깊이까지 하되 특정 목적을 위하여 심도를 증가할 수 있다.

iv) 시추공의 지하수위 측정은 시추종료 후 24시간 후에 실시하여야 하며 필요 시 72시간 경과 후에 측정하여 안정된 수위를 산정한다.

v) 시추공은 시멘트 풀이나 모르타르로 폐쇄하여야 한다. 시추공 폐쇄 작업은 시추공에 의한 지하수 오염을 방지하고 대수층이 있는 경우 지하수의 상하이동이나 지하수가 섞이지 않도록 하여 지하수 유동으로 인한 오염의 확산을 방지한다.

vi) 시료의 관찰과 각종 시험을 위해 시료채취를 하여야 하며 채취된 흙은 교란 시료와 비교란 시료로 구분하여 시험용으로 사용한다.

vii) 시험항목으로는 지하수위, 간극수압, 지하수 흐름 방향과 속도, 수질, 대수층의 분포, 범위, 두께, 투수성, 물리적 성질 등이 있다.

④ 지구물리탐사

㉠ 지구물리탐사 일반

i) 물리탐사는 지층의 성층상태와 그 성질, 표토 또는 풍화 층의 두께와 성질, 기반의 성질과 표면상태, 파쇄대의 위치와 규모, 공동의 위치와 규모, 지하수 존재 등을 조사하는 것이다. 물리탐사는 지표에서 시행되나 정밀한 자료를 얻기 위해 시추공 내에서 실시할 수 있으며 지반정보를 얻기 위한 물리탐사는 현장 적용가능성을 검토하여야 한다.

ii) 탐사방법은 대체로 탄성파탐사와 전기탐사법이 많이 사용되고 있으며 그 중 탄성파굴절법과 전기비저항 방법이 많이 사용되고 있으며, 전자

탐사, GPR탐사법이 있다.

iii) 전기검층은 보다 정밀한 주상도와 지층의 성질을 확인하기 위해 사용된다.

iv) 터널 근접부의 파쇄대 분포 탐지나 지하공동을 탐지함에 있어서 지표 레이더 탐사, 시추공 레이더 등 정밀물리탐사 기술을 조합하여 활용하면 높은 해상도의 영상을 얻을 수 있다.

v) 물리탐사로 측정되는 각종 측정값은 지반의 역학적, 공학적 성질을 그대로 나타낸 것이 아니고 전체의 지반상태를 나타내는 것이므로 다른 조사를 병용해서 그 해석에 틀림이 없도록 해야 한다.

vi) 지구물리탐사는 다음 사항을 고려하여 실시한다.

○ 탄성파탐사를 시행할 경우는 전파속도로부터 지층의 두께, 종류, 지반강도, 연약대 및 파쇄대에 관한 정보를 얻을 수 있도록 한다.

○ 전기탐사인 경우는 지층의 특성, 지하수 영향 등을 고려하여 해석한다.

○ 탐사결과는 현장측정자료, 전산처리 결과 및 최종해석결과로 나타내어야 하며 사용 장비명, 측선 및 측점 위치도와 현장 탐사 시 특기사항 등의 자세한 서술도 포함한다.

○ 탐사결과를 해석한 단면은 기반암의 분포, 연약대와 파쇄대의 발달 정도 등 도식적 또는 서술적 해석 결과가 첨부되어 설계 및 시공에 유용한 정보를 제공할 수 있어야 하며 필요한 경우 시추결과 또는 지질조사 결과와의 비교해석이 포함되어야 한다.

또한 내진설계를 위한 설계지반운동이 필요한 경우 적어도 기반면의 기준이 되는 전단파속도가 760m/sec 되는 정도의 깊이까지 탐사하여야 한다.

⑤ 시추공 내 탐사

㉠ 지표물리탐사에 비해 조사심도가 깊거나 분석능력을 높이고 터널설계에 필요하다고 판단되는 경우 시추공 내에 송신기 또는 수신기를 삽입하여 물리탐사를 하는 것이 바람직하다.

㉡ 시추공 내 탐사는 장소에 따라 시추공탐사, 시추공 내 물리검층으로 구분하고 시추공탐사에서는 탄성파 도달시간, 반사레이더 파, 직접 레이더 파, 전기비저항을 측정하고, 시추공 내 물리검층에서는 전기 비저항, 자연전위, 감마량, PS파 도달시간, 초음파도달시간이나 진폭, 시추공 벽의 영상 등을 측정한다.

⑥ 시험터널조사

㉠ 특수한 지반상태를 직접 확인할 필요가 있거나 특정 사항의 계측, 원 위치 시험을 실시할 필요가 있을 때는 시험터널을 굴착하여 조사할 수 있다.

㉡ 팽창성 지반, 함수미고결지반 등의 특수지반에서 지반조건, 단층파쇄대 등의 특수지질조건을 상세히 조사할 필요가 있을 때나 지보공의 검토 등 설계, 시공에 직접 관련된 정보를 얻기 위해 필요한 경우 시험터널을 통해 다음 항목을 조사한다.

- ○ 지질분포와 구조, 자립성, 지반의 탄성파속도, 지압, 초기응력 등 지반상태
- ○ 용수의 양, 수압, 수질, 투수계수
- ○ 지보재 및 지표변위
- ○ 발파진동, 암석시료채취 등

㉢ 시험터널에서 목적에 따라 조사, 시료채취, 시험, 계측을 할 수 있다. 시험터널의 위치, 길이, 단면, 굴착방법, 조사항목 등은 목적에 따라 필요한 항목을 선정한다.

㉣ 시험터널 조사는 응용지질도를 작성하여 종합분석 시 참고하도록 한다.

라. 시험

시험은 현장시험, 실내시험, 암석시험으로 구분한다.

현장시험에는 지표지질조사, 탄성파탐사, 공(孔)내 재하시험, 수압시험, 표준관입시험이 있으며 필요 시 초기응력, 전기비저항을 측정한다.

실내시험으로는 토질시험, 함수비시험, 비중시험, 액성한계시험, 소성한계시험, 입도분석 등이 있다.

암석시험에는 단위중량시험, 일축압축시험, 탄성파속도시험, 포아송비, 인장시험, 삼축압축시험, 절리면전단시험 등이 있다.

마. 지반조사 성과 정리

① 지반의 분류

㉠ 지반의 분류는 터널의 설계 및 시공에 영향을 주는 지반의 여러 성질을 등급에 따라 구분하고 계획단계에서부터 조사, 설계, 시공에 이르는 모든 과정에서 일관성 있게 적용될 수 있는 객관적인 지표로 정한다.

㉡ 조사와 시험으로부터 수집된 제반정보를 종합적으로 분석하여 설계 및 공사 목적에 부합되게 지반을 분류한다.

㉢ 지반분류지표는 객관적인 평가가 가능하고 터널설계 및 시공과 관련된 지반 특성을 포함하여 터널의 표준적인 굴착 및 지보패턴과 대비될 수 있는 요소들이어야 한다.

㉣ 암반 분류는 다음 중 필요한 사항을 선정하여 분류한다.

- 압축강도
- 탄성파속도
- 변형계수
- RQD(rock quality designation)
  RQD는 시추코아 중 100mm 이상 되는 코아의 길이의 합을 시추 길이에 대한 백분율로 표시한 값으로 암질의 상태를 나타내는데 사용함
- 불연속면의 간격 또는 빈도
- 불연속면의 상태(거칠기, 풍화도, 연속성, 틈새, 충전물의 두께와 특성)
- 불연속면의 방향 및 경사
- 지하수 상태
- 초기응력 상태
- 암석종류, 풍화도, 수침 시의 특성 등 암반의 거동특성에 영향을 주는 지반특성

2) 터널 시공

터널시공에 관한 내용은 한국철도시설공단이 제정한 철도공사전문시방서(토목편)를 기준으로 설명한다.

(1) 터널공사 시공계획

터널공사를 착공하기 전에 사전조사를 시행한 후 터널굴착공법, 버력 처리공법, 라이닝공법, 장비, 재료 및 인력투입, 공정표, 시공성, 안전성 등을 검토하여 공사기간 내에 경제적이고 안전하게 시공할 수 있는 터널시공계획서를 작성하여 이에 따라 시공하여야 한다.

시공계획서에는 다음 사항이 포함되어야 하며 시공계획을 변경하는 경우에도 같

은 내용으로 작성하여야 한다.

① 터널의 단면크기, 모양, 연장
② 터널의 지형, 지질조건, 용수 및 기상, 지장물 등 환경조건
③ 굴착공법, 천공, 발파, 환기, 지보재, 버력 처리를 위한 적재와 운반, 배수 및 방수공법, 투입 장비 및 인력, 공사시기
④ 콘크리트라이닝 공법, 거푸집, 콘크리트 운반 및 타설, 콘크리트플랜트, 사용재료 및 현장배합, 갱문시설
⑤ 갱내조명, 전력, 공사용 환기 등 갱내설비와 화약고, 중기정비소, 변전실, 재료적치장, 사토장, 사무소 및 숙소, 진입도로 등 갱외설비
⑥ 굴착 및 콘크리트라이닝 사이클 타임(cycle time), 1회 발파 진행과 1일 굴진 등 공정관리, 품질관리, 안전관리, 진동, 소음, 오수처리, 환기 등 환경관리
⑦ 보조갱, 사갱(斜坑), 수직갱 등의 설치 여부, 터널공사 규모, 공사비, 공사기간 등

(2) 시공 중 조사

① 터널굴착작업과 병행하여 지질상태, 갱내변위, 용수, 지보재(支保材) 상태, 가스발생, 갱내온도, 환경상태, 조명, 지표변위 및 원지반 상태 등을 주기적으로 조사하여 사고가 발생하지 않도록 사전 대비한다.
② 터널 시공 중 막장수평보링, 탄성파 탐사 등의 상세조사를 필요에 따라 하여 굴착작업에 차질이 없도록 해야 하며 필요 시 시험터널에 의한 조사를 실시할 수 있다.
③ 막장관찰은 매 굴진장마다 실시해야 하며 지반조건에 따라 관찰빈도를 조절할 수 있다.

(3) 시공법 변경

① 터널시공법이 공사안전에 부적합하다고 판단될 때는 지체 없이 안전하고 적합한 공법으로 시공할 수 있도록 시공법을 변경하여 시공 하여야 한다.
② 터널굴착 시에는 암반조사 및 계측결과를 정밀하게 분석, 검토하여 현장실정에 적합한 공법으로 변경하여 시공한다.
③ 시공법을 변경하고자 할 때는 터널시공변경계획서를 작성하여 변경 시공법을 검토한 후 변경한다.

(4) 터널 굴착

가. 일반사항

① 터널을 굴착(掘鑿)하는 공법으로는 터널의 위치와 기능에 따라 산악(山岳), 개착, 실드, 침매(沈埋)터널공법으로 구분한다.

② 굴착방법을 선정할 때는 지반조건, 토피, 환경조건, 터널단면의 크기, 형상, 연장 등을 고려하여야 하며 굴착방법은 인력굴착, 기계굴착, 파쇄굴착, 발파굴착으로 구분한다.

③ 굴착공법은 굴착단면의 크기 및 모양, 원지반의 조건, 터널연장, 공기, 입지조건, 투입 굴착장비, 버력 처리, 라이닝을 고려하여 안전하고 시공성이 있는 경제적인 공법을 선정하여야 한다.

④ 단선철도터널과 복선철도터널, 정차구간의 대단면터널은 굴착단면의 크기가 다르므로 이에 적합한 굴착공법을 선정하여야 한다.

⑤ 굴착을 진행하는 방법에 따라 전단면굴착, 분할굴착이 있으며 분할굴착은 수평분할굴착, 연직분할굴착, 선진도갱공법으로 구분한다.

⑥ 지반조건이 불량한 경우는 현장조건에 적합하고 안전한 보조공법을 선정한다.

⑦ 갱구부근은 원 지반 지질조건, 가옥, 목장, 기타 지장물, 복토, 계곡 및 하천, 기존철도나 도로근접 등 입지조건에 따라 주변 환경을 고려하여 안전하고 시공성 있는 적합한 공법을 선정하여야 한다.

⑧ 터널굴착 중 지질상태가 파쇄대나 단층지대로서 원지반이 붕괴될 우려가 있을 경우는 보조공법 등으로 우선 보강하여 사고를 예방하고 전문가의 의견과 안전진단 등으로 안정성 여부를 면밀히 검토하여 안전한 공법을 선정하여야 한다.

⑨ 터널굴착은 측량한 선로중심선과 선로종단 시공기면의 표고를 기준 하여 터널시공계획서에 제시한 굴착공법으로 굴착하여야 한다.

⑩ 터널굴착은 원지반이 이완되지 않도록 주의하여 굴착하여야 하며 막장 천장부의 붕락이나 막장단면의 붕괴가 발생하지 않도록 굴착하여야 한다.

⑪ 용수개소는 용수량과 지반조건에 따라 굴착공사 중 또는 완공 후 유지관리 등을 고려하여 배수설비 또는 방수설비를 하여야 한다.

나. 터널굴착 공법

① 산악터널

산지나 구릉에 건설되는 터널에 사용하는 공법으로 작업순서는 발파나 기계에 의한 굴착, 굴착된 토석을 갱외로 반출하는 버력 처리, 갱내 표면 흙이 무너지지 아니하도록 나무나 강재를 짜서 버티는 지보(支保)공사, 내벽을 항구적인 구조로 만드는 복공(覆工, lining)으로 진행된다. 라이닝은 굴착한 터널의 붕괴나 토사 유출을 막기 위해 터널의 가장 내측 벽에 붙인 일정한 두께의 무근 또는 철근콘크리트의 터널 부재를 말한다(한국철도시설공단, 철도설계편람(토목편), 2004).

발파공법은 착암기로 1~3m 깊이로 천공(穿孔)하여, 다이너마이트를 장진시켜 폭파하는 공법이다. 최근에는 다수의 착암기를 이동 대차에 싣고 유압으로 조작하는 방식이 주로 사용되고 있다. 굴착 길이가 짧은 곳은 발파에 의해 원지반을 상하게 하거나 여분의 굴착이 많아지기 쉽다.

기계굴착공법은 커터(cutter)의 회전에 의해 암반을 깎아내는 것으로, 시공속도가 빠르다. 이 공법은 기계비용의 부담이 크고, 짧은 터널에서는 불리하며, 기계의 성능, 정비(整備)와 부품의 조달 등의 영향으로 능력을 발휘하지 못하는 경우가 있다.

터널을 높은 성능의 자동기계로 굴착하기 위한 방법이 개발되어 실용화되고 있지만 모든 지질에 적용할 수 있는 성능을 가지는 것은 쉽지 않고, 또한 기계가 고가이므로 경제성도 사전에 검토되어야 한다.

굴착방법에 대하여는 “다. 굴착방법”에서 보다 자세히 구분하여 기술한다.

터널의 단면별 굴착진행에 따른 굴착공법은 다음과 같다.

터널의 굴착공법은 막장의 자립성, 원지반의 지보능력, 지표면 침하의 허용값 등을 충분히 조사한 후에 시공성과 경제성을 고려하여 다음 사항을 근간으로 결정한다.

㉠ 전(全) 단면공법

처음 미국에서 발달한 공법으로 대형 착암기를 사용하여 전 단면에 걸쳐 천공(穿孔)하고 폭파에 의하여 전 단면을 동시에 굴착하는 공법이다.

이 공법은 지질이 양호한 경우에 대형기계를 사용하여 굴진속도가 빨라 공기단축이 가능하나, 굴진 중 불량한 바닥을 만나면 공법 변경을 하여야 할 경우가 많다. 특히 대단면인 경우는 1차 지보설치의 작업효율이 떨어지고 큰 작업대가 필요하게 된다(이종득, 2001 ; 김승렬, 2005).

㉡ 상부반단면선진(上部半斷面先進, bench cut)공법

터널의 단면을 상하 수평으로 나누어 굴착하는 공법으로 지질이 불량한 경우

에 한 번에 굴착하는 단면을 작게 해서 굴진한다. 벤치는 터널 단면을 수평으로 분할하여 굴착하는 경우에 분할면을 말한다.

㉢ 저설도갱선진(底設導坑先進)공법

현재 많이 채용하고 있는 공법으로 저설도갱선진반단면굴착공법이며 신 오스트리아공법(NATM)을 간략화한 것이라 할 수 있다. 시공은 우선 아래 쪽 도갱을 먼저 진행시켜 지질을 확인하고 용수처리를 한다. 다음에 도갱을 운반로로 상부 반 단면을 굴착하여 아치콘크리트를 친다. 도갱(heading)이란 터널단면 중 노선의 중심선에 맞추어 제일 먼저 굴착하는 부분으로 pilot tunnel이라고 한다. 그리고 측벽 부인 나머지 부분을 굴착하여 측벽 콘크리트를 친다. 철도터널에서 많이 채택되고 있는 공법인데 특징으로는

i) 지질의 적용범위가 넓다.
ii) 굴착하는 곳이 집중되어 있다.
iii) 전단면굴착법에 비해 작은 용량의 기계설비로도 가능하다.
iv) 신 오스트리아식에 비해 시공속도가 빠르다.
v) 나쁜 지질이라도 도갱으로 굴착 가능하며 파 넓히기 전에 용수 처리가 가능하다.
vi) 터널 상부와 하부시공을 병행할 수 있으며 장대터널에 적합하다.
vii) 좁은 도갱을 상부반단면의 굴착이나 재료운반통로로 사용하므로 작업능률이 나쁘다.
viii) 작업개소가 도갱 선단에서 측벽콘크리트까지 세로로 길고 복잡하여 작업관리가 어렵다.

㉣ 측벽도갱선진(側壁導坑先進)공법(side pilot tunneling method)

작업능률은 낮으나 지질불량으로 큰 지압이나 많은 용수가 예측될 때 적합한 공법이다. 시공은 양측 벽을 따라 굴착, 측벽콘크리트치기, 상부 굴착, 아치콘크리트 타설, 배면(背面)굴착, 인버터(invert)굴착, 인버터콘크리트 타설 순으로 시공한다.

㉤ 링 컷 공법

상부 반 단면을 일시에 굴착하면 막장이 붕괴할 우려가 있을 때는 우선 링 부분을 굴착하여 여기에 강(鋼)아치 동바리를 세워 지지시키고 그 후에 굴진하는 공법을 말한다. 막장면의 안전성 확보가 용이하며 연약한 지반조건에서 대단면 굴착이 가능하고 지반변화에 대처하기 쉽지만, 작업 공간 확보가 제한적이고 1차 지보설치가 어렵고 작업공종이 많아서 작업 사이클 조정이 어려운 단점이 있다. 저설도갱선진법이나 측벽도갱선진공법에서 사용한다.

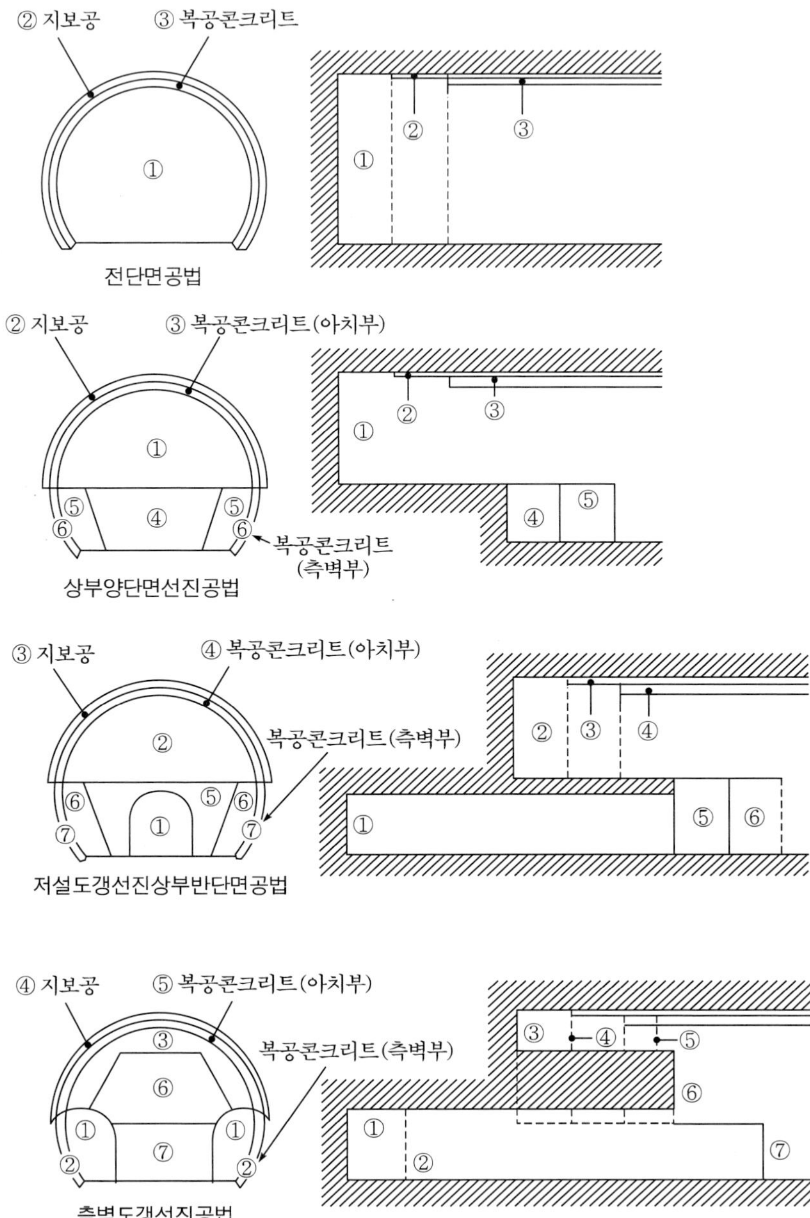

그림 5.12 터널굴착공법 종류

버력 처리는 궤도 트롤리, 트럭, 컨베이어로 운반하는 방법이 있는데, 터널 단면적, 터널연장, 작업속도, 안전성, 사토장 설비, 경제성 등을 검토하여 정한다.

버력 처리는 작업장소를 위험구역으로 정하여 충분한 조명과 환기시설을 하여 안전하게 작업을 할 수 있도록 하고 버력 적재는 발파 후 부석(浮石)정리, 불발 및 잔류화약 제거, 환기 등 안전하게 작업을 할 수 있는 조건을 점검한 후에 작업을 하여야 한다.

지보(支保)작업은 굴착된 지반의 내벽(內壁)에 압축공기에 의해 콘크리트 또는 모르타르(숏크리트라 함)를 뿜든지, 강지보재(steel rib)로 받쳐 지반 내벽의 붕괴를 방지하는 작업이다.

지보재는 조사한 지질자료를 기준하여 원지반이 양호한 경우와 불량한 경우로 암질을 구분하고 터널굴착방법에 적합한 지보재 순서를 조합하여 선정한다. 강제아치나 시트파일로 내측을 지지하는 방법은 오래 동안 사용되어 왔다.

1977년경부터 신 오스트리아공법(NATM : New Austrian Tunneling Method)이 많이 사용되고 있다. 이 공법은 암반이 가진 성질을 최대한 이용하는 것으로 긴 록볼트(rock bolt)를 약 6m 삽입하여 고정시키는 공법으로 가설(假設)용 지보강재가 필요하지 않다.

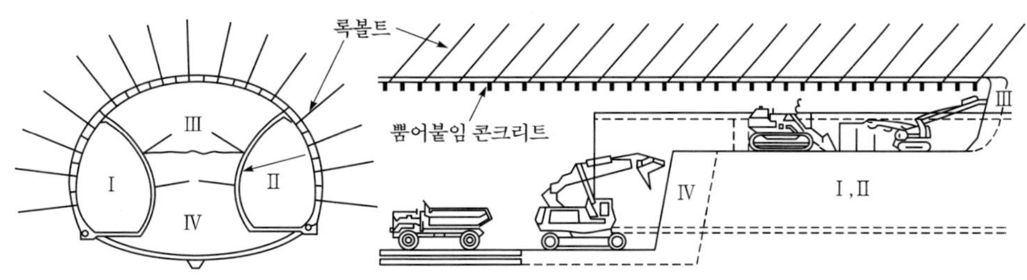

그림 5.13 NATM 공법

록볼트는 정착형식에 따라 선단정착형, 전면접착형, 혼합형이 있는 데, 선단정착형은 록볼트의 선단을 지반에 정착하고 프리스트레스를 가한 뒤 너트로 조이는 형식이고, 전면접착 형은 록볼트 전 길이를 수지 또는 모르타르 등으로 지반에 정착시키며, 혼합형은 선단을 지반에 정착시키고 프리스트레스를 가한 후 록볼트 전 길이와 지반 사이를 정착 재료로 충전시키는 형식이다. 형식은 원 지반조건, 굴착단면 크기, 시공성, 경제성 등을 고려하여 선정한다.

복공작업(lining)은 터널내벽을 콘크리트를 쳐서 항구적인 구조로 만드는 작업이다.

먼저 형틀을 만들고 콘크리트를 친 후, 양생(養生)하고 형틀을 걷어낸다. 콘크리트 두께는 터널 단면의 크기에 따라 다르며 라이닝이 끝난 후 복공과 지반 사이에 남는 공극(空隙)에는 그라우팅(grouting)공법 등으로 뒤채움을 하여 지반의 이완(弛緩)을 방지 한다. 지반이 양호한 경우는 굴착된 그대로 복공을 하지 않는 경우도 있다.

터널 천장부의 콘크리트 채움을 검사하기 위해 거푸집 1스팬마다 직경 10mm 파이프를 천장부 양단에 끼워넣어 채움 상태와 공극을 조사할 수 있도록 설치한다.

요즈음은 터널시공이 거의 기계로 진행되고 있다. 굴착은 점보드릴, 보링머신, 토석적재기로 하고, 토석운반은 기관차나 운반차로 한다. 지보 작업은 록볼트 타입기가, 복공에는 강제(鋼製)이동거푸집, 공기압축에 의한 콘크리트 타설기(打設機)가 사용된다.

기관차는 전기 또는 디젤기관차가 사용되며 디젤일 경우는 환기설비가 필요하다.

이처럼 기계화 시공과 장비의 발달로 공기가 단축되는 등 터널건설이 종전에 비해 많이 쉬워졌다.

② 개착(開鑿)터널

지표면으로부터 굴착(open cut)하는 공법으로, 비교적 낮은 지하터널에 적용된다. 산악터널에 비해 공사비가 2~3배 낮다. 도시지역의 일부에 적용 되며 시공순서는 다음과 같다.

㉠ 터널에 필요한 폭과 깊이로 양측에 강 말뚝을 박아 흙막이를 한다.

㉡ 강 말뚝 사이에 나무나 강재로 가로질러 넣고, 그 위에 복공판(覆工板)을 만들고 노면 교통을 처리한다.

㉢ 터널 내의 매설물을 보호하면서 굴착하고 지보공을 설치한다.

㉣ 콘크리트로 구조물을 만든다.

㉤ 매설물을 복구한다.

대부분의 경우 철근콘크리트의 구형 단면이 많이 적용된다(이종득, 2001).

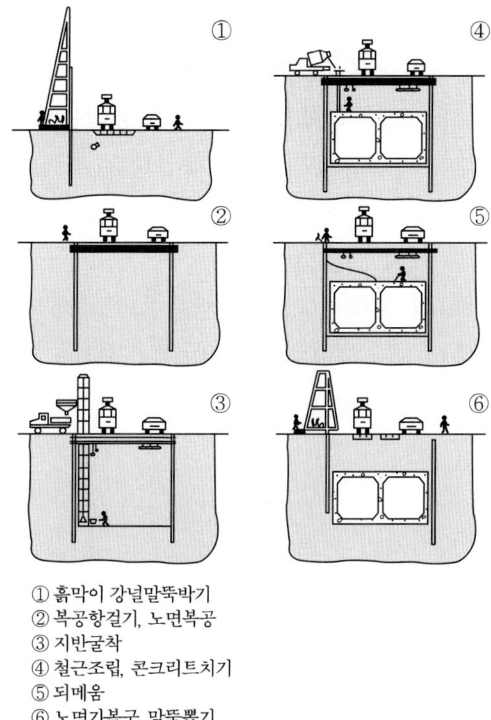

그림 5.14 개착공법

다음에는 지반과 복공사이에 실드판의 두께와 같은 공극이 생기므로 여기를 시멘트밀크로 채우는 일차복공을 한다. 2차복공은 일차복공 내측에 콘크리트를 타설하여 마무리 시공을 한다.

③ 실드터널

지반 내에 실드(shield)라 부르는 강제(鋼製) 원통을 땅 속에 밀어 넣어 굴착기로 굴진하고 실드의 후방에서 활꼴 아치를 조립하여 이것을 1차 복공으로 하는 터널굴진 공법을 말한다.

실드공법은 1818년에 영국에서 고안되었으며 1825년 템스 강 하저(河底)의 도로터널에 처음으로 사용 되었다. 일반적으로 연약지반에 현장의 안정과 주변부의 붕괴를 방지하는 데 적합한 공법이나 최근에는 시공 중의 노면교통로의 확보, 소음, 진동방지 대책으로 지하터널에 많이 사용되고 있다. 산악터널에 비해 건설비가 높지만 공사비 절감을 위한 공법개선 노력이 이루어지고 있다.

시공법은 실드를 유압잭으로 지중으로 밀고나가, 실드 앞부분의 칼날의 회전으로 굴착하며, 토사를 뒤쪽으로 보낸다. 보통공법은 흙막이가 어려운 것에 비해, 이 공법은 흙막이 기구설치가 쉽다. 유압잭의 추력(推力)에 대한 반력은 뒷부분의 복공부가 부담한다. 실드 뒷부분에서는 강제(鋼製) 또는 철근콘크리트 부재를 조립하여 복공(覆工)을 한다.

실드는 전면(前面)의 형식에 의하여 개방형과 폐쇄형으로 나눈다. 개방형은 막장이 안정한 경우에 사용하고 폐쇄형은 연약지반에 적용되며 실드 전면의 격벽에서 막장의 붕괴를 막으면서 굴진한다. 굴진방식에는 다음과 같은 공법이 있다.

㉠ 토압실드방식

막장 전면에 밀착시킨 커터 헤드(cutter head)를 회전시켜 전면을 동시에 연속적으로 굴착한다. 유압 쇼벨 등으로 막장의 일부 또는 대부분을 굴착한다.

㉡ 이수가압(泥水加壓) 방식

대수층이나 연약지반을 굴착할 때는 토사가 실드 내에 유입하는 것을 방지하기 위하여 실드의 전부 또는 막장부분에 압력공기를 가하는 공법을 말한다. 고압으로 된 이수를 분사시켜 굴착하면서 굴착된 토사를 이수와 함께 갱외로 액체로 수송한다. 이때 분리된 이수는 재순환하여 사용된다.

사용되는 압력공기의 압력이 높아지면 작업하는 사람의 잠함병(潛函病)에 대한 예방조치가 필요하며, 작업시간도 짧아져 공사비가 높아진다.

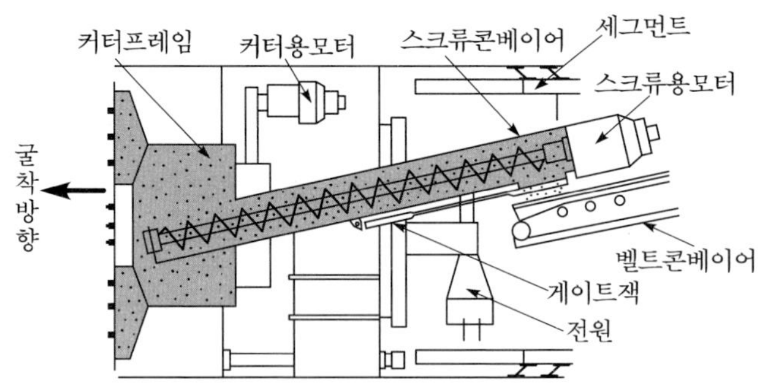

그림 5.15 토압실드공법

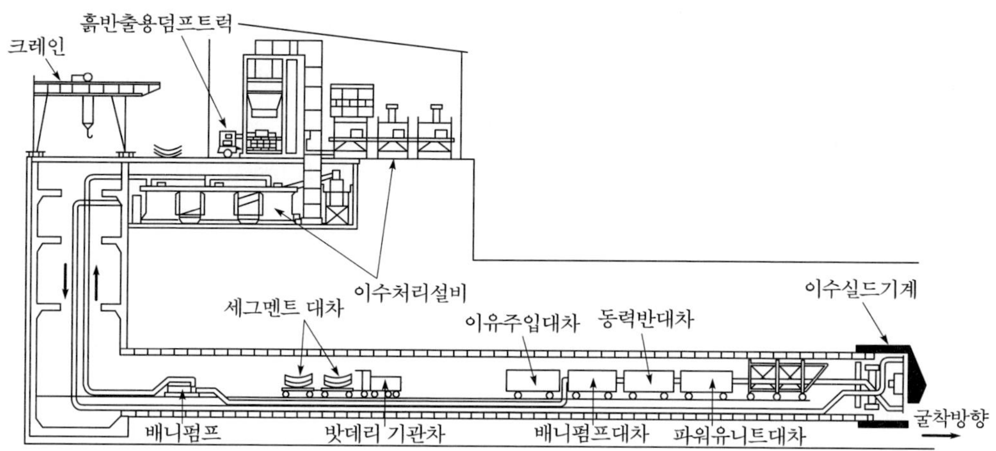

그림 5.16 이수실드공법

④ 침매(沈埋)터널

침매공법은 수저(水底) 또는 지하수면 아래에 터널을 건설하기 위한 특수공법이다. 즉 터널의 일부를 케이슨(caisson) 형으로 육상에서 제작하여 이것을 물에 띄워 부설현장까지 끌고 가서 소정의 위치에 침하시켜 연결한 후 되 메우기하고 속의 물을 빼서 터널을 구축하는 것이다.

침매공법의 장점은,

㉠ 단면의 형상은 비교적 자유롭고 큰 단면으로 할 수 있다.

㉡ 수심이 깊은 곳이라도 시공할 수 있다.

㉢ 육상에서 제작하므로 신뢰성이 높은 터널 본체를 만들 수 있고 시공기간이 짧아진다.

㉣ 수중에 설치하므로 자체중량은 작고 연약지반 위에서도 쉽게 시공할 수 있다.

반면에 문제점으로는,

㉠ 유수가 빠른 곳에는 강력한 작업비계가 필요하고 또 침설(沈設)작업이 어렵다.

㉡ 협소한 장소의 수로나 항행선박이 많은 곳은 장애가 생긴다.

㉢ 물 밑에 암초가 있을 때 트렌치의 굴착이 곤란하다.

침매공법은 침매 본체의 형상과 재질에 의하여 원형강각(圓形鋼殼) 방식과 직사각형 콘크리트방식이 있다.

원형강각방식은 주로 미국에서 발달한 공법이고 원형의 본체를 모래 등으로 평탄하게 한 기초 위에 직접 가라 앉혀 수중콘크리트 또는 고무 개스킷(gasket)을 써서 수압(水壓) 접합한다.

직사각형 콘크리트 방식은 유럽, 캐나다 등에서 많이 채용하고 있는 공법이고 가라앉히는 방법은 침매각(殼)의 양단을 가(假)토대위에 가설한 후 침매각과 기초의 공극 사이에 특수방법으로 모래를 뿜어서 채우는 방법을 취하고 침매각은 고무 개스킷을 사용하여 수압 접합한다.

다. 굴착방법

굴착방법은 인력, 발파, 기계, 파쇄굴착으로 구분 한다. 여기서는 발파 굴착, 기계굴착의 일종인 TBM굴착, 파쇄굴착에 대해 기술한다.

① 발파 굴착

㉠ 일반사항

i) 발파는 설계도서 및 공사시방서를 기준하여 터널현장조건, 시공성, 안정성, 경제성을 고려하여 발파공법을 선정하는 등 발파계획을 수립하고 이 계획에 따라 발파한다.

ii) 발파공법은 굴착단면의 크기 및 모양, 암질, 암반 절리, 용수, 터널 주변 환경, 1발파진행 길이와 사이클 타임, 터널공기, 천공 및 버럭 처리장비, 폭약 및 뇌관의 종류 등을 고려하여 안전한 발파패턴으로 시험발파한 후 발파공법을 선정한다.

㉡ 천공(穿孔)

i) 천공은 1발파 당 천공수와 천공 길이, 천공위치, 천공방향, 천공 각도, 착암기의 비트 크기 등 발파패턴에 맞추어 정확하게 천공하여야 한다.

ii) 천공하기 전에 터널중심위치 및 굴착단면 크기, 막장점검, 뜬 돌(浮石) 제거, 잔류폭약 제거 및 회수에 대해 확인하고 안전하게 천공작업을 하여야 한다.

iii) 천공 중에 발생하는 용수, 가스분출, 지질변화 등을 주의하여야 하며 예상보다 심할 경우는 용수개소에는 배수펌프의 설치, 가스분출 시에는 가스배출설비 설치, 지질이 심하게 변할 때는 발파패턴을 변경하는 등 응급조치를 취한 후 천공하여야 한다.

㉢ 폭약 장전

i) 발파계획에 따라 심 빼기, 측벽 부, 천장 부, 바닥 부, 중간 부별로 천공 1구멍 당 폭약 장전 량을 산정하여 장전한다. 여기서 심 빼기란 발파단면에서 자유 면을 넓혀 발파효율을 증대하기 위하여 먼저 장약발파하고 순차적으로 확대 발파하는 공법으로서 먼저 장약 발파하는 부분을 심 빼기라 한다.

ii) 폭약장전 량은 시험 발파하여 얻어진 자료를 기초로 산정한다.

iii) 전기뇌관은 발파모선 및 보조선의 저항을 측정하고 발파기와 같이 갱외에서 시험 발파하여 불발 등 안전성을 확인한 후 장전하여 발파한다.

iv) 전기뇌관은 발파모선 및 보조선의 저항을 측정하고 발파기와 같이 갱외에서 시험 발파하여 불발 등 안전성을 확인한 후 장전하고 발파한다.

v) 갱내 화약운반 량을 1발파 당 소요량이 부족함이 없도록 미리 조사하여 준비한다.

㉣ 발파 및 점화

i) 발파는 반드시 화약류취급 책임자가 수행하여야 하며 작업원의 대피를 확인한 후 점화하여야 한다.

ii) 전기발파는 반드시 화약류취급 책임자가 결선착오, 결선누락, 회로 단절 등 이상 유무를 점검하는 도통(導通)시험을 하여 이상 유무를 확인하여야 한다. 도통시험은 발파회로의 전(全) 저항을 측정하여 단선이나 단락이 없는지를 확인하는 시험이다.

iii) 발파 후 발파가스 환기 전에는 작업자의 막장 접근을 금지하여야 한다.

㉤ 발파 후 낙석예방

i) 터널공사 책임자는 발파 후 불발 및 잔류화약을 제거하고 다음 작업팀이 접근하기 전에 반드시 막장 상태를 조사하여 낙석 우려가 있는 뜬 돌을 제거하는 등 막장 안전관리를 점검하여야 한다.

ii) 시공자는 발파 후 낙반 및 과다 여굴이 발생하였을 때에는 그 상태를 측정하고 보강공법과 보강 재료의 선정 등 작업계획을 수립하여 감독자의 승인을 얻은 후 보강하여야 한다.

iii) 보강작업 시 뒤채움의 경우 이물질이 혼입되거나 공극 또는 공동이 발생하지 않도록 숏크리트를 타설하여 뒤채움을 철저히 하여야 한다.

iv) 터널 내 단층 및 파쇄대가 있을 경우나 지하수로 인해 낙석이나 붕괴가 발생하지 않도록 막장을 안전하게 보강한 후 발파작업을 하여야 한다.

ⓑ 발파영향 규제

i) 터널발파는 반드시 기존 시설물에 영향이 미치지 않도록 발파작업을 하여야 한다.

ii) 발파지점 주변에 보호하여야 할 시설물이나 구조물이 있는 경우, 대상 시설물 위치에서 발파진동허용치 이내로 발파한다.

iii) 발파지점 주변의 주거민에 대한 생활 공해 방지를 위하여 환경부에서 정한 진동과 소음에 관한 규정을 준용한다. 단, 가축사육 및 양식장 인접공사의 경우는 해당전문가의 자문을 얻어 발파 진동치를 정하여야 한다. 실제로 발파로 인한 가축사육의 피해분쟁은 자주 일어나고 있다.

iv) 발파기준치가 허용기준치를 초과할 경우는 저폭속의 폭약사용, 다단 발파 적용, 1발파 당 장약량 제한, 발파방법 재검토 등으로 진동치가 허용범위 이내가 되도록 조정하여야 한다.

v) 발파로 인한 민원유발이 예상되는 개소에는 미리 안전진단 등의 방법으로 대책을 강구하여야 한다.

ⓢ 여굴(餘掘)

i) 여굴은 적게 발생하도록 한다.

ii) 여굴이 발생할 경우는 발생 상태와 발생원인 등을 조사하여 필요 시 시공법을 개선한다.

iii) 암반일 경우는 절리 등에 유의하여 발파천공 위치, 방향 등을 조정하여 여굴이 적게 발생하도록 하여야 한다. 절리가 발달한 암반인 경우 여굴 부분은 진행성 여굴이 발생하지 않도록 보강하여야 한다.

iv) 여굴 정도가 심할 경우는 숏크리트와 록볼트로 보강하여 응력 집중에 따른 진행성 여굴 또는 불안정을 방지하고 여굴 부분은 모르타르 또는 콘크리트 등으로 채워야 한다.

ⓞ 굴착관리

i) 시공자는 터널 내 시공기준점을 설치하고 터널선형 및 갱구위치, 시공 기준점, 터널 내 선로중심기준점, 곡선기준점, 공사 시·종점, 선로 중심 기준점 표고, 임시수준점에 대한 확인측량을 하여야 한다.

ii) 내공단면 측정은 거리 5m마다 측정하고 필요에 따라 임의 거리마다 측정한다.

② TBM(tunnel boring machine)굴착

㉠ TBM 공법

i) TBM공법은 화약발파 없이 TBM 장비의 커터(cutter)가 회전하면서 암석을 갈아내어 굴진하는 기계굴착공법을 말하며 원형단면으로 굴착하므로 안전성이 커지고 발파에 의한 주변지반의 손상이 작아서 지반의 변형 및 침하가 감소하게 되어 인접 구조물의 피해를 최소화할 수 있다. 또한 진동이나 소음으로 인한 민원발생이 적고, 작업자에게도 안전하고 청결한 갱내작업 환경을 제공할 수 있다(김승렬, 2005). 굴착과 라이닝 작업조건에 따라 Open TBM, Shielded TBM으로 구분한다.

ii) Open TBM은 주로 연암 이상의 양호한 암반에 적용하며 전면 및 주변이 개방된 형태이고 추진력은 주변지반으로부터 얻는다. TBM으로 먼저 굴착한 후 라이닝을 하는데 공법으로는 세그먼트(segment) 라이닝, 콘크리트 라이닝, 세그먼트 조립 후 2차라이닝 콘크리트타설 공법 등이 있다.

iii) Shielded TBM은 상대적으로 연약한 지반에 적용하며 굴착 후 설치하는 세그먼트로부터 필요한 반력을 얻는다. TBM굴착과 세그먼트라이닝 병진공법, TBM굴착과 콘크리트라이닝 병진공법으로 구분한다.

iv) TBM은 원 지반조건, 터널굴착단면 크기 및 모양, 터널연장, 입지 조건, 공사기간, 장비투입조건, 기술능력, 기술요원 확보, 부품공급 등을 고려하여 현장조건에 적합한 기종과 규격을 선정한다.

v) TBM공법은 굴착시점(始點), 반입위치, 완공 후 반출위치, 정비 및 보수, 굴진속도, 굴진 사이클 타임, 1일 굴진능력, 월간가동 일수, 버력 처리 및 라이닝공법 시공성, 경제성, 품질관리 등을 검토하여 공법을 선정하여야 한다.

㉡ 시공

i) 현장조건에 적합한 기종을 선정하고 TBM 굴착계획을 수립하여 굴착한다.

ii) TBM을 조립하여 굴진할 때와 완공 후 반출하여 해체할 때 작업장이 필요하므로 적정한 위치를 선정하여 사갱 또는 수직갱을 굴착하여 작업장을 마련하여야 한다.

iii) TBM 굴진 시 버력 처리와 기자재 투입, 기술요원 출입용으로 활용할 수 있는 설비를 하여야 한다.

iv) 용수 시 배수처리설비, 전기설비, 환기설비, 재해대책 및 안전설비 등을 갖추어야 한다.

v) 굴진작업순서와 작업 사이클 타임, 1일 굴진실적, 굴진부진 시 부진 사유, 장비소모품, 전기사용량, 버럭 처리 능력 등을 기록 관리하여야 한다.

vi) 고장에 대비한 준비와 안전점검을 실시하여 안전하게 굴착작업을 하여야 한다.

③ 파쇄굴착

㉠ 인력굴착, 기계 또는 발파에 의한 굴착이 어려운 견고한 지반의 경우는 압력에 의한 파쇄굴착방법을 적용한다.

㉡ 터널주변에 주택지나 주요 구조물, 공공건물, 병원, 학교, 목장 등 주변 환경으로 인하여 진동과 소음을 최소화할 필요가 있는 경우 파쇄굴착작업계획을 작성하여 검토한 후 굴착하여야 한다.

㉢ 소음 및 진동측정기를 공사작업장에 설치하여 매일 측정하고 기록, 관리하여야 한다.

3) 방재시설

철도터널 방재시설은 운영 중 사고예방시설과 사고 시 피해의 확산을 제어하고 인명피해를 최소화시킬 수 있는 각종 대피 및 구난시설을 말한다.

방재시설은 조명 및 피난유도등, 전원 및 통신설비, 대피시설, 소화시설, 환기 및 제연시설 각종표지판 등의 기본시설, 방재구난지역시설, 구난 역(驛)으로 구분하며 터널 내부에는 비상시 인명피해 방지를 위해 다음설비를 갖추어야 한다.

① 조명 및 피난유도등(燈)

② 전원 및 통신설비

③ 보행자통로

④ 연락 갱 대피통로(단선병렬 터널의 경우)

⑤ 사갱 대피통로(복선터널의 경우)

⑥ 소화시설

⑦ 환기 및 제연시설

⑧ 각종 표지판

장대터널은 승객의 안전을 확보하기 위해 열차화재 등 불의의 사고에 대비하는 안전대책이 특히 중요하다.

실제로 1972년 일본의 호쿠리쿠(北陸)터널 열차화재사고와 2003년의 대구지하철 방화사건은 많은 인명과 재산상의 손실을 가져왔다. 이와는 대조적으로 1996년 발생한 유로터널화재사고에서는 안전을 위한 서비스터널이 건설되어 있어서 인명피해는 거의 없었다는 사실을 기억해야 할 것이다.

이를 위해 설계당시부터 안전관련 시설을 만들고 유지관리를 철저히 하여야 한다. 철도터널의 안전을 위해서 고려해야 할 사항은 다음과 같다.

① 터널방재는 사고가 발생되지 않도록 사고예방을 가장 우선적으로 고려해야 하며, 비상사태가 발생되었을 때에는 승객 및 승무원들이 안전하게 대피할 수 있는 대피시설이 구비되어야 하고, 최종적으로 구조 및 소방활동을 원활하게 수행할 수 있는 시설 및 설비가 구축되어야 한다.
② 사고예방을 위해 터널 방재시설 관리자에 대한 교육 및 훈련계획을 반드시 수립하고 정기적으로 교육훈련을 실시하여 비상시 대응력을 갖추도록 한다.
③ 터널 내에 운행 중인 차량에서 화재가 발생할 경우에는 열차의 운행이 가능한 경우에는 차량으로 신속하게 터널 외부로 탈출시킬 수 있도록 계획하고
④ 화재의 차량이 터널내부에 정차하게 되는 경우에 대비하여 다른 차량이 사고터널 내부로 들어가지 못하도록 하는 조치를 계획한다.
⑤ 방재시설은 시설 상호간의 연동 및 호환성을 고려하여 설계하고
⑥ 터널 내부에 설치되는 신호, 전기 등의 시설물은 내화성, 내진성, 내구성이 만족되는 자재를 사용하여 방재시설을 구축해야 한다.
⑦ 터널 내에는 목 침목 대신 PC침목이나 슬래브궤도를 사용한다.
⑧ 승객의 탈출, 피난을 용이하게 하기 위한 조명장치, 피난유도등의 시설은 이중계 전원으로 공급한다.
⑨ 터널을 따라 무선용 안테나케이블 설치 등 긴급 시 통신이 가능하도록 하며 통신시설은 열차의 진동이나 풍압에 의해 탈락되지 않도록 견고하게 설치한다.
⑩ 차량은 난연(難燃)이나 불연재(不燃材)를 사용하고 열차 내에 소화기(消火器)를 탑재한다.
⑪ 방재구난지역 시설은 비상시에 대비하여 구조차량 등의 접근성이 양호하고 계절이나 기후의 영향을 받지 않도록 부지와 도로를 확보하여야 한다.

4. 철도구조물의 유지관리

1) 유지관리의 경제적 의의

일반적으로 유지관리(maintenance)란 시설물을 일정수준 이상의 상태로 유지하여 이용의 편의와 안전성을 확보함은 물론, 시설물을 사용하는데 있어 지장이 되는 요소를 없애고 각종 점검을 통하여 이상이 있는 곳은 보수, 보강을 실시함으로써 그 본래의 기능을 충분히 발휘할 수 있도록 하는 모든 물적·인적 투자행위를 총칭한다(최길대, 2002).

유지보수의 범위는 일반적으로 노선변경, 설계하중의 상향조정과 같은 사회적이거나 기능적인 필요에 의한 개량은 제외하고, 열화(劣化) 또는 노후화에 따른 물리적 수명에 의한 보수, 보강, 개축까지를 말한다.

시설물은 완공된 후 시간이 지나면 물리적, 사회적, 기능적으로 효용이 떨어지는 현상이 나타난다. 이 중 물리적 기능의 저하 원인은 시간이 지나감에 따라서 자연적으로 발생하는 노후화, 사용에 따른 마모, 파손, 그리고 사고 등으로 인한 우발적인 손상 등을 들 수 있다.

시설물의 유지관리는 이런 시설물의 성능저하 수준을 파악하고 효용이 지속될 수 있도록, 점검과 안전진단, 보수, 보강, 개량 등을 하는 것이고 이와 같은 일련의 활동에는 비용을 지불하게 된다. 따라서 유지관리의 목적은 문제가 생길 소지가 있는 부분을 미연에 방지하여 내하력이 크게 떨어지지 않은 상태에서 열화속도를 완화시켜 시설물의 전면 보수, 보강시기를 연장함으로써 궁극적으로 시설물의 수명을 연장시키는 데 있다.

시설물 유지관리의 경제적인 관점에서의 해석은 효용가치의 상실과 멸실, 즉 시설물의 소비와 편익과 관련되는 문제이다. 재해 등에 따른 멸실은 우발적인 소비이고 효용가치의 저하는 시간의 경과에 따라서 점차적으로 나타나는 것이기 때문에 경상적인 소비라 할 수 있다. 시설물은 매년 감가(減價)하여 내용연수 동안에 전체가치를 잃는 것으로서 매년 그 가치의 일부를 소비하는 것으로 볼 수 있다. 이 소비되어지는 경제 가치를 어떻게 평가할 것인가 하는 것이 유지관리의 경제적 효과를 분석하는 것으로 매년의 효용가치의 저하 분을 소비라고 보면 효용가치의 저하 분을 화폐가치로 평가하는 것이라 할 수 있다. 바꾸어 말하면 유지관리로 인하여 방지되는 효용가치의 저하분을 유지관리의 경제적 효과로 정의할 수 있다.

매년 발생되는 감가가 많으면 그 만큼 내용연수가 줄어들게 된다. 보수나 보강이 이루어지면 그 만큼 감가분이 줄어드는 것으로 이것을 유지관리의 목적이라 할 수 있다.

시설물이 내용연수 동안 아무런 보수나 보강 없이 자연적으로 소멸한다고 보면 매년 시설물은 내용연수 동안 일정한 비율로 소비되는 것이라 할 수 있다. 따라서 시설물의 공급이 충족되어 더 이상의 수요가 없어도 매년 감가상각 분만큼의 시설물이 공급되어야 하는 것이다. 이를 공급하는 방법은 2가지이다. 하나는 매년 감가상각 분만큼 신규로 시설물을 건설하는 방법과 다른 하나는 감가상각 분만큼의 유지관리를 위해 투자를 하는 방법이다.

이론적으로 유지관리는 시설물의 효용이 동일한 수준으로 유지될 수 있도록 이루어져야 하기 때문에 경제적 측면에서 볼 때, 안전 및 유지관리에 대한 지출은 한 국가에 구축되어 있는 시설물의 감가상각에 상응하는 비용으로 투자된다고 볼 수 있다. 그래서 시설물 유지관리의 경제적 효과는 유지관리를 하지 않을 경우에 발생할 수 있는 국가차원의 총 손실비용을 추정하고 유지관리가 이루어짐으로써 내용연수가 증가되는 만큼의 신규투자비용을 절감하는 것이다(시설안전기술공단, 2001).

유지관리를 하지 않을 경우에 발생할 수 있는 국가차원의 총 손실은 유지관리를 하지 않고 시설물을 방치할 경우에 발생하는 비용을 추정하는 것으로서, 유지관리가 이루어지지 않을 경우의 내용연수 동안의 감가상각비와 유지관리가 적절하게 될 경우의 내용연수 동안의 감가상각비의 차액에서 적정유지관리를 위해 투입된 비용을 뺀 값으로 추정될 수 있다.

우선 일정기간의 내용연수를 갖는 시설물에 일정수준의 유지관리투자를 할 경우 내용연수가 2배로 증가한다고 가정하자. 이 시설물에 유지관리를 하지 않고 방치할 경우에, 유지관리를 통해 증가되는 내용연수 동안의 시설물을 소비하고자하면 다음과 같은 소비의 합이 이루어진다고 할 수 있다.

그림 5.17에서 유지관리를 하지 않을 경우 내용연수가 절반이기 때문에 내용연수가 2배로 증가된 기간의 이 시설물의 총 소비를 위해 지출되는 비용은 A(OLt_1)와 B(OLt_2)의 합이 된다.

한편 그림 5.18에서 유지관리를 할 경우 내용연수 동안 유지관리비도 시설물의 잔존가치에 따라 변화한다고 가정하면, 2배로 증가한 내용연수 동안의 시설물의 총 소비량은 A'(OLt_2)에서 유지관리 투자비용 B'(OMt_2)를 제외한 부분 A"(LMt_2)가 된다.

이 그림으로부터 유지관리를 하지 않음으로써 나타나는 국가적 총 손실은 다음과 같이 설명될 수 있다.

그림 5.17에서 유지관리를 하지 않을 경우 내용연수는 증가하지 않기 때문에 시설물의 총 소비는 A가 된다. 반면에 그림 5.18에서 유지관리를 할 경우 내용연수가 증가하기 때문에 시설물의 총 소비는 내용연수 동안(t_2까지)의 총 시설물 소비에서 유지관리투자비용을 제외한 A"가 된다.

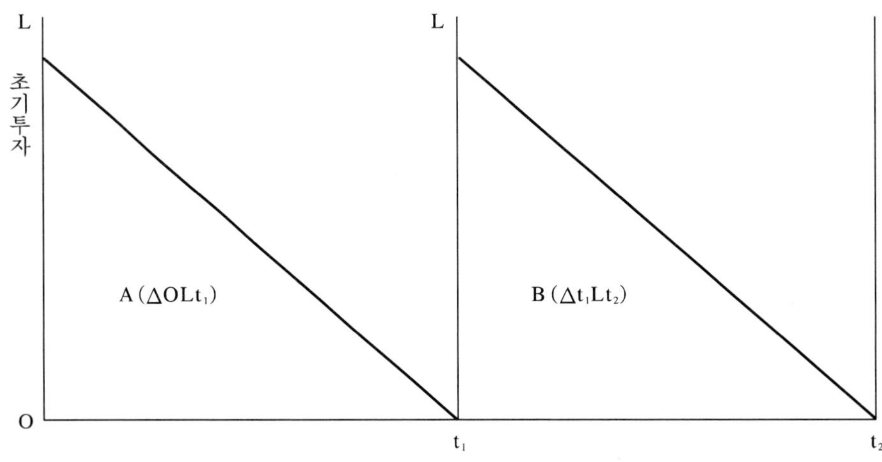

그림 5.17 유지관리를 하지 않을 경우 시설물의 총 소비의 합

이제 A와 A"를 비교하면 초기연도의 시설물 소비는 서로 같기 때문에 초기연도의 유지관리 투자가 초기연도 시설물 소비량의 50% 이상이 아닌 한 A"가 A보다 많게 된다. 다시 말하면 A"와 A의 차이가 유지관리를 하지 않을 경우에 발생하는 국가 경제적 총 손실이 된다. 즉 유지관리를 하지 않을 경우 총 소비량은 A이고 유지관리를 할 경우 총 소비량은 A"로서 유지관리를 하지 않음으로써 발생하는 국가 경제적 손실비용은 A"-A가 된다.

이론적으로 유지관리수준에 따라서 발생할 수 있는 국가차원의 손실이 달라질 수 있다. 이러한 모형을 적용하면 국가차원의 유지관리 투자수준을 감안하면서 총 손실을 추정할 수 있을 것이다.

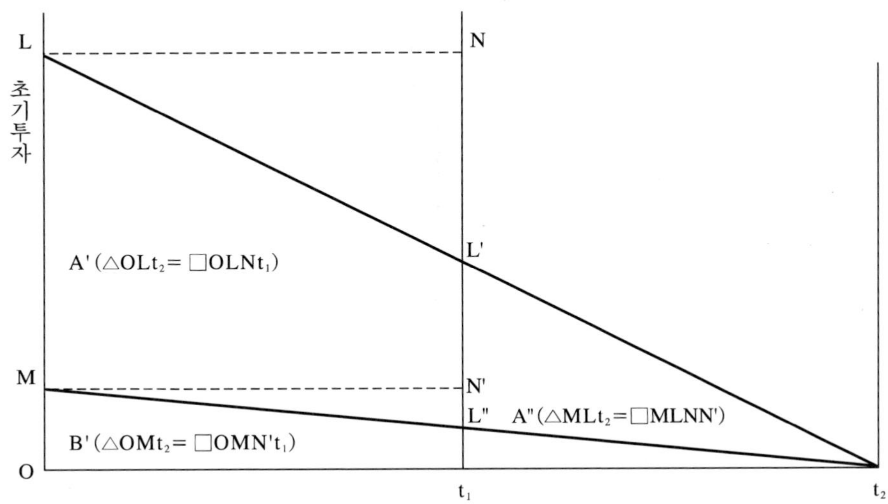

그림 5.18 유지관리를 할 경우의 총 소비의 합

한편 적정한 유지관리가 시행됨으로써 국가차원의 편익이 발생할 뿐만 아니라 시설물의 내용연수가 증가함에 따라 신규시설물 투자도 절감할 수 있다. 즉 시설물에 대한 유지관리를 하지 않은 경우의 시설물 재고량과 유지관리를 한 경우의 시설물 재고량을 추정하여 신규 시설물 투자비용을 추정할 수 있다. 신규 시설물 투자비용 절감효과는 시설물 재고량에 의한 방법과 수명주기비용(LCC)에 의한 방법이 있는데 여기서는 LCC에 의한 방법으로 비교해 본다.

그림 5.19와 그림 5.20으로 설명한다.

$$\text{신규 시설물 투자비용 절감효과} = t_1L - \{t_1L' + t_1L''\}$$
$$= t_1L - t_1Y$$
$$= NY$$

여기서, t_1L : 유지관리를 하지 않았을 경우 시설 투자액

$t_1L' + t_1L''$: 유지관리를 한 경우 기존시설 재고량

NY : 유지관리를 한 경우 신규시설 투자 소요액

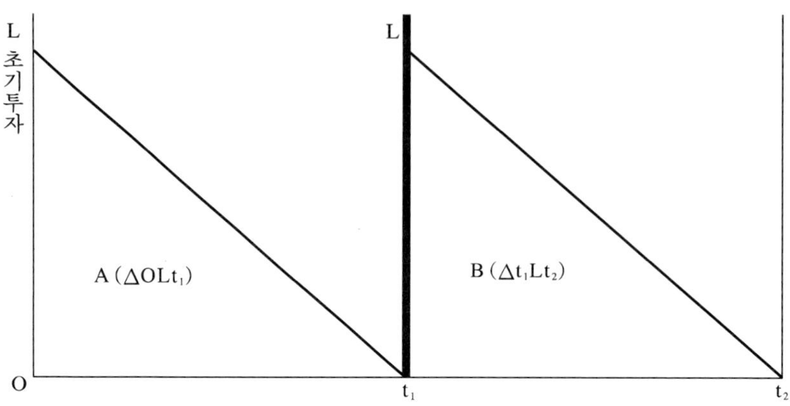

그림 5.19 유지관리를 하지 않을 경우 시설 투자액

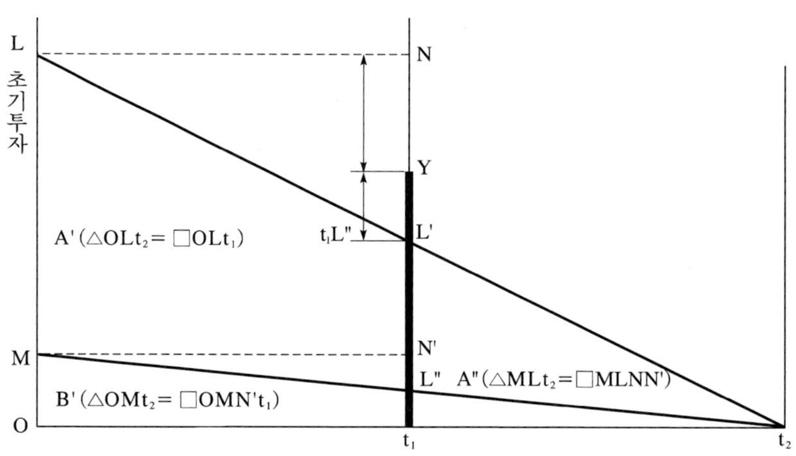

그림 5.20 유지관리를 할 경우 시설투자액

이 식에 따를 경우 시설물의 재고량은 신규 건설량에서 내용연수가 경과하여 감가된 부분을 제외한 부분과 유지관리에 의해서 내용연수가 증가된 부분에 의해 만들어짐을 알 수 있다.

시설물 유지관리에 의한 신규건설 절감효과도 그림 5.19와 5.20을 이용하여 이론적으로 살펴보면 다음과 같다.

적정유지관리로 내용연수가 2배 증가한다고 가정할 경우, 시설물의 총 소비는 그림 5.19의 A 또는 A+B이다. 여기서 B는 유지관리를 하지 않을 경우 추가투자를 하여야만 얻을 수 있는 시설물의 총 소비량으로, 신규로 시설물을 공급하여야 얻을 수 있는 소비량에 해당한다. 따라서 그림 5.20에서 유지관리를 하지 않았을 경우의 신규 시설투자액과 유지관리를 한 경우의 시설투자액을 비교하면 유지관리를 통한 신규투자 절감량을 추정할 수 있다. 동일한 시점 t_1에서 유지관리를 하지 않았을 경우의 시설투자액은 그림 5.19의 L(혹은 t_1L)과 같다. 그리고 유지관리를 하였을 경우의 시설투자액은 그림 5.20의 L'(t_1L')+L"(t_1L")이 된다. 이를 비교해 보면 L보다 L'+ L"의 길이가 짧다는 것을 알 수 있는데 이 차이가 유지관리 투자에 의한 절감효과다. 실질적인 절감효과를 비율로 나타내면 {L−(L'+L")}/L로 나타낼 수 있다(시설안전기술공단, 2001).

이와 같이 이론적으로 볼 때 적정한 유지관리를 함으로써 상당한 수준의 신규개발비 절감효과가 있을 것으로 추측할 수 있다. 그러나 실제로 어느 정도 수준의 유지관리비가 얼마만큼의 신규 투자비 절감효과가 있을 것인가는 관련된 자료가 없어 측정하는 것이 불가능하다.

따라서 LCC예측에 의한 경제성분석 결과는 정책적으로 유지관리의 당위성과 타당성을 검토하거나 유지관리투자의 범위를 개략적으로 파악하는데 활용할 수 있을 것이다. 보다 구체적으로 유지관리의 경제적 효과를 분석하기 위해서는 전체시설물에 대한 LCC예측이 필요하고 현재 신규건설투자에 내재되어 있는 유지관리비용을 현재화(顯在化)하는 작업이 선행되어야 한다.

2) 최소유지관리 교량(minimum maintenance bridge)의 개념

장래의 시설물의 유지관리 부담을 줄이려면 어떻게 하는 것이 좋은가라는 문제에 대한 대안의 하나로 총 수명주기비용을 최소로 하는 것을 들 수 있다. LCC에는 교량의 경우 교체에 필요한 비용이 포함되는데, 일반적으로 다음과 같이 개략적으로 표시할 수 있다.

$$LCC=I+M+R \tag{5.1}$$

여기서, LCC : 총 수명주기비용

I : 초기투자비용

M : 유지관리비용

R : 교체비용

새로 건설하는 교량은 교체를 전제로 하지 않고 가능한 수명이 오래가고 동시에 장래에 유지관리 부담을 최소로 하는 것이 필요하다. 따라서 교량 전체 또는 구성부재에 있어서 교량의 수명에 영향을 주는 요소에 대한 유지관리 작업의 저감 또는 해결할 수 있는 기술을 조합시킨 교량이 필요하게 된다. 최소유지관리 교량이란 최소한의 유지관리비로 공학적으로 최대한의 수명을 얻는 것을 목표로 설계, 시공 및 유지관리되는 교량을 말한다.

터널의 경우는 전력, 환기 등에 소요되는 유지관리 비용이 많이 소요되기 때문에 최소유지관리시설의 개념에 의해 설계, 시공, 유지관리가 되는 터널의 건설이 중요하다.

최소유지관리 교량의 개념은 다음과 같이 정리할 수 있다(建設省土木研究所, 1998).

① 최소한의 유지관리로 최대한의 수명을 실현하는 것을 목적으로 한다. 교량의 LCC를 최소로 하기 위해서는 위 식의 M과 R을 최소로 하는 것이 가장 효과적이다.
② 유지관리가 전혀 필요 없는 것이 아니라 유지관리의 힘을 빌려 수명 연장을 도모한다. 유지관리가 필요 없이 영구적인 사용을 목적으로 하는 것은 극히 어렵지만 유지관리 행위로 부적합한 부분을 개량하여 교량의 수명을 영구적으로 하는 것은 훨씬 쉽기 때문이다.
③ 현재의 기술에서 가능한 영구적인 것을 지향하고 신속히 실행에 옮긴다.
④ 목표를 명확하게 하여 기술개발을 촉구한다. 기술혁신으로 유지관리의 부담은 경감되고 교량의 수명을 영구적으로 지속시킬 확률이 향상된다.

신설과 달리 교체의 경우 가교의 설치, 차량의 우회, 교통의 두절 및 서행 등 공사비와 공사기간 등의 양면에서 불리하고 공사기간 중의 교통지체에 의한 사회· 경제적 손실을 고려하면 부담은 더욱 커지게 된다. 따라서 장래에 건설하는 교량은 기능향상을 위한 교체보다는 유지관리 부담을 억제하면서 교량의 수명을 연장하는 노력이 필요하게 될 것이다. 그림 5.21은 최소 LCC에 기초한 최적설계 개념을 보여주고 있다.

최근에는 사회기반시설을 가장 적절한 방안으로 계획, 설계, 시공, 유지 관리하여 시설물소유자와 이용자 그리고 지역사회가 추구하는 인간중심의, 경제적, 생태적, 문화적 요구를 충족시키게 하는 내용의 수명주기공학(lifetime engineering)에 관한 개념이 보급되고 있다(2nd International Symposium, “Integrated Lifetime Enginering of Buildings and Civil Infrastructures”, 2003).

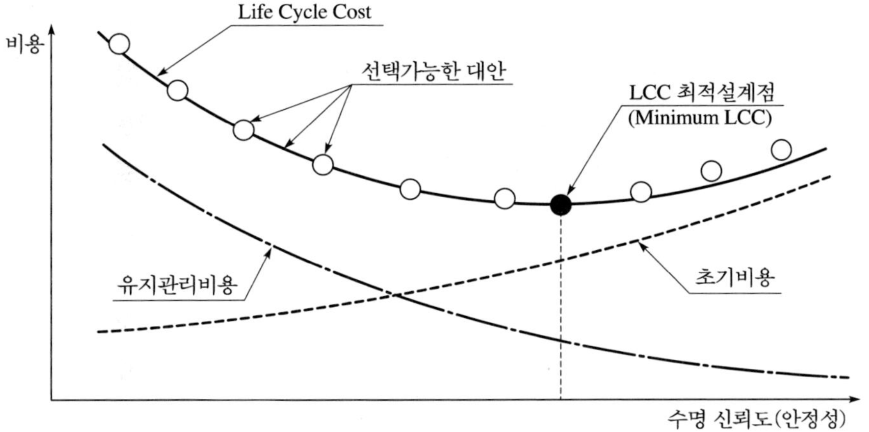

그림 5.21 최소 LCC에 기초한 최적설계 개념

3) 시설물 유지관리비용 발생인자

유지관리비에 영향을 주는 요소 중 중요한 것은 설계수준, 유지관리 서비스 수준, 설계수명기간, 열차운행 빈도와 운행차량의 종류, 유지보수시기, 자재 및 시공의 품질, 지역특성, 유지관리조치 내용 등이다.

유지관리가 지연되면 약화된 시설물의 복구비가 누증(累增)되고 시설물의 기능이 떨어지고 이로 인해 사용자비용이 증가되며 교통저항성이 커져 통행량이 줄어드는 결과를 가져온다.

4) 시설물 유지관리체계의 개선

첫째, 국가차원의 시설물 유지관리기본계획을 수립하고 시설별 관리주체는 이 기본계획에 따라 실행계획을 수립하고 이행하도록 하여야 한다. 왜냐하면 시설물관리주체가 소관시설물에 대한 유지관리계획을 수립하여도 재원이 확보되지 못하면 계획으로 끝나기 때문이다.

둘째, 예방적 유지관리체계로 전환해야 한다. 시설물의 기획, 설계단계에서 안전 및 유지관리에 대한 고려 없이 설계가 이루어질 경우, 시설물이 완공된 이후에 시설물의 안전성에 대한 예측이 불가능할 뿐만 아니라 안정성을 확보하기 위한 예방된 조치를 취하기도 어렵다. 또한 구조적으로 결함이 진행된 이후에 유지보수 적기를 놓치면 유지보수비의 누증과 사회·경제적비용이 추가로 발생된다.

셋째, 시설물 유지관리기준을 확립하여야 한다. 이 기준에는

① 이 작업이 언제, 얼마나 자주 시행되어야 하는지에 대한 품질의 기준과 양의 기준
② 그 작업에 필요한 인원, 장비, 자재의 양과 종류
③ 그 작업 진행을 위한 가장 경제적이고 조직적인 작업 방법
④ 단위 작업을 완료하는데 소요되는 인·시간을 표시하는 작업생산성이 포함되어야 한다.

유지보수작업방법, 작업조의 규모, 서비스수준에 관한 관리자의 결정은 유지보수에 대한 투자비용의 효율성 제고를 위한 주요 결정인자들이다.

넷째, 시설물의 정보통합관리시스템 구축

대부분의 의사결정은 불확실한 정보에 기초한 예측에 의해 이루어진다. 공사의 설계나 유지관리 대안의 선정에 필요한 점검·진단과 유지 보수에 관련된 자료가 방대하게 발생되고 있다. 유지관리 이력은 적정보수공법, 유지관리시기 등의 적정유지관리 방안을 도출하고 신규건설의 계획, 설계 과정에 환류될 수 있도록 표준양식에 기록하고 분석, 관리되어 자료 이용의 효율성과 활용도를 높여야 한다.

이런 자료는 정책조정의 기능을 수행할 수 있도록, 단순한 자료의 축적이 아니라 정보의 체제가 자료, 예측, 목표 및 결정행위 자체를 포함하는 자율조절적인 기능까지도 수행하는 환류정보(feedback information)의 역할을 할 수 있어야 한다(권태준 외, 1976).

미국의 경우 Pontis란 교량관리시스템을 운영하면서 현장이나 사무실에서 관련자료를 전산 입력하여 안전 및 유지관리에 관한 구체적이고 기술적인 자료를 축적하도록 하고 있다(O'connor & W.A. Hyman, 1989).

우리나라도 전국의 주요 터널, 교량, 댐, 아파트, 다중이용시설물 등 중요시설물에 대해서는 한국시설안전기술공단에서 시설물정보, 유지관리이력 정보, 지리정보, 유지관리기술정보를 통합하는 "시설물정보통합관리시스템"을 운영하고 있다.

CHAPTER 06

철도정거장

1. 정거장의 정의

정거장(station)이란 여객의 타고 내림(乘降), 화물의 적하(積下), 열차의 조성(組成), 열차의 교행(交行) 또는 대피를 목적으로 사용되는 장소를 말한다.

위에서 정의하는 바와 같이 정거장이란 열차를 도착, 출발시켜 여객을 태우고 내리게 하고 화물을 싣고 내리게 하는 등 철도영업을 하기위하여 설치한 역(驛)과 열차의 조성, 차량의 유치(留置), 입환(入換, shunting)을 위한 조차장, 열차의 교차 통행 또는 대피를 위하여 철도시설 등이 설치된 장소를 말하는 신호장을 포함한다.

정거장이 철도수송의 기능을 발휘하기 위해서는 정거장에는 열차를 정지·출발시키는 운전설비, 여객이 철도를 이용하는데 필요한 여객취급설비 및 화물을 수송하는데 필요한 화물취급설비 등 아래의 설비를 갖추어야 하고 이들을 기능적으로 배치해야 한다. 다만, 간이역의 경우에는 여객취급에 필요한 최소한의 시설만을 설치한다.

① 운전설비 : 열차운전에 직접 관계되는 전차선을 포함한 선로, 신호 표지를 포함한 신호기, 차량접촉한계표지, 가선중단표지 등 표지 류, 선로전환기, 신호조작반 등
② 여객취급설비 : 대합실, 여객통로, 승강장 등 여객설비, 역무실, 매표실 등 역무설비, 이동편의 설비, 냉난방, 조명 등 부대설비 등
③ 화물취급설비 : 화물 적하설비, 화물 운송통로, 화물 분류 및 보관설비, 화물 운반설비 등

정거장은 일정 범위가 있으며 상하 장내신호기를 설치한 지점간의 구역으로 이것이 없을 때는 정거장구역 표 간의 지역이 정거장 구내(station yard)가 된다.

정거장과 관련된 용어의 정의는 다음과 같다.

① 역(station)

열차를 착발하고 여객 또는 화물을 취급하는 장소를 말하며 보통역, 여객역, 화물역 등으로 구분한다.

② 조차장(操車場, shunting yard)

여객이나 화물은 취급하지 않고 오로지 열차의 편성과 차량의 점검, 수리, 세차, 유치 및 입환 만을 하기 위하여 시설한 장소로 열차의 종류에 따라 객차조차장, 화차조차장이 있다.

③ 신호장(信號場)

여객이나 화물의 취급 등 영업활동은 하지 않고 열차의 교행 또는 대피를 위해 시설한 장소를 말한다.

④ 기지(基地)

화물의 취급 또는 차량의 유치 등을 목적으로 시설한 장소로서 화물기지, 차량기지, 주박(駐泊)기지, 보수기지 및 궤도기지 등을 말한다.

⑤ 신호소

열차의 교차 통행 및 대피를 위한 시설이 없이 열차제어시스템을 포함하여 열차의 운행에만 필요한 상치(常置)신호기를 취급하기 위하여 시설한 장소를 말한다.

2. 정거장의 종류

1) 사용목적에 의한 분류

정거장은 견해에 따라 여러 가지 종류로 나눌 수 있으나 일반적으로 역, 신호장, 조차장, 차량기지로 크게 구분한다. 「철도건설규칙」에서 정의한 차량기지는 정거장은 아니지만 업무 면으로 보아 정거장에서 취급한다.

① 보통역

여객과 화물을 같이 취급하는 일반역으로 대부분의 역이 이런 형태이다.

또한 열차의 조성, 해방(解放), 급수 등을 하기위한 운전상의 여러 시설을 갖춘 큰 규모의 역도 있다.

② 여객역

여객만을 취급하는 역을 말하며 최근에는 화물시설의 집중에 따라 이런 형태의 역이 많아지고 있다. 또한 큰 역은 여객전용 역으로 하고, 인접하게 화물역을 배치하여 여객과 하물을 분리하는 추세이다. 또 통근전차전용역은 전철역이라고 한다.

③ 화물역

화물만을 취급하는 역으로서 최근에는 보통역의 화물을 집약하여 직행수송체계로 재정비하여 대규모 화물역을 화물터미널로 건설하는 추세이다.

④ 조차장

㉠ 객차조차장(客車操車場, coach yard)

여객열차의 유치, 조성, 세차, 소독, 점검 및 수리를 하는 정거장으로 대도시역 또는 종단역 부근에 설치하는 것이 보통이다. 경의선의 수색(水色)조차장은 객차조차장으로 볼 수 있다.

㉡ 화차조차장(貨車操車場, shunting yard)

화물열차의 조성, 화차의 해방(解放), 입환 및 수리를 하는 정거장이다.

⑤ 임항정거장(臨港停車場, marine terminal)

열차와 배 사이를 직접 여객 및 화물을 연락, 수송하는 정거장이다.

항만의 철도망과 접근성은 항만서비스에서 중요한 요소로서 복합운송에 있어서는 그 의미가 더해져 규모가 큰 철도운송네트워크에 접근이 쉽고 저렴한 요율로 고도의 서비스를 제공할 수 있는 항만이 경쟁적 우위를 가지게 된다. 그래서 항만과 철도회사가 협력하여 품질 높은 철도서비스를 제공함으로써 복합운송에서 주도적인 역할을 담당하고자 하는 현상이 나타나고 있다(전일수, 1997).

⑥ 차량기지

각종 차량의 청소, 검사, 수선, 정비, 유치 등을 하는 시설의 종합기능을 수행하는 장소로서 기관차, 전동차, 여객차, 화물차기지로 구분하며 열차를 운전하는 승무원의 거점이다.

2) 선로망상의 위치에 의한 역의 분류

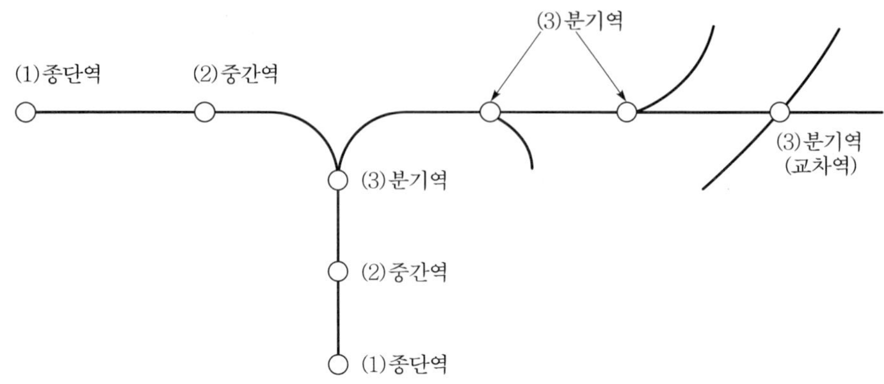

그림 6.1 선로망상의 위치에 따른 여객역 분류

① 종단역(終端驛, terminal station)

일반적으로 선로의 종단에 있는 역을 말하지만 서울역과 같이 선로망의 중간에 있어도 대부분의 열차가 시발 및 종착하는 역을 말하는 경우도 있다.

② 중간역(intermediate station)

선로망상의 중간에 있는 역으로 대부분의 역은 이것에 속한다. 또한 이것을 운전취급 면에서 '차량의 입환 작업 등을 하지 않고 직통열차만을 취급하는 역'과 '차량기지 병설역'으로 구분한다.

③ 분기역(branch-off station)

1개 선로의 중간역에서 다른 선로가 분기하는 경우 이 역을 특히 분기역이라 말하며 서로 연락수송을 하므로 연락 역(junction station)이라고도 한다.

또한 연락 역의 일종이나 2개 선로가 입체 교차한 장소에 설치하는 역을 특히 교차 역이라 하는 경우가 있다.

선로망상의 역 분류를 도시하면 그림 6.1과 같다.

3) 선로와 승강장과의 위치관계에 의한 분류

① 두단식 역(頭端式驛, dead end station)

착발본선이 막힌 종단 형(終端形)으로 된 역으로 역의 주요 건조물은 선로의 종단 쪽에 설치된다.

② 통과식 역(通過式驛, through station)

본선이 역을 통과하고 있는 역으로 승강장은 가늘고 긴 장방형(長方形)으로 되며 보통 여객역은 이것에 속한다. 주요 건조물은 선로의 측 방향에 설치되며 고가선 구간에는 선로의 하부에 또 깎기 구간에서는 선로 상부에 설치하는 경우도 있다.

③ 스위치백식 역(switch back station)

급한 기울기의 도중에 역을 설치하는 경우 구내의 기울기를 완만히 하기 위해 그림과 같이 수평의 선로를 본선에서 분기시켜 반복 식으로 선로를 설치한 것이다. 그러나 이 형식의 역은 열차취급에 많은 시간이 소요 되므로 최근에는 차량의 성능향상 등에 따라 상당히 급한 기울기에서도 운전이 가능하게 되어 선로 개량공사에서는 다른 모양으로 개선하고 있다.

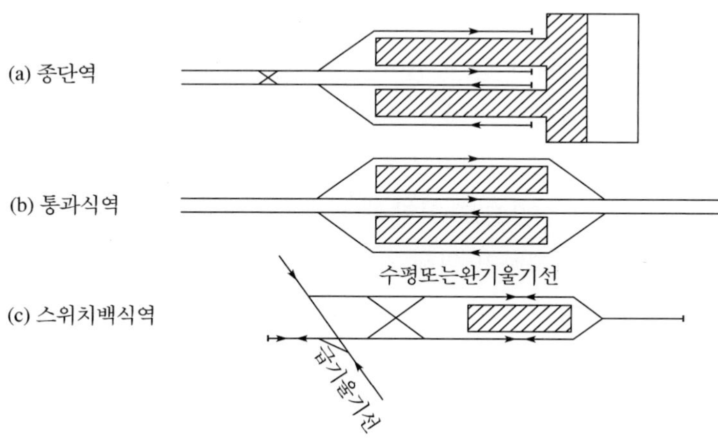

그림 6.2 선로와 승강장과의 위치에 의한 역 분류

3. 정거장의 위치 선정

정거장의 위치는 철도이용자와 철도영업 측면에 의해 조건이 다르며 철도수송의 기지로서 수송량과 수송형태에 따라 위치와 설비규모가 결정되는데 완공 후의 개량은 어려우므로 정거장을 계획할 때는 장래 수송량 증가를 예상하여 그 규모와 위치를 결정

하여야 한다.

정거장 위치를 선정할 때는 다음 조건을 고려하여야 한다.

① 여객과 화물이 모이는 중심에 가깝고 도로, 항공 등 다른 교통수단과의 연결이 편리하여 환승 및 연계수송의 효율이 높아야 한다.

② 정거장 간 거리는 열차의 운전조건 및 경제성 등을 고려하여 적정하게 유지한다.

여객역의 적정 간격은 보통 여객역과 대도시 통근역과는 다르지만 소요의 선로용량이나 정상적인 열차시격 확보, 2차 교통수단과의 연계 등을 고려하여 보통여객역은 4~8km, 통근여객역은 1~2km 내외로 하고 있다.

③ 정거장은 직선구간으로 되도록 수평구간에 설치한다.

그러나 이 때문에 많은 양의 토공이나 구조물을 설치하지 않아야 하는 곳이어야 하고 또 역 구내에 설치하는 본선도 급한 기울기나 급한 곡선이 없는 곳을 선정한다.

승강장 부근의 선로가 급 곡선이면 열차의 투시가 불량하고 여객이 타고 내리는데 불편하고 위험을 가져올 수 있어 좋지 않다. 또한 역 구내의 기울기는 2‰까지 허용하고 있으나(열차를 해결하지 않는 구내 본선은 8‰까지 가능) 여객열차는 굴러가기 쉬우므로 차량의 유치, 해결을 하는 구내에서는 차량이 굴러 달아나는 것을 방지하기 위해 가능한 수평으로 하고 부득이한 경우라도 2‰ 이하로 하여야 한다.

정거장 전후의 기울기는 열차가 정거장에 도착할 때 상향 기울기, 출발할 때는 하향 기울기가 되는 것이 좋다.

④ 계획할 때 장래 수송형태의 변동을 예측하여 둔다.

수송량의 증가가 예상되는 경우는 그것에 대비하여 확장에 필요한 부지를 확보할 수 있어야 한다. 시가지가 형성되고 있는 대도시 주변은 장래 확장이 어렵기 때문이다.

⑤ 객차조차장이나 차량기지는 종단정거장에 가깝게 하여 열차의 진입, 진출이 본선에 될 수 있는 한 지장을 적게 주는 위치를 선정한다.

그리고 국토교통부에서는 철도 이용객이 버스, 택시, 승용차 등으로 쉽고 편리하게 환승할 수 있도록 철도역의 입지, 연계교통시설, 역사 내 이동 편의시설 등 연계교통시설에 관한 설계기준을 제시하고 있다.

이는 도시 외곽에 건설된 철도역의 경우, 연계되는 환승수단 및 시설 부족으로 인해 철도 이용객이 최종목적지까지 이동하는 데에 따른 어려움이 많아 이것을 해소하고, 도심에 있는 철도역의 경우에도 환승거리가 멀고 환승시간이 많이 소요되어 이로 인한 철도 이용객의 불편을 줄이고, 협소한 환승 공간 등으로 발생하는 철도역 인근 교통체증을 완화하기 위한 것이다.

그 주요 내용은 아래와 같다(국토교통부, 철도설계기준(연계교통시설편), 2014).

① 새로이 건설되는 역은 용도지역상 도시지역에 위치하는 것을 원칙으로 하되, 부득이하게 도시 외곽에 위치하는 경우 연계교통수단에 대한 구체적인 대책 마련
② 철도역을 이용수요, 고속철도 정차횟수, 배후권역의 인구 및 경제규모와 철도역 입지특성 등에 따라 철도역을 1등급에서 5등급까지 5개 등급으로 나누고, 각 등급에 적합한 버스, 택시, 승용차, 렌트카, 자전거 보관소, 이용자 편의시설(캐노피, 환승 쉘터), 연계교통정보시설의 설치기준 제시
③ 연계교통시설 - 역 출입구 - 역 승강장까지의 동선을 가급적 동일 선상에 위치하도록 접근동선을 단순화하여 환승거리를 기존 역은 최대 300m, 신설 역은 최대 180m로 제한하고
  ◦ 연계교통시설은 가능한 통합하여 역사 정면에 배치
  ◦ 역 출입구에서 정류장까지 눈, 비 등을 피할 수 있도록 이동통로에 캐노피를, 버스와 택시 승강장에는 쉘터를 설치
④ 역 출입구에서 역 승강장까지 최단거리가 되게 배치하며 가급적 계단 등을 이용하지 않도록 평면으로 연결

이 기준의 도입으로 문전수송이 곤란하다는 철도 이용의 취약점을 보완하여 이용의 편리성을 높임으로써 철도 이용의 수요가 증대될 수 있을 것이다.

4. 정거장의 배선

1) 정거장내 선로시설

정거장 배선은 노선 운영의 근간이 되는 핵심요소로서 평면 및 종단선형과 함께 열차운전의 효율성을 좌우하는 중요한 사항이다. 그래서 배선계획은 먼저 결정된 운용시스템에 따라 안전하고 효율적인 운전 및 운영관리를 최우선 목표로 수립하여야 한다. 특히, 차량기지는 효율적인 작업, 차량의 유치 및 원활한 입고와 출고가 가능하도록 배선계획을 수립하여야 한다(백영현, 2005).

정거장의 주요시설은 선로시설, 여객취급시설, 화물취급시설, 운전취급시설 기타 시설 등이 있다. 그 중 여기서는 선로시설에 대해 설명한다.

정거장의 선로는 여러 목적으로 설계되어 있으나, 크게 본선(本線)과 측선(側線)으로 나눈다.

(1) 본선(main track)

열차를 출발, 도착, 통과시키는데 상용(常用)되는 선로로 사용목적에 따라 주본선과 부본선으로 나눈다.

가. 주본선

열차의 착발 또는 통과열차를 운전하는데 상용하는 중요한 선로

나. 부본선

주본선 이외의 중요 선로로서 출발선, 도착선, 대피선, 통과선, 교행선 등이 있다.

① 도착선(arrival track)
② 출발선(departure track)
③ 통과선(through track)
④ 대피선(refuge track)
⑤ 교행선

여기서 대피선(待避線)은 후속열차가 선행열차를 추월할 필요가 있을 때, 또는 열차밀도가 높아서 후속열차를 선행열차가 출발하기 전에 진입시킬 필요가 있을 때,

화물열차의 조성과 정리로 화물열차를 장시간 역에 정차시킬 필요가 있을 때 등 대피할 열차를 착발시킬 목적으로 설치하는 선로를 말한다. 앞으로 완행과 급행 혼용 운행에 대비해서 신선계획이나 노선개량계획 때 대피선의 확보를 충분히 검토하여야 할 것이다.

(2) 측선(side track)

열차의 운전에 상용하는 선로 이외의 선로로서 본선 이외의 선로는 모두 측선이라 하며 그 사용목적에 따라 다음과 같이 세분한다.

가. 유치선(留置線, storage track)

차량을 일시 유치하는 선로로 객차유치선, 화차유치선, 기관차유치선, 전동차유치선 등이 있다.

나. 입환선(入換線, shunting track)

열차를 조성하거나 해방(解放)하기 위하여 작업을 하는 측선으로 여러 개의 선로가 병행(竝行)하여 부설된다.

다. 인상선(引上線, spur track)

열차운행에 지장을 주지 않고 화물취급선 또는 유치선에서 입환이 가능하도록 따로 부설해 놓은 선으로 입환선을 사용하여 차량 입환을 할 때, 이들 차량을 끌어올리기 위한 측선으로 인출선이라고도 한다. 입환선의 한 끝을 분기기에 결속시켜 차량을 임시로 이 선로에 수용한다.

라. 화물적하선(貨物積荷線, loading track)

화차를 열차에서 분리시켜 화물 홈에 넣어 화물의 적재와 하차를 하는 측선이다.

마. 세차선(洗車線, washing track)

차량을 세척하기 위한 측선이다.

바. 검사선(inspecting track)

차량을 정기적으로 검사하기 위하여 사용하는 측선이다.

사. 수선선(repair track)

차량의 보수작업을 수시로 하는 측선을 말한다.

아. 기회선(機廻線, engine running track)

기관차를 바꾸어 달거나 기관차를 회송할 때 정거장 구내에서 기관차 전용의 통로로 사용하는 측선이다.

자. 기대선(機待線, engine waiting track)

기관차를 바꾸어 달 때 열차가 착발하는 본선 근처에서 기관차가 일시 대기하는 측선이다.

차. 안전측선(safety track)

정거장 구내에서 2개 이상의 열차를 동시에 진입시킬 때, 만일 열차가 정지위치에서 정차하지 못하고 지나칠지라도 열차가 다른 열차와 접촉 또는 충돌하는 사고의 발생을 방지하기 위해 설치하는 측선이며 분기기는 항상 안전측선의 방향으로 개통되어 있는 것을 정위로 한다.

① 안전측선(인상선)을 설치하는 경우

㉠ 2개 이상의 열차 또는 차량을 동시에 진입, 진출시킬 경우에 열차의 진로에 지장을 줄 우려가 있는 개소

㉡ 본선 또는 중요한 측선이 다른 본선과 평면교차 또는 분기하는 경우에 열차 상호간 충돌 등을 고려하여 방호할 필요가 있는 개소

㉢ 구내 운전으로 차량이 과주하여 다른 열차에 지장을 줄 우려가 있는 개소

㉣ 안전측선의 길이는 안전측선을 설치하는 분기기의 차량 접촉한계에서 75m 이상을 표준으로 한다.

② 안전측선을 생략하는 경우

㉠ 방호를 위해 신호기 외방의 신호기가 경계신호를 현시하는 장치를 가졌을 때

㉡ ATS의 신호기 또는 열차정지 장치의 위치에서 전방으로 200m 이상의 과주여유를 설정했을 때(동차 및 전동차는 150m)
단, 정거장내 측선의 경우는 입환신호기 또는 차량정지 표지의 전방으로 50m 이상의 과주여유거리를 설치했을 때 또는 구내운전속도를 25km/h 이하로 했을 때

㉢ ATC를 설치했을 때는 한 쪽의 장내신호기가 진행을 지시하는 신호현시일 때 다른 쪽의 장내 신호기가 반드시 정지신호현시 되도록 연동을 설치하여 동시 진입이 되지 않도록 하면 안전측선은 불필요하다. 그러나 대향열차를 취급하는 경우는 경계신호에 의한 방법을 피하고 안전측선을 설치한다.

카. 피난측선(避難側線, catching siding)

정거장에 접근하여 본선에 급한 기울기가 있을 경우 만일 차량 고장과 운전부주의 등으로 차량이 도중에 역행(逆行)하여 정거장 내에 진입, 정지하고 있는 다른 열차와 충돌하는 사고를 방지하기 위하여 설치하는 측선이다.

일반적으로 구내 진입 바로 전에 열차진행 방향에 대하여 상(上)기울기로 설치한다.

2) 배선 계획

일반적으로 정거장의 배선(配線)형식은 역의 위치, 승강 인원의 규모, 열차 종별과 횟수, 화물취급설비나 차량기지 병설(並設)의 유무 등에 따라서 다르게 된다.

(1) 배선계획 과정

정거장 배선계획은 열차운영기본계획을 토대로 확정한다.

① 열차운영기본계획의 열차속도, 운전시격에 따라 최소본선분기기의 번호를 결정한다.

② 열차운영기본계획에 제시된 최대열차길이에 따라 본선, 부본선, 인상선의 최소 유효장을 결정한다.

③ 앞의 기본계획에서 제시된 화물량에 따라 적하선 연장 및 선로수, 유치선수, 착발선수, 조성선수 및 소요 유효장을 결정하며, 그 외 적하장, 헛간, 야적장, 주차장 면적을 결정한다.

④ 교통영향평가결과에 따라 승강장 폭원 및 길이를 반영한다.

(2) 배선할 때 주의사항

정거장을 신설 또는 개량할 때 그 배선의 양부는 열차운전의 효율이나 구내작업의 안전, 능률에 많은 영향을 미치게 된다. 따라서 배선계획 시에는 열차운행상태, 정거장의 작업내용 파악 등 사전조사를 충분히 하고 다음 사항들을 주의하여야 한다.

① 구내전반에 걸쳐 투시를 좋게 한다.
정거장내는 본선열차의 운전이나 복잡한 구내입환 작업 등을 하기 때문에 운전보안상 본선은 물론 중요한 측선까지 구내 전체의 투시를 좋게 하는 배선 형태가 되도록 하는 것이 중요하다.

② 구내배선은 직선을 원칙으로 한다.
열차운전보안상 구내배선은 직선으로 하는 것이 바람직하며 특히 본선은 직선 또는 직선에 가까운 선형이 되도록 한다.

③ 구내 전체를 균형 잡힌 배선으로 한다.
각 선군과 연결되도록 배선하고 각 선군이 산재되는 것을 피하여 구내의 각 작업이 서로 제약받는 일이 적은 배선으로 한다.

④ 정거장에서 착발하는 선이 지장이 되는 경우는 가능한 출발시의 경합보다는 도착시의 경합이 적은 배선으로 한다.

⑤ 본선과 인상선, 분류선과 대기선을 분리하는 배선으로 하여 선로의 용도를 단순화 한다.

⑥ 본선상의 분기기 수는 가능한 적게 하고 크기는 그 분기기를 통과하는 열차속도를 감안하여 결정하고 분기기의 설치는 통과열차가 직선 측을 통과하도록 배선한다.

⑦ 분기기는 유지관리가 편하도록 집중배치하며 가능한 배향분기기가 되도록 배치한다.

⑧ 특수 분기기는 부득이한 경우를 제외하고는 설치하지 않아야 하며 특수 분기기의 분기 측을 고속열차가 통과하지 않도록 한다.

⑨ 장래 확장을 고려하고, 사고 시 대응을 고려하여 각선 상호의 융통성을 확보하도록 배선 한다.

⑩ 정거장 배선순서는 유효장, 선수, 승강장수 및 폭, 길이, 출발선, 도착선, 입환선 등의 순서로 한다.

⑪ 기존 정거장 배선 시는 열차운행 및 영업에 지장이 없도록 단계별 시공계획을 고

려하여야 한다.

⑫ 배선 시 신축이음매, 절연이음매, 중계레일 설치를 고려한다.

⑬ 정차하는 열차취급 량이 적은 정거장에서는 주본선 통과형인 상대식으로 배치한다.

⑭ 선로유지보수를 위한 장비 유치선은 가능한 측선이 배치되는 모든 정거장에 배치한다.

⑮ 전주, 각종 표지, 사무소 및 종사원의 안전통로 확보 등을 종합적으로 고려하여 선로간격을 확보한다.

⑯ 측선은 가능한 한쪽으로 배치하여 본선횡단을 최소화 한다.

⑰ 전동차 전용선과 같이 고정편성으로 운영하는 구간에는 안전울타리, 스크린도어(Screen Door)설치 계획을 검토한다.

(3) 유효장

① 유효장 설정

정거장 안의 선로는 열차운영계획에 따라 유효장을 확보하여야 한다.

유효장이란 정거장내의 선로에서 인접선로의 차량이나 열차에 지장이 되지 않고 차량이나 열차를 수용할 수 있는 당해 선로의 최대길이를 말한다. 유효장은 출발신호기로부터 신호 주시거리, 과주 여유거리, 기관차 길이, 여객열차 편성 길이 및 레일 절연이음매로부터의 제동 여유거리를 더한 길이보다 길어야 하며 전기동차나 디젤동차를 전용으로 운전하는 선로에서는 기관차 길이는 제외 한다. 일반적으로 선로의 유효장은 차량접촉한계표 간의 거리를 말한다.

본선의 최소유효장은 선로구간을 운행하는 최대 열차길이에 따라 정해지며, 최대 열차길이는 선로의 조건, 기관차의 견인정수 등을 고려하여 결정한다.

일반적으로 화물열차는 여객열차보다 열차의 길이가 길어서 화물열차의 길이를 기준으로 그 선로구간의 유효장을 결정한다. 화물열차의 길이는 화차의 연결량 수, 화차의 적차 비율에 따라 좌우되며 화물열차길이를 기준으로 유효장을 산출하는 표준식은 다음과 같다.

가. 화물열차의 경우

$$E = \frac{L.N}{n} + L + C$$

여기서, E : 유효장(m, 착발선)

L : 화차 1량 평균길이

N : 선구의 견인정수

n : 화차 1량당 환산량수, 화차별 차중율(10장 열차운영 관련) 표 참조

L : 기관차 길이(20m)

C : 열차의 전후 여유(35m)

열차 전후 여유 각 10m, 출발신호기 주시거리 10m, 연결기의 신축여유 5m

위의 유효장 산출 표준식으로 표준유효장을 정하고 있다.

위 식에서 견인정수(牽引定數, nominal tractive capacity of locomotive)란 동력차가 정해진 운전속도로 견인할 수 있는 최대 차량수로서 실제 차량수가 아니라 객차는 40톤, 화차는 43.5톤을 기준한 환산량의 수를 말한다.

나. 여객열차전용의 경우

여객열차전용선구의 경우는 그 선구를 운전하는 최장의 여객 열차에 의하여 그 유효장을 결정하며 산정식은 다음과 같다.

$$L = L.N + K + C$$

여기서, L : 소요 유효장(m)

L : 객차 1량의 길이(m)

N : 최장열차의 연결객차수

K : 기관차 평균길이(m)

전차, 전기전동차의 경우는 기관차의 길이가 필요없음

위와 같은 표준에 따라 철도의 선로구간별 유효장을 정하는 것은 수송능력을 증강하고 철도경영측면에서 열차운용효율을 높이기 위한 것이다. 과거에는 투자비와 선로조건, 지형여건 등을 고려하여 적당한 유효장을 정하고 조차장에서 열차를 재 조성 운용하였으나, 우리나라와 같이 국토가 좁고 100~500km 이내의 철도구간 연장으로서는 화물생산지에서 소비지까지 일관수송체계(Plate Line

System)로 하는 것이 수송시간이 빠르고 화차의 회귀율이 빠르기 때문에 주요 간선은 유효장을 표준화하고 있다.

② 선로유효장 내의 분기기 설치

본선 유효장내에서는 안전 확보를 위해 분기기를 설치하지 않도록 계획하고 다음과 같이 현지 여건상 부득이 한 경우는 설치한다.

- ○ 입환작업이 적은 화물적하선을 분기할 때
- ○ 입환작업이 적은 유치선을 분기할 때
- ○ 작업이 적은 인상선, 기대선을 분기할 때
- ○ 보수용차량의 유치선을 분기할 때

3) 종단역

종단역은 모든 열차의 운행 종착역으로서 차량기지라든가 유치선군이 병설된 두단식과 열차반복용의 인상선(引上線)이 병설되어 통과도 가능한 배선형태의 관통식으로 분류된다.

(1) 두단식 종단 정거장

두단식 종단역은 회차시간에 제한을 받으므로 열차운영계획에서 제시된 운전시격을 감안하여 배선한다.

가. 차량기지가 없는 종단역

이 형식은 전차 전용구간의 시발 및 종착역에 많이 사용된다. 전동차는 반복운전이 간단하기 때문에 역구내에 반복설비만 하고 전차기지를 병설하지 않은 비교적 단순한 설비이므로 주택가가 밀집한 도심까지 열차가 들어가는 것이 가능하고 또한 여객 유도측면에서 유리하나 그림 6.3과 같이 어느 형식이건 역 입구의 교차 건널선 개소에서 도착전차와 출발전차가 서로 지장이 되어 전차운전 최소시격에 영향을 미치게 된다.

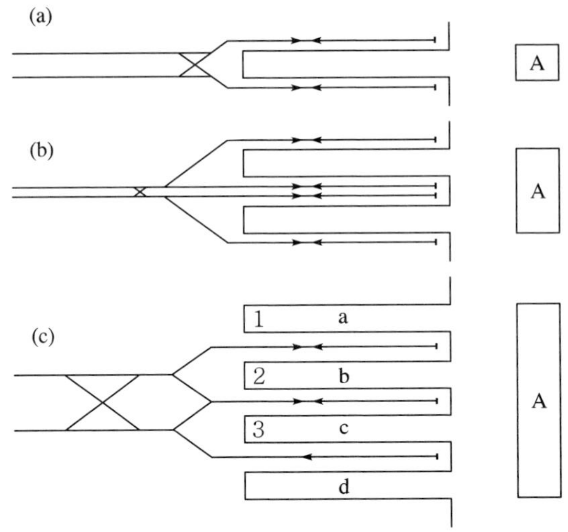

그림 6.3 두단식 종단 정거장의 배선

나. 차량기지가 있는 종단 정거장

그림 6.4는 차량기지가 종단정거장에 접속하였을 경우의 예로서 (a), (e)는 병렬형이고 (b), (c), (d)는 차량기지 직렬(直列)형이다.

여객열차의 시발 및 종착역으로 되는 역에서는 여객열차의 유치, 세척, 검수 작업을 같은 역구내에서 하도록 하는 것이 열차의 효율을 높일 수 있기 때문에 용지가 허용되면 종단 정거장 근처에 이들의 설비를 하는 것이 바람직하다.

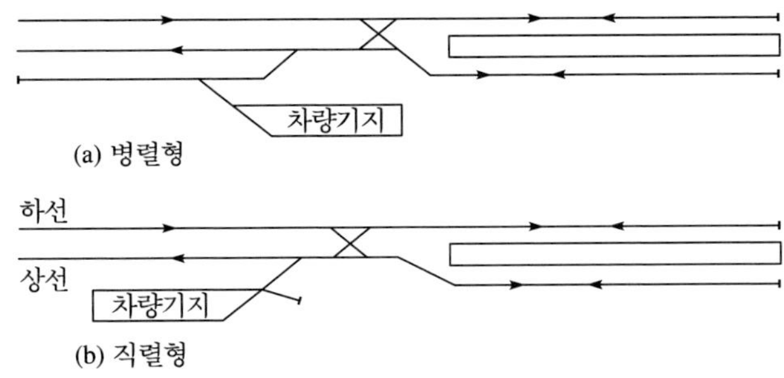

그림 6.4 두단식 종단 정거장 차량기지 병설 배선

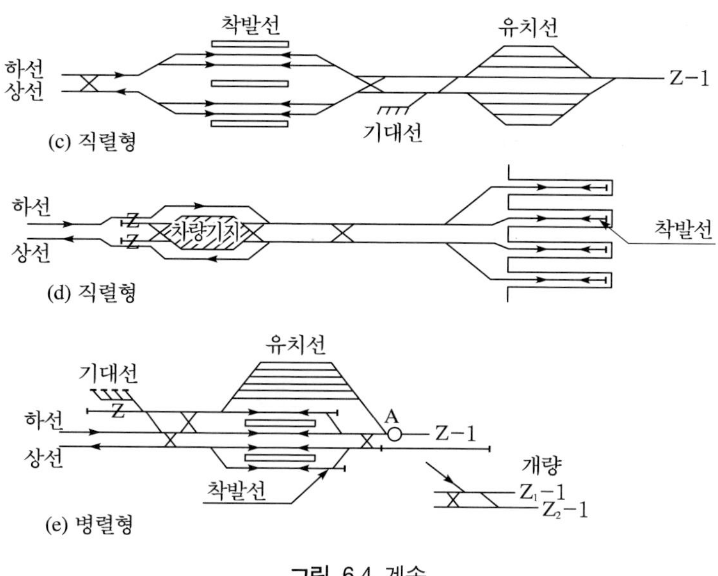

그림 6.4 계속

(2) 장거리 여객열차 종단 정거장

중거리나 장거리 여객열차는 근거리 전차와 달라 종단역에서 단시간에 반복 운행시키지 않고 장시간 체류하게 된다. 이 사이에 객차의 세척, 검사를 하기 위하여 종단정거장에는 객차기지를 동일 구내에 배치하는 것이 이상적이다. 종단역에는 운영계획에 따라 객차기지를 동일 구내 또는 인접 하게 배치한다.

가. 단선구간

장거리열차의 단선구간 종단정거장의 배선 형식은 그림 6.5와 같은 형이 있다. (a) 형식은 차량기지 직렬 형으로 열차가 도착선에 도착하면 기관차는 도착열차의 여객차량을 두고 객차의 후부로 연결해야 하므로 기관차는 입고한다. 출발할 때는 출고한 기관차를 객차와 연결하여 출발선에서 출발한다.

이 형식에서 인상선 Z는 기관차의 기관차고 출입과, 여객차량의 차량기지에서 세척, 검사, 유치 등의 입환에 쓰인다.

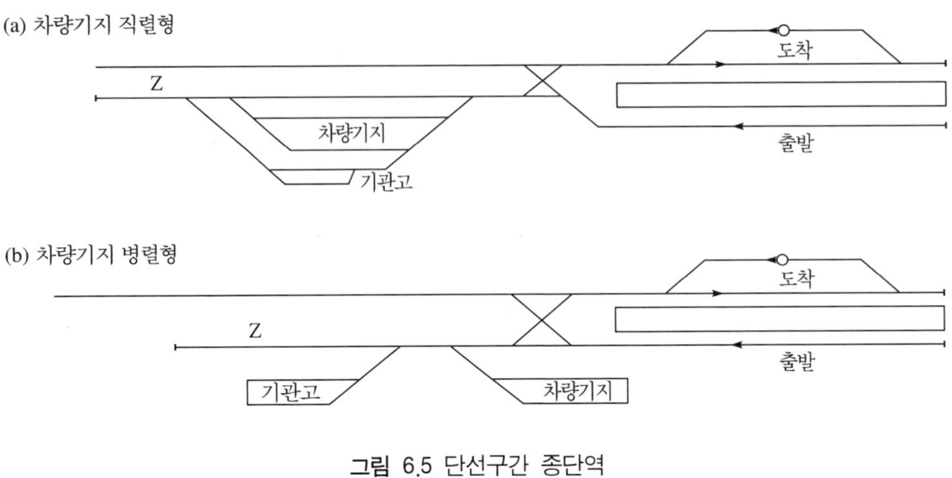

그림 6.5 단선구간 종단역

나. 복선구간

장거리열차 종단 정거장의 복선구간 배선형식은 그림 6.6과 같은 것이 있다.

(a) 형식은 차량기지 직렬 형으로 열차가 도착하여 출발하기까지의 작업은 단선구간의 차량기지 직렬 형과 같다.

(b) 형식은 차량기지 병렬형식으로 열차가 도착하여 출발하기까지의 작업은 단선구간 차량기지 병렬형 (b)와 같다.

(c) 형식은 차량기지를 상하선이 둘러싼 형식으로, 복선의 경우는 열차 횟수가 많아서 역 입구의 평면교차가 문제로 되는 것이 많다는 점을 피하기 위한 형이지만 도착선군에서 여객차선군(차량기지)으로 선로를 바꿀 때, 출발선군에 거치하는 등의 작업은 열차의 진입, 출발과 경합이 된다. 승강장 수를 많이 하여도 경합을 피할 수가 없는 것이 결점이다.

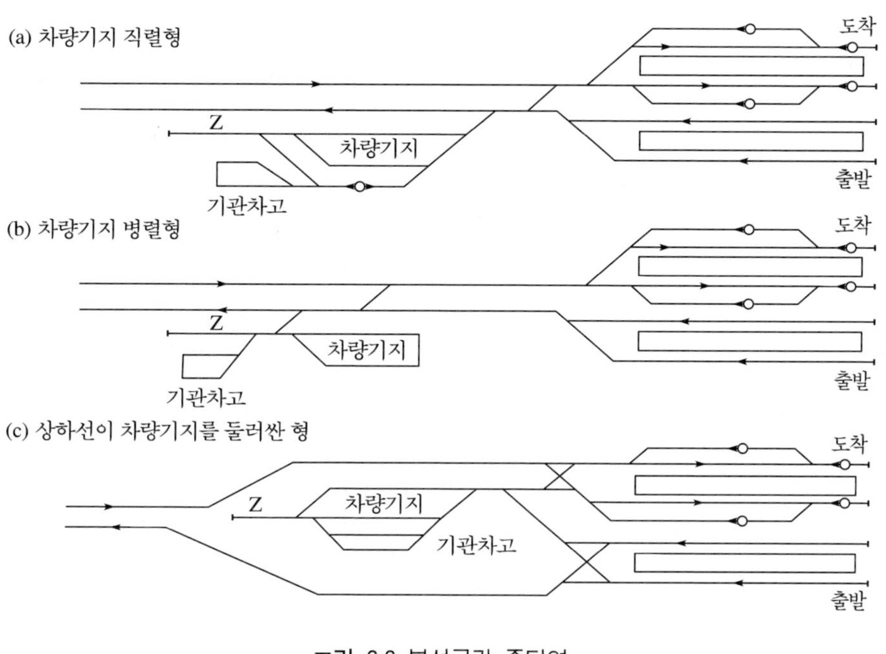

그림 6.6 복선구간 종단역

(3) 관통식 전차 종단역

가. 차량기지가 없는 전철 반복 역

① 전철 승강장 반복 역

반복전동차의 승강장 반복은 폐색시간이 길게 되므로 일부 하행열차를 반복하여 상행열차로 운행하는 배선형식으로 (a)형식은 단선일 경우는 문제가 없으나 복선일 경우는 상 본선을 횡단하게 되므로 될 수 있으면 (b) 또는 (c)와 같은 배선형식으로 계획하는 것이 바람직하다.

② 전철 인상 반복 역

그림 6.8에서, (a)형은 반복전차를 승강 선에서 반복하게 하면 폐색시간이 길게 되므로 대피선을 설치 못하는 경우 종착전차는 반복선으로 들어갔다가 출발할 때는 본선으로 나와서 출발하게 된다.

(b)형은 반복전차가 동시에 2편성 체류하는 경우이며, (c)형은 중선에서 여객취급 후 즉시 반복선에 인상시키므로 대피선으로 사용된다. 여객취급은 중1번 선을 도착, 중2번 선을 출발 전용으로 고정화 할 수 있으므로 여객이 출발승강장으로 착각할 염려는 없다.

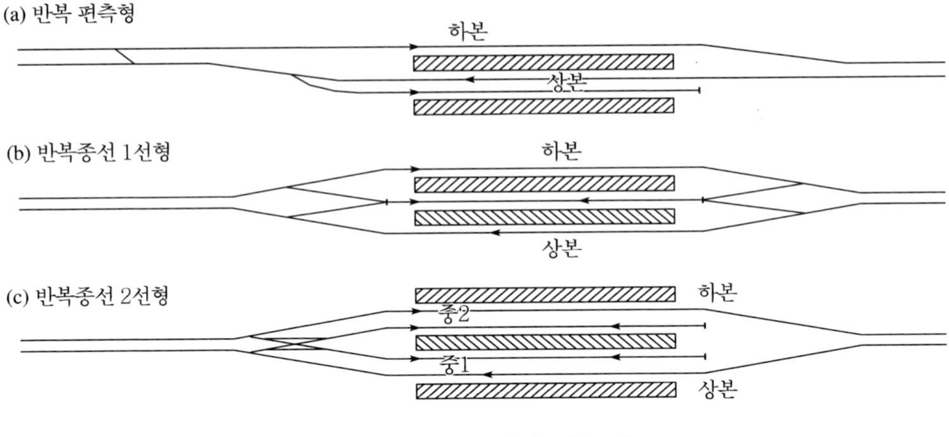

그림 6.7 전철 승강장 반복 역

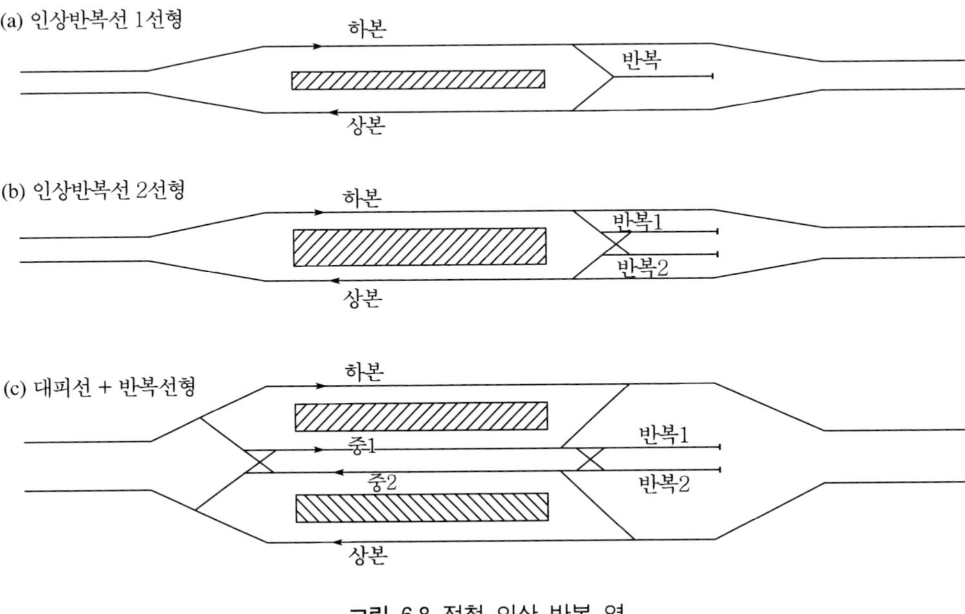

그림 6.8 전철 인상 반복 역

나. 차량기지와 접속한 전차 반복역

관통식 종단역에서 복선구간의 전차 반복역이 차량기지와 접한 경우는 차량기지 직렬 형과 차량기지 병렬형으로 구분한다.

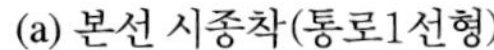
(a) 본선 시종착(통로1선형)

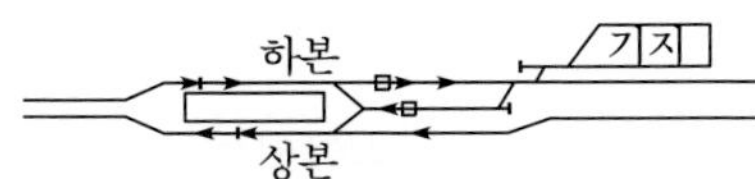

(b) 인상반복선 2선형

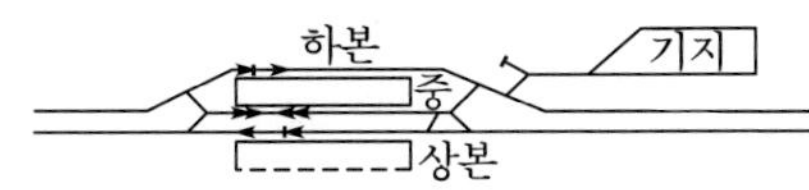

(c) 대피선 + 반복선형

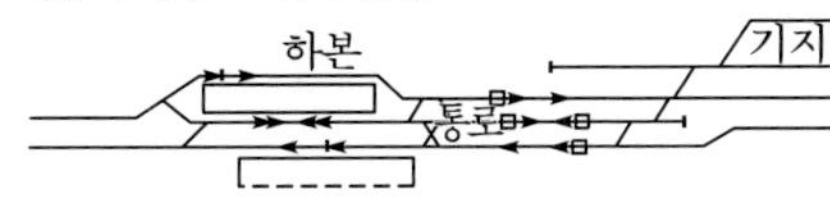

(d) 시종착선 1선(통로선 2선형)

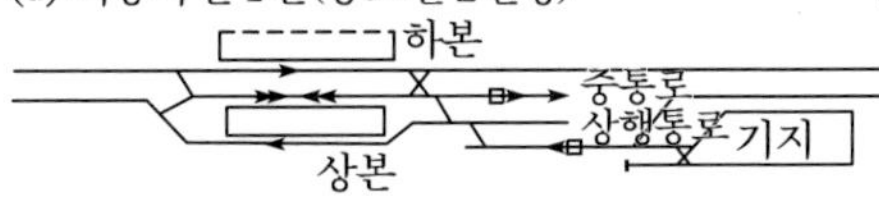

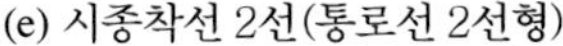
(e) 시종착선 2선(통로선 2선형)

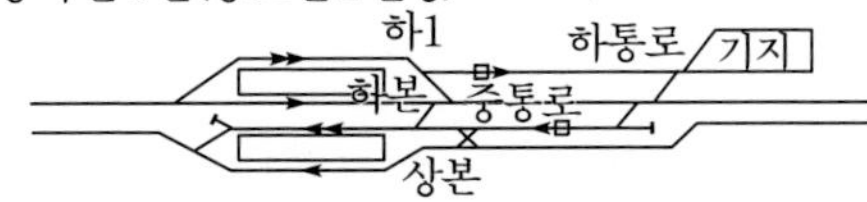

(f) 시종착선 2선(통로선 1선 입체 교차형)

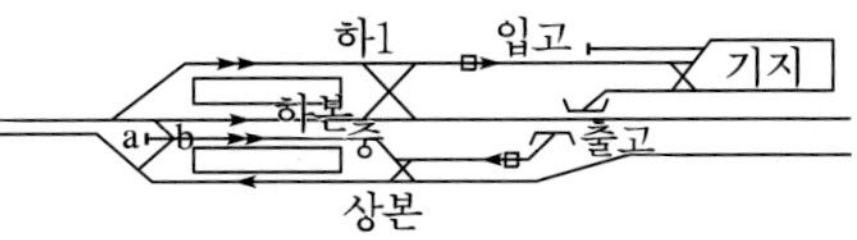

(g) 시종착선 2선(통로선 2선 입체 교차형)

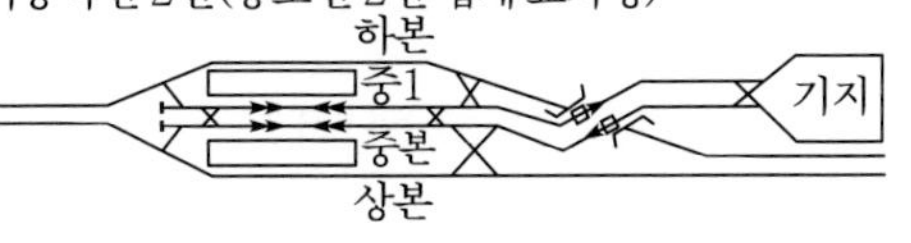

(h) 시종착선 2선(반복 유치선 병설형)

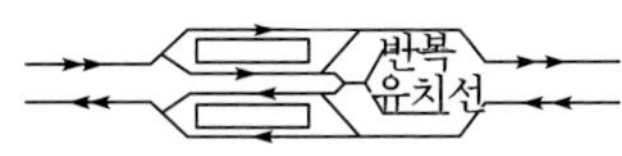

그림 6.9 차량기지 직렬 형

(a) 본선 시종착(반복선 입출고형)

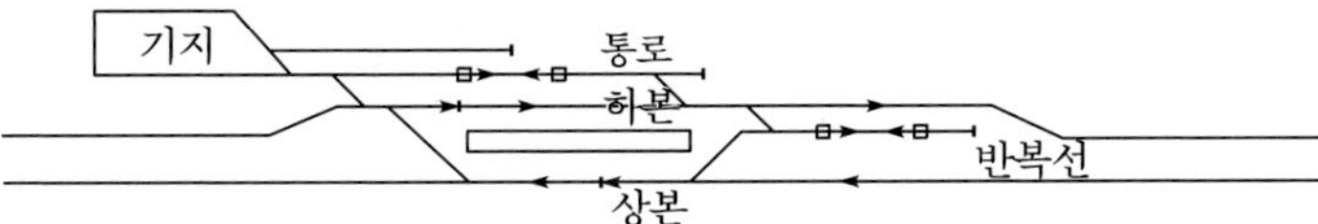

(b) 본선 시종착(통로선 1선형)

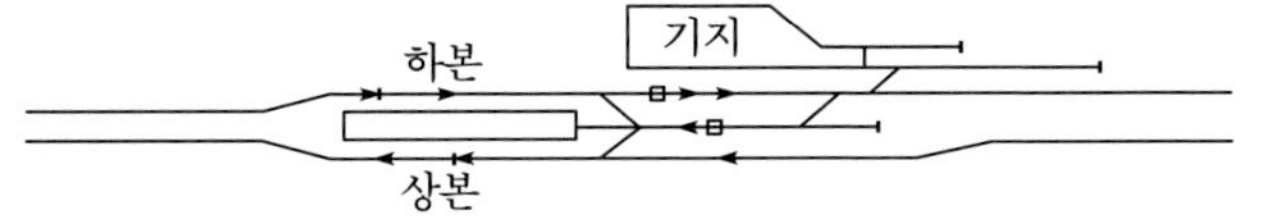

(c) 시종착선 1선(반복선 1선)

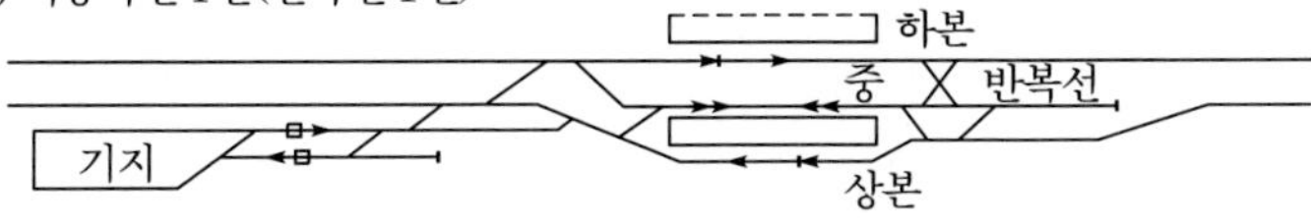

(d) 시종착선 1선(반복선 2선)

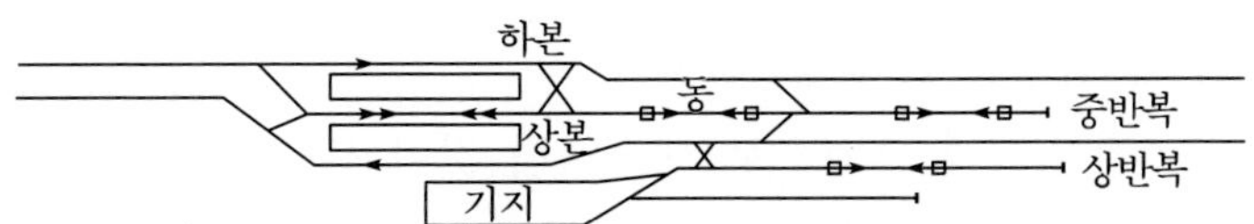

그림 6.10 차량기지 병렬 형

4) 중간역

중간역의 배선형식은 구내입환 작업 등을 일체하지 않고 직통열차만을 취급하는 형식과 화물취급설비나 차량기지 등이 병설되어 입환 작업 등을 하는 형식으로 분류되며 간이역, 교행역, 대피선 등의 형식으로 분류하기도 한다.

입환 작업을 하지 않는 배선은 비교적 간단하나 입환 작업을 하는 배선은 복잡한 배선이 되므로 효율 높은 배선으로 하기 위해서는 인상선 등의 배치를 연구하여야 한다.

(1) 직통열차만을 취급하는 역

가. 단선구간

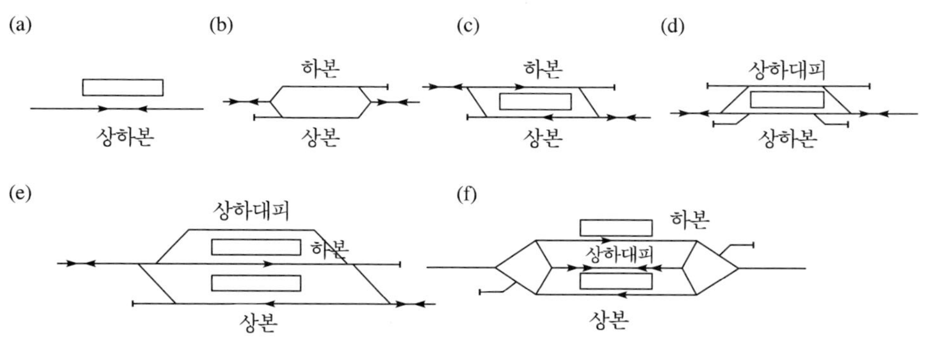

그림 6.11 직통열차 취급 중간역(단선)

나. 복선구간

(a), (b) 형식은 가장 단순한 배선 형식으로 통근 전철구간에 많으며 (a)를 섬식, (b)를 상대식이라 하며 여객승강의 편리, 역 요원, 용지면적 등에서 일장일단이 있다.

(c), (d), (e)형은 대피선을 둔 배선이다.

(c)형은 상선대피 열차의 진입과 진출 시 횡단지장이 있고, 점선과 같은 상선 대피선을 신설하면 본선에 지장이 없게 된다.

(d)형은 이 지장을 Y형 배선으로 해소시킨 것이고

(e)형은 상, 하 각각 독립된 대피선을 가지고 있으므로 상호 평면교차에 지장이 없으며 또한 특급열차 상호환승에도 편리한 배선이다.

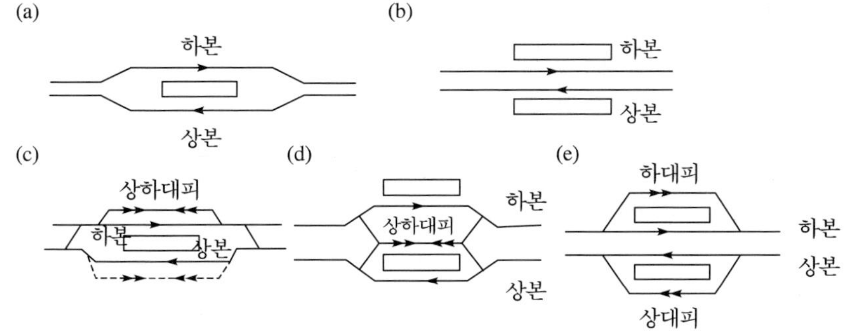

그림 6.12 직통열차 취급 중간역(복선)

다. 2복선구간

(a) 형식은 방향별로 되어 있어 통근역에서 여객의 이용측면에서는 유리하다.

(b) 형식은 운전 방향별 형식이나 승강장은 내측 선로에만 설치하였다.

(c) 형식은 선로별 형식으로 승객은 동일 승강장에서 쌍방의 환승을 할 수 없다.

(d) 형식은 선로별 한 방향이 정차하지 않는 경우이다.

2복선화를 실시하는 경우, 방향별로 또는 선로별로 할 것인가는 면밀한 검토가 필요하지만 운전 영업 등 이용측면에서는 동일 방향 열차상호 환승이 편리하고 또 사고 등 대응도 용이한 방향별 방식이 유리하다.

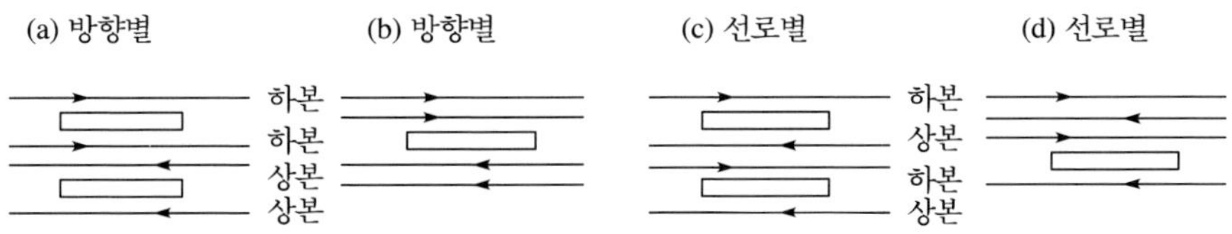

그림 6.13 직통 열차 취급 중간역(2복선)

그림 6.14와 같이 역 전후에 입체교차를 설치하면 방향별은 가능하게 된다. 따라서 역 전후의 입체교차가 용이하며 운전 영업 면에서나 환승에 편리한 방향별 배선을 채용해야 하지만 역 전후가 주택밀집지로 입체교차의 공간 확보가 곤란하든가, 횡단육교 등 시설물이 있어 이로 인해 공사비가 크게 증가하는 경우에는 종합적인

검토가 필요하다. 실제 노선선정을 할 때는 운전 영업, 시공의 난이(難易), 공사비 등을 충분히 감안하여 결정하여야 한다.

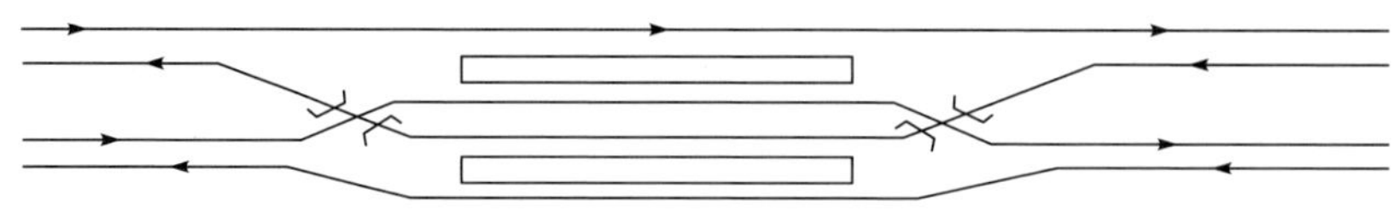

그림 6.14 방향별 운전방식의 중간역 배선 예

(2) 간이역, 교행역, 대피역으로 분류한 배선

가. 간이역

간이역의 배선유형은 그림 6.15와 같다.

(a)형은 선형이 좋다.

(b)형은 상하여객의 변동에 대하여 승강장 면적이 유효하게 이용되고 역원도 상하선을 겸하여 취급하므로 통근역에는 특히 효율적이다.

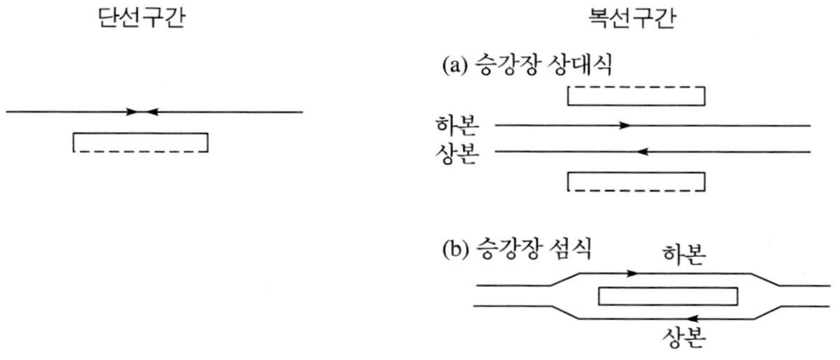

그림 6.15 간이역 배선

나. 교행역

교행역의 배선은 단선구간에서 분기기를 편개(偏開, simple turnout) 또는 양개(兩開, double curve turnout)를 사용하는데 따라 다르다.

① 편개분기형 (a)는 보통 사용되고 있는 선형으로 상하열차의 동시 진입의 필요성이 없을 때 또는 금지하고 있을 경우는 안전측선을 설치하지 않는다. 통과열차가 있는 경우 분기부에 있어서의 속도제한 및 열차동요가 커서 바람직하지 않은 배선이나, 정차열차가 많이 있을 때 장내진입속도를 제한하지 않기 위하여 사용한다.

② 양개분기형 (b)는 정거장 진입과 진출 속도를 향상시킬 목적으로 분기기를 양개로 한 배선이며 통과열차가 많은 경우에 유리한 배선이다.

③ 1선통과형 (c)는 통과열차에 대하여 속도제한이 없고 대피나 추월 모두 가능한 배선이다.

CTC 원격제어구간에서는 운전취급원이 열차의 진입선로 선택의 판단이 필요하다. 대피선에 정차하고 있는 열차의 진출방향도 틀리지 않도록 신호취급소의 제어판에 명시하는 등 열차취급에 세심한 주의가 필요하다.

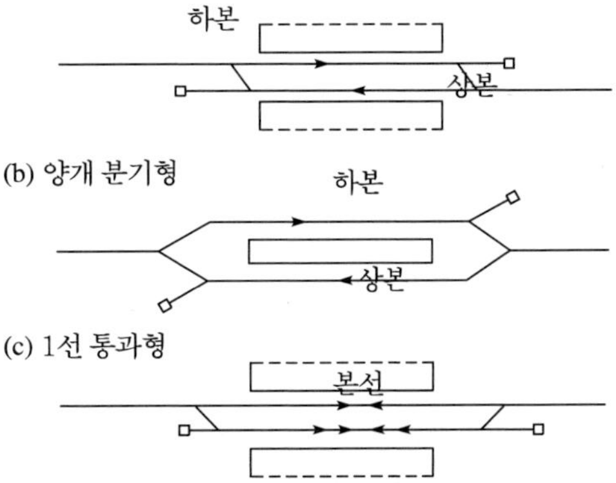

그림 6.16 교행 역 배선

다. 대피역

① 단선구간

㉠ 편(片)대피 형

i) 단선구간에서 가장 일반적인 대피선 1선의 배선이다.

ii) 상행대피열차는 하 본선을 횡단하고 과주(過走)의 경우 하행 열차의 진입에 지장을 준다.

iii) 그 대책으로 점선과 같은 안전측선을 설치한다.

㉡ 중(中)대피 형

i) 대향(對向) 열차와는 서로 지장을 주지 않으나 대피열차와 속행열차는 서로 지장을 준다.

ii) 다른 배선과 비교하여 넓은 용지가 필요하며 분기기 수(數)도 많다.

㉢ 1선통과 형

i) 통과열차가 많을 때 교행, 추월 등 모두가 가능하도록 한 배선이다.

ii) 대피열차의 진입은 통과 본선에 진입하는 대향 열차에 지장을 준다.

iii) 이것을 피하기 위해 통과 본선에 점선과 분기기를 삽입하여 안전측선과 연결하기도 한다.

㉣ 구갑 형

i) 통과 열차가 많은 경우 교행, 추월 등 모두가 가능하도록 한 배선이다.

ii) 열차취급상 위험이 많아 현재는 계획하지 않는 배선 유형이다.

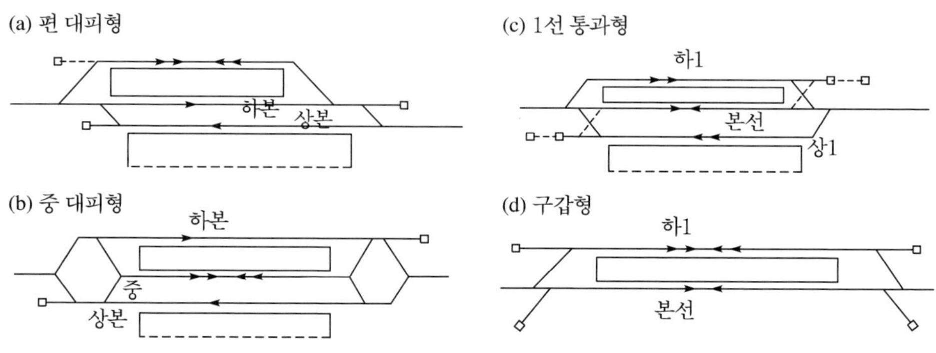

그림 6.17 단선구간 대피선

② 복선구간

㉠ 편대피 형

하행 쪽에 대피선을 설치하는 것으로, 상행대피 열차는 도착, 출발 어느 것이나 하 본선을 지장하므로 상행열차의 대피를 상당히 제약한다. 선구에 따라 지형 상 기타의 이유로 편대피로 할 때는 대피선을 설치하는 역마다 상행, 하행 상호로 설치하는 것이 바람직하다.

㉡ 중대피 형

대피열차는 도착, 출발 시 대향열차와 경합되지 않는다.

㉢ 주본선 대피선 정차 형

새마을 등 쾌속열차가 정차한 후 각 역정차열차를 추월하는 경우 및 동일 방향의 상호 착발열차를 취급하는 경우 등의 배선으로 표준적인 형이다.

㉣ 주본선 통과 추월 형(상대식)

통과열차가 많고 정차열차가 적은 경우에 알맞은 형태이다.

㉤ 주본선 통과 추월 형(섬식)

㉣형식과 열차취급방법이 같다.

㉥ 통과열차 주체 일부전차 반복 형

i) 추월열차와 각 역 정차열차가 같은 승강장에서 여객 취급하는 것 외에 중선에서 일부의 전차가 상행 쪽으로 반복하는 경우의 배선이다.

ii) 일부의 열차가 반복하므로 관통식 종단역으로 분류되기도 한다.

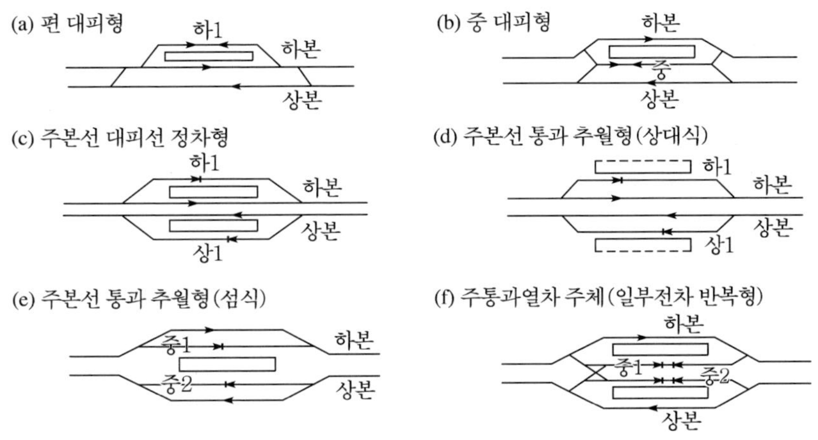

그림 6.18 복선구간 대피선

5) 분기역

여객을 대상으로 하는 선로분기를 하기 위해서는 분기역이나 분기하기 위한 신호장이 필요하다.

분기역에는 간선에서 지선으로 직통열차를 운전하지 않으므로 지선열차가 그 역에서 배선되는 지선접속역과 직통운전이 가능한 분기역의 2종류가 있다.

(1) 지선접속역

그림 6.19 지선접속역 배선

(2) 직통운전 가능역

선수(線數), 분기역, 승강장에 대한 본선의 배열, 분기선과 본선의 교차방법에 따라 구분한다.

그림 6.20의 (d)형과 같이 주본선 3선 방향별 배선이 단선구간 본선배열의 기본형이나 열차횟수가 어느 정도 맞으면 (a)형으로 하는 것이 좋다.

그림 6.21의 (c)형은 간선과 지선이 입체로 교차되어 방향별 열차가 서로 지장이 되지 않으므로 이상적인 형이다. 평면교차를 허용하면 (b)형의 방향별 배열이 경제적이고 여객 이용측면에서도 좋은 형이다.

그림 6.22의 (d), (e)형이 방향별 배열이고 또한 입체교차형으로서 여객이용 및 운전취급측면에서 가장 좋은 형태이다. 차량기지 병설이 가능한 (e)형은 여러 가지 분기역 배선 중에서 가장 이상적인 형태이다.

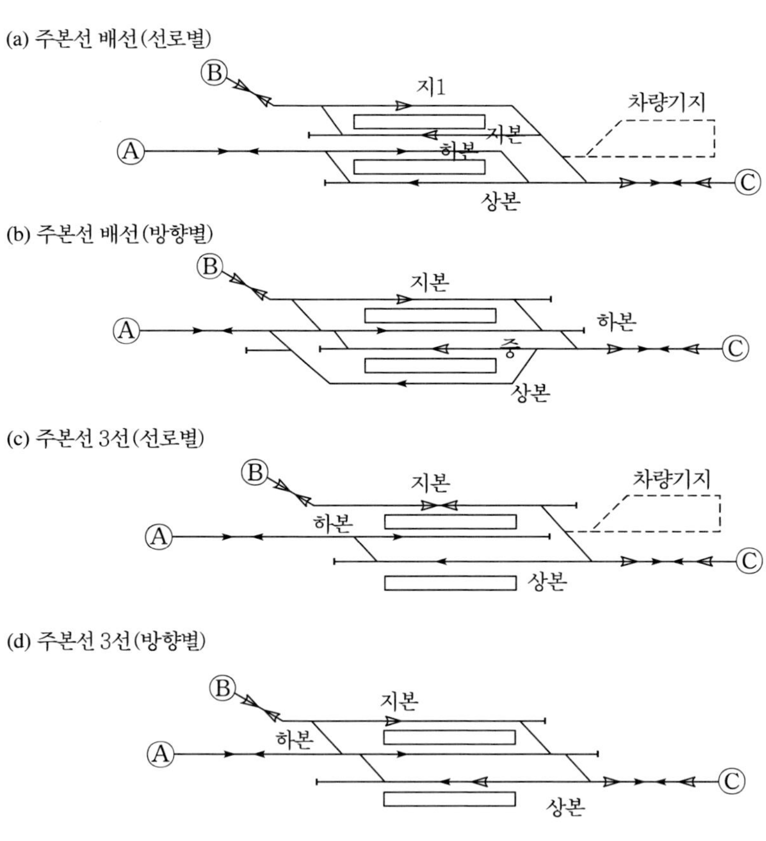

그림 6.20 분기역 배선(간선과 지선 단선)

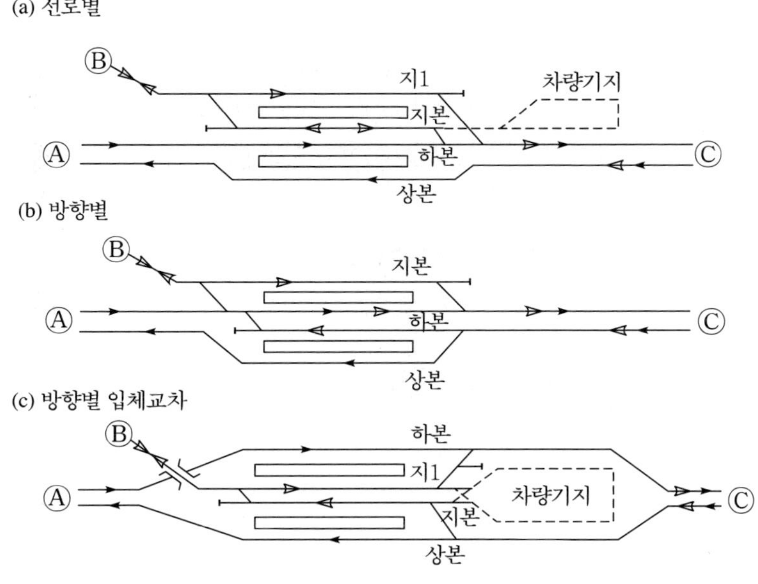

그림 6.21 분기역 배선(간선 복선, 지선 단선)

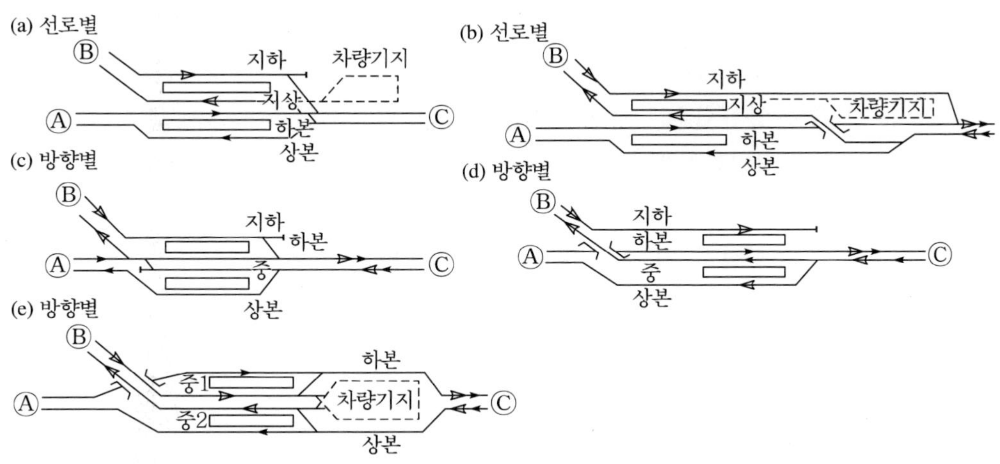

그림 6.22 분기역 배선(간선 복선, 지선 복선)

분기역의 실제 배선에 있어 분기선과 본선과의 교차방법은 입체교차방식이 이상적이지만 입체교차하기 위해서는 여분의 용지가 필요하고 공사비도 많이 소요되므로 평면교차 지장률의 허용범위 내에 있으면 평면교차 방식도 불가피하다.

6) 평면교차의 지장율

정거장의 표준배선에서 열차의 진입과 출입 시 평면교차에 의한 지장정도를 가지고 표준배선의 짜임새를 결정짓는 기준으로 한다.

평면교차 지장율을 계산하는 가장 일반적인 방법은 평면교차에서 1일 총 지장시분을 24시간(1,440분)에 대한 백분율로 나타내는 것이다.

총 지장시분이란 열차가 지장구간을 운전하는데 소요되는 시분과 전철기 전환, 신호 현시 변화시분과 같은 진로구성소요 시분의 합계이다.

평면교차 지장율은 일반적으로 60%가 한계라고 생각되나 실제로는 40~50%가 되면 열차설정이 곤란하게 되므로 입체교차가 바람직하다.

평면교차 지장율 계산식은 아래와 같다.

$$P = \frac{\sum T \cdot N}{1,440} \times 100 \tag{6.1}$$

여기서, P : 평면교차 지장율(%)

T : 1회평면교차 지장시분 합계

$T = t_1 + t_2 + t_3 + t_4 + t_5$

N : 열차횟수

t_1 : 평면교차를 방호하는 신호기 외방의 신호기 설치지점부터 그 평면교차의 진로 쇄정구간을 빠져나올 때까지의 주행시분

t_2 : 전철기 및 신호기 전환에 소요되는 시분
단, 속행열차로서 전환하지 않는 경우는 0초로 한다.
제1종 전기계전의 경우 : 5초
기타 연동장치의 경우 : 20초

t_3 : 신호기의 신호현시 변화시분 : 1초

t_4 : 승무원이 신호현시 변화를 확인하고 제동조치를 할 때까지의 시분 : 3초

t_5 : t_1 구간을 방호하는 신호기를 확인하고 제동개시 지점부터 신호기까지를 소정운전기준으로 주행한 시분

또한 t_5초 간에 제한속도까지 감속하는데 요하는 거리 Sm은 다음 식으로 구한다.

$$Sm = (V_1^2 - V_2^2)/7.2d(m) \quad (6.2)$$

여기서, V_1 : 제동시작 시 주행속도(km/h)

V_2 : 목적으로 하는 제한속도(45km/h 또는 25km/h)

d : 감속도

일반적으로 평탄선로의 경우

전동차 : 2.5 km/h/sec

동차 : 2.0 km/h/sec

여객열차 : 1.75 km/h/sec

화물열차 : 0.75 km/h/sec

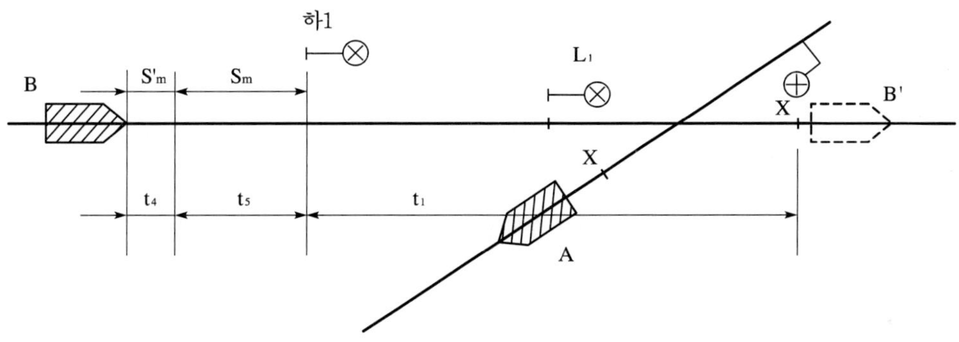

그림 6.23 평면교차의 지장율 표시

지장의 정도를 표현하는 간편법으로서 노선의 열차회수의 합계를 이용하는 경우 대개 200회를 한도로 하고 있다. 다만 190회 : 10회의 경우와 같이 극단으로 편기된 때는 제외된다.

5. 여객시설

여객역은 도시교통과 철도수송과의 결절점(結節点)이다. 지역사회와 연결된 현관이기도하다. 그러므로 여객에게는 가장 이용하기 쉽고, 동시에 수송서비스를 담당하는 철도관계자도 여객을 효율적으로 유도하여 안전하고 쾌적한 여행이 될 수 있는 시설이 되도록 할 필요가 있다.

참고로 일반철도의 정거장도 도시철도와 같이 도시 내에 위치하고 있는 경우가 많아 도시철도의 정거장내 시설 설계 시 지향하는 세부적인 방향을 여기에 소개함으로서 철도가 지향하는 안전성, 쾌적성, 그리고 편리성을 향상시킬 수 있는 새로운 정거장을 건설하는 기준으로 삼는데 도움을 줄 수 있을 것이다.

① 정거장내에 일관성 있는 서비스수준이 제공되도록 균일한 대기공간 및 보행공간을 확보한다.
② 이용자의 편리를 도모하며 시스템 전반에 균등한 동선체계를 지향한다.
③ 정거장 형태를 통일성 있게 하여 이용 시 혼란의 여지를 줄인다.
④ 사회복지차원에서 정거장 이용승객뿐만 아니라 일반 통과승객도 고려할 수 있도록 시설을 계획한다.

여객이용시설로는 여객이 직접 열차에 타고 내리는 승강장, 여객이 여행수속을 하거나 일시 집합하는 장소인 역사(驛舍), 승강장을 연결하는 구름다리, 지하도 등의 여객통로, 철도와 도시와의 중계 장소인 역 광장, 주요 역에 병설되는 수소화물취급설비 등이 있다.

이들 시설과 설비는 유기적으로 연계되어 기능이 충분히 발휘될 수 있도록 기본틀을 작성하지만 대도시나 중소도시거점역, 대도시 근교 통근역, 관광거점역에 따라 여객의 성격이나 수송량이 다르므로 여객이용시설도 정거장 시설규모에 따라 정하고 이에 대응하는 형태로 할 필요가 있다.

1) 승강장(platform)

승강장은 한정된 열차정차시간 중에 안전하고 신속하게 많은 여객이 타고 내리거나 또는 화물 적하작업을 편리하게 하기 위하여 열차의 착발선을 따라 설치하는 설비로 가능하면 직선으로 하는 것이 바람직하며, 지형여건 등 부득이한 경우에는 곡선반경 600m 이상의 곡선구간에 설치할 수 있다. 그리고 소정의 높이, 폭, 길이를 필요로 한다. 승강장면에는 시각 장애인용 점자타일을 설치한다. 일반여객열차는 낮은 승강장으로 전철전용 승강장은 높은 승강장으로 설치한다.

(1) 승강장 형식

중간역에는 단식(單式), 섬식, 상대식이 있고 종단역에는 두단식 또는 통과식 승강장, 연락 역에는 분리식과 접속식이 있다.

가. 섬식 승강장

① 장점

㉠ 여객이 승강장을 착각하는 일이 적다.

㉡ 용지가 적게 들어 소요비용이 적다.

② 단점

㉠ 승강장 양단에 반향곡선을 삽입하여야 한다.

㉡ 열차가 동시에 착발할 경우 승강장이 혼잡하다.

㉢ 장래 확장이 곤란하다. 따라서 섬식 승강장은 주로전동차 전용선에서 부분적으로 사용하는 형식이다.

나. 상대식 승강장

섬식 승강장과 장단점이 상반되나 특히 승강장이 직선으로 설치되고 투시도 양호하며 역구내 선형도 좋은 장점이 있다.

다. 두단식 승강장

두단식의 배치는 개표구나 집표구가 승강장 끝에 설치되므로 승강장 상호 간의 연락이 좋고 배치가 정연하므로 형태도 좋으나 도착기관차의 길이 때문에 여객의 보행 거리가 길게 되고 수화물이나 우편물 등의 취급으로 많은 지장이 발생되며 열차를 인상하거나 객차기지로 출입할 때 후진 운전을 하여야 한다. 특히 정거장 입구에서 열차의 출발에 지장이 생겨 구내작업의 장애가 되는 등 많은 문제점을 수반하므로 종단정거장에서는 통과식 배치가 바람직하다.

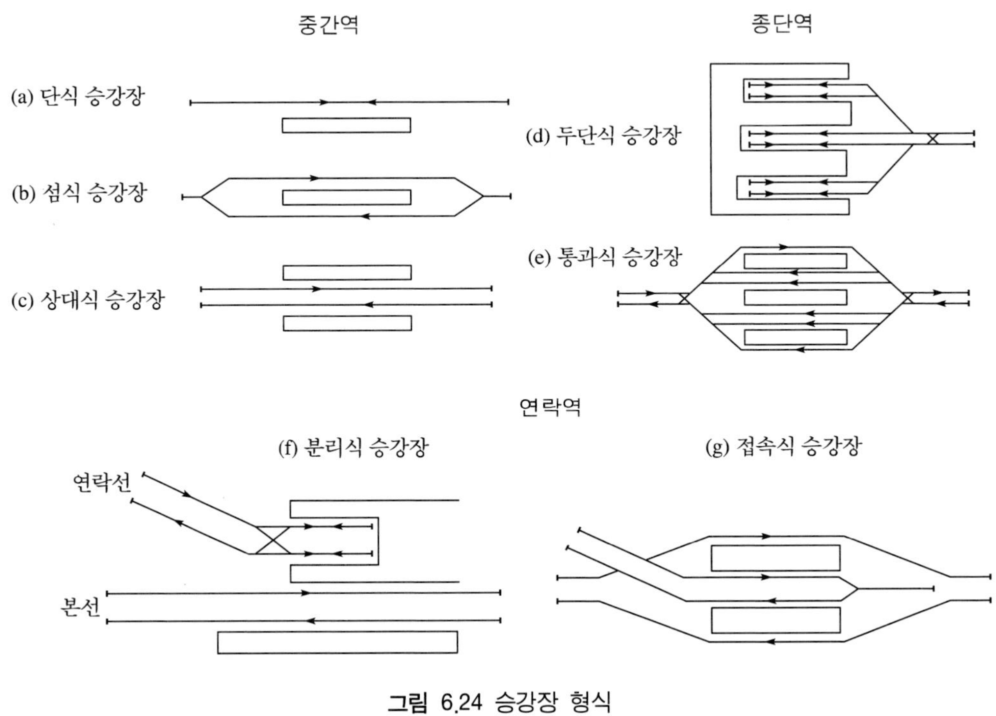

그림 6.24 승강장 형식

라. 연락정거장

연락정거장에 있어서는 여객의 환승 때문에 유동성이 생기므로 승강장의 배치는 환승 여객의 수와 방향성을 충분히 검토한 후 분리식 또는 접속식의 형식을 결정하여야 한다.

(2) 승강장의 배치방식

가. 승강장 분리

전차와 같이 착발 횟수가 빈번하고 승강 인원도 많은 경우에 혼잡 완화를 위하여

하나의 착발선에 하나의 승강장을 가진다. 같은 승강장에서 양면 착발을 하는 경우 1일 승강 인원이 15만 명 정도면 일반적으로 많은 혼잡이 일어난다.

나. 교호(交互) 착발

전차와 같이 운전시격이 3분 이내로 짧은 경우 승강장 양측에 같은 방향의 도착이나 출발선을 설치하여 혼잡완화, 운전시격의 조정 및 열차의 지연정리를 하는 경우가 있다.

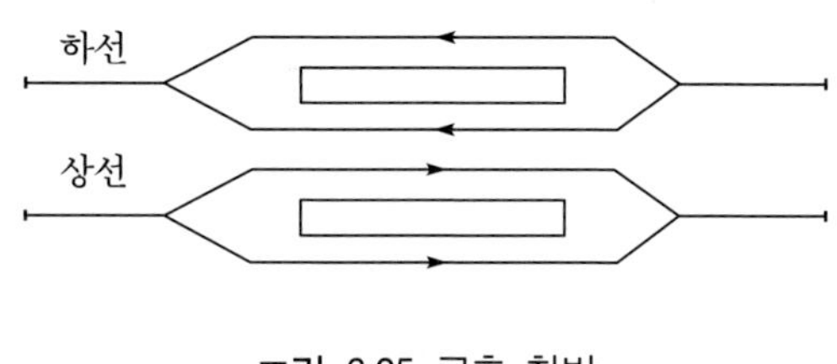

그림 6.25 교호 착발

다. 2복선구간의 승강장 배치

2복선 구간의 승강장 배치는 방향별 배치와 선로별 배치의 2가지 방법이 있다. 각각의 장단점이 있으므로 신중한 검토가 필요하다.

① 방향별 배치

이 경우 2복선 구간에 있어서는 같은 방향의 여객은 같은 승강장에서 취급되므로 여객에게는 편리하다. 또한 환승에 있어서도 편리하므로 환승이 많은 큰 역에서는 되도록 방향별로 배치하는 것이 바람직하다. 이 방법은 양선이 분리하는 경우는 반드시 입체교차가 필요하게 되어 많은 공사비가 필요하다.

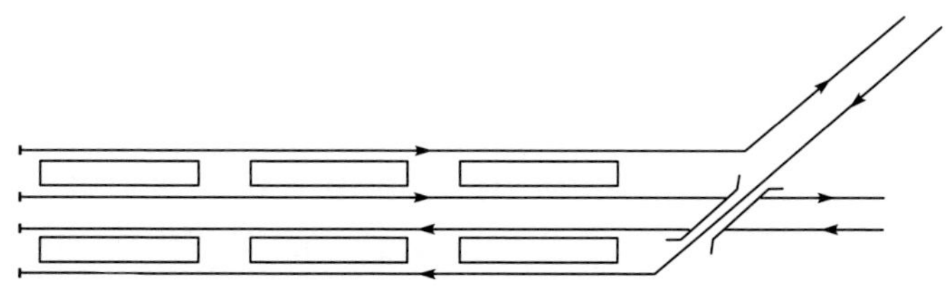

그림 6.26 방향별 배치

② 선로별 배치

여객열차와 전차 또는 특급과 완행열차라는 방식으로 각각 운전 계통을 나누어 선로별로 사용하는 것도 있다. 선로별 배치는 환승객은 승강장을 이동하지 않으면 아니 되므로 여객 서비스 측면에서는 바람직하지 않다. 그러나 각 계통별로 선로가 분리할 때 입체교차를 하지 않아도 되는 장점이 있다.

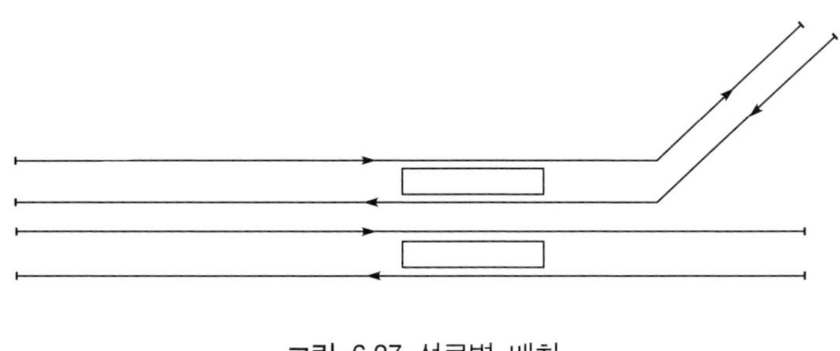

그림 6.27 선로별 배치

(3) 승강장의 소요면수

승강장의 소요면수는 그 역에서 동시 착발하는 열차횟수로 정해진다. 동시 착발하는 열차 수는 그 역을 중심으로 한 그간의 열차운행표를 기준으로 여기에 장래의 수송수요에 의한 열차횟수, 여객서비스 등을 고려하여 결정한다. 승강장용량의 과부족을 판단하는 지표의 하나로 승강장 지장율을 사용한다.

$$\text{승강장 지장률} = \frac{\text{지장시분}}{1,440} \times 100(\%) \tag{6.3}$$

여기서, 지장시분 : 설정열차시분+열차의 취급시분

열차취급시분이란 어떤 열차를 승강장에 정차하기 위하여 장내신호기를 청색으로 하여 진로를 구성하고부터 열차가 정차하기까지의 시간과 그 열차가 출발하여 다음 열차가 새로운 진로를 구성하기까지의 시간의 합을 말한다. 각 역의 작업 실태에 따라 다르나 자동신호구간에서는 승강장 도착까지는 3분, 출발 후 새로운 진로구성까지는 2분으로 정차열차는 5분, 통과열차는 3분정도의 값이다.

자동구간에서 지장 율이 50~60%로 되면 열차설정이 상당히 어렵게 되고,

60~70%되면 설정이 곤란하게 된다.

(4) 승강장 규격

가. 길이

승강장의 길이는 그 승강장에서 착발하는 열차에 대하여 지장이 없는 길이로 한다. 즉 그 역에 정차하는 여객열차 최대길이에 맞는 길이를 확보하여야 하며 그 산출식은 다음과 같다.

승강장의 길이=최장여객열차 편성길이(1량 길이X연결량수)+과주 여유거리

차량 1량 길이는 새마을 23.5m, 일반객차 21m, 전동차 20m로 한다.

과주여유길이는 지상구간의 일반여객열차·간선형 전기동차는 10m, 지하구간의 일반여객열차·간선형 전기동차는 5m로 한다. 단 전기동차인 경우 지상은 5m, 지하는 1m로 한다.

나. 폭

① 승강장의 폭은 수송수요, 승강장 내에 세우는 구조물 및 설비 등을 고려하여 설치하여야 한다.

② 승강장에 세우는 조명전주, 전차선전주 등 각종 기둥은 선로 쪽 승강장 끝으로부터 1.5m 이상, 승강장에 있는 역사, 지하도, 출입구, 통신 기기실 등 벽으로 된 구조물은 선로 쪽 승강장 끝으로부터 2.0m 이상의 통로 유효 폭을 확보하여 설치하여야 한다. 다만, 여객이 이용하지 않는 개소 내 구조물은 1.0m 이상의 유효 폭을 확보하여 설치할 수 있다.

다. 높이 및 궤도중심까지의 거리

① 승강장 높이

㉠ 직선구간

일반열차와 전동차를 혼합운행하는 구간에서 일반객차로 승강 계단이 있는 열차가 운행되는 승강장 높이는 레일 면에서 500mm로 하고 객차에 승강

계단이 없는 전동차를 취급하는 승강장은 1,135mm로, 자갈도상인 경우 1,150mm로 한다. 도시철도의 승강장 높이는 승강면과 차량바닥면의 차이가 ±15mm 이내가 되도록 하여 짧은 시간에 승강을 할 수 있도록 한다. 화물적하장의 높이는 레일면에서 1,100mm로 한다.

㉡ 곡선구간

승강장에 캔트가 있는 곡선구간에서는 높이는 승강장 끝에서 내외 궤도 레일 면을 포함한 평면에 수직으로 내린 길이가 승강장 높이가 된다.

② 궤도중심에서 승강장 끝까지의 거리

㉠ 직선구간

궤도중심에서 승강장 끝 또는 적하장까지 거리는 전동차 운행 구간 등 승강장을 높이 설치하는 경우 콘크리트도상은 1,675mm, 전기동차전용선의 콘크리트도상은 1,610mm(차량 끝단으로부터 승강장연단까지의 거리는 50mm를 초과할 수 없다), 자갈도상은 1,700mm로 한다.

㉡ 곡선구간

캔트가 있는 곡선구간에서는 직선구간의 거리에서 다음 식으로 계산한 값을 더한다.

i) 궤도 내측 승강장

$$K = W + S + C \cdot h/g \tag{6.4}$$

ii) 궤도 외측 승강장

$$K' = W - C \cdot h/g \tag{6.5}$$

여기서, K, K' : 확대값(mm)
W : 차량의 편기량(mm)
S : 슬랙(mm)
C : 캔트(mm)
g : 궤간(mm)
h : 승강장 높이(mm)

라. 승강장의 구조형식

승강장은 열차에 근접한 위치에 설치하게 되므로 한 쪽 기울어짐이나 변형이 없는

견고한 구조로 보행의 안전과 하역이 편리한 구조로 되어야 한다.

구조형식은 옹벽 형, 콘크리트블록 형, 보(beam) 형, 철근콘크리트 형이 있다. 옹벽 형은 지반이 견고한 땅 깎기 지반에 설치하고 콘크리트블록 형은 흙 쌓기 구간에 설치한다.

승강장은 배수가 잘 되도록 표면에 기울기를 두어야 한다.

표면포장은 콩 자갈 부설, 콘크리트포장, 아스팔트포장, 블록 깔기 등이 있으나 콘크리트 또는 아스팔트포장을 주로 많이 사용한다.

승강장 끝부분에는 여객이 진입하고 진출하는 열차에 안전하도록 미끄럼 방지 타일을 붙여야 하며 승강장 끝에서 600mm~1,000mm(표준 800mm) 떨어져 황색 점자타일을 붙인다.

최근에는 시각장애자 안전을 위해 경고블록을 붙이고 있으며 이때는 경계타일이나 페인트표시를 하지 않아도 된다.

2) 여객통로

여객통로는 평면통로와 입체통로로 분류되며 과거에는 열차횟수도 적고 열차속도도 느리며 여객수도 적어서 선로횡단이 적은 중간역은 평면통로를 설치하여 사용하였으나, 최근은 열차횟수도 많고 열차속도도 빨라져 승객의 위험과 불편을 해소하고 열차운행의 효율화를 기하기 위해 입체 통로를 원칙으로 하고 있다. 단지 여객이 100인/일 미만 통행하고 열차 횟수가 1일 편도 30회 이하로 적은 경우는 경제성을 고려하여 평면통로를 할 수 있다.

(1) 평면통로(구내통로)

① 여객용 통로 및 계단의 폭은 3m 이상으로 하며, 부득이한 경우 2m 이상으로 설치

② 여객용 계단에는 높이 3미터 마다 계단참 설치

③ 여객용 계단에는 손잡이 설치

④ 화재에 대비하여 통로에 방향 유도등을 설치 등

(2) 구름다리(과선교)

① 구름다리는 지하도에 비해 건설비가 적게 소요되고 이전이나 개축이 쉽고 채광, 환기 등 어느 면에서도 유리하나 구내의 투시가 좋지 않으며 지하도보다 승강의 높이가 높아 여객에게 불편하며 시설물의 유지 관리에 유의해야 한다.

② 구름다리 기둥 위치는 궤도중심에서 기둥면까지를 2.7m 이상 떨어져 설치한다. 또한 승강장 연단에서 기둥까지 1.0m 이상 떨어져 설치한다.

③ 승강장이 있는 개소는 승강장연단에서 계단측면까지 1.5m 이상 거리를 둔다.

④ 레일 면에서 철도를 횡단하는 구름다리의 유효 공간 높이는 7,010mm 이상을 확보한다.

⑤ 계단 1단의 폭은 330mm, 높이는 150mm로 하고 10~15계단(3.0m) 마다 1.2m의 계단참을 두는 것을 기준으로 한다.

⑥ 계단 높이, 치수조정은 제일 아랫단에서 하고 계단 층을 나누는데 주의할 것은 도중에 치수 변화는 승강하는데 변화를 초래하여 넘어질 위험성이 있으므로 균등하게 나누어 계단층 높이를 결정한다.

⑦ 여객이 이동할 때 가장 위험한 곳은 계단 부분으로 디딤 면 재료의 품질은 특히 중요하다. 그 주된 요소는 내구성, 경제성, 보수의 용이성 등이다. 특히 디딤면의 내마모성, 저항성은 중요한 요인으로 이런 점에서 우수한 화강석이 많이 사용된다.

⑧ 계단 대신 경사로를 설치하는 경우 그 기울기는 1/12 이하로 하여야 한다.

(3) 여객지하도

① 지하도는 일반적으로 철근콘크리트 박스형을 취한다.

② 지하도는 선로 밑을 횡단하므로 방수와 배수를 반드시 고려하여야 하며, 내부는 프리캐스트 콘크리트로 처리한 수준 이상의 정교한 콘크리트 면 처리나 타일, 판넬 등을 붙여 미관을 좋게 하여야 한다.

③ 지하도에는 기준에 부합되는 환기, 조명을 설치하도록 해야 한다.

(4) 통로의 제원(諸元)

가. 여객통로의 위치와 개소

① 역 구내에서 승객의 걷는 거리를 되도록 짧게 하기 위하여 여객 통로가 1개소이면 승강장 중앙에 설치하고 2개소의 경우 승강장 양쪽 끝에 설치하는 것이 보통이다.

② 보행자의 편의를 위하여 승강장 부근은 운집현상이 일어나므로 개찰구나 집찰구 가까이에 계단을 설치하지 말고 적당히 떨어져서 설치한다.

③ 승강객의 유동과 수소(手小)화물의 운반 작업이 교차하지 않도록 승강구의 위치를 설정한다.

④ 이용자가 증가하면 통로 폭을 넓혀야 할 필요가 있으나 승강장 연단에서 승강구까지 1.5m 이상 확보하여야 하므로 승강장 폭에서 승강구 폭은 제외한다.

나. 통로 폭의 산정

기본식은 다음과 같다.

$$B=B_1+B_2$$

여기서, B : 소요 폭

B_1 : 내리는 여객에 대한 폭(환승객 포함)

B_2 : 승차여객에 대한 폭

열차종별에 따라 다음과 같이 한다.

전차역의 경우 $B=\{\sum S/T+S'\}/1.5$ (6.6)

보통역의 경우 $B=\{\sum S/T+S'\}/1.2$ (6.7)

여기서, S : 상시 당해 개소를 이용하여 내리는 1개 열차 최대인원, 전차는 혼잡시 30분 간 1개 전차에서 내리는 평균인원

T : 내리는 여객 배출 시간 ≦ 최소운전시격

S' : 내리는 여객과 같은 지점을 통해 승차하는 인원(전차의 경우 30분을 기준시간으로 함)

여객의 유동량으로 전차 역은 1.5인/m/sec, 보통 역은 1.2인/m/sec을 기준으로 한다.

여객의 원활한 소통을 위해서는 가능한 통로 폭을 넓게 하는 편이 좋다. 또한 장래에 확폭시 많은 비용 소요와 시공의 어려움을 고려, 신설할 때 충분한 검토가 필요하다.

3) 장애자 대응설비

(1) 신체장애자설비

신체장애자 이용을 위한 주요 설비에는 그림 6.28과 같은 국제 심벌마크를 표시한다. 심벌마크는 한 변이 100mm 이상, 450mm 이하의 사각형으로 하며, 색은 대비를 명확히 하기 위해 백색 바탕에 청색을 표준으로 하고 있다.

그림 6.28 신체장애자설비 표시

(2) 시각장애자 대응설비

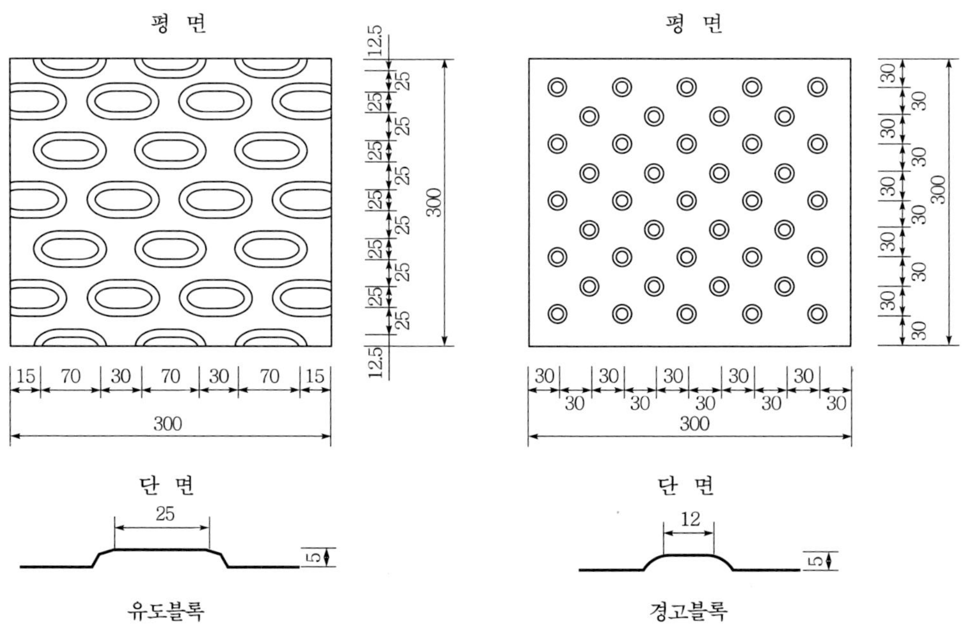

그림 6.29 유도, 경고블록 표준도(단위 mm)

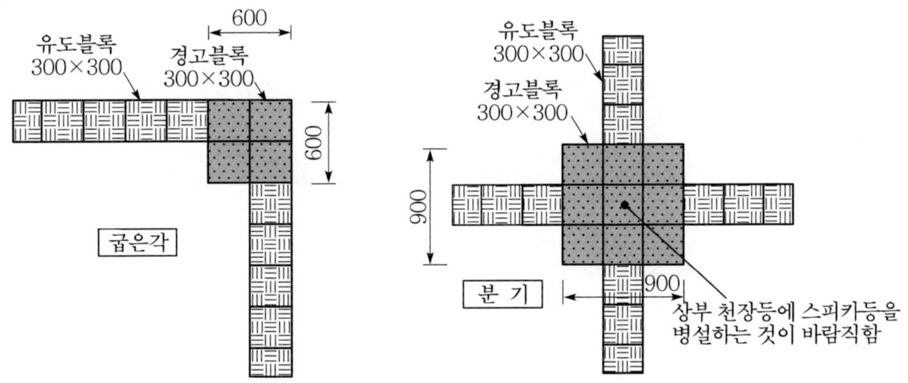

그림 6.30 굽은 각, 분기의 경고블록 부설방법(단위 mm)

시각장애자가 역을 이용할 때 정보를 얻을 수 있는 가장 확실한 수단은 직접 지팡이나 발로 접촉한 바닥의 촉감이다. 그 정보 제공설비로서 그림 6.29와 같은 바닥표시블록이 있다.

유도블록은 시각장애인이 역에서 이용할 매표소, 개표소, 집표소, 화장실 등으로 유도할 수평통로의 바닥에 부설한다.

유도블록은 가능한 곡선이나 분기 등을 적게 하고 연속하여 부설하는 것이 바람직하다. 부득이한 경우는 필요한 개소에 그림 6.30과 같이 경고블록을 부설하여 주의를 촉구할 필요가 있다.

승강장 끝이나 계단 등 단차가 있는 곳의 주의표시는 다음과 같이 경고블록을 부설한다.

① 계단위치의 주의 표시는 그림 6.31과 같이 폭 600mm의 블록을 부설한다. 또한 승강장에서 계단의 위치를 명확히 하기 위하여 그림과 같이 유도블록을 부설하여 예고표시를 한다.
② 승강장 끝 부위의 위험표시는 끝에서 800mm 위치에 300mm 폭으로 경고 블록을 부설한다.

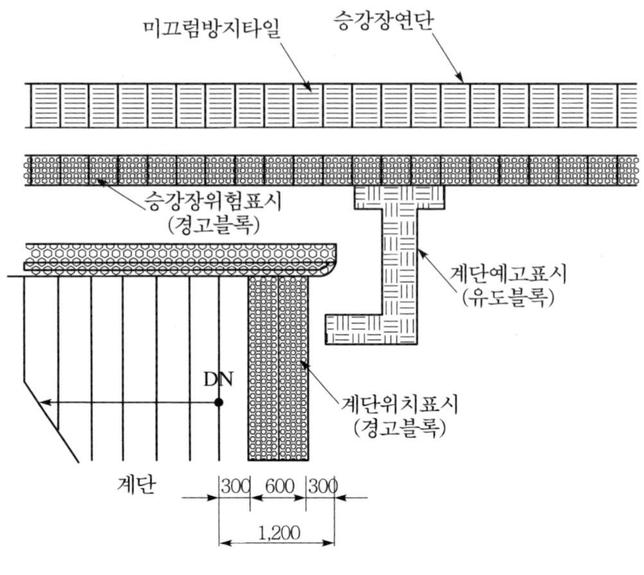

그림 6.31 계단표시(단위 mm)

승강장 끝은 시각장애자에게 가장 위험해서 끝부분을 알리기 위해 그림 6.32와 같이 경고블록과 미끄럼방지타일을 부착한다. 또한 경고블록을 부설 할 때 기둥 등과 같은 장애물에 대한 충분한 고려가 필요하다. 블록의 색은 시력약자를 고려하여 황색 계통을 표준으로 하고 있다.

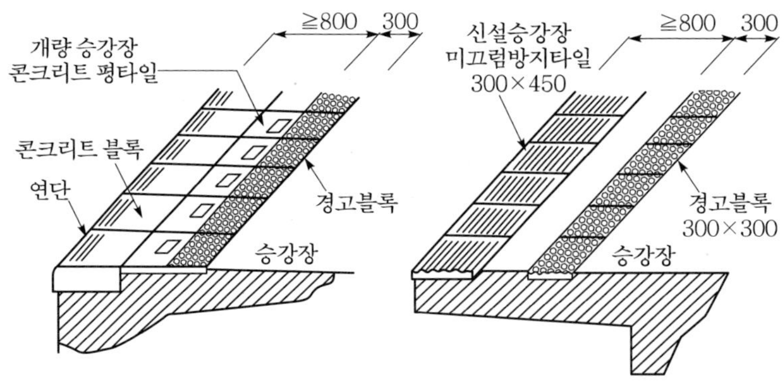

그림 6.32 승강장 끝 부위의 경고블록 표시(단위 mm)

(3) 휠체어 사용자 대응설비

가. 기울기

역 콩코스(concourse)와 같은 층에서는 원칙으로 수평으로 한다. 부득이 차이를 두는 경우는 그림 6.33과 같은 기울기를 둔다.

기울기는 옥내 1/12 이하, 옥외 1/20 이하를 기준으로 하나 부득이 기울기가 기준치를 넘게 될 경우는 그림 6.34와 같이 계단을 병설한다.

기울기의 유효 폭은 1,200mm 이상이 바람직하다. 높이 차이가 옥내 에서 750mm, 옥외 600mm 날 때마다 길이 1,800mm 이상의 평탄부를 설치하는 것이 바람직하다. 또한 기울기의 위치는 위험방지를 위해 확실히 인식할 수 있는 색과 표면 마무리 등으로 평탄부와 쉽게 구별할 수 있도록 한다.

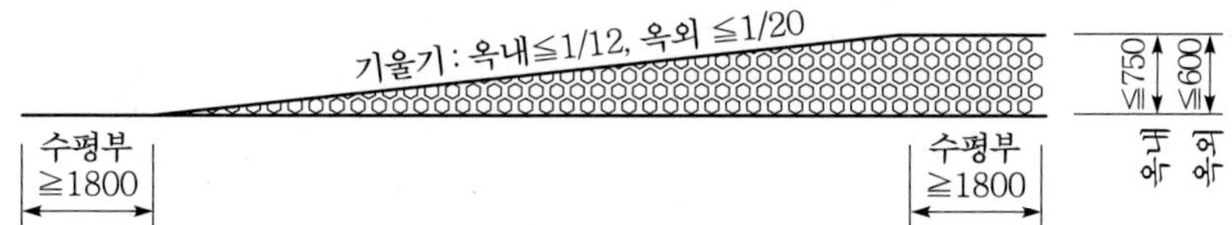

그림 6.33 기울기(단위 mm)

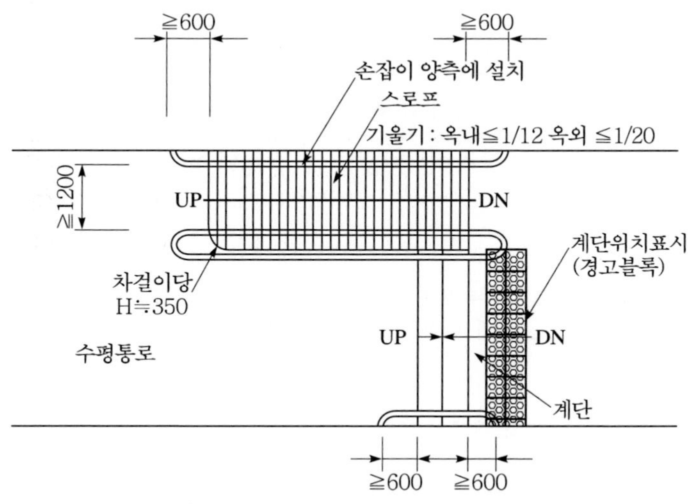

그림 6.34 계단과 기울기의 병설(단위 mm)

나. 계단

계단의 층 높이와 디딤 면은 일반설비와 같이 150~165mm×330mm를 표준으로 하며 도중에 치수 변화를 하지 않아야 한다. 계단 앞턱 돌출부는 발이 걸리는 원인이 되므로 두지 않는 것이 좋다.

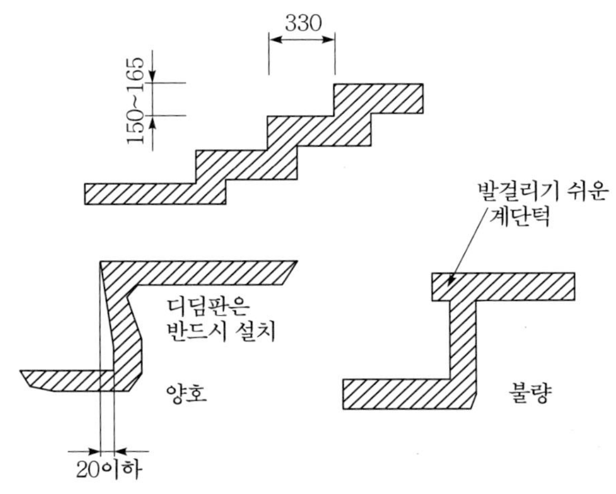

그림 6.35 계단의 층고, 디딤 면(단위 mm)

따라서 계단의 기울기는 1/2 전후로 하고 100mm 이하의 계단 층을 설치해서는 아니 된다. 계단 층이 균등분할이 안될 경우 그림과 같이 기울기로 조정한다.

계단의 접근시점 및 종점은 계단에 연결된 통로이므로 1,200mm 정도 후퇴시켜 계단 양측의 손잡이 벽을 연장하여 평탄한 부분을 취하는 것이 바람직하다.

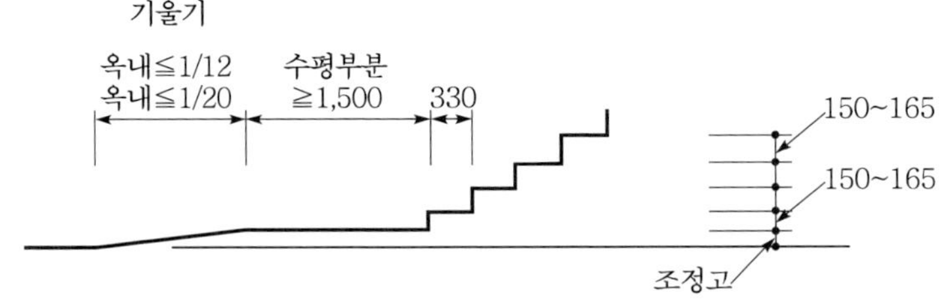

그림 6.36 층고의 균등분할이 아니 되는 경우(단위 mm)

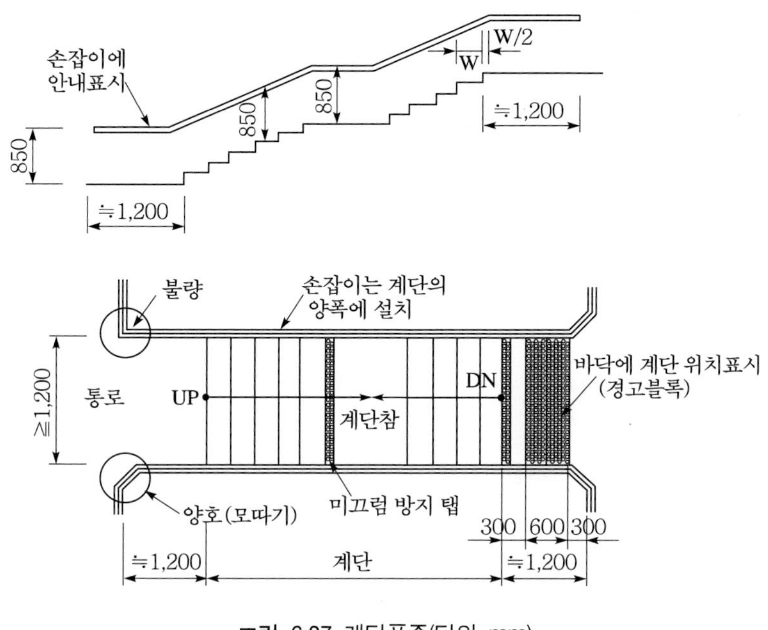

그림 6.37 계단표준(단위 mm)

4) 본 역사

(1) 평면계획

본 역사는 유동부분, 여객부분, 접객부분, 역무부분의 4가지 요소로 구분된다.

① 유동시설 : 출입구, 콩코스, 통로, 개표구, 집표구 등
② 여객시설 : 대합실, 화장실, 식당, 매점 등
③ 접객시설 : 매표창구, 수소화물취급소, 안내소 등
④ 역무시설 : 역무실, 부속실 등

이들 4요소를 효율적으로 배치하는 것이 본 역사의 평면계획이다. 본 역사의 평면계획으로는 여객의 좌측통행, 우측통행, 혼합형의 통행방식이나 승강분리형, 승강집약형 등 여객의 처리방법, 구름다리, 지하도의 위치에 따라 여러 가지 계획을 세울 수 있다.

철도역사의 규모는 해당 역사를 이용하는 여객의 수 및 종사원의 수를 기준으로

그에 적합하게 설치하여야 한다.

대합실, 화장실 등 여객시설, 역무시설 및 승무원 숙소 등 지원시설 등을 통합하여 설치하는 경우에는 복합적 시설 이용 및 배치 방안 등을 고려하여 전체 시설의 규모가 최소화되도록 하여야 한다.

(2) 본 역사의 종류

가. 지상역

대부분 지상역이나 대도시, 지방도시에서 역의 신설, 개량 시에 지하역, 선상역, 선하역을 건설하고 있다.

지상역은 역 구내의 배선형태에 따라 중간역과 종단역으로 구분된다.

① 중간역

본 역사의 위치는 구내투시와 역원의 작업 및 연락을 위해 역 구내의 중앙부로 하고 구름다리는 본 역사에서 보아 우측에 배치하여 내리는 승객을 좌측통행토록 하여 승차 객과 동선이 교차되지 않고 역 광장으로 유도되도록 한다.

② 종단역

외국에서는 두단식 종단역을 기본으로 하고 있다. 열차를 타고 내리는 데 구름다리나 지하도를 오르내리는 불편이 없고 또한 구내 투시가 양호한 이점도 있으나 승객의 이동거리가 길고 수소화물의 취급설비도 여객과 경합이 되어 정거장으로서의 능력이 떨어진다.

나. 선상역

선상역은 선로를 지나 보행자 전용 자유통로인 구름다리에 접속하여 다리 위에 본 역사를 배치하는 것으로 최근에 대도시 통근역 등 많은 역이 이 형식을 취하고 있다.

그러나 선상역은 지상역에 비하여 건설비가 일반적으로 많이 소요되므로 계획단계에서 도시계획, 이용여객, 역무원, 토지이용 등을 고려하여 결정하여야 한다. 그리고 선상역의 기둥배치 등은 장래 구내확장을 고려하여 배치한다.

다. 선하역

선하역이 기본적으로 선상역과 다른 것은 선상 역은 본 역사가 교량 위에 있는 것에 비해 선하역은 선로의 고가화이다. 그 결과 필연적으로 고가 밑에 역을 설치한다.

일반적으로 고가교(高架橋)를 건설하는 구간은 대부분 도시의 중심부이다. 철도에 의해 분단되는 시가지를 일체화하는 것을 목적으로 하고 있다.

한편 고가교가 열차를 지지(支持)하는 구조물인 이상 그 밑의 공간은 건설공간으로서는 문제가 대단히 많다. 그러나 토지의 효율적 이용이나 역 광장에서 승강장까지 여객의 보행거리를 짧게 하는 등 고가 밑 본 역사의 이점도 많다. 선하역 평면계획의 중요한 점은 고가교 교각(橋脚)의 배열과 고가 밑 공간을 효율적으로 이용하기 위한 교각과 교각사이 거리이다. 경제적 경간은 8~10m 정도로 보고 있다.

라. 지하 역

최근 대도시에서 지하철도의 발달과 함께 지하 역의 수가 증가하고 또한 규모도 크게 되고 있다. 지하 역에서는 구조상 공간의 자유도가 적으며 승강장과 개찰구와 콩코스 등이 지하에 배치되어 있다.

대도시에 있어 지하 역은 지하 깊이 여러 층으로 기능을 분리하여 역을 구성하기 때문에 계획 시 다음 사항을 고려하여야 한다.

① 환경 : 온도상승과 공기오염에 대한 환기대책 설비
② 방재 : 화재, 수해, 정전, 지진에 대비한 설비
③ 여객유도 : 깊은 지하역에서 여객의 평상시, 이상 시의 유도시스템
④ 경제성 : 불필요한 공간 최소화로 여유공간확보, 근접 대형건축물과 연결출입구 계획으로 도시미관 향상, 노면 보행자의 원활한 통행 도모 및 공사비 절감(백명현, 2005)

5) 역 광장(驛廣場)

여객역은 도시교통의 중심지이며 역 광장은 그 도시의 현관이 되면서 역 본체와 도로와의 근접지대이므로 광장의 위치와 크기 결정은 도시계획을 고려하여 이용자에게 편리하도록 설계한다.

(1) 설계 시 고려사항

① 여객 및 공중의 편익과 안전을 우선으로 한다.
배수가 잘 되어 비온 후 통행에 불편이 없어야 한다.

② 역 광장의 여객 및 공중의 통로, 역과 연결하는 자동차의 환승(Kiss & Ride) 시설, 주차시설, 본 역사, 주변도로와 유기적인 연결을 도모하여야 한다.

③ 역 광장 구역 내는 통과교통의 도로는 포함시키지 않는다.

④ 장래 철도시설의 개량계획에 지장을 주지 않고, 다른 계획과 조화를 이루어야 한다.

(2) 통행 및 주차시설

가. 보도(步道)

실제로 보도배치계획에서 보행자를 많이 우회시키지 않도록 항상 최단 경로를 취하도록 하는 것이 좋다. 보도 폭은 그림 6.38과 같이 최대 혼잡시의 교통량을 고려하여 결정한다. 본 역사 앞의 보도는 차량의 정지를 위해 폭을 확대하여 5m 이상으로 하는 것이 바람직하다.

나. 차도

광장 내의 차도는 일방통행을 원칙으로 하고 역 부근의 도로와 연결을 고려하여 각 차선이 가능한 교차하지 않도록 한다. 광장 내의 교통 흐름은 되도록 단순화한다. 차도는 원칙적으로 최소 2차로로 하되 1차로의 폭은 3m 정도로 한다.

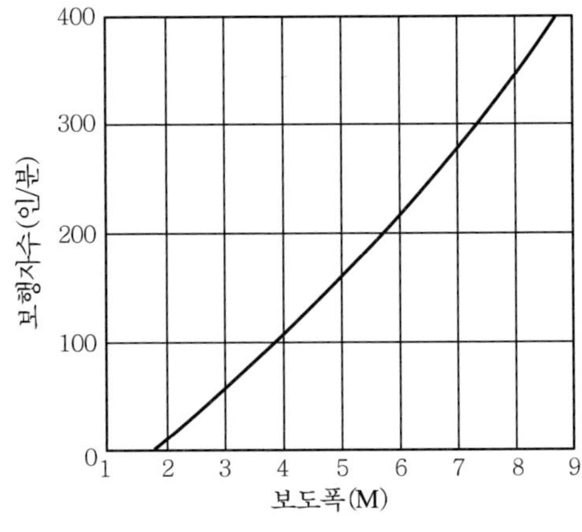

그림 6.38 보도 폭

다. 주차장

주차방식과 최소치수는 그림 6.39와 표 6.1과 같다.

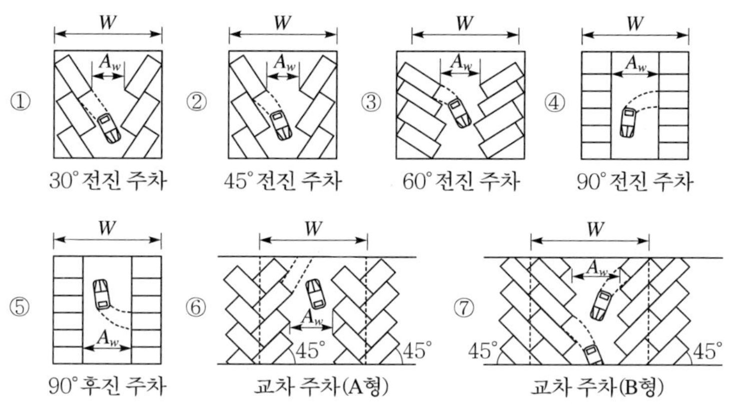

그림 6.39 주차방식

표 6.1 주차방식별 최소치수

주차구획표	주차각	주차방향	통로폭(A_W)	통로직각방향의 주차깊이	단위주차폭(W)
m			m	m	m
2.45	30°	전진주차	3.80	4.60	13.0
	45°	전진주차	3.80	5.50	14.8
	45°교차식	전진주차	3.80	4.80	13.4
	60°	전진주차	6.40	6.00	18.4
	90°	전진주차	7.60	5.80	19.2
	90°	후진주차	6.70	5.80	18.3

자료 : 철도설계편람(Ⅰ), 한국철도시설공단, 2004.

라. 버스 정거장

버스 정거장은 되도록 본 역사에 가까운 것이 이용자에게는 편리하다. 그러나 본 역사 전면(前面)의 차도까지 대형차량을 탄 채로 들어가게 하는 것은 역 전면을 혼잡케 하므로 광장 외측 가까이 설치하는 것이 좋다.

마. 자전거 보관소

최근 대도시 주변의 역 광장에서 문제가 되고 있는 것이 자전거 보관소이다. 과거에는 버스, 자가용, 택시 주차장만 고려하였으나 최근에 자전거 이용자가 급격히 증가하고 있어 자전거 보관소를 설치해야 한다.

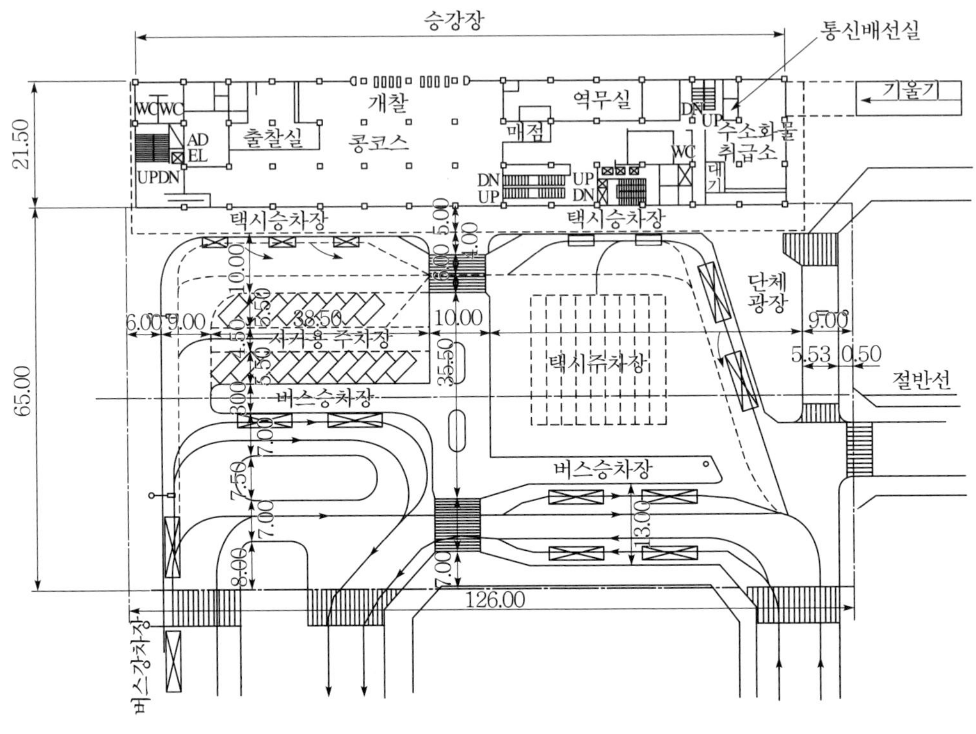

그림 6.40 역 광장 평면계획 예(단위 m)

6) 새로운 여객 터미널

(1) 기본구상

도시에서 철도를 둘러싸고 있는 환경조건이나 영업기반의 변화에 수반 하여 여객역도 다른 교통수단 및 부대사업과 연계하여 보다 종합적인 역할을 수행하여야 한다.

앞으로 여객 터미널은 도시와 철도와의 연결거점으로서 기능을 다할 뿐만 아니라 도시의 중추교통센터, 시민의 활동공간으로서 기능을 충분히 발휘하고 도시라는 지역사회의 발전에 공헌하는 대중적인 사명과 역할을 다하여야 한다.

사실 도시교통체계의 효율은 통로용량보다 결절교통의 처리에 더욱 큰 영향을 받는다. 그래서 지하철, 광역전철과의 연계를 위한 환승역이나 시내버스, 고속버스, 승용차, 택시, 비행기와 편리하게 환승할 수 있는 역사 설계와 주변개발이 이루어져야 한다.

사례

AIRail Terminal

독일철도는 프랑크푸르트 공항의 AIRail Terminal에서 허브공항으로 가고 나오는 교통을 신속히 처리하기 위해 철도와 항공 간 서로 연결되는 시스템개발을 촉진하고 있다. 이 정책의 일환으로 "Rail & Fly" 프로그램의 하나인 철도와 공항겸용 승차권(inter modal ticket) 이용을 위해 항공사와 긴밀한 협력을 하고 있다. 그렇게 되면 도로와 국내항공을 이용하던 교통이 철도로 전환되고 단거리 항공노선이 줄어들어 하늘의 오염물질도 줄어들게 되는 효과를 기대하고 있다(Deutsche Bahn AG, 1997).

이런 점을 고려하여 여객터미널은,

첫째, 그 도시의 중추기관으로서 철도와 도시가 유기적으로 결합하고,

둘째, 철도가 영업거점으로 수송과 판매의 복합적 기능을 갖도록 다른 교통수단과 연계되도록 하여야 한다.

(2) 정비 방향

앞으로 여객터미널의 바람직한 상태는 다음과 같은 분류에 의하여 각각의 규모에 알맞은 정비계획을 수립하여야 한다.

① 대도시 거점역 ② 중도시 거점역
③ 관광도시 거점역 ④ 대도시 근교역

여객터미널의 기능과 서비스를 근대화하기 위한 부문별 정비 방향은 다음 예와 같이 제시할 수 있다.

① 여객의 유동대책

에스컬레이터, 무빙워커(moving walk) 등을 도입하여 여객의 이동을 원활하게 하고 여객의 흐름을 기능적으로 유도하여야 한다.

② 여객유도 안내

그림으로 나타내는 방식(pictograph)의 도입, 색채의 이용 등 안내 방식을

다변화하여 알기 쉬운 여객터미널로 한다.

③ 자동 출·개찰

자동시스템으로 전환한다.

④ 다른 교통수단과의 연결

지붕이 있는 보행로, 버스터미널 병설로 역 콩코스에서 직접 버스 정거장까지 그리고 공항까지 연결시켜 원활한 연계가 이루어지도록 한다. 또한 역 광장에 렌트-카 대리점을 두어 역에서 쉽게 렌트-카를 이용할 수 있도록 한다.

⑤ 주차장

역 건물의 부대시설로 주차장 정비를 하거나 새로운 지하주차장, 주차빌딩을 설치하여 주차공간을 확보한다.

⑥ 쇼핑센터

터미널에 쇼핑센터를 설치한다. 쇼핑센터의 형식은 역과 잘 조화 되도록 한다.

⑦ 호텔

터미널 건물에 숙박설비를 하여 개찰구에서도 출입할 수 있도록 하는 등 철도와 일관된 서비스를 제공한다.

⑧ 자유통로

자유통로 정비로 양분된 지역의 소통을 원활히 하고 도시발전에 기여하도록 한다.

6. 화물시설

화물시설은 정거장의 화물취급규모와 종류에 따라 정한다.

1) 화물 운송

(1) 화물운송계획

철도화물의 발송 하주(荷主)로부터 도착 하주까지 일반적인 운송계획은 다음과 같다.

① 발송 하주가 역에 운송신청을 하고, 역은 화차, 컨테이너를 준비하며 하주가 트럭에서 화차에 화물을 옮겨 싣는다.
② 적재한 화차는 봉인한 후 행선지를 명시한 차표를 붙이고 목적지 화물역까지 운송된다.
③ 도착역에서는 화차로부터 해방되어 적하 선에 유치된다. 인도 절차를 마치고 통운사업자가 화물을 트럭에 옮겨 싣고 하주에게 운반한다.

일반적인 화물 운송에서는 출발, 도착까지 2회의 트럭 옮겨 싣기와 소운송이 필요하여 트럭 운송과의 결합을 충분히 고려하는 것이 중요하다.

하주의 집 앞까지 선로를 부설한 전용선이 있는 경우는 트럭과의 결합이 불필요하며 하주의 창고, 공장 등에서 하역을 할 수 있어 액체 또는 분말류 등을 운송하는데 적합하고 효율적이다.

(2) 화차운송방식

가. 직행계 운송

화차가 도착역까지 직행열차에 연결되어 운송하는 방식

나. 야드계 운송

화차를 가장 가까운 조차장에 모아서 같은 방향끼리 열차를 조성하여 운송하는 방식

(3) 운송시간

총 운송시간은 정차시간, 주행시간, 중계시간으로 나누어진다.

정차시간은 화물역에서 화물을 적재하기 위한 시간이고, 중계시간은 조차장 등에서 분류작업을 하는 시간을 말한다.

직행계 운송은 운송시간의 대부분이 주행시간이고 중계시간은 비교적 짧다. 또 정차시간은 컨테이너화, 기계화로 많이 단축되고 있다.

야드계 운송은 총 운송시간이 많이 소요되지만 주행시간은 짧고 중계 시간, 정차시간이 길어 효율이 나쁘다. 정차시간은 화물취급 종류에 따라 차이가 있지만 화물 적재, 하역에는 비교적 짧은 시간에 작업이 완료 되나 입환 혹은 착발대기에 오랜

시간을 필요로 한다.

2) 화물역의 분류

(1) 취급 대상에 의한 분류

가. 보통역

여객과 화물을 같이 취급하는 역으로 운전이나 시설 배치에서 여객을 우선으로 하고 화물은 그 다음으로 취급하는 것이 일반적이다. 따라서 여객열차 운영 사이에 화물열차가 운전되고 시설배치도 여객시설을 제일 좋은 위치에 두고 나머지에 화물시설을 하는 것이 일반적이다.

나. 화물역

화물만을 취급하는 역으로 보통 역에 비해 화물시설의 배치는 화물만을 고려한 양호한 배치로 하고 있다.

(2) 선로망상의 위치에 의한 분류

가. 주요 간선에 위치한 화물역

직접 직행열차에 화차를 연결, 해제가 가능하고 높은 운송서비스 제공이 가능하다.

나. 지선 상에 위치한 화물역

거점역까지 소운송이 필요하다.

(3) 입지조건

화물역은 역세권 상황과 입지조건에 따라 주로 취급품목, 취급 량이 다르고 이에 따라 화물역의 성격과 특성이 다르다.

가. 일반화물역

다양한 화물을 취급하는 화물역으로서 도시 내의 화물역이 이에 해당된다.

나. 임항화물역

취급 량이 많은 항만의 본선에 가장 가까운 역으로부터 임항선을 부설하고 각 부두에 측선을 설치하며 선박과 레일을 직결한 역으로서 항만의 성격에 따라 취급 품목이 다르고 화물역의 성격도 차이가 난다. 예를 들면, 잡화취급 역, 석탄적출(積出) 역, 석유하역 역 등으로 분류한다.

다. 임해공업화물역

임해공업지대 내에 있는 화물역으로 대부분 화물이 전용선으로 취급되고 있다.

라. 대량물자발송 화물역

주로 1차 산업의 특정 대량화물을 출하하는 화물역으로 석탄, 석회석, 광석 등을 담당하는 화물역이 여기에 해당된다.

마. 물자별기지 화물역

시멘트, 석유, 철광, 자동차, 종이, 화학품, 약품 등 유통되는 물자별로 출발설비, 도착설비를 갖춘 화물역이다.

3) 화물취급 종별

(1) 화물과 하물

화물(貨物)이란 화물열차로 운송하는 물건을 말하고, 하물(荷物)은 여객열차로 운송하는 수하물(手荷物), 소하물 등을 말한다.

수하물은 승차권을 구입한 여객이 여행에 필요한 물품을 보내는 것으로 그 크기는 30kg 무게에 가로, 세로 합계가 2m 미만이 표준이다.

소하물은 크기는 수하물과 같고 승차권을 구입하지 않고 탁송하는 것으로 운임은 수하물에 비해 비싸다.

화물은 '차량취급화물'과 '소급취급화물'로 분류된다.

차량취급화물은 화물 1구의 양이 화차 1개차 혹은 그 이상의 화물로서 화차단위로 운송되는 화물이다

소급취급화물은 '혼재취급'과 '컨테이너취급'으로 나누어지며 혼재 취급은 1차량에

가득 차지 않는 소급화물을 통운사업자가 1개씩 집하하여 동일방향 혹은 동일 역으로 가는 것을 화차 또는 컨테이너에 모아 운송하는 것으로 그 크기는 길이 7m, 중량 3t 이하, 용적 $5m^3$ 이하를 표준으로 한다.

컨테이너취급은 컨테이너 화물만으로 1차에 여러 개의 컨테이너를 적재, 합치는 것으로 소급취급화물로 분류되고 있다.

(2) 차급화물과 컨테이너 화물

차급화물은 하주가 1차를 대절하여 운송하는 화물로 대단위 대량수송에 적합하고 화물수송의 대부분이 차급을 이용하고 있다.

컨테이너 화물은 컨테이너 1개를 빌려 운송하기 때문에 철도의 고속수송과 트럭으로 역에서 집까지의 집배운송을 결합한 서비스를 받을 수 있다.

(3) 자역 취급과 전용선 취급

자역 취급은 화물을 화물역에서 적재하는 방식이고, 전용선 취급은 하주 자신이 화물적재가 용이하도록 공장, 창고 등에서 가장 가까운 역에 전용선을 부설하고 그 설비를 이용하는 방식을 말한다. 전용선 취급화물은 대부분 차급하주이다.

5) 시설계획

(1) 기본 사항

화물운송의 합리화를 추진하고 있는 현재에는 화물역을 신설하는 경우는 거의 없고 화물역의 정리 통합을 적극적으로 추진하는 경우가 많아지고 있다. 이 경우 지역의 중심에 있는 기존의 화물역을 하주의 요구에 적합한 설비로 정비, 개량하여 화물을 신속히 운반할 수 있도록 하고 양질의 서비스를 제공하여 화물운송의 수요 증가를 유도하여야 할 것이다. 또한 주변의 중소 화물역을 없애거나 통합하는 경우도 많아지고 있다.

(2) 거점역 정비계획

가. 현장조사

거점역으로 정비를 필요로 하는 화물역, 폐지가 예정된 화물역 등 관련 역의 화물취급실적, 화물취급의 특징, 지역 내 경제활동, 화물운송실태와 문제점 등을 조사하여 운송개선에 대한 기본 자료를 작성한다. 거점역으로 선정하기 위한 요건은 다음과 같다.

① 화물집산의 중심에 있을 것
② 도로교통이 편리한 위치에 있을 것
③ 철도의 주요 간선에 위치하여 화물열차에 화차를 직접 연결하거나 해방작업이 이루어질 수 있을 것
④ 하주 분포의 중심에 있고 도시의 발전, 공업용지의 조성 등을 고려 하여 장래성이 있는 화물역일 것
⑤ 취급 량이 많고 전용선이 접속되어 있을 것

나. 화물취급 량의 산정

주변의 폐지예정 화물역에서 취급하는 화물은 폐지에 따라 모두 거점역으로 이동하는 것이 아니고 거점역으로 트럭으로 이동하여도 우선 이익이 있는 화물만을 대상으로 하여야 하기 때문에 화물취급실적, 화물 내용을 분석하여 산출하여야 한다.

즉 폐지 예정역의 이동량을 거점역의 화물취급 량에 더하여 산정한다.

이 경우 운송형태는 주로 직행계 운송이 가능한 화물로 한정한다.

(3) 적하시설

가. 화물적하장 분류

지붕 내 높은 적하장, 지붕 외 높은 적하장, 지붕 내 낮은 적하장, 지붕 외 낮은 적하장으로 분류하며, 지붕 외 적하장은 주로 차급화물을 취급한다.

나. 화물적하장 형식

① 평면형의 분류

그림 6.41과 같이 구형, 계단 형, 톱니 형, 빗 형으로 분류한다.

계단형, 톱니 형은 2~5차량 단위로 화차를 입선시키는 형태로서 화차를 바꾸어 넣기는 쉽지만 입환 횟수가 증가하고 불필요한 공간이 많아지기 때문에 최근에는 잘 사용하지 않는다.

보통 구형 적하장이 많이 사용되고 소급(小及)화물을 많이 취급하는 경우 빗형 적하장이 일부 사용되고 있다. 또 적하장 트럭이 접촉하는 면을 트럭의 규격에 맞게 톱니 형으로 하여 작업능률을 향상시키는 형태도 있지만 공사비가 많이 소요된다.

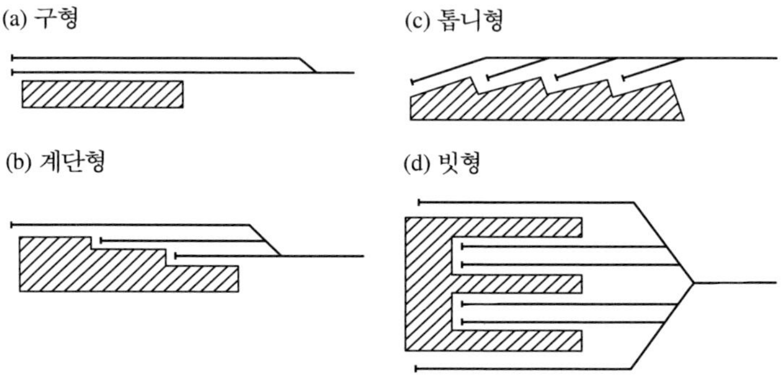

그림 6.41 적하장의 평면형식

② 기능적 분류

화차적하와 트럭적하의 위치 관계로부터 분류하면 그림 6.42와 같이 상대형과 분리형으로 나눈다.

상대형은 화물적하장을 좁혀 화차와 트럭이 마주 대하고 있는 형태로 화차 혹은 트럭에서 짐을 내린 위치에서 임시유치 분류 등의 작업이 가능한 일반적인 적하장이다.

분리형은 화차, 트럭의 적하 위치가 상당히 떨어져 있는 것으로 서로 적하한 장소에서 독립적으로 작업을 하고 적하장은 소요면적을 작게 하는 것이 가능하지만 쌍방의 작업을 연결시키기 위하여 벨트컨베이어 등의 기계화를 도입할 필요가 있다. 이 형태는 작은 화물이 섞여 있는 경우 효과가 있다.

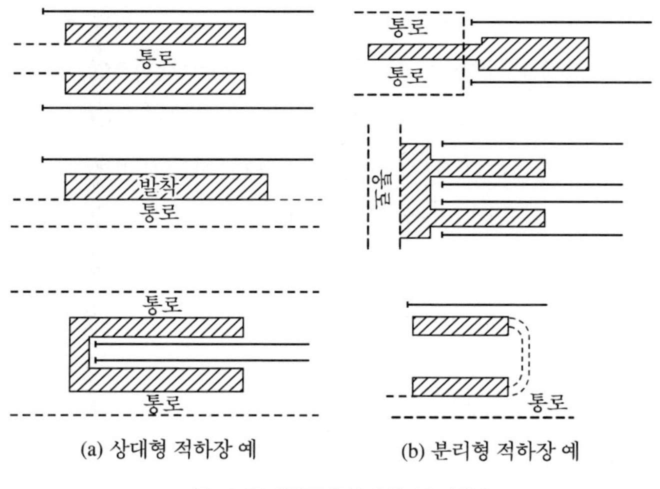

그림 6.42 적하장의 기능적 분류

다. 적하장의 구격

① 적하장의 폭

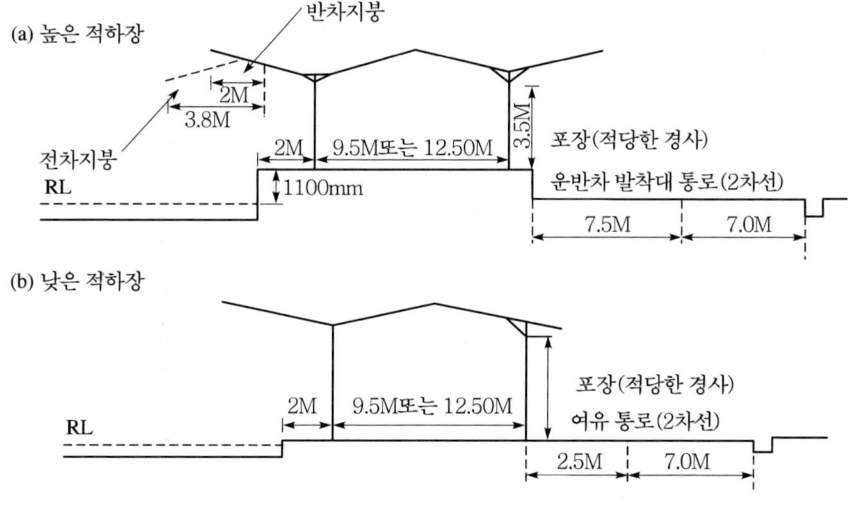

그림 6.43 적하장의 단면

높은 적하장에서는 1~2톤의 포크리프트가, 낮은 적하장에서는 3~10 톤의 포크리프트가 하역작업에 사용되는 것을 조건으로 각각의 적하장폭이 결정된다.

또 차량취급에서 높은 적하장을 사용하는 화물은 주로 화물의 모양대로 정리하는 것이 많아 팔레트(1.0×1.3m)를 이용한 하역작업을 하고 낮은 적하장을 이용하는 화물은 화물이 커서 큰 팔레트(1.2m×1.9m)를 사용하여 작업을 할 수 있고, 중량품을 취급하는 대형 포크리프트 작업을 고려한 폭이 필요하다.

② 적하장의 높이

적하장의 높이는 표 6.2와 같다.

표 6.2 적하장의 높이

적하장	선로측	통로측
적하장	1,100mm	최다사용 운반차의 적재면과 같음
낮은 적하장	궤도면과 같음	통로면과 같음
종적하장	1,100mm	1:10 기울기

③ 적하장의 길이

적하장의 길이는 폭에 관계없이 적하장의 회전수를 기초로 화차가 적하장에 접하는 차의 소요 길이, 통로 측의 트럭이 적하장에 접하는 길이, 하역기계의 작업 공간 등을 감안하여 결정하게 되며 설비표준에서는 다음과 같이 산출한다.

$$L = \frac{f \cdot W \cdot L}{n} + S \tag{6.8}$$

여기서, L : 적하장 소요연장(m)

f : 번망계수(일반적으로 1.2)

W : 연간 1일평균 해당 적하장 취급차수(연평균취급톤수÷ 차당 적재톤수)

L : 평균화차 길이, 14m

n : 평균회전수(적재, 적하 각 1회로 하고 실정에 의함 ; 차급 2~3회, 소급혼재 1~2회전)

S : 여유 길이, 2m

회전수는 1일의 작업시간, 입환 기관차의 배치대수, 화차 유치능력에 좌우되어 작업능률이 향상되면 높은 회전수 유지가 가능하지만 최근 도로교통의 지체로 트럭운송이 영향을 받아 회전수가 떨어지고 있기 때문에 이를 고려하여 실정을 조사하는 것이 필요하다.

④ 컨테이너 적하설비

설비표준이 정해진 것은 없지만 지붕의 설비표준 등을 참고로 다음 사항들을 고려하여 정한다.

㉠ 포크리프트 작업 공간

포크리프트가 화차에 컨테이너를 적하하기 위하여 화차 측면으로부터 트럭내측 혹은 컨테이너 유치 장소까지의 폭은 5톤 포크리프트의 경우 약 11m, 10톤 포크리프트는 약 15m를 필요로 한다.

㉡ 적하트럭 정차대

3.5m 폭을 유지한다.

㉢ 트럭통로

1차로 폭으로 3.5m를 유지한다.

㉣ 크레인

금후 컨테이너 수송을 중심으로 한 고정편성열차가 운행되므로 하역, 유치, 검수 등이 편성단위로 작업할 수 있도록 설비를 하여 단순화를 도모하는 것이 필요하다. 특히 두단식 대형터미널에는 화차 옆에 트레일러나 트럭을 붙여 화차에서 자동차로 적재 혹은 적하하는 크레인 등 여러 설비를 기능적인 작업배치로 하는 것이 바람직하다.

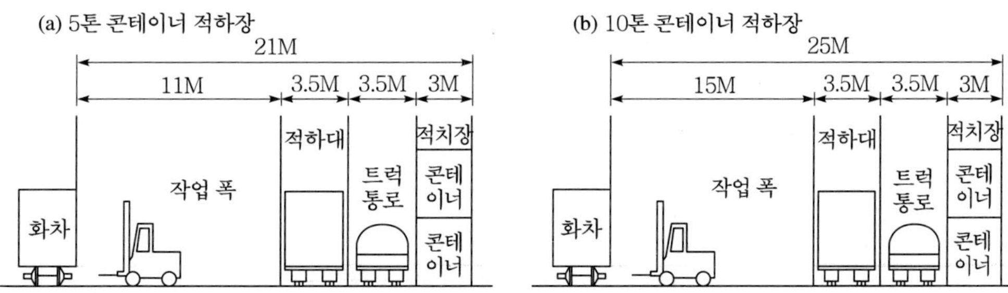

그림 6.44 컨테이너 적하장 단면도

㉤ 갠트리(gantry)크레인

역 구내를 주행하는 대형크레인이다. 훅 또는 버킷으로 중량물, 컨테이너, 석회, 광석 등의 하역에 쓰인다. 특히 20톤 이상 해상 컨테이너의 하역에 적절한 하역기계이다.

㉥ 컨테이너 유치장

도착, 출발컨테이너의 일시 유치, 휴일에 취급하지 않는 컨테이너의 일시 유치, 영업용 예비컨테이너 유치를 위한 것으로 컨테이너를 1열로 놓는 경우 3m, 2열인 경우 6m를 확보한다.

(4) 선로시설

가. 적하선

화물 적하장에 접하여 설치하는 선로로서 그 유효길이는 소요 적하장 길이보다 약간 여유 있는 길이로 한다.

열차의 시발 및 종착역이 되는 대규모 화물역 특히 플레이트 라이너 취급역에서는 열차편성 그대로 착발선에서 직접 적하선으로 들어갈 수 있도록 500~600m의 유효장을 갖는 적하선을 설치하고 있다. 또 하역 도중 화차를 바꿔 끼우는데 편리하도록 적하선에 부수하여 거의 같은 길이의 갈아 끼우는 선을 설치하는 것이 좋다.

나. 분류선

도착화차의 적하선별, 취급별, 들어오는 순서별로 분류를 하고 적하선으로 이동할 준비를 한다. 또 전용선이 있는 경우는 회사별 전용선으로 분류한다.

적하선에서 나온 발송화차를 행선지별, 상하별 분류 및 열차조성을 한다.

화차의 입환, 유치선으로도 사용되는 경우가 많다.

다. 인상선

인상선은 화차 분류작업을 위한 중요한 측선이다. 그러나 취급규모가 작은 역에서는 설치하지 않고 본선에서 인상작업을 한다.

대규모 화물역에서 인상선은 착발선에서 수용할 수 있는 열차의 길이만큼 설치하는 것이 가장 좋으며 부득이한 경우 조건에 따라 조정할 수 있다.

또 분류선 선군이 복수인 경우 반드시 1개 선군마다 1개 인상선을 설치하고 입환기 1대를 배치한다.

라. 착발선, 출발선, 도착선

착발선은 열차의 도착, 출발에 사용되는 본선 혹은 부 본선으로 중간역에서는 화차의 해방, 연결 작업 외에 통과열차를 위해 열차대피에도 사용된다.

화물역에서는 착발선만이 아니고 사용 목적을 단순화하기 위해 도착 열차만을 취급하는 도착선, 출발열차 만을 취급하는 출발선이 설치되고 있고, 열차의 도착, 출발 검사, 입환, 대기 등에 사용된다.

마. 해결선

간선상의 중간 화물역에서는 착발 작업, 입환 작업이 경합하지 않도록 해결선을 설치한다. 그 유효길이는 150m 이상으로 하고 최소 3선, 부득이한 경우도 2선 이상으로 한다. 특히 해결작업을 야간에 하고 구내작업을 주간에 하는 역에서는 해결차량 수에 대응한 유효길이가 필요하다.

또 해결선을 설치하는 경우는 반드시 견인기 인상선을 설치하고 유효길이는 해결선 유효길이와 같게 한다.

바. 화차 유치선

유치선은 하역선으로 들어가기 위해 기다리는 화차, 적재가 완료되어 발송 준비가 가능한 화차 등을 일시 유치하기 위해 사용하는 선으로 소요 길이는 1일 총 취급차수를 역 구내에 수용 가능하도록 계획하고 길이를 결정한다. 단 열차운행표 등으로부터 1일의 최대 체류량 수가 추정 가능한 경우는 이 차량수가 수용 가능한 길이로 계획하는 것이 좋다.

또 최근에는 하주의 휴일이 늘어나고 화물의 출하가 제약을 받아 화차 유치가 많아지므로 여유를 갖도록 하는 것이 좋다. 매일 작업에서 발생하는 화차의 유치는 분류선, 착발선 등에 접속하여 인출이 편리한 위치에 설치하여야 하나 한가한 시기에 공차를 유치하는 경우는 그렇지 않아도 된다.

(5) 시설배치

가. 본 선로와 화물시설의 관계

화물역을 본 선로와 역의 관계에서 분류하면 선로 망 도중에 위치한 중간역과 종단에 위치한 두단역으로 분류된다.

① 중간역

중간역의 화물적하설비는 역사 좌측에 설치하는 것이 원칙이지만 지형상 등의 사유로 설치하는 것이 불가능할 경우 입환 작업 등을 고려하여 역사 반대 측 우측에 설치한다.

화물취급규모가 작은 경우는 착발선, 분별선 등은 불필요하고 상, 하 각 해결선을 여러 선 설치하여 본선 상에서 견인기관차로 화차 해결작업을 하고 열차가 지나간 후 입환 동차 등을 이용하여 적하선 삽입작업 등을 한다.

취급규모가 크게 되면 각각 취급 량에 대응한 선로설비 등이 필요하게 되지만 중간역의 경우 열차가 통과하기 때문에 본 선로와 착발선, 분류선 등의 선로설비 관계에서 그 배치는 본 선로의 양측에 상하 분할하여 선로설비를 설치한 '본선통과 식 중간화물역'과 상하 어느 한쪽에 선로설비를 모아둔 '본선편측 식 중간화물역' 형식이 있다.

이 경우 화물적하설비는 그림 6.45와 같이 역사 좌측에 설치하는 것은 물론이고 또 편측식의 경우 역사 반대 측에 착발선을 모으고 화물적하 설비는 그 우측에 설치한다.

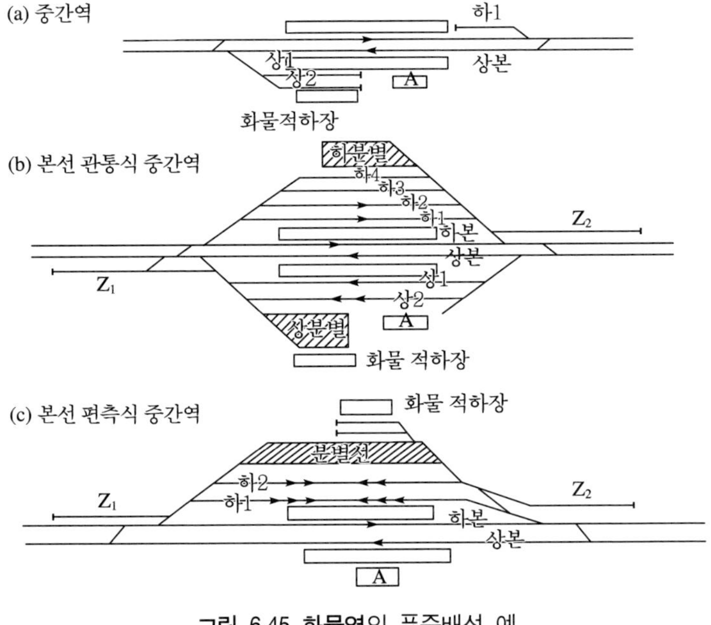

그림 6.45 화물역의 표준배선 예

② 두단역

두단역은 모든 객차와 화차가 출발하고 도착하기 때문에 역 입구에서 도착, 출발열차가 평면교차하게 되어 운전에는 문제가 없다.

따라서 대도시의 두단역은 여객과 화물 분리가 이루어지고 여객역은 취급열차수가 많으므로 경합이 없는 형으로 하고 화물역은 여객만큼 착발 열차 횟수가 많지 않기 때문에 역 입구에서 어느 정도 경합되어도 큰 지장이 없으므로 두단역으로 하는 경우가 많다.

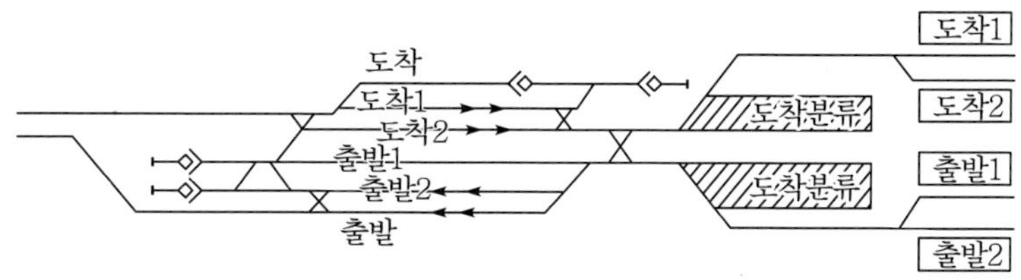

그림 6.46 두단식 화물역의 표준배선

나. 선군(線群)배치

화물역에서 주요한 선군은 착발선, 분류선, 적하선의 세 가지 선군으로 이 세 가지의 선군을 역의 성격, 취급 량, 지형 등에 맞게 배열함으로서 배치가 결정된다.

선군배치를 분류할 때는 적하선과 분류 선은 인상 선과 한 세트로 생각한다.

① 적하선과 분류선의 배치

적하선과 분류선이 병렬배치인 경우 입환 작업은 엇갈리는 작업으로 되지만 설비는 조밀하게 모으는 것이 가능하다. 한 방향 직렬 배치의 경우 입환 작업이 유리하지만 선군 배치 상 좁고 긴 부지를 필요로 하고 쓸데없는 공간이 많으나 취급 량이 많은 역은 이런 배치가 좋다.

② 착발선의 배치

화차의 흐름은 착발선 → 분류선 → 적하선이 일반적인 흐름이며 특수한 경우를 제외하고는 착발선과 적하선의 관계보다 분류선과의 관계가 중요하다. 착발선과 분류선이 병렬인 경우 입환 작업은 엇갈리는 작업으로 된다. 그러나 이 경우 적하선과 분류 선을 직렬 형으로 하여 적하 선을 착발선과 직접 연결한 배선 형은 플레이트 라이너 등 고정편성의 열차를 취급하는데 효율적이고 큰 화물역에 적합하다.

착발선과 분류선이 직렬인 경우 병렬에 비해 입환 작업이 유리하여 큰 화물역은 이런 배치가 많다. 특히 입환 작업이 많은 경우는 더 유리하다.

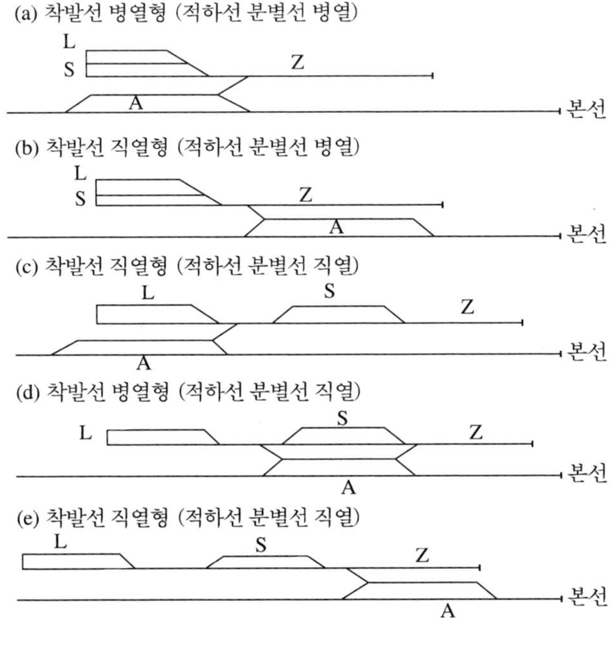

그림 6.47 선군의 기본배치 예

다. 적하장의 배치

적하장의 배치는 지형에 좌우되므로 일정한 방식이 확립되어 있지 않으나 기존의 예를 보면 그림 6.48과 같은 것이 많다.

화물 취급수량이 적은 경우는 적하선 하나에 높은 적하장, 낮은 적하장 등을 직렬로 배치하지만 취급수량이 많게 되면 적하선을 증설하여 적하장 구조별, 취급종별, 도착과 출발 등으로 분할하고 하역작업이 효율적으로 되도록 배치한다.

적하장의 길이를 짧게 하면 입환 작업에는 편리하겠지만 입환 횟수가 많게 된다. 반대로 적하장이 길어지면 적하 작업을 완료한 차량의 교체가 불편하다.

특히 컨테이너 열차, 소급(小及)혼재 열차 등 화차를 바꾸는 것이 적은 경우에는

가능한 적하장을 길게 하여 대응하는 것이 필요하다.

또 플레이트 라이너 열차는 고정편성대로 적하선에 들어가기 때문에 열차편성 길이에 대응한 적하장 길이나 열차 장의 1/2 길이를 적하장 길이로 설비하는 것이 필요하다.

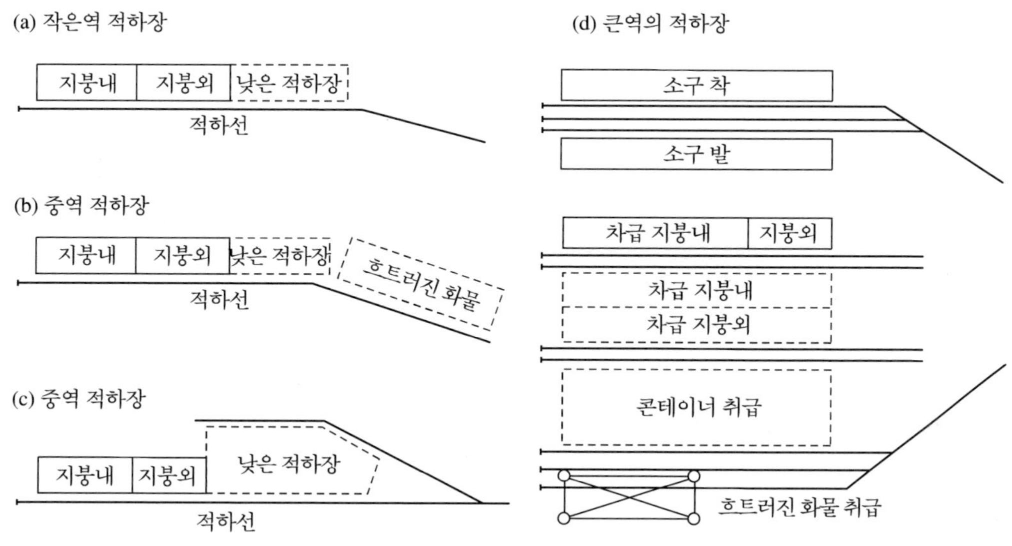

그림 6.48 적하장의 배치 예

라. 통로의 배치

적하장을 사이에 두고 화차와 트럭사이에 상호 옮겨 싣기가 이루어지고 역 밖으로 반출, 반입되나 이에 사용하는 통로는 혼잡을 고려하여 일방통행으로 하는 것이 좋다.

일방통행으로 불가능한 경우 확폭하여 차량 폭주를 완화한다.

적하장이 병렬로 배치된 경우 일방통행하기 위하여 적하장 종단부에서 선로를 평면 횡단하는 방법과 입환 횟수가 많을 때는 입체 교차시키는 방법이 있다.

또 통로를 선로 끝 부분에 둘 경우는 적하장을 부채형으로 열어 입구부분의 통로 폭을 확대하여 대면(對面)교통량을 확보한다.

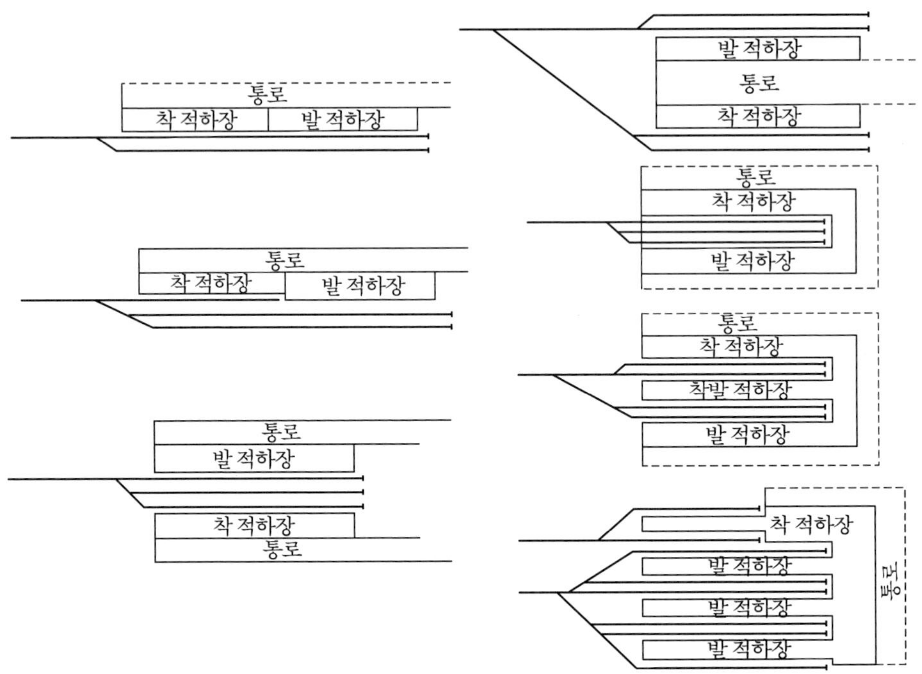

그림 6.49 적하장과 화물통로의 관계 예

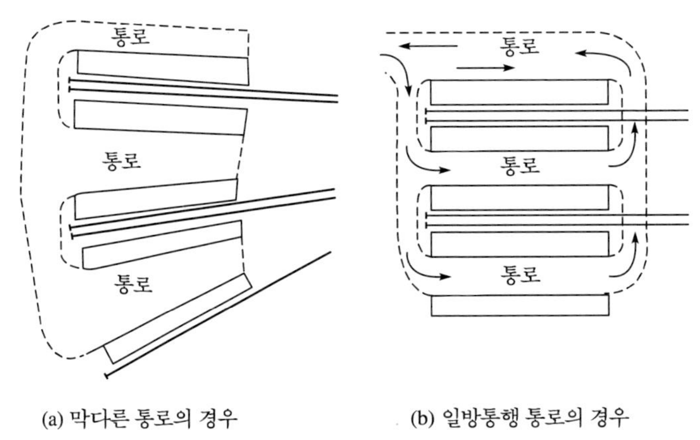

그림 6.50 화물통로의 배치 예

7. 조차장

조차장은 객차조차장과 화차조차장으로 구분한다. 객차조차장은 여객열차가 운행을 마치고 종착역에 도착하면 다른 선으로 입환, 검사와 소수리, 보급품 적재, 청소, 편성차량의 가감 등의 작업을 하는 장소를 말한다. 그리고 객차조차장은 여객역이나 차량사무소와 서로 이용이 편리하여야 한다. 객차조차장에는 이런 기능을 수행할 수 있도록 도착선, 세차선, 소독선, 검사선, 수선선, 유치선 등을 설치한다.

다음은 화차조차장에 대해 보다 상세히 설명한다(이종득, 2004).

1) 조차장과 화차운송

(1) 조차장의 목적

일반적인 화차운송은 발송 역에서 화물을 싣고 화차를 목적지 화물역까지 운송한다. 발송 준비를 마친 화차는 여객과 같이 열차를 선택하여 목적지까지 가는 것이 불가능하기 때문에 가장 가까운 화차조차장까지 편의 열차에 연결하여 운송하고 이 조차장에서 다시 편의열차에 연결하여 목적한 화물역까지 운반한다. 즉 조차장은 열차의 조성을 위해 차량을 연결, 분리 또는 방향별로 선로를 바꾸는 등의 입환을 하기 위한 장소이다.

(2) 화차운송 방법

가. 직행계 운송

매일 정기적으로 행선지가 같은 열차가 1개분 모인 화물역에서는 조차장에서 화물역까지 분류작업을 하지 않고 직행화물열차를 만들어 운송하는데 이를 직행계운송이라 한다. 컨테이너와 같은 고속화물열차, 석유, 석회석, 시멘트 열차 등과 같은 전용화물열차가 이 방식에 해당되고 특정 화물역간에 정기적으로 운송되고 있다.

취급 량이 적은 일반역에서는 출발화차를 도착역별로 분류한 후 거점역까지 편의열차 등으로 운송하고 소정의 직행열차에 연결하여 화물을 직행운송하고 있다.

나. 야드계 운송

일반 화물역에서는 행선지가 다른 화차가 여러 차량 발생하는데 그친다. 이 경우 1개의 열차가 되기까지 지체할 수 없어 몇 개 역에서 발생 하는 화차를 1개소에 모아 같은 방향의 화차를 분류하여 열차를 조성하여 운송하는 방식을 택하고 있다. 이 작업을 하는 장소를 조성역 또는 조차장이라 부르고 이런 운송방식을 '야드 운송'이라 한다.

이 수송방식은 화물역이 전국에 다수 분산되어 있고 화물량이 많을 때 경영면에서 유리하지만 반면에 많은 인력과 시간을 필요로 하는 운송방식이기 때문에 화물량이 감소하고 있을 때는 비용이 높고 운송시간도 길어지게 되어 서비스가 나쁜 운송이라 할 수 있다.

2) 조차장의 기능

(1) 목적지별 분류와 조성

전국기간조차장을 열차 망으로 연결하고 조차장에서는 도착화차를 담당지구 내의 화물역별로 분류하여 열차를 조성하는 기능이 있다.

또한 지구 내 화물역으로부터 발송되어 온 화차를 모으고 가장 가까운 기간조차장으로 열차를 조성하는 기능이 있다.

일반적으로 조차장은 양쪽 기능을 모두 가지고 있으며 특히 조차장의 규모가 크게 되면 기간조차장으로서의 기능이 많고 규모가 작은 조차장에서는 지구조차장으로서의 기능이 크다.

(2) 화차유치

화물역에서 화물을 하역한 후 사용하지 않는 화차는 다음에 필요할 때까지 조차장 내 유치선에 유치하여 둔다. 또 화물역에서 연말 등 바쁜 때에 적재작업이 지체되고 구내에 화차를 유치할 여유가 없는 경우에는 조차장에 임시로 유치하였다가 화물역의 상황을 보아 화차를 배치한다.

(3) 기타

선구(線區)에 따라 견인정수가 다르기 때문에 열차를 견인정수에 맞는 화차수로 조성하기 위한 해결(解決)작업, 견인기관차의 교체작업, 승무원 교체 등이 이루어진다.

3) 조차장의 분류

(1) 본 선로와 상대위치에 따른 분류

가. 본선 편측식

조차장이 본선의 어느 한쪽에 있는 형식으로 하나의 선군을 상하 양방향의 분류작업에 사용하기 위한 것으로 차량수의 변동에 대한 융통성을 가지고 있고 상하 분류선간에 화차를 주고받는 작업이 발생할 경우 즉시 대응이 가능하며 구내작업상 양호한 배선이다.

그러나 본선열차 착발 시 상하 어느 방향의 열차든 다른 본선을 횡단 하여야 하는 단점이 있다. 이 방식은 소규모 조차장 또는 화물역에 많다.

취급차량수가 많아지면 분류선을 증설하는 것이 가능하다. 본선을 통과 하는 열차수가 많아지면 본선에 지장을 주므로 반대 측에 분류선군을 설치하여 본선 관통식으로 할 수 있다.

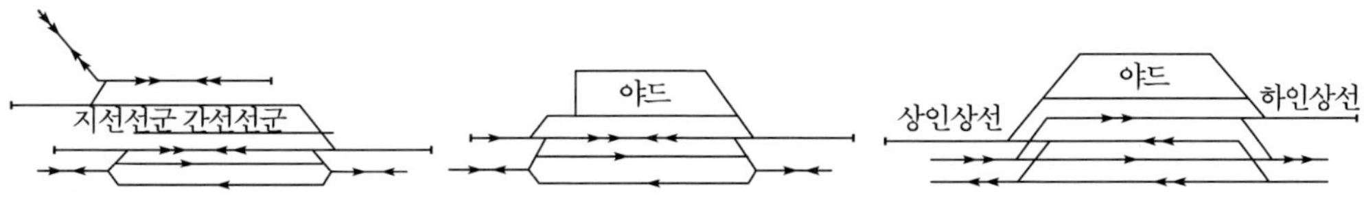

그림 6.51 편측식 조차장

나. 본선 관통식

이 형식은 본선이 조차장 중앙을 통과하고 상하 분류선이 분할된 형식으로 본선의 통행은 좋다.

그러나 상하 분류선간 화차를 주고받는 작업이 발생할 경우 혹은 상하 분류선 어느 방향에 화물기지 등을 설치할 경우 상하 화차 주고받는 작업을 하기 위해 본선 횡단작업을 해야 하므로 본선 열차횟수가 많은 경우에는 횡단작업에 지장을 미치는 경우가 많다.

이 형식은 간선의 중간에 위치한 중규모 이하의 조차장에 많다.

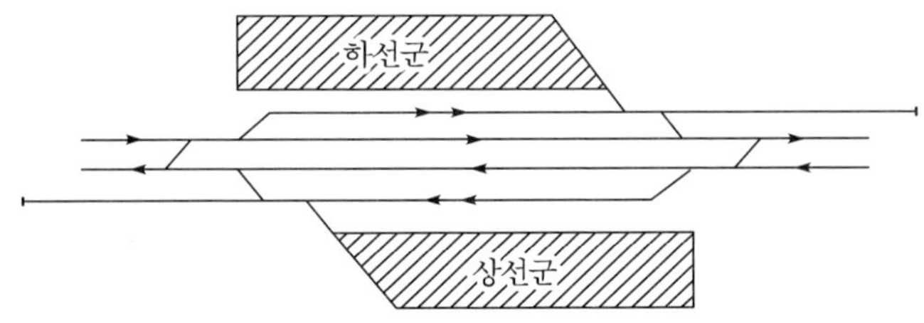

그림 6.52 관통식 조차장

다. 본선이 둘러싼 형식

본선이 상하 본선에 의해 둘러싸여 있는 형식으로 조차장에 출입하는 화물열차는 본선 횡단을 하지 않고 또 조차장 구내작업도 모두 열차운전에 관계없이 작업이 이루어지기 때문에 취급차수가 많은 조차장은 이 형식이 채용되고 있다.

이 형식은 본선에 둘러 싸여 확장이 쉽지 않기 때문에 계획 시 장래의 확장도 고려한 설계를 할 필요가 있다.

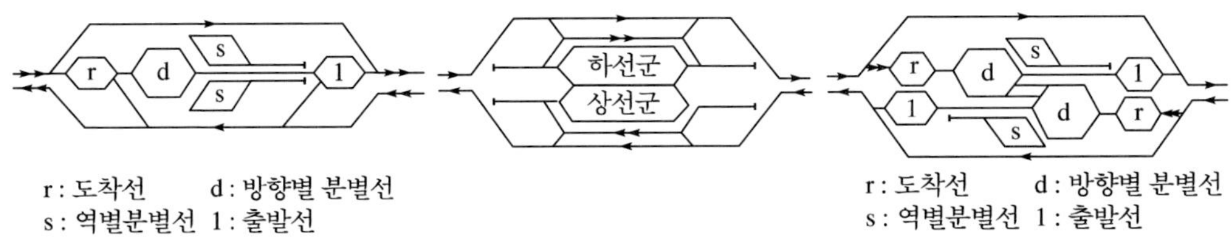

그림 6.53 본선이 둘러싼 조차장

(2) 입환작업에 의한 분류

가. 평면조차장

거의 수평인 위치에 건설된 조차장으로 인상선과 분별선을 이용하여 기관차에 의해 화차의 돌방(突放)입환을 하는 조차장이다.

돌방입환은 분류하려고 하는 화차열을 후진으로 인상선에 놓고 분별선을 향하여 가속과 제동을 하여 연결기를 끊어 그 관성력으로 한 군(群)의 화차를 목적하는 분별선으로 진입하게 하는 것으로 화차열의 분할 횟수만큼 이 작업을 반복하고 돌방된 화차가 분별선에 들어가면 후퇴하여 분별선과의 사이에 적당한 간격을 유지하고 앞에서 설명한 가속과 제동을 반복하여 분별작업을 완료한다.

이 방식은 입환에 장시간이 필요하며 비경제적이지만 건설비가 적게 소요되기 때문에 취급차량이 적은 조차장은 일반적으로 평면조차장으로 한다.

또 입환작업의 능률을 올리기 위해 인상선을 분류선 방향으로 완만한 기울기(3~8‰)를 설치하는 것도 있다.

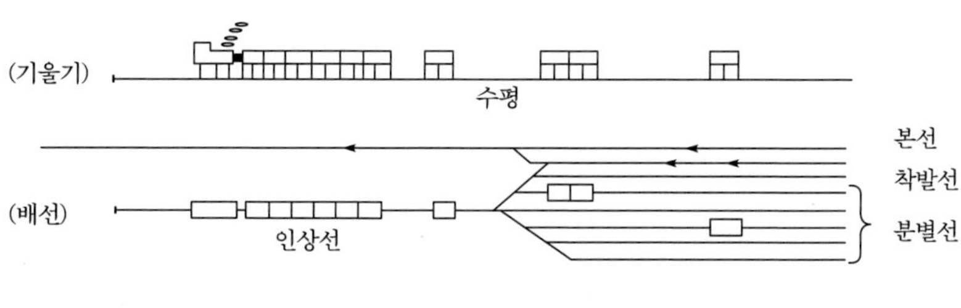

그림 6.54 평면조차장

나. 험프조차장

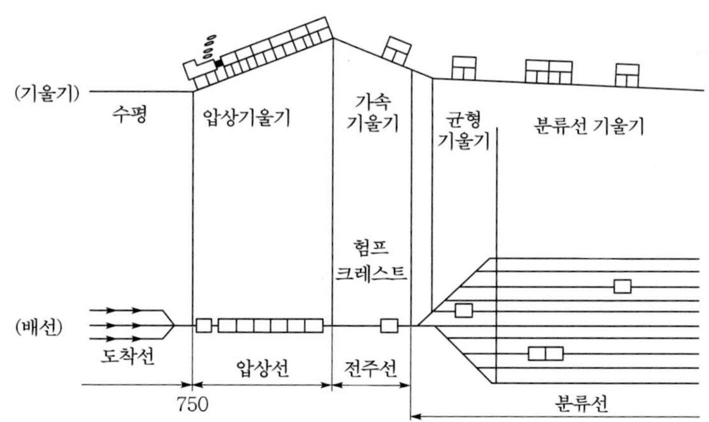

그림 6.55 험프조차장

험프(hump)조차장은 내리막 기울기로 차량의 가속력을 이용하여 분류작업을 주로 하는 조차장으로 압상선(押上線)과 분류선 중간에 험프라고 하는 작은 산(높이 2~5m)을 축조하고 압상선에 있는 화차를 기관차가 작은 산으로 끌어 올려 화차의 연결기를 정상에서 끊어 분류선을 향하여 경사된 선로를 굴러가게 하여 분류작업을 한다.

작은 산의 기울기는 여러 부분으로 나누어져 순차적으로 완만하게 변하여 자연 굴러가는 화차 속도를 제어할 수 있도록 설계가 이루어지고 있다. 가장 급한 기울기는 40~70‰, 끝에서는 1~3‰ 혹은 수평으로 하는 것이 보통이다. 이 방식은 끌어 올린 화차의 연결기를 끊으면 분류작업이 가능하기 때문에 소요시간은 9~15분으로 짧아 능률적이다. 우리나라에서는 아직 실례가 없다.

다. 중력식조차장

이것은 조차장 전체가 내리막 경사면 가운데 있으므로 중력만으로 위에서 굴러가게 하여 입환하는 조차장으로 우리나라에는 아직까지 실례가 없다. 이 형식은 경사면을 아래 방향으로 하는 작업은 능률이 향상되지만 인상작업 등 경사면을 거꾸로 하는 작업은 보통 이상의 에너지를 필요로 하기 때문에 장단점이 있어 이 방법의 채택에는 신중을 요한다.

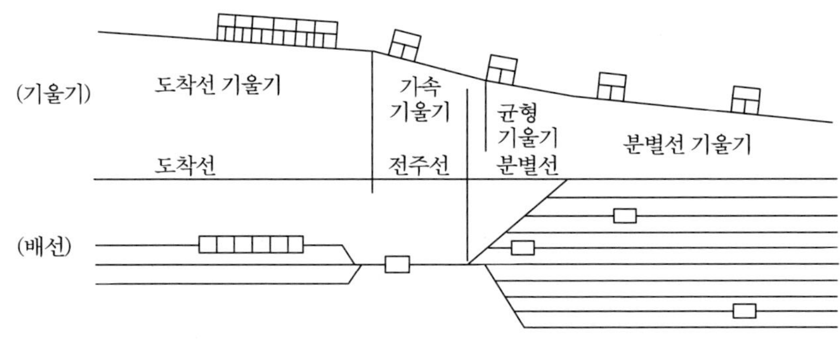

그림 6.56 중력식 조차장

8. 차량기지

1) 차량기지

(1) 목적

여객과 화물의 수송수요에 따라 각 종 차량을 합리적으로 운용하기 위하여 차량의 정비와 유치를 하는 거점인 동시에 열차를 운전하는 승무원의 거점이기도 하다.

때문에 차량기지에서는 차량의 수용, 조성, 검사, 수선 등 차량에 관한 것과 승무원에 관한 것을 병행하여 이들을 유기적으로 연계시키는 기능이 필요하다.

(2) 차량기지의 종류와 위치

가. 종류

여객차기지, 기관차기지, 화차기지, 종합차량기지로 구분한다.

① 여객차기지
전동차(EC)기지, 동차(DC)기지, 객차(PC)기지

② 기관차기지
전기기관차(EL)기지, 디젤기관차(DL)기지

③ 화차(FC)기지

④ 각 종 차량의 종합기지

나. 선로망상의 위치

차량기지의 배치는 차량, 승무원의 운용에 큰 영향을 미치므로 그 위치는 장래의 수송형태, 회송시간 및 회송거리, 차량기지 시설배치에 필요한 면적 확보 가능성 및 장래 확장성, 상하수도, 전력, 연료공급 등 기반시설과의 연계성 등을 고려하여야 한다.

① 수송 단차가 큰 곳에는 차량의 유치가 생겨 유치설비가 필요하게 되는 경우가 많다. 이 유치시간을 이용해서 검수를 할 수 있으면 합리적이다.

② 검수, 정비작업은 설비나 요원의 운영측면에서 집중하는 것이 좋다. 이때 객차, 기관차, 화차 등 그룹으로 나누어서 집중 관리하는 것이 좋다.

③ 가급적 역이나 조차장 가까이 설치하여 승무원 운용이나 차량의 회송 손실을 적게 한다.

④ 착발선에서 운전대를 교환하지 않고 기지로 진입하도록 위치를 결정하여 불필요한 반복 작업을 적게 한다.

⑤ 입고와 출고선 선형에 대해서는 본선 열차에 지장을 가급적 적게 하고 경우에 따라서는 입체교차 등을 고려한다.

⑥ 차량기지가 역에서 떨어져 있을 때는 승무원기지만을 역에 설치한다.

⑦ 건설비가 적게 들도록 한다.

다. 선로설비

차량기지의 선로설비와 건물은 다음과 같다.

① 선로설비

입고선, 출고선, 착발선, 유치선, 조체선, 세척선, 검사선, 수선선, 창고선 등

② 교번검사고, 대차검사고, 수선고, 세척고, 차륜전삭고, 수용고 등

2) 여객차기지(전동차기지, 동차기지, 객차기지)

(1) 여객차기지와 역과의 관계

객차기지는 객차를 안전하고 쾌적한 상태로 유지하기 위하여 도착, 검사, 정비, 오물제거 및 소독, 세척, 유치, 출고하는 기지의 기능을 유지하도록 계획한다.

가. 기지의 설치

종착역에서는 반복 출발하는 이외의 차량은 별도로 설치한 유치선에 수용하고 승강장선은 다른 열차의 착발선으로 이용하여 승강장선의 능력을 최대한 활용하는 것이 일반적이다.

이 유치선이 크게 되면 여객차기지로 된다. 그래서 여객차기지는 여객 단차가 크

고 시발과 종착 열차가 많은 역의 구내에 설치하는 것이 일반적이지만 기지가 대규모이거나 주거지가 조밀하고 지가가 높은 곳에서는 여객역과 분리하여 독립된 기지를 설치한다. 또한 통근 전동차는 도시 교외의 주택지와 도심을 빈번히 운행하기 때문에 도심 종착역에서는 반복 설비만 설치하고 전동차기지는 시발역 부근의 지가가 낮은 지점에 설치하는 경우가 있다.

나. 기지와 역과의 관계

여객열차가 반복운행을 하는 경우 기관차를 바꾸어 연결하는 작업이 생기고 또 전동차, 동차에서는 승무원이 전후의 운전대를 교환하는 작업이 생긴다.

객차의 입환은 편성 그대로 하기 때문에 본선 횡단 때 지장시간이 길고 특히 추진운전이 필요한 때는 저속운전으로 하는 등 다른 구내 작업에 영향이 크다. 그러므로 역과의 관계에서 여객차기지의 위치를 정할 경우 이들 반복운전, 추진운전, 본선횡단 등이 가급적 생기지 않도록 한다.

종착역과 여객차기지의 관계는 역이 두단식과 관통식의 경우 다르다.

두단식의 경우는 여객차기지로 여객차의 회송을 위해 반복운전이 생긴다.

관통식의 경우는 지형에 좌우되지만 가급적 반복운전이 생기지 않는 위치에 설치하는 것이 바람직하다.

여객차기지는 다음 사항을 고려하여 설치한다.

① 장래의 수송형태의 변동에 대처할 수 있을 것
② 영업상 유리한 위치를 선정할 것
③ 설비, 요원의 효율적인 운영이 가능할 것
④ 기지의 규모가 적정하고 기지의 형태에 맞는 용지일 것
⑤ 용지의 확보가 용이할 것
⑥ 공사비가 저렴할 것
⑦ 이상 시 복구가 용이할 것
⑧ 전차선 사구간(dead section) 설치

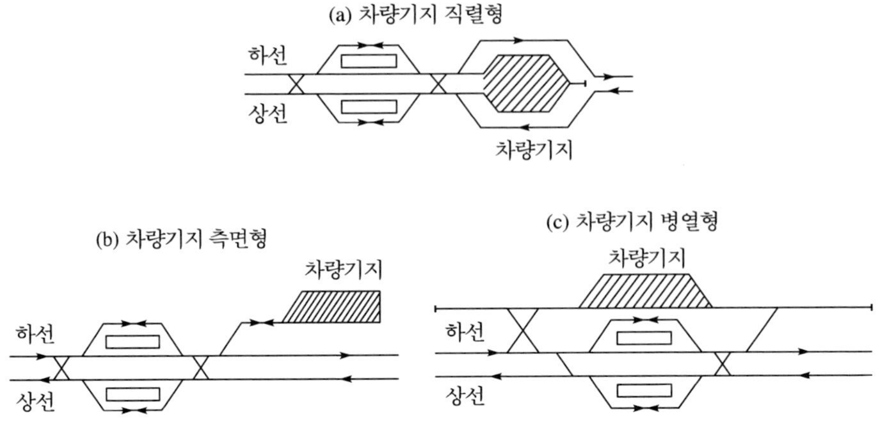

그림 6.57 여객객차기지의 설치 예

본선의 경우 영업운전 종료 후 유지보수를 위하여 단전하지만 객차 기지의 경우 24시간 운영하는 것을 감안하여 객차기지 전방에 전차 선 사구간을 설치하기 위한 선형을 계획한다.

그러나 요즘에는 용지확보가 가장 큰 요소로 되고 주변에 미치는 소음 등의 환경 문제도 배려할 필요가 있어 수송 상 최적 위치에 설치하는 것이 어려운 실정이다.

다. 유치선의 설치

수송단차가 있는 곳이나 종단역 가까이에 기지를 설치할 수 없는 경우 여객차 유치선을 설치한다. 이 경우는 유치만 하고 검수작업은 차량운용 소속기지에서 한다.

3) 기관차기지

기관차기지의 위치는 역보다 오히려 여객차기지 또는 화차기지와의 관련이 중요하게 된다. 또한 기관차기지의 경우는 검수기지와 일상검사 설비를 설치한 운용기지를 분리하는 경우도 있다.

예를 들면 컨테이너 열차와 같은 고정편성 열차체계에서는 양단 역에 인접한 승무원기지를 설치하는 것에 따라서 회송손실을 최소로 할 수 있다.

정거장과의 위치 관계는 여객차기지 경우와 거의 같아 열차 또는 회송열차의 종착

또는 시발 장소에서 직접 입고와 출고할 수 있도록 노선이 짧은 것이 바람직하며 전용 기회선을 설치하는 것이 일반적이다. 그리고 기관차의 경우 입고와 출고는 단기로 운전되기 때문에 본선 횡단 등의 지장시분이 짧고 운전대 교환도 용이하기 때문에 객차의 입환보다 제약이 적다.

4) 화차기지

(1) 화차의 포착

일반적으로 화차는 전국적으로 운용하기 때문에 소속기지가 없어 조차장 또는 화물역에서 검사, 수선이 필요한 화차를 찾아내어 화차기지로 보낸다. 이 경우 화차기지의 담당 정거장을 결정해 두고 도착한 화차에 대해 검사표를 붙여 화물을 적하하여 공차로 화차기지로 보낸다.

또한 컨테이너, 탱크차와 같이 상비역이 결정되어 있는 특수화차는 소속 화차기지가 정해져 있기 때문에 객차와 같이 운용이 정형화 되어 있어 교번검사 등은 소속화차기지에서 시행한다.

(2) 화차기지를 설치한 정거장

화차의 유동은 공차에 의하여 유동방향이 정해져 있으므로 화차기지의 설치장소는 공차의 흐름 방향을 고려하여 선정한다.

(3) 정거장 구내에서 화차기지의 위치

구내에서 검수화차를 보내는 것을 적게 하고 구내 작업에 지장을 피하기 위해 일상검사선에 인접하여 설치하는 것이 바람직하다.

그러나 화차기지의 검수화차의 차입, 인출은 횟수가 많지 않으므로 설치 위치에 구애받지 않으나 화차기지의 건물 등에 의한 구내 작업의 투시를 저해하지 아니하도록 하는 것이 중요하다.

가. 두단식 화물역의 화차기지

도착적하장과 발송적하장이 분리되어 있을 때는 도착 영차(盈車)가 공차로 되어 도착분류선에 병렬된다.

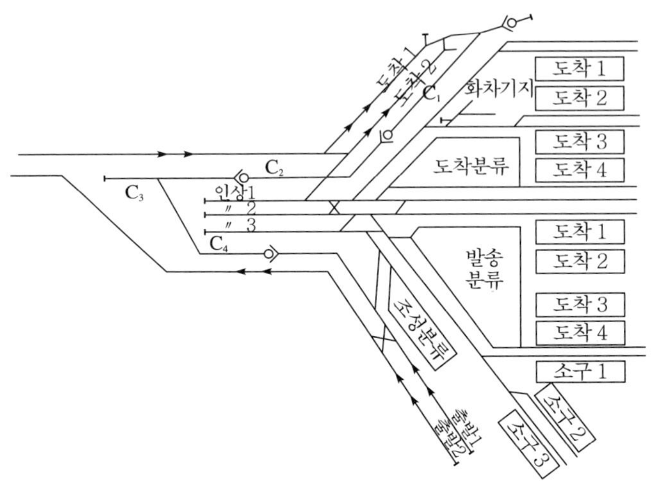

그림 6.58 두단식 화물역 화차기지

나. 관통식 조성역의 화차기지

화차기지의 위치는 화물 적하장에서 발생한 검수차를 쉽게 입고시키기 위하여 상 분별선이 바람직하나 다른 역에서 회송차 입고를 고려하면 하 분별선이 바람직하다.

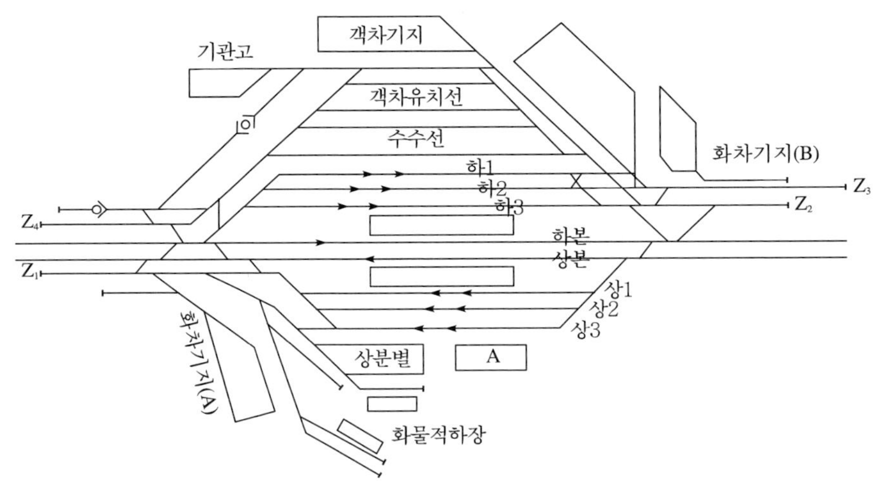

그림 6.59 관통식 조성역 화차기지

다. 험프조차장의 화차기지

험프에서 직접 화차기지로 검수차를 밀어 넣는 방법이다.

방향별선에 병렬로 배치한 예로 분별선에서 검수차를 한번 인상 후 밀어 넣는 결점이 있다. 용지관계로 본선과 입체 교차하여 조차장 쪽으로 반출 하는 방식으로 출입할 때 다소의 손실을 수반한다.

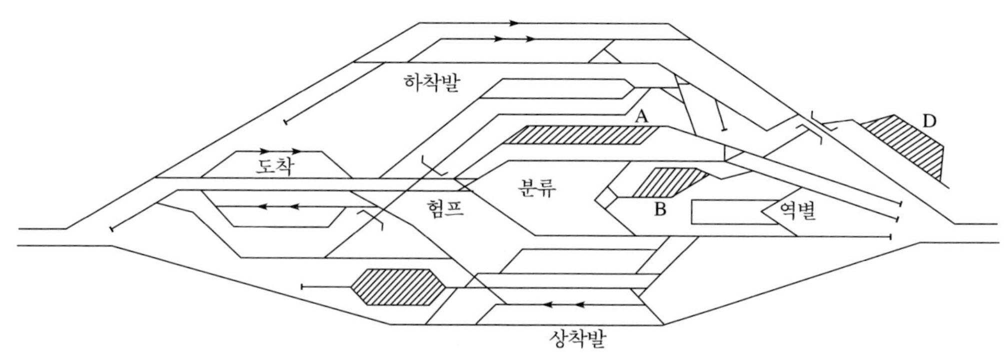

그림 6.60 험프조차장 화차기지

5) 종합차량기지

(1) 의의

각각의 차량기지의 배치 차량수가 적은 경우에도 사무, 검수, 세척 등의 최소한의 요원이나 설비가 필요하게 되어 이것을 통합하여 비경제적인 운용을 최소화 할 수 있다. 그래서 종합차량기지는 터미널 역에서 그다지 멀지 않은 장소를 선정하는 것이 필요하다.

(2) 각종 차군의 배치

여러 종류 차량의 종합기지를 고려하는 경우 차종은 될 수 있는 한 운용과 검사방법이 유사한 L군(EL, DL, SL) 또는 C군(EC, DC, PC)의 차종으로 통합하는 것이 바람직하다.

소요 설비나 배선상의 주의 점은 각 차종마다 공유하는 선군이나 설비를 파악하여 산출, 배치하면 된다. 그러나 차종에 따라 입환 방식, 작업순서 등에 차이가 있으므로 작업흐름이 난잡하지 않도록 배선에 주의를 요한다. 기지의 규모는 기지의 관리체제 등을 고려하여 1기지의 종업원 1,000명 정도가 한도로 생각되므로 배치차량 수도 여기에 맞춘다.

각 차종별 요원은 객차는 0.5~1.5인/량, 기관차는 8~12인/량으로 생각한다. 관리 측면에서는 L군은 100량, C군은 500량을 배치한계로 본다.

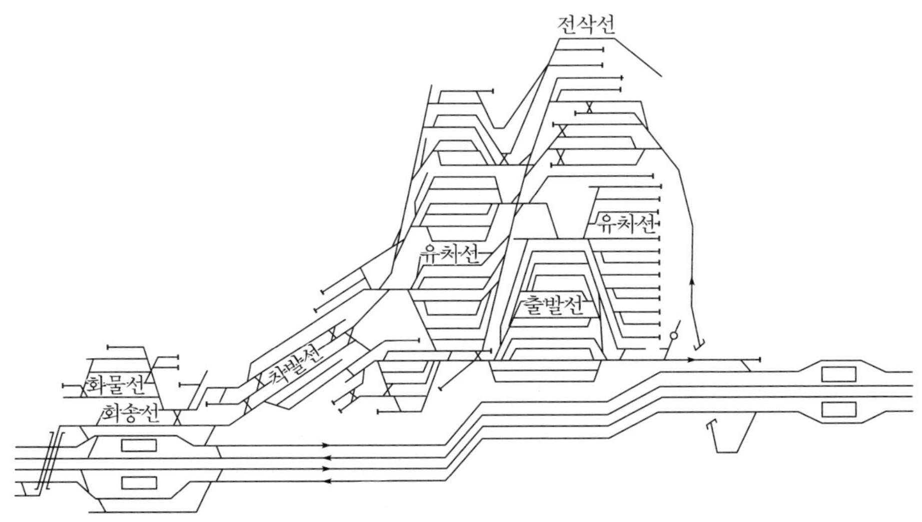

그림 6.61 종합차량기지 배선 예

CHAPTER 07
철도차량

1. 철도차량의 분류

철도차량은 오랜 기간에 걸쳐 나라마다 문화와 사회 환경에 따라 각각의 특성을 갖도록 제작되어 일목요연하게 분류하는 것은 쉽지 않다. 분류 목적에 따라 여러 방법으로 분류할 수 있으나 가장 일반적으로는 디젤유, 전기 등 사용하는 에너지의 종류, 사람이나 화물 등 수송대상물의 종류, 열차를 견인하는 동력의 유무 여부 등의 관점에서 분류하고 있다.

(1) 사용하는 에너지의 종류에 따른 분류

표 7.1 사용하는 에너지의 종류에 따른 분류

분 류	정 의	한국철도의 예
증기차	원동기로 증기기관을 사용하는 차량	관광열차
내연차	원동기로 내연기관을 사용하는 동력차(내연기관차, 내연동차) 및 내연동차와 연결하여 운전되는 제어차와 부수차	디젤기관차, 디젤동차(디젤동차, 제어차, 부수차)
전기차	원동기로 전동기를 사용하는 동력차(전기기관차, 전동차) 및 전동차와 연결하여 운전되는 제어차와 부수차	전기기관차, (전동차, 제어차, 부수차)

※ 제어차는 동력은 없고 운전실이 있는 차(TC)이고 부수차는 동력도 운전실도 없는 차(T)를 말함.

(2) 수송대상물의 종류에 따른 분류

표 7.2 수송대상물의 종류에 따른 분류

분 류	정 의	한국철도의 예
여객차	여객을 수송하는 데 사용되는 기관차 이외의 차량	객차, (전동차, 제어차, 부수차), 디젤동차
화물차	화물을 수송하는 데 사용되는 기관차 이외의 차량	화차

(3) 열차 견인동력 유무에 따른 분류

표 7.3 열차 견인동력 유무에 따른 분류

분 류	정 의	한국철도의 예
동력차	원동기를 가지며 단독 또는 자기 이외의 차량과 연결되어 운전하는 차량으로 기관차, 전동차, 내연동차 및 동력화차의 총칭	증기기관차, 디젤기관차, 전기기관차, 전차의 전동차, 디젤동차
비동력차	원동기를 가지지 않은 차	객차, 화차, 전차의 제어차 및 부수차, 디젤동차의 제어차 및 부수차

(4) 철도 차량 분류체계도

앞에서 설명한 것처럼 사용하는 에너지의 종류에 따라 전기차, 내연차 수송대상물의 종류에 따라 여객차, 화물차 열차견인동력의 유무에 따라 동력차와 비동력차로 분류할 수 있는데 이를 종합하여 체계적인 분류도를 만들면 아래그림과 같다.

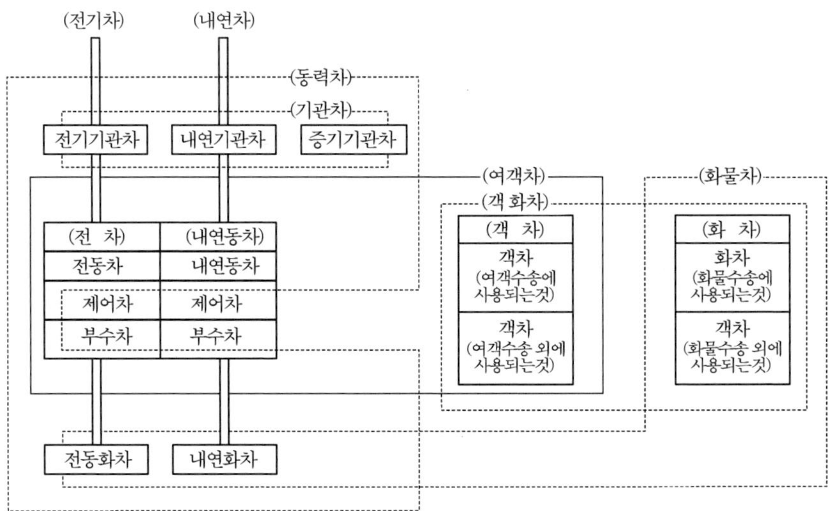

그림 7.1 철도 차량 분류체계도

2. 동력의 방식

철도에는 큰 동력을 가진 기관차가 견인하는 동력집중방식과 각 차량 혹은 unit 당 몇 개의 동력장치를 구비하는 동력분산방식이 있다. 고속철도의 경우 일본은 초기부터 동력분산방식을 채택하였고 프랑스와 독일의 경우는 동력집중방식으로 시작했다. 그러나 프랑스와 독일도 최근에는 동력분산방식을 채택하는 경우가 많다. 한국고속철도는 KTX－Ⅰ, 산천 등 차량 모두 동력 집중식으로 만들어 졌으나 앞으로는 동력 분산식으로 변화될 확률이 높다.

(1) 동력집중방식

선두의 1량 혹은 전후 양쪽에 각각 1량씩을 운전실이 있는 동력차(기관차)로 하고 동력이 없는 나머지 차량을 끄는 방식이다. 제작비가 많이 드는 동력차는 선두차량 혹은 전후 양쪽차량뿐으로 열차의 수송력을 높이려할 때 제작비가 저렴한 부수차만 증가시키면 되어서 편리하고 객차의 소음이나 진동도 적어 승차감이 좋다. 한국고속철도의 KTX－Ⅰ 차량이 동력집중방식의 대표적인 예이다.

KTX－Ⅰ은 총 20량의 차량이 한 개의 편성을 이루는데 양쪽에 기관차 1량과 동력객차 1량 그리고 중앙에 객차 16량을 배치하고 있다.

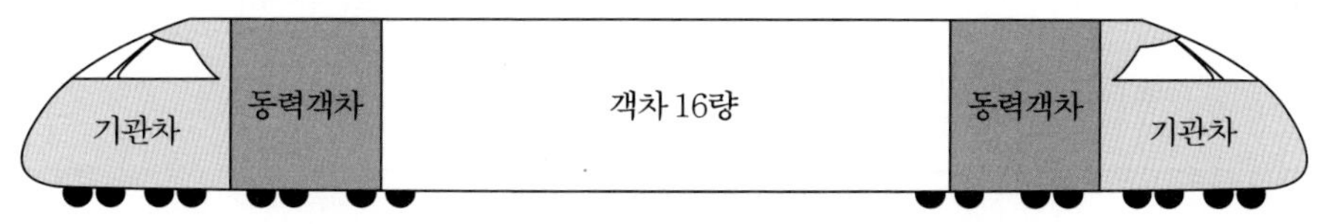

그림 7.2 KTX－Ⅰ 차량편성

(2) 동력분산방식

한 개의 unit을 구성하는 3~4량의 차량 중 동력차량을 1~2량 넣는 방식이다. 각 동력차량의 구동력은 기관차만큼 크지는 않지만 편성 전체로 보면 여러 대의 전동기를 장착하고 있어 구동력은 동력집중식보다 크다. 또 동력장치의 크기를 작게 할 수 있어 차체 하부에 장착함으로써 차량의 공간을 최대로 활용할 수 있다. 우리나라의 지하철 전동차, 일본의 고속철도 차량이 동력집중방식의 대표적인 예이다.

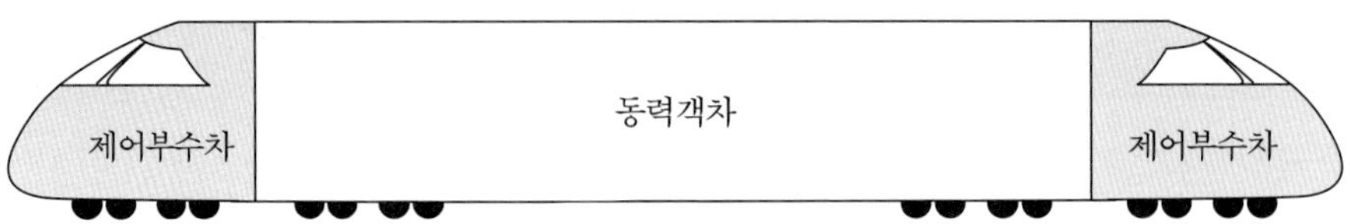

그림 7.3 동력 분산방식 차량편성

일반적으로 동력분산방식 차량편성에는 제어부수차라 하여 운전실만 붙어 있고 동력은 가지지 않은 차량을 전후에 각각 붙이고 편성 중앙에 배치된 몇 대의 차량 혹은 전 차량에 전동기를 장착한다.

또 한 개의 편성에서도 소요되는 구동력의 크기에 따라 동력차의 비율을 줄이거나 늘릴 수 있다.

(3) 동력집중방식과 동력분산방식의 특징

동력집중방식과 동력분산방식은 각각의 장단점을 가지고 있으므로 열차의 역할이나 지리적 여건에 따라 적절히 선택하여야 한다.

예를 들어 화물 열차는 동력집중방식을 선택하는데 목적지가 서로 다른 화물을 운반하면서 중간에 차를 떼고 붙이는 경우가 많고 동력분산방식은 편성 단위로 움직이는 경우가 많아 차량 1량 단위의 열차편성은 어렵기 때문이다.

한편 지하철의 경우는 역간 거리가 짧아 감가속이 유리한 동력분산방식을 선호한다. 선로에 곡선이나 구배가 많은 경우 지반이 약해 기관차의 큰 하중을 견디기 어려운 경우에도 동력분산방식을 채택하는 것이 합리적이다.

	동력집중방식		동력분산방식	
가감속성	×	특히 상구배에서 속도를 내기 어렵다	○	동력차의 수를 늘려 기동가속도를 향상시킬 수 있다
운전성	×	기관차 고장 시 운전 불가능	○	동력차 일부가 고장 시에도 운전가능
편성의 유연성	○	증결, 감차가 쉬움	×	편성이 고정되어 있음
방향전환	△	기관차의 교환 혹은 한쪽 기관차를 떼서 다른 쪽에 붙여야 함	○	양쪽에 운전실이 있어 방향전환이 필요 없음
선로에의 부하	×	기관차의 하중이 크다	○	기기가 분산되어 있어 선로에의 부하가 적다

		동력집중방식		동력분산방식
쾌적성	○	객차의 소음, 진동이 적다	×	동력기기가 소음, 진동의 원인이 될 수 있다
차량의 경제성	○	동력차의 수가 적어 값을 낮출 수 있다	×	동력차가 많아 고가이다
유지보수	○	동력기기가 적어 유지보수가 쉽다	×	동력차가 많아 유지보수가 어렵다

3. 차량의 제작

철도차량은 다음과 같은 제작 공정을 거친다.

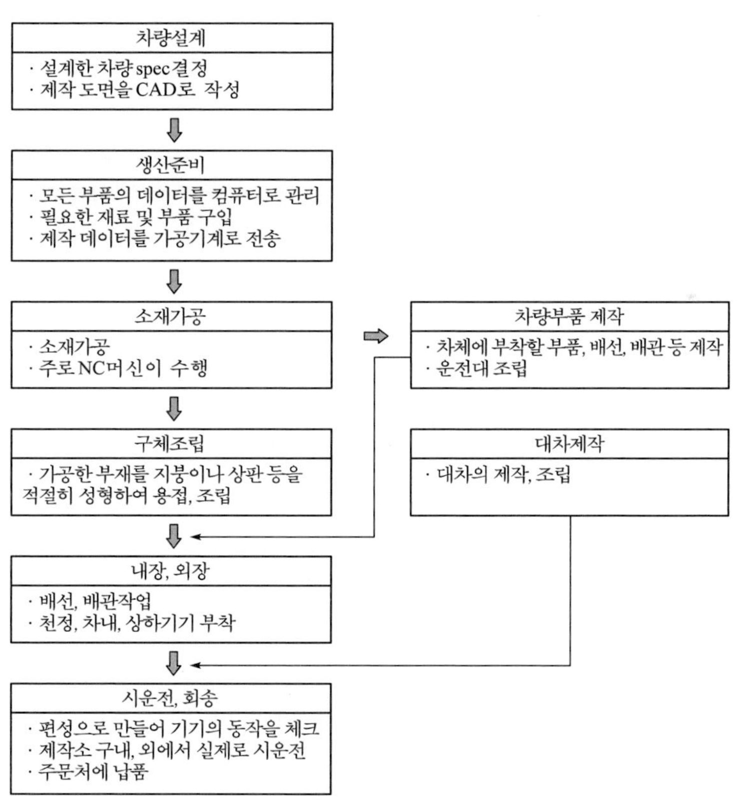

그림 7.4 철도차량의 제작공정

4. 전기차의 동력전달 메커니즘

전기철도의 전기방식은 급전하는 전기의 종류에 따라 직류방식과 교류방식으로 나누어진다. 직류방식은 또 전압이 낮아 대전류가 흘러 전압강하가 많게 되므로 변전설비의 설치간격을 짧게 해야 하고 저전압 대전류를 소화할 수 있도록 직경이 큰 전선 및 이를 지지하기 위한 튼튼한 구조물을 사용해야 하는 등 비용이 많이 들지만 차량 측의 전기기기가 교류에 비하여 간단하고 가격도 싼 장점이 있다. 주로 직류 600~3,000V 사이의 전압이 사용된다. 교류방식에는 단상식과 3상식이 있는데 전압은 20,000~25,000V를 사용하는 경우가 많다.

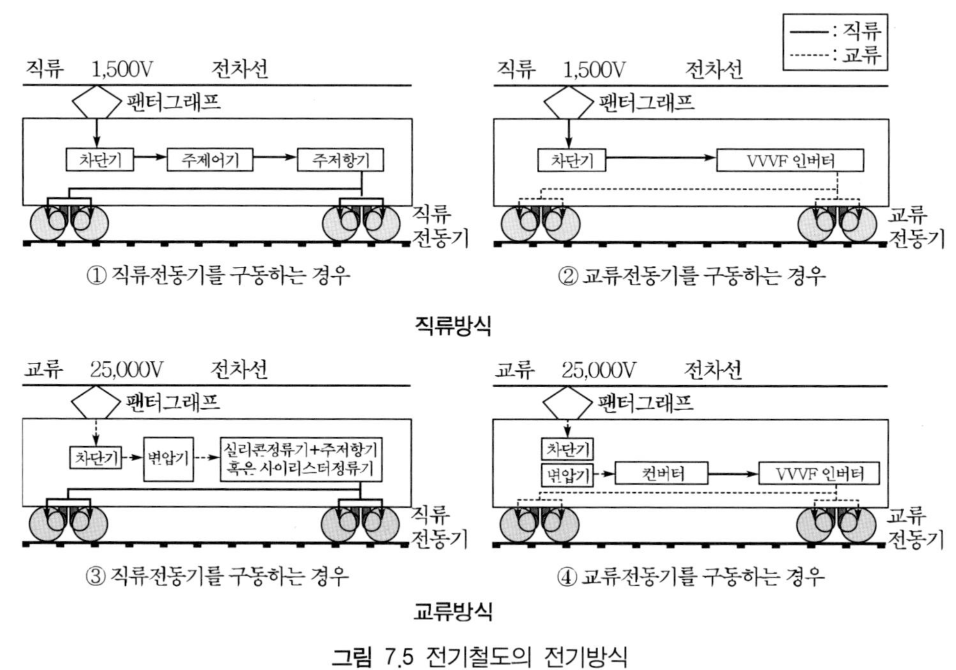

그림 7.5 전기철도의 전기방식

위의 예는 직류 1,500V를 받는 직류전기차와 교류 25,000V를 받는 교류전기차를 각각 나타내고 있다. ①의 경우 직류 1,500V를 받아 차단기, 주제어기, 주저항기를 거쳐 나온 직류로 직류전동기를 구동하는 경우이고 ②는 직류 1,500V를 받아 차단기를 거친 직류를 VVVF인버터를 통해 교류로 만든 후 교류 전동기를 구동하는 경우이다. ③의 경우는 전차선에서 교류 25,000V를 받아 차단기를 거쳐 변압기에서 변압한 후 실리콘 정류기와 주정류기 혹은 사이리스터 정류기를 거쳐 교류를 직류로 정류한 후 직류전동기로 구동하는 방식이다. ④의 경우는 현대 철도차량에서 흔히 사용하는 방식으로 전차선에서 교류 25,000V를 받아 차단기를 거쳐 변압기에서 변압한 후 컨버터에서 교류를 직류로 만든다. 이 직류를 다시 VVVF 인버터를 통해서 교류로 만든 다음 교류전동기를 구동하는 경우를 설명하고 있다.

5. 전기차의 견인제어회로(한국 고속철도 차량 KTX – I 기 차량의 예)

1) 팬터그래프

먼저 집전장치(pantograph)를 통하여 전차선으로부터 전력을 받아들이는데 이 팬터그래프는 일반적으로 스프링의 힘으로 상승하고 7 kgf 전후의 압상력으로 전차선에 접촉된다. 팬터그래프가 접힌 상태(전차선과의 접촉을 끊은 상태)에서 상승을 막고 있는 갈고리를 공기실린더의 힘으로 풀어주면 팬터그래프는 스프링의 힘으로 상승하고 상승상태에서는 스프링의 힘에 맞선 하강 실린더의 공기압으로 하강시켜 갈고리를 다시 locking 시키면 접히도록 되어 있다.

전기로 전동기를 돌려 달리는 전기차는 전기를 차량자체에서 만들거나 아니면 외부에서 받아 들여야 하는데 후자의 경우 전차선에 흐르고 있는 전기를 팬터그래프를 통해 효율적으로 받아들일 수 있는 메커니즘을 갖추는 것이 중요하다. 그런데 지하철의 전동차처럼 속도가 낮은 경우는 큰 문제가 없지만 고속철도처럼 속도가 높아지면 이 팬터그래프에 의한 공기저항과 소음도 결코 무시할 수 없다. 그래서 한국형 고속철도차량에서는 고속에서의 공기저항과 소음을 줄이기 위해 이 팬터그래프의 크기를 최소화 하는 것은 물론이고 실제 운행 시는 진행방향에서 볼 때 뒤쪽 팬터그래프 1개 (차량 1편성 당 양쪽 끝 동력차량에 1개씩 2개가 설치되어 있음)만 올리는 구조로 하였다.

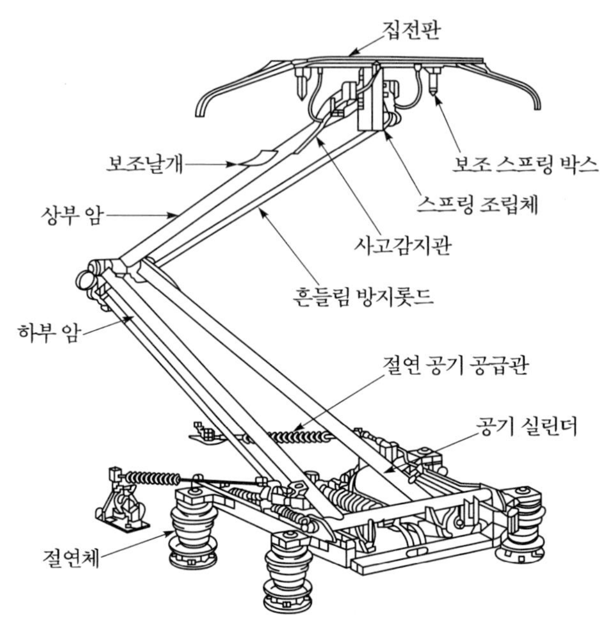

그림 7.6 KTX－I 차량의 팬터그래프

또 팬터그래프는 고속에서도 전차선과 잘 접촉하여 팬터그래프가 전차선에서 일시적으로 떨어지는 현상인 "이선"이 일어나지 않아야 하는 것이 무엇보다 중요한데 팬터그래프가 전차선에서 이선하는 현상이 심하면 전기를 안정적으로 받아들이기 어려울 뿐 아니라 아크가 튀어 전차선과 팬터그래프가 손상되는 등 정상적인 운행이 어렵게 된다. 이를 막기 위해 우선 공기피스톤에 의해 약 7kgf 의 압상력으로 팬터그래프의 집전판을 전차선과 접촉시켜 주고 전기가 필요 없는 경우는 실린더에서 공기를 빼주면 스프링의 힘으로 하강하여 팬터그래프를 접을 수 있도록 되어 있다.

또 차량이 진행함에 따라 일어날 수 있는 집전판의 좌우, 상하방향의 처짐이나 불균형은 보조 스프링박스와 흔들림방지 롯드가 각각 방지한다.

한 가지 재미있는 것은 팬터그래프의 상부암에 붙여 놓은 보조날개의 특이한 구조인데 열차의 속도에 따라 적절한 양력을 발생시켜 팬터그래프의 전차선 접촉을 도와줌과 동시에 보조날개에 부딪치는 공기로 공기막을 만들어 고속운행 시 집전판 주위의 풍압을 줄여주는 역할도 한다.

카본제 집전판 속에는 공기관이 들어있어 집전판이 전차선과의 마찰에 의해 과도하게 마모되거나 다른 사고 등에 의해 손상을 입어 공기관의 공기가 누설되면 즉시 차량을 정차시켜 더 큰 사고로의 확대를 막고 있다.

절연공기공급관 및 팬터그래프와 차체의 지붕사이에 설치된 애자는 차체와 동력용 전기회로간의 절연을 위한 것임을 물론이다.

2) 주변압기

팬터그래프를 통해 전차선의 전기를 받아들인 KTX-Ⅰ차량은 변압기를 통해 각종 전기장치가 사용하기 좋은 1,800V, 1,100V의 2가지의 교류로 바꾸고 각각 전동기 고정자와 전동기 회전자에 공급하여 전동기가 회전하는 에너지원으로 사용케 한다.

변압기에서 전압을 높이거나(승압) 낮추는(강압) 원리는 다음과 같다.

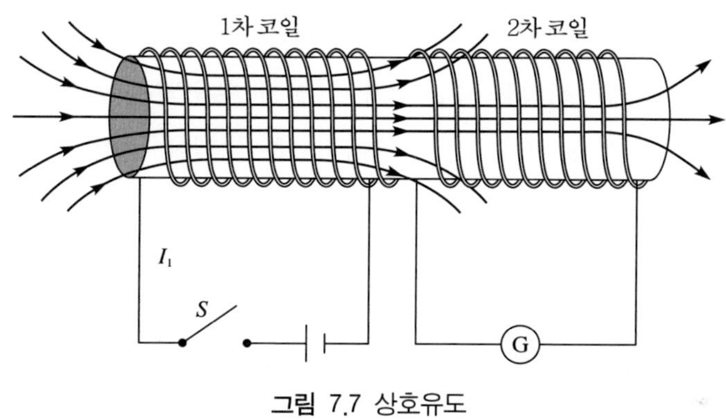

그림 7.7 상호유도

앞의 그림처럼 같은 철심에 감긴 인접한 두 개의 코일 중 한쪽의 코일에 흐르는 전류의 세기를 변화시키면 전류가 만드는 자기장의 세기도 변하므로 즉 동일한 철심에 생기는 자기장의 세기가 변하므로 이 철심에 감긴 다른 쪽 코일에 유도 기전력이 생기는데 이러한 현상을 상호유도라 한다. 여기서 1차 코일에 흐르는 전류 I_1이 증가하면 철심을 지나는 자기장의 세기가 커지고 2차 코일에는 이 자기장의 증가를 방해하려는 방향 즉 I_1과 반대 방향으로 유도 전류가 흐르고 1차 코일의 스위치를 끊어 전류 I_1을 감소시키면 I_1과 같은 방향으로 유도 전류가 흐른다. 이처럼 1차 코일에 전지를 연결한 경우는 스위치를 끊고 이을 때만 2차 코일에 유도 기전력이 생기지만 전지 대신 교류 전원을 연결하면 전류의 세기와 흐르는 방향이 항상 변하므로 2차 코일에는 세기와 흐르는 방향이 항상 변하는 교류 전기가 생겨 흐르게 된다.

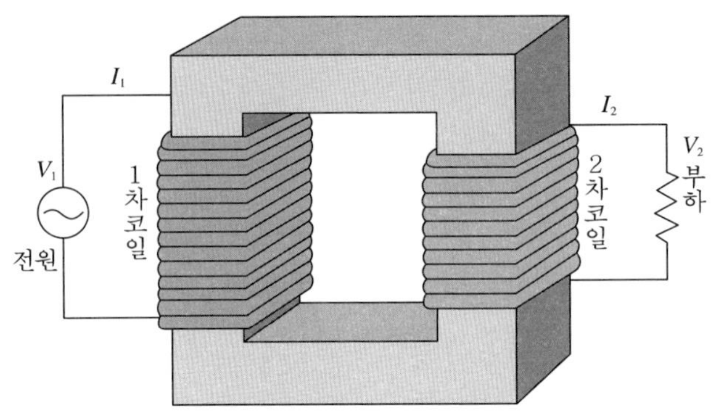

그림 7.8 변압기의 원리

앞 페이지의 그림과 같이 동일 철심에 1차 코일과 2차 코일을 감고 1차 코일 쪽에 교류 전원을 연결했다고 가정해 보자. 1차 코일과 2차 코일의 감은 수를 각각 N_1, N_2, 1차 코일에 주어진 전압을 V_1, 2차 코일에 유도되는 기전력을 V_2라 하면 $V_1/V_2 = N_1/N_2$의 관계가 있다. 즉 외부에서 1차 코일에 들어온 전압을 낮추려면 2차 코일의 감은 수를 그만큼 줄여주면 되고 그 반대의 경우도 물론 성립한다.

또 전압의 크기를 변화시켜도 변압기에서 에너지 손실이 없다고 가정하면 1차 코일의 전력과 2차 코일의 전력은 같아야 한다. 즉 1차 코일과 2차 코일에 흐르는 전류의 세기를 각각 I_1, I_2라고 하면 $I_1V_1 = I_2V_2$ 가 되며 이 식을 다시 $V_1/V_2 = N_1/N_2 = I_2/I_1$ 처럼 고쳐 쓸 수도 있다.

3) 철도차량의 속도제어

(1) 속도제어의 종류

전기차량은 팬터그래프로부터 전력을 받아 달리는 구조이지만 전압이 높은 전기가 한꺼번에 전동기에 들어오면 전동기는 높은 전압을 견디지 못하고 타버릴 우려가 있다. 따라서 전동기에 들어가는 전기를 단계적으로 흐르도록 제어하여 기동 시 쇼크를 줄이고 여러 단계로 가속하고 감속하도록 하는 장치가 제어장치이다.

직류직권전동기의 제어방식으로는 전차선에서 직류를 받았을 때는 저항제어, 직병렬제어 쵸퍼제어, 계자제어 방식으로 제어하고 전차선으로부터 교류를 받았을 때는 탭제어, 위상제어 방식으로 제어한다.

삼상교류 유도전동기의 제어방식은 전차선에서 직류를 받았건 교류를 받았건 VVVF 인버터제어를 한다. VVVF 인버터제어란 전동기의 회전수와 회전력을 주파수와 전압을 변화시켜 조절하는 방식이다.

표 7.5 속도제어의 종류

전동기의 종류	전차선 전류	제어방식
직류직권전동기	직류	저항제어 직병렬제어 쵸퍼제어 계자제어
	교류	탭제어 위상제어
삼상교류 유도전동기	직·교류	VVVF 인버터제어

(2) 저항제어, 직병렬제어

전동기의 회로에 몇 개의 저항과 스위치를 두어 스위치의 개폐에 따라 전압을 변화시키는 방식이다. 스위치를 ON 시키는 개소와 수를 조정하여 회로 전체의 저항치를 변화시키고 전압을 제어한다. 아래 그림에서 스위치 S_1, S_2, S_3 모두가 ON 상태라면 스위치를 통해서 전류가 흐를 수 있으므로 전압은 최대가 되고 세 개의 스위치 모두가 OFF 상태라면 A, B, C 세 개의 저항을 모두 통해야만 전류가 흐를 수 있으므로, 저항치가 최대로 되는 원리이다.

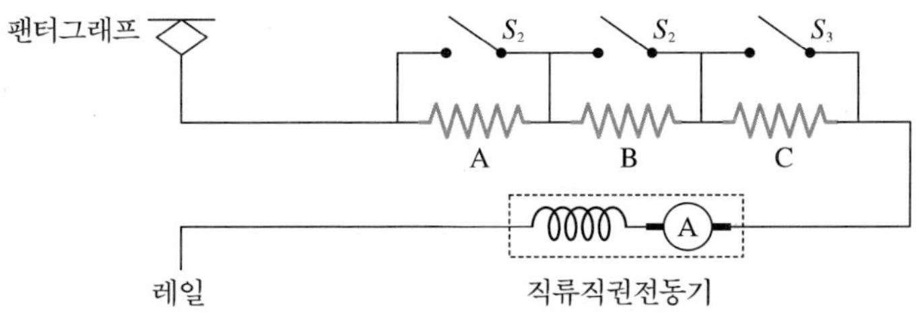

그림 7.9 저항제어

직병렬제어 방식은 한 개의 차량에 장착된 여러 개의 차량견인전동기를 여러 형태의 직렬이나 병렬 혹은 직 · 병렬 혼합으로 연결시킴으로써 전압을 제어한다. 전력의 손실은 적지만 조정 단계가 많아지고 출발 시에 섬세한 제어가 쉽지 않아 주로 열차가 출발하고 나서 진행할 때 이용한다.

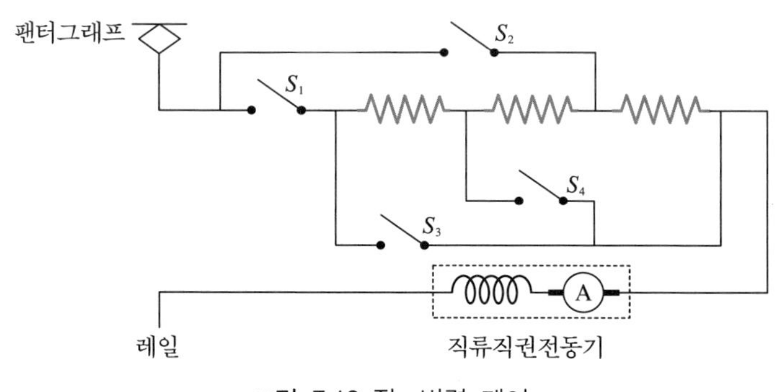

그림 7.10 직 · 병렬 제어

(3) 쵸퍼제어

반도체 소자를 이용한 쵸퍼장치를 1초에 수백회의 고속으로 전원 스위치를 ON, OFF 하면서 동시에 ON, OFF의 간격을 제어하는 방식으로 전압을 바꿔주는 방식이다.

이때 스위치의 ON, OFF 가 아무리 고속이라 할지라도 회로에 전기가 흐르지 않는 순간이 존재하면 전동기에 부담을 주기 때문에 전동기와 쵸퍼장치 사이에 평활리액터라고 하는 장치를 끼워 넣어준다.

평활리액터는 전기를 저장하는 능력을 가지고 있어서 스위치가 OFF 로 되면 저장해두었던 전류를 방출한다. 다이오드는 전류를 정해진 방향으로만 흐르도록 한다. 리액터에 저장된 전기는 다이오드를 통하여 방출된다. 이렇게 하면 평활한 전압이 얻어지는 것이다. 전력의 손실이 없고 열도 발생하지 않아 지하철 전동차에 많이 활용되는 방식이다.

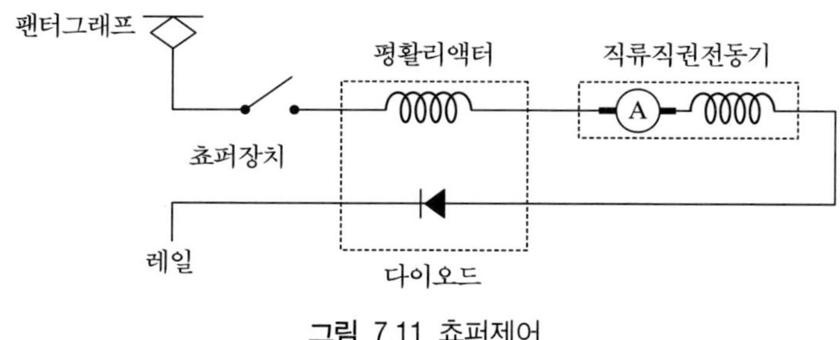

그림 7.11 쵸퍼제어

다음 그림은 평활리액터를 거쳐서 직류직권전동기에 공급되는 평활된 전류를 표시한다.

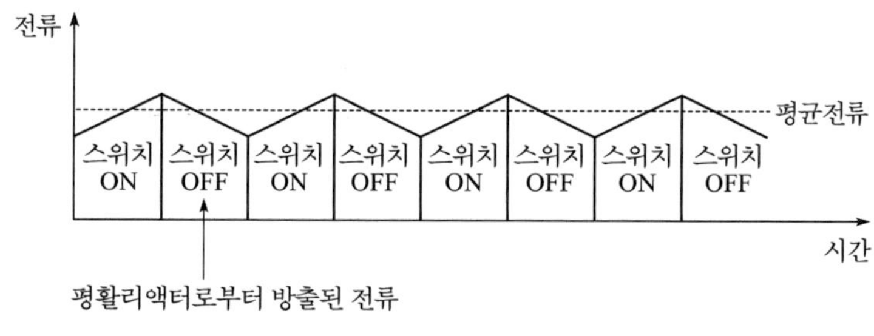

그림 7.12 평활리액터의 원리

(4) 탭(tap)제어

전차선에서 교류를 받아 직류직권전동기를 사용하는 경우의 속도제어 방식이다. 변압기로 간단히 전압을 높이거나 낮출 수 있다는 교류의 특징을 살려 변압기와 정류기를 제어한다. 변압기의 1차 코일과 2차 코일의 감은 수에 비례하여 전압을 변화시킬 수 있기 때문에 탭제어에서는 2차 코일에 탭을 설치하여 스위치로 탭을 선택하는 방식으로 원하는 전압을 얻을 수 있다. 이렇게 얻어진 원하는 전압의 교류는 다이오드 브릿지를 통과하면서 직류가 되어 전동기를 제어할 수 있는 것이다. 여기서는 5개의 탭으로 변압기의 2차 코일을 6등분하면 출력 가능한 전압은 6가지가 된다.

다이오드브릿지는 다이오드가 한쪽 방향으로만 전류를 통과시킨다는 특징을 활용 다음 그림과 같이 다이오드를 배치하면 흐르는 방향이 바뀌는 교류를 직류로 쉽게 바꿀 수 있다.

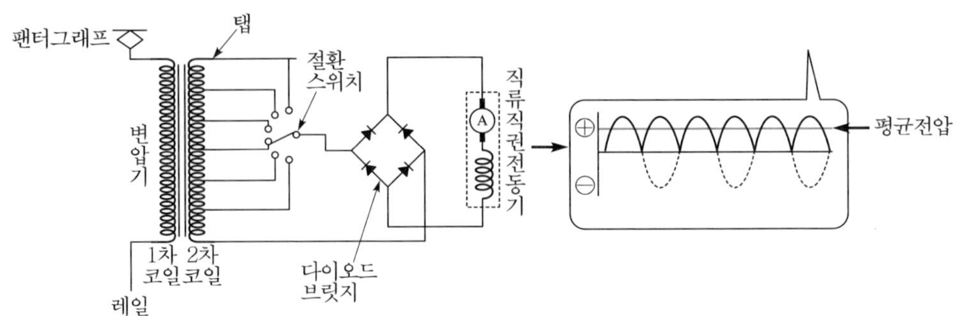

그림 7.13 탭 제어

(5) 위상제어

탭제어와 마찬가지로 전차선에서 교류를 받아 직류직권모터를 사용하는 경우의 속도제어방식이지만 탭제어의 절환스위치 대신에 싸이리스터 등 반도체 소자의 스위치 작용을 이용한 방식이다. 스위치라는 기계의 접점을 없애서 연속제어가 가능하고 전압제어와 동시에 정류까지 해버리는 장점이 있다.

위상제어방식에서는 정류브릿지의 다이오드의 일부 또는 전부를 싸이리스터를 바꾸어 싸이리스터를 ON, OFF하는 타이밍(위상)을 조정하여 전기를 통과시키는 시간을 조정하여 평균전압을 제어하고 동시에 정류도 한다. 왼쪽 그림에서 싸이리스터의 ON 시간을 늘려주면 평균전압이 높아짐을 알 수 있다.

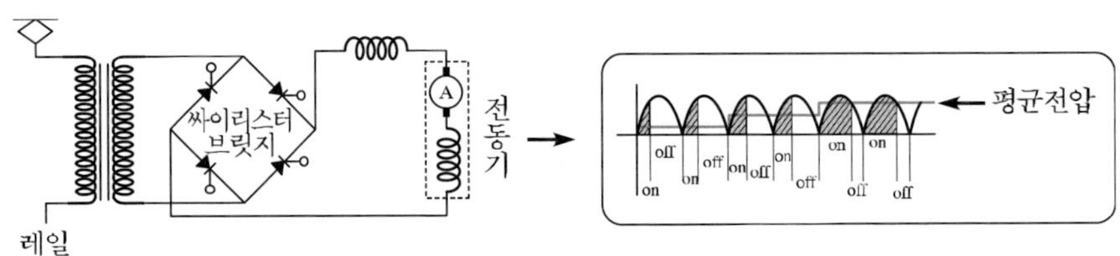

그림 7.14 위상제어

(6) 인버터제어

인버터는 직류전기를 전기기계가 사용하기 적절한 교류로 자유자재로 조절하면서 바꾸어 주는 장치이다. 고속철도차량에서의 인버터는 컨버터에서 만든 직류를 3상 교류로 만들어 이 3상 교류를 전동기의 고정자에 공급하여 회전자계를 만들어주고

이 회전자계를 따라 전동기의 회전자가 회전하도록 되어있다.

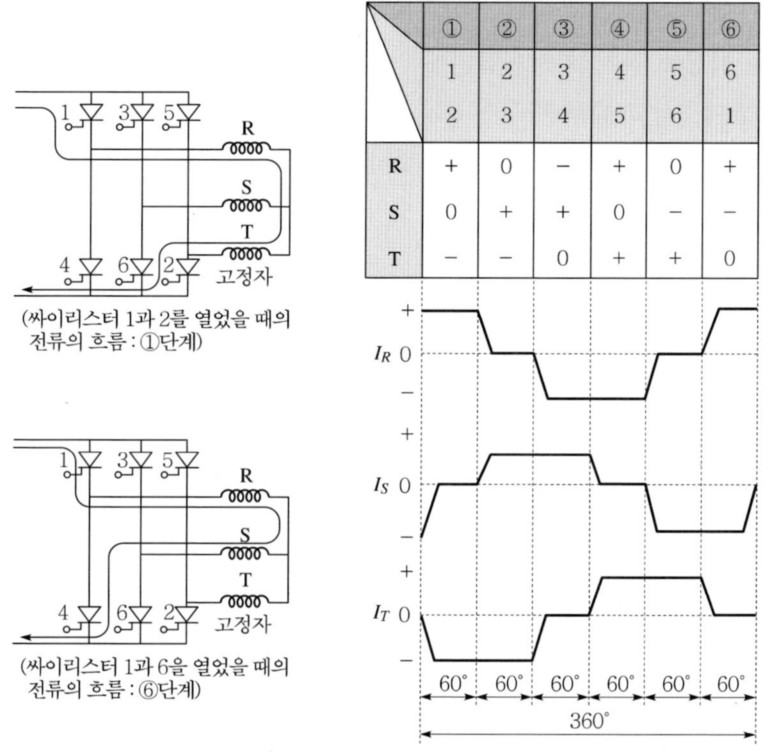

	①	②	③	④	⑤	⑥
	1 2	2 3	3 4	4 5	5 6	6 1
R	+	0	−	+	0	+
S	0	+	+	0	−	−
T	−	−	0	+	+	0

그림 7.15 인버터제어

인버터가 어떻게 직류를 교류로 바꾸는지의 원리를 간단히 설명한다. 인버터는 그림과 같이 6개의 씨이리스터로 회로를 구성해 놓고 6개 중 2개의 싸이리스터를 열어(다시 말해 싸이리스터에 신호전류를 보내 ON시켜) 6단계로 전류가 흘러가게 함으로써 3개의 서로 다른 위상을 가진 교류를 만들어 내는 것이다.

R, S, T는 교류 3상의 각 상을 나타낸 것이다. 또 이 그림에서 (→) 방향으로 흐르는 전류를 ⊕, (←) 방향으로 흐르는 전류는 ⊖라 하고 ① 단계(싸이리스터 1, 2를 열었을 때)와 ⑥ 단계(싸이리스터 6, 1을 열었을 때)의 두가지만을 그림으로 그려보고 6가지의 경우 모두를 표로 표시해보았다. ① 단계의 경우 1 번 싸이리스터와 6번 싸이리스터를 열면 R 에는 ⊕ 전류가 흐르고 T 에는 ⊖ 전류가 흐르며 S에는 전류의 흐름이 없는 0이다. ①, ②, ……, ⑥ 단계도 마찬가지 방법으로 표를 만

들 수 있다.

또 이 표를 보고 R, S, T 에 흐르는 전류를 수평선 위에 옮겨 그려보면 각각 120°의 위상차가 있는 교류(Sine파)에 가까운 3개 상의 전류가 흐르는 모양임을 알 수 있다.

인버터는 이렇게 해서 차량변압기에서 받은 단상교류를 직류로 바꾼 컨버터로부터 직류를 받아 3상 교류로 바꾸어 3상 교류 유도전동기의 고정자의 회전 자장을 만들어 줌으로써 영구자석을 회전시키는 것과 같은 효과를 내고 있는 것이다. 또 사이리스터의 개폐시간을 짧게 해주면 주파수가 높아지고 길게 해주면 주파수가 낮아져 주파수도 제어할 수 있다.

이처럼 인버터는 전차선에서 직류를 받았을 경우는 이 직류를 3상 교류로 변환시키고 단상교류를 받았을 경우는 일단 변압기로 전압을 낮추고 컨버터라는 장치로 이 단상 교류를 직류로 바꾼 후 다시 3상 교류로 변환시킨다.

이 3상 교류의 전압과 주파수를 변화시켜서 전동기의 회전수와 회전력을 제어하는 것이다. 펄스와 전압의 관계를 보면 스위치의 ON 시간을 늘려주면 전압의 산인 펄스의 폭이 커진다. 즉 평균전압이 높아진다. 또 펄스의 수를 변화시키면 가령 펄스의 수를 아래 그림처럼 5개에서 3개로 줄이면 주파수가 변하는 것이다. 이처럼 반도체 스위치의 ON, OFF의 타이밍을 조절하여 펄스의 폭과 수를 조절하고 이를 통해 전압과 주파수를 조정하는 것이다.

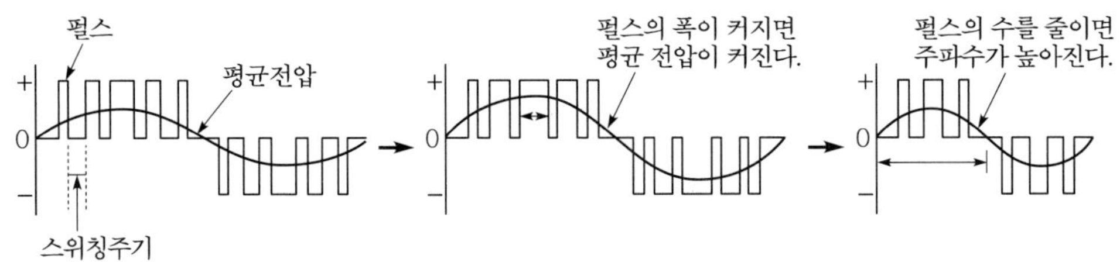

그림 7.16 펄스의 폭과 수 조절

철도용 전기차량에는 주로 직류전동기가 사용되어 왔지만 이 직류전동기는 정류자와 탄소브러시 시스템의 복잡한 구조로 되어 있어서 정기적으로 정비하는데 시간과 비용이 많이 들었다. 교류 전동기는 앞에서 설명했듯이 구조가 간단하여 고장이 적고 소형화가 가능하지만 반면 속도조절이 곤란하고 출발시의 견인력이 약하여 철도용 전기차량의 전동기로 사용하기에는 문제가 있다고 생각되었지만 최근 전자공

학의 발달에 의해 마이크로컴퓨터(전류의 흐름과 끊어줌을 고속으로 할 수 있는 반도체의 일종)를 사용한 VVVF(variable voltage variable frequency) 인버터가 개발되어 교류전동기를 철도용 전기차량에 사용하는 것이 가능하게 되었다.

(7) 전동기

가. 전기차량용 전동기의 특성

전기차량의 전동기는 회전수를 자유자재로 조절할 수 있어야 한다.

가속할 때나 상구배를 올라갈 때는 큰 구동력이 필요하고 특히 출발 시에는 회전수는 적고 회전력은 크게 하여야 한다. 출발 후 어느 정도 속도가 올라가면 고회전으로 일정한 속도를 유지할 필요가 있기 때문에 열차의 저항과 같은 정도의 구동력을 유지해줄 필요가 있다. 관성에 의해 움직이는 타행구간에서는 전동기를 끄고 열차저항에 의해 서서히 속도가 준다. 정지할 위치에 가까워지면 브레이크를 잡아 정확한 위치에 고정시킨다.

전기차량에 이용하는 전동기는 진동과 충격을 많이 받고 강우나 강설 먼지 등에 항상 노출되어 있으며 더불어 보수도 쉬어야 하는 등 여러 가지 조건을 갖추어야 한다.

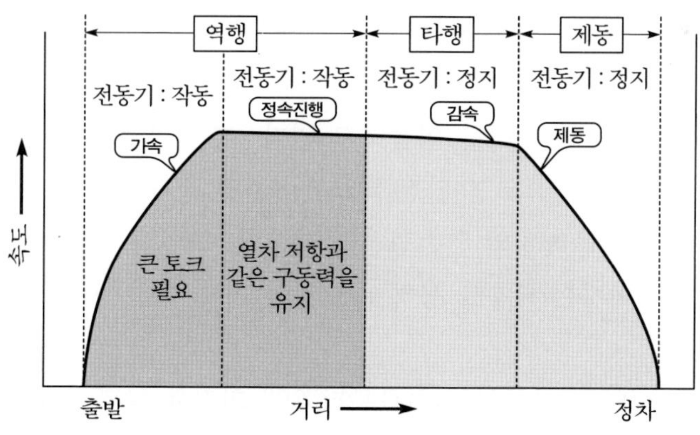

그림 7.17 전기차의 운전

나. 직류전동기

직류직권전동기는 기동시나 저속시에는 회전력이 크고 회전수가 높아지면 회전력이 떨어지는 특성을 가지고 있어 철도차량의 전동기로서 적당하다. 단지 전동기 회전차에 전기를 공급해주기 위해 브러시와 정류기를 사용하는데 이 부분의 마모가 심해 유지보수비가 많이 드는 단점이 있다.

그래서 최근에는 속도제어기술의 발달에 따라 삼상교류 유도전동기가 사용되고 있는데 이 삼상교류 유도전동기는 기동시에 회전력이 적은 단점이 있으나 보수가 거의 필요 없고 따라서 고장도 적을 뿐 아니라 에너지 절약에도 효율적이어서 현재의 철도차량에는 대부분이 삼상교류 유도전동기를 사용하는 실정이다.

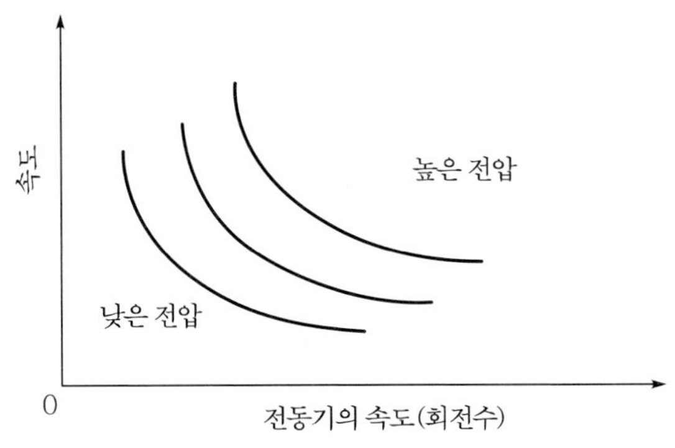

그림 7.18 직류전동기의 속도-전류 특성

직류전동기는 회전에 전자력을 이용하고 있다. N 극에서 S 극을 향하는 자력선 가운데 코일을 배치하고 이 코일에 전류를 흘려주면 전자력이 생기고 이 힘으로 코일이 회전하는 원리는 플레밍의 왼손법칙에 따른다. 코일의 끝부분에는 정류자가 브러시에 접촉하고 떨어지는 작용을 통해서 코일이 계속 같은 방향으로 회전하도록 하는 원리이다.

다음 그림처럼 코일이 원래의 위치로부터 90° 회전한 상황으로 브러시와 떨어져 전류 공급이 끊어지지만 관성력으로 계속 회전하면 반대측 브러시와 접촉하여 같은 방향으로 계속 전류가 흐른다.

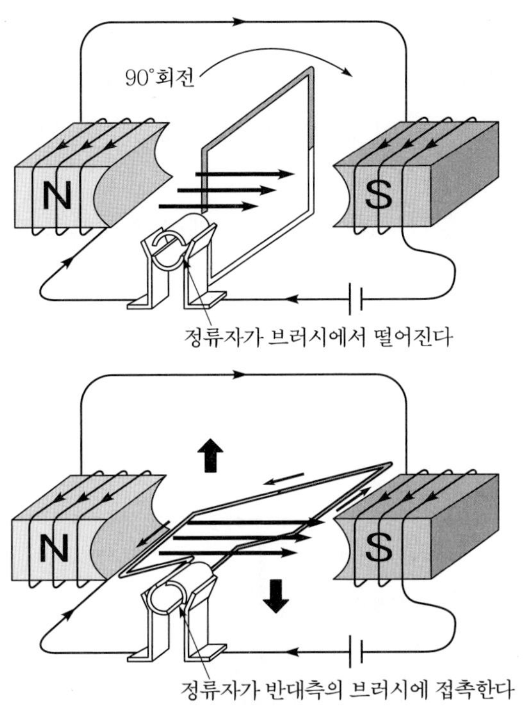

다. 삼상교류 유도전동기

직류직권전동기는 기동시나 저속시에는 회전력이 크고 회전수가 높아지면 회전력이 떨어지는 특성을 가지고 있어 철도차량의 전동기로서 적당하다. 단지 전동기 회전자에 전기를 공급해주기 위해 브러시와 정류기를 사용하는데 이 부분의 마모가 심해 유지보수비가 많이 드는 단점이 있다.

그래서 최근에는 속도제어기술의 발달에 따라 삼상교류 유도전동기가 사용되고 있는데 이 삼상교류 유도전동기는 기동시에 회전력이 적은 단점이 있으나 보수가 거의 필요 없고 따라서 고장도 적을 뿐 아니라 에너지 절약에도 효율적이어서 현재의 철도차량에는 대부분이 삼상교류 유도전동기를 사용한다.

삼상교류 유도전동기는 전자유도작용을 이용한다. 삼상교류 유도전동기의 원리는 아라고의 원반 현상으로 쉽게 설명할 수 있다. 전기는 통하지만 전자석이 되지 않는 금속 원반을 ㄷ자형의 영구자석에 아래 그림처럼 끼워 영구자석을 원반 주위를 따라 돌리면 원반도 영구자석과 같은 방향으로 회전한다는 현상이다.

먼저 영구자석을 돌릴 때 원반에 유도되는 전류가 흐르는 방향을 살펴보면 플레밍의 오른손 법칙에 따라 자력선(검지)은 위에서 아래로 운동의 방향은 영구자석이 도는 방향과 반대이다. 왜냐하면 영구자석이 시계방향으로 회전한다는 것은 정지한 원반의 입장에서 보면 스스로는 시계 방향과 반대 방향으로 회전하는 것과 같기 때문이다.

따라서 중지(전류의 방향)는 원반의 바깥쪽에서 안쪽으로 향한다.

다시 플레밍의 왼손법칙에 따라 자력선(검지)은 위에서 아래로, 전류(중지)는 원반의 바깥쪽에서 안쪽으로 흐르면 힘(엄지의 방향)은 영구자석의 회전방향과 같은 방향으로 작용하여 결국 원반의 회전방향은 영구자석의 회전방향과 일치하게 되는 것이다. 이 원반을 "아라고의 원반"이라고 부른다.

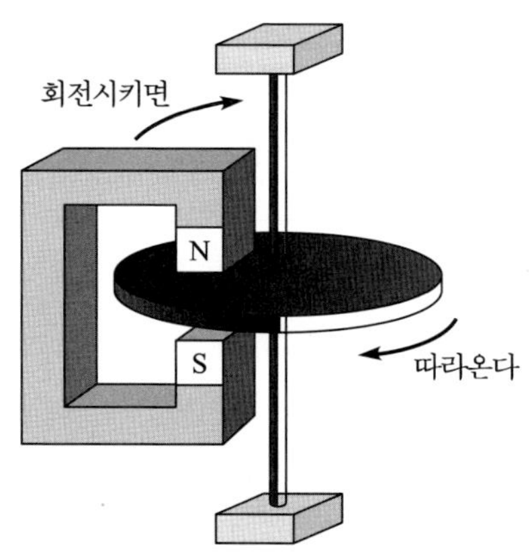

그림 7.20 아라고의 원반

영구자석의 N 극, S 극을 회전시키는 대신 N , S 극을 만드는 자장을 회전시켜주면 이 자장의 회전을 따라 원반(회전자)이 회전할 것이다. 다시 말해 회전자 주위에 영구자석대신 전자석을 배치하고 전류의 흐르는 방향을 바꿔 마치 영구자석이 회전자 주위를 회전하는 것처럼 만들어준 것이 삼상교류 유도전동기이다.

다음 그림처럼 원통의 주위에 코일을 배치하고 삼상교류를 흘려주면서 전류가 흐르는 순서를 컴퓨터로 제어해 나가면 자장이 회전하여 전자석을 회전시키는 것과 같게 된다.

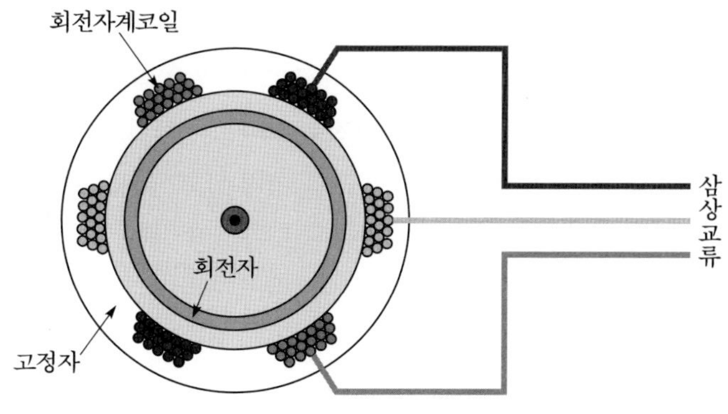

그림 7.21 삼상교류 유도전동기

좀 더 자세히 설명하면 다음 그림 7.22와 같이 규소강판을 여러 장 쌓아서 만든 원통철심의 안쪽에 홈을 파고 코일 aa', bb', cc' 를 120° 씩 간격을 두어 배치되도록 감는다.

이 코일에 그림 7.23과 같은 3상 교류를 흘리면 각 코일에 흐르는 전류는 시간 t 가 변함에 따라 그림의 t_1, t_2, t_3,…… 와 같이 변하므로 코일에 의하여 만들어지는 합성자속은 그림 7.24와 같이 순차적으로 변하여 다시 말해 자장이 시계방향으로 회전하여 회전 자장이 생기게 된다. 좀 더 자세히 회전자장이 생기는 원리를 살펴보자. i_a, i_b, i_c 를 각각 aa', bb', cc'에 흐르는 전류라 하면 그림 7.23의 그래프에서 t = t_1 일 때의 ia는 0보다 위쪽에 있으므로 ⊕ 극, 따라서 ia' 는 ⊖ 극이고, ib, ic는 0보다 아래에 위치하므로 ⊖ 극, 따라서 ib', ic'는 ⊕ 극이 된다.

그러므로 ia, ib', ic' 를 ⊕ 극으로 ia', ib, ic 를 ⊖ 극으로 표시하여 ⊕ 전류는 바깥쪽에서 안쪽으로 흘러들어가고 ⊖ 전류는 안쪽에서 바깥쪽으로 흘러나오는 것을 각각 ⊗, ⊙ 표시로 나타내보면 앙페르의 오른나사의 법칙에 따라 그림 7.24의 첫 번째 그림처럼 자기장이 생긴다. 같은 방법으로 $t=t_1$, $t=t_2$, $t=t_3$ …… 일 때의 각각의 자기장을 구해보면 그림 7.24처럼 변한다. 즉 전류의 흐르는 방향이 바뀜에 따라 N, S극도 순차적으로 시계방향으로 회전하며 바뀌는 것을 알 수 있다. 이렇게 하여 회전자장이 생기는 것이다. 즉 자석을 회전시키는 대신 자기장을 회전시켜 자석의 회전과 똑같은 효력이 나타나게 한 것이다.

또 그림 7.23에서 알 수 있는 것처럼 t_1에서 t_7까지는 교류 1사이클이므로 이 사이에 자장도 1회전 한다. 그러므로 f사이클의 교류로 만들어지는 회전자장의 회전수(회전속도)는 frps(1초당 f회전)가 된다. 그리고 그림 7.22의 코일에서 생기는 회전자장은 그림 7.24와 같은 2극의 자석이 회전할 때와 마찬가지이므로 이것을 2극의 회전자장이라 한다. 이것은 가장 간단한 2극의 경우이고 실제 동기전동기나 유도전동기를 만들 때는 코일의 감는 방법을 달리하여 극수를 4극 혹은 6극 등으로도 할 수 있음은 물론이다.

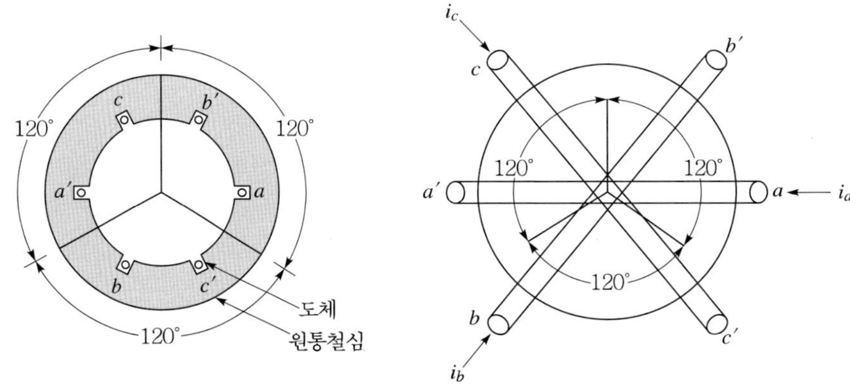

그림 7.22 2극 3상권선의 원리

그림 7.23 3상 교류의 파형

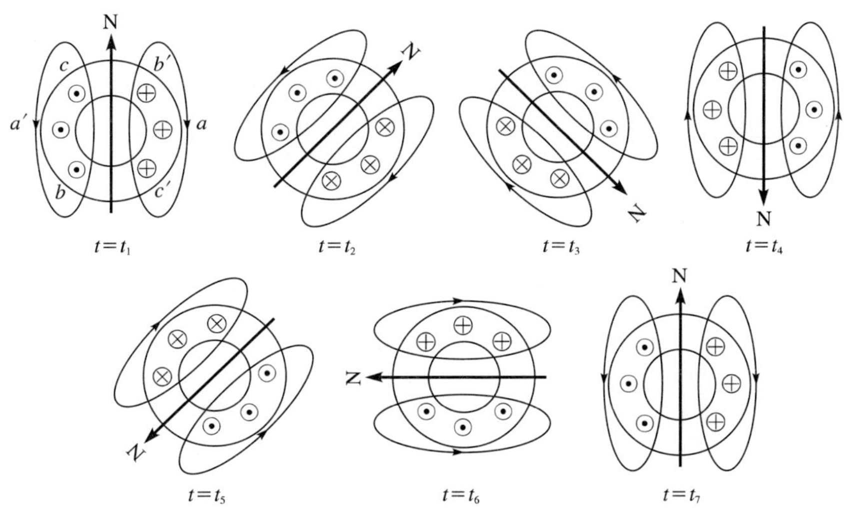

그림 7.24 3상 교류에 의한 회전자장

6. 철도차량의 제동장치

레일과 차륜사이의 마찰력이 적은 특징을 활용한 철도는 에너지효율이 높지만 한편으로 출발과 정지 감가속은 어렵다. 특히 제동은 철도의 안전과 직결되어있기 때문에 철도차량에서 가장 중요한 분야 중 하나이다. 철도차량의 브레이크에는 크게 차륜과 레일간의 점착력을 이용하는 점착브레이크와 레일에 제륜자를 직접 압착시키는 레일압착브레이크 등 비점착브레이크로 나눌 수 있다.

1) 점착브레이크

점착브레이크는 기계식 브레이크와 전기식 브레이크로 나눌 수 있다.

(1) 기계식 브레이크

기계식 브레이크는 공기압을 이용한 브레이크이다. 공기압축기로 만들어진 고압의 공기가 브레이크 실린더에 보내져서 피스톤을 작동시키고 이 힘으로 제륜자가 차륜을 눌러주어 차륜의 회전속도를 줄여주는 방식이다.

가. 직통공기브레이크

주공기통의 공기를 기관사가 브레이크 핸들을 조정하여 브레이크 실린더에 보내면 이 공기가 피스톤을 밀고 따라서 제륜자가 차량의 바퀴를 압착하는 브레이크로 가장 간단한 구조이다.

만약 공기관이 파손되어 공기가 대기 중으로 빠져나가버리면 제동이 걸리지 않아 안전을 확보할 수 없기 때문에 철도차량에서 사용하기에는 무리가 있다.

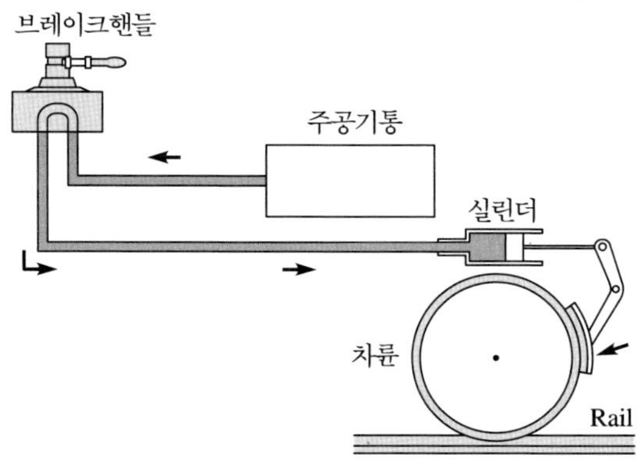

그림 7.25 직통공기 브레이크

나. 자동공기브레이크

직통공기브레이크의 단점을 특히 안전측면에서 보완한 공기브레이크이다.

평소 제동이 걸리지 않은 상태에서는 주공기통의 압축공기가 압력조절 핸들과 브레이크 핸들을 지나 공급공기통과 보조공기통에 각각 채워져 있다가 기관사가 브레이크 핸들을 조정하여 브레이크관의 공기를 대기 중으로 방출하면 브레이크관의 공기압력이 낮아지고 압력 차이에 의해 보조공기통에 저장되어 있던 압축공기가 제어변의 밸브를 밀어 올려 공기통로를 확보하여 공급공기통의 압축공기를 브레이크 실린더로 보내 제동을 잡는 구조이다.

여러 대의 차량으로 조성되어 있는 열차에서 브레이크관의 공기 차량마다의 시차가 거의 없이 방출되어 전 열차의 제동이 신속하게 걸리고 만약의 열차 분리나 브레이크관 파열과 같은 사고 발생 시에는 자동적으로 제동이 걸려 안전이 확보된다. 이것을 fail-safe라고 하여 철도차량 제동의 기본이다.

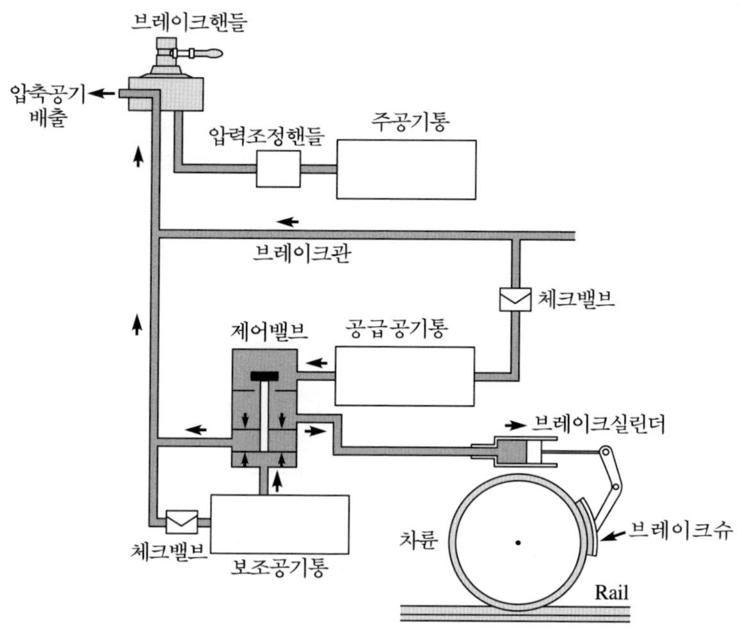

그림 7.26 자동공기 브레이크

다. 전자직통공기브레이크

기관사가 브레이크핸들을 조작하여 공기압 명령을 내리면 이 압력과 직통 브레이크관의 압력의 차이에 의해 전공제어기는 전기적 명령을 내린다. 즉 공기압을 전기신호로 바꾸어 실시간으로 전 열차의 차량에 붙은 전자제어 밸브를 동작시켜 공급공기통의 공기를 중계변을 통해 브레이크 실린더에 보내는 구조이다.

이 전자직통브레이크는 제어의 동기성, 신속성이 자동공기브레이크에 비해 뛰어나고 전기브레이크와의 협조성도 뛰어나지만 열차분리나 직통브레이크관의 파손 시 fail-safe 기능은 없기 때문에 비상용 브레이크로 자동공기브레이크를 병용하든지 비상밸브를 설치하여 백업기능을 수행하도록 하고 있다.

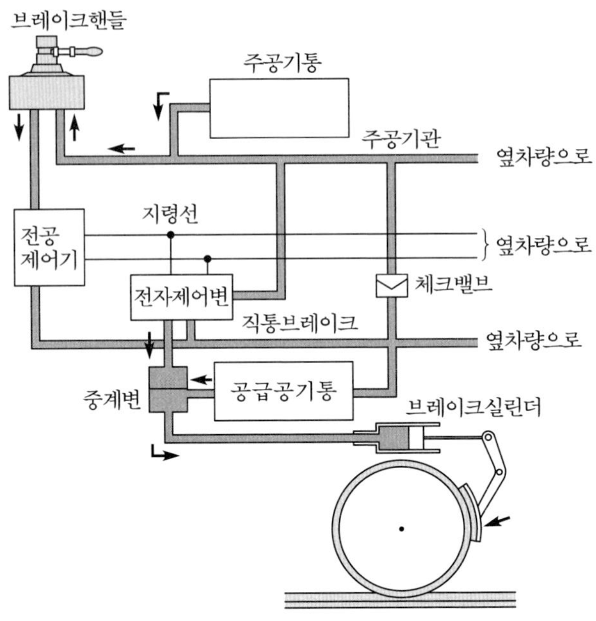

그림 7.27 전자직통공기 브레이크

라. 전기지령식 공기브레이크

이 방식은 기관사가 브레이크 핸들을 조작하고 이 핸들조작은 곧 전기신호가 되어 열차 내 각 차량에 보내진다. 이 신호는 압력제어밸브를 작동시켜 브레이크 실린더에 적절한 압력의 공기를 보낸다. 한 개의 선으로 보내지는 전압과 전류의 크기에

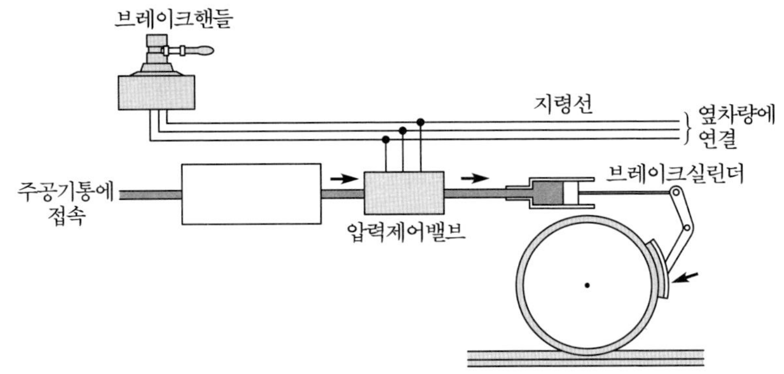

그림 7.28 전기 지령식 공기브레이크

따라 압력제어밸브를 동작시키는 아날로그식과 3선으로 총 7단계의 신호를 전달하는 디지털식이 있다.

직통관이 필요 없어 공기관을 한 개 줄일 수 있는 장점이 있으나 지령선이 열차의 분리나 기타 사고에 의해 끊어지면 제동을 잡을 수 없는 단점이 있다.

따라서 긴급 시 작용하는 비상브레이크가 필요하다.

(2) 전기식 브레이크

전기식 브레이크는 차륜의 회전에너지를 전력으로 변환시켜 속도를 줄이는 방식이다. 역행(powering) 시에는 전동기가 전기를 받아 회전하여 차륜을 돌리지만 제동(braking) 시에는 반대로 전동기가 발전기가 되어 차륜의 회전력이 전기에너지로 바뀐다. 발전브레이크는 이 전기에너지를 저항을 거쳐 열로 방출해버리지만 회생브레이크에서는 이 전기를 인근의 열차에 보내주어 재이용케 한다.

가. 발전브레이크

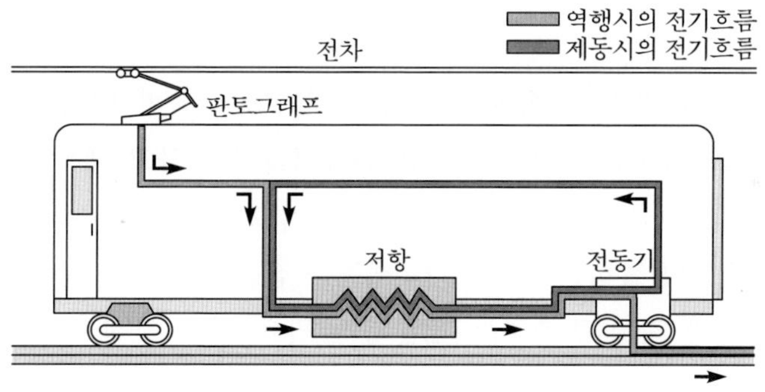

그림 7.29 발전 브레이크

역행(powering)시 팬터그래프에서 전기를 받아 저항기를 통과하는데 역행 시에는 이 저항기의 저항들을 직렬, 혹은 병렬 등 여러 가지 조합으로 연결하는 방법으로 저항을 조절하여 전동기의 속도를 조절하고 결국 열차의 속도를 조절한다. 그러나 제동 시에는 전동기가 발전기로 바뀌어 차륜의 회전에너지를 전기에너지로 바꾸고 이 전기에너지를 저항에서 태워 없애 제동을 잡는 방식이다.

나. 회생브레이크

회생브레이크는 제동 시 발전기로 바뀐 전동기에서 생산된 전기에너지를 제어 장치로 조절하여 전차선으로 보내면 같은 선로를 운행 중인 인근 차량에 전기를 공급하여 사용토록 하는 방식으로 발전브레이크의 저항기 역할을 인근 차량이 해주면서 동시에 전기도 재이용하는 좋은 방식이지만 같은 선로에 열차가 역행(powering)하고 있지 않으면 효력이 없다.

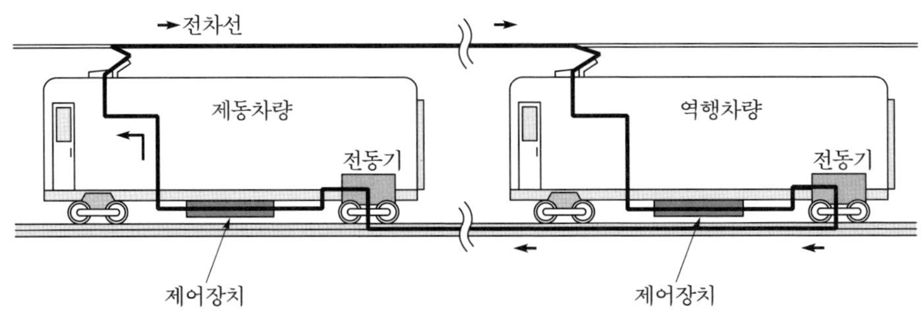

그림 7.30 회생 브레이크

다. 와전류 디스크브레이크

전자석을 회전하고 있는 금속에 가까이 가져가면 금속판 내에 와전류가 생긴다. 철도차량의 차륜과 일체인 금속판 근처에 전자석을 설치하고 제동이 필요할 때 전자석에 전기를 흐르게 하면 금속판에 와전류가 생기고 따라서 차륜의 운동에너지는 줄열로 방출되어 제동이 잡히는 방식이다. 제동을 잡을 때 전자석용 전기가 필요한 약점이 있지만 차륜과 직접 접촉하는 제륜자가 필요 없는 장점도 있다.

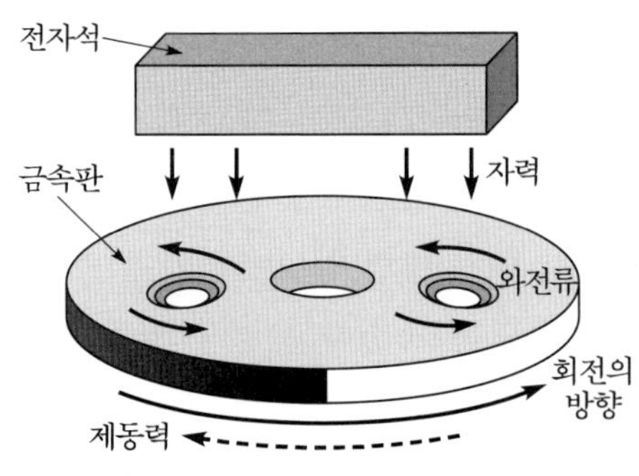

그림 7.31 와전류 디스크브레이크

2) 비점착브레이크

(1) 레일압착브레이크

공기의 힘으로 레일에 제륜자를 압착시켜 그 마찰력으로 제동을 잡는 방식이다. 마찰력을 사용하지만 차륜과 레일의 점착을 이용하지 않고 있어서 비 점착브레이크에 속한다. 구배가 있는 노선 등에서 긴급 시 등에 사용된다.

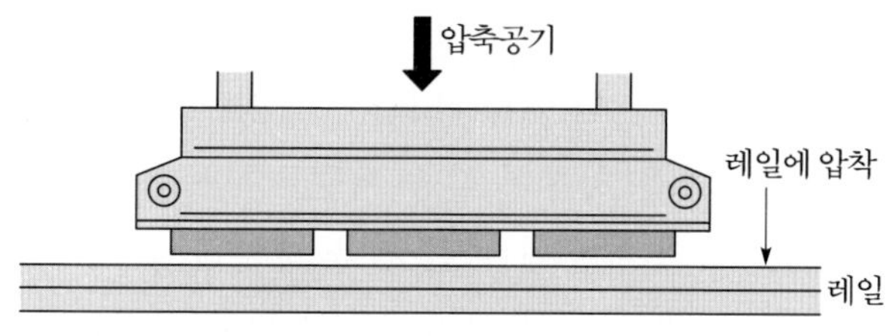

그림 7.32 레일압착브레이크

(2) 전자흡착브레이크

전자석을 제륜자로 사용하는 방식으로 전자석을 레일에 꼭 눌러주면서 동시에 전자석의 자력이 레일과 흡착하려는 힘으로 제동을 잡는 방식이다. 레일압착브레이크와 마찬가지로 급구배에서의 비상용으로 사용되는 경우가 많다.

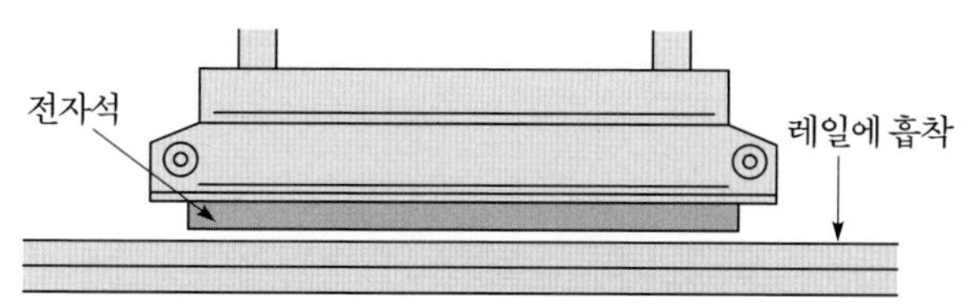

그림 7.33 전자흡착브레이크

7. 철도차량의 대차

1) 대차의 기능

대차는 차체의 하중을 지지함은 물론 견인력과 제동력을 전달함과 동시에 좋은 승차감 및 안정성 유지, 곡선 통과를 원활히 할 수 있도록 하는 철도차량에서의 핵심적인 장치이다. 이처럼 대차는 차체와 레일 간 상대운동의 중간매개체 역할을 하기 때문에 주행 중 상하, 좌우, 전후, 피칭(pitching), 롤링(rolling), 요잉(yawing) 등의 진동을 수반하는데 이들 진동은 차량의 각종 제원, 중량 및 하중조건, 속도, 궤도의 상태 등에 따라 수시로 변하기 때문에 이런 점을 충분히 고려하여 설계제작 되어야 한다. 운행상의 안정성과 바퀴와 레일 사이에서 발생하는 진동의 차체 전달을 최소화하며 또 소음도 최소화하여 쾌적한 승차감을 확보할 수 있어야 한다. 경제적 관점에서는 유지보수 비용이 저렴하고 궤도손상을 최소화하여 총 수명비용이 낮아야 한다는 점도 무시할 수 없다. 총수명비용의 절감은 대차를 가볍게 하는 것, 즉 경량화와 밀접한 관련이 있는바 대차의 경량화는 에너지 절약, 궤도손상의 최소화, 제작비용 감소 등의 효과 등이 있어 기능 향상과 더불어 대차발전의 두 가지 핵심이라 말할 수 있다. 대차를 가볍게 하기 위한 방안의 하나의 대차의 스프링 아래의 질량(스프링하 질량: unsprung mass)을 줄이기 위해 TGV 차량 등에서는 차축회전용 견인전동기를 차체에 매달고 트리포드와 같이 신축 가능한 장치로 회전력을 차축에 전달하는 방법 등이 사용되기도 한다.

2) 보기대차

오늘날 대차라고 하면 일반적으로 보기대차를 가리킨다. 이는 차체에 대하여 회전하는 타입의 대차로 철도차량의 곡선통과를 쉽게 한다. 대차의 등장 이전에는 2축차라 하여 차체의 앞뒤에서 윤축을 1 set 씩 붙이고 달리는 형태였으나 차체가 길어지면 커브에서 주행이 어려웠다. 이 문제를 해결한 것이 보기차로 차체에 대하여 회전하는 보기대차를 2대 설치하는 방식이다. 이 보기차는 차량이 커브에 접어들면 대차가 회전하여 곡선통과를 부드럽게 한다.

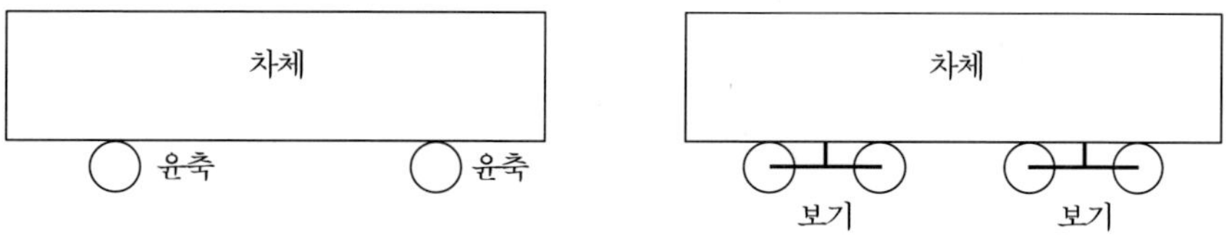

그림 7.34 윤축차량과 보기차량

대차의 곡선 통과시 차륜과 레일의 곡선이 만드는 어택(attack)각을 그려보면 대차의 역할을 알 수 있다. 짧은 2축 차량이 커브를 돌때의 어택각은 차축간의 간격이 크지 않아 커브주행에 문제가 없으나 차체가 길어지면 차축간의 간격도 자연 크게 되어 어택각이 커진다. 따라서 곡선선로 외측에 강한 압박을 주게 되어 통과속도가 커지면 탈선 할 우려까지 있다. 한편 보기 차량이 커브를 돌때는 차체가 어느 정도 길어져도 어택각은 커지지 않아 곡선선로에서의 스무스한 주행이 가능하다.

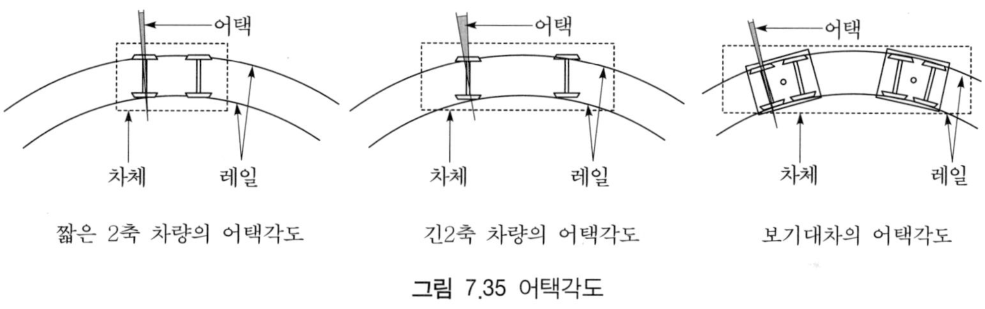

그림 7.35 어택각도

3) 대차와 스프링

일반적으로 대차와 회전하는 차축을 감싸서 지지하고 있는 축상 사이에는 축 스프링이 설치되어 레일로부터 전달되는 상하 방향의 진동을 흡수 하고 있다. 이 축스프링은 대개는 코일 스프링이지만 완충고무와 함께 사용하고 있는 것도 있다. 한편 대차와 차체사이에도 스프링이 설치되어 대차의 상하 방향 진동을 흡수하고 커브에서는 회전을 전달하는 역할을 하는데 최근에는 주로 공기 스프링이 사용되고 있다.

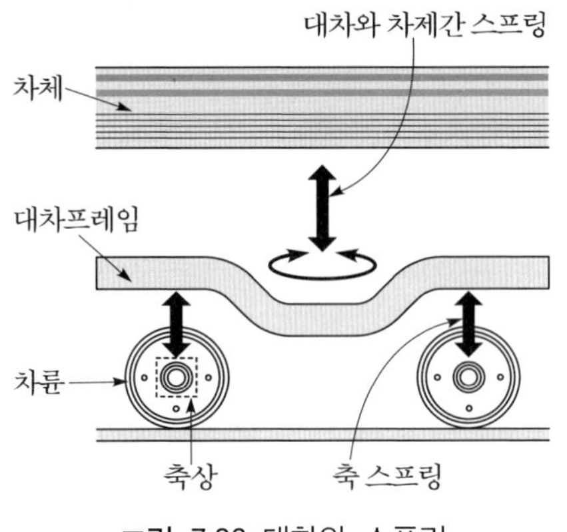

그림 7.36 대차와 스프링

4) 공기 스프링

종래에는 차체와 대차 사이에 볼스터를 두어 차체를 지지하고 요동을 억제 하였다. 근년의 주류는 무겁고 덩치가 큰 볼스터를 두지 않는 볼스터리스 대차이다. 이 대차는 차 체와 대차를 스프링으로 직접 연결하는 방식으로 공기 스프링의 등장으로 가능하게 되었다. 공기스프링은 고무막 안에 압축공기를 채운 것으로 공기를 넣고 뺌으로서 딱딱한 정도를 자유자재로 조정 할 수 있다. 공기 스프링은 한쪽 방향으로만 작용하는 금속제 스프링과는 달리 방진고무와 철판을 층층이 겹친 적층고무와 일체를 이루고 있어 어느 방향의 스프링으로도 사용할 수 있는 특징이 있다. 따라서 여러 방향의 진동을 억제 하면서 동시에 차체의 높이를 일정하게 유지 하는 작용도 한다.

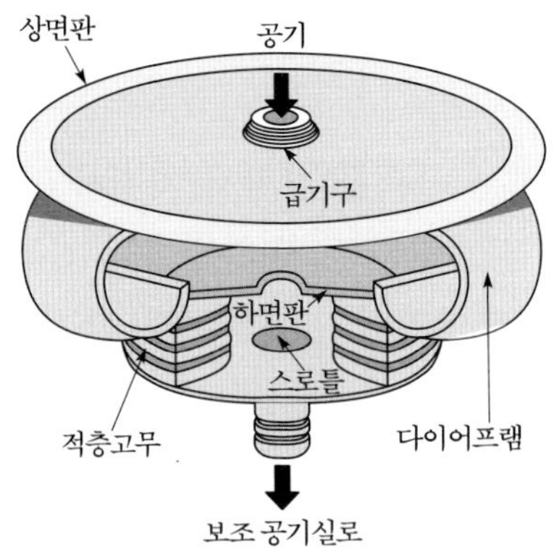

그림 7.37 공기 스프링

5) 볼스터 대차와 볼스터리스 대차의 비교

다음은 볼스터 대차(다이렉트 마운트식)와 볼스터리스 대차의 구조와 기능을 설명한 것이다.

표 7.6 볼스터 대차와 볼스터리스 대차의 비교

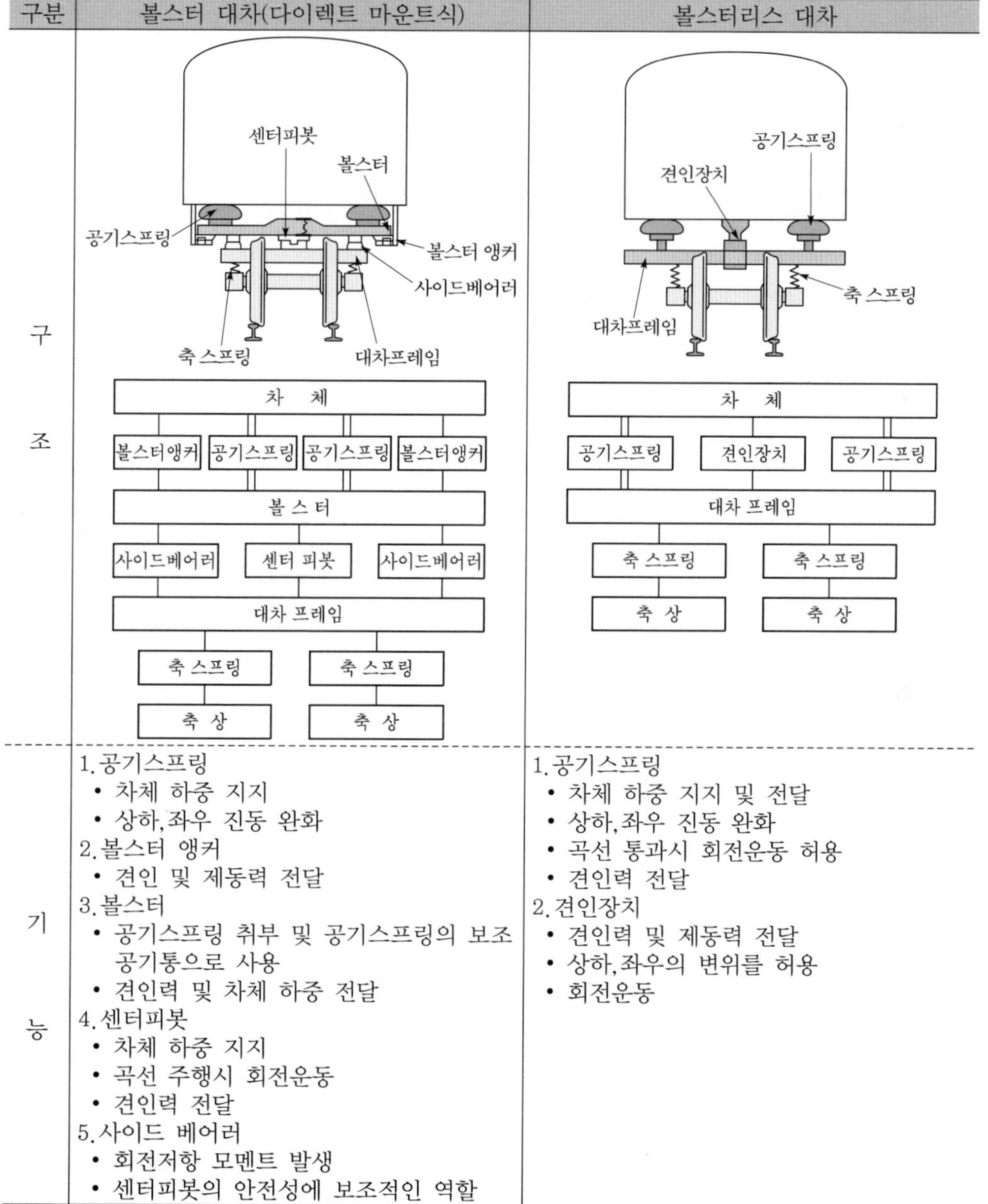

구분	볼스터 대차(다이렉트 마운트식)	볼스터리스 대차
구조	센터피봇 볼스터 공기스프링 볼스터 앵커 사이드베어러 축스프링 대차프레임 차 체 볼스터앵커 / 공기스프링 / 공기스프링 / 볼스터앵커 볼 스 터 사이드베어러 / 센터 피봇 / 사이드베어러 대차 프레임 축 스프링 / 축 스프링 축 상 / 축 상	공기스프링 견인장치 축 스프링 대차프레임 차 체 공기스프링 / 견인장치 / 공기스프링 대차 프레임 축 스프링 / 축 스프링 축 상 / 축 상
기능	1. 공기스프링 • 차체 하중 지지 • 상하, 좌우 진동 완화 2. 볼스터 앵커 • 견인 및 제동력 전달 3. 볼스터 • 공기스프링 취부 및 공기스프링의 보조 공기통으로 사용 • 견인력 및 차체 하중 전달 4. 센터피봇 • 차체 하중 지지 • 곡선 주행시 회전운동 • 견인력 전달 5. 사이드 베어러 • 회전저항 모멘트 발생 • 센터피봇의 안전성에 보조적인 역할	1. 공기스프링 • 차체 하중 지지 및 전달 • 상하, 좌우 진동 완화 • 곡선 통과시 회전운동 허용 • 견인력 전달 2. 견인장치 • 견인력 및 제동력 전달 • 상하, 좌우의 변위를 허용 • 회전운동

6) 연접대차

인접한 두량의 차량사이에 배치하는 대차이다. 따라서 차체에 대한 대차의 비틀림 정도가 작고 곡선통과가 용이하다. 또 차량끼리 대차로 연결해 주어서 전, 후 충동이 적다. 보기대차 차량에 비하여 차체의 높이를 낮게 할 수 있고 무게 중심을 낮추어 안정성을 높일 수 있다. 프랑스 고속철도에서 채용한 대차가 대표적인 연접대차 이다

8. 철도차량의 구동장치

1) 구동장치의 정의

구동장치란 고속으로 회전하는 전기차량 전동기의 회전력을 차륜에 전달하여 열차를 달릴 수 있도록 하는 장치이다. 전동기의 회전은 고속이기 때문에 이를 열차가 요구하는 속도를 줄이기 위해서는 감속기라 하여 전동기 회전축 측의 기어는 이빨수를 적게 하고 차축 측의 기어는 이빨수를 많게 하는 장치와 전동기의 회전력을 전달하는 동력 전달축, 그리고 1개 또는 몇 개의 이음매로 구성되어 있다.

전동기의 설치방식은 대차 프레임에 설치하여 스프링하중량을 줄여주는 대차 프레임 설치 방식과 차축에 전동기의 하중의 전체 혹은 $\frac{1}{2}$ 정도를 부담시키는 차축 직접설치 방식이 있지만 차축 직접설치 방식은 스프링하중량이 높아 레일에 부담이 클 뿐만 아니라 기어들도 손상되기 쉽다.

2) 철도차량 구동장치의 종류

(1) 중공축 평행 카르단식

전동기의 회전축을 마치 파이프처럼 가운데가 텅빈 중공축으로 하고 이 파이프상의 회전축 가운데를 뒤틀림(중공축과 이 축 사이에 있을 수 있는 약간의 어긋남을 흡수한다는 의미)축이 관통하는 구조이다. 이 뒤틀림축 한쪽 끝과 전동기 회전 축 사이를 한 개의 가변판 이음매로 연결하고 또 한쪽의 뒤틀림축 끝부분은 이빨 수가

적은 기어와 역시 가변판 이음매로 연결하여 동력을 전달한다.

다시말해 파이프 형상의 전동기 회전축 →가변판 이음매 →뒤틀림축 →가변판 이음매 →소치차 →대치차 →차륜 식으로 동력을 전달하면서 레일과 차륜사이에서 발생하는 충격과 진동을 흡수하는 오늘날 많이 사용하는 방식이다.

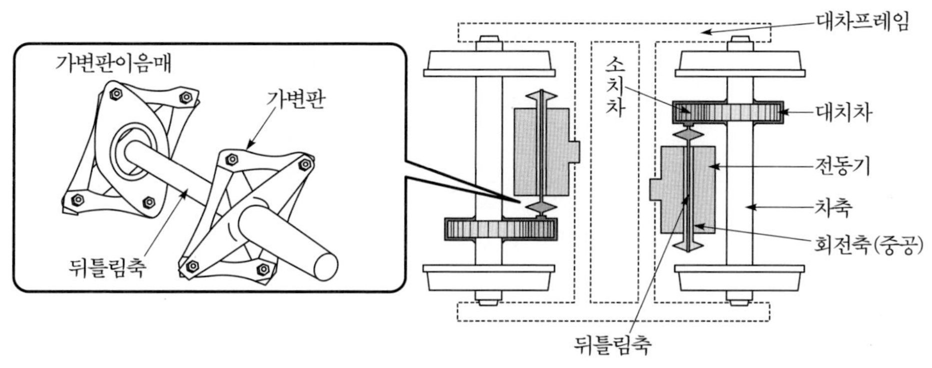

그림 7.38 중공축 평행 카르단식 구동장치

(2) TD 이음매. WN 이음매

중공축 평행 카르단식 구동장치와 달리 전동기의 회전축을 파이프형이 아닌 중실축으로 하고 TD 이음매나 WN 이음매로 이빨수가 적은 소치차와 연결하여 전동기의 회전축과 소치차의 축 사이에 더 큰 어긋남을 허용하는 구조로 현대의 고속철도에서 많이 사용하고 있는 방식이다.

TD 이음매식은 두 개의 가변판 이음매를 직렬로 연결한 구조의 TD 이음매를 사용하고 있고 WN 이음매식은 WN 이음매 내부의 내치 기어 한쪽에는 전동기의 회전축 끝에 붙어 있는 외치 기어가 끼워져 맞물리고 또 한쪽에는 변속기의 소치차 축 끝에 붙어 있는 외치기어가 끼워져 있는 형상으로 두 축사이의 어긋남을 부드럽게 또 정확하게 흡수한다. 또 내구성도 높아 고속차량에 많이 사용한다.

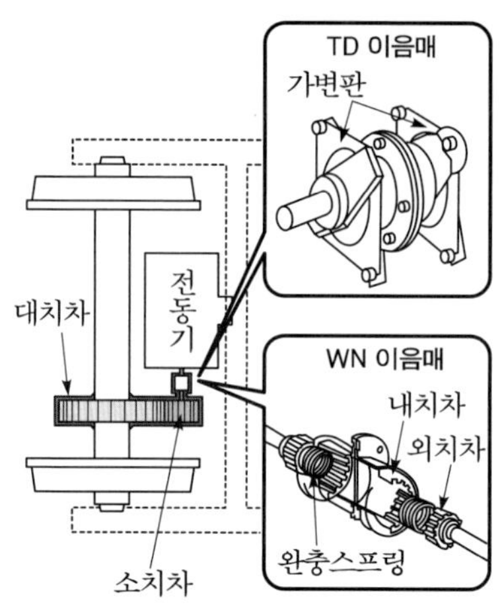

그림 7.39 TD 이음매, WN 이음매

가. 직각 카르단식

전동기와 차축을 직각으로 배치하에 베벨기어로 회전력을 전달하는 구조이다.

전동기와 전동기측 기어사이에 유니버셜조인트를 끼워 넣어 자유자재로 회전력을 전달할 수 있게 하고 있다. 구조가 간단하고 차축과 차축간의 공간을 효율적으로 활용할 수 있어 부피가 큰 대용량 전동기를 사용 할 수 있는 이점도 있으나 베벨기어와 유니버셜 조인트의 보수 인력소모가 많아 최근에는 거의 사용되지 않는다.

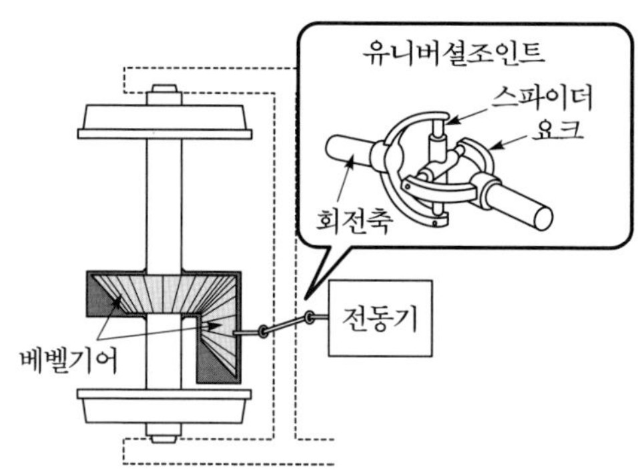

그림 7.40 직각 카르단식 구동장치

나. 차축 직접 설치방식

모터의 한쪽을 대차프레임에 또 한쪽은 차축에 걸치고 모터의 회전축과 변속기 기어를 직접 연결하는 방식이다. 이 방식은 레일과 차륜 사이에서 발생한 충격과 진동을 직접 전동기에 전달하기 때문에 변속기의 기어나 전동기 자체를 손상시키기 쉽다.

또한 전동기 무게의 약 $\frac{1}{2}$이 차축에 걸려 있어 레일에도 충격을 준다. 단순한 구조로 보수의 편리함은 있지만 최근에는 채용되는 사례가 적다.

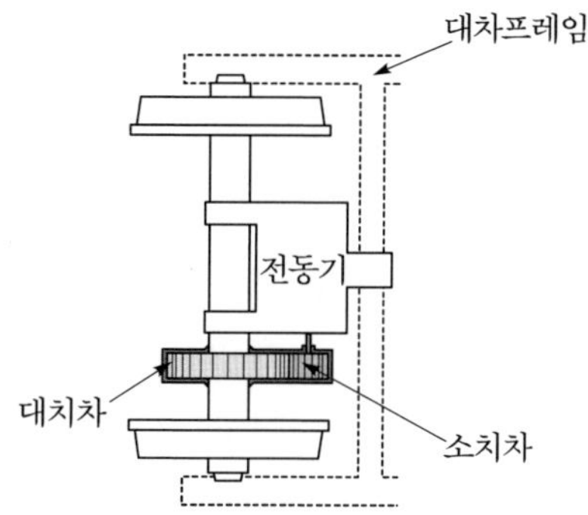

그림 7.41 차축 직접 설치방식 구동장치

9. 철도차량의 연결기

차량과 차량을 연결하여 동력차의 견인력을 다음 열차에 전달하는 장치 유럽에서는 아직 수동식 연결기가 아직 많이 남아 있으나 역시 자동식 연결기가 주류이다.

1) 수동식 연결기

수동식 연결기는 연결시의 충격을 완화시켜 주는 완충기와 연결기가 따로 설치 되어있다. 수동식 연결기는 연결 작업을 수동으로 하여야 하므로 작업시의 안전 확보에 문제가 있고 작업능률도 떨어지지만 유럽에서는 자동식으로의 개량작업이 차량의 수가 너무 많고 국경을 넘어 운행하는 열차도 많아 개량 작업이 쉽지 않았다.

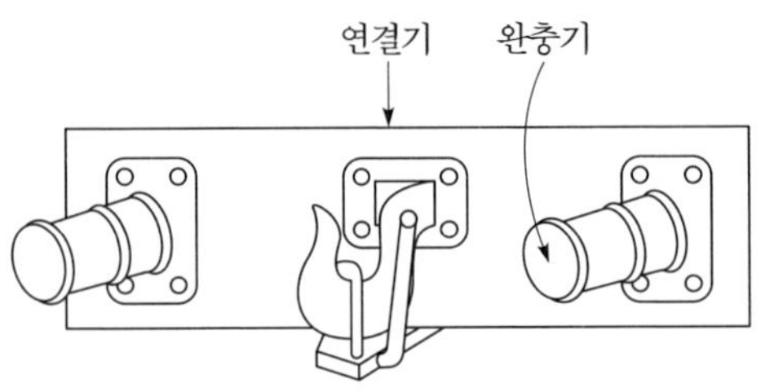

그림 7.42 수동식 연결기

2) 자동연결기

자동연결기는 연결기와 완충기가 일체로 되어 있고 연결 시는 연결할 차량을 서로 가까이 밀어주면 자동으로 연결되고 해방시에는 해방레버를 수동으로 작동시켜 주면 자물쇠가 위쪽으로 빠져나와 두량의 차량이 분리 될 수 있는 구조로 되어 있다. 수동식 연결기에 비하여 연결, 해방이 용이하고 훨씬 안전하다. 또 기관차 뒤에 여러 대의 차량이 연결되어 있는 경우 발차시 연결기 사이의 간극을 활용하여 1량씩 차례로 인출 할 수 있다. 따라서 발차 저항을 줄일 수 있지만 충동이 일어나기 쉽다는 단점도 있다.

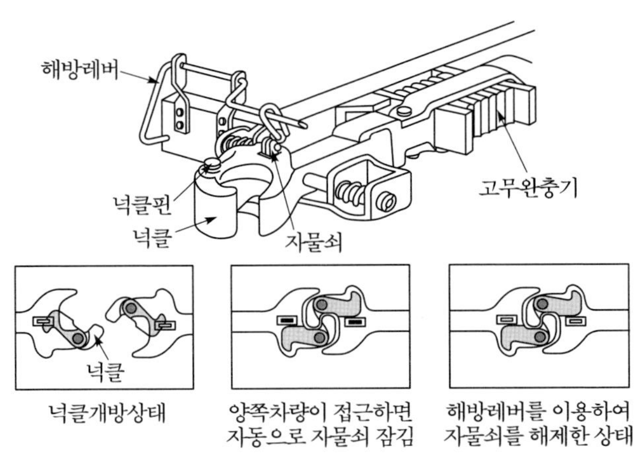

그림 7.43 자동연결기와 연결 · 해방 작업

3) 밀착식 연결기

연결·해방작업이 용이하고 연결기 사이의 간극이 없기 때문에 발차시나 정차시 충동이 거의 없다. 따라서 승차감이 양호하다. 밀착식 연결기는 다음 그림과 같이 브레이크 관과 주공기관이 같이 붙어 있어 연결 작업만으로 이들 공기 관까지 자동으로 연결된다.

자동연결기와 연결기의 구조가 달라 열차 고장시 자동연결기가 설치된 기관차로 견인시에는 중간연결기를 설치하여야 한다.

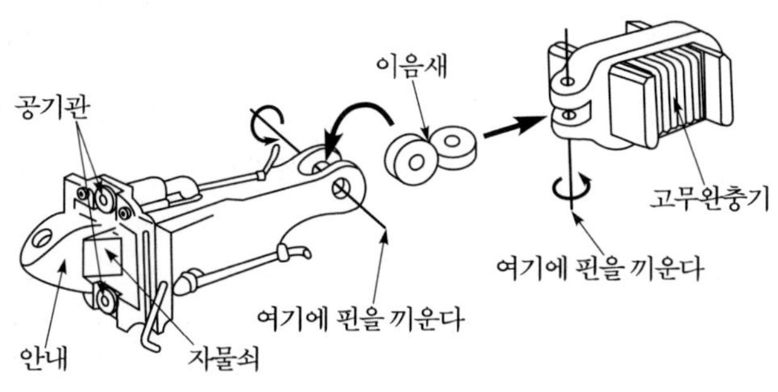

그림 7.44 밀착식 연결기

4) 전기 연결기

앞의 연결기들과는 별개로 선두차량의 운전실에서 총괄 제어하여 뒤에 연결된 각 차량의 동력장치나 브레이크 장치를 제어할 필요가 있다. 전기연결기는 같은 열차 편성을 이루고 있는 각 차량 상호간의 전기회로를 연결하는 역할을 하며 주로 점퍼(jumper)형으로 되어 있다. 보통 고압용(주회로) 점퍼 연결기는 1가닥의 굵은 케이블을 연결하는 구조이고 여러 개의 핀으로 구성된 저압용 점퍼연결기는 제어회로나 저압 보조회로 기기용이다.

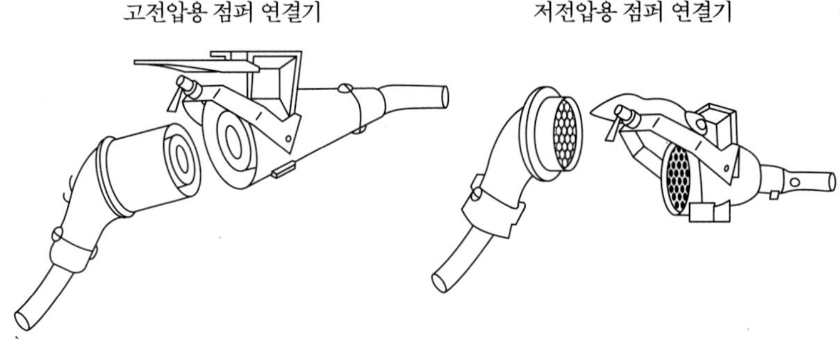

그림 7.45 전기연결기

CHAPTER 08
전기철도

1. 전기철도의 역사

1) 개요

수송력이 큰 고속열차의 운영에는 전철화(電鐵化)가 필수적이다. 철도선진국들은 일찍부터 전철화를 추진하여 내연기관 차량들은 수송 수요가 적은 지선이나 전철화 되지 않은 측선에서 보조적인 역할로 전환하고 있는 설정이다.

우리나라 철도도 기존선의 의욕적인 전철화, 고속철도 건설 등을 통하여 급격히 전철화 되어 가고 있다.

2) 전기철도의 변천

전기를 철도운전의 동력원으로 사용하기 위해 시도한 것이 약 150년 전의 기록이 남아 있으나 실용화에 성공한 것은 그로부터 약 40년 후였다.

1897년 베를린에서 개최된 만국산업박람회에서 지멘스(W.V. Simens)가 시작(試作)한 소형 전기기관차(2축, 중량1톤, 출력 2.2kW)가 사람을 태운 트레일러 3량을 끌고, 제3레일 식 직류 125V의 전원으로 300m의 선로를 주행한 것이 최초였다.

본격적인 영업운전은 베를린에서 노면전차가 운행되면서 시작되었다. 최초의 증기운전의 철도로부터 약 50년 후였다. 이후 선진 여러 나라의 도시에 전차가 급속도로 보급되고 터널구간을 비롯한 본선구간에서도 전기철도가 채용되기 시작하였다.

우리나라 최초의 전기철도는 1931년 경원선 철원-내금강 간 116.6km 구간에 직류 1,500V 가공단선식 전기철도가 완성되었으며, 1943년 경원선 복계-삼방간에 직류 3000V의 전원으로 기관차를 운행하였다.

1973년 6월 20일에 중앙선에 25,000V 60Hz 전원방식으로 전기기관차를 운행하였고, 1974년 8월 15일에는 수도권 전철이 개통되어 직류 1,500V와 교류 25,000V, 60Hz 양 방식의 전원과 교·직류 양용전기동차로 운행을 개시하였다.

2. 전철화의 특징과 경제성

1) 전철화의 특징

전철화를 위해서는 경영적인 관점에서 여러 가지 측면의 종합적인 검토가 이루어져야 한다.

전철화사업의 경제성, 차량의 성능 향상에 의한 수송력의 개선, 속도 향상, 에너지 대책 등을 고려하여 검토되어야 한다.

전기운전은 동력효율이 높은 발전소를 전원으로 하여 운전하기 때문에, 디젤운전에 비해 종합효율이 다음 개략식처럼 상당히 높다.

$$\text{전기운전} = \text{화력발전소효율} \times \text{송전효율} \times \text{변전효율} \times \text{귀전효율} \times \text{전기차효율}$$
$$= 0.42 \times 0.92 \times 0.96 \times 0.96 \times 0.82 = 0.3$$

이에 대해 디젤운전은 기관 등이 개선되었어도 주행동력효율은 20% 정도이다.

또한 전기차량은 동력전환장치를 탑재하고 있는데 반해, 디젤차량은 동력의 발생장치나 에너지원인 디젤유를 탑재해야 하기 때문에 중량이 커지므로 전기차량의 중량당 출력이 크다. 그래서 큰 출력을 필요로 하는 초고속열차 등은 전기운전을 주로 하고 있다.

2) 전철화의 경제성

전기운전은 동력효율이 높아 동력비 절감이 크고, 전기차의 보수비는 구조가 복잡한 디젤차량에 비해 대폭 경감된다.

그러나 전기운전설비에 상당한 투자를 필요로 하기 때문에 열차횟수가 적은 구간에서는 총 비용의 측면에서는 불리하다. 세계 최대 영업 km를 보유 한 미국철도에서 전철화를 많이 하지 않는 것은 열차운행횟수가 적어 경제적으로 불리하기 때문이다.

전철화의 경제성을 검토하는 경우, 지상설비(기존선의 경우 터널단면개량비 포함), 차량비, 전력, 기름, 동력비, 인건비 등의 요인을 검토하여야 한다.

실제의 개략공사비의 비중을 보면 직류방식의 경우 변전소 건설비가 30%, 전차선로비가 40%, 교류방식의 경우는 변전소 건설비 15%, 전차선로 건설비가 40%를

차지한다.

그 이외 전철화에 따른 신호개량비나 통신선대책비 등도 추가된다.

전기운전은 디젤에 비해 에너지효율성이 높으나 전력비용은 발전, 변전, 송전 등의 설비가 추가되기 때문에 디젤운전의 동력비보다 많은 경우가 있다.

실질적으로는 열차운행횟수가 70~80회/일 인 선로가 경제적인 전철화의 경계가 되는 것으로 알려져 있다.

이런 관점 이외에 인접선로의 동력방식, 전철화에 의한 수송력 향상, 수익성 등을 종합적으로 검토하여 전철화 여부를 결정하여야 한다.

최근에는 환경문제가 사회적 큰 관심사로 떠올라 전철화의 필요성이 크게 부각되고 있다.

전철화의 장단점을 살펴보면 아래와 같다.

(1) 장점

① 에너지 효율이 크다. 증기기관차는 6%, 디젤전기기관차는 20%, 교류전동기는 27%이다.

② 견인력과 가·감속도가 커서 속도 향상과 수송량을 증가시킬 수 있으며 특히 우리나라와 같이 곡선과 기울기가 많은 철도에서 고속대량수송에 유리하며, 역간거리가 짧은 도시교통에서 가·감속도의 효과가 크다.

③ 동력비는 유가와 전기요금 구조에 따라 다르나 국제유가의 동향, 에너지 효율성 등으로 보아 디젤운전에 비해 경제적이며, 차량보수비는 약 2:1의 비율로 디젤기관차보다 적게 든다.

또한 전기기관차는 급유 없이 장거리운행이 가능하여 열차운행거리는 전기동차가 디젤동차의 약 1.7배가 되어 차량의 운용효율과 승무원의 생산성을 높이게 되어 비용절감효과를 가져온다.

④ 전기철도는 매연과 배기가스, 폐유가 없고 소음을 줄이는 등 환경오염을 막을 수 있어 생활주변을 보호한다.

⑤ 디젤차량처럼 엔진, 발전기, 변속기 등이 필요 없어 차량의 경량화가 가능하여 선로부담을 줄이고 구조도 간단하여 차량보수비를 대폭 절감할 수 있다(maintenance free).

⑥ 고속, 높은 빈도의 열차운행이 가능하고 발차나 정차가 간편하고 신속하여 서

비스개선효과도 크다.

(2) 단점

① 변전소, 전차선설비 건설에 많은 비용이 소요된다.

② 통신유도장애, 전식(電蝕) 등을 방지하기 위한 투자, 보수비용이 많이 소요된다.

전차선 및 레일에는 높은 전압의 전류가 흐르기 때문에 주위에 필연적으로 자기장(磁氣場)이 생기고 이 자기장은 선로 옆에 묻혀 있는 통신선에 유도장애를 일으킨다. 이 자기장의 세기는 거리의 제곱에 반비례하기 때문에 멀리 떨어져 있는 전차선에 의한 자기장은 큰 문제가 없으나 통신선 바로 옆에 있는 레일에 의한 자기장은 문제가 될 수 있다.

전차선에서 차량에 공급되어 주 전동기를 회전시킨 전기는 차륜과 레일을 통해 변압기의 ⊖측으로 흐르게 되는데 이때 변압기까지 긴 레일을 통해 흐르는 동안 레일 주위에 자기장을 만들고 또 레일로부터 누설(漏泄)된 일부 전류가 땅속으로 흘러 선로 연변의 통신선에 잡음을 일으키는 현상이 발생한다.

이를 막기 위해 통신선 자체를 자기장의 영향으로부터 최대한 보호하기 위해 차폐(遮蔽)케이블을 사용함과 동시에 레일에 흐르는 전류를 흡상(吸上)하기 위해 AT 또는 BT 급전방식을 사용한다.

3. 송전(送電)계통

국유철도의 전철화구간은 전철 일산선의 직류구간과 그 이외의 교류구간으로 나눌 수 있는데 교류구간은 다시 BT급전방식구간(산업선 전 구간, 단 영주-제천, 영주-철암구간 제외)과 AT급전방식구간(직류구간, BT구간을 제외한 전철화 구간)으로 나눈다.

직류방식과 교류방식의 건설비를 비교하면 교류방식이 약 20% 정도 절감된다. 새로 건설하는 장거리 간선철도에는 교류방식을, 기존 도시철도로 직류방식이 사용되어온 곳에는 계속하여 직류건설방식으로 건설하는 것이 상례(常例)이다.

지방자치단체에서 운영하고 있는 지하철은 모두 직류 1500V를 사용하고 있다.

1) 직류방식의 송전계통

발전소에서 생산한 교류 345kV를 한전변전소에서 교류 154kV로 다시 22.9kV로 변압한 다음 철도공사 송전선로를 통해 철도공사 전철변전소로 22.9kV를 보낸다.

22.9kV를 받은 철도공사 전철변전소에서는 다시 1,200V 교류로 변압한 다음 정류기(整流器)를 거치면서 직류 1,500V로 바꾸어 차량에 보내준다.

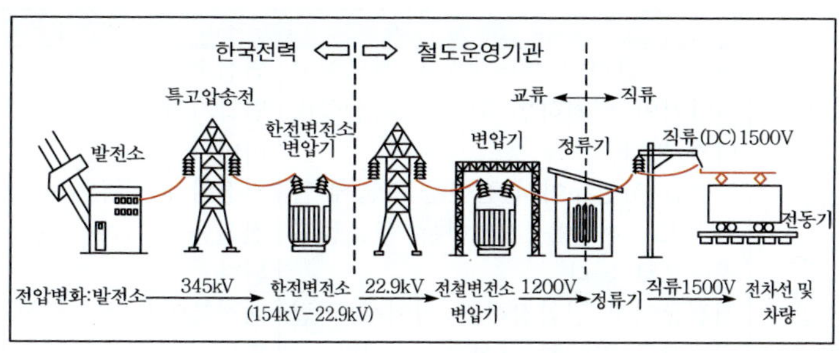

그림 8.1 직류방식의 송전계통

2) 교류방식의 송전계통

BT방식구간은 산업선 중 영주-제천, 영주-철암구간을 제외한 구간이며 AT방식은 일산선 및 BT방식구간을 제외한 전(全) 국철구간의 전철구간이다.

BT방식구간은 발전소에서 생산한 345kV를 한전변전소에서 154kV 혹은 66kV로 변압한 다음 철도공사 송전선로를 통해 철도공사에 넘겨준다.

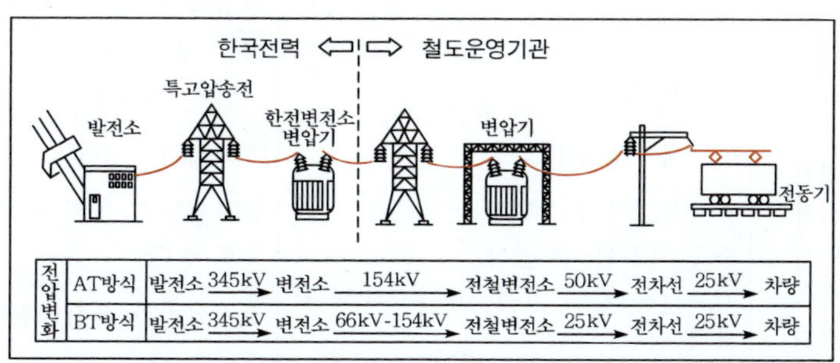

전압변화		
	AT방식	발전소 345kV → 변전소 154kV → 전철변전소 50kV → 전차선 25kV → 차량
	BT방식	발전소 345kV → 변전소 66kV-154kV → 전철변전소 25kV → 전차선 25kV → 차량

그림 8.2 교류방식의 송전계통

철도공사 전철변전소에서는 이 154kV 혹은 66kV를 25kV로 변압하여 차량에 보내주고, AT방식구간에서는 한전변전소에서 154kV를 받은 철도공사 변전소에서 이를 50kV로 변압한 후 전차선에 보내준다.

직류방식과 교류방식을 지상설비, 차량, 환경 등의 분야에서 서로 비교하면 표 8.1과 같다.

표 8.1 직류방식과 교류방식의 비교

구 분			교류(25kV)	직류(1,500V)
지상설비	전력설비	변전소	변전소 간력이 30~50km 정도이고 변압기만 설치하면 되므로 지상설비비가 싸다.	변전소 간력이 5~20km 정도이고 변압기와 정류기가 필요하여 지상설비비가 비싸다.
		전차선로	고전압 저전류여서 전선을 가늘게 할 수 있고 전선을 지지하는 구조물도 경량으로 된다.	저전압 고전류여서 전선이 굵어지고 전선을 지지하는 구조물도 중량으로 된다.
		전압강하	저전류여서 전압강하가 적어서 직렬 콘덴서로 간단히 보상할 수 있다.	대전류여서 전압강하가 커서 변전소 또는 급전소의 증설이 필요하다.
		보호설비	운전전류가 작아서 사고전류판별이 용이하다.	운전전류가 커서 사고전류의 선택차단이 어렵다.
	부대설비	통신유도장애	유도장애가 커서 BT 또는 AT방식 등으로 장애방지 유도대책을 세우고 통신선도 케이블화를 요한다.	특별한 대책이 필요 없다.
		터널, 구름다리 등의 높이	고압으로 절연이격거리가 커야하므로 터널 단면은 크고 구름다리 등이 높아야 한다.	전압이 낮아 교류에 비해 터널단면, 구름다리 등의 높이를 줄일 수 있다.
차량		차량가격	전력변환장치가 복잡하여 직류방식에 비해 고가이다.	교류에 비해 싸다.
		급전전압	차량 내에 변압기가 있어 고전압을 사용할 수 있다.	고전압사용이 어렵다.
		집전장치	집전전류가 작아 소형경량으로 제작가 능하고 전차선과의 접촉이 양호하다.	집전전류가 커서 대형으로 되어 전차선과의 접촉이 좋지 않다.
		기기보호	교류 소전류차단과 사고전류의 선택차단이 쉽다.	직류 대전류차단과 사고전류의 선택차단이 어렵다.
		속도제어	속도제어가 쉽다.	속도제어가 어렵다.
		점착특성	점착성능이 우수하여 소형으로 큰 하중을 견인할 수 있다.	점착성능이 좋지 않아 대출력을 필요로 한다.
		부속기기	변압기를 통해 여러 가지의 전원 확보가 쉽다.	전원설비가 복잡해진다.
공해			유도작용에 의한 잡음으로 TV, 라디오 등 무선통신설비에 장애를 준다.	땅속의 관로 및 선로 등에 전식을 일으킨다.

3) 송전선로

발전소에서 변전소 또는 변전소 상호간에 전력을 전송하는 전선로이다.

여기서는 한전변전소에서 철도공사의 전철변전소까지 전원을 끌어오기 위한 전선로를 말하고 다음 조건을 갖추도록 건설한다.

첫째, 정전이 되어서는 안 되므로 계통이 다른 한전변전소에서 상시수전(常時受電) 및 예비수전의 2회선수전을 원칙으로 하고 2회선수전이 어려울 경우에는 1개변전소의 다른 계통 모(母)선에서 2회선 수전(受電)한다.

둘째, 수전 점에서 계산한 평균부하의 불평형 치가 크면 수전 점에 연결되어 있는 다른 전력계통의 회전기에 역상(相)전압에 의한 가열 및 회전력 감소가 커지므로 2시간 평균부하의 불평형 치가 3%를 넘지 않아야 한다.

4. 급전(給電)계통

1) 개요

열차가 전기운전을 하기 위해서는 일반전력계통의 전력을 전기운전에 적합한 형으로 변성하는 변전소와 변전소로부터 전력을 전기차량에 공급하는 전차선로가 필요하다. 이들 지상설비를 전기운전설비라 부르고 변전소로부터 전차선로를 거쳐 전기차량에 전력을 공급하는 회로를 급전계통이라 한다.

전기운전설비는 전력을 공급받는 전기차량이 이동부하이며 또한 변동이 심한 부하라는 점을 고려하여 원활하고 신뢰성이 높게 급전하여야 하며 건설 및 보수비용이 저렴해야 한다는 여러 까다로운 조건을 가지고 있다.

또한 레일을 귀(歸)선로로 사용하기 때문에 다른 지중매설물에의 전식(電蝕)방지나 통신선에 대한 유도장애 방지를 고려하여야 하는 문제도 있다.

(1) 전철변전소(S/S : Sub-Station)

한국전력의 변전소로부터 수전(受電)받아 변압기에 의해 전기차에 필요한 전압으로 변성하여 전차선로에 공급하는 역할을 한다.

(2) 급전구분소(SP : Section Post)

변전소의 중간에서 전압강하를 줄이고 사고시의 급전회로를 보호 차단하며, 급전구간의 구분과 연장을 위하여 개폐장치를 설치한 곳으로 평상시에는 전기적으로 분리되어 있다. 급전구분소 구간별 급전 또는 정전은 변전소의 차단기나 현장에 설치되어 있는 개폐기에 의한다.

(3) 보조급전구분소(SSP : Sub-sctioning Post)

작업이나 사고시의 정전구간을 줄이기 위해 개폐장치를 설치한 곳으로 평상시에는 전기적으로 연결되어 있다.

(4) 절연구간(Neutral Section)

흔히들 사구간(Dead Section)이라 부르는 절연구간은 보통 두 가지 종류로 구분한다.

첫째는 직류와 교류가 만나는 곳에 설치하여 전기적으로 구분해주는 구간을 말하고, 서울 지하철1호선 청량리와 서울역에서처럼 직류 1,500V(서울시)와 교류 25,000V(철도공사)와의 구분을 위해 설치한다.

둘째는 같은 교류방식이라도 동일 변전소에서 공급되는 상이 다른 전기(M상, T상)를 구분하여야 할 필요가 있을 경우에도 사용한다. 전철변전소(SS)에 양쪽으로 서로 다른 상의 전력을 공급하기 위해 설치되어 있다.

(5) 귀선과 본드

전기차를 통한 전기는 레일을 통하여 변전소로 되돌아가는데 이 회로를 귀선(歸線, return circuit)이라 한다.

가공단선식 전차선로에서는 주행레일을 전기차전류의 귀로(歸路)로 이용되고 있으므로 이를 귀선레일(return circuit rail)이라 한다. 귀선은 귀선레일, 보조귀선, 부급전선 혹은 교류전차선로에서는 흡상선으로 구성된다.

레일연결부의 전기저항을 작게 하기 위하여 레일본드(rail bond)라는 도체로 접합부 사이를 접속한다. 본드로는 동선(銅線)이 사용되며, 설치방법으로는 용접에 의한 용접본드와 레일에 미리 뚫어진 구멍에 본드의 단자를 압입하여 설치하는 압축본드가 있다.

(6) 급전계통의 예

그림 8.3과 같이 한전변전소로부터 전기를 받을 때는 계통이 다른 두 곳의 변전소, 예를 들면 구로전철변전소는 구공 및 오류동 한전변전소 두 곳에서 전기를 받거나, 이것이 어려울 때는 군포, 주안, 의정부와 같이 같은 변전소에서 전기를 받되 다른 계통의 모선 양쪽에서 전기를 받는다.

또한 전철변전소와 전철변전소 사이에는 적당한 거리마다 급전구분소 및 보조급전구분소를 두어 급전구간을 구분하고 있다.

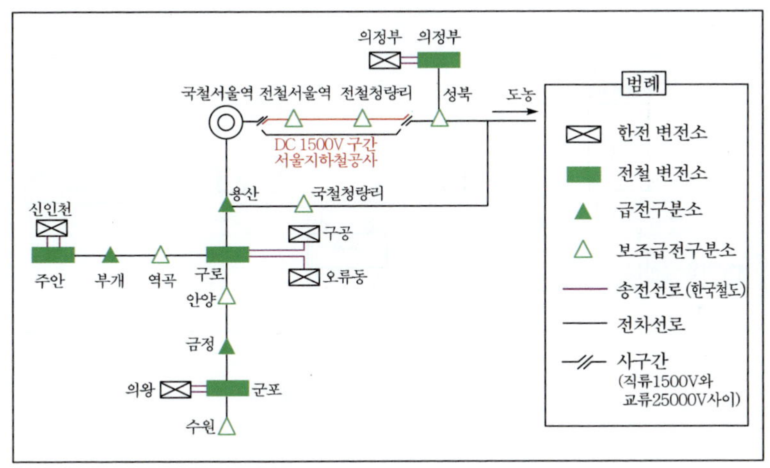

그림 8.3 급전계통의 예

2) 직류급전계통

직류급전계통에서는 전식대책을 세워야 한다.

전식은 직류전기가 ⊕에서 ⊖로 흐를 때 레일을 통해 땅속(⊖)으로 흘려 보내버린다면 땅속에 묻혀 있는 수도관 등의 매설물에 전류가 통하여 전기분해에 의하여 매설물이 부식하게 되므로 이를 줄이기 위해 전차선을 ⊕, 레일을 귀선로(⊖)로 하여 레일과 변압기의 ⊖측을 연결하여 준다면 레일 쪽은 차량이 통과하면서 급전회로를 구성할 때만 전기가 흐르게 되므로 전식위험이 크게 감소한다.

그림 8.4에서 알 수 있듯이 직류방식의 경우 전압은 낮고 전류가 크기 때문에 이를 감당하기 위해 무작정 전차선을 굵게 할 수도 없는 노릇이므로 전차선과 병행하여 급전선을 설치하고 또 이 급전선은 변전소 상호간을 병렬로 접속하여 부하(負荷)에 의한 전압강하를 줄이고 있다.

또한 변전소 중간 중간에는 차단기 등의 개폐장치를 설치한 급전구분소를 두어 사고나 보수작업 시에 급전구분을 할 수 있도록 한다.

고속차단기는 급전계통내의 전차선의 단선, 접지 등의 사고가 발생하였을 경우 안전 확보를 위해 신속하게 사고전류를 소멸시키는 역할을 한다.

이 차단기는 통상의 열차운전 시는 동작하지 않는다.

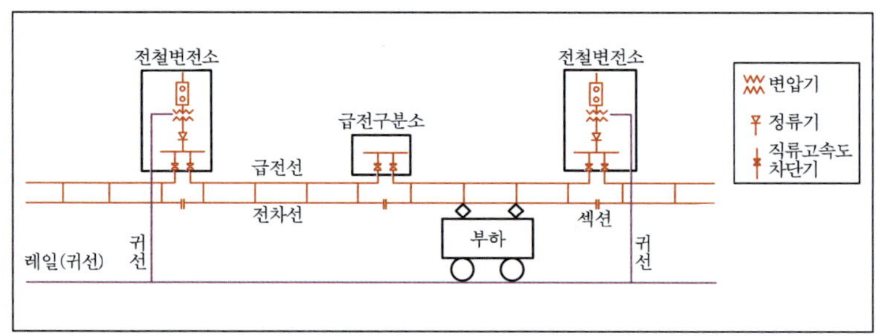

그림 8.4 직류급전계통의 예

3) 교류급전계통

교류급전 방식은 전압이 높기 때문에 변전소 간격이 30~50Km로 직류의 5~20Km에 비해 크고 또 부하전류가 직류에 비해 1/10 이하로 작기 때문에 전차선이나 급전선이 가늘어도 된다. 그러나 인접한 변전소와 급전 전압이 같은 경우에도 위상(位相)이 다를 경우는 중간에 급전구분소를 두어 변전소로부터 급전구분소까지 구간과 인접구간을 구분하여야 한다.

3상교류로부터 운전용의 단상 부하를 얻을 때 위상이 90° 다른 M상, T상 2종류의 단상을 얻되 상간의 불균형을 최대로 줄일 수 있도록 변전소의 급전용 변압기를 스코트결선으로 한다.

또한 단상교류(M상, T상) 급전에서는 교류전류에 의해 통신선에 전자유도를 발생시키기 때문에 이를 줄이기 위해 AT 혹은 BT급전방식을 사용하는 것이다.

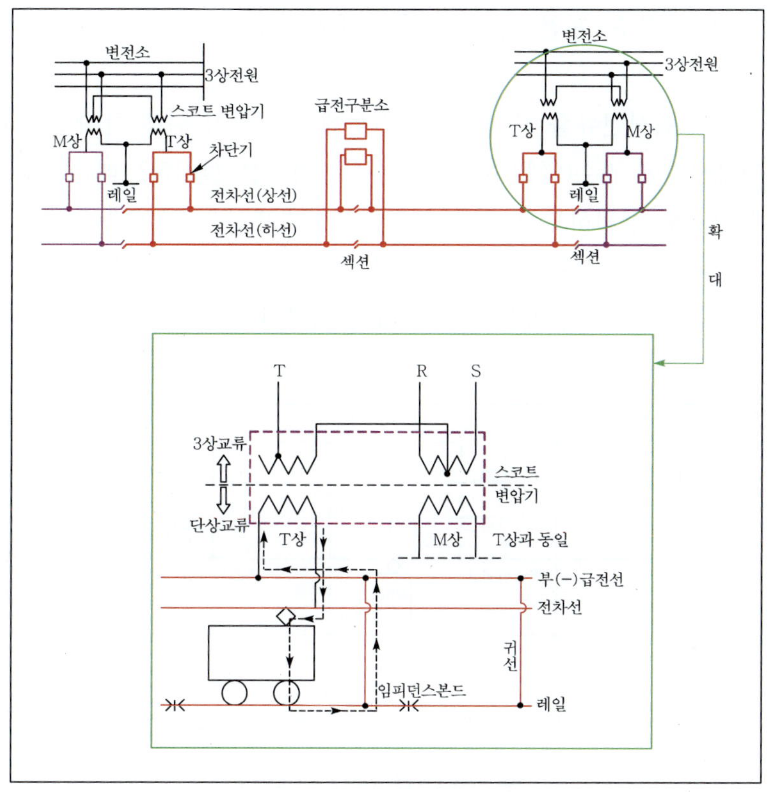

그림 8.5 교류급전계통의 예

4) 전자유도 방지대책

교류 단상 25kV, 60Hz 급전에서 교류전류에 의해 통신선에 전자유도가 나타나기 때문에 이를 막기 위해 전기철도에 최근 많이 보급되고 있는 급전 방식에는 BT(Booster Transformer : 흡상변압기)급전방식과 AT(Auto- Transformer : 단권변압기)급전방식이 있다.

(1) BT급전방식

BT를 약 4Km마다 설치하여 레일에 흐르는 귀선전류를 ⊖급전선에 흡상시켜 전차선을 통하는 전류와 반대방향의 전류를 강제로 ⊖급전선으로 흐르도록 회로를 구성시켜 줌으로써 부하전류가 레일에 흐르는 구간을 한정시켜 전자유도에 의해 통신선에 유기되는 유기전압을 1/10 이하로 줄여 유도장애를 감소시킨다.

우리나라에서는 영주-제천, 영주-철암을 제외한 산업선 전철에 이 급전방식이 채택되고 있다.

BT급전방식은 귀선전류를 강제로 ⊖급전선에 흡상하기 위해 아래 그림과 같이 ⊖급전선과 전차선간에 권수(倦數)비 1:1인 흡상변압기를 설치하는데 이 흡상변압기를 급전회로에 직렬로 설치하므로 전차선에는 부스터섹션을 설치해야 한다.

이 경우 부하전류가 크게 되면 부스터섹션에 전기불꽃이 발생하여 팬터그래프와 전차선을 용손(鎔損)시키기 때문에 보수에 불리하다.

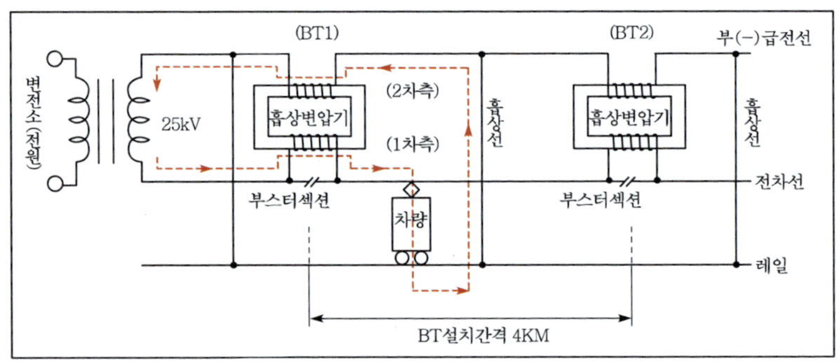

그림 8.6 BT급전방식의 개략도

(2) AT급전방식

그림 8.7과 같이 전차선과 급전선 사이에 권수비 1/m의 단권변압기(1차 및 2차회로가 공통인 변압기)를 삽입하여 권선과 레일을 접속시킨 급전방식이다.

일반적으로 단권변압기의 권수비는 1/2로 분로권선(分路捲線, shunt winding)과 직렬권선(直列捲線, series winding)의 권수비는 1:1로 되어 있기 때문에 전차선과 레일 사이의 전압은 레일과 급전선사이의 전압과 같게 된다.

이 AT급전방식에 의하면 변전소의 급전전압(50kV)은 전기차량에 급전하는 전압(25kV)의 2배가되기 때문에 변전소 간격을 길게 할 수 있고 급전전압도 BT방식보다 크므로 같은 마력의 전기차에 공급하는 전류가 작아져 전압강하가 작아진다.

또한 대용량 열차부하에서도 전압변동이나 전압 불평이 적어 안정된 전력공급이 가능하다.

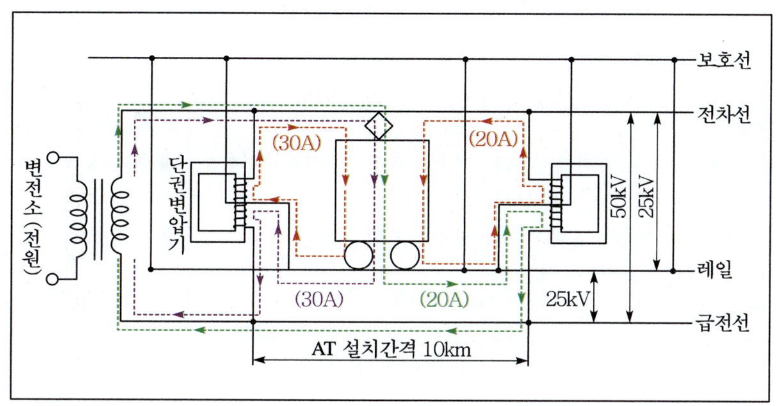

그림 8.7 AT급전방식 개략도

이 AT방식에서 부하전류는 단권변압기의 전원측(변압기측)에서는 그림 8.7에서 보듯 전차선과 급전선에만 흐르고 레일에는 흐르지 않아 전자유도의 장애가 그만큼 적어진다.

최근에 건설되는 대용량의 간설 철도망은 주로 이 방식으로 건설되고 있으며 우리나라의 경부고속전철을 비롯하여 일본, 프랑스, 독일의 고속철도 및 수도권전철이 이 급전방식을 채택하고 있다.

(3) BT급전방식과 AT급전방식의 비교

BT급전방식과 AT급전방식의 특성 및 장단점을 요약해 보면 다음 표와 같다.

표 8.2 급전방식 비교

구분	BT급전방식	AT급전방식	기 사
급전전압 및 급전거리	AC25kV, 변전소 간격이 좁다(약 30km) 전기차 급전전압은 AT와 같은 25kV(팬터그래프-레일간)이다.	AC50kV, 변전소 간격이 넓다(40~100km)	급전가능거리는 급전압의 제곱에 비례하므로 AT 방식 쪽이 전력회사로부터의 송전선 건설비가 BT방식보다 매우 싸다.
전차선로	간단하다(저렴).	복잡하다(고가).	
부스터섹션	필요하다. 전기차가 부스터섹션을 통과할 때 심한 아아크를 발생하므로 아아크 억제 대책이 필요하고 가선구조가 복잡하게 되어 보수가 어렵다.	필요없다. 고속대용량 집전에 적합하다. 보수하기가 쉽다.	부스터섹션의 아아크 억제 대책으로는 아아킹혼 설치 방법과 저항섹션 설치 방법 등이 있다.
통신유도장애		BT방식보다 적다.	
전압강하	급전전압이 AT에 비해 낮기 때문에 같은 마력의 전기차에 공급하는 전류가 크게 되며 전차로의 전압 강하가 커진다.	BT방식의 1/3이면 된다.(대용량 장거리급전에 가장 적합함)	급전전압이 2배로 되면 전류는 1/2로 되며 전압 강하는 1/4로 된다.
회로해석	비교적 간단하다.	회로가 다소 복잡하므로 계산이 어렵다.	
회로보호	급전전압이 낮으므로 고장전류가 적어 보호가 어렵다.	전압이 높으므로 보호가 비교적 용이하다.	고장전류는 전압에 비례한다.
고장점발견	회로가 단순하므로 용이하다.	회로가 복잡하므로 어렵다.	
경제성	전력회사의 송전선이 철도와 병행되어 있는 경우는 AT급전방식과 비슷하지만 수전점이 멀 때는 송전선 건설비가 많게 된다.	수전점 간격이 먼 경우 전철변전소의 장소를 수전점 측으로 접근시켜 설치할 수 있으므로 경제적이다.	송전선을 고려하면 AT측이 경제적이다.

5. 전차선로의 분류

집전장치를 통하여 전기차량에 전력을 공급하기 위해 선로연변에 설치한 전선로 및 전선로를 지지하기 위한 공작물을 전차선로라 한다.

전차선로에는 가공단선식, 가공복선식, 제3레일식, 강체복선식 등이 있는데 일반적으로 가공단선식(架空單線式)을 많이 채택한다.

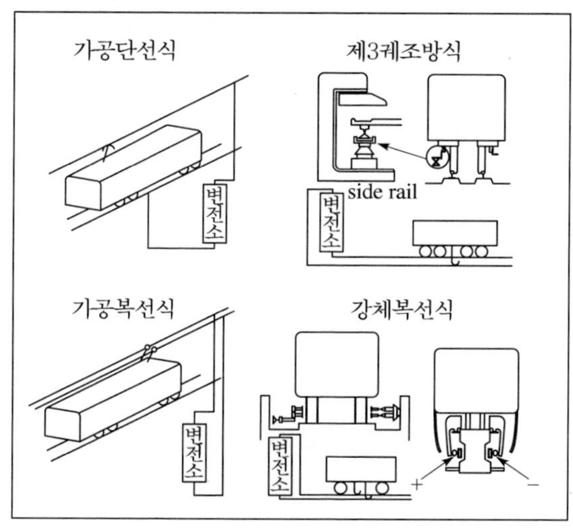

그림 8.8 여러 가지 전차선로

1) 가공단선식

전차선을 궤도상부에 가설하고 레일을 귀선으로 하는 방식으로 가선구조가 간단하여 설비비 및 보수비가 저렴하다. 결점으로는 누설전류에 의한 전식(電蝕)의 피해가 크다.

가공단선식은 전차선을 달아매는 방식으로 전차선의 중량으로 인한 처짐이 생긴다. 이 처짐은 전차선의 지지간격이 길면 길수록, 전선이 무거우면 무거울수록, 전차선의 장력이 낮으면 낮을수록 커진다.

전차선의 처짐이 약간 커도 전기차량의 속도가 낮을 때는 집전장치의 전차선에 대한 추수성(追隨性)은 지장이 없지만 속도가 높아지면 집전장치의 상하동(上下動)이 심해져서 전차선으로부터 이선(離線)하여 장해가 일어나기 쉽다. 전차선의 바람직한 조건은 다음과 같다.

① 기계적 강도가 커서 자중뿐 아니라 강풍에 의한 횡 방향하중, 적설, 결빙 등의 수직방향하중에 견딜 수 있을 것
② 전기의 전도율이 크고 내열성이 좋을 것
③ 굴곡에 강하여 전차선의 취급을 용이하게 하기 위해 어느 정도의 굴곡에는 견디어야 한다.
④ 건설 및 유지비용이 적을 것
⑤ 마모에 강할 것

(1) 전차선의 규격

위의 조건을 만족시키는 것으로서 한국철도에서는 홈이 있는 경동선(硬銅線)이 널리 사용된다. 단면적은 110mm^2 이며 부하 전류가 많거나 고(高)장력 가선방식 구간인 수도권 전철 서울 ↔ 수원 및 경인선 구간에는 단면적 170mm^{2}의 전차선을 사용하고 있다.

단면적 110mm^2, 170mm^2 전차선의 규격은 다음 그림 8.9 및 표 8.3과 같다

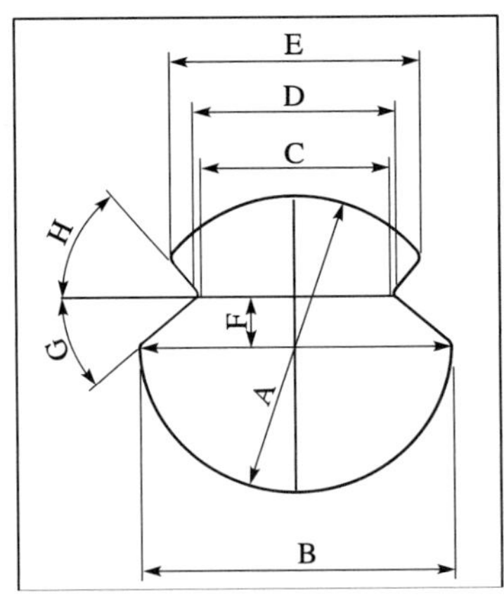

그림 8.9 전차선 규격

표 8.3 전차선 규격별 치수

구분	A (mm)	B (mm)	C (mm)	D (mm)	E (mm)	F (mm)	G (mm)	H (mm)	WT (kg/m)	허용하중 (kg)	선팽창 계수
$170mm^2$	15.49	15.49	7.32	7.74	11.43	2.4	27°	51°	1.5111	2682	1.7×10^{-5}
$110mm^2$	12.34	12.34	6.85	7.27	9.75	1.7	27°	51°	0.9877	1773	1.7×10^{-5}

(2) 전차선의 설치

전차선의 높이는 레일면상에서 5,200mm를 표준으로 하고 최고 5,400mm, 최저 5,100mm이다. 단 터널, 구름다리, 육교, 교량 및 역사(驛舍) 등 부득이한 경우는 그 높이를 산업선에 한하여 4,850mm까지 줄일 수 있다. 또한 강체가선구간에서는 레일면상 4,750mm를 표준으로 한다.

전차선의 고저 차는 원활한 집전을 위해 적을수록 좋겠으나 고저차를 지지점의 간격으로 나눈 값 즉 전차선 기울기는 레일 면에 대하여 본 선로에서는 3/1,000, 터널, 구름다리 등과 건널목이 인접한 장소에서는 4/1,000 이하, 측선에서는 15/1,000 이하로 한다.

전차선과 궤도중심선과의 거리를 편위(偏位)라 한다. 전차선이 궤도중심선으로부터 너무 이탈하면 팬터그래프가 전차선에 끼어 사고를 일으키는 경우가 있으므로 전차선 편위의 한계는 팬터그래프의 집전유효 폭을 약 1m로 보고 차량의 동요(動搖)에 따른 팬터그래프 경사를 고려하여 최대를 좌우 250mm로, 표준편위를 200mm로 정하고 있다.

또 팬터그래프가 접촉판의 한 부분만을 연속하여 전차선과 접촉하면서 미끄러지면 편마모(偏磨耗)의 원인이 되며 접촉판이 파손될 위험이 있으므로 이것을 방지하기 위하여 직선로 및 곡선반경 1,600m 이상의 선로에서는 전주 2개 구간사이를 일주기(一週期)로 좌우 교대로 200mm의 편위를 두도록 하고 있다. 이것을 지그재그(zigzag)가선이라 한다.

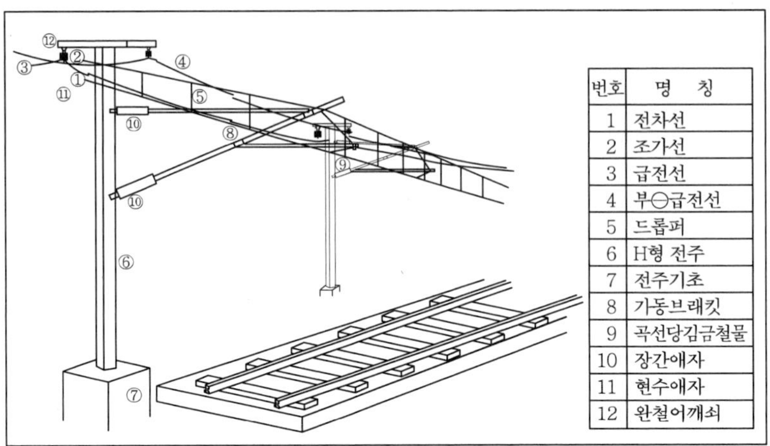

그림 8.10 전차선로의 구성

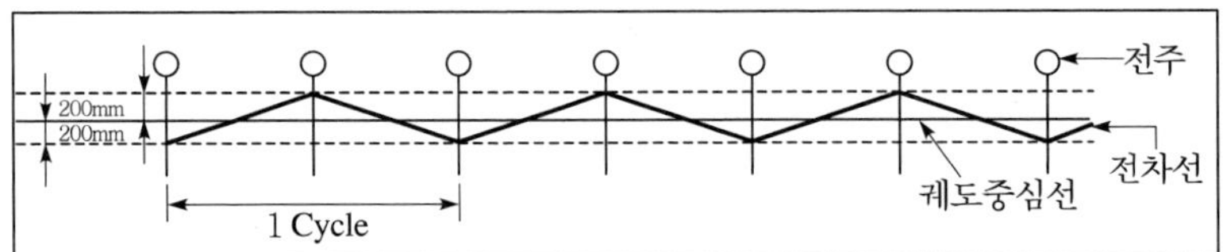

그림 8.11 전차선의 지그재그 가선

(3) 전차선의 이선(離線) 방지

가. 이선현상

팬터그래프와 전차선은 차량이 주행함에 따라서 계속 접촉된 상태여야 하지만 속도를 높이면 일시적으로 팬터그래프가 전차선에서 순간적으로 이탈하는 현상이 발생하게 되는데 이를 "이선"이라 한다.

이선은 전기적으로 불완전 접속을 유발시켜 전기불꽃(arc)을 일으키며 이로 인해 전차선 및 팬터그래프의 이상 마모 및 손상을 가져오게 된다. 이선된 시간 또는 거리의 비율을 이선율이라 하는데 고속운전을 위해서는 이선율이 1% 이하여야 한다.

나. 이선방지 대책

이선율을 최대한 낮추기 위해서는 등고(等高), 등요(等搖), 등장력(等張力)을 고려하여 전차선로를 시공하여야 한다.

① 등고

등고란 레일면에서 전차선의 높이가 일정하여야 하는 것을 말한다. 전차선에 고저차가 있거나 전차선의 기울기 변환점에서는 팬터그래프가 관성 때문에 도약현상을 일으켜 이선이 생기기 쉽다. 따라서 전차선은 가급적 수평으로 가설할 필요가 있다.

② 등요

전차선의 접속개소나 곡선담김장치, 진동방지장치 등의 가선철물류를 붙인 개소는 다른 부분에 비하여 전차선의 부분적 하중이 증가하여 차량이 이곳을 통과할 때는 팬터그래프가 전차선으로부터 받은 충격으로 약간 하강하였다가 다시 복귀될 때까지 이선현상이 일어난다.

전차선의 탄성이 전 구간에 균일하여야 이선이 적게 일어난다는 것이다.

③ 등장력

등장력이란 전차선의 장력이 항상 일정하여야 하는 것을 말한다.

전차선은 온도변화에 따라 신축하여 등고의 원칙에서 벗어나 이선현상을 일으키기 쉽다.

전차선에 장력을 주지 않으면 전차선의 강성(剛性)은 대단히 약해지고 장력을 크게 하면 전차선이 끊어질 위험이 있으므로 이러한 점을 고려하여 전차선의 장력을 결정하고 자동장력조정장치로 항상 일정한 장력을 유지할 필요가 있다.

(4) 전차선을 지지하는 방법

전차선(electric car line, contact wire)을 지지하는 방법에 따라 직접 조가(弔架)방식, 커티너리(catenary, 현수)조가방식, 강체조가방식으로 나눈다.

한국철도에서는 커티너리 조가방식을 주로 사용하고 있으며 터널구간 등에서는 강체조가방식을 사용하기도 한다.

가. 직접 조가방식

직접 조가방식은 조가선을 설치하지 않고 직접 전차선을 늘어뜨리는 방식으로 비용이 싸다는 장점도 있으나 조가점이 경점이 되는 단점도 가지고 있어 저속 주행하는 역 구내 측선이나 노면 전차선 등으로 사용되는 정도이다.

나. 커티너리조가방식

① 심플커티너리(simple catenary) 조가방식

전차선의 위쪽에 조가선을 설치하고 이 조가선에 행거(Hanger)나 드롭퍼(Dropper)로 전차선을 잡아매어 전차선의 처짐을 조가선이 흡수토록 함으로써 전차선은 레일상면으로부터 고저 차 없이 일정한 높이로 되도록 하는 구조이다.

또 기온의 변화 등에 대응하여 신축 가능하도록 하고 항상 일정한 장력이 유지되도록 전차선의 끝에 활차를 매개로 하여 무거운 추를 매다는 중추식 자동장력조절장치가 일반적으로 사용된다.

한국철도에서는 강체 조가식을 설치한 지하구간 등을 제외하고는 모두 이 방식을 사용하고 있다. 최근에는 조가선 장력을 더욱 강화(2tf 정도)한 헤비심플커티너리방식도 사용된다.

② 변Y심플커티너리 조가방식

심플커티너리식의 지지점 하부 가까운 곳에 다음 그림과 같이 작은 커티너리를 삽입한 것으로 이것에 의해 지지점 아래의 압상 특성이 개량되기 때문에 고속구간 등에서 사용되나 동적압상량의 증가에 따라 가선진동이 크게 되는 결점도 있기 때문에 최근에 고속선로에서는 헤비심플커티너리(heavy simple catenary)가 많이 사용되고 있다.

③ 콤파운드커티너리(compound catenary) 조가방식

그림 8.12와 같이 조가선으로부터 드롭퍼에 의해 보조 조가선을 늘어뜨리고 다시 보조 조가선이 행거에 의해 전차선을 잡아매는 구조이다.

보조조가선도 급전선의 역할을 겸하고 있어 전류용량을 크게 하는 것이 가능하고 압상특성도 개선되는 장점이 있으나 변Y심플커티너리 조가방식과 같이 가선진동이 크고 유지보수의 어려움 등이 있어 널리 사용되지 않고 있다.

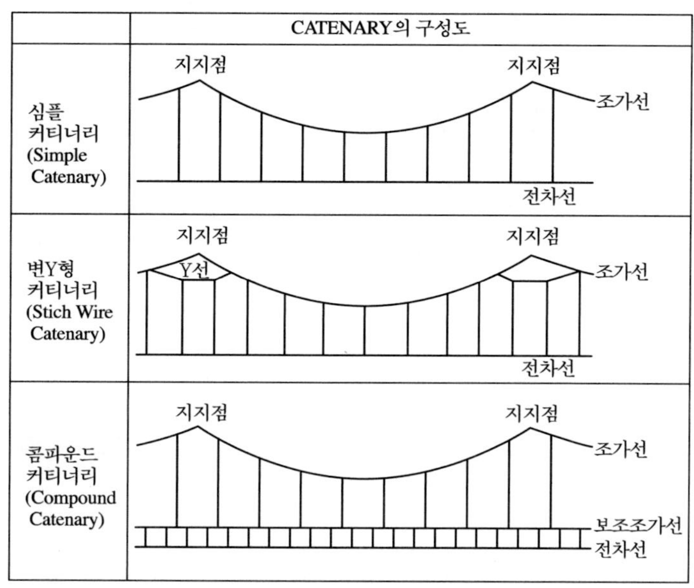

그림 8.12 커티너리 방식의 종류와 구조

④ 강체조가방식

커티너리 방식으로는 터널의 단면적이 커질 수밖에 없기 때문에 가선식 지하철 등에서는 강체조가방식이 사용된다.

강체조가방식에는 T-bar 방식과 R-bar 방식이 있는데 T-bar 방식은 터널 천장에 알루미늄 합금제의 T형재를 애자(碍子)에 의해 지지시켜 놓고 이 아랫부분에 알루미늄제 이어(Ear)에 의해 전차선을 연결 고정한다.

알루미늄 합금제인 T형재가 급전선을 겸하면서 단선의 위험이 없고 터널의 높이를 낮게 할 수 있는 것이 최대의 장점이다. 그러나 강성(剛性)이 커서 팬터그래프가 주행 중에 동요를 일으켜 전차선에 붙었다 떨어지곤 할 때 도약해버리기 쉽기 때문에 고속운전에서는 팬터그래프에서의 압상력을 강하게 하든지 한 개의 팬터그래프에서 집전하여 전 차량에 전력을 공급할 수 있도록 소위 인통선을 차량측에 설치하는 등의 대책이 필요하다.

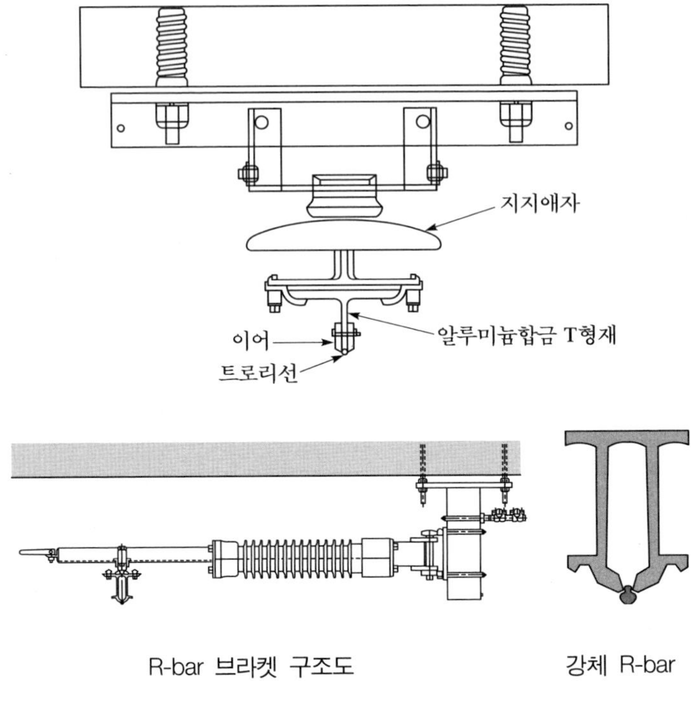

그림 8.13 강체조가 방식

또 강체가선과 일반 커티너리 가선과의 접속개소는 가선의 스프링 정수를 서서히 체감시키는 구조로하여 일반적으로 더블심플커티너리 가선방식 등이 사용되기도 한다.

과천선과 분당선에는 지하구간에 직류 1,500V가 아닌 교류 25,000V 방식으로 건설하면서 강체조가방식 중에서도 R-bar 방식을 채택하였다.

이 방식은 지하구간을 전압이 높은 교류 25,000V방식으로 시공할 경우 지지물과 시설구조물 간의 이격거리 확보가 곤란한 점을 해결할 수 있을 뿐만 아니라 전차선 지지점 간격이 T-bar 방식에 비해 1/2이며 시공 시 자동가선 도르레를 이용하면 공사비를 절약할 수 있는 장점이 있다.

2) 가공 복선식

플러스와 마이너스 2가닥의 전차선을 궤도 상부에 가선하는 방식으로 노면 전차

등에 사용되는데 가공 단선식보다 전식의 피해가 작다는 이점이 있다.

3) 제3궤조 방식

전차선 대신 운행용 궤도와 병행으로 급전궤도를 부설하여 집전하는 방식으로 지하철이나 터널 등에 채용되는 방식이다. 절연기술의 발달로 전차선 단전사고의 우려가 없고 구조가 간단한 장점이 있어 도시부의 고가철도 등에서 채택되고 있다.

4) 강체복선방식

신교통시스템이나 모노레일 등에서 고무타이어 주행차량의 경우에 사용된다.

6. 고속운전을 위한 전차선로의 조건

1) 전차선의 파동 전파속도

전기차량의 팬터그래프는 이동하면서 전차선을 동요(動搖)하게 하는데 이로 인해 생긴 파동이 전차선을 따라 전파되는 속도를 파동전파속도라 한다.

전기차량의 속도는 파동전파속도의 70% 이하로 한다.

파동전파속도는 아래의 계산식을 이용하여 구한다.

$$C = \sqrt{T/\rho} \quad (m/s) \tag{8.1}$$

여기서 C : 파동전파속도(m/s)

T : 전차선 장력(N)

ρ : 전차선의 단위 중량(kg/m)

위의 식에서 알 수 있는 바와 같이 파동전파속도는 전차선의 장력(T)에 비례하고 단위중량(kg/m)에 반비례하므로 속도를 향상시키기 위해서는 장력을 높이든지 중량을 가볍게 하여야 하나 전차선의 장력을 높이면 전차선이 끊어질 위험이 있고, 전차선의 단면적을 줄여 단위중량을 줄이면 운전전류를 충분히 공급키 어려울 뿐 아니라 전차선 자체의 끊어질 위험도 있어 높은 장력에 견디면서 중량이 가벼운 재료의 개발이 속도 향상을 위한 중요한 요소의 하나이다.

2) 차량의 속도와 파동전파속도의 관계

가. 열차속도(V)가 파동전파속도 (C)보다 작을 경우(V<C)

팬터그래프의 압상력에 의하여 상, 하 변위가 기준치 이내의 크기로 되어 전차선 높이의 변화를 완화시켜 안정적으로 집전된다.

나. 열차속도와 파장전파속도가 비슷할 경우(V≒C)

전차선의 높이 변화를 따라 팬터그래프가 추종할 필요가 있고 그렇지 못하면 이선된다.

다. 열차속도가 파동전파속도 보다 클 경우(V>C)

전차선은 강체와 같은 성질을 갖게 되어 팬터그래프 접촉력이 비정상적으로 커져 팬터그래프 또는 전차선에 큰 충격을 주게 되고 한쪽이 손상되거나 모두 손상된다.

7. 구분장치(Section)

전차선로가 전(全)선에 걸쳐 전기적으로 접속되어 있다면 전차선로의 일부에 단선 및 장애 등의 사고가 발생한 경우 또는 보수작업을 위하여 정전작업의 필요가 생길 경우 전체 전차선로를 정전시켜야 한다.

따라서 사고 혹은 작업상의 이유로 정전시켜야 할 경우 그 영향을 사고구간 또는 작업구간에 한정시키고 그 외 구간은 급전 상태를 유지하기 위하여 전차선에 절연체를 삽입하되 팬터그래프가 전차선과 접촉하면서 미끄러져가는 데는 지장이 없도록 전차선을 전기적으로나 기계적으로 구분한 장치를 섹션(Section) 혹은 구분장치라 한다.

이들 섹션구간별 급전 또는 정전은 변전소의 차단기나 현장에 설치되어 있는 개폐기에 의한다.

구분장치를 분류하면 표 8.4와 같다.

표 8.4 구분장치 분류

구분	종별		열차통과 속도	인접구간간의 전원의 종류	구조	기사
전기적 구분	에어 섹션		120km	같은 종류 같은 상 (同相)	후술함	
	애자형 섹션	장간 애자제	85km			산업선용
		현수 애자제	45km			수도권용
		수지제 (FRP섹션)	85km			다른 애자형 섹션과 비교하여 고속용으로 개발
	데드 섹션	수지제(F계) 및 그라스파이버제 (GFI)	120km	교류중 서로 다른 상(異相) 구분 및 교직류 구분용	후술함	
기계적 구분	에어 조인트		120km	같은 종류 같은 상(同相)	에어섹션과 거의 같은 구조이나 균압선을 통해 전기적으로 연결되어 있는 상태. 전차선 간의 이격 거리는 150mm가 표준임.	전기적으로는 접촉하고 있음.

1) 에어섹션(Air section)

전차선에 절연물을 삽입하지 않고 일정구간을 일정한 간격으로 평행으로 유지하여 공기의 절연을 이용한 구분장치를 에어섹션이라 한다. 정전사고나 전차선 보수시의 정전구간을 최소한으로 하기 위해 설치하는 구분소 앞에는 양쪽 변전소의 전기를 끊어주기 위해 에어섹션이 설치되어 있다.

그림 8.14에서 A, B 전원이 같은 종류, 같은 상으로 팬터그래프가 양쪽 전차선을 같이 접촉하여도 무방한 경우에 설치하며 열차가 이 구간을 통과할 때 열차 내에 정전현상은 없다.

따라서 열차는 항상 역행(力行)운전이 가능하며 특별한 추가부담 없이 설치가 간단하고 경제적이다. 평행 부분의 전차선의 이격거리는 300mm를 원칙으로 한다.

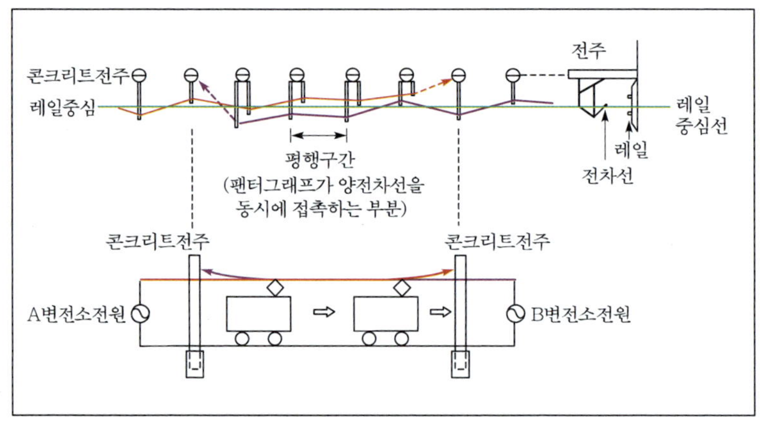

그림 8.14 에어섹션 구성평면도

2) 절연구간(neutral section)

전차선로에서 전기방식이 다른 교류와 직류가 서로 만나는 부분이나 교류방식에서 공급되는 전기가 서로 상(M상, T상)이 다를 경우 일정한 길이만큼 전기가 통하지 않도록 하는 장치를 말한다.

한국철도에는 교류와 직류의 구분개소는 직류 1,500V의 서울지하철과 교류 25,000V의 철도공사 구간의 접속부분인 1호선 서울-청량리 간 양쪽과 과천선 남태령-선바위 간이다.

또한 교류에서 서로 상이 다른 전기의 구분개소는 수도권, 산업선 각 변전소의 앞에 설치되어 위상이 다른 M상, T상을 구분하여 놓고 있다.

이 절연구간장치 설치는 열차가 동력공급이 없이 타력으로 운행가능토록 평탄지, 내리막 기울기, 직선구간에 하는 것이 이상적이나 상황에 따라 어쩔 수 없는 경우도 곡선 반경이 800m보다는 커야 하고 오르막 기울기 5‰ 보다는 기울기가 완만해야 한다.

한국철도에서 사용하고 있는 절연구간의 길이 계산방법 및 구조는 다음과 같다. 절연구간의 길이를 계산할 때 고려하여야 할 사항은 차량의 구조에 따른 팬터그래프간 거리, 팬터그래프의 수, 차량이 절연구간을 통과할 때 발생하는 아크의 길이 등이다.

표 8.5 절연구간의 길이

구간	절연구간의 길이	길이 산정 방법 및 구조
교류/교류구간 (수도권)	22m 2m(FRP제)×11개	• 아이크길이 : 8m – 절연구간통과시운전부하량 : 2,600kVA – 2,600kVA×3mm=7,800mm=약 8m • 팬터그래프간격 : 13m • VVVF전동차 : 8m(아크길이)+13(팬터간 거리)+1m(여유)=22m 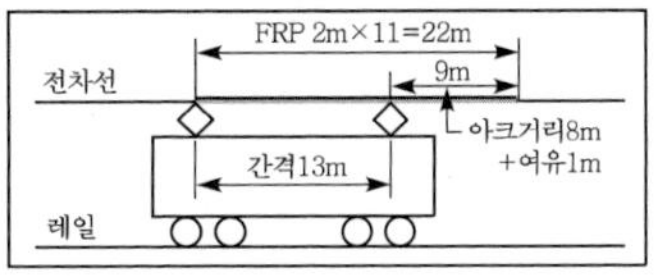 전차선 / FRP 2m×11=22m / 9m / 아크거리8m +여유1m / 간격13m / 레일
교류/교류구간 (산업선)	40m→50m 확장 FRP제	• 전기기관차 : 아크길이(8m)+20m(전기기관차 길이)+12m (팬터그래프 간격)=40m 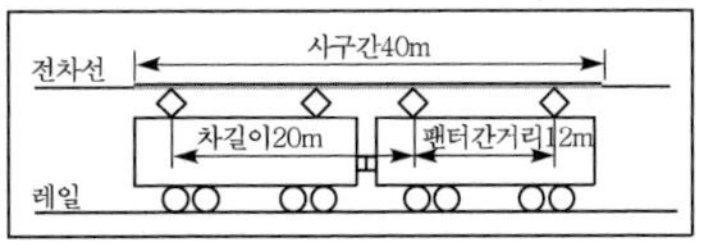 전차선 / 사구간40m / 차길이20m / 팬터간거리12m / 레일
교류/직류구간 (지하철1호선 청량리↔서울간 양쪽, 과천선 남태령↔선바위간)	66m 2m(FRP제)×11개+ 무가압차선 22m+2m (FRP제)×11개	• 최소길이 : 50m – 초당운행거리 : 22m (최대속도 80km/h/3,600=22m) – AC/DC,DC/AC진입시 MCB동작시간 : 1.5~2초 – 최소길이 : 2초×22m+6m=50m • VVVF전동차 : 66m=50m+13m (팬터간 거리)+3m(여유) 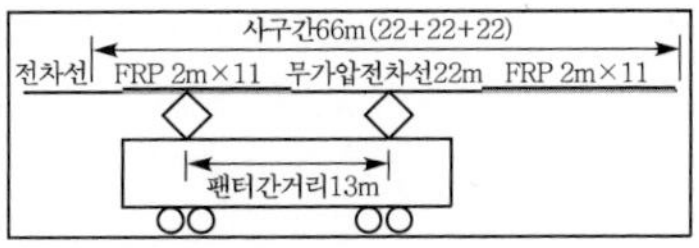 사구간66m(22+22+22) / 전차선 FRP 2m×11 무가압전차선22m FRP 2m×11 / 팬터간거리13m

3) 에어조인트

다른 구분장치들이 전기적 구분을 목적으로 하고 있음에 반해 전기적으로는 접촉하고 있으면서 전차선을 기계적으로 구분하여주는 장치이다.

즉 전차선을 한없이 길게 가설한다면 이도(弛度) 즉 처짐을 조정할 수 없으며 취급하기도 곤란할 뿐 아니라 자동장력조정장치의 중추(重錘)의 동작범위가 지지점의 지상높이에 의해 한정되어 있으므로 전선의 선팽창계수와 온도변화의 범위에 의해 인류(引留) 간격이 한정될 수밖에 없다.

따라서, 중간 중간에 전차선을 약 1,600m 이하로 구분 절단하여 자동으로 장력을 조정하는 것이 에어조인트의 설치이유이다.

이때 인류와 다음 인류 구간의 전선이 서로 교차되는 평행개소가 반드시 생기게 되며 이 평행 개소를 균압선을 이용하여 인접 전차선로를 전기적으로 접촉시킨 것이 에어조인트다. 즉 기계적으로 완전히 구분된 별개의 설비를 전기적으로 균압선을 사용하여 접속한 것을 말한다.

CHAPTER 09

철도신호보안설비

1. 개요

열차속도 향상, 수송력 증대, 안전 확보 등 철도의 이상(理想)은 신호보안을 통하여 이루어진다.

폐색방식, 자동열차정지장치(ATS), 자동열차제어장치(ATC), 자동열차운전장치(ATO), 연동장치 및 중앙집중제어장치(CTC), 기타 안전 확보 장치 등에 대하여 개략적으로 설명하여 철도시스템의 진수(眞髓)를 이해할 수 있도록 한다.

철도신호는 신호장치, 전철(轉轍)장치, 폐색(閉塞)장치, 건널목 보안장치 등 신호보안 장치를 이용하여 열차를 운전하고 위험으로부터 보호하여 운전능률을 향상할 목적으로 부호, 형상, 색, 음향으로 상대방에게 의사를 전달한다.

그래서 신호 보안은 안전, 정확, 신속한 수송이라는 철도의 사명 중 가장 중요한 안전운행을 목적으로 하고 있으며 고장, 기타 특수한 사정 등 어떤 경우를 불구하고 안전 측으로 동작하도록 하고 있다.

이와 같이 열차의 운행조건을 기관사에게 지시하는 기능을 하는 것이 철도신호이다.

신호방식에는 진로표시방식과 속도표시방식이 있는데 진로표시방식은 매 진로마다 신호기가 많아 불리하며 속도표시방식은 신호현시로 속도를 지시하므로 운전에 편리하고 신호기수가 적으며 고속운전구간에 유리하다.

신호의 중요성에 비추어 기기는 어느 때를 막론하고 사용하고자 할 때는 목적에 부합되도록 고장 없이 동작하여 신뢰도가 높아야 한다. 왜냐하면 철도의 열차 운전에서 주의할 것은 열차의 제동거리가 자동차에 비해 대단히 길다는 것이다. 즉 브레이크 거리가 비교적 긴 것을 전제로 한 열차운전에서 충돌 등의 사고를 막고 진로를 알려주기 위해서도 상당한 신호 보안설비가 필요하다.

현재 채용되고 있는 신호 보안설비는 위에서 언급한 것처럼 여러 가지가 있다.

당초의 신호 보안설비는 보안대책을 중점으로 하였으나 철도의 발전과 함께 수송효율 향상에도 중요한 역할을 하기 때문에 철도경영에서 중요한 설비로 취급되고 있다.

2. 신호장치

1) 신호기의 종류

운전자에게 진행, 정지, 속도 및 진로 등의 운전조건을 지시하는 장치를 총칭하여 신호기라 하고 철도신호기에는 지상(地上)신호기와 차내(車內)신호기가 있다. 차내신호기는 육안으로 신호기를 보기 어려운 고속구간이나 지하구간에서 주로 사용하는 신호기다.

(1) 장내신호기(entering signal, home signal)

정거장에 진입하는 열차에 대해 진입의 가부(可否)를 지시하는 신호기이며 정거장 내외의 경계를 표시한다. 역장이 구내진로에 지장이 없는 것을 확인하고 취급한다.

(2) 출발신호기(starting signal)

정거장을 출발하는 열차에 대하여 출발의 가부를 지시하는 신호기며 또한 정거장에 진입하여 정차하는 열차에 대해서는 정지하는 한계를 나타낸다.

역장이 방호구간에 지장이 없는 것을 확인하고 취급한다.

(3) 폐색신호기(block signal)

자동폐색구간에서는 열차가 폐색구간에 진입하면 진입초입(進入初入)에 있는 신호기는 자동적으로 정지신호를 나타내고 열차가 그 폐색구간을 빠져나가야만 그 신호기는 정지가 아닌 진행(감속, 주의, 경계포함)을 지시하는 신호를 현시한다.

(4) 유도신호기(calling on signal)

장내신호기의 방호구역 내에 열차가 있는 즉 장내신호기가 정지로 표시되어 원칙적으로 진입할 수 없는 경우의 선로에 열차 증결 등의 이유로 열차를 진입시켜야 할 필요가 있을 때 장내신호기 아래에 설치하여 열차진입의 가부를 결정하여 준다. 물론 속도제한은 있어 기관사가 주의운전하면서 진입하여야 한다.

평상시에 소등되어 있다가 신호를 현시할 때만 장내신호기 아래와 두개의 등을 45°로 점등하는데 확인거리는 200m 정도이다.

열차회수가 많은 정거장에서 먼저 도착한 열차가 정거장 내에 정차 중일 때 뒤에 오는 열차를 장내신호기 안쪽(정거장)으로 서행시켜 진입시킬 경우 등 열차진로를 현시할 때 사용하는 신호기로 장내신호기와 같은 기둥의 아래에 설치하는 것이 보통이다.

(5) 원방신호기(distal signal)

기계식 연동구간의 중계신호기라고 말할 수 있는데 곡선구간 등의 이유로 기관사가 장내신호기를 제동에 충분한 거리에서 확인하기 어려울 때 장내신호기의 바깥쪽 제동거리 이상 떨어진 지점에 설치되어 장내신호기의 신호현시를 예고하는 신호기이다.

(6) 중계신호기(repeating signal)

자동폐색구간에서 장내신호기, 출발신호기, 폐색신호기 등의 신호현시 확인거리가 부족한 경우에 주신호기를 보조하는 종속신호기이다.

(7) 진로표시기

장내신호기, 출발신호기, 입환신호기를 2개 이상의 진로에 공용하는 경우 진로를 표시하기 위해 형(形)이나 숫자로 진로를 안내해 주는 장치

(8) 서행신호기

공사 등의 이유로 서행해야 할 구간에 설치하며 공사구간에서 전방 50m에 설치한다. 서행예고신호기는 서행구간의 전방 400m에, 서행해제신호기는 서행구간의 후방 50m에 설치한다.

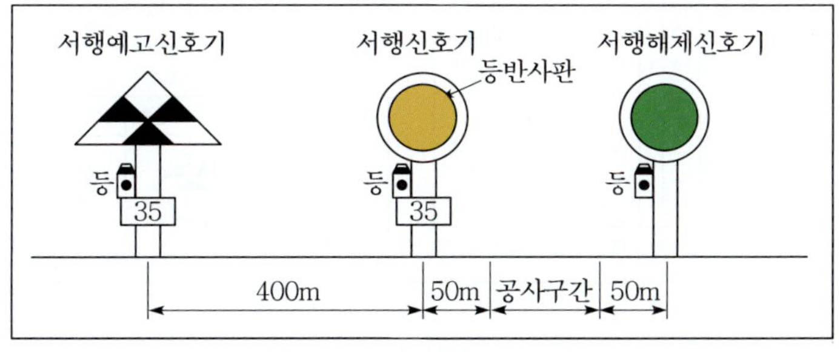

그림 9.1 서행신호기의 설치

(9) 수(手)신호

신호기가 없는 때나 고장 시 사용한다.

(10) 특수신호

폭음, 화염 등으로 특별한 경우에 사용한다.

2) 지상신호기의 현시(顯示)

철도도 기존철도의 경우는 도로와 같이 신호기를 가지고 있다. 빨간색(R)신호는 정지, 초록색(G)신호는 진행, 노란색(Y)신호는 주의로 나누어지는 신호방식을 3현시라 하고, 열차 수가 많은 구간은 5현시라 하여 빨간색(R)은 정지, 노란색 2개(YY)는 경계, 노란색(Y)은 주의, 노란색과 초록색(YG)은 감속, 초록색(G)은 진행을 표시하여 기관사가 이 신호를 보고 운전할 수 있도록 한다.

우리나라에서는 중앙선에 3현시, 경인선에 4현시, 경부선에 5현시를 채택하고 있으며 신호현시에 따라 운행최고속도가 정해져 있다.

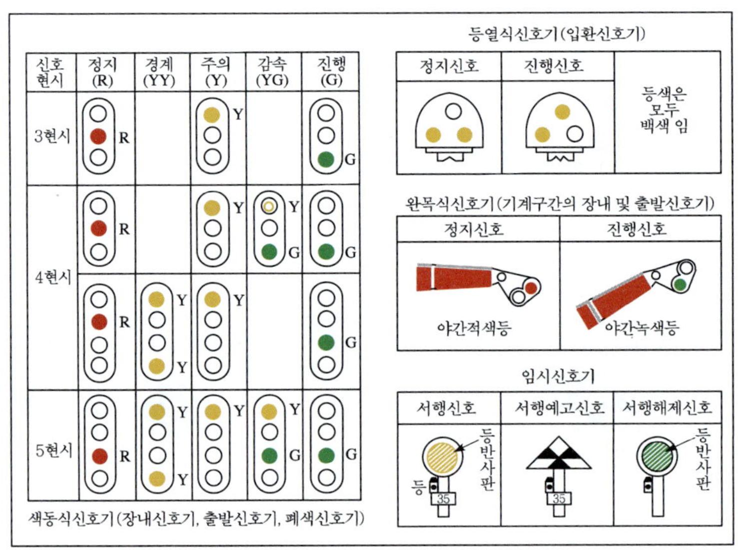

그림 9.2 지상신호기의 현시

3. 선로전환기

열차의 진로를 한 선로에서 다른 선로로 바꾸기 위한 설비를 분기기라 하고 분기기의 방향을 변환시키는 장치를 선로전환기(轉轍器, switch point)라 한다.

선로전환기는 진로를 전환시키는 전환장치와 열차가 통과 중 잘못된 조작(오조작)으로 인해 선로전환기가 전환되어 버리는 것을 방지하기 위한 쇄정장치로 구분한다.

선로전환기의 전환에 사용되는 동력은 인력, 전기 등 여러 가지가 있으나 전기를 사용하는 전기선로전환기가 가장 많이 사용된다.

1) 분기기(分岐器)

분기기는 그림 9.3과 같이 하나의 선로에서 다른 선로로 분기하는 곳에 사용되며 포인트(Point 또는 Switch) 부분, 리드(Lead) 부분, 크로싱(crossing) 부분으로 구성된다는 것은 이미 앞에서 설명한 바 있다.

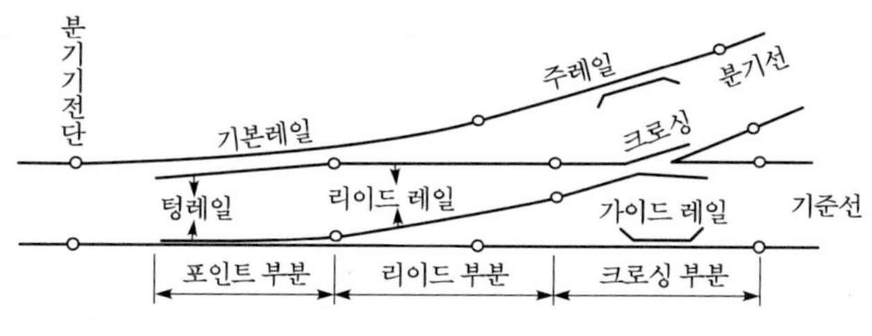

그림 9.3 분기기 구성

열차가 분기기를 통과하는 방향에 따라 다음 그림과 같이 대향 분기기와 배향 분기기로 나누는데 대향 분기기는 차량의 차륜이 분기부의 첨단 궤조를 앞쪽에서 통과하게 되어 첨단의 밀착력이 불량할 경우 열차 탈선의 우려가 있어 철저한 점검 및 보수가 요구된다.

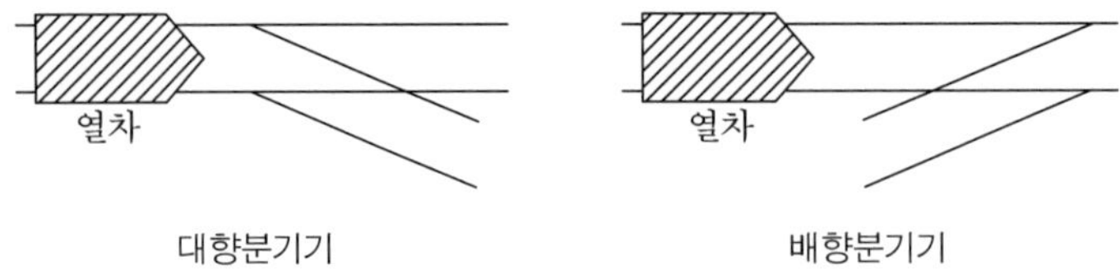

그림 9.4 분기기 통과 방향

2) 선로전환기의 정 · 반위

분기기가 평소에 개통되어 있는 위치를 정위(Normal position)라 하고 그 반대 위치를 반위(Reverse position)라 한다.

분기기 위치의 정·반위를 결정하는 예는 다음과 같다.

① 본선과 본선 또는 측선과 측선의 경우는 중요한 방향
② 본선과 측선의 경우는 본선 방향
③ 단선의 상하 본선은 열차가 진입하는 방향
④ 본선 또는 측선과 안전측선의 경우는 안전측선의 방향

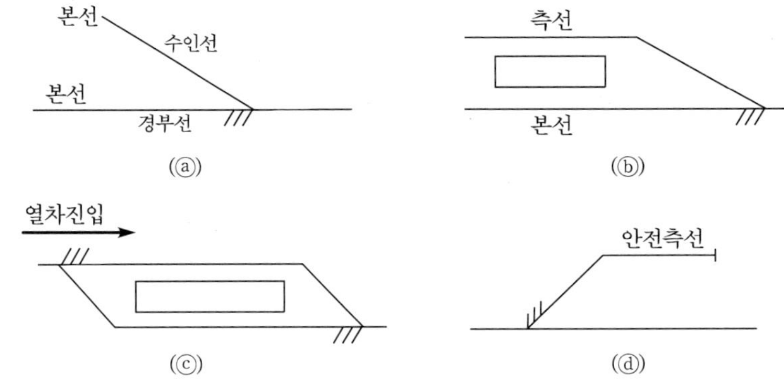

그림 9.5 분기기의 정 · 반위

3) 전기선로전환기

선로전환기가 멀리 떨어져 설치되어 있거나 사용 횟수가 많은 선로전환기는 인력으로 전환하기 어려울 뿐 아니라 선로전환기 동작 상태를 확인하기도 불편하기 때문에 이를 보완하여 전기를 사용하여 제어·표시하는 선로전환기를 말한다.

(1) 전기선로전환기의 동작계통도

전기버튼 취급 → 선로전환기 해정(unlocking) → 선로전환기 전환 → 선로전환기 쇄정(locking) → 선로전환기 위치 표시

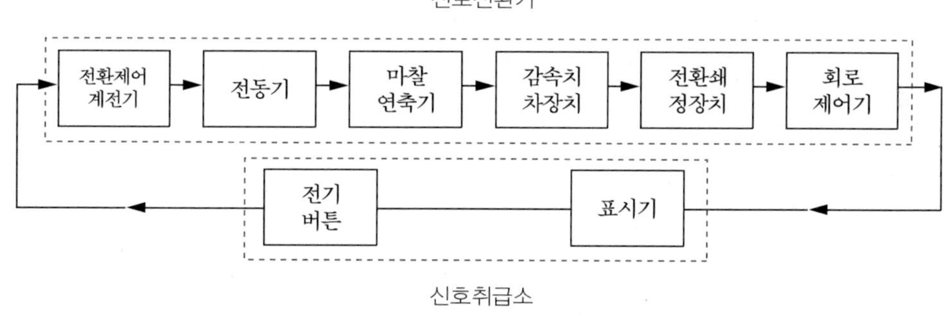

(2) 전기선로전환기 동작과정

신호취급소의 전기버튼을 취급하면 전환제어계전기가 원격 동작되어 전동기 제어 전원(AC 105V)이 콘덴서 기동 단상유도전동기에 입력되면 전동기가 회전하게 된다. 이 때 치차에 무리한 힘을 주지 않도록 마찰연축기가 관성을 흡수하고 마찰연축기와 연결된 감속치차장치가 너무 빠른 전동기 회전속도(1800 rpm)를 소치차, 중간치차, 전환치차를 거치면서 완화시킴으로서 선로전환기의 동작간을 이동시켜 롯드와 연결된 첨단레일을 전환시킨다.

이때 전환이 완료되면 쇄정자가 쇄정되며 동작간의 이동에 따라 회로 제어기의 가동 접점이 구성되어 신호취급소에 전철기 전환상태를 표시하게 된다.

전기선로전환기의 정격(NS-C형)

종류	행정 또는 동정(mm)		정격		최대 전환력	총 중량
	동작간	쇄정간	전환	제어		
교류 NS-C형	185	130~185	AC 110V 단상 60Hz	DC 24V	300kg	330kg

4. 열차운전의 폐색방식

열차가 정면으로 충돌한다거나 앞 열차를 뒷 열차가 추돌하는 것을 방지하려면 선로의 일정구간을 정하여 그 구간에는 1개 열차만 진입할 수 있도록 하면 된다.

이처럼 일정구간 내에 1개 열차만 진입 허가하는 방식을 폐색방식이라 부르고 열차운전의 기본이다.

폐색방식에도 여러 가지가 있으나 우리나라에서는 통표폐색식, 연동폐색기, 자동폐색장치가 쓰이고 있다.

통표폐색식은 금속선을 이용하여 수동(手動)으로 신호기의 암(arm)을 올리고 내리고 선로전환기도 수동으로 조작하는 것으로 기계연동장치가 설치된 역간에 사용한다.

연동폐색식은 인접 역에 모두 유접점계전기를 사용하는 전기식 연동장치가 설비되어 있으나 역과 역 사이의 궤도에 궤도회로가 설치되어 있지 않은 경우에 사용된다.

마지막으로 자동폐색식은 양역 공히 전기식 연동장치나 무접점 계전기를 사용하는 전자식 연동장치가 설비되어 있으면서 또한 역과 역 사이의 궤도에 궤도회로 설비가 갖추어진 경우에만 사용가능한 폐색방식이다.

1) 통표폐색식

통표폐색방식에서는 1폐색구간에 통용되는 한 가지 통표를 정해 이 통표가 곧 그 구간을 운전할 수 있는 운전허가증 역할을 한다.

다음 그림에서 A, B, C, D, ……는 각각의 역을 나타내고 인접한 역과의 사이에 통표폐색기가 전기적으로 접속되어 1조가 되어 사용된다.

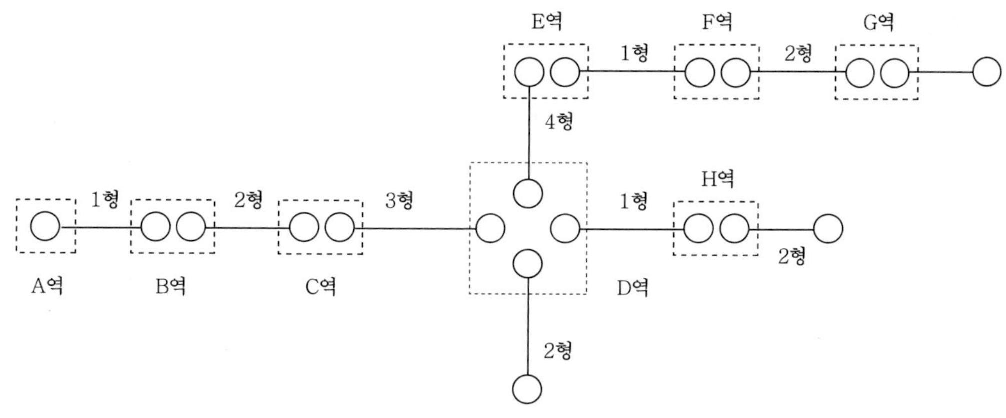

그림 9.6 2대 1조 방식의 통표폐색기

가령 A 역에서 B역으로 운전하고자 하면 A역에서 통표를 받아 AB사이의 폐색구간을 운전한 후 B역에 통표를 돌려주면 B역에서 받은 통표를 통표폐색기에 집어넣어야만 1조를 이루고 있는 A역과 B역의 통표폐색기가 작동하여(즉 통표를 폐색기로부터 꺼낼 수 있어) A→B 방향이건 B→A 방향이건 다음 열차에 AB구간의 통표를 줄 수 있어 운행허가가 가능한 시스템이다.

통표의 모양은 여러 형이 있어 가령 AB역간에는 1번형(예, 삼각형)을 그 구간의 고유통표로 하고 BC역간은 2번형(예, 타원형)을 고유 통표로 함으로써 운행허가증으로의 역할을 충분히 할 수 있는 것이다.

1조인 A, B 양역의 통표폐색기에는 5개씩의 같은 형 통표가 들어 있어 한쪽 방향으로 계속 열차가 진입할 때에도 대비하고 있다.

따라서 통표는 다음과 같은 구비조건을 갖추고 있어야 한다.

① 통표폐색기는 당해 전용구간의 통표만을 수용하고 인접구간에 사용하는 통표의 수용이 불가능하여야 한다.
② 통표는 폐색구간 양쪽 끝의 정거장에서 공통 조작하여만 꺼낼 수 있어야 한다.
③ 통표는 1조 2대의 폐색기에서 언제든지 단 한 개만 꺼낼 수 있으며 꺼낸 통표를 한 조의 어느 폐색기에서 넣지 않으면 또다시 통표를 꺼낼 수 없어야 한다.

2) 연동폐색기(controlled manual block system)

연동폐색기는 복선 및 단선에서 사용되는데 폐색기와 이 폐색기에 관련된 출발신호기를 연동시켜 신호기의 신호현시와 폐색취급 중 어느 하나라도 충족되지 않으면 열차가 출발할 수 없다.

폐색기에는 그림 9.7에서 보듯 개통키, 폐색키(내장 및 출발용) 및 누름버튼과 출발폐색, 진행 중 및 장내폐색의 세 가지의 표시등으로 구성되어 있다.

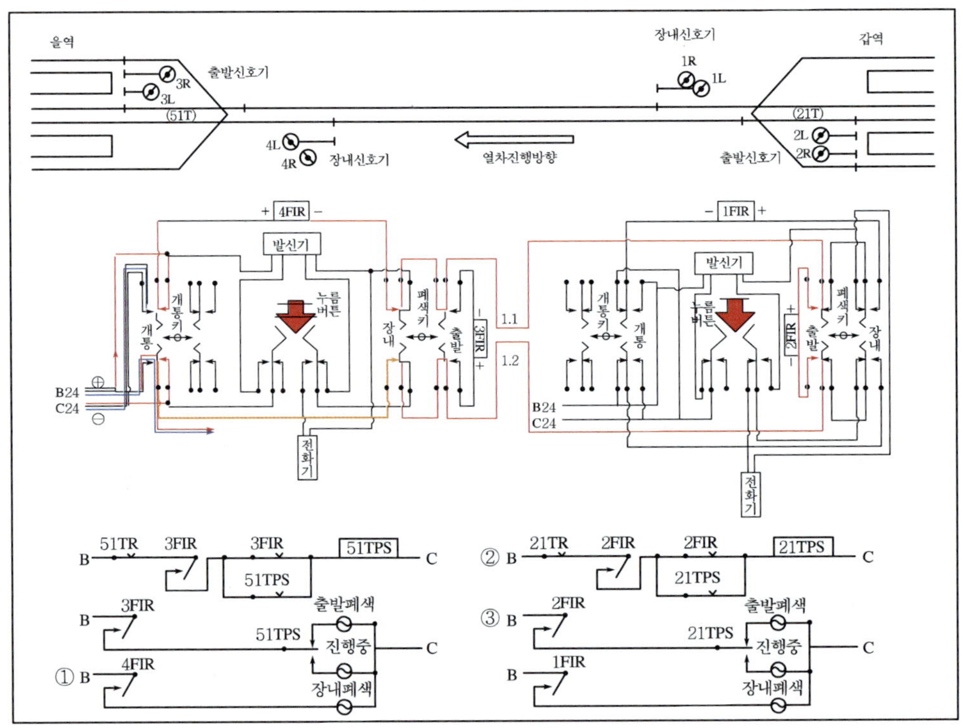

그림 9.7 연동폐색기의 회로도

3) 자동폐색장치(automatic block system : ABS)

자동폐색장치는 레일을 전기회로로 사용하여 레일 위에 차량의 유무(有無)여부에 따라 자동적으로 제어하는 시스템이다.

그림 9.8과 같이 한 폐색구간을 이음매절연으로 전기적으로 절연(絶緣)시켜(임피던스본드를 설치하여 신호전류는 통하지 못하게 하고 주회로 전류 즉 차량에 동력을 공급하는 전차선 전류는 통과하도록 하였음) 인접 폐색구간과 구분하면서 폐색구간 내의 레일이음매는 동(銅)연선제 레일본드로 접속시켜 전류가 자유롭게 통하게 한다.

폐색구간 입구에 궤도계전기를 설치하고 폐색구간 출구에 전원을 설치하여 항상 전류를 흘려보내면 궤도계전기의 코일이 여자(勵磁)되어 스위치를 잡아당기고 자동신호기의 녹색등을 점등시킨다.

만약 열차가 이 구간에 진입하면 레일에 흐르는 전류가 궤도계전기까지 흐르지 않고 차축을 통해 흘려버려(즉 단락되어) 스위치는 원상태로 돌아가 적색등이 켜져 정지신호가 된다.

이와 같은 자동폐색방식은 안전을 확보하면서 가능한 높은 속도로 운전하여야 한다는 열차운전의 과제를 고려할 때 가장 적합한 폐색방식으로 다른 폐색방식들이 열차의 안전 운전을 위해 폐색기, 신호기 등의 외부설비를 조작하여야 하는 대단히 복잡한 운전방식인 데 반해 어떠한 폐색장치도 설치할 필요가 없는 합리적인 폐색방식이다.

또한 다른 폐색방식에서는 운행 중인 열차와 폐색기 및 신호기의 취급에는 하등의 본질적인 관계가 없으나 자동폐색신호방식에서는 열차의 운행, 폐색, 신호현시 등의 3자가 서로 분리할 수 없는 절대적인 상호관련, 즉 사람의 손을 빌지 않고 자동적으로 이루어지기 때문에 인간의 착오와 잘못 취급으로 인한 사고발생이 없으며 장치 전체의 확실성이 증가된다.

폐색구간에 진입할 운전허가증으로서 통표를 사용하는 것은 좋은 생각임에는 틀림없으나 통과열차의 경우 통표를 주고받기 위해 저속운전을 해야 할 뿐 아니라 수작업 역시 정신적, 육체적으로 간단치 않다.

더구나 신호와 통표라는 두 가지 요소로 운전하게 되어 있어 통표, 신호 중 어느 하나를 경시할 경우 위험할 수 있는 등 불합리한 점이 많은데 비해 자동폐색방식은 신호현시만으로 운전할 수 있어 여러 면에서 경제적이다.

더구나 자동폐색식에 있어서는 폐색장치가 필요치 않아 자동폐색신호기만을 설치하여 용이하게 폐색구간을 여러 개로 분할하여 고밀도 운전이 가능하기 때문에 수송력을 대폭 향상시킬 수 있다.

그림 9.9는 자동폐색장치의 구성 및 철도공사의 신호현시별 설치구간을 표시한다.

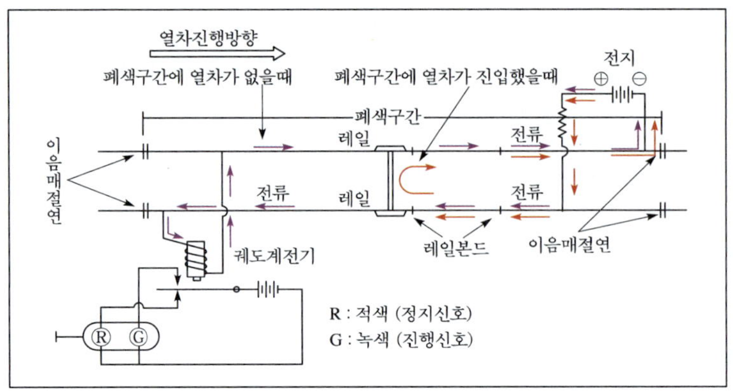

그림 9.8 2위식 자동신호기의 원리

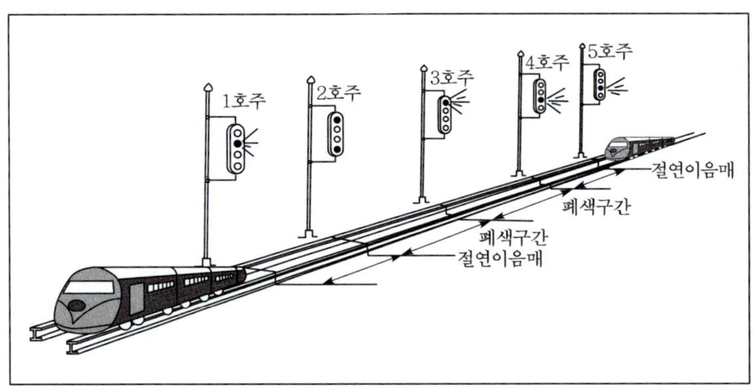

그림 9.9 자동폐색장치의 구성 및 설치구간

4) 이동폐색방식(moving block system : MBS)

이 방식은 열차속도와 위치, 종별에 관계없이 신호기와 궤도회로 등으로 고정된 폐색구간의 길이에 따라 선행열차와 후속열차의 간격이 유지되고 운전시격이 거의 폐색구간 길이에 따라 결정되는 종전의 고정폐색방식과는 달리, 열차와 열차 사이에 일정한 거리를 두고 운행하는 공간간격법으로서 선행열차와 후속열차의 공간간격은 제동거리 이상만 확보되면 안전하므로, 후속열차가 연속적으로 제동거리 이상의 열차간격을 유지하며 주행할 수 있다면 이론상으로 가장 짧은 시격의 운행패턴이 된다.

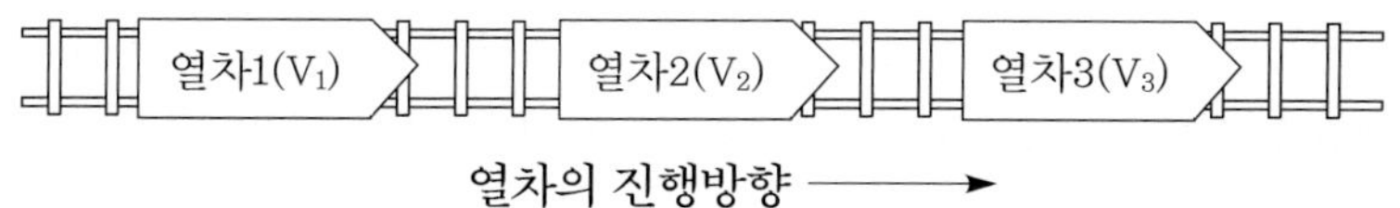

위 그림에서 열차간의 안전거리는 선행열차와 후속열차의 속도 차이(V_2-V_1) 또는 (V_3-V_2)에 따라 좌우되며 운전시격은 이들의 값에 따라 항상 변화할 수 있다. 따라서 열차간의 거리는 더 이상 폐색구간의 길이에 의해 제한되지 않으므로 최소한으로 감소된다.

다시 말하면 선행열차의 위치를 추적하고 후속열차의 종별, 속도 및 제동력에 따라 필요한 제동거리가 확보되므로 최소 열차간격을 유지하도록 후속열차를 제어하는 방식이다.

이와 같은 폐색방식을 이동폐색방식이라 하며 이 시스템에서 폐색구간은 선행열차의 이동 위치나 후속열차의 속도에 따라 이동되거나 단축되도록 제어함으로 열차간의 간격에 무리가 따르지 않으며 열차운전시격을 최대한 단축할 수 있다.

이 방식은 선행열차의 속도와 위치 및 열차번호가 지상설비를 통해 후속열차에 전송되면 후속열차는 자신의 현재위치 및 속도를 지상으로부터 수신된 데이터 및 최대허용속도와 비교를 한 후 최대주행속도를 실시간으로 계산해 낸다. 즉 열차자신의 속도에 따라 전방열차와의 안전제동거리를 스스로 판단한다.

그래서 이 제어방식이 열차간격 단축 효과가 가장 크다.

5) 임피던스본드(impedance bond)

전철구간에서는 전차선 귀선전류와 신호전류가 동일한 레일을 통하여 흐르게 된다.

신호전류는 한 개의 궤도회로 내에서만 흘러야 하고 전차선귀선전류는 연속궤도회로를 통하여 인근 변전소까지 연결되어야 한다. 이를 위하여 궤도회로 경계지점에는 전차선전류는 통과시키고 신호전류는 차단하는 장치가 필요한데 이것이 임피던스 본드이다.

전기를 통하는 도체에 전류가 흐르는 것을 방해하는 힘은 직류에서는 저항(resistance)뿐이지만 방향 및 크기가 시시각각 변하는 교류는 저항 이외에도 리액턴스(reactance)라는 전류의 흐름을 방해하는 성분이 있다. 이 리액턴스에는 코일통과시의 유도작용에 의한 유도리액턴스와 축전작용에 의한 용량리액턴스가 있으며 저항과 리액턴스를 합성한 것을 임피던스라 한다.

임피던스본드는 그림 9.10에서와 같이 전차선 전류는 ⊖극성이 레일의 양쪽에 반반씩 반대방향으로 흐르므로 임피던스본드의 철심은 자화(磁化)되지 못해 2차 코일로는 유기(誘起)되지 못하고 전기적중성점을 거쳐 인근 궤도회로로 흐른다.

신호전류는 한 방향으로만 흐르므로 철심을 자화시켜 2차 코일에 전압을 유기 후 계전기를 여자시킨다.

이때 철심의 전기적 중성점에는 전위차가 발생하지 않으므로 인접궤도회로로 신호전류는 유출되지 않는다.

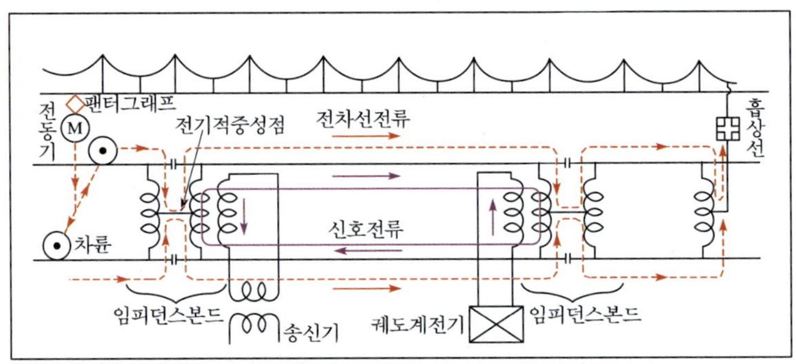

그림 9.10 임피던스본드의 원리

5. 보안장치의 메커니즘

승객의 안전을 확보하기 위해 여러 가지 보안장치가 고안되어 사용되고 있는데 사고를 사전에 방지하기 위한 운전보안장치와 만일의 사고 시 안전을 지키는 장치로 크게 나누어 생각할 수 있다.

1) 자동열차정지장치(ATS)

열차를 안전하게 운행하려면 차량과 선로가 정상적인 상태여야 함은 물론이고 운전자가 수시로 상황을 판단하여 적절한 조치를 취해야하는 경우도 많다.

운전자는 항상 전방을 감시하면서 시각적으로 지상신호기를 보고 진로상의 안전을 확인하는 것이 일반적이다. 선로에는 일정간격으로 신호기를 설치하여 운전자는 신호기에 나타나는 신호에 따라 운전한다.

G(Green)는 그 구간에 정해진 최고속도까지 속도제한 없이 운전하고 Y(Yellow)가 나타났을 때에는 주의신호로 제한속도를 정해 그 이하의 속도로 운전하여야 하며 R(Red)신호에는 신호기 앞에 정지하여야 한다.

선로상의 앞 열차와 뒤 열차와의 상호 위치에 따라 자동적으로 신호가 변하여 운전자는 이 신호를 보고 열차를 조종하면 돌연한 중대 사고는 일어나지 않는다.

그러나 악천후 등의 기상조건이나 착각, 실념(失念) 혹은 갑작스런 육체적 장애 등으로 잘못 보았을 때를 가정하고 이에 대한 보완기능으로서 고안된 것이 바로 ATS(automatic train stop)이다.

우리나라에서 사용하고 있는 ATS시스템은 점제어식의 S-1형과 속도조사식인 S-2형이 있다.

(1) 점제어식(S-1형) ATS의 원리

그림 9.11과 같이 선행열차 A가 어떤 이유로 인해 정지하고 있다고 하자.

후속열차 B는 I의 상태에서는 통상적인 운전을 하고 있다.

II의 상태에서는 3번 신호기를 넘어 다음 폐색구간에 진입함에 따라 전방의 신호기에는 Y신호가 나타나고 속도를 제한속도 이내로 낮추기 위해 브레이크를 잡아 감속한다.

계속하여 III의 상태로 되면 운전자가 정지신호 R을 보고 브레이크를 다시 잡아 정지하게 되는 것이다.

III의 상태에서 1번신호기에 접근하면 운전자의 주의를 환기하기 위해 지상에서 차량으로 신호를 보내주는 지상자로부터 신호를 받아 붉은색 램프가 켜지면서 경보벨이 울린다.

이때 정해진 시간(가령 5초)내에 운전자가 브레이크를 잡아야 하지만 혹시 경보를 무시하고 운전하는 경우 5초가 지나면 비상브레이크가 작동하여 열차가 정지하게 되는 구조이다.

지상자로부터의 신호를 받는 것은 차량에 탑재된 차상자인데 코일의 일종인 이 차상자는 레일에 흐르는 고주파전류나 궤도 내에 설치된 코일 모양의 지상자와의 유도작용에 의해 정보를 수신하는 것이 일반적이다.

R신호가 현시되어 있는 신호기와 제어케이블로 연결된 ATS 지상자는 열차의 운행 속도, 제동성능 등을 고려하여 제동을 체결하였을 때 적색신호기를 통과해 버리지 않고 멈출 수 있는 만큼의 거리에 설치한다.

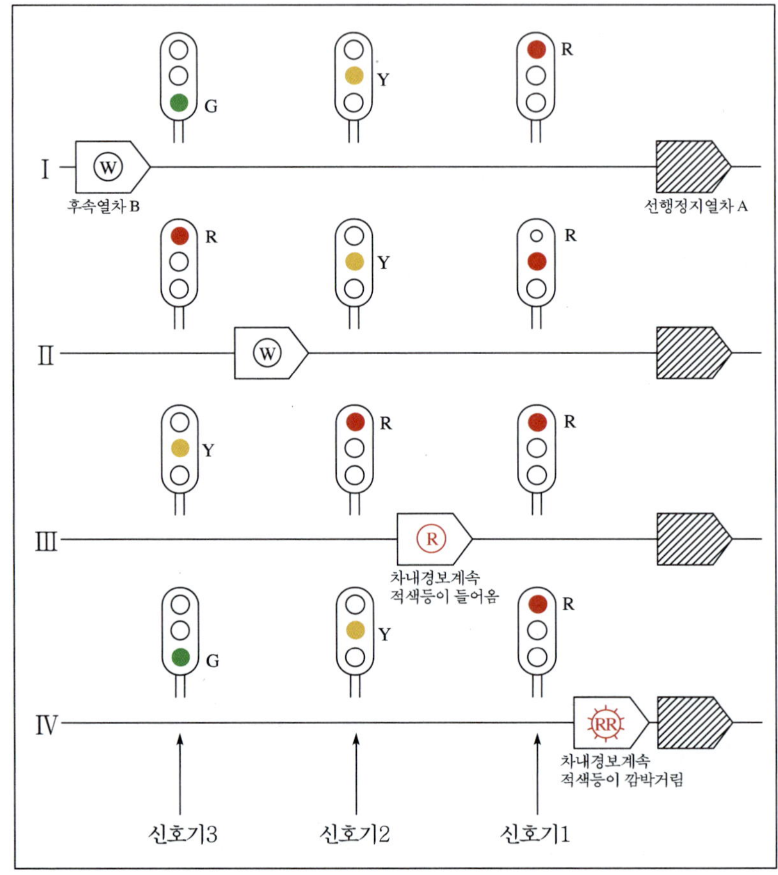

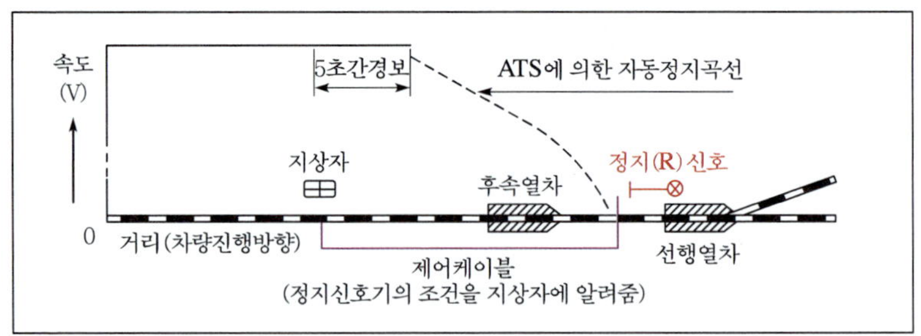

그림 9.11 점제어식(S-1형)의 열차제어

(2) 속도조사식(S-2형) ATS의 원리

S-2형의 경우도 원리는 S-1형과 같으나 지상자가 전방 신호기의 조건이 무엇인지를 지상자의 공진주파수를 통하여 차상자에게 알려주면 차상자가 차량의 속도와 비교 판단하여 적절한 조치를 취하는 S-1형과는 달리 지상자를 해당신호기의 바로 밑에 설치하는데 이는 신호기가 이미 전방의 상황을 파악하여 이를 모두 고려한 다음 신호를 현시하고 있기 때문이다.

가령 어떤 신호기에 정지(R)신호가 나타난다는 것은 이미 그 이전의 신호기를 통과하면서 차량의 속도가 낮추어져 있기 때문에 S-1형처럼 충분한 제동거리를 신호기와 지상자 사이에 둘 필요가 없는 것이다.

지상자는 S-1형이 130kHz의 공진회로를 구성하고 있음에 반해 130~98kHz 사이에 약 4~5가지의 공진회로를 구성하고 있다.

만약 주의(Y)신호구간에서 허용최고속도 60KPH인데 차량은 70KPH로 달리고 있다면 속도발전기를 통해 차량의 속도를 알고 있는 차상장치가 지상자가 보낸 주파수(Y구간 60KPH의 주파수)와 비교하여 차량속도가 빠르다고 생각하거나 기관사가 3초 이내에 개입하지 않으면 자동으로 비상제동이 체결되어 안전을 확보하는 시스템이다.

2) 자동열차제어장치(ATC)

고속열차에서는 운전자의 시각능력에 의존하여 지상신호기에 의해 운전하는 것은 운전자에게 심한 긴장감을 줄 뿐만 아니라 안전 확보라는 측면에서도 불안하다.

또한 터널내의 커브 등이 많은 지하철구간 등에서는 시계가 확보되지 않아 지상신호기는 적합하지 않다.

이런 이유로 지상신호기에 의존하지 않는 시스템으로 고안된 것이 ATC(automatic train control)시스템이다.

ATS에서는 운전자의 신호 오인 시 비상제동이 걸리게 되어 있는 시스템이지만 ATC에서는 지상신호가 없고 운전실 안의 속도계에 진로상의 상황에 응하여 주행 가능한 속도를 운전자가 항상 알 수 있도록 표시해 주고 속도 초과 시에는 자동적으로 적정한 브레이크를 작동시켜 속도를 조절하면서 운전을 계속할 수 있도록 한다.

ATS시스템은 열차가 주행하고 있는 구간에서 시속 몇 km로 운전할 수 있는지를 자기 담당구간내의 열차 점유 상황을 파악하여 알고 있는 역 구내의 연동장치가 신호기에 신호를 현시해 주면서 차상자에게는 노변신호기의 조건을 지상자를 통해 사전에 알려주는 데 비해, ATC시스템에서는 주행구간의 속도명령, 즉 시속 몇 km로 달려야 한다는 적극적인 속도제어명령을 직접 궤도회로에 보내주어 ATS시스템과는 달리 지상신호기가 없으므로 이를 레일 바로 위에 설치된 차량의 연속정보수신센서(Pick-up coil)에서 받아 전방의 신호조건에 따라 수시로 변하는 조건에 맞추어 최적운전을 할 수 있는 시스템이라 할 수 있다.

그림 9.12는 운전실에 설치되어 있는 속도계의 한 예로써 차내 신호(cap-signal)라 부르는데 어떤 폐색구간에의 규정 속도가 속도계에 45, 90처럼 램프형식 등(燈)으로 표시되어 있고 속도계의 속도는 현재의 열차속도이다.

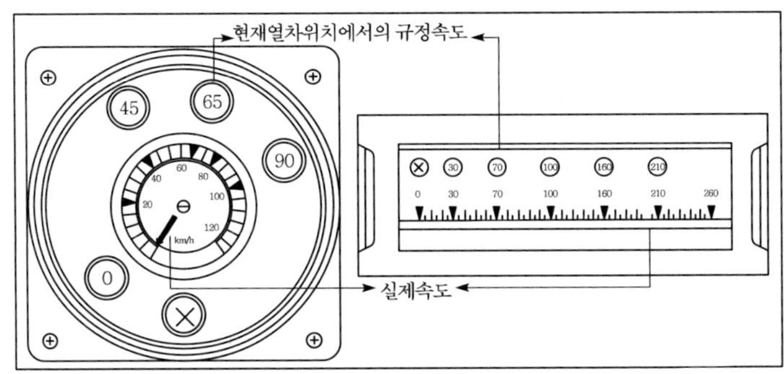

그림 9.12 차내 신호를 위한 운전실 내 속도계

운전자는 차내 신호를 확인하여 0이나 X 이외의 규정 속도가 켜 있으면 주간제어기를 취급, 역행(力行)운전을 할 수 있다.

지금 90 램프가 켜 있고 85km/h의 속도로 운전한다고 가정하자. 진로상의 선행열차와의 관계에서 규정 속도가 65로 변하면 벨이 한 번 울리면서 자동적으로 속도가 65km/h 이하로 조절된다.

ATC운전의 감속모양을 운전곡선으로 표시하면 그림 9.13과 같다.

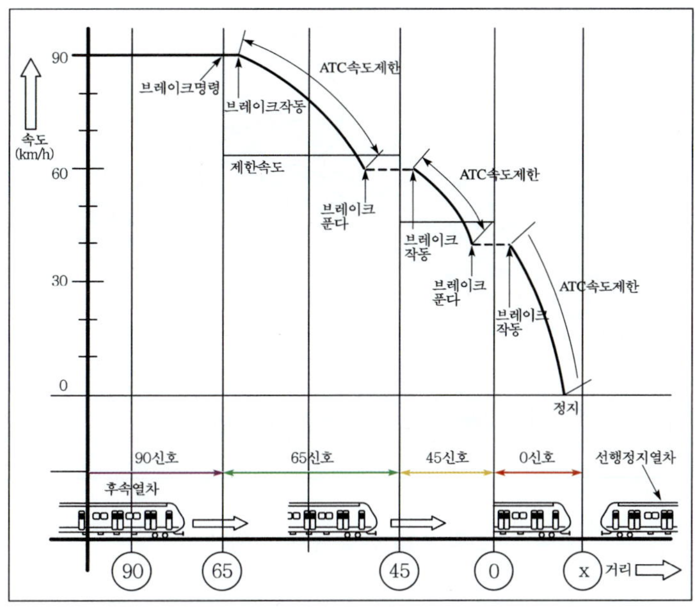

그림 9.13 ATC에 의한 운전원리 설명도

그림 9.14에서처럼 고속열차는 속도가 높기 때문에 열차의 제동거리가 길어지고 따라서 안전을 확보하기 위해서는 제동순서(breaking sequence)가 길어진다.

정차역의 승강장 진입 시에는 안전을 확보하기 위해 진입로에 필히 30 신호가 설치되어 열차가 30신호를 받은 경우에는 ATC기능으로 자동 감속되고 30kph 이하로 되었음을 속도계에서 확인한 후에는 확인 버튼을 눌러 수동에 의해 브레이크 밸브를 취급하도록 하여 정차 위치에 맞추어 정지시킨다.

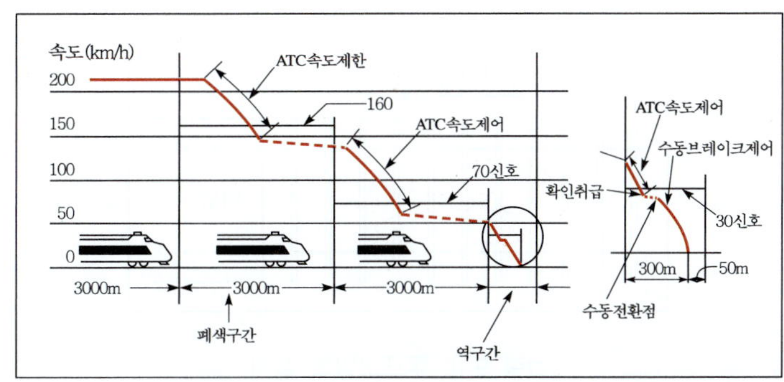

그림 9.14 고속열차의 ATC에 의한 운전모드

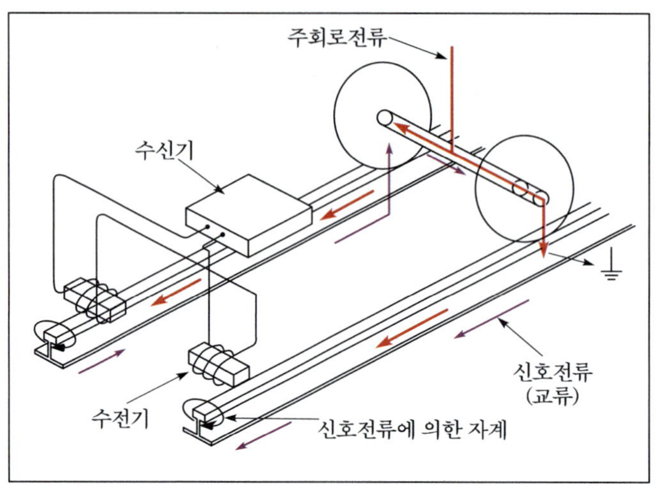

그림 9.15 신호 수신의 원리

ATC신호전류는 신호의 종류에 따라 주파수가 바뀌어 차량에 설치된 수전기와의 전자유도작용에 의해 코일에 기전력이 발생하는 방식으로 차상 시스템에 전달하여 차상시스템은 받아들인 정보를 분석하여 필요한 조치를 취하도록 되어 있다.

앞서 설명한 것처럼 ATC는 차량의 속도를 제어하는 역할을 하는 시스템이면서 터널, 교량, 전차선, 종단구간에 루프코일을 설치하여 가령 터널 진입 시에는 전방에 터널이 있다는 것을 차량에 알려 차량의 공기기밀장치가 동작하도록 한다든지, 전차선 종단(終端)구간임을 기관사에게 알려주어 팬터그래프를 내리게 하는 등 적절한 조치를 취할 수 있게 하는 역할도 한다.

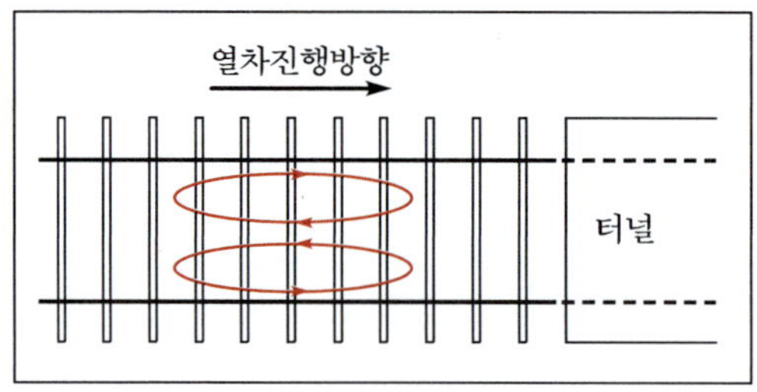

그림 9.16 루프코일의 설치

3) 자동열차운전장치(ATO)

열차가 정거장을 발차하여 다음 정거장에 정차할 때까지 가속, 감속, 정거장에서의 정위치 정차 등을 자동으로 수행하면서 ATC의 기능도 포함하고 있다.

ATO(automatic train operation)시스템에서는 자동운행 중 ATC에 의해 속도제한을 받을 경우에는 자동적으로 브레이크가 작동하며 속도제한이 해제되면 자동적으로 가속된다.

ATO시스템에서는 기관사는 기기를 감시하는 일을 할 뿐이며 무인운전도 가능하여 예산을 절감할 수 있고 안전하고 정확하여 여객서비스를 향상시킬 수도 있다.

그림 9.17과 같이 정거장에 접근한 열차는 제동 개시점을 통과한 다음 정차패턴에 따라 제동기를 가감하면서 정거장의 정해진 위치에 자동으로 정차한다.

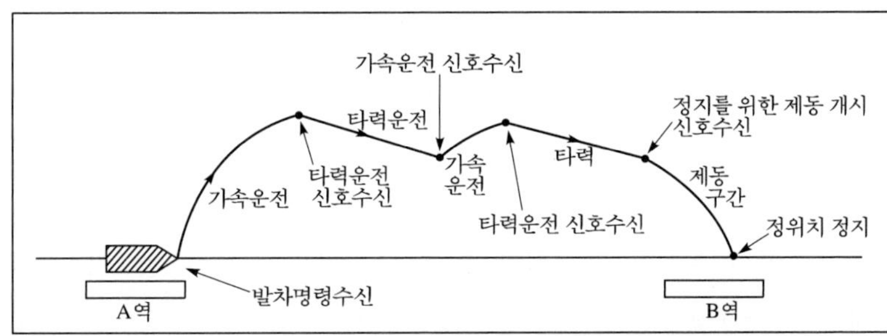

그림 9.17 ATO의 속도제어곡선

4) 데드맨(deadman)장치

운전자가 실신 혹은 충돌사고 등으로 인해 육체적 장애가 생겼을 때를 고려하여 열차의 폭주 등에 의한 사고를 방지하기 위해 고안된 장치로 주로 주간제어기의 핸들이나(핸들식 데드맨장치) 페달(페달식 데드맨장치)에 설치하여 손, 발을 일정시간 이상 뗀다든가 할 때는 비상브레이크가 작동하도록 하는 장치이다.

5) 기타보안장치

(1) 비상통보장치

객실 내에 무엇인가 이상이 발생했을 때 승객이 승무원에게 통보할 수 있도록 설치된 장치로 일반적으로 버튼 형식으로 된 스위치를 승객이 누르면 승무원실에 비상벨이 울림과 동시에 램프가 켜져 어떤 객실에 이상이 발생한 것인지를 승무원이 알 수 있도록 한 장치이다.

(2) 무선장치

중앙의 지령소와 운전 중인 열차 혹은 열차 상호간에 수시로 정보를 교환하여 예기치 않은 선로상황이나 차량의 이상 등에 관하여 신속한 조치를 할 수 있도록 하고 있다.

차량의 지붕 위에 송수신용 안테나를 설치하여 전파에 의해 교신하는 방식이 일반적으로 채택되고 있는바 공간파무선방식이라 부른다.

(3) 방송장치 등

방송장치는 열차지연 등의 정보를 전하여 승객의 불안감을 없애주고 만일의 사고발생 시에는 승무원이 승객을 안전하게 유도하는 기능도 한다. 또 천재지변 등의 예기치 안은 사고가 발생했을 때 승객이 차량으로부터 탈출하지 않으면 아니 될 상황도 있을 수 있다.

차량의 출입구는 승무원의 조작으로 자동개폐 되는 것이 일반적이고 대개 5km/h 이상의 속도로 열차가 가고 있을 때는 열리지 않도록 설계되어 있는 경우가 많다. 그러나 비상시에는 각 차량에 붙어있는 비상코크를 작동시켜 출입구를 개방할 수 있도록 되어 있다.

지하철의 지하구간에서는 차량측면 방향으로 나 있는 출입문으로 탈출하면 위험할 수 있기 때문에 지하철 차량에는 필히 양쪽 끝 방향에 출입할 수 있는 문이 있어 만약의 상황에 대비하고 있다.

6. 연동장치 및 CTC

1) 연동장치

정거장 밖에서는 폐색방식에 의해 1폐색구간 1열차로서 열차운전의 안전이 확보되고 있지만 정거장 구내에서는 많은 분기선이 있어 열차를 분할하거나 조성하는 작업을 할 때는 정거장 밖에서와 같이 폐색장치를 이용하는 것은 합리적이 아니다.

따라서 정거장 구내에서 열차운전의 안전을 확보하기 위해서는 입구의 장내신호기, 발차선의 출발신호기, 입환을 위한 입환신호기 등 신호기들 상호간에 그리고 이들 신호기와 분기기 상호간에는 약속된 조건이 충족될 때만 작동하도록 상호연쇄(interlocking)되어 있다. 이 연쇄관계를 유지하면서 작동하는 것을 연동이라 하고 정거장에는 이러한 연동장치를 설치하고 있다.

그림 9.18에서 정거장 외측으로부터 1번선에 열차를 진입시키려면 장내신호기 ①번을 진행으로, 장내신호기 ②번을 정지로 하고 선로전환기 ③번의 분기기를 1번선의 진로로 개통시키지 않으면 아니 된다.

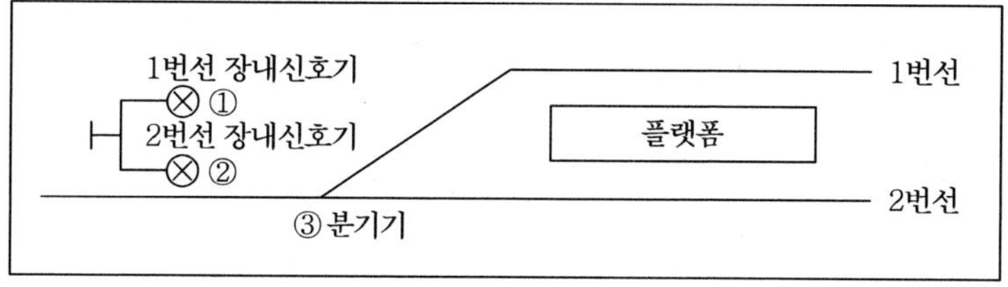

그림 9.18 역구내에서의 상호 연쇄

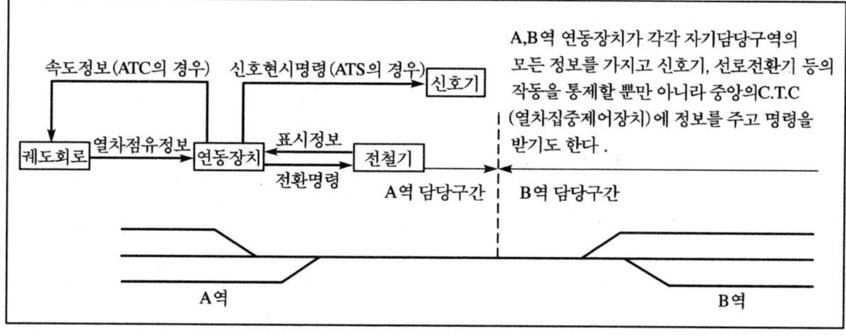

그림 9.19 연동장치의 정보교환 체계도

즉 신호기 ① 및 신호기 ②와 선로전환기 ③의 상호간에 기계적·전기적으로 관련을 가지고 있어 연동을 확인하는 것이 연동장치이다.

이 연동장치는 그림 9.19와 같이 정보를 주고받는다.

2) 열차집중제어장치(CTC)

최근에는 안전 확보나 열차운전 효율을 향상시키기 위해 CTC(centralized traffic control)가 널리 보급되고 있는데 이는 중앙의 CTC사령실에서 광범위한 구간의 많은 신호설비를 원격 제어하여 직접 운전취급을 할 수 있는 장치로서 각 역에 산재해 있는 신호기의 현시 여부, 전철기의 개통방향, 열차의 진행상태, 열차의 점유위치 등을 표시판을 통해서 한눈으로 감시하면서 열차의 운행변동, 규정 이외의 운전처리에 즉시 대처할 수 있는 현대화된 신호보안장치이다.

또한 CTC시스템을 열차운전에 도입함으로서 CTC 도입 이전에는 사령자가 전화로 열차의 소재를 파악하고 운전정리를 하였으나 CTC 도입 이후에는 중앙에서 전 구간의 운전상황을 파악하고 있으므로 운전정리를 효율적으로 할 수 있기 때문에 선로용량을 대폭 증대시켜 수송량을 늘릴 수 있다.

또한 열차의 출발, 도착 등 모든 열차운행정보를 기록하여 철도운행관리의 효율화를 기할 수 있는 설비이다.

CTC의 정보전달체계는 그림 9.20과 같다.

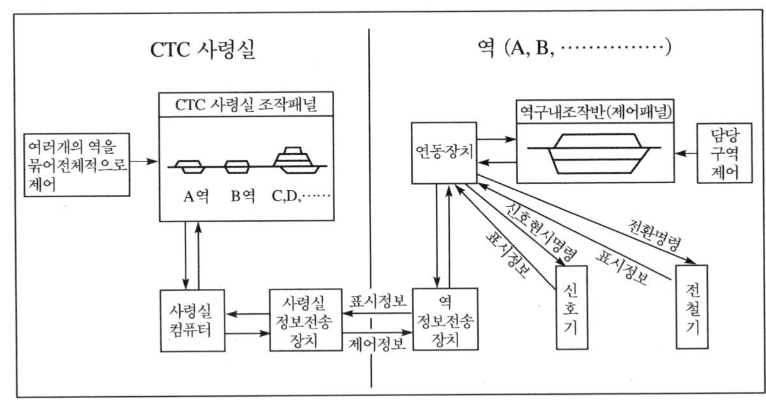

그림 9.20 CTC시스템의 정보전달체계

CTC사령실에서 열차를 원격제어하는 방법에는 세 가지가 있다.

첫째로, 패널제어로 CTC사령실의 조작패널은 그 CTC사령실이 담당하고 있는 여러 역의 구내 조작반(제어패널)을 한꺼번에 모아 놓은 것과 같아 패널의 누름 버튼을 누르는 등 역에서 담당구역을 제어하는 것과 똑같이 취급하여 제어하는 것이 가능한데 이 경우는 원격제어의 의미만 있다.

패널제어는 사령실의 컴퓨터에 장애가 생겼을 때에도 사용할 수 있도록 되어 있어 편리하다.

둘째로 탁상제어로 사령실 내에 있는 계기반(console)의 키보드와 영상화면을 이용하여 열차운전상황을 감시하고 신호설비를 제어하여 열차를 운전하는 방법으로 평시에는 이 방법을 사용한다.

셋째는 가장 현대적인 시스템인 자동제어로서 미리 짜진 열차의 운행계획에 따라 컴퓨터가 자동으로 신호설비를 제어하여 열차를 운전하는 방법이다.

한국고속철도에서는 자동제안기능이라 하여 열차 지연 또는 이례적인 상황 발생시 컴퓨터가 상황을 자동 분석하여 여러 가능한 대안을 제시, 사령자가 여러 상황을 감안한 후 선택할 수 있는 시스템도 채택하고 있다.

7. 건널목장치

1) 건널목 경보장치

열차와 통행자의 안전 확보를 위해서는 건널목 경보장치가 큰 역할을 하고 있는바 복선궤도회로방식, 단선궤도회로방식과 궤도회로가 없는 구간에서의 단선 및 복선의 경보장치가 조금씩 다르다.

(1) 궤도회로가 설치된 구간의 건널목 경보장치

가. 단선구간

단선구간에서는 열차가 양쪽 어느 곳에서나 진입할 수 있기 때문에 궤도회로를 건널목에서 절연하여 두 구간으로 나누면 왼쪽에서 오른쪽으로 주행하는 열차는 B구간에 열차가 진입하면 경보가 동작하고 A구간에 진입하면 경보가 꺼지도록 하는 시스템이다. 물론 열차가 A→B로 주행할 때는 그 반대이다.

나. 복선구간

건널목제어거리(구간의 속도, 차량의 제동성능 등을 감안)에 알맞은 길이로 궤도회로가 설치되어 있어서 열차가 이 구간에 진입하면 경보(경보등, 경보벨, 차단기 등)가 동작하도록 되어 있다.

(2) 궤도회로가 없는 구간의 건널목 경보장치

가. 단선구간

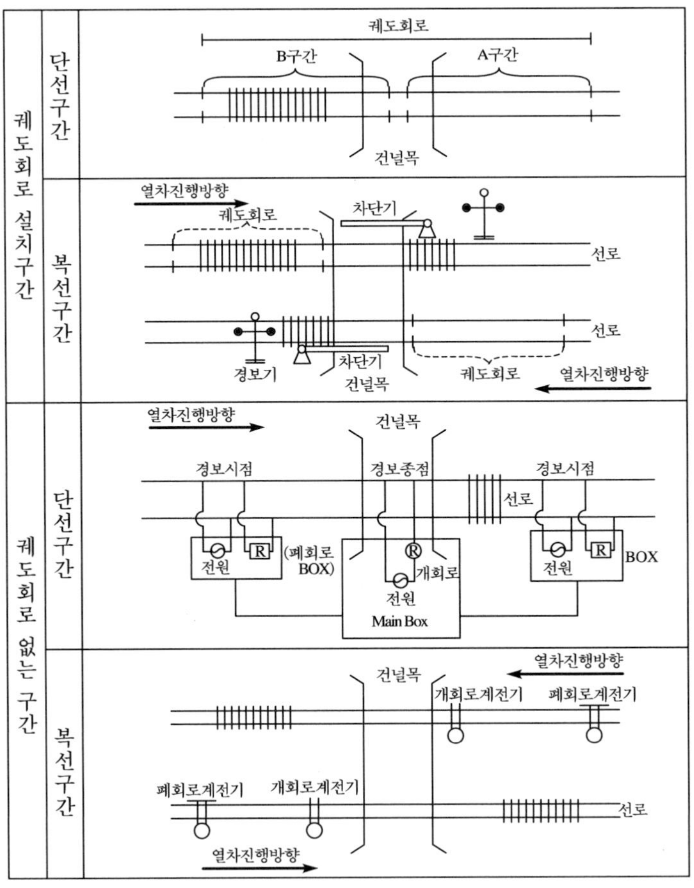

그림 9.21 건널목 경보장치

열차가 경보시점에 진입하면 일종의 작은 궤도회로라고 볼 수 있는 폐쇄회로로 구성되어 있던 계전기가 차축에 의해 회로가 구성되면서 낙하조건을 경보종점의 Main Box에 송신하면 경보가 동작하고 열차가 경보종점구간을 지나는 것 역시 같은 원리로 감지하여 경보를 해제한다. 열차진행 방향이 바뀌면 반대로 동작한다.

(3) 복선구간

복선구간에서는 열차의 진행방향이 정해져 있어 경보시점과 경보종점이 설치되어 있다.

다. 기타 건널목 부수장치

(1) 건널목 지장물 검지장치

자동차 등이 고장으로 철도건널목을 막고 있을 때 이를 레이저로 탐지하여 건널목에 접근중인 열차에 알려 정지하도록 하는 장치이다.

S1, S2, S3는 레이저광선 발광기이고 R1, R2, R3는 레이저광선 수신기로 레이저 광선의 진로 중간에 물체가 놓여 있으면 진로가 방해받아 이 정보를 건널목으로부터 적당한 제동거리만큼 떨어져 있는 특수발광기에 전달하면 특수발광기에서 빛을 발하여 접근하는 열차에 알린다.

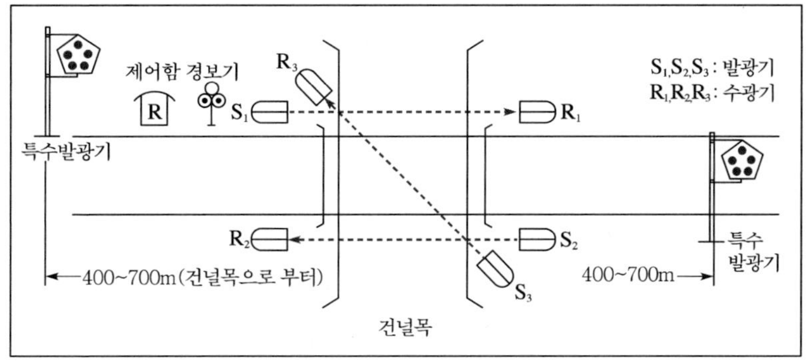

그림 9.22 건널목 지장물 검지장치

(2) 건널목 정보분석장치(black box)

주요 건널목의 제어 유니트 안에 들어가 있어 건널목의 동작 상태를 완벽하게 기록하여 동종의 사고가 재발하는 것을 방지한다.

(3) 건널목 고장감시장치

각 건널목마다 건널목 고장감시 자(子)장치가 설치되어 경보종, 경보등, 차단기 등의 상태를 감시하고 이상 발생 시 인근 역에 설치되어 있는 건널목 감시 모(母)장치에 송신하여 보수자가 즉시 보수할 수 있도록 한다.

CHAPTER 10
철도통신

1. 철도 통신의 전체모습

열차의 운행이나 철도 선로상의 작업 또 역구내에서의 작업 시 안전을 확보하기 위한 중요한 수단이 철도통신이다. 또 일반 통신용 업무전화, 철도를 이용하는 승객안내, 방송 등 여객서비스용 통신설비도 철도통신의 대표적인 예이다.

다음의 철도통신시스템을 간단히 설명하면 운전사령실, 전기사령실, 역, 운전사무소, 신호사령실 등에 지령전화를 두고 현장과의 통신을 유지한다.

입환 작업을 위해서는 연락용 고성전화기가 현장에 세워져 있어 운전, 신호 사령실과 수시로 통신을 한다. 역구내에는 여객서비스 향상을 위한 방송설비, 전기시계, CCTV, 행선안내 표시기 등 다양한 설비를 갖추고 있다.

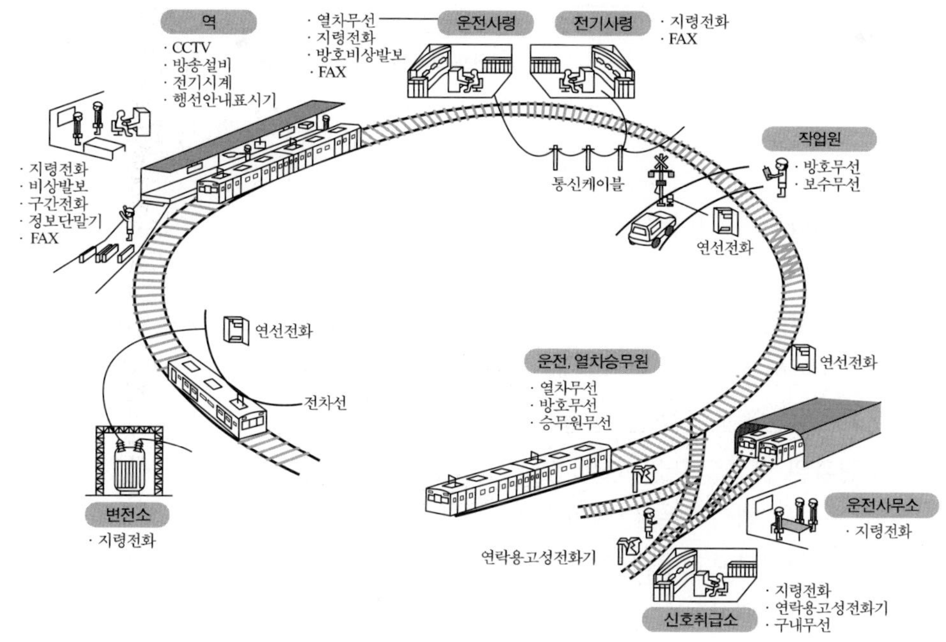

그림 10.1 철도 통신의 전체모습

2. 지령전화

철도통신의 대표는 무엇보다 안전 확보를 위한 통신설비 즉 보안통신 설비로 열차의 안전 확보를 위해 열차운행이나 운전설비 유지업무에 사용되는 지령전화가 있다. 지령전화에는 유선지령전화와 열차무선지령전화가 있다. 유선지령전화는 지령을 내리는 사령실(운전사령실)과 역, 운전사무소와의 연락에 사용되는 전화이다. 운전사령실에는 전화기마다의 개별호출도 가능하지만 몇 개의 전화기를 선택하거나 모든 전화기를 선택하여 명령을 하달하고 상대측의 정보를 전달 받을 수 있다.

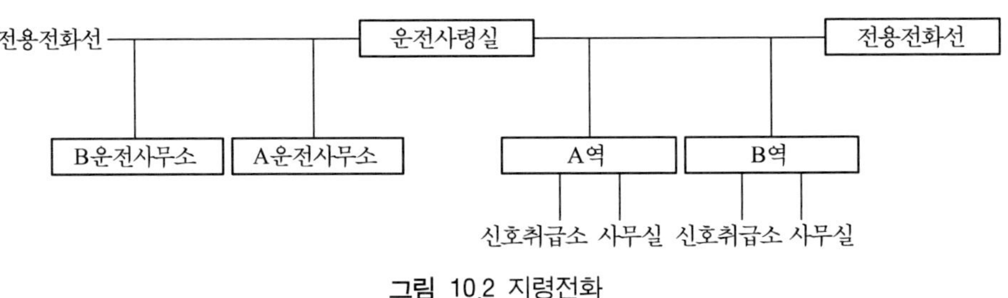

그림 10.2 지령전화

유선지령전화는 유선이기 때문에 긴급 상황시 언제라도 상호간에 명령과 정보의 전달이 가능하고 회선과 기기의 신뢰성이 높다. 호출 오류가 없고 신속 정확한 것도 장점이다. 열차무선 지령전화는 운전사령실의 사령요원과 열차승무원과의 사이에 안전 확보를 위해 사용되는데 공간파 무선과 유도무선이 있다. 공간파 무선은 다시 안테나형과 누설 동축케이블형으로 나눌 수 있는데 안테나형은 사령실 사령요원과 열차승무원과의 정보교환을 위해 철도연변에 각존별 기지국을 두어 특정 기지국이 담당존의 통신을 책임지는 형태이다. 시스템 구성의 예를 보면 다음 그림과 같다. 여기서 F1은 기지국으로부터 열차로 송신하는 주파수이고 fa는 열차로부터 송신하는 주파수를 나타낸다.

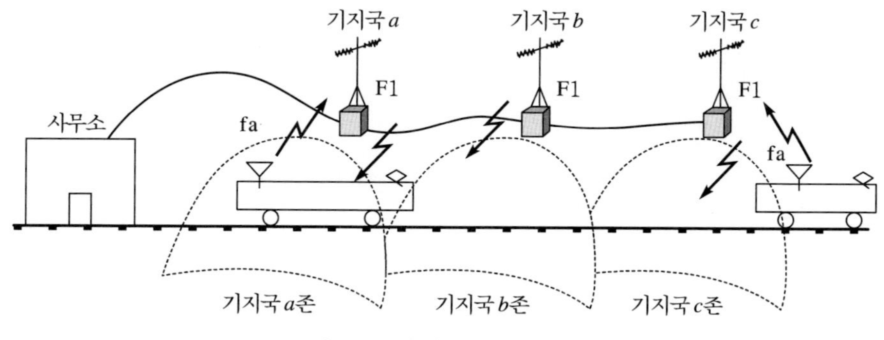

그림 10.3 안테나형 공간파무선

안테나형 공간파 무선은 무선의 특성상 열차의 현재위치에 따라 전파의 강약이 크게 변하고 지형이나 건물의 존재여부에 따라서도 영향이 크다. 특히 도시지역 내에서의 잡음이 크다. 전파의 불감지대나 터널에서는 통신이 불가능한 것도 큰 단점중의 하나이다. 누설동축 케이블형 공간파무선은 터널내부에서의 통신이나 기지국을 짧은 간격마다 설치할 수 없는 대도시 지역에서 주로 사용한다.

누설동축 케이블(LCX, leaky coaxial cable)은 케이블 내에 중심도체와 외측도체가 있는데 이 외축도체의 길이 방향으로 주기적으로 slot(전파 방사용의 창)을 만들어 케이블 내부에서 전송되고 있는 전기신호 에너지의 일부가 전파로 외부에 방사되어지고 터널이나 대도시 지역을 통과 하고 있는 열차의 안테나 와 교신하는 구조이다. 터널의 입구에는 부스터(중계기)를 설치하고 터널의 길이가 길 때에는 터널 내부에도 부스터(중계기)를 설치한다. 또 터널의 출구에도 주위가 산으로 가려져 무선 통신이 어려운 경우에는 안테나를 설치하기도 한다. 누설동축 케이블을 설치하는 데는 비용이 많이 드는 단점이 있으나 전파의 강도가 비교적 균일하고 잡음도 적어서 고품질의 통화나 전송이 가능하다.

유도무선이란 철도선로변의 유도선이나 혹은 전차선에 고주파 전류를 흐르게 하여 정전 유도현상이나 전자유도 현상을 이용하여 열차에 설치된 안테나와 통신하는 방식이다.

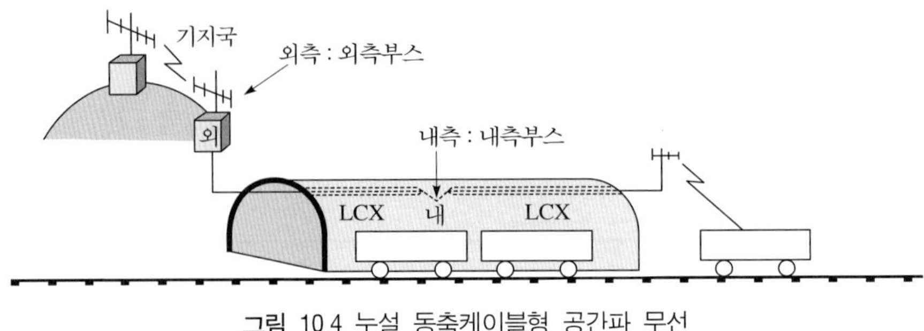

그림 10.4 누설 동축케이블형 공간파 무선

공간파 무선이 어려운 지하철 등에서 주로 사용한다.

차상의 안테나가 직접 유도선과 통신하는 직접 통신방식(a)과 일단 전차선과 열차가 통신하고 전차선은 다시 유도선과 통신하는 간접 통신방식(b), 팬터그래프를 거쳐 전차선과 직접 통신하는 전차선 통신방식(c)등 주로 3가지 형태로 나누어 볼 수 있다. 이 방식은 유도선의 전송손실이 적어 안정된 통신이 가능하나 노이즈의 영향을 받기 쉬운 단점도 있다.

(a)직접통신방식

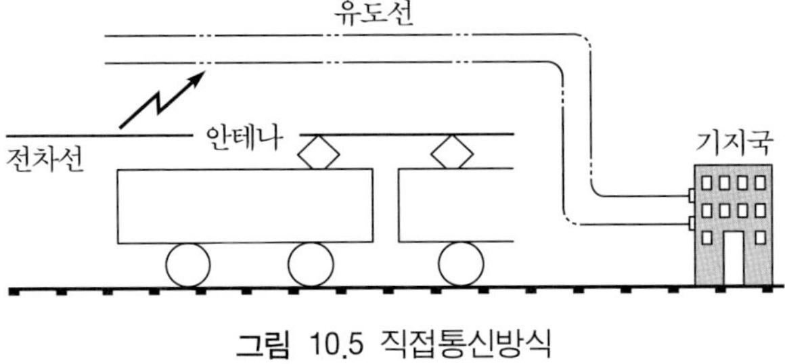

그림 10.5 직접통신방식

(b)간접통신방식

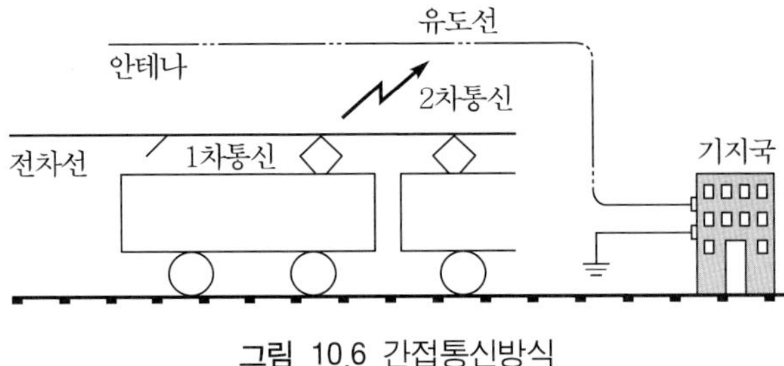

그림 10.6 간접통신방식

(c)전차선통신방식

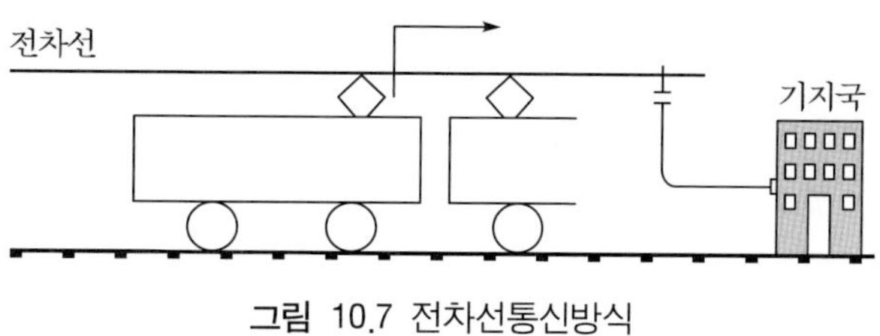

그림 10.7 전차선통신방식

3. 기타 보안통신설비

1) 연선전화

열차가 운행도중 사고 등 긴급한 상황이 발생하였을 경우 승무원이 인접역이나 기타관계기관에 전화 할 수 있도록 선로 연변에 설치한 연선단자박스 혹은 전화기를 연선전화라고 한다. 이 연선단자박스와 열차에 실려 있는 휴대용전화기간에 또는 전화기가 비치되어있는 곳의 전화기를 직접 사용하여 통신이 가능하도록 되어있다. 연선전화시스템은 보선이나 전기관계 직원의 관계기관과의 연락에도 사용되고 있다.

2) 운전전용전화

역상호 간에 열차의 운전을 협의하는 구간전화, 전철기를 제어하는 신호소와 역구내의 관련자와 연결하는 구내전화가 있다. 이 경우 상로정보교환이 신속하여야 하고 혼선이 있어도 안되므로 전용전화회선을 이용하여야 한다.

3) 연락용고성전화기

역구내에서 신호취급자와 현장작업자와의 작업 연락을 위한 전화기 이다. 신호취급소의 취급자는 개개의 현장작업자와 통화 할 수도 있고 여러 작업자와 동시 통화도 가능하다.

4) 승무원 무선전화, 구내무선전화

기관사나 차장 등 승무원과 역, 신호취급소 등과의 연락을 위해사용 하는 것이 승무원무선전화이고 화물역이나 운전사무소 등에서 열차를 입환 할 때 사용하는 것이 구내 무선전화이다.

5) 방호무선

열차의 탈선이나 선로장해 등 비상사태가 발생하였을 때 방호발보전화를 열차로부터 발사하여 마주오는 열차나 후속열차를 긴급 정지시키는 시스템이다. 마주 오는 대향열차나 뒤따라오는 후속열차는 이 전파를 수신하면 경보음이 울리고 승무원은 수동으로 열차를 중지시켜 추가적인 사고를 예방한다.

4. 여객서비스를 위한 통신설비

1) 방송장치

플랫폼의 여객에게 열차가 접근하고 있슴 혹은 열차의 도어가 닫힐 것임 등을 안내해주어 여객에게 주의를 환기시킴으로서 안전을 도모하는 장치이다.

2) 전기시계

전기시계는 시각을 정확하게 가리키는 어미시계의 시각이 중계기를 거쳐 여러역의 시계에 전달되어 시각표시에 통일을 기한다.

3) CCTV

CCTV는 주로 플랫폼에 설치되어 차장이 여객의 승강을 감시 하여 안전을 확보하는데 사용된다. 또 대합실에서의 여객 흐름도 감시하여 쾌적한 여행이 되도록 조치한다.

4) 행선안내 표시기

선행열차, 후속열차, 도착열차, 출발열차의 운행상황을 실시간으로 고객들에게 알리는 설비이다.

CHAPTER 11

열차운영관리

역 시설, 차량, 선로, 에너지 공급 및 신호 보안설비 등 철도의 모든 요소를 가장 효율적으로 조합하여 여객과 화물수송의 최적화를 달성하는 동시에 철도의 경제성도 높여야 하는 철도운영의 핵심이 바로 이 열차운영관리이다.

열차운영관리는 수송계획, 운전관리, 열차계획을 포함한다.

1. 수송계획

최고경영자의 경영방침과 수송수요를 근거로 하여 철도운영 실무자들이 수송계획을 수립하는데 수송계획의 주요 내용은 다음과 같다.

1) 수송력 설정

계절에 따른, 요일에 따른 또는 시간대에 따른 교통수요의 변화를 피크 때의 1시간 또는 하루 수송인수, 톤수를 조사하여 정한 다음 평균승차효율(고속열차의 경우 70%, 통근영차의 경우 150%로 하는 경우가 많다), 차량정원, 적재톤수를 감안하여 계산하면 소요되는 차량수를 구할 수 있고 다음에 열차편성과 열차 수를 구한다.

추석이나 설날 등과 같이 짧은 기간의 폭발적인 수송수요에 맞추어 수송력을 설정하는 것은 비경제적이지만 주말이나 휴가철 등과 같이 정상적인 수요 증가에는 충분히 대응할 수 있는 수송력을 가져야 할 것이다.

2) 열차방식의 선정

우선 어떤 구간의 열차를 전기차로 할 것인가 디젤차로 할 것인가를 정하고 또한 전기동차나 디젤동차처럼 동력분산식으로 할 것인지 아니면 전기기관차나 디젤기관차에 객차나 화차를 연결하는 동력집중방식으로 할 것인가를 정하여야 한다.

가령 통근용 지하철 차량을 동력분산식 전기동차로 하는 것은 견인력이 커서 대량수송이 가능하며 가·감속 성능이 좋아 구간이 짧은 역을 운행하면서 역행과 제동을 수시로 하여야 하는 경우 기동성이 큰 것이 이유이다.

동력분산열차의 이점이 없는 장거리 화물의 경우 기관차가 많은 수의 화차를 견인하는 동력집중방식이 경제적으로 유리하다.

3) 열차단위와 횟수의 결정

열차의 빈도가 많으면 많을수록 이용자에게는 편리하겠지만 열차승무원을 늘려야 하고 선로용량의 측면에서 보면 열차횟수를 늘리기보다는 열차의 용량을 크게 하는 것이 바람직하기 때문에 다른 교통기관과의 경쟁도 감안하여 적정한 빈도가 결정된다.

4) 열차종별의 책정

운행기간에 따라 정기 및 임시열차로, 여객열차에서는 특급 또는 보통열차로, 화물열차에서는 컨테이너 또는 전용열차 등과 같이 필요에 따라 여러 종류를 책정할 수 있다.

5) 열차속도의 책정

교통기관에 있어서 속도는 생명이랄 수도 있어 속도가 느린 교통기관은 결국 도태되는 운명에 처하게 된다.

속도는 차량의 성능, 선로규격, 전차선 설비, 신호보안 설비 등 철도시스템의 모든 요소와 관련이 있고 비용문제와도 결부되어 있기 때문에 자동차, 항공기 등 경쟁 교통기관의 동향도 예의 주시하면서 종합적으로 검토하여 결정되어야 한다.

2. 운전관리

수송계획에 기초하여 구체적인 열차종별 및 열차수의 책정, 열차다이어 작성, 차량 및 승무원의 운용계획 등의 운전계획업무, 열차운행지령을 관리하는 등의 열차운행관리업무, 열차운용 및 운전 등의 운전취급업무를 총칭하여 운전관리라 하며 열차운전관리업무에서는 무엇보다도 안전을 우선적으로 확보하여야 하므로 다음의 원칙들을 꼭 지켜야 한다.

① 충돌, 추돌 등을 막기 위해 1개구간에 1열차만 들어갈 수 있다는 폐색방식을 지켜야 한다.
② 열차의 운전은 원칙적으로 신호의 지시에 의하여야 한다.
③ 신호에 의한 속도제한 지시 외에도 선로의 규격, 곡선, 기울기, 분기기 등의 여러 가지 조건에 의한 속도제한 또 차량성능 등을 감안하여 열차속도를 제어하여야 한다.
④ 선로, 전차선, 건널목 등에 이상이 발생할 경우 즉각 열차에 알려 정지시켜야 한다.

3. 열차계획

구체적으로 열차운전을 계획할 때는 수송계획에 기초하여 다음의 조건을 고려하여 결정한다.

1) 수송력의 검토 확정

수송량 및 계절, 요일, 시간대별 수송량 변화 등을 고려하여 편성 당 좌석 수 혹은 적재 가능한 화물톤수 등으로 표시할 수 있는 각종 열차의 수송력을 결정한다.

여객 고속열차의 경우는 평균승차율 70%, 통근열차는 평균승차율 150%를 기준으로 소요차량수를 결정하는 경우가 많다.

승차율을 낮추어 잡으면 승객이 좌석에 앉아 갈 수 있는 확률이 높아져서 서비스 향상은 되겠으나 소요 차량수가 증가하여 비용이 증가하므로 경영상 불리하기 때문에 다른 교통기관과의 경쟁도 고려하여 판단되어야하다.

2) 열차운전설정구간

승객들의 이용 상황에 맞게 열차운전설정구간이 정해지지만 차량운용과도 종합하여 설정구간을 확정하여야 한다.

구간마다의 이용객의 숫자에 따라 편성열차의 차량수를 증가시키든가 혹은 열차 수

자체를 늘리든가 할 수 있는데 열차수를 증가시키는 것은 이용자의 열차 선택 범위가 넓어져 서비스 향상에는 좋겠으나 선로용량의 한계, 역 구내에서 차량을 분할하거나 연결하는 열차조성작업, 유치선의 유무, 차량운용 등을 종합하여 결정하여야 한다.

또한 갈아탈 필요가 없는 직통열차를 원하는 승객도 많으므로 수요가 있는 경우에는 직통열차도 운행하여야 한다.

3) 열차배열

어느 시간대에 어떻게 열차를 배열할 것인가?

여객, 화물과 같이 수송 대상물의 종류에 따라 또 차량운용과 선로용량, 역구내의 착발선 용량, 역의 대피선 등을 종합하여 결정하여야 한다.

여객의 경우는 오전 6시부터 오후 11시 사이에 배열하여 이용자의 편의를 우선으로 하고 화물의 경우는 야간 운전하여 다음날 아침 목적지에 도착하도록 하는 것이 좋다.

4) 차장률과 유효장

차장률은 차량 길이의 단위로 14m를 1량으로 환산하고 소수점 이하 2자리에서 반올림하여 결정한다.

또 선로에 열차 또는 차량을 수용함에 있어 인접선로의 열차 착발 또는 차량의 출입에 지장이 없는 한도 내에서 그 선로가 수용할 수 있는 최대의 길이를 정거장 유효장이라 한다. 정거장의 구내용량은 정거장 구내선로에 유치할 수 있는 차량수를 말한다. 차량수는 길이 14m를 1량으로 하는 차장률로 나타내는 것이다.

다음 그림은 차장률의 계산과 유효장을 나타내고 있다.

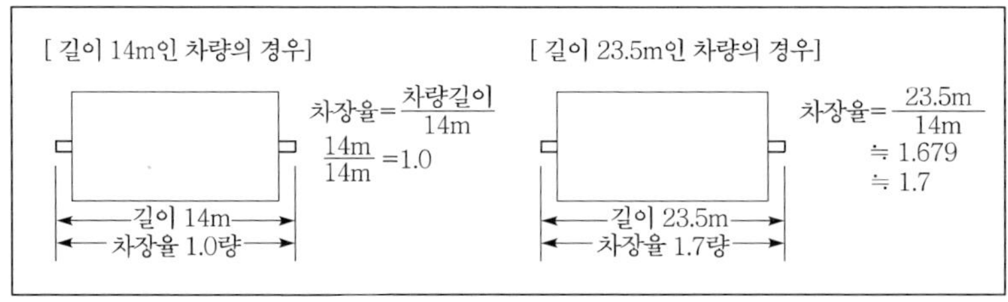

그림 11.1 차장률의 계산

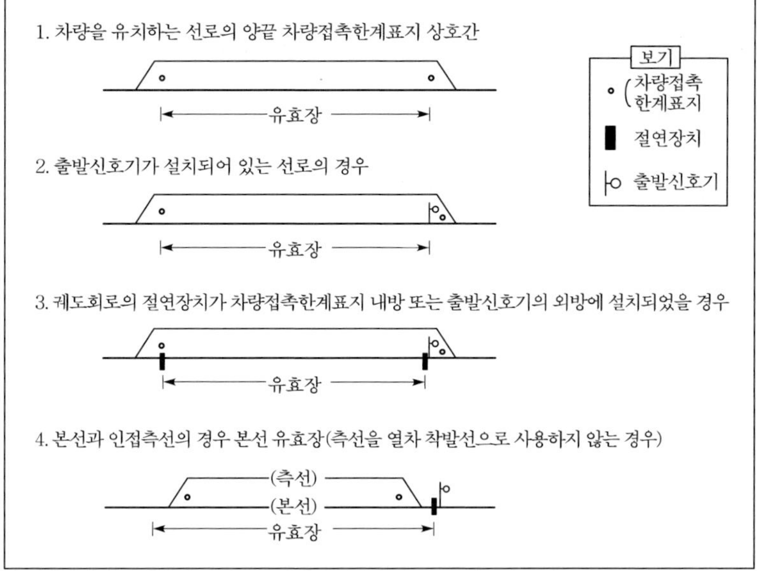

그림 11.2 선로의 유효장

5) 차중율과 견인정수

차중율이라 함은 열차운전상의 차량중량의 단위로서 차중환산법에 의해 환산하여 표시하는데 1.0량 총중량(자중 및 실제 적재중량, 다만 동력차는 관성중량을 더해줌)이 기관차는 30톤, 동차 및 객차는 40톤, 화차는 43.5톤을 기준으로 환산하며 소수점 이하 둘째자리에서 반올림한다(화물을 싣지 않은 공차일 때는 끊어 올림).

차중율은 다음 표와 같이 차종별, 영차 혹은 공차별로 정해져 있다.

영차(盈車)는 여객이나 화물을 적재한 차, 공차(空車)는 여객이나 화물을 싣지 않은 빈차를 말한다.

다음 표 11.1에서 예를 들어 보면, 디젤기관차 3000호대의 차중율은 연료, 냉각수, 살사용모래 등을 채운 영차의 경우 차중율은 2.7, 연료, 냉각수, 살사용모래 등을 채우지 않고 다른 동력차에 의해 끌려가는 공차 상태일 때는 2.6을 차중율로 잡는 것을 알 수 있다.

따라서 한 열차의 차중율을 구하려면 그 편성에 포함된 모든 차량의 차중율을 구하여 합해주면 된다.

견인정수는 운전기준에 의한 동력차의 안전한 최대견인능력을 말하며 그 단위는 차중율로 표시한다. 다만 동차열차는 동력을 가진 M차와 동력을 갖지 않은 T차의 편성비율로 표시한다.

예를 들어 표 11.2를 보면 7100~7300대 디젤기관차는 6.5의 차중율로 특갑의 속도(운전상 제한이 가장 큰 기울기에서 속도가 105km/h 이하로 떨어져서는 아니 됨)로 경부선을 주행할 능력을 가지고 있다는 뜻이고, 무궁화호 디젤동차가 특을의 속도로 경부선을 운행하려면 3M1T(편성 차량 4대 중 3대는 동력차, 나머지 1대는 동력이 없는 여객차의 편성)이상의 비율로 동력차의 비율이 높아야만 한다는 의미이다.

표 11.1 차중율을 나타낸 표의 일부(예)

1. 동력차

차종별		기호 또는 번호	차중율		차종별		기호 또는 번호	차중율	
			영	공				영	공
기관차	디젤	2000 호대	3.4	3.3	디젤동차	무궁화(DEC)	9201~9204(PMC)	1.6	1.5
		2100 호대	3.1	3.0			9301~9304(M)	1.2	1.1
		3000 호대	2.7	2.6			9401~9420(T)	1.0	1.0
		3100 호대	2.6	2.5		무궁화(NDC)	9211~9222(MC)	1.3	1.2
		3200 호대	2.6	2.5			9211~9322(M)	1.3	1.2
			2.8	2.7					

2. 객차

차종별		기호 또는 번호	차중율		차종별	기호 또는 번호	차중율	
			영	공			영	공
객차	특실	10041~10047	1.1	1.0	우편차			
	보통실	10051~10057	1.0	0.9			1.1	0.8
		10058~10059	1.1	1.0		171202,17105	1.1	0.8
		11101~11168	1.1	1.0		17135,17137	1.2	0.8
	식당	41~48	1.1	1.0		17901~17906	1.4	1.0
		85~87	1.1	1.0		17911~17934	1.0	0.9
		11021~11023	1.1	1.0			0.9	0.8
				1.0				

3. 화차

차종별		자중(톤)	하중(톤)	차중율		차종	차호	자중(톤)	하중(톤)	차중율	
				영	공					영	공
차장차	G83	20	50	1.7	0.5	유조차	426010,42602	20.5	30	1.2	0.5
	82201~82241	16.4	20	0.8	0.4		43004	16	45	1.4	0.4
	85009	19	20	0.9	0.5		44507	20	36	1.3	0.5
	85031~86510	20	40	1.4	0.5		44508	20.5	36	1.3	0.5
	86601~86619	19	6	0.6	0.5		45143~45170	20.4	40	1.4	0.5
	86621~86640	18.6	6	0.6	0.5		45201~45204	19	40	1.4	0.5

표 11.2 견인정수표의 예(경부 일반선)

구 간	서울 ~ 부산(상·하)																					
속도 / 기형	특갑	특을	특병	특정	급갑	급을	급병	급정	보갑	보을	보병	보정	혼갑	혼을	혼병	혼정	화갑	화을	화병	화정	화1	화2
2000												4.0	5.0	7.5	8.0	10.5	12.5	16.5	18.5	21.5		
2100									3.0	4.0	5.0	6.0	7.0	8.5	10.0	12.0	15.0	18.5	21.5	26.0		
3000									3.0	3.5	4.5	5.5	6.0	8.0	9.5	11.5	14.5	18.0	21.0	23.5		
3100									3.5	4.0	5.0	5.5	6.0	8.5	10.0	12.0	15.0	18.5	21.5	24.5		
3200									3.0	3.5	4.5	5.5	6.0	8.0	9.5	11.5	14.5	18.0	21.0	23.5		
4000~4200						3.0	4.0	5.0	6.0	6.5	7.0	8.0	9.0	11.0	13.5	17.0	21.0	25.0	28.0			
4300		3.0	3.5	4.0	4.5	5.0	6.0	7.0	8.0	8.5	9.0	10.0	11.0	13.0	15.5	19.0	23.0					
5000						4.5	5.5	6.0	7.0	8.0	9.0	10.5	12.5	15.0	18.0	22.0	27.5	36.0	40.0	47.0		
6000~6200						4.0	5.0	5.5	6.5	7.5	8.5	10.0	12.0	15.0	18.0	22.0	27.5	36.5	41.0	42.5		
6300						5.5	6.5	7.0	8.0	9.5	10.5	11.0	14.0	17.0	19.5	24.0	30.0					
7000	8.0	8.5	9.0	10.5	12.0	13.0	14.0	14.5	15.0	20.0	22.5											
7100~7300	6.5	7.5	8.0	8.5	9.5	11.0	11.5	12.5	14.0	15.0	17.0	19.0	23.0	27.0	32.0	40.0						
7500			8.0	9.0	10.0	10.5	11.0	12.5	13.5	15.0	16.5	18.5	23.0	27.0	32.0	40.5	46.0					
8000						16.5	18.0	21.0	26.0	34.0	41.0	44.0	46.0									
전후동력새마을 211~218		2M 4T																				
231~249		2M 7T																				
무궁화호디젤(DEC)						3M 2T																
무궁화호디젤(DC)		3M 1T		2M 1T	2M 1T	2M 1T	3M 1T	3M 1T	1M 1T	1M 1T	2M 3T											
일반디젤(DC)											1M	3M 1T	2M 1T	3M 2T	1M 1T	3M 2T	1M 2T					
무궁화호전기(EEC)						6M 4T																
통근형전기(EC)								6M 2T	4M 2T	6M 4T												

6) 기준운전시분

역 구간마다 운전곡선을 작성하여 계획상의 최소 소요시간, 즉 기준운전시분을 정한다.

다음 그림 11.3의 운전곡선의 예에서 보듯이 최고속도나 곡선 등의 제한속도구간에서는 정해진 제한속도보다 약 3km/h 낮은 속도로 열차가 달린다고 가정하여 기준운전시분을 계산한다.

여기서 계산된 기준운전시분은 어디까지나 '운전 가능한' 시분으로 실제 열차다이어 설정은 선로공사 등으로 인한 서행, 열차지연의 회복 등을 고려하여 다소간의 여유시분이 포함되어 있다.

여유시분이 너무 적으면 만성적인 열차지연의 요인이 되고 여유시분을 너무 많이 잡아주면 열차운행소요시간이 많아져 여객서비스나 효율의 관점에서 좋지 않다.

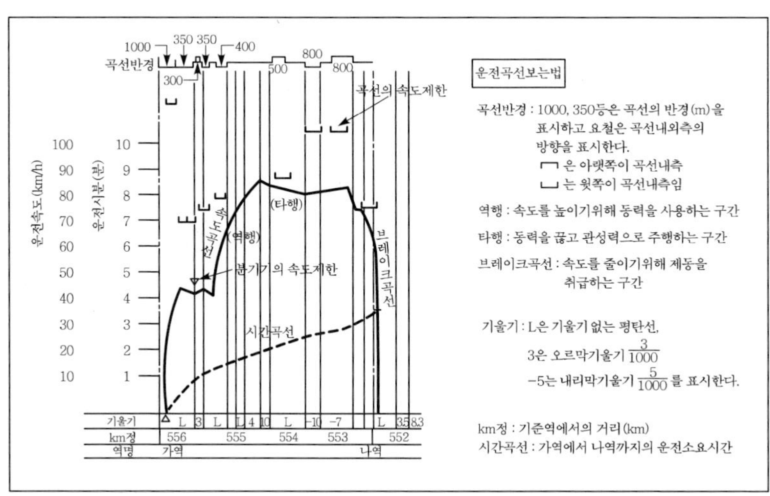

그림 11.3 운전곡선의 예

7) 정차역과 정차시분

열차의 속도 향상을 위해 정차역의 수를 줄이는 것이 바람직하지만 정차를 요구하는 지역주민들의 요구도 강하기 때문에 승강하는 사람 수, 지역사정, 타 선구와의 분기역, 타 교통기관과의 관계, 승무원의 교체 등을 종합하여 결정하여야 하고 정차시분도 승강하는 사람의 많고 적음, 열차조성 작업, 편성의 증감, 기관차의 연결 등을 감안하여 결정한다.

8) 최소운전시격(最小運轉時隔, minimum headway)

선행열차운전상황에 따라 일정구간을 통과하는 모든 지점에 계산된 열차시격 중에서 최대로 되는 값을 그 구간의 최소운전시격으로 한다.

거리적인 간격은 후속열차의 속도로 선행열차까지의 필요한 제동거리와 안전을 위한 여유거리를 합한 거리 만큼이다.

열차시격의 기본은 신호현시 측면에서는 후속열차가 항상 열차간격 확보(제어)를 위하여 브레이크를 작동시켜 속도를 늦출 필요 없이 진행신호 현시에 의해 원활하게 운전할 수 있는 상태를 유지하는 것이다.

자동폐색구간에서는 전후 열차간격을 폐색구간 2개 이상으로, 폐색구간이 짧은 대도시 근교구간에서는 3폐색구간만큼 떨어지도록 하기 때문에 최소열차시격은 2~3폐색구간과 열차 자체의 길이를 합한 거리를 주행하는 시분이 된다.

여기서 신호기의 간격을 줄이고 열차의 속도성능을 높이면 열차시격을 줄여 더 많은 열차를 띄우는 것이 가능하지만 열차의 시격은 그 구간을 통틀어 가장 큰 시격보다 더 줄일 수는 없다.

또한 실제 운전에서의 시격단축이 어려운 것은 역과 역 사이에서가 아니라 정차역에서 시간 지체나 종착역에서의 반환시간 단축이 쉽지 않기 때문이다.

따라서 승강 인원이 많은 역의 정차시분, 반환에 소요되는 시분, 다이어 회복 여유 등을 감안하여 열차시격을 정해야 한다.

승강 인원이 많은 역의 정차시분을 줄이기 위해 열차를 승강장 양측에서 교대로 도착, 출발시킨다든지, 한 쪽은 타는 승객만 사용하고 다른 쪽은 내리는 승객만 이용토록 하든지, 긴 승강장을 건설하여 2개 열차가 도착, 출발할 수 있도록 하는 등 여러 연구가 행해지고 있다.

또한 전동차의 문을 한쪽 4개에서 5~6개로 증설하거나 문의 폭을 1.3m에서 1.8m로 확대하는 등 차량을 개량하는 방법도 함께 시도되고 있다.

다음 그림 11.4의 예를 통하여 승강장 중간신호기가 설치되어 있는 전차 열차의 최소시격을 계산해 보자.

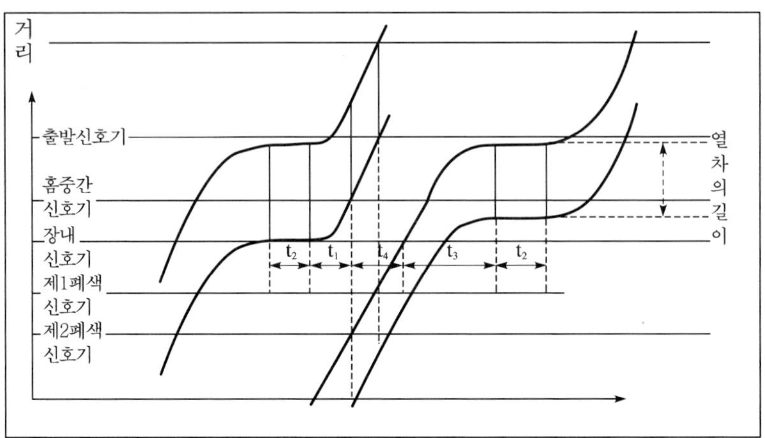

그림 11.4 최소시격 계산을 위한 모델도

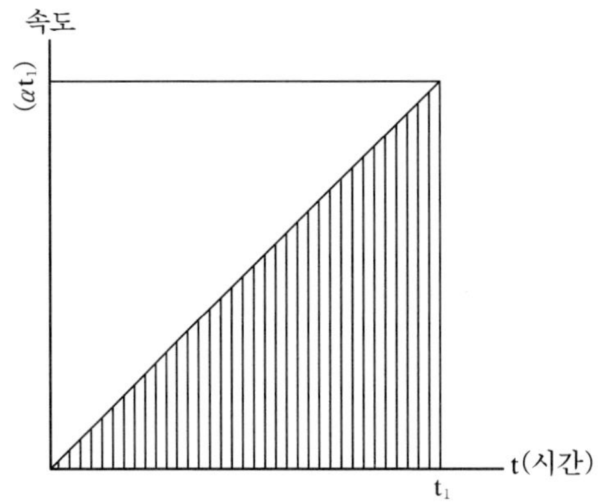

t_1 : 선행열차가 발차 후 전방 50m에 있는 출발신호기를 통과하든가 또는 승강장 중간신호기를 열차의 후부(중간신호기와 열차후부의 간격 20m)가 통과하기까지의 시분

t_2 : 정차시분

t_3 : 후속열차의 머리가 승강장 후방 50m에 있는 장내신호기에 진입 후 정차하기까지의 시분

t_4 : 후속 열차가 후방 제2폐색신호기와 장내신호기 사이를 주행하는 시분(2개의 폐색구간)

t_5 : 신호변환(1초)과 제동공주시간(3초)의 합 4초

α: 평균가속도 km/h/s

β: 평균감속도 km/h/s

L : 열차길이 ; 200m

와 같이 정하면 최소운전시격은 $T(s)=t_1+t_2+t_3+t_4+t_5$로 된다.

먼저 t_1을 구해보면 평균가속도 α이므로 t_1초 후의 속도는 αt_1이 된다.

속도를 적분하면 즉 위 그림에서 빗 금친 부분의 면적을 구하면 진행거리가 나오므로 $1/2 \times t_1 \times \alpha t_1 = \frac{1}{2}\alpha t_1^2$ 이 열차의 진행거리이다.

선행열차가 발차 후 출발신호기를 통과하려면 열차길이 200m, 열차 선두부에서 출발신호기까지의 거리 50m이므로 최소 250m를 진행하여야 하기 때문에 중간신호기와 열차 후부의 거리 20m보다 크다.

따라서, 둘 중 짧은 거리 20m를 택하면 가속도 1km/h/s는 $\frac{1}{3.6}$ m/s/s이기 때문에 20m는 $\frac{1}{2} \cdot \frac{1}{3.6}\alpha t_1^2$이 된다.

위 식에서 t_1을 구하면 $t_1 = \sqrt{(20 \times 7.2)/\alpha}$ 가 되고, 같은 방법으로 t_3도 구해보면 $t_3 = \sqrt{\frac{(200+50) \times 7.2}{\beta}}$가 된다.

따라서, 최소운전시격은 $T = \sqrt{\frac{20 \times 7.2}{\alpha}} + t_2 + \sqrt{\frac{(200+50) \times 7.2}{\beta}} + t_4 + 4$ 가 됨을 알 수 있다.

여기서, α, β, t_2, t_4는 알려져 있는 값이므로 위 식에다 이들 값을 대입하면 최소운전시격은 쉽게 구해진다.

승강장 중간신호기가 설치되어 있는 경우는 전차의 최후부와 승강장 중간신호기와의 거리가 짧아 차량의 가속도 α의 크기가 최소운전시격에 미치는 영향은 크지 않으나 감속도 β의 크기에 의한 영향은 크다는 것을 또한 알 수 있다.

9) 열차다이어(diagram)

열차다이어는 열차가 시간적으로 이동하는 궤적을 표시하는 도표, 즉 역과 역간의 거리를 종축, 시각을 횡축으로 하여 열차의 시간적 이동을 사선으로 표시하는 일종의 그래프이다.

실제로는 열차가 역과 역간을 언제나 동일한 속도로 주행하지는 않기 때문에 그 움직임이 직선으로 되지 않지만 그림 11.5와 같이 보기 쉽게 직선으로 역의 발착시간을 표시하고 이것을 잇는 직선사선으로 열차선을 그린다.

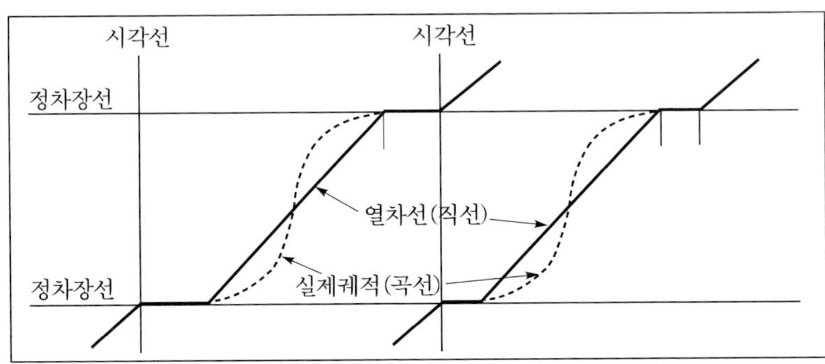

그림 11.5 열차다이어(Dia) 작성법

① 1시간 눈금다이어

시각의 간격이 1시간으로 되어 있는 다이어이다. 이 다이어는 장기 열차계획, 시각개정의 구상, 열차승무원의 운용계획, 열차의 운전정리 등에 널리 사용되고 있다.

② 10분 눈금다이어

시각의 간격이 10분 단위로 되어 있는 열차다이어로서 1시간 눈금다이어와 용도가 비슷하며 열차횟수가 많은 선구에서 1시간 눈금으로 나타내기 곤란한 경우 작업의 불편을 줄이기 위해서 사용된다.

③ 2분 눈금다이어

시각의 간격이 2분으로 되어 있는 다이어로서 열차계획의 기본이 되는 다이어이다. 열차운전시각을 15초 단위로 표시할 수 있기 때문에 다이어 개정작업은 물론이고 공사 등으로 인한 운전시각의 변경 등 실제 정확한 작업은 거의 대부분 이 다이어에 의하여 행해진다.

④ 1분 눈금다이어

시각의 눈금이 1분 간격으로 되어 있으며 2분 눈금다이어와 거의 같은 용도로 사용되고 있다.

수도권 전동열차구간과 같이 열차 간격이 조밀한 구간의 다이어를 작성할 수 있는 장점이 있다. 현재 수도권 전동열차구간에 사용하고 있다.

⑤ 넓은 의미의 열차 다이어

다이어라 하면 열차 다이어를 일컫지만 그 외에 기관차나 전동차 등의 차량사용 상황을 한눈에 알 수 있는 차량 운용다이어나 기관사, 차장 등 승무원들의 상황을 표시하는 승무원 운용다이어도 넓은 의미에서는 열차다이어이다.

또 역이나 승차장에서 열차의 착발, 차량의 입환 등 또한 그것에 필요한 작업원수 및 근무상황을 알 수 있는 구내작업다이어, 역의 홈이나 착발선 등을 표시하여 열차의 움직임을 알 수 있게 한 구내 착발선 다이어도 넓은 의미에서도 열차다이어이다.

10) 차량과 승무원의 관리

운전관리에서 열차다이어와 차량 및 승무원의 운용은 표리일체의 관계가 있다.

기관차나 여객차량은 같은 차량이 매일 같은 열차에 충당되는 것이 아니고 열차다이어에 맞추어 효율적으로 사용하기 위해 다른 열차에 순환 충당되는 것이 원칙이다.

이처럼 순서에 따라 사용하는 것을 차량운용이라 한다.

높은 효율과 적정한 여유를 감안하여 운용 가능하도록 책정된다.

이 차량운용예정에 따라 차량이 운용되며 소요량수가 결정된다.

동력차승무원, 차장 등에 관하여도 법규상의 근무시간을 지키면서 효율적으로 무리 없이 배려되어 차량운용과 같은 승무원 운용이 책정된다. 승무원은 운용계획에 따라 기관차와 열차에 승무하고 소요인원이 산정된다.

11) 열차의 지령관리

열차운전은 언제나 다이어대로 운행할 수 있는 것은 아니고 건널목지장, 승강인원과다로 인한 정차시분의 증가 등의 이유에 의해 열차의 지연이 생기는 경우가 많다.

따라서 매일의 열차운전에는 열차의 운전상황을 감시하여 지연 등의 이상 발생 시에는 열차운전의 흐트러짐을 최소한으로 막고 속히 정상상태로 되돌리기 위해 적당한 구간을 집중하여 원격 관리하는 중앙운전사령실을 설치하여 열차를 지령, 관리한다.

그 업무내용은 열차지령, 기관차지령, 전차지령, 객화차지령 등으로 열차다이어의 변경, 열차운행순서의 정리, 기관차 등의 운행변경 등을 행하는 것이 열차지령관리이다.

예전에는 중앙사령실과 각 역과의 전화에 의해 각 역 및 열차에 지령을 내리고 정보를 교환하였으나 요즈음은 많은 선구에 열차집중제어제어장치(CTC)가 보급되고 또 열차무선을 통해 열차안전의 확보(선로지장 등의 긴급연락), 여객서비스 개선(이상 발생 시 회복예정시간에 관한 정보제공 등), 화물열차의 1인 승무(차장차를 연결치 않고 차장 승무 생략) 등과 같은 철도운영을 하고 있다.

CHAPTER 12

고속철도

1. 개요

속도 향상 없는 교통기관은 결국 도태되고 만다. 세계가 경쟁적으로 철도의 속도를 향상시키기 위해 노력하고 있는 이유도 결국 적자생존의 원리에 귀결된다.

일반적으로 고속철도(高速鐵道, high speed railroad)라 함은 시속 200km 이상의 고속으로 운행하는 철도를 말한다.

현재 세계 여러 나라에서 개발되고 있는 고속철도는 재래철도에 비하여 고속운행이 가능한데 이는 차량, 신호체계, 제어장치, 토목기술 등이 복합적으로 뒷받침하고 있다.

고속철도의 일반적 특성도 기존철도가 가지는 특성과 크게 다를 바 없다. 즉 안전성, 정시성, 대량운송 등의 여러 특성이 고속철도에도 그대로 적용되기 때문이다.

그러나 고속철도는 기존철도에 비해 아래와 같이 여러 가지 면에서 구분되는 점이 있다. 속도향상을 위한 고도의 첨단기술이 있는가 하면 환경과 공해문제를 최소화하기 위해 여러 가지 필요장치를 강구하고 있으며 차세대 교통수단에 필요한 갖가지 시스템이 마련되어 있기 때문이다.

① 차량소재(素材), 제어장치, 신호설비, 토목기술 등 전 분야에 걸쳐 열차의 고속실현과 안전을 위한 기술의 통합
② 광통신, 고속집전, 종합정보시스템 등 첨단기술의 적용확대
③ 공기저항 감소, 공간 활용, 초고속 소재의 응용 등 항공우주기술의 응용

이 장에서는 철도 고속화의 비용과 효과, 고속화의 장애요인과 대책, 우리나라 고속철도에 대하여 기술한다.

2. 속도향상

1) 속도향상의 시사점

(1) 속도향상이 시간단축에 미치는 효과

출발역에서 종착역까지의 거리를 정차시간이 포함된 소요시간으로 나눈 평균속도

개념인 표정속도가 높아지면 당연히 목적지까지 걸리는 시간은 단축되지만, 속도가 높아짐에 따라 속도를 같은 양만큼 높였을 때 단축되는 시간의 양은 적어진다.

소요시간을 구하는 식 T=S/V에서 속도의 변화에 따른 시간의 변화, 다시 말해 속도가 증가 혹은 감소함에 따라 같은 거리(S)를 가는데 걸리는 시간의 증감을 알기 위해 시간(T)을 속도(V)로 미분하면 $dT/dV=-S/V^2$가 된다. 여기서 -부호는 속도가 증가하면 운행시간이 감소됨을 의미한다.

또 이 식은 같은 량의 속도상승에 대하여 시간단축의 양은 속도의 제곱에 반비례함을 나타내고 있다.

예를 들어 50km/h의 속도를 10km/h 올려 60km/h로 달렸을 때에 비해 100km/h를 110km/h로 올렸을 때의 시간단축효과는 앞의 경우의 1/4에 불과하다는 것이다.

이미 상당한 속도 향상을 경험한 오늘날 열차의 속도 향상이 많은 비용과 기술적인 어려움을 내포하고 있음에 반해 시간단축의 효과는 이전에 비해 매우 적다는 것을 인식하여 경영적으로 신중하게 다루어야 할 문제임을 알 수 있다.

(2) 가격-시간모델

가격-시간모델은 총 교통량 중 열차, 항공기, 자동차 등 서로 다른 교통수단간의 점유율을 계산하는 방법의 하나인데 승객들이 시간에 부여하는 가치와 요금과 여행시간과의 관계를 계산하여 총 비용이 최소로 되는 수송수단을 선택할 것이라는 가정에 기초를 두고 있다.

가령 어떤 구간에서 열차요금을 Pt, 비행기 요금을 Pa, 열차의 소요시간을 Tt, 비행기 소요시간을 Ta라 하고 시간가치(한 시간의 가치)를 h라고 한다면 열차를 선택했을 때의 총비용은 $Pt+Tt \cdot h$, 비행기를 선택했을 때의 총비용은 $Pa+Ta \cdot h$가 된다.

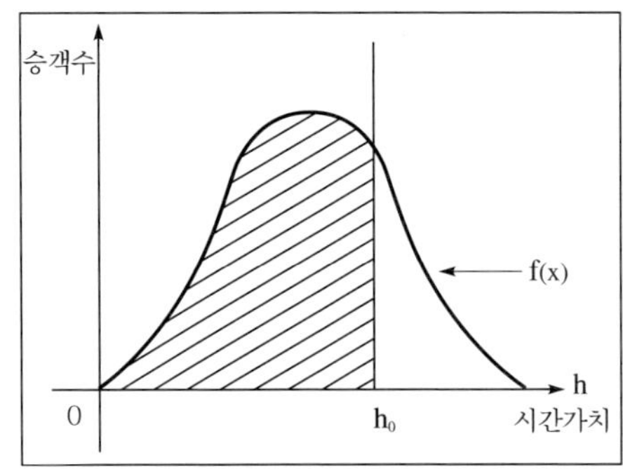

그림 12.1 시간가치에 따른 예상 승객 수

비행기의 경우가 요금이 비싸고 시간이 덜 걸린다고 가정하고 $Pt+Tt \cdot h_o=Pa+Ta \cdot h_o$ 에서 h_o의 값을 구하면, 한 시간의 가치를 h_o보다 적게 생각하는 사람은 기차를, h_o 보다 크게 생각하는 사람은 비행기를 선택할 것이다.

시간가치에 따른 예상 승객의 분포가 그림 12.1의 f(x)와 같다면 열차를 선택할 승객의 총수는 $\int_o^{h_o} f(x)dx$가 되어 빗금 친 면적만큼 될 것이다.

2) 속도향상의 제약요인과 대책

표정속도의 향상을 가로 막는 요인은 크게 최고속도, 곡선속도, 분기기 통과속도, 가·감속능력 등인데 각각에 대한 요인과 대책은 다음과 같다.

(1) 최고속도를 제약하는 요인

① 브레이크 성능

각 국의 철도마다 자기 나라의 철도현황(건널목의 많고 적음 등)에 따라 각기 다른 최대허용 브레이크 거리를 규정하고 있다.

열차는 이 최대허용 브레이크 거리를 초과하지 않고 정지하여야 하기 때문에 답면제동, 디스크제동, 발전제동 등 여러 방식을 조합하여 주행의 안전성과 승객의 승차감을 해치지 않는 범위 내에서 가능한 짧은 거리에서 정지하도록 하고 있으나 속도가 높아지면 그와 비례하여 제동거리도 길어지기 때문에 브레이크 성능을 대폭 향상시키지 않는 한 최고속도가 제약될 수밖에 없다. 동시에 건널목수를 줄이고 ATC와 차내 신호방식을 채택하여 가시거리의 제한 등으로부터 오는 브레이크거리의 제한을 점차 없애 나가고 있다.

② 차량성능

주행저항은 속도의 증가에 따라 증가하기 때문에 속도를 높이려면 주행저항을 이길 수 있도록 출력의 증가가 요구된다.

또한 속도의 증가에 따라 점착계수가 감소하고 주행저항은 속도의 제곱에 비례하여 증가된다. 따라서 소위 점착운전에 의한 최고속도는 점착구동력과 주행저항이 균형을 이루는 약 380km/h 정도로 생각하고 있다.

차량의 성능을 아무리 개선하여도 점착구동력 이상의 동력은 소용없기 때문에 이러한 제한을 뛰어 넘고자 차량과 레일과의 마찰을 이용하지 않는 자기 부상식 열차 등에 관한 연구가 이루어지고 있는 것이다.

③ 궤도파괴

궤도파괴를 일으키는 열차하중은 통과톤수, 열차속도, 축중이나 스프링 하중량(unsprung mass)등에 의해 변한다. 열차속도가 증가하면 이에 비례하여 궤도파괴도 심해지지만 축중이나 스프링 하중량을 줄이면 궤도파괴의 진행을 억제할 수 있다.

최근에는 축중 경감, 스프링 하중량 경감, 대차개량 등의 차량개선과 궤도강화 등에 의해 궤도파괴로 인한 속도제한은 거의 없게 되었지만 속도향상에 따라 정밀도가 높은 궤도를 유지하여야 하는 것은 쉬운 일이 아니며 궤도파괴가 더 적은 차량개선이 이루어져야 한다.

④ 집전

전차선과 팬터그래프는 서로 접촉하면서 하나의 진동계를 구성하고 있다. 속도가 높아지면 전차선의 양쪽 지지점과 중간과의 높이 차, 전차선 경점(전차선은 중량, 굽힘 강성이 어느 곳에서나 같아야 하나 국부적으로 중량, 굽힘강성이 다른 곳이 생기면 그 점에서 팬터그래프가 충격을 받아 이선할 수 있다. 가령 전차선을 지그재그로 설치하기 위한 가동 브래킷이나 전차선에 굽힘이 있는 경우가 있을 수 있는데 이 점들을 경점이라 부른다) 및 진동과 바람 등의 영향에 의해 전차선과 팬터그래프가 순간적으로 떨어지는 현상, 즉 이선현상이 생기고 이 이선이 커지면 전차선과 팬터그래프의 마모가 심해질 뿐 아니라 전류중단, 아크에 의한 용손 등이 일어날 수 있다.

집전속도의 한계는 전차선의 파동전파속도의 60~70% 정도로 제한되고 있는데 파동전파속도는 다음 식으로 표시된다.

$$\text{파동전파속도} = (\text{전차선의 장력}/\text{전차선의 단위 길이 당 무게})^{1/2}$$

위 식에서 파동전파속도를 높이기 위해서는 인장력에 강하고 더욱 가벼운 재질의 전차선을 개발하는 것이 필요함을 알 수 있다.

⑤ 소음

열차의 소음은 차륜과 레일 사이에서 발생하는 전동음, 차체가 공기를 가를 때 내는 차체공력음, 팬터그래프와 전차선 사이에서 발생하는 집전계음, 시설물에서 발생하는 구조물음 등이 복합하여 발생하는데 저속 시에는 전동음이 큰 비중을 차지하고 고속에서는 차체공력음과 집전계음이 큰 비중을 차지한다. 전동음 대책으로는 차륜답면과 레일의 접촉면을 평활화하고 집전계음의 대책으로는 팬터그래프에 커버를 씌운다든가 팬터그래프의 숫자를 줄인다든지 전차선의 장력을 높이는 등의 대책이 있고, 차체공력음의 대책으로서는 차체의 표면을 평활하게 하고 차체하부의 각종 기기들을 커버를 감싸는 등의 대책도 있다. 시설구조물에서 발생하는 구조물음 등을 줄이기 위해 합성수지로 된 패드를 삽입하는 등의 대책과 아울러 선로 연변에 방음벽을 설치하는 방법도 있다.

(2) 곡선에 의한 속도제한

곡선통과 속도를 제한하는 이유는 통과 시 원심력 등에 의한 전복위험 및 승차감 악화 등이다.

① 곡선제한속도

곡선제한속도(Vkm/h)는 곡선반경을 Rm라고 하고 그림 12.2와 같이 캔트를 0으로 하여 곡선외측으로의 원심력과 중력의 합력이 선로중심선에서 떨어진 정도(2D)와 레일 중심간의 거리(G)와의 비율 즉 안전비율 G/2D를 k라 하고 그림에서처럼 원심력을 αg, 중력을 1g라 하면 닮은 삼각형에서 D/H=αg/1g=α이고 α는 캔트 설정에서 이미 구해본 바와 같이 $V^2/127R$이므로 $\alpha=V^2/127R=D/H=G/2kH$임을 알 수 있다. 따라서 $V=\sqrt{\dfrac{127R}{2kH}}$가 되고 여기서 G는 1500mm, H는 차량무게 중심의 높이(2,000mm)이므로 이들 값을 대입하면 속도는 $6.4\sqrt{R}/\sqrt{k}$ 보다 작아야 함을 알 수 있다.

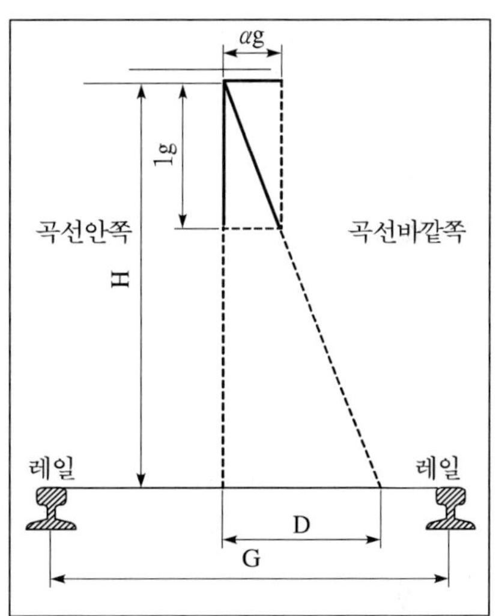

그림 12.2 원심력과 중력의 관계

② 캔트 및 캔트부족량의 설정

곡선에는 외측레일을 높게 하는 캔트를 설치하여 초과원심가속도를 없애려고 한다. 즉 원심력과 중력의 합력의 방향이 선로중심을 지나도록 캔트를 설치하면 초과원심가속도는 없어진다.

특급열차와 화물열차를 동시에 운행하는 선로처럼 통과하는 열차의 속도가 서로 다른 선구에서는 통과하는 열차들의 2승 평균속도를 구하여 그 속도에 맞는 캔트를 설치한다. 예를 들면 통과하는 열차의 속도를 각각 a, b, c ……라 하면 2승평균속도는$(a^2+b^2+c^2\cdots$ /통과하는 열차 수$)^{1/2}$이다.

이 경우 이 평균속도보다 빠른 고속열차는 캔트가 부족하게 되고 평균속도보다 느린 열차는 캔트가 남게 된다. 곡선통과속도와 설정 캔트량, 캔트 부족량과의 관계는 그림 12.3에서

$\alpha = V^2/127R = (C+Cd)/G$이고

G=1500mm이므로

$C+Cd = 11.8V^2/R$이 됨을 알 수 있다.

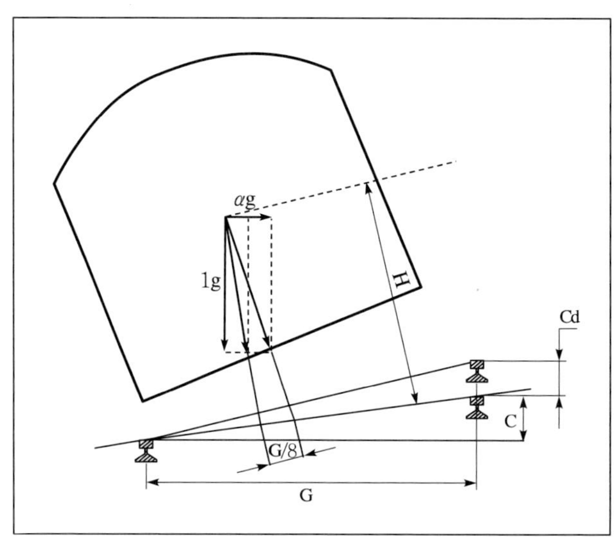

그림 12.3 원심력과 캔트 및 캔트 부족량

최대캔트량은 차량이 곡선에서 정지하거나 저속 운전할 경우 즉 원심가속도가 거의 없을 경우 승객들의 승차감이 나빠지거나 선로 외측으로부터의 강한 바람 등에 의해 열차가 선로 내측으로 전도되지 않도록 하기 위해 규정한 것으로 한국철도의 최대캔트량은 160mm이다.

또한 곡선속도가 캔트에 적합한 속도보다 더 크면 캔트 부족 때문에 초과원심

력이 발생하여 안전성과 승차감이 떨어지기 때문에 캔트부족량에도 한계를 두고 있다.

가령 안전비율 즉 G/2D를 4로 한다면 캔트 부족량 Cd의 허용치는 위 그림에서 Cd:G = $\frac{G}{8}$: H이므로 캔트 부족량 Cd는 Cd≦G^2/8H이 되어야 한다.

한국철도에서는 허용최대캔트부족량을 100mm로 규정하고 있다.

(3) 분기기 통과속도

분기기상에서는 크로싱의 강도라든지 텅레일의 구조, 차량이 지나갈 때 가드레일과 윙 레일에 발생하는 배면횡압 등의 문제, 승차감의 문제, 보수비 등의 문제를 종합하여 제한속도를 정한다.

대개 일반 곡선보다 안전비율을 적게 잡아 속도 V가 2.75×$R^{1/2}$보다 작게 하고 있다.

이 식에 의한 제한속도로부터 캔트부족량을 계산하여 보면 70mm 정도로 승차감을 해치지 않는 캔트부족량의 한계 85mm보다 작으므로 속도를 더 향상시킬 수 있는 가능성은 있다.

또한 차량의 무게중심을 낮춘다면 분기기에서 속도를 더욱 높이는 것도 가능할 것이다.

(4) 가감속 성능의 향상

곡선 등에서 속도제한은 어쩔 수 없는 것이기 때문에 속도제한 구역 전후에서 가능한 한 신속하게 가감속하는 것이 시간단축에 바람직하다.

일반적으로 동력집중식보다는 동력분산식이 가감속 성능에 유리한 것으로 되어 있다. 그러나 가속력을 높이려면 차량의 출력을 높여야 하고 변전소 용량도 키워야 하는 등 비용이 들기 때문에 비용에 대한 효과 분석을 철저히 할 필요가 있다.

또 직류전동기를 사용하는 전기차량의 경우는 고속 시 가속성능이 떨어지는 경향이 있기 때문에 유도전동기를 사용하는 전기차량을 통해 가속성능을 개선할 수 있다.

그림 12.4는 제동거리 600m 이내에서 정지할 수 있도록 하기 위한 제동시작 시의 속도와 필요 감속도의 관계를 나타내고 있는 바 최고속도 160km/h로 달리다 제동거리 600m 이내에 정지하기 위해서는 약 7km/h/s라는 높은 수치의 감속도가 필요하다.

이 경우 승객이 느끼는 승차감이 매우 나빠지고 차륜 · 레일 브레이크의 부담력이 너무 커지며, 제동 시 궤도의 부담력이 차량중량의 20%까지 커지는 현상이 있어 궤도에도 대책을 세우지 않으면 아니 된다. 또한 그림에서 보듯 제동거리 600m에서는 최고속도 130km/h 이상으로 하기 위해서는 차륜·레일의 점착에 의하지 않는 전자 흡착 브레이크 등을 개발할 필요가 있다.

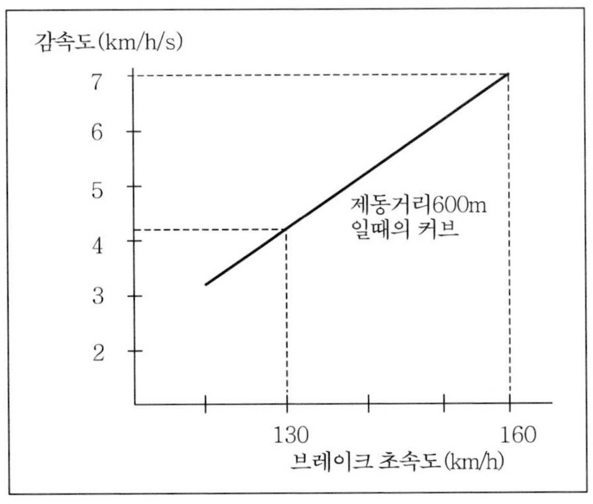

그림 12.4 제동 시작 시의 속도와 평균감속도와의 관계

3. 우리나라의 고속철도(KTX)

한국 고속철도 역시 점착력을 이용한 철도로 기존철도의 연장선상에 있다고 할 수 있다. 흔히 미래철도라 부르는 자기부상열차와는 달리 차륜과 레일의 마찰력, 즉 점착력을 열차의 견인력으로 사용하기 때문이다.

지금까지 기술한 기존 철도시스템과 속도향상 대책들을 참고한다면 고속철도를 이해하는 데는 아무런 어려움이 없을 것이다.

따라서 한국고속철도의 차량, 선로, 전차선, 신호, 통신 등 시스템 전반을 요약한 표로 소개하고 기존 철도와 다른 점을 비고란에 설명하여 이해를 돕는다.

1) 한국 고속철도 차량제원

일반제원		객차제원		
명 칭	규 격	명 칭	1등실	2등실
○외부형상	유선형구조	○좌석		
○설계특징	공기역학적 설계	- 좌석배열	2+1	2+2
	관절방식 객차연결	- 좌석수	25, 32, 35석	56, 60석
○열차동력		- 피치	1,120mm	930mm
- 사용전압	AC 25kV, 60Hz	(앞뒤좌석의 간격)		
- 견인동력	13,560kW	- 좌석폭	1,330mm	1,070mm
	(1,130kW짜리 모터12대)	- 간이탁자		
- 전기제동력	300kN	높이	625	625
		폭	350	350
○대차		○의자높이	1,105	1,105
- 궤간	1,435mm	- 통로폭	495	480
- 대차수/량	23/20량 : 구동대차 6	- 리크라이닝	23°~38°	26°~36°
	관절대차 17	(의자등받이가		
- 차륜직경	920/850(신품/마모한도)	기우는 정도)		
○열차성능		○출입문(개방시)		
- 안전한도속도	330kph	- 높이	1,835	1,835
- 최대운용속도	300kph	- 폭	824	824
- 가속성능	0-300kph까지 6분 5초	○차량간 통로		
- 여행시간	서울–부산 2시간 40분 내외	- 높이	1,900	1,900
○제동방식	회생 또는	- 폭	700	700
	발전제동+공기제동	○편의시설		-
- 공기제동형식	구동대차 : 답면제동	- 오디오	Earphone청취	
	관절대차 : 디스크제동	- 비디오모니터	4대/량	2대/량
		- 전화	2대	4대
○열차편성	20량(2P+2M+16T)	- 팩스	1대	-
- 동력차	2량(2P)	- 음식저장설비	-	2개소
- 동력객차	2량(2M)	- 자판기(캔/스낵)	3/0	7/3
- 객차	16량(16T)	○창유리		
		- 두께	28mm	28mm
		- 폭×길이	622×1,605	622×1,605
○좌석 등급		○색상		
- 1등실	4량	- 천정	밝은회색 펠트	밝은회색 펠트
- 2등실	14량	- 바닥	비색카페트	비색고무판
○열차길이	388m	- 의자	회녹색 벨벳	녹색벨벳
○좌석수	935석	- 측벽	회색 펠트	회색 펠트
- 1등실	127석			
- 2등실	808석			
○열차중량	771.2톤(영차)			
○치수(L*W*H)				
- 동력차	22,517×2,814×4,100			
- 동력객차	21,845×2,904×3,484			
- 객차	18,700×2,904×3,484			

2) 선로설계 기준

① 각국의 설계기준 비교

구 분	한국경부 고속철도	일본신간선 (동해도선)	프랑스 TGV (북부선)	독일 ICE	스페인 AVE
최고속도 (설계최고속도)	300km/h (350km/h)	275	300	280	270
궤간	1,435mm	1,435	1,435	1,435	1,435
최소곡선반경 (기존선 병행구간)	7,000m (400m)	4,000	6,000	7,000	4,000
최급구배	25‰	15	25	12.5	12.5
궤도중심간격	5.0m	4.3	4.5	4.7	4.3
설계하중	UIC하중	NP하중	UIC하중	UIC하중	UIC하중
터널단면적	$107m^2$	60	100	82	74
신호	ATC	ATC	ATC	ATC	ATC
전기	교류25kV	교류25kV	교류25kV	교류25kV	교류25kV

② 고속철도와 일반철도의 설계기준 비교

구 분	경부고속철도	일반철도(현경부선)
○ 최고속도(설계최고속도)	300km/h(350km/h)	150km/h
○ 최소곡선반경(기존선 병행구간)	7,000m(400m)	400m
○ 최급구배	25‰	12.5‰
○ 궤도중심간격	5m	4m
○ 터널단면적	$107m^2$	$57m^2$
○ 설계하중	UIC하중	LS-22
○ 궤도구조 - 궤간 - 레일 - 침목 - 체결방식 - 도상 - 분기기	 1,435mm 60kg/m, 장대레일 PC콘크리트침목 2중 탄성체결구 자갈 및 콘크리트 탄성포인트 및 가동크로싱	 1,435mm 50kg/m, 일부장대레일 PC콘크리트침목 2중 탄성체결구 자갈 관절포인트 및 고정크로싱
○ 신호	ATC 및 CTC (차상신호방식)	ATS 및 CTC (지상신호방식)
○ 전기	교류 25kV	교류 25kV

3) 전력공급설비

설비명	구분	내용	비고
송전선로	길이 구성 사용전선	• 10개 변전소 간 120km • 155kV 60Hz 3상 2회선 • ACSR 410mm^2 또는 CV 800mm^2	◦ 한전변전소에서 철도의 전철변전소까지와 철도변전소 상호 간의 연결 ◦ 2회선 중 1회선은 예비임(fail-safe 개념). ◦ ACSR : 강심알미늄연선 ◦ CV : 가교 폴리에틸렌 절연 비닐 외장케이블
변전설비	변전소 구분소 보조구분소 급전방식 설비구성	• 10개소 • 9개소 • 26개소 • 단상 25kV AT급전방식 • 스코트 결선변압기, 단권변압기, 가스절연개폐장치(GIS), 전자식배전반	
전차선로	경간 높이 편위 건식게이지 가고 전차선 조가선 장력	• 63m(터널 54m) • 5.08m • 좌우 200mm • 3.235m • 1.4m • Cu 150mm^2(Pre-worn형) • Bz 65mm^2 • 전차선 2000daN, 조가선 1400daN	◦ 경간 : 전주간 거리 ◦ 지그재그가선의 편위 ◦ 땅에 묻힌 전주길이 ◦ 지지점(브래킷) 상에서의 전차선과 조가선간의 거리 ◦ Cu : 구리 ◦ Bz : 청동 ◦ 1daN≒1kg중
배전설비	사용전선 급전방식	• CV 100mm^2×1C(1가닥) • 3상 22kV-△결선방식(비접지) 2회선	◦ 2회선 중 1회선은 예비임.
원격제어 설비 (SCADA)	방식 중앙사령실 지역사령실	• COMPUTER 방식, Dual System • 1개소 • 3개소	◦ fail-safe 개념

4) 신호설비

설 비 명	내 용	비 고
자동열차 제어장치 (ATC)	• 디지털 정보전송에 의한 차상 신호방식 • 양방향 자동운전방식	◦ 다량의 정보를 정확하게 전송가능 ◦ 같은 선로를 상·하행으로 사용가능
연동장치	• 컴퓨터에 의한 전자연동방식 • 광케이블을 이용한 다중제어 방식	◦ 다중제어방식 : 하나의 Main이 여러 개의 Sub를 제어하는 데 1:1로가 아닌 1:n으로 제어
열차집중 제어장치 (CTC)	• 컴퓨터에 의한 중앙집중 원격제어 및 감시설비 • 열차운행 Data 집계 및 분석기능 • 비상시 자동제안 기능	◦ 자동제안기능 : 열차 지연 또는 이례적인 상황발생시 컴퓨터에 의한 분석을 자동적으로 실시하여 사령원이 선택할 수 있는 대안들을 제시함.

5) 안전설비

구 분	설 비 명	내 용
안전설비	축수검지장치	• 차축베어링의 온도를 검지하여 과열 시 열차를 정지 또는 감속토록 ATC에 정보제공 • 검지장치, 선로변 전자장치, 중앙장치로 구성 • 상하선 평균 30km 간격으로 설치(24개소)
	지장물검지장치	• 선로 내 낙석 또는 자동차 추락 등 열차운전에 지장을 주는 요소를 검지하여 열차를 정지시킴. • 검지기, Controller, 표시등 및 차단스위치로 구성 • 고속철도와 도로 인접지역, 고속철도를 횡단하는 고가도로 지역, 낙석 및 토사붕괴가 우려되는 울타리 설치지역 등에 설치(40개소)
	끌림검지장치	• 차체 부속품의 파손 및 이탈을 검지하여 궤도변 시설물의 파손을 방지 • 검지기, 검지계전기로 구성 • 기존선 및 각종 기지에서 고속선으로 진입하는 인입개소에 설치(14개소)
	터널경보장치	• 터널 내 작업 중인 보수자의 안전을 위하여 열차가 터널부근에 진입 시 경보발생 • 경보제어기, 경보기로 구성 • 모든 터널에 설치(500m 간격)
	레일온도검지장치	• 레일온도검지로 하절기 레일온도 상승에 의한 레일장출사고 사전예방
재해 대책설비	강우, 풍속, 적설 검지기	• 강우, 풍속, 적설량을 검지하여 CTC로 정보전송하여 상황에 따라 열차운행을 감속 또는 정지시킴. • 풍속, 강우검지기 : 약 20km 간격으로 설치(각 20개소) • 적설검지기 : 평균 적설량이 많은 대구이북지역에 설치(3개소)

6) 통신설비

① 고속철도 통신설비의 종류

설비명	구분	내용	비고
통신선로	사용 케이블	• 18-24Core 단일모드 젤리충진강대 외장형 광섬유 케이블을 선로양측에 각 1조 설치 • 0.65mm 50P 강대외장형 PEF(동)케이블을 하선측에 1조 설치	
전송설비	방식	• 이중 2.5Gbps 동기식 디지털 광전송망 • 155Mbps 동기식 디지털 광전송방식의 ADM 또는 2Mbps 이상의 다중전송장치	• 중앙통제소와 각역, 기지 간의 통신정보 전송을 위한 설비
CCTV설비	설치 장소	승강장 및 주요시설 화상감시	
열차무선 시스템	방식 주파수 채널 설비	• 디지털 주파수공용방식(TRS) • 800MHz대 • 15채널 • 중앙제어국 1개소, 중계기지국 53개소, 열차용 92대, 자동차용 50대, 역설비 21대, 휴대용 300대	• 운행중인 열차와 지상(사령, 역, 기지, 선로연변보수자) 간의 효율적인 정보교환을 지원해 주는 음성 및 데이터통신설비
교환설비 및 기지	설비 방식 구성	• 전(全) 전자식 디지털교환기 • 중심국 : 3개국(서울, 대전, 부산) • 하위국 : 4개국(남서울, 천안, 대구, 경주)	• 열차운전, 여객소송, 운용관리, 시설보수 등 철도운영을 위한 교환 및 전화단말설비
역무자동화 설비	기능	• 승차권 예약자동발매기, 창구용발권기 정산시스템, 개·집표기 시스템 • 여객안내 및 여행정보 안내시스템	• 역무중앙에서 일괄처리 • 여객편의제공 및 철도 영업의 전산화
정보통신망	구성	• LAN : 주요구내업무시설 • WAN : LAN의 고속데이터 전송망 연결	

② 고속철도통신망의 구성

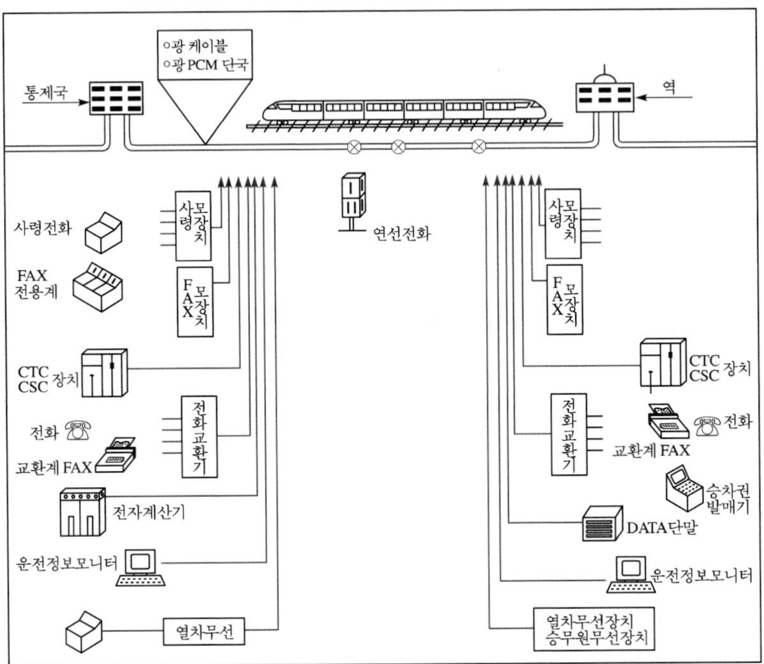

그림 12.5 고속철도통신망의구성

사 례

최고속도 시속 300km

경부고속철도의 최고속도를 얼마로 할 것인가를 결정하기 위해 철도청에서 1989년 7월부터 1991년 2월까지 교통개발연구원에 기술조사를 의뢰하였다. 조사 결과에 의하면 시속 300km의 운행속도가 가장 경제적이라는 결론이 내려졌다.

최고속도를 시속 300km 이하로 할 경우 투자비는 시속 300km와 별 차이가 없으나 시간가치 등 편익이 낮으며, 반대로 최고속도를 시속 300km 이상으로 높일 경우 편익은 큰 차이가 없고 오히려 투자비 및 운영비가 많이 드는 것으로 나타나 결국 시속 300km가 현재의 기술수준, 서울-부산 간의 거리, 수송수요, 시간가치, 운행비 절감 등 종합적인 면에서 최적의 운행속도인 것으로 나타났다.

자료 : 경부고속철도 건설 이야기, 한국철도시설공단, 2004.

4. 고속철도 안전관리시스템

1) 개요

교량위로, 터널 안으로 수많은 사람들의 생명을 실어 나르는 철도교통은 높은 수준의 안전관리시스템이 요구된다. 안전을 실현하기 위해서는 철도운행이 실제로 행해지는 일상의 작업과정 속에서 안전관리시스템이 가동되지 않으면 아니된다. 그리고 안전은 원리원칙을 표방하는 것만으로는 달성되는 것은 아니다. 그것을 실제의 생산 활동 속에서 활용할 때 비로소 실현될 수 있다. 우리나라 고속열차는 길이 388m, 무게 771톤의 열차가 초속 83m로 운행하고 있어 고속과 아울러 안전장치도 빈틈없이 갖추어져 있어야 한다. 또 철도의 경쟁력은 정시성, 고속성과 더불어 안전성이 중요한 요소로서 이들을 우리는 매출의 중요 요점(points of sales)이라 할 수 있다. 특히 안전성은 철도가 갖는 최대의 장점으로 안전이 결여되었을 때는 막대한 인명과 재산의 피해로 직결된다는 점에서 안전성 확보는 철도경영에서 최우선 목표로 두어야 할 것이다.

2) 안전시스템

한국고속철도가 갖추고 있는 안전시스템은 다음과 같다.

(1) 고속선 안전설비

① 차축온도검지장치

고속으로 주행하는 열차의 차축이 일정온도 이상으로 과열될 경우 이를 검지하여 운영자에게 경보를 송출하고 열차의 운행을 감속 또는 정지시키는 장치

② 지장물검지장치

낙석 또는 토사붕괴가 우려되는 지역이나, 고속철도 위를 통과하는 고가차도 등에서 자동차 또는 낙석과 같은 지장물이 선로에 떨어진 것을 검지하여 인접구간을 운행하는 열차에 정지신호를 전송하거나 감속운행을 유도하는 설비

③ 끌림검지장치

고속철도의 본선 진입개소에 차체 부속품의 파손 및 이탈을 검지하여 선로에 설

치된 시설물 파손을 방지하는 장치

④ 기상감시 설비

강우, 풍속, 적설량을 측정하여 기상 상태에 따라 열차운행을 감속 또는 정지시키는 설비

⑤ 보수자 횡단장치

보수자가 지정된 장소에서 선로를 횡단할 경우 접근하는 열차가 없음을 확인한 후 안전하게 선로를 횡단하기 위한 설비

⑥ 터널경보장치

터널에 열차가 접근 시 터널 내 작업자 및 순회자의 안전을 위해 경보 등(燈), 섬광 및 사이렌으로 작업자가 안전하게 대피함으로써 인명피해를 방지하는 설비

⑦ 분기기 히터장치

동절기에 눈이나 기온 저하로 기본레일과 텅레일 사이의 결빙 또는 레일 표면의 결빙에 의해 선로전환기의 전환불량 장애가 발생하는 것을 막기 위하여 분기부에 전기적으로 가열장치를 사용하여 장애를 미연에 방지하고 열차의 안전운행을 확보하기 위한 설비

(2) 차량 화재방지 설비

동력차 및 객차의 모터블록, 보조블록, 주변압기, 객차 분전함, 객차인버터 등 화재발생 가능 장소 37개소에 화재감지센서를 설치하고 있는 바, 이는 릴산 튜브에 압력공기를 채워두고 화재발생 시 열에 민감한 릴산 튜브가 녹아서 압력공기가 분출되면 센서에 의해 화재를 감지하는 원리이다. 차량에 화재가 발생하면 동력차 및 객차에 설치된 화재감지센서에 의해 KTX운전실 고장표시등에 화재 경보가 나타나면 KTX기장은 기관사 단말기(TECA)를 취급하여 화재경보가 발생한 객차위치를 확인하고 열차팀장에게 통보 후 기관사 단말기 처리절차에 따라 조치한다. 그리고 화재발생 시의 비상탈출을 위하여 객실의 전후부 좌우에 비상탈출망치 4개가 비치되어 있으며, 객실 화재 발생 시 열차승무원 또는 승객이 비상창유리를 파손하고 탈출하도록 대비하고 있다. 참고로 열차출발 후 속도가 5km/h 이상에서 모든 출입문은 자동으로 닫히고 쇄정되며 운행도중 출입문을 개방하기 위해서는 "승강문 비상열림장치"를 취급하여야 한다.

CHAPTER 13

신 교통시스템

1. 신 교통시스템의 의의

교통은 정치적으로는 국가나 사회의 발전 정도를 평가하는 기준이 되고, 경제적으로는 생산성을 극대화하고 산업구조를 개편하는 수단이 되며, 사회적으로는 지역 간의 격차를 해소하고 문화적 일체감을 조성하는 역할을 한다.

최근 대도시에서는 자동차의 급증과 도로시설 공급의 한계로 교통난이 심화되고 있어 이를 해결하기 위해 수송효율이 높은 도시철도를 건설하여 도시철도 중심의 교통체계를 확립하고 있다.

그리고 도시교통문제에 대응하는 또 하나의 정책전환은 저상형 노면경전철 등의 신 교통시스템의 개발과 도입이었다. 1972년 워싱턴의 달라스 공항에서 개최된 만국교통박람회를 계기로 선진국은 신 교통시스템의 개발경쟁에 돌입했다. 즉 신 교통시스템은 자동차 증가가 가져온 각종 문제를 해결하기 위해서 자동차를 대신할 수 있는 교통수단을 목표로 하여 개발된 교통시스템의 총칭이라고 할 수 있다(김경철, 2001). 이런 신 교통시스템은 도시교통에서뿐만 아니라 공항, 유원지, 심지어는 골프장 등의 교통수단으로도 활용되고 있다.

한편으로는 기존 지하철의 지선, 중소도시의 간선, 대도시와 중소도시를 연결하는 교통수요 처리에 적합한 교통시스템이 필요하게 되었다. 그 결과 차량규모나 수송용량은 지하철보다 작고 버스보다 큰 중간규모이지만 시스템에 따라 처리능력이 다양하고 접근성이 보다 좋으며 무인운전도 가능한 새로운 개념의 신 교통시스템이 널리 보급되고 있다.

특히 도시화율이 점점 높아지고 있는 상황에서 지역교통과 도시교통을 분리해서 생각할 수 없고 도시교통과 도시개발정책의 통합성(coherence)이 보증되어야 하며(Elisabeth Chaigneau, 2003) 이들을 종합적이고 체계적으로 계획하고 효율적으로 운영하여야 이용자의 편의를 증진시키고 불필요한 사회적 비용을 줄일 수 있을 것이다.

그래서 도시교통 내에서 또는 도시교통과 지역교통을 연계하기 위한 수단으로 신 교통시스템이 많이 활용되고 앞으로 더욱 발전시켜야 할 분야이므로 이에 대한 이용현황과 시스템별 특성을 소개하고자 한다.

최근 들어 신 교통시스템이라는 용어는 많이 사용하고 있지만, 아직 공식적으로 신 교통시스템에 대한 정의는 확립되어 있지 않다.

그래서 신 교통시스템을 「종래의 교통시스템에 첨단기술을 적용하여 개선한 각종 교통수단」을 모두 포함하는 것으로 하고 여기서는 노면경량전철(SLRT), AGT(automated guideway transit), 모노레일, 자기부상철도의 예를 소개하여 종래의 시스템을 토대로 최첨단기법을 적용하여 발전시킨 신 교통시스템을 이해하는 데 도움을 주고자 한다.

넓은 의미로는 AGT, 모노레일, LRT, 리니어지하철과 같이 하드웨어적으로 신기술을 이용한 종래의 교통수단과 다른 교통수단과 기존 교통수단의 운영형태를 소프트웨어적으로 개량한 교통수단(예, demand-responsive bus)을 포함하기도 한다.

최근 지자체 등에서 신교통수단 도입에 대한 검토요구가 늘어나고 있는 상황에서 정부에서는 「신교통수단 선정 가이드라인」을 마련하여 교통수단을 결정하는 데 유용한 기준을 제시하고 있다(국토해양부, 신교통수단 선정 가이드라인, 2012).

즉 종전에는 특정 교통수단을 먼저 선정해놓고 타당성 검토를 하던 것을, 이 가이드라인에는 먼저 BRT(bus rapid transit), 바이모달트램(bi-modal tram), 노면전차(무가선 트램 등 5량 기준), 경량전철[고무/철제차륜 AGT, 선형유도전동기(LIM : linear induction motor)형식 2량 기준]의 4가지 교통수단을 비교·검토한 뒤 지역별 특성 및 여건에 적합한 교통시스템을 선택하도록 가이드라인을 제시한 것이다.

그리고 국가 연구개발 사업 등으로 개발 완료 또는 개발 중인 신교통수단으로서 운영 개시 시점에 안전성 등이 충분히 검증될 수 있는 것도 앞의 4가지 수단 중 가장 유사한 것에 추가하여 비교·검토하도록 하고 있다.

특히 교통수단 도입단계에서 고려해야 할 경제성 및 교통처리능력 등의 기준을 체계적으로 제시하고, 구체적인 계산방법을 제공해 교통수단 간 비교와 그 결과를 찾아낼 수 있도록 하였다.

또한 이용자수요 추정 때, 도시 전체인구가 아닌 도입노선의 '영향권인구'라는 개념을 도입해 검증결과의 정확성을 높이도록 하였다.

이 가이드라인에 담겨 있는 중요 내용은 다음과 같다.

- 도입주체 등은 먼저 활용 가능한 모든 교통수단을 비교·검토하고
- 재무적 측면에서 예상수입이 최소한 연간운영비를 충족할 수 있는 신교통수단을 선택한다.
- 도입노선의 영향권인구를 기준으로 평균운임 등 예상수입을 산출한 뒤 연간운영비와 비교한다.
- 운영기간에 걸쳐 예상수입으로 총사업비를 회수할 수 있는지 미리 판단하고 총

사업비에 대한 지원이 필요한 경우 지자체 등 도입주체가 부담할 수 있는 범위 내에서 신교통 수단을 선택해야 한다.

- 교통수단별 최대수송용량을 기준으로 첨두시의 교통수요를 처리할 수 있는 교통수단을 선택하는 동시에 첨두시를 제외한 운영시간에 적정한 서비스 제공을 위하여 교통수단별 정원승차 서비스 수준을 기준으로 한 적정수송용량을 고려한다.
- 수단별 환경영향, 도시 이미지 및 미관 등 상징성, 환승편의성, 도입·활용의 시기 등을 차별적으로 고려한다.

사례

월스트리트저널의 자매지 Barron's가 '세상에서 가장 살기 좋은' 7개의 도시로 미국의 쥬피터(Jupiter)와 솔트레이크시티(Salt Lake city), 캐나다의 밴쿠버(Vancouver), 모나코의 몬테카를로(Monte Carlo), 프랑스의 엑상프로방스(Aix-en-Provence), 스페인의 마요르카 섬(Mallorca Island), 그리고 아시아에서는 유일하게 일본의 후쿠오카를 선정하였다.

이들 도시의 공통된 특징은 다른 도시 혹은 국가로의 이동이 편리하고, 범죄율과 물가가 비교적 낮으며, 쾌적한 날씨와 다양한 레저문화시설을 갖추고 있는 등 삶의 질이 다른 도시에 비해 월등히 높다는 점을 내세웠다.

후보로 지명되었던 1백여 개의 휴양지 가운데서 이 7개의 도시가 '가장 살기 좋은 곳'으로 선정된 데에는 이 같은 조건이 뒷받침되었기에 가능했다.

평가 항목을 5개로 선정하였는데 각각의 도시가 가지고 있는 날씨 등 자연조건, 교통, 문화, 물가 등 주거환경, 치안이 평가 항목으로 채택된 것처럼 교통은 경제활동의 매개체로 뿐만 아니라 삶의 질을 좌우하는 중요한 요소로서 그 역할을 수행하고 있음을 알 수 있다.

최근에는 경량전철(輕量電鐵, light railroad transit)이란 말을 많이 쓰고 있는데 이는 수송용량을 기준으로 분류한 것으로서 수송용량은 기존의 대중교통수단인 버스와 중량전철(重量電鐵, heavy railroad transit)로 분류되는 지하철의 중간규모이다.

이를 다시 말하면 '대량수송 및 정시성 등의 기존 대중교통수단의 기능을 충족시키면서 시스템의 기능이 상호 통합·연계된 체계 내에서 복수의 차량으로 편성된 열차가 시간·방향 당 30,000명까지 수송하고, 운행속도가 60km/h 이상이며 무인운전도 가능한 교통시스템'이라 할 수 있다(한국철도기술연구원, 경량전철시스템 기술개발사업 최종 연구결과 요약보고서, 2004). 이러한 시스템으로서 세계적으로 통용되고 있는 것은

AGT, APM(automated people mover), 모노레일 등이 있다.

그리고 국토교통부의 「도시철도의건설과지원에관한기준」에서는 경량전철은 인구 50만 명 이상의 도시로 하되, 시간·방향 당 첨두시 최대 혼잡구간 교통수요가 개통 후 10년 내 1만 명 수준으로 예측되는 노선을 경량전철건설의 타당성을 인정하는 기준으로 삼고 있다.

경전철 시스템은 건설비가 지하철에 비해 낮고(35~50% 수준), 도로 공간을 입체적으로 활용할 수 있기 때문에 기존 지하철과 비교하면 보다 적은 사업비로 교통시설을 공급할 수 있다. 지하철과 버스의 중간 수송력을 가지고 있어 지하철을 건설하는 것이 적합하지 않은 구간에 적절한 교통시스템으로 평가 받고 있으나((주)삼보기술단, 일본의 경전철시스템, 2005), 최근 고가(高架)경전철 방식은 도시 미관상 좋지 않은데다 소음과 조망 등의 문제를 수반할 수 있는 만큼 노면전차 등 다른 방식의 대중교통수단을 건설해야 한다는 지적이 나오고 있다.

즉 경전철은 이 장에서 다루고자 하는 신 교통시스템의 범주에 거의 다 포함될 수 있다고 보아 신 교통시스템에 묶기로 한다.

교통수단별로 수송력과 건설비를 비교하면 그림 13.1과 같다.

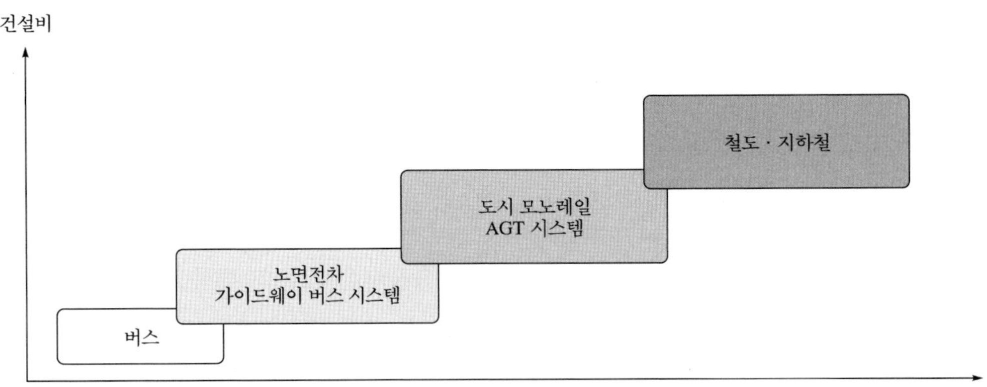

그림 13.1 교통수단별 수송력 · 건설비

2. 신 교통시스템의 특징

신 교통시스템에는 여러 종류가 있으나 최첨단 시스템을 도입하고 있어 대개 다음과 같은 특징을 가지고 있다.

① 에너지원(源)은 주로 전기이기 때문에 환경오염의 원인이 되는 배기가스를 배출하지 않고 고무타이어로 주행할 경우 소음과 진동이 적어 보다 환경친화적인 교통수단이다.
② 고가(高架)주행로를 주로 이용한다.
③ 급한 곡선, 급한 기울기에 크게 제한받지 않는다.
④ 전력 공급, 운행관리 등의 제반 설비를 종합사령실에서 집중적으로 관리함으로써 자동무인운전과 정거장 무인화가 가능하다.
⑤ 종합관리시스템에 의해 비상시에도 적절한 지원이 가능해서 운행의 안정성이 향상된다.
⑥ 고가구조물의 하중제한과 수요관리를 위해 정원을 제한하며 일반적으로 최대 수송력은 시간·방향 당 5,000~30,000명 정도이다(한국철도기술연구원, 2004).
⑦ 시각적 요소에 의한 승차감을 개선할 수 있다.
시각적인 아름다움뿐만 아니라 시설물의 본질적인 변화를 지향하여 편안하고 안전하며 쾌적한 교통수단으로 서비스의 품질을 높일 수 있다.
오늘날은 기술에 디자인을 포장하는 것이 아니라 디자인에 맞추어 기술이 동원되는 시대이다. 특히 신 교통시스템의 채택은 주변 환경과 조화를 이루는 시설물을 건설하는 계기가 될 것이다.

3. 신 교통시스템의 구비조건

새로운 교통수단이 도입되는 경우 기존 교통수단에서 새로운 수단으로 전환되어야 많은 효용이 발생하게 된다. 이렇게 되기 위해서는 다음과 같은 점을 고려하여야 한다.

① 최소한의 운행 빈도
② 경쟁력 있는 표정속도
③ 정시성 확보
④ 부담 없이 이용할 수 있는 저렴한 운임수준

또한 행정적인 측면에서는 도시정비사업과 연계하여 종합적이고 계획적인 평가가 이루어져야 한다. 그리고 다른 교통수단과 연계성을 높이기 위해서 복합운송(multimodal transport) 대책과 지역활성화 정책이 결합된 종합시책이 강구되어야 할 것이다.

4. 신 교통시스템 도입의 효과

1) 도로교통의 원활화

신 교통시스템이 도입됨에 따라 기존에 승용차를 이용하던 많은 사람이 대중교통수단을 이용하게 되어 도로교통수요의 분산으로 도시 내 도로교통이 원활질 수 있다. 시간·방향 당 수송능력이 10,000명인 경전철은 평균승차인 1.6명인 승용차 6,250대에 해당된다.

일본의 경전철 Astram Line의 예를 들면 경전철 도입 후의 경전철 분담율(07~09시)이 31%를 차지해 이에 해당되는 교통량만큼 도로교통이 원활해 진 것을 알 수 있다.

	버 스	승용차	경전철
◦경전철 도입전	56%	44%	
◦경전철 도입후	30%	39%	31%

2) 이동시간 단축 및 정시성 확보

경전철은 전용궤도에서 주행되기 때문에 도로상의 교통지체에 전혀 영향을 받지 않으므로 이동시간이 단축된다. 또한 통근이나 통학시간대의 러시아워에도 목적지까지 정확한 시간에 도착할 수 있다.

일본의 예를 보면 유리카모메선은 新橋~國際展示場까지 경전철이 도입되기 전에는 30분 소요되던 것이 도입 후에는 21분으로 단축되고, 오사카모노레일의 경우 千里中央~오사카국제공항까지 모노레일이 도입되기 전에는 25분 소요되던 것이 도입 후에는 13분으로 단축되었다(삼보, 일본의 경전철시스템).

3) 도시 외곽지역의 교통수단으로 기능

지역교통망을 재편하여 도시 외곽의 신도시와 같은 새로운 지역의 교통수요를 감당할 수 있게 된다.

5. 신 교통시스템의 종류

신 교통시스템이란 기존의 전통적으로 운영되어 오던 교통수단보다 기술적으로나 시스템적으로 진보된 교통수단으로 일반적으로 크게 두 종류의 유형으로 분류된다.

첫째는 기존의 대중교통수단에 새로운 기술을 적용하여 개발한 시스템이다.

기존철도의 신호보안, 차량 등에 새로운 기술을 도입하여 열차의 운영효율과 안전성을 높이거나 주행속도나 주행시간을 단축시키는 시스템의 개발도 이 범주에 속한다.

둘째는 현재까지 운영되지 않았던 새로운 시스템으로서 혁신적인 시스템이다.

이 같은 시스템은 여러 유형이 있으나 그 중 널리 개발되고 있는 것이 경전철 AGT이다.

신 교통시스템을 분류해 보면 아래와 같다.

1) 노면경량전철(street light rail transit : SLRT) (김경철, 2001)

(1) 정의

도로상에 궤도를 부설하여 운행하는 노면전차를 노면경량전철이라 하며 종전의 노면전차(Tram)와 구별하기 위해 New Tram 이라 하기도 한다. 최근에는 종래의 노면전차를 저상형(底床型)으로 개선하여 이것을 Super Tram이라고 부르고 있다. 노면전차는 저탄소 녹색성장의 신교통수단으로 전 세계적으로 각광을 받고 있다.

노면경량전철은 일반철도나 도시철도와 비교할 때 수송력, 속도 등은 떨어지지만 도로부지 등을 이용하기 때문에 역 설비, 노반구조물, 신호보안 시스템을 간단하게 설치할 수 있어 건설비용을 줄일 수 있는 쇠바퀴식 전차이다.

그래서 인구가 그리 많지 않은 중소 도시지역에 도입할 수 있다.

이 시스템은 재래 형 노면전차의 기술을 기초로 노선을 전용궤도로 하고 고성능 저상차량을 도입하여 수송력, 정시성, 승차감이 개선되고 통신능력도 뛰어나며, 혁신적인 디자인을 특징으로 하고 있어 대량수송 수단과 버스의 중간 수송력을 가진 새로운 교통시스템으로 평가받고 있다.

종래의 전차와 노면경량전철의 차이는 다음과 같다.

	노면전차	노면경량전철(SLRT)
수송로	① 기본적으로 일반도로교통과 경합하여 운행	① 도로와 분리된 전용궤도 주행이 기본임 ② 적극적인 지하화, 고가화로 효율적인 운행 도모
운행특성	① 편리성은 높으나 정시성, 주행속도는 도로주행 조건에 크게 좌우됨. ② 표정속도 15km/h 내외	① 전용궤도 주행과 고성능 차량에 의해 정시성 및 높은 표정속도 확보 가능 ② 표정속도 25km/h 이상, 운행 빈도 높음
차량 및 편성	① 차량 4~6축, 길이 14~21m ② 승차정원 100~180인 ③ 1~2량 편성, 3량 편성도 있음 ④ 최고속도 40~60km/h	① 6~8축 연절굴절차량, 길이 20~30m ② 정원 110~250인 ③ 2~4량 편성 ④ 최고속도 80~100km/h

최근에는 SLRT의 표정속도 향상대책으로 승객의 승·하차 시간단축을 위해 승차권 감지시스템 등을 채택하고 있고, 고령자, 신체장애자를 위해 다양한 저상차량을 개발하여 운용하고 있으며 유모차, 자전거를 위한 공간도 마련하고 있다.

(2) 특성

도시의 인구 집중과 시가지의 확대, 자동차 생산기술의 발달로 급격한 자동차 교통량의 증가를 가져왔다. 이로 인한 도시교통의 문제와 환경문제가 사회문제로 제기되자 자동차교통의 수요를 관리하는 정책이 필요하게 되었다. 그 일환으로 교통수요관리정책이 추진되어 승용차의 이용억제 방안이 여러 형태로 도입되고 교통수단의 전환을 위해서 효율성이 높은 대중교통 정비방안이 강조되기 시작했다.

SLRT는 이와 같은 배경에서 자동차와 공존하면서 시가지 환경을 개선하는 하나의 방안으로써 평가되어 개선되고 있다. SLRT는 노면을 주행하므로 건설비가 적게 소요될 뿐 아니라 노면에서 거의 동일한 평면에서 승·하차할 수 있어 거동이 불편한 사람들이 이용하는데 편리한 교통시스템으로 평가 받고 있다.

또한 도시교통의 추세라 할 수 있는 복수의 교통기관이 각각의 기능적 특성을 살리면서 유기적으로 결합하여 이용자의 필요에 부응하도록 하는 요구에도 적합하게 이용될 수 있다. 교외지역에 환승주차장을 건설하여 환승기능(park & ride 등)을 증대시키고 자가용차의 도심 진입을 억제하여 도심부에서는 대중교통수단을 자연스럽게 이용하도록 할 수 있다.

한편으로 차량의 모양을 가로와 도시경관에 어울리도록 참신하게 디자인하여 유럽에서는 미래의 도시설계를 선도하고 있다고 한다.

또한, 현대기술과 접목한 SLRT는 도시교통으로서 고속성, 정시성, 대량성, 쾌적성 등의 기능을 겸비하고 있다.

특히 도로 교차로에서는 지하 또는 고가화로 도로교통의 혼잡을 해소하고 간선철도와 연계되는 터미널 역에서는 갈아타는 편리성을 확보하기 위해 역 광장에서 평면으로 환승하기도 하고 지하 또는 고가에서 환승하는 형태를 취하기도 한다. 또한 많은 나라에서는 도로교차점에서 SLRT 우선의 교통신호를 도입하고 있다.

SLRT는 시간 당 운송능력이 7천~1만 5천 명 정도로서 2만 명 이상의 대량수송을 담당하는 지하철의 하부연계시스템으로 버스보다 많은 용량을 처리하고 도로의 공간을 자동차와 조화를 이루면서 유연하게 대처할 수 있는 장점도 있다.

그리고 SLRT는 차량에 최첨단 기술을 이용하여 부드러운 가·감속이나 작은 소음·진동으로 운행할 수 있어서 쾌적한 교통수단으로도 평가받고 있다.

(3) 주행 공간과 차량

가. 주행 공간

SLRT는 지표면을 주행하는 것이 일반적이지만 도시 내 다른 교통수단보다 경쟁력을 높이기 위해서 고가나 지하공간을 이용한 별도의 주행로를 가지기도 한다.

나. 차량

SLRV(street light rail vehicle)라 불리는 차량은 구형의 노면전차 차량과 비교하여 최고속도, 가·감속 성능 등을 개선하였고 연절차(連節車), 연결차(連結車)등에 의해 수송력을 향상시키고 저상차량으로 되어 장애인 등의 이용 편의를 높인 것이다.

저상차량의 장점은

① 고령자, 신체장애자가 이용하기 편리하며 휠체어 등의 승하차도 가능하다.

② 노상에서 승하차 시 차량바닥 면과 단차가 작기 때문에 승하차 시간이 단축되어 표정속도의 향상에 효과가 있다. 밀라노 SIRO는 선로 상단으로부터 차량바닥까지 높이가 350mm에 지나지 않는다.

③ 높은 승강장을 설치하지 않아도 되므로 건설비가 적게 소요된다.

④ 차량내의 온도조절과 산소공급으로 집안의 거실과 같은 환경을 지향하며 좌석 밑의 난방장치는 회생제동시스템을 통해 전력을 공급받아 최소한의 전력을 소비한다(암스테르담 Combino).

⑤ 차내의 좌석 간격을 조절할 수 있고 차량의 크기도 조절할 수 있다(암스테르담 Combino).

저상차(低床車)를 가능하게 한 것은 대차구조의 기술혁신에 의한 것이다. 이전의 대차는 차축 및 전장품(電裝品)이 중앙통로에 있었기 때문에 바닥높이가 제한되어 있었지만 저상차량의 대부분은 차축이 없는 독립차륜 대차를 채용하고 있다. 독립차륜의 경우 차륜 부는 의자 밑에 설치되어 중앙부의 저상화가 가능하게 되었다.

그리고 전동기의 회전을 동륜에 전달하는 방법으로서 다음과 같은 방법이 추진되었다.

① 차축에 탑재된 모터에 의해 차륜을 직접 구동시킨다.
② 좌석 아래에 설치한 전동기로부터 카르단(cardan)축과 기어박스를 경유하여 차륜을 구동시킨다.

또한 최근에 유도전동기와 같은 소형이면서 높은 출력의 모터가 개발됨으로서 제어장치가 전자화되어 소형으로 분산배치가 가능한 것도 저상화가 가능하게 된 요인이다.
차륜은 소음, 진동방지와 승차감 향상을 목적으로 탄성차륜을 채용한 것도 많다. 이것은 철 차륜의 타이어부와 중심부 사이에 고무제품의 완충재를 끼워 넣은 것이다. 특히 저상 차량의 경우 대차에 진동을 완화하기 위한 현가(懸架)장치를 설치할 공간이 충분치 않기 때문에 대부분 이 탄성차륜이 사용되고 있다.

다. 전차선

노면경량전철의 단점 중의 하나는 두 개 이상의 노선이 집중되는 곳에서 흉하게 얽혀 있는 공중의 전차선으로 이 전차선은 도시 중심부의 역사유적지, 유명한 장소, 특히 예술적 의미를 가지는 장소의 미관을 훼손시키고 있다.
한가지의 해결책은 이러한 노선을 지하에 두는 것이나, 이것은 매우 많은 비용이 들고 경전철의 가장 중요한 목적인 저렴한 비용과 용이한 접근성이란 당초의 목적을 상실하게 한다.

이러한 지역에서 종전의 커티너리 조가방식에 의한 전차선을 없애기 위한 세 가지 대안이 최근에 개발되어 운용되고 있다.

첫째는 APS라고 불리는 지상 전력 공급 시스템이고 나머지 둘은 경전철차량에 배터리를 탑재하거나 플라이휠(flywheel)에서 전력을 생산하는 해결 방안이다.
지상 전력 공급시스템은 도로 위에 사용 중인 레일 사이에 750V 직류 도체(導體)레일(conductor rail)을 설치하는 것으로서 매우 위험하게 보이지만 사실은 그렇지 않다. 왜냐하면 경전철차량이 도체레일 위를 이동할 때 그 차량 바로 아래의 도체레일에만 전류가 통하게 되어 보행자가 감전될 위험은 없다. 사실상 안전을 확보하기 위해 코드화된 신호가 경전철 차량에 탑재된 연속정보수신장치(pick-up shoes)에 의해 안테나를 경유해 도체레일 사이에 있는 탐지루프선(detection loop)으로 보내진다.

도체레일은 급전선에 연결된 두 개의 금속스트립(strip)으로 구성된다. 도체레일 스트립은 도로에 묻혀 있는 17cm 높이의 I 자 모양의 상자 위에 위치해 있는데 이 상자는 안테나선 루프, 세 개의 750V 급전선, 운행 중인 레일에 연결된 중성의 귀선전류선(neutral return cable) 그리고 통신선을 포함하고 있다. 도체레일 스트립은 길이가 8m이고 3m길이의 절연구간에 의해 분리되어있다. 이러한 절연구간은 본래 유리 섬유였는데 쉽게 닳아서 세라믹으로 교체되었다. 22m마다 가로에 묻혀있는 전력 제어장치는 전기가 흐르는 구간을 작동하게 한다.

각각의 경전철차량(LRV)은 정거장에서 전력을 계속 유지하고 전력 제어 장치에 문제가 생길 경우 22m를 초과해서 다시 운행할 수 있게 해주는 배터리 묶음이 설치되어 있다. LRV 위의 전환장치는 열차가 정지 중일 때 운전자가 지상전력(APS), 배터리 전력, 전차선 전력 중에서 전력원을 바꿀 수 있도록 해준다. 차량에 장착된 연속정보수신장치는 주철로 만들어져 있고 접촉판에 10kg의 힘이 작용한다.

APS시스템은 처음에 배수 시스템 없이 설치되어서 배수시스템을 갖추어야했다. 또한 도체 스트립과 같은 몇 가지의 부품을 교체해야했고 전력제어 장치의 디자인을 개선해야만 했다. 그러나 안전에 관해서는 문제가 없었다. 이러한 조치 이후에는 APS 유용성은 90% 수준이었고 2005년 말 이후로는 99.8%를 달성하였다.

APS의 유일한 주요 단점은 해빙시스템이 설치되어 있지 않는 한 얼음과 눈에서는 작동하지 않는다는 것이다. APS는 커티너리 조가식과 같은 성능을 가지지만 설치하는데 전체사업비의 약 3% 정도가 추가비용으로 소요된다.

City	커티너리	무선	적용시스템
Bordeaux	29.9km	13.6km	APS
Nice	8.7	0.92	배터리
Relims	8	2	APS
Angers	12	1.5	APS
Orleans	11.8	1	APS

위 표에서 보는 바와 같이 프랑스의 3개 이상의 도시들이 APS를 새로운 경전철사업의 전력공급시스템으로 채택한 것은 APS의 편익이 비용상의 불리한 점보다 더 가치가 있다고 운영자들에 의해 명백히 인식되었기 때문으로 볼 수 있다.

다음은 배터리에 의한 전력공급시스템이다.

Cote d'Azur 에 있는 Nice는 커티너리 조가방식에 의한 전차선이 아직 설치되어 있지 않은 두 개의 광장을 통과해서 노면 경전철을 운행하기 위해 배터리 전력시스템 Citadis LRVs를 받아들인 프랑스의 첫 번째 도시이다. 광장 Place Messena를 통과하는 구간은 435m이고 Place Garibaldi를 통과하는 구간은 485m이다.

12V의 배터리는 무게가 1.5 톤이며 물을 냉각시키는 시스템을 포함하고 있는데 차량의 지붕 위에 붙어있다. 이 배터리의 최대 출력은 200kw인데 이는 LRV를 시속 30km 까지 운행할 수 있고 Nice의 두 단거리 광장 구간을 운행하는데도 충분한 전력이다. NiMH 배터리는 LRV가 전차선 전력으로 되돌아가면 재충전된다. 들을 수 있고 볼 수 있는 경보장치가 커티너리 조가방식과 배터리 전력방식을 서로 바꾸어야 할 때 운전자에게 경보를 발한다. 앞으로 고용량 배터리 개발 촉진으로 녹색성장의 새로운 동력을 마련할 수 있게 될 것이다.

세 번째는 플라이휠에서 전력을 생산하는 방식이다.

플라이휠은 정거장에서의 정차 동안 빠른 충전이 가능하도록 설계되었다. 지금까지의 주요한 결점은 충전 지점들 사이에서 오래 동안 머물러야할 경우 LRV가 재출발을 할 수 있는 충분한 에너지가 유출된다는 것이다. 플라이휠 전력 차량의 성능은 배터리 전력에 의한 LRV보다 낫지만 APS 에 의한 LRV나 종전의 커티너리 조가방식에 의한 LRV만큼 좋지는 않다고 한다.

종래의 커티너리 조가방식이 앞으로 수년 동안 계속 사용될 것이 분명하지만, 특히 커티너리 조가방식을 이용한 시스템이 역사적인 건물들이나 기타 귀중한 건축물의 미관을 해치기 때문에, 이러한 세 가지 새로운 방안들은 도시 경전철에서 그 역할이 증가하고 있다. 이런 중요한 장소에서 커티너리 조가방식 전차선 설치를 줄이는 것은 또한 새로운 경전철 계획에 대한 반대를 종식시키는 데도 도움을 줄 수 있을 것이다(IRJ, '07.11).

옆의 사진은 프랑스 보르도시의 중심에서 Garonne강 위의 교량구간을 공중에 전차선이 없이 APS 지상 전력시스템에 의해 노면경전철이 운행하고 있는 모습을 보여주고 있다.

2) AGT(automated guideway transit)

(1) 개요

AGT란 '고가(高架) 위 등의 전용궤도를 소형 경량의 고무차륜 또는 철제차륜의 차량이 안내로(guide way)를 따라 자동으로 주행하는 첨단도시철도시스템'으로 기존의 전동차에 비해 건설비 및 운영비가 저렴하고 도로교통수단에 비해 정시성, 신속성, 환경친화성이 우수하며 컴퓨터 제어에 의해 무인 운전도 가능한 시스템으로 다음과 같은 특징을 가지고 있다.

① 지하철과 버스의 중간인 2,000~20,000인/시간·방향의 다양한 규모의 수송능력을 가짐
  ◦ 운영속도 50~60km/h, 표정속도 30~40km/h
  ◦ 정원 60~70인/량, 4~6량 편성(국내 제작 시험차량의 정원은 57명/량, 만차시 100명/량)

② 새로운 운행기법의 도입과 고무차륜 운행으로 소음과 진동 감소

③ 자동무인운전으로 승무원 수를 줄임

④ 발달된 통신 및 제어기술로 차량운행제어 용이

⑤ 차량의 등판능력 향상, 회전반경 감소로 지형적 제약 극복(예, 미국 댈러스 Fort Worth 국제공항 Innovia 시스템, 최급기울기 : 100‰ , 최소곡선반경 : 22m)

⑥ 차량의 소형화와 경량화로 교량, 터널 등의 건설비 감소

⑦ 전기동력 사용으로 배기가스 배출이 없음

⑧ 도시미관과 조화를 이루는 차량의 외형 설계 가능

보통 필요한 공간은 일반주행공간에서 25~30m, 역사부근에서 30~35m의 도로 폭원이 필요하다. 참고로 한국철도기술연구원에서 경산에 건설한 시험선의 선로 폭은 7.72m이고 개발차량의 외형치수는 길이 9,640mm, 폭원 2,440mm, 높이 3,500mm이다.

(2) 구조

가. 차량

차량의 크기는 제작사, 차량모델마다 다르나 일반적으로 차량폭은 2.08~2.85m, 길이는 9.0~15m 이내의 소형으로 제작하고 있다. 일본은 승객의 편의를 위하여 좌석수를 지하철과 같이하기 때문에 차량을 4~6량으로 하고 열차 내 이동이 가능한 형식으로 제작하고 있다. 반면에 유럽 및 미국은 운영효율을 우선으로 하여 좌석수는 최소로 하고 1량 혹은 2량 편성을 기본으로 하고 첨두시간대 등 수요가 많은 경우는 시격을 조정하거나 편성수를 조정하여 수요를 충족시키고 있다.

차량구조의 경량화는 주요기기의 경량화뿐만 아니라 차체의 경량화가 매우 중요하다. 그래서 기존의 연강이나 STS301보다 기계적 성질이 뛰어나고 가벼우며 자원의 재활용성이 높고 제작공정 수를 줄일 수 있는 알루미늄 압출재(Al extrusion) 또는 FRP를 주재료로 하고 있다.

주행은 고무바퀴인 경우는 조종 기구를 필요로 하며, 미끄러짐 각(slip angle)을 최소화하기 위해 1축 대차 형식이 많다.

타이어는 주행 신뢰성을 향상시키기 위해 특수 고무타이어를 사용하며 타이어에 바람이 빠질 경우를 대비하여 고무바퀴 내부에 알루미늄으로 된 보조바퀴를 장착하고 있다.

또한 기존의 도심지를 통과하는 노선의 최소곡선반경, 최급기울기를 감안하여 차량성능을 증가시켰으며, 정거장간 거리가 짧아도 적정 표정속도를 유지할 수 있도록 가속도와 감속도를 증가시켜 제작하고 있다.

참고로 국내의 고무바퀴식 AGT차량시스템 개발사업에서는 가속도 3.5km/h/s, 상용감속도 3.5km/h/s, 비상감속도 4.5km/h/s 이상을 운전조건으로 하였다(한국철도기술연구원, 2004).

나. 전용궤도

경량화된 차량은 통상 전용궤도를 주행하며 정시성 확보를 위하여 다른 교통수단과 완전히 분리되어 있다. 또한 무인운전을 기본으로 하고 전력공급방식이 대부분 제3궤도로 하부에서 전력을 공급받기 때문에 보행자가 접근할 수 없도록 안전장치를 설치하고 있다.

다. 안내방식과 분기방식

차륜에 따라 철제차륜 AGT와 고무차륜 AGT로 구분하고 있다. 이 중 철제차륜 AGT는 안내방식이 철도와 같이 레일에 의해 안내되고 궤도구조와 전력공급방식도 일반철도와 같다.

반면 고무차륜 AGT는 안내륜을 이용하여 주행하며 안내륜의 위치에 따라 중앙안내방식, 측방안내방식, 중앙측구안내방식으로 구분한다.

중앙안내방식은 궤도중심에 한 가닥의 안내레일을 설치하고 2개의 안내차륜이 안내레일의 양측 벽을 안내로로 하면서 주행하는 방식으로 일본 동경의 유카리가오카, 아이치현 피치라이너, CX-100 및 Innovia 차량은 이 방식을 사용하고 있다.

측방안내방식은 주행로의 측면에 설치한 안내레일을 안내차륜이 따라가면서 안내되는 방식으로 궤도면을 평탄하게 할 수 있어 건설 및 유지보수가 간단한 장점이 있다. 일본의 경우 측방안내방식을 표준사양으로 규정하고 있다. 동경의 유리카모메, Crystal Mover, VAL 시스템이 이 형식을 따르고 있다. VAL 차량의 경우는 차량의 크기를 줄이기 위해 차량전면에 안내륜을 설치하고, 일본의 경우는 차량 좌우측에 안내륜을 부착하고 있다.

중앙측구안내방식은 좌우의 주행로 구조물의 내측을 안내에 이용하는 방식이다.

분기방식은 부침식, 회전식, 가동안내판식, 블록평행이동식으로 구분한다.

부침식은 진행방향에 따라 직선 및 곡선의 가동안내레일이 상하작용에 의해 떴다가라 앉았다 하면서 방향을 바꾸는 방식이고, 회전식은 2종류의 안내 빔을 안팎에 설치한 분기장치가 180° 회전하여 진행방향을 변화시키는 방식이고, 수평회전식은 주행방향과 안내궤도가 일체로 작동하는 방식이다.

가동안내판방식은 궤도에 가동안내판과 고정안내판을 설치하고 가동안내판이 움직여 그 방향으로 차량을 진행시키며 차량안내륜 밑에 분기안내륜을 두어 안내하는 방식이며, 블록평행이동식은 분기를 위한 블록이 좌우 수평으로 이동함에 따라 방향을 변환시키는 방식이다.

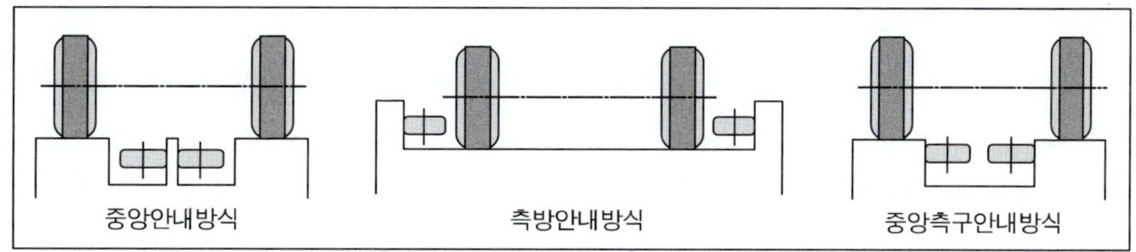

그림 13.2 안내방식

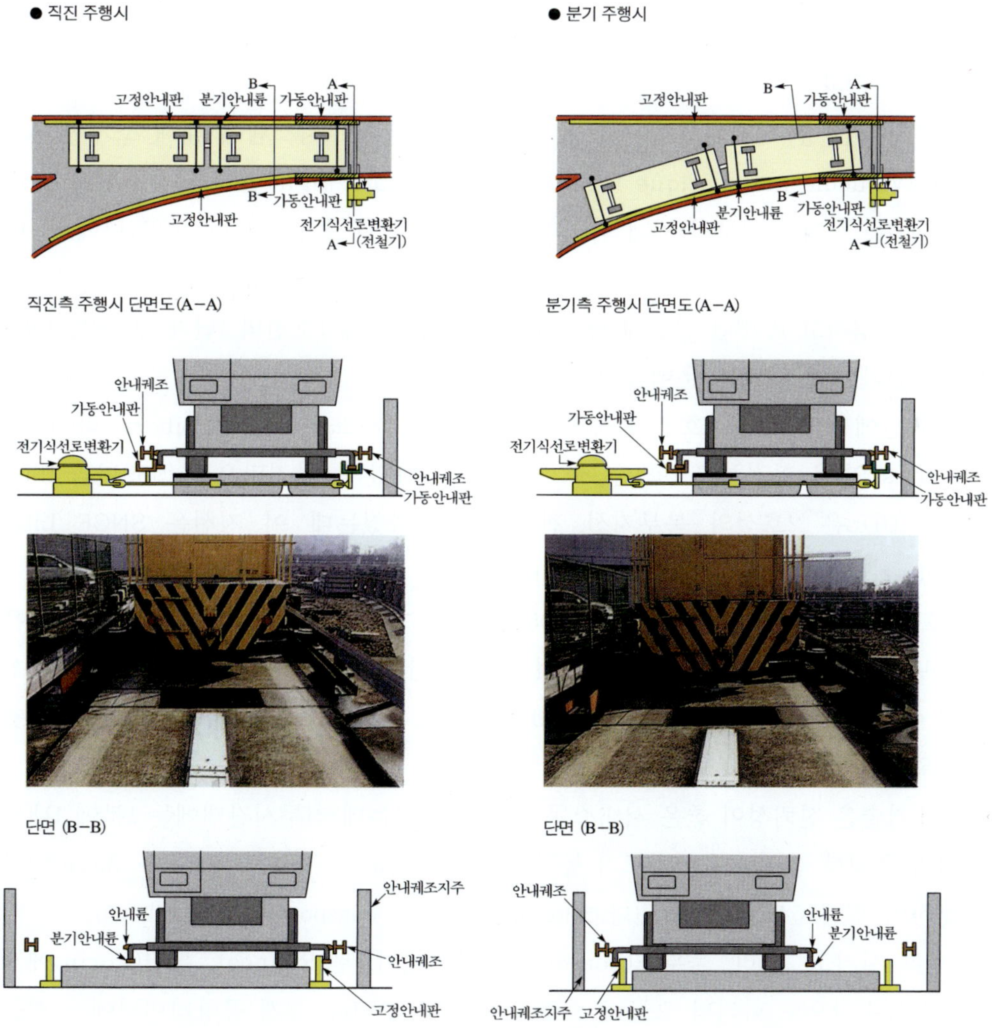

● 직진 주행시

고정안내판 분기안내륜 가동안내판
B
A
가동안내판
고정안내판
전기식선로변환기
(전철기)

직진측 주행시 단면도(A-A)

안내궤조
가동안내판
전기식선로변환기
안내궤조
가동안내판

단면 (B-B)

안내궤조지주
안내륜
분기안내륜
안내궤조
고정안내판

● 분기 주행시

고정안내판
B
A
가동안내판
분기안내륜
가동안내판
고정안내판
전기식선로변환기
(전철기)

분기측 주행시 단면도(A-A)

안내궤조
가동안내판
전기식선로변환기
안내궤조
가동안내판

단면 (B-B)

안내궤조
안내륜
분기안내륜
안내궤조지주 고정안내판

그림 13.3 분기장치

라. 자동열차운행방식

자동열차운전(ATO)이 가능한 시스템이다. 모노레일은 이상 발생 시 승객의 피난 유도 등을 위하여 승무원의 완전 무인화가 어렵지만 AGT는 일반적으로 피난통로가 궤도상에 설치되어 있기 때문에 승무원의 완전 무인화가 가능한 것이 모노레일과 다른 큰 차이점이라 할 수 있다.

그리고 ATO 시스템, 중앙관제실과 열차, 정거장을 연결하는 통신 및 원격감시장비로 비상상황에 빠르게 대응하고 수동운전열차의 자동화된 선로로 경로 배정, 필요시 일부구간의 운행축소 등 운행을 유연하게 할 수 있는 장점도 있다.

(3) VAL식 AGT

AGT시스템 중 세계최초의 자동운전으로 운영된 VAL시스템에 대해 소개한다.

VAL(véhicule automatique léger, fully automatic light metro)시스템은 프랑스 릴(Lille)시에서 선보인 세계 최초의 완전 자동 경전철시스템으로 1974년에 릴 대도시청(Communaté urbaine de Lille : CUDL)은 VAL시스템의 자동경전철시스템 건설을 확정하고 1978년 건설에 착수하여 1983년 5월에 1호선의 1단계 구간을, 1984년에 2단계 구간의 상업운행을 시작하였다.

1984년에 CUDL은 2호선의 1단계 구간에 대한 노선(St. Philibert 역-Lille Flandres 역)을 확정하고 1989년에 사업을 착수하였다. 마지막으로 1989년과 1990년에 CUDL은 2호선의 북부지선 건설을 결정하였는데 이 지선은 SNCF Lille Flandre, Lille Europe 역과 Tourcoing 센터를 연결하게 된다.

2호선의 1단계구간은 1994년과 1995년 5월에 구간별로 개통되고, 2단계 구간은 1999년 8월과 2000년 11월에 착수되었다. 이로서 릴대도시의 VAL 네트워크가 완성되고 이 네트워크는 45km의 연장에 60개의 역을 가진 세계에서 가장 긴 자동경전철 네트워크가 되었다.

VAL기술은 신뢰성이 좋은 서비스를 제공하고 있는데 첨두시간대에는 1분에 1대의 열차가 운행할 정도로 운행빈도가 높다. 그리고 31.5km 구간을 운행속도 35km/h로 주행하여 평균 54분이 소요된다(Cetru, urban public transport in France, 2003).

그 후 시카고, 파리, 툴루즈(Toulouse), 타이페이, 렌(Rennes), 투린(Turin)에서 도심교통수단으로 파리의 오를리 공항, 시카고의 O'Hare 2개 공항터미널에서 셔틀로 운행되고 있다.

VAL은 안전성, 속도, 정시성, 신뢰성, 투자에 대한 경제성, 환경친화성이 뛰어나다. 이 시스템은 중앙통제센터와 끊임없는 교신을 하고 24시간을 전문가들이 감시하며 원거리 감시 장치를 통해 2초마다 중앙통제센터, 차량, 운영요원, 유지관리요원 사이에 신호를 주고받는다.

이들 VAL전문가들은 만일의 사태가 발생할 시는 비디오감시 장치를 통해 선로와 차량 내에서 발생하는 문제를 감지하여 신속히 대처해 나간다. 이때 실시간 대응이 가능한 컴퓨터, 비디오 스크린, 승객들과 정거장간에 연락할 수 있는 오디오 장치를 이용한다(삼보기술단, 세계의 경전철시스템).

릴 1호선의 개관은 다음과 같다.

○ 사업개요
- 착공 : 1977년
- 영업개시 : 1983년 5월(1단계 구간)
- 노선연장 : 13.2km
- 최급기울기 : 100‰
- 환승 : 노면전차(tram), 지하철(metro), 지역 간 교통
  P&R시설, 자전거 보관소, 여행안내

○ 시스템
- 차량 : VAL 208
- 편성 : 2량 1편성
- 신호 : 완전자동무인운전(ATO)
- 전력 : DC 750V
- 통신 : 차량과 정거장내에 여객정보시스템, CCTV안내방송, 차량내 비상통신시스템
- 요금징수 : 자동요금징수시스템(AFC) 각 정거장에 설치
  통합교통요금체계 추구

○ 구조물
- 본선 : 전 구간 고가교량
- 복선교량 상부 최소폭 : 6,000mm
- 궤간 : 1,620mm
- 역 평균 간격 : 0.73km
- 역 설비 : 에스컬레이터와 계단, 스크린도어, CCTV

○ 차량제원
- 길이 : 26,140mm
- 폭 : 2,080mm
- 높이 : 3,680mm
- 주행면으로부터 차량바닥 높이 : 945mm
- 차량바닥부터 천장높이 : 2,050mm
- 차륜지름 : 473mm
- 축간거리 : 10,000mm
- 공차하중 : 31,200kg
- 차륜 : 고무타이어

○ 기술특징
- 추진모터 : 4개/량
- 제동장치 : 유압디스크, 에어백
- 차체 : 알루미늄
- 연결장치 : 차량의 앞부분에 자동연결장치 설치
- 측면창문 : 안전유리
- 출입문 : 6개/량, 양방향 슬라이딩 개폐
- 냉난방 및 환기시설
- Automatic Push Recovery : 선행 열차 고장 시 고장내용이 바로 통보되어 후속 열차가 자동으로 선행열차에 접속되어 고장차량을 안전 장소로 이동시킴

○ 차량성능 및 수송능력

- 가속도 : 1.3m/s^2
- 감속도 : 평상 ; 1.3m/s^2, 비상 ; 1.81m/s^2
- 설계최고속도 : 80km/h
- 운행최고속도 : 70km/h
- Buff Load : 0.65kN
- 휠체어 수용 : 2개소/량
- 좌석수 : 38인/편성
- 수송능력

  입석 4인/m^2 기준 : 좌석 38인+입석 122인 = 160인/편성

  입석 6인/m^2 기준 : 좌석 38인+입석 184인 = 222인/편성

자료 : (주) 삼보기술단, 세계의 경전철시스템, 2005

3) 모노레일(monorail)

(1) 정의

종래의 철도가 일정한 간격으로 된 2개의 레일 위를 철제바퀴를 가진 차량이 주행하는 데 비해 모노레일은 고가(高架)인 한 가닥의 궤도주형 위 또는 아래를 고무타이어 또는 강제차륜에 의해 주행하는 교통수단을 말한다. 모노레일은 높은 지주(支柱) 위에 빔(beam)을 설치하고, 이것을 주행로로 하여 세로 방향으로 2줄의 바퀴를 장비한 차량이 주행하는 것이다. 또 빔 위에 다시 레일을 고정시키고 그 위를 철제 바퀴가 굴러 주행하는 것도 있다.

(2) 특징과 이점(이종득, 2001)

모노레일에는 차량을 주행로에 걸터앉히는 과좌식(跨座式, straddled type)과 주행로에 매다는 현수식(懸垂式, suspended type)이 있다. 두 형식 모두 주행 보가 큰 기둥에 지지되는 고가 구조이다.

모노레일은 도시의 교통난을 완화하는 방책으로 고안된 것으로 지하철에 비해 건설비가 1/3 정도이고 공사기간도 짧으며 도로나 하천 위도 이용할 수 있어 점유면적

이 작아도 된다.

그 반면에 고무타이어 사용은 부담할 수 있는 하중에 한도가 있고 분기기 전환이 복잡하며 소요되는 시간이 오래 걸려 수송량이 제한된다.

가. 특징

① 차량과 주행 빔이 일체형으로 되어 흔들림이 상대적으로 적고 다른 시스템에 비해 탈선의 우려가 적은 등 안전도가 높다.

② 운전속도가 높다. 노면을 이용하는 교통수단과 입체교차하기 때문에 교차로에서의 지체가 없다.

③ 고무타이어를 사용하는 경우는 점착계수가 커서 급 기울기, 급 곡선에서도 운전이 용이하다.

④ 고무타이어 및 대차에 용수철 등을 사용하여 소음, 진동이 적어 승차감이 좋고, 대기오염 등 공해가 다른 교통수단에 비해 적다.

⑤ 도로교통에 지장이 적다. 지주(支柱)는 될 수 있는 한 가늘게 하여 도로의 중앙 분리대에 설치할 수 있다. 지주는 폭 1.0~1.5m 정도의 원형 혹은 각주 교각으로 상부를 지탱할 수 있다.

⑥ 도로나 하천을 이용한 고가구조로 할 수 있어 지하철에 비해 건설비가 적게 소요되고 공사기간도 짧다.

⑦ 차내에서 채광, 조망이 좋아 압박감이 지하철에 비해 적다.

나. 문제점

① 주행로가 한 가닥이므로 주행 장치에 구동바퀴 외에 다수의 안내차륜과 때로는 안정바퀴를 필요로 하기 때문에 차량의 기구가 복잡하고 고가(高價)이다.

② 일반철도에 비해 고속성능이 떨어지고 고무타이어는 동력비가 많다.

③ 일반철도와 궤도방식이 다르기 때문에 상호환승이 불가능하다.

④ 고무타이어의 부담하중이 철제차륜보다 작아서 수송능력이 일반철도 보다 작다. 시간당 수송능력은 1만 명 정도이다.

⑤ 분기기는 무거운 주행 형을 이동하기 때문에 구조가 복잡하며 전환에 약간의 시간을 필요로 하며 그래서 분기기의 변경, 증설 등의 공사는 일반 철도에 비해 쉽지 않다.

⑥ 시가지나 주택지 등의 통과는 경관 등에 문제가 될 수 있다.
⑦ 사고 등 긴급할 때 대피에 시간이 걸린다.

(3) 궤도의 형식

과좌식은 알베그(ALWEG)식, 로키드(Lockheed)식으로, 현수식은 사페즈(SAFEGE)식, 랑겐식으로 분류된다. 로키드식은 일본의 小田急電鐵에 연결되는 모노레일(1.1km) 등에 채택되었으나 그 후 보급되지 않고 있다.

① 과좌식 모노레일

과좌식 모노레일은 스웨덴의 그렌(A.L.W. Gren)박사가 1952년 최초로 고안하여 알베그식이라 불리며 독일 쾰른 근교 휴린겐(Fuhlingen)에 축소모형(1:2.5)의 시험선을 건설하여 130km/h로 시험주행을 실시하였으며 이 경험을 토대로 1957년에 같은 장소에서 실제 크기의 모노레일을 제작하였다. 이 모델을 이용하여 1959년 미국 디즈니랜드에 최초의 상업운전용 모노레일을 건설하였으며 이것이 과좌식 모노레일의 기본적인 형태가 되었다. 1964년에 건설된 동경모노레일은 도심부에서 운영된 최초의 상업노선으로 불리고 있다(삼보, 세계의 경전철).

궤도 빔은 I자형 PS 콘크리트를 주로 사용하며 교차점 등 큰 경간을 필요로 하는 곳은 강제(鋼製)로 한다. 이 궤도 주형 위를 구동용 고무타이어가 차량을 지지하며 안내차륜과 안정차륜이 좌우 전후에서 궤도 주형을 밀착하고 있다. 주행로는 에폭시 수지 혼합물을 위에 도포하는 것과 강판을 부설한 것이 있다.

② 현수식 모노레일

1901년 독일의 토목기술자 오이겐 랑겐(Eugen Langen)은 독일 부퍼(Wupper)강 상부를 통과하는 현수식 모노레일을 최초로 건설하였다. 이 모노레일은 2차대전 중에도 파괴되지 않고 현재까지 운행되고 있다.

그 후 1957년 동경 우에노(上野)동물원에서 이 모델에다 주행륜만 고무타이어로 바꾸어 현수식 모노레일을 건설하였다. 이 모노레일을 시점으로 전세계적으로 모노레일 건설이 본격화되었다.

1958년에는 프랑스 교량설계자 L. Chadenson이 Bennie지역에 고무타이어를 사용하여 시험선을 건설하였다. 이 형태는 주행면이 덮여 있어 날씨에 무관하고 차량 대차를 보호하며 주행할 수 있도록 개발하였는데 이 사페즈식 모노레일은 일본에서 최초로 실용화 되었다((주)삼보기술단, 앞의 책).

강판으로 만든 상자형 내부에 대칭형의 주행형이 설치되어 차량을 매달기 위해 아래면 중앙부가 열려 있다. 양측의 주행로를 고무타이어 차량이 주행하며 안내차륜이 안쪽 상자측면의 안내레일을 누르고 있다.

주행로는 승차기분을 좋게 하기위해 에폭시 수지 등의 포장을 하는 예도 있다.

지주는 T형 강제가 대부분이고 정류장 등은 문형으로 지주간격은 30~40m로 하고 있다.

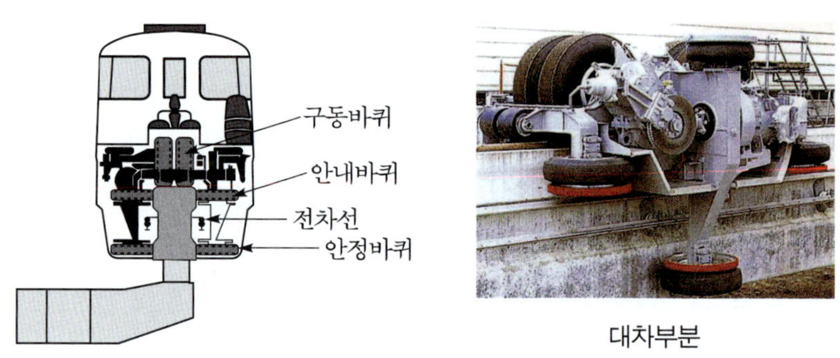

그림 13.4 알베그식

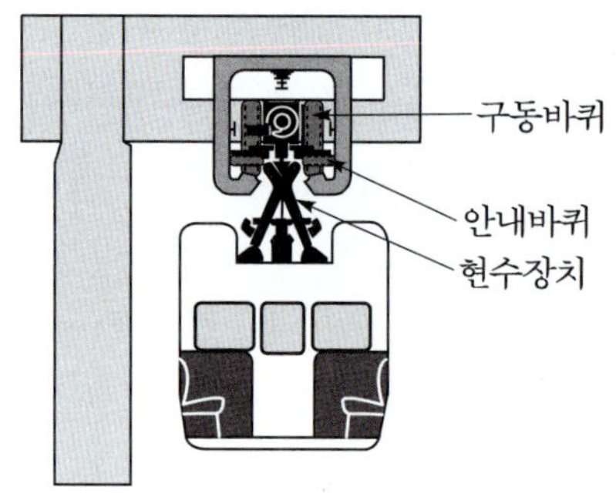

그림 13.5 사페즈식

전력공급방식은 직류 1,500V를 기본으로 하며 전차선은 궤도 주형에 횡으로 ⊕, ⊖의 복선 강체 트롤리선이 설치되어 있다.

과좌식은 곡선부에 캔트를 두고 눈(雪)에 의한 영향을 받는다. 현수식은 진자(振子)작용이 있고 강한 돌풍(突風)의 경우에 영향이 있다.

형식별 특징 비교

구 분	과좌식 모노레일	현수식 모노레일
곡 선	최소곡선반경에 제약이 있음(차륜과 주행로와의 관계, 승차감 등)	급곡선 통과 가능함(대차구동장치에 작동기어 사용)
기후영향	주행로 면이 노출되어 기후영향을 받아 미끄럼 방지가 필요함	주행면이 덮여 있어 기후의 영향을 덜 받으나 주행면이 강재(鋼材)로 되어 기상변화 고려해야 함
도로교통	주행로 위를 주행하므로 도로교통에 영향 없음. 차량하부가 스커트로 감싸고 있어 부품이 떨어질 수 있음	건축한계를 넘은 도로의 차량과 충돌 가능성이 있음. 차량부품이 주행면 내부에 있기 때문에 도로에 떨어지는 경우는 없음
유지보수	유지보수가 유리함	신호, 전력케이블 등이 주행면 내부에 있어 유지보수가 어려움

(4) 모노레일의 선로기준

일본에서 적용되고 있는 모노레일의 선로기준은 표 13.1과 같다.

표 13.1 모노레일 선로기준

구 분	과좌식	현수식
건축·차량한계	- 차량주행 시 동요, 차륜의 공기 빠짐, 바람의 영향 등 차량의 최대변위가 생기는 경우를 고려하여 결정	
궤도중심 간격	- 평행한 궤도 주형의 중심거리 - 大阪 모노레일은 3.7m	
곡선반경	- 최소반경 100m	
완화곡선	- 원심력, 가속도의 변화를 기준으로 길이를 정함	
기울기	- 고무타이어가 주행할 수 있는 점착력크기로 정하며 본선의 최급기울기는 60‰ 이하임	
궤도주형	- PS 콘크리트 I형 단면	- 강제 상자형 단면
지 주	- 간격 : 15~22m - RC T형이 표준 - 경간이 크고 높이가 높은 경우 강 지주 - 도로 위에 정거장 설치 시 8m 이상의 다리 밑 공간 필요	- 30~40m - 강(鋼)지주가 많음 - 도로 위에서는 궤도주형 아래 공간 약 10m 필요
분기장치	주형 전체를 움직일 수 있는 구조로 해야 함	일반철도와 동일한 원리에 의해 전환 가능

자료 : 이종득, 철도공학, 2006

(5) 분기기

모노레일 분기기는 가도식 분기기와 관절식 분기기가 있어 전철방향수에 따라 2차에서 5차까지 분기가 가능하다. 또한 효율적인 보수와 신뢰성 향상을 위해 여러 차례의 개량이 이루어 졌다. 이런 장기간의 연구에 의해 탄생된 것이 시서스 분기기이다. 이 분기기 방식은 관절가도식의 적용, 고속전환 실현으로 운전시간의 단축, 상시 전환상황을 감시하는 모니터링 장치의 설치 등 여러 기술이 적용되어 안전운송이 필요한 곳에 활용되고 있다(삼보, 일본의 경전철시스템).

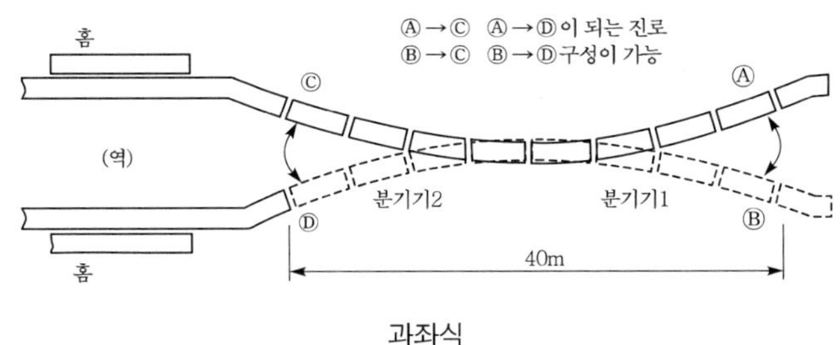

과좌식

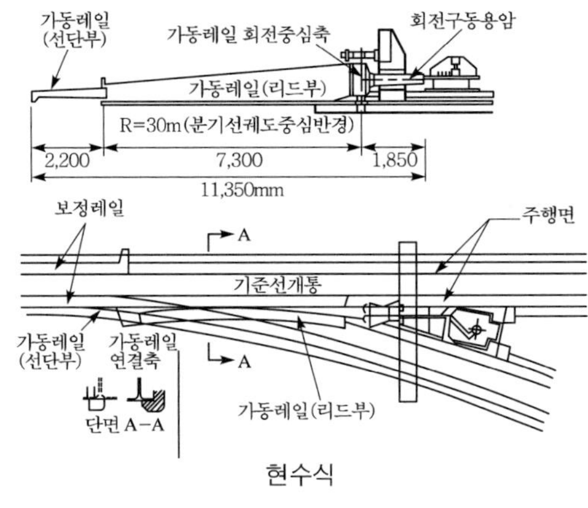

현수식

그림 13.6 분기장치

4) 자기부상철도

(1) 차륜주행과 부상주행

바퀴식 고속철도를 포함한 지금까지의 재래철도는 레일 위를 차륜으로 주행하는 차륜주행방식으로 레일표면과 차륜 사이의 마찰력으로 구동하는 점착구동방식이기 때문에 필연적으로 물리상의 제약이 있다.

현시점에서는 일반적으로 350~380km/h 전후가 점착구동의 속도한계로 생각되고 있는데 그 주된 이유로는 열차의 중량을 전부 점착중량으로 하여도 점착상 제약된 최대견인력(차량의 중량×마찰계수)과 열차의 주행저항(고속에서는 속도의 제곱에 거의 비례하는 공기저항이 대부분 차지)이 어느 속도에서 균형을 이루면 그 이상 가속은 불가능하다. 다시 말해 점착에 의해 제약받는 최대견인력(μW)보다 더 큰 출력을 가졌더라도 최대견인력보다 큰 부분 출력은 속도 향상에는 기여하지 못하고 쓸데없이 공전해 버리기 때문이다.

또 한 가지 이유는 고속으로 되면 될수록 차륜답면의 테이퍼가 사행동 등 주행 불안정의 요인이 되어 탈선 등의 원인이 될 수 있다. 보통속도에서는 답면의 테이퍼(1/20)가 주행 중인 차륜을 궤도 중심으로 인도하여 안정된 주행을 할 수 있도록 하는 역할을 하지만 고속에서는 이 보정기능이 너무 지나쳐서 오히려 사행동이 생기기 쉽기 때문에 고속차량에서는 테이퍼의 기울기를 줄여줌(1/40)과 동시에 주행로인 레일의 정밀도를 훨씬 향상시켜야 하는데 여기에도 한계가 없을 수 없다.

이런 등의 이유로 종래의 차륜·레일 접촉식 점착구동에서 비 점착·비 접촉(선로와 차륜의 접촉이 없는) 주행의 필요성이 생기게 되는 것이다.

(2) 자기부상철도

비접촉 주행을 위해서는 차량을 띄워야(부상시켜야) 하는데 공기를 이용 하거나 자극간의 흡인력이나 반발력을 이용하여 부상시켜 보려는 노력 등이 있어 왔다.

많은 연구 끝에 오늘날에는 실용성면에서 유리한 자기부상식이 각광을 받고 있다. 차량을 자기부상시키는 방법에는 영구자석을 사용하는 방법, 영구자석과 전자석을 조합하여 사용하는 방법, 전자석을 사용하는 방법, 초전도자석을 사용하는 방법 등이 있다.

자기부상철도의 특징으로는 구조물에 가해지는 충격하중을 줄일 수 있고 탈선 가능성이 적다. 그리고 소음 및 진동이 적으며 마찰이 없기 때문에 부품 교환이 적어 유지관리비가 적게 소요된다.

① 영구자석에 의한 부상방식

지상측과 차량측 양쪽에 서로 반발하는 같은 극의 영구자석을 설치하여 자기

반발에 의해 부상시키는 가장 간단한 방법이나 차량의 중량이 너무 무겁게 되고 자력의 세기를 조절할 수 없는 영구자석이어서 차량과 지상측 자석 사이의 간극(間隙, gap)을 마음대로 조절할 수 없는 등의 문제가 있다. 또한 궤도에 영구자석을 부설하여야 하므로 건설비도 많이 소요되어 실용화가 어렵다.

② 영구자석과 전자석의 조합에 의한 방식

영구자석의 결점인 자력의 세기를 제어할 수 있도록 하기 위해 구상되었으나 영구자석에 의한 방식과 마찬가지로 문제점이 많다.

③ 전자석에 의한 부상방식

일반적으로 차량에 전자석을 설치하고 지상측에 철 궤도를 부설하여 자기(磁氣)에 의한 흡인력으로 부상하는 구조로서 다음 그림과 같이 ╔╗형의 레일 아래쪽에 ╚╝형의 전자석과 Gap Sensor를 위치시켜 차량의 중량과 흡인력이 균형을 이루는 구조이다.

이때 흡인력이 너무 크면 궤도에 차량이 붙어버릴 것이기 때문에 Gap 센서에 의해 흡인을 전자석의 자력제어로 조절한다. 이런 부상방식을 상전도 자기부상 방식이라 부르는데 부상간극이 10mm 전후로 작기 때문에 궤도에 대한 정밀도가 높아야 하고 또 신속한 응답성을 가진 제어 시스템이 필요하다. 이 방식은 독일의 Transrapid, 일본항공(JAL)에서 개발한 HSST 등에서 사용하고 있다.

일본 HSST의 부상원리는 차량에 부착되어 있는 ╚╝형 전자석에 전류가 흐르면 구조물에 붙어 있는 ╔╗형 레일과의 상호작용으로 차량을 부상시킨다. 이때 차량과 구조물과의 접촉을 막기 위하여 차량에 설치된 Gap센서가 적정 부상 높이를 조정하여 준다. 차량이 부상되면 LIM모터에 의해 추진된다.

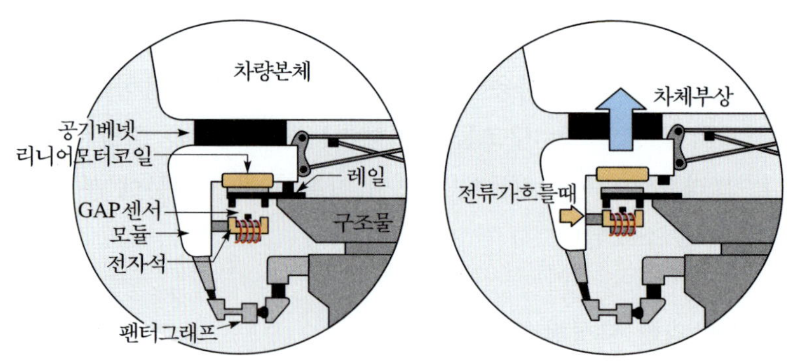

그림 13.7 자기흡인식의 원리

④ 초전도자석에 의한 부상

초전도현상을 이용하여 강력한 자장을 만들어 차량을 부상시키는 방법 인데 초전도현상이라는 것은 어떤 종류의 금속을 매우 낮은 온도로 냉각시켜 나가면 어느 온도에서 그 금속의 직류전기저항이 급격히 0으로 되는 현상을 말한다.

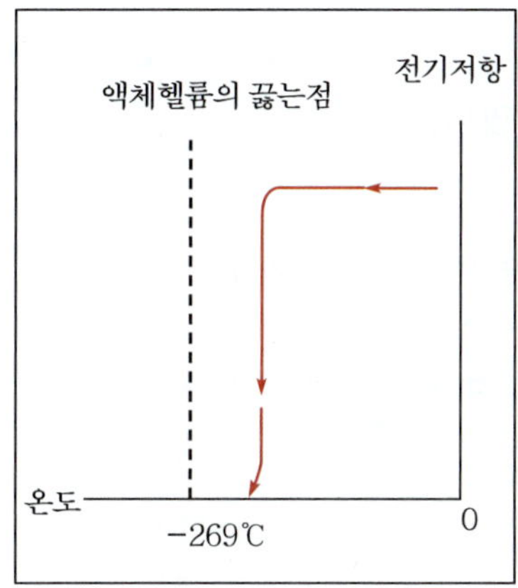

그림 13.8 금속의 온도 · 저항 곡선

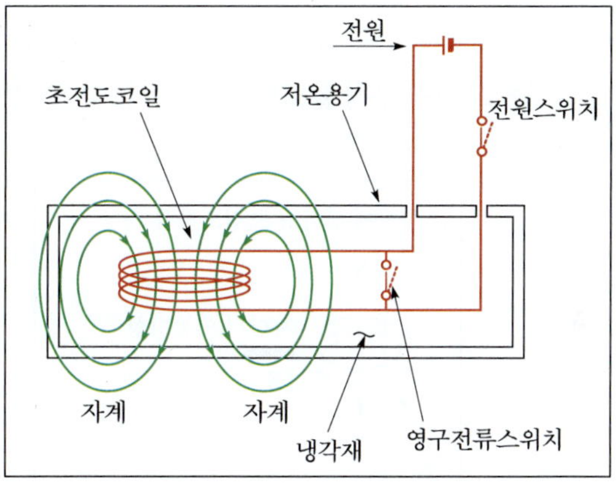

그림 13.9 초전도자석의 원리

이렇게 이상적인 상태에서 이 금속으로 만든 코일에 한 차례 전류를 통하면 전기저항이 없기 때문에 발열에 의한 에너지 손실이 없고 전원을 제거해도 코일 내에 전류는 계속 흐르게 되어 강력한 자장을 계속적으로 얻게 되는 것이다.

따라서 이 전기저항이 0이 되는 초전도현상을 지속시키기 위해서는 전이온도 혹은 임계온도(저항이 0으로 되는 온도)를 유지하기 위한 냉동 시스템이 필요하다.

지금까지는 주로 절대온도 0도(현존하는 최저온도, −273℃)에 가까운 끓는점(−267.7℃)을 가진 헬륨을 냉각재로 사용해 왔는데, 최근에는 훨씬 높은 온도에서 초전도 현상을 얻을 수 있는 합금이나 세라믹이 속속 발표되고 있고 냉각재도 훨씬 가격이 싼 액체질소(끓는점 77°K : −196℃, 가격은 액체 헬륨의 1/20 정도)도 사용되게 되었다.

이런 원리에 의해 초전도 재료로 만든 루프코일을 냉각재를 이용하여 항시 임계온도 이하로 식혀주면서 그 주위를 단열하여 차량에 설치하는 것이다.

단순히 생각하면 차상에도 지상에도 이 초전도 코일을 설치하면 항상 자기에 의해 부상할 수 있겠지만 비용이 너무 많이 들어 현재는 주로 차상에 초전도 코일을 설치하고 지상측은 도체로서 비자성체인 금속판 혹은 루프코일을 설치하여 차상의 초전도 코일이 이 주행로를 통과할 때 도체에 유기(誘起)된 유도전류를 이용하여 서로 자계(磁界)에 의한 반발력으로 부상하는 전자유도방식이 이용되고 있다.

부상의 높이는 상전도 자기부상방식에 비해 커서 100mm 전후이기 때문에 주행로와 접촉할 위험이 적고 주행 중에 초전도 코일에 전력 공급이 필요 없는 등 초고속부상철도방식으로서 좋은 점이 많다.

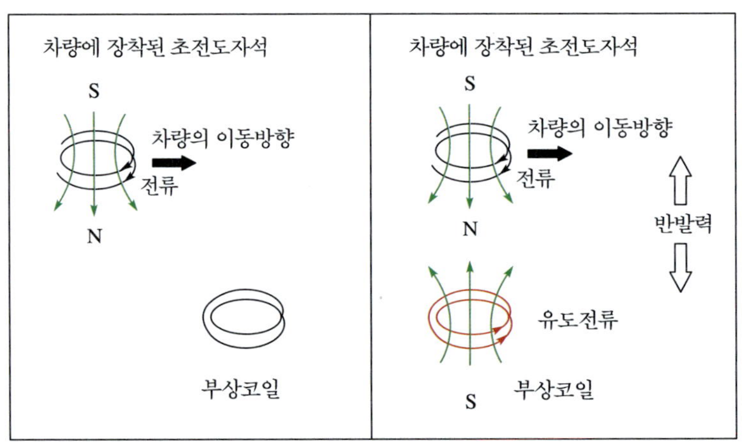

그림 13.10 전자유도부상의 원리

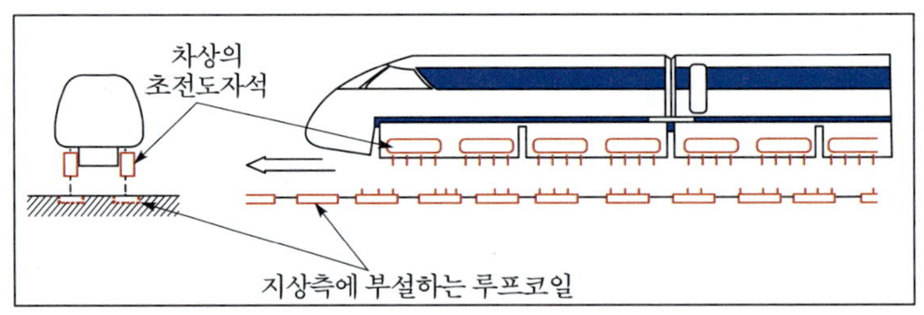

그림 13.11 자기부상철도

⑤ 리니어모터에 의한 추진

공기로 부상시키건 자기로 부상시키건 일단 부상시킨 후 차량을 전진시키는 즉 차량을 추진하는 방식에는 프로펠러, 제트엔진, 로켓 또는 리니어모터에 의한 추진이 연구되어 왔는데 역시 리니어모터에 의한 추진이 실용성이 큰 것으로 평가되고 있다.

리니어모터란 간단히 말하면 회전형의 모터를 축 방향으로 잘라서 수평으로 편 것과 같은 구조로, 회전하는 대신 직진 운동시키는 것이기 때문에 리니어(선형)모터라 한다.

리니어모터는 회전기가 아니기 때문에 당연히 회전부분이 없고 기어 등의 동력전달 기구라든가 축수(軸受)가 필요치 않으며, 비접촉으로 추진력이 얻어지므로 점착에 의한 제한이 없다. 또한 고속 및 가감속의 제어가 쉬운 등 장점이 많다.

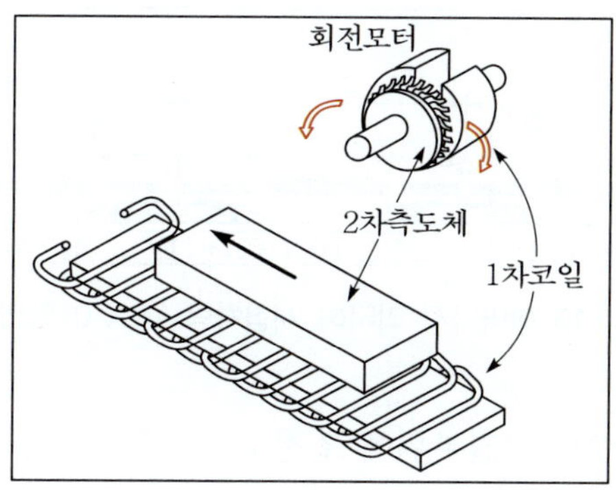

그림 13.12 리니어모터의 원리

(3) 일본의 자기부상철도

일본은 철도종합기술연구소에 자기부상연구부를 두고 활발하게 연구한 결과 자기부상철도의 실용화를 눈앞에 두고 있다.

60년대 초반부터 시작한 일본이 자기부상 연구 및 실험을 1997년 4월부터는 야마나시리니어 시험선에서 고속 대량수송의 실용화를 위한 최종 시험을 시작했는데 1,000명에 가까운 승객을 태우고 영업 속도 500km/h(최고속도 550km/h)로 달리는 자기부상철도건설에 필요한 여러 가지 시험을 활발하게 시행하고 있다.

이 시험선에서의 주된 시험항목으로는 안전하고 쾌적한 500km/h의 고속안정주행의 확인, 초전도자석을 장착한 차량, 지상설비, 기기의 신뢰성 및 내구성 확인, 환경보전의 확인 및 경제성의 파악 등이다.

최소곡선반경 8,000m, 최급 기울기는 40‰이며 궤도의 중심 간격은 5.8m이다.₩

① 제1편성차량 MLX 01형의 제원

두 번째 편성인 4량 편성열차를 추가로 제작, 이미시험 중이었던 제1 편성차량(3량 편성)과 동시에 투입, 시험하여 두 열차의 상대속도 1,000km/h에서 일어날 수 있는 여러 현상에 대해 연구하고 있다.

이들 차량들은 궤도로부터 약 10cm 부상하여 최고 시속 550km/h로 주행하도록 되어 있으며 속도의 제곱에 거의 비례하여 커지는 공기저항을 감안하여 재래차량보다 단면적을 작게 하였다.

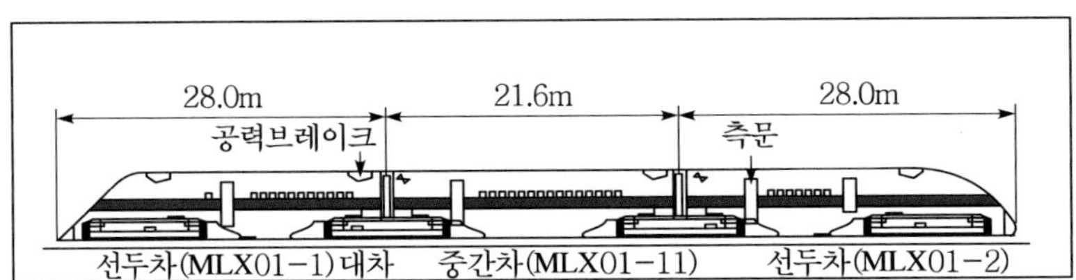

그림 13.13 야마나시 리니어 시험차량 MLX 01형의 제원

특히 차량과 차량의 연결부위에 초전도자석을 장착한 한 개의 대차를 설치하여 차량의 무게를 줄이고 승객을 태울 공간을 크게 하였을 뿐 아니라 초전도자석의 자장이 승객에게 미칠 수 있는 영향을 최대한으로 줄였다.

또한 공기저항을 줄이기 위해 차량 선두 부를 한 쪽은 에어로웨지(aerowedge)형으로 하였으며 다른 한 쪽은 더블 커스프(double cusp) 형으로 하였다. 더불어 차량 표면을 매끄럽게 하는 데도 힘을 기울였다.

제동을 위해서는 전기브레이크, 디스크브레이크는 물론 공력브레이크라 하여 날개 모양의 패널을 펴서 공기저항에 의한 제동도 이용하고 있다.

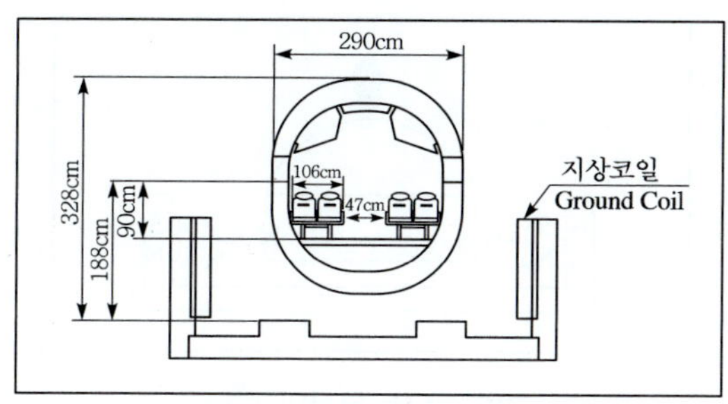

그림 13.14 MLX 01형 차량의 단면

② 추진, 부상, 안내의 원리

㉠ 추진의 원리

지상의 추진코일에 전류를 흘려주면 자계(N, S극)가 만들어지고, 차량의 초전도자석과의 사이에 서로 다른 극은 끌어당기고 서로 같은 극은 반발하여 차량이 전진한다.

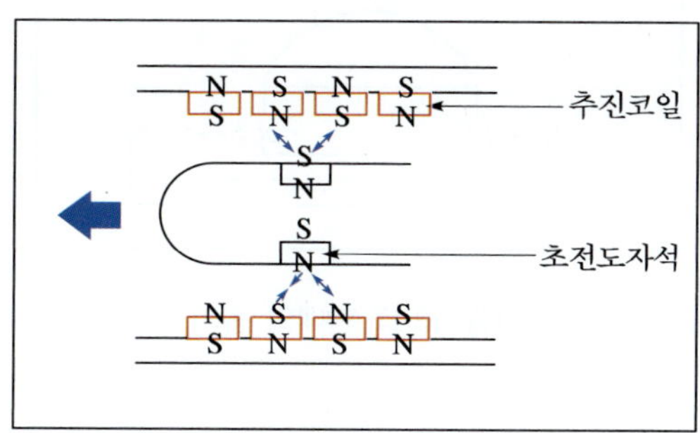

그림 13.15 추진의 원리

㉡ 부상의 원리

차량의 초전도 자석이 고속으로 통과하면 좌우의 부상 안내 코일에 유도전류가 흘러 전자석이 되고 차량을 밀어 올리는 힘과 끌어당기는 힘이 발생하여 차량이 뜨게 된다. 물론 일정한 속도까지는 외부의 힘에 의해 차량에 달린 바퀴의 회전으로 전진한다.

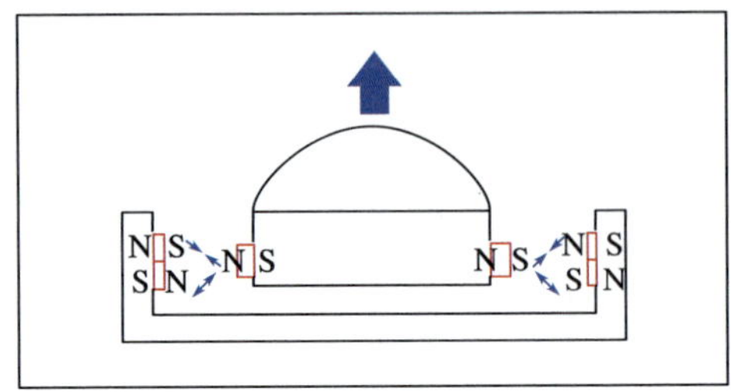

그림 13.16 부상의 원리

㉢ 안내의 원리

좌우의 부상 안내코일은 전력케이블에 의해 서로 연결되어 있어 차량이 중심으로부터 어느 한쪽으로 기울어지면 차량이 떨어진 쪽에는 끌어당기는 힘이 가까운 쪽에는 미는 힘이 작용하여 항상 중앙으로 돌아오도록 되어 있다.

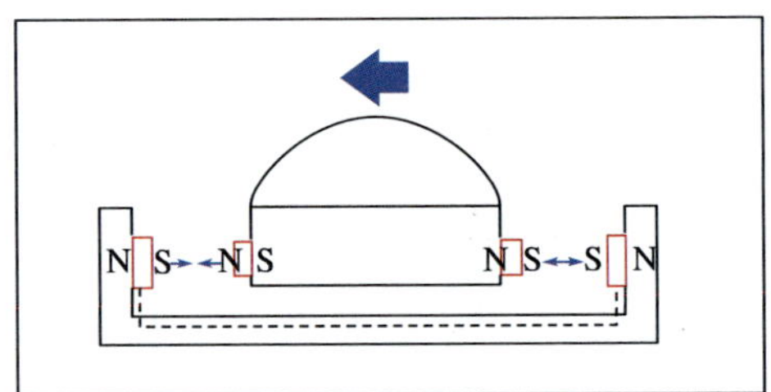

그림 13.17 안내의 원리

③ 전력공급시스템

그림 13.18과 같이 일정한 길이의 추진코일이 전선에 걸쳐서 차량 양쪽에 서로 어긋나게 설치되어 있어 열차가 있는 구간만 전력을 공급한다.

열차가 현재 있는 구간에서 다음 구간으로 이동할 때는 구동력에 변동이 생기지 않도록 구동용 전원을 3조로하여 전력공급을 분담, 열차의 이동에 맞춰 순차적으로 전력을 공급한다.

이렇게 하면 전원 중 1계통에 고장이 생겨도 나머지 2계통의 전원으로 운전이 가능하다.

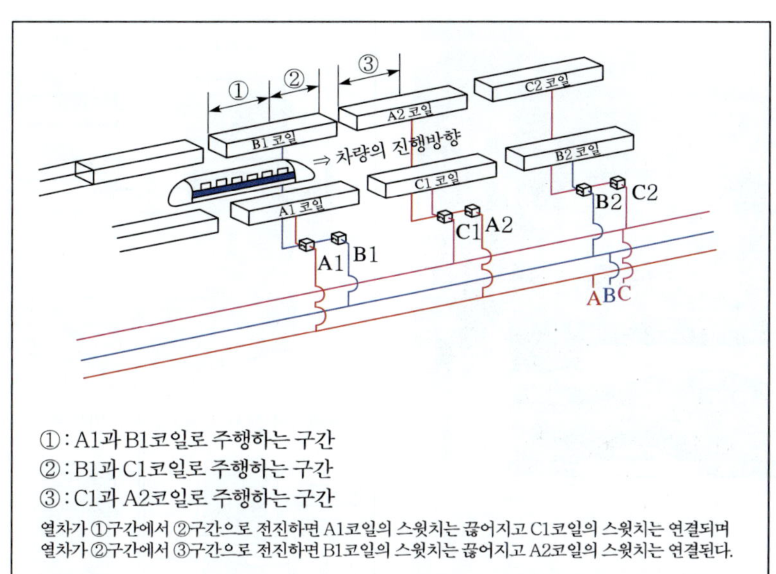

그림 13.18 야마나시 리니어 시험선의 전력공급 시스템

5) 가이드웨이 버스

가이드웨이 버스는 기존 버스의 앞뒤에 기계식 안내장치를 부착하여 전용궤도에서는 가이드레일을 따라 주행하고 그 외 일반도로 구간에서는 안내차륜을 접고 일반버스와 같은 방식으로 운전하는 듀얼모드(dual mode)시스템이다. 전용궤도 주행 시에는 운전자는 브레이크 조작만하고 핸들은 조작하지 않는다. 구조물도 도로 정체 구간 등 필요한 구간 만 건설하기 때문에 구조물을 최소로 할 수 있다. 철도와 버스의 장점을 합쳐서 정체구간에서는 전용주행로를 주행하므로 정시성 확보와 표정속가 향상된다.

이 시스템은 독일과 호주에 이어 일본에도 운영되고 있다.

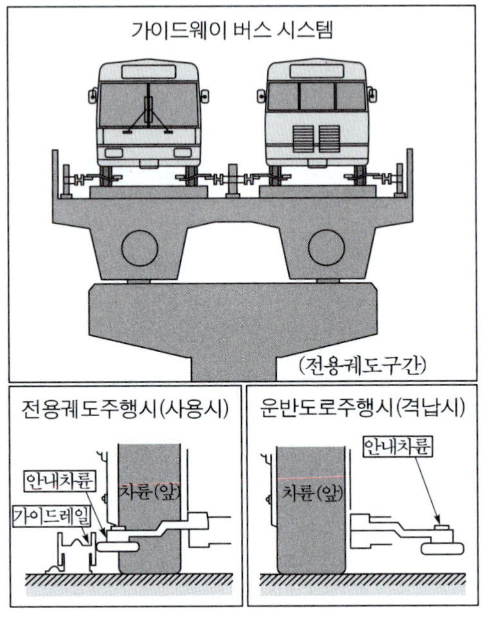

그림 13.19 가이드웨이 버스

참고문헌

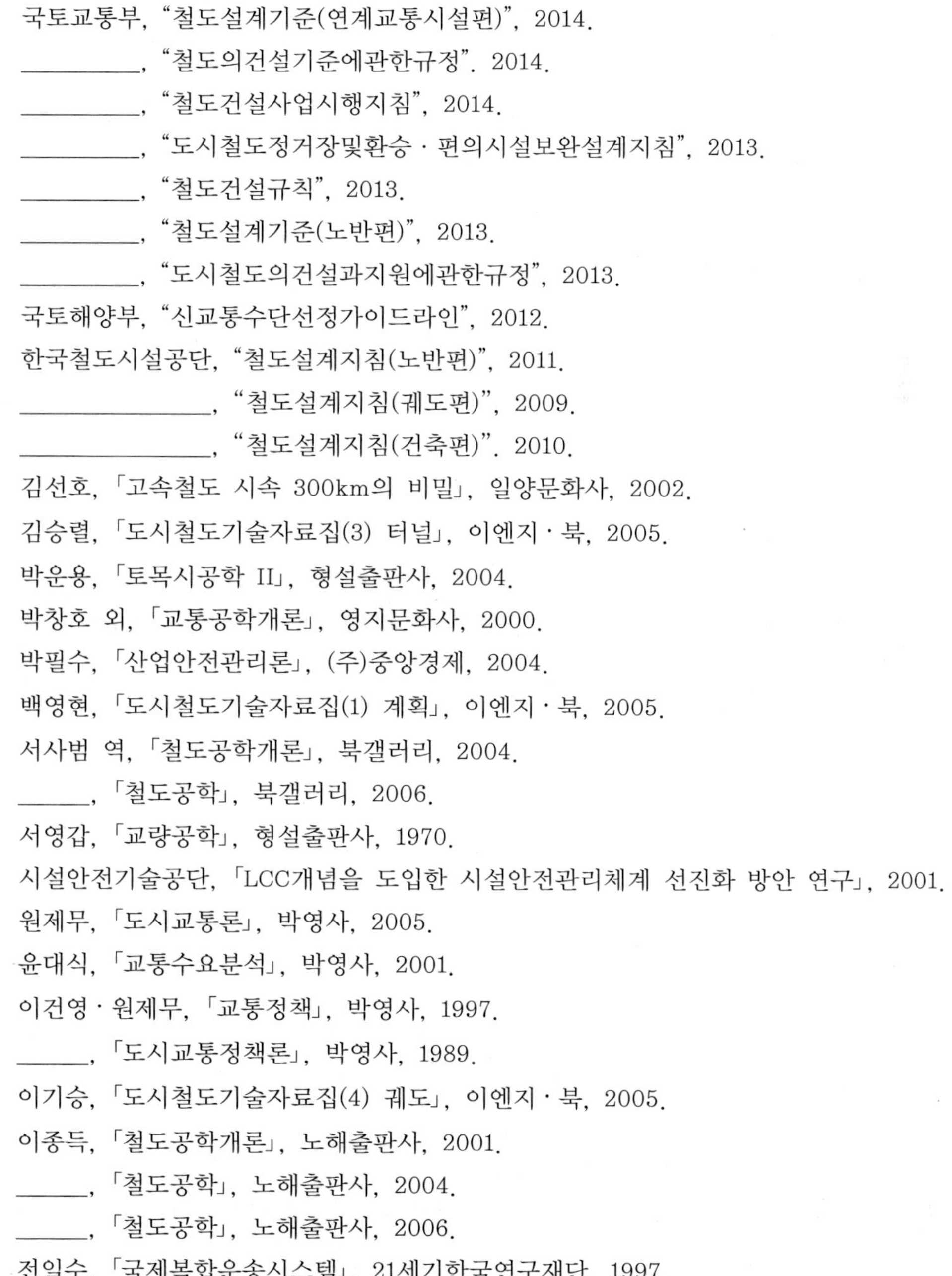

국토교통부, "철도설계기준(연계교통시설편)", 2014.
_________, "철도의건설기준에관한규정". 2014.
_________, "철도건설사업시행지침", 2014.
_________, "도시철도정거장및환승 · 편의시설보완설계지침", 2013.
_________, "철도건설규칙", 2013.
_________, "철도설계기준(노반편)", 2013.
_________, "도시철도의건설과지원에관한규정", 2013.
국토해양부, "신교통수단선정가이드라인", 2012.
한국철도시설공단, "철도설계지침(노반편)", 2011.
_______________, "철도설계지침(궤도편)", 2009.
_______________, "철도설계지침(건축편)". 2010.
김선호, 「고속철도 시속 300km의 비밀」, 일양문화사, 2002.
김승렬, 「도시철도기술자료집(3) 터널」, 이엔지 · 북, 2005.
박운용, 「토목시공학 II」, 형설출판사, 2004.
박창호 외, 「교통공학개론」, 영지문화사, 2000.
박필수, 「산업안전관리론」, (주)중앙경제, 2004.
백영현, 「도시철도기술자료집(1) 계획」, 이엔지 · 북, 2005.
서사범 역, 「철도공학개론」, 북갤러리, 2004.
______, 「철도공학」, 북갤러리, 2006.
서영갑, 「교량공학」, 형설출판사, 1970.
시설안전기술공단, 「LCC개념을 도입한 시설안전관리체계 선진화 방안 연구」, 2001.
원제무, 「도시교통론」, 박영사, 2005.
윤대식, 「교통수요분석」, 박영사, 2001.
이건영 · 원제무, 「교통정책」, 박영사, 1997.
______, 「도시교통정책론」, 박영사, 1989.
이기승, 「도시철도기술자료집(4) 궤도」, 이엔지 · 북, 2005.
이종득, 「철도공학개론」, 노해출판사, 2001.
______, 「철도공학」, 노해출판사, 2004.
______, 「철도공학」, 노해출판사, 2006.
전일수, 「국제복합운송시스템」, 21세기한국연구재단, 1997.

정재정, 「일제침략과 한국철도」, 서울대학교출판부, 1999.

조효남, 「교량공학」, 구미서관, 2007.

(주)삼보기술단, 「일본의 경전철시스템」, 2005.

_____________, 「세계의 경전철시스템」, 2005.

철도청, 「한국철도100년사」, 1999,

, 「국제철도운영연구」, 2001.

______, 「철도주요연표」, 2002.

최길대, "수명주기비용분석기법을 적용한 교량유지관리 방안에 관한 연구", 중앙대학교 대학원 박사학위 논문, 2001.

최 훈, 「철도산업의 혁명」, 자원평가연구원, 2005.

토목공법편찬위원회, 「최신토목공법사전」, 건설문화사, 1982.

한국개발연구원, 「경부고속철도건설사업의 국민경제적 효과연구」, 1992.

한국시설안전기술공단, 「교량유지관리매뉴얼」, 2002.

______, 「터널유지관리매뉴얼」, 2002.

한국지반공학회, 「터널」, 구미서관, 2004.

한국철도기술연구원, 「경량전철시스템기술개발사업연구결과」, 2004.

Asko Sarja, "Integrated Life-time Engineering of Buildings and Civil Infrastructures", *Proceedings of 2nd International Symposium*, Kuopio, Finland, 2003.

Certu, "urban public transport in France", 2003.

Deuche Bahn AG, "*A New Age of Travel: AIRail Terminal Frankfurt Airport*", Frankfurt Main AG, 1995.

Elisabeth Chaigneau, "urban public tranport in France", Directorate for land Transport, 2003.

Horst Weigelt, Wolfgang D. Henn, etal., 「ICE High-tech on rails」, Hestra-Verlag, Germany, 1996.

O'connor P. S. and W. A. Hyman, "Bridge Management System", *FHWA-DP-01R, Technical Report*, FHWA, Washington D.C., 1989.

OECD Road Research Group, *Bridge Maintenance*, Rep. Road Research, Road Research Group, organization for Economic Co-operation and Development, Paris, France, 1981.

Railtrack, "*RAILTRACK*", CTD Printers.

西川和廣, 村越潤 외, "ミニマムメンテナンス橋にする", 「土木技術資料 38-9」, 1996.

찾아보기

A

B

C

D

R

S

T

V

Z

ㄱ

ㅂ

ㅅ

ㅇ

ㅈ

ㅊ

ㅋ

ㅌ

ㅍ

ㅎ

저자 소개

최길대

기술고등고시 6회(1971)
홍익대학교 토목과
서울대학교환경대학원 석사(도시계획학)
중앙대학교대학원 박사(도시 및 지역계획학)
건설교통부 서울지방국토관리청장
건설교통부 도로심의관
철도청 차장
한국시설안전기술공단 이사장
연세대학교, 한국철도대학, 동양대학교,
경기대학교 겸임, 초빙, 대우교수
국토교통부도로정책심의위원회 위원장

김선호

기술고등고시 14회(1978)
서울대학교 기계설계학과
조지아 공대 석사(산업공학)
한남대학교 대학원 박사(경영학)
철도청 차량본부장
철도청 경영관리실장
한국교통대학교, 우송대학교 초빙교수
한남대 교수
국토해양부 철도 안전 감독관
현, 한국철도안전협회 회장

철도공학개론 **정가 28,000원**

저 자 : 최길대 · 김선호

발행인 : 임해진
발행처 : 도서출판 구미서관

발 행 : 2007년 2월 26일 초 판
2012년 9월 7일 제2판
2015년 9월 27일 제3판 1쇄
2023년 2월 15일 제3판 2쇄

등 록 : 1979년 6월 29일 No.9-6호

주 소 : 서울시 마포구 신촌로 2길 5-15 구미빌딩
전 화 : 02-333-1101
팩 스 : 02-335-2201
http://www.goomibook.com

ISBN : 978-89-8225-422-2 (93530)

저자와의 협의하에 인지를 생략합니다.
파본이나 잘못된 책은 교환하여 드립니다.